Biographien bedeutender Mathematiker

Biographien bedeutender Mathematiker

Eine Sammlung von Biographien

Herausgegeben von
Prof. Dr. sc. nat. Hans Wußing und Wolfgang Arnold

AULIS VERLAG DEUBNER & CO KG·KÖLN

Die Manuskripte für dieses Buch verfaßten:

Wolfgang Arnold	(Stifel; Ries; Descartes; Pascal)
Dr. Hannelore Bernhardt	(Archimedes; Die Mathematikerfamilie Bernoulli; Euler; Laplace; Tschebyschew)
Prof. Dr. Kurt-R. Biermann	(Jacobi)
Hans-Joachim Ilgauds	(Überblick Mittelalter; Âryabhaṭa; Umar al-Hayyām; Li Ye; Oresme)
Dr. Gerhard Kasdorf	(Monge; Lobatschewski; Klein)
Prof. Dr. Maximilian Miller	(Cardano-Tartaglia)
Dr. Loboš Novy (ČSSR)	(Bolzano; Cauchy)
Dr. Walter Purkert	(Kronecker)
Prof. Dr. Hans Reichardt	(Gauß)
Dr. Kurt Richter	(Weierstraß; Cantor)
Prof. Dr. Gerhard Schulz	(Riemann)
Prof. Dr. Otto Stamfort	(Lagrange; Kowalewskaja)
Prof. Dr. Hans Wußing	(Vorwort; Überblicke Antike, Renaissance, Zeit des Rationalismus, Aufklärungszeitalter, 19. Jahrhundert; 20. Jahrhundert; Pythagoras; Euklid; Apollonios; Diophantos; Vieta; Kepler; de Fermat; Newton; Leibniz; Möbius; Abel; Galois; Hilbert; Noether)

Die Manuskripte wurden ergänzt und bearbeitet von Hans Wußing.
Die Bildauswahl erfolgte von Wolfgang Arnold.

Redaktion: Heinz Junge

CIP – Kurztitelaufnahme der Deutschen Bibliothek

Biographien bedeutender Mathematiker: e. Sammlung von Biographien / hrsg. von Hans Wussing u. Wolfgang Arnold. [Die Ms. verf.: Wolfgang Arnold ...]. – 2., für d. Aulis-Verl. Deubner veranst. Aufl. – Köln: Aulis-Verlag Deubner, 1985.
ISBN 3 – 7614 – 0808 – 0
NE: Wussing, Hans [Hrsg.]

Best.-Nr. 2017
2. für den Aulis Verlag Deubner & Co KG veranstaltete Auflage
© Volk und Wissen Volkseigener Verlag Berlin / DDR 1975
Lizenzausgabe für den Aulis Verlag Deubner & Co KG, Köln 1985
Printed in the German Democratic Republic
Schrift: 9/9/11 p Times Antiqua
ISBN 3 – 7614 – 0808 – 0

Inhaltsverzeichnis

9 *1. Die Mathematik der Antike*
9 Überblick
18 Pythagoras von Samos und die Pythagoreer
25 Euklid von Alexandria
33 Archimedes von Syrakus
42 Apollonios von Perge
49 Diophantos von Alexandria

56 *2. Die Mathematik des Mittelalters*
56 Überblick
63 Âryabhaṭa
70 Umar al-Hayyām
77 Li Ye
81 Nicole Oresme

88 *3. Die Mathematik der Renaissance*
88 Überblick
98 Michael Stifel
105 Adam Ries
112 Geronimo Cardano – Niccolò Tartaglia
125 François Vieta
132 Johannes Kepler

149 *4. Die Mathematik der Zeit des Rationalismus*
149 Überblick
154 Pierre de Fermat
167 René Descartes
176 Blaise Pascal
187 Isaac Newton
206 Gottfried Wilhelm Leibniz
227 Die Mathematikerfamilie Bernoulli

242 5. Die Mathematik des Aufklärungszeitalters
242 Überblick
247 Leonhard Euler
258 Joseph Louis Lagrange
270 Gaspard Monge
282 Pierre Simon Laplace

292 6. Die Mathematik des 19. Jahrhunderts
292 Überblick
300 Carl Friedrich Gauß
320 Bernard Bolzano
334 Augustin Louis Cauchy
344 August Ferdinand Möbius
353 Nikolai Iwanowitsch Lobatschewski
366 Niels Henrik Abel
375 Carl Gustav Jacob Jacobi
389 Evariste Galois
400 Karl Weierstraß
416 Pafnuti Lwowitsch Tschebyschew
426 Leopold Kronecker
441 Bernhard Riemann
451 Georg Cantor
466 Felix Klein
480 Sophia Wassiljewna Kowalewskaja
489 David Hilbert
504 Emmy Noether

514 7. Einige Bemerkungen zur Mathematik des 20. Jahrhunderts

521 Personenverzeichnis

Vorwort

Wer sich mit der Mathematik beschäftigt, sei es berufsmäßig oder aus Passion, wird sich gelegentlich auch mit dem Leben und Werk jener Forscher befassen wollen, denen wir eine besonders tragende Begriffsbildung oder einen einzigartigen oder bemerkenswert originellen Beweis verdanken. – Nun kann eine Geschichte der Mathematik nie vollständig geschrieben werden; die Autoren müssen sich stets beschränken. Sie werden die Entwicklung einiger Grundideen skizzieren, vermögen dafür jedoch andere Entwicklungen nur anzudeuten oder in Überblicken aufzuzählen. Selbst mancher bedeutende Gelehrte kann nicht genannt werden, wenn das Buch einbändig bleiben soll.

In den vorliegenden „Biographien bedeutender Mathematiker" stehen das Leben und Werk jener Mathematiker von der Antike bis in die jüngste Vergangenheit im Vordergrund, denen bei mathematikhistorischen Betrachtungen in den Gymnasien und bei den Übersichtsvorlesungen zur Geschichte der Mathematik an den Hochschulen das größte Interesse entgegengebracht wird. Dabei sind die osteuropäischen (vorwiegend die führenden russischen) Mathematiker etwas ausführlicher gewürdigt, da den Autoren Quellen zugänglich waren, die manchem westlichen Mathematikhistoriker unbekannt oder unerreichbar sind.

Das Besondere an diesem Buch ist jedoch die Absicht der Autoren, keine geschlossene Darstellung im Sinne einer Geschichte der Mathematik vorzulegen, sondern die Biographien einzelner Mathematiker auf dem Hintergrund der gesellschaftlichen Entwicklung ihrer Zeit aufzuzeichnen. Die Biographien von Mathematikern einer Periode werden jedoch durch einleitende Überblicke über die hauptsächlichen Perioden der Entwicklungsgeschichte der Mathematik als einer gedanklichen Klammer zueinander in Beziehung gesetzt, so daß der Charakter und die wesentlichen Tendenzen der Mathematik während dieser Periode deutlich werden.

Unter den Überblicksabschnitten nimmt der Teil 7. „Einige Bemerkungen zur Mathematik des 20. Jahrhunderts" eine Sonderstellung ein. Er gibt einen Ausblick auf Entwicklungstendenzen der Mathematik bis in unsere Tage. Das Wirken einiger bedeutender Mathematiker des 19. Jahrhunderts reicht dabei zum Teil bis in die Mitte des 20. Jahrhunderts hinein. Auf die Würdigung zeitgenössischer Mathematiker in

Einzelbiographien wurde jedoch verzichtet, da lebende Persönlichkeiten prinzipiell von Darstellungen dieser Art ausgenommen sein sollten.

Besonderer Wert wurde auch auf die Ausstattung dieses Bandes mit Abbildungen gelegt, helfen diese doch häufig, sich ein noch genaueres Bild von der betreffenden Zeit zu machen.

Sicher werden bei dem einen oder anderen noch Wünsche nach Berücksichtigung weiterer Mathematiker offen geblieben sein. Jenen mögen die beigegebenen, sorgfältig zusammengestellten Literaturangaben weiterhelfen; sie eröffnen ferner den Zugang zu weiteren biographischen Einzelheiten, zu tieferen problemgeschichtlichen Zusammenhängen und vor allem zu den Originalarbeiten der Mathematiker selbst.

AULIS VERLAG DEUBNER & CO KG

1 Die Mathematik der Antike

Überblick

Nur eine einzige Person aus der Frühzeit der Mathematik ist uns namentlich bekannt, der ägyptische Schreiber *Ahmôse* (in der Literatur auch oft *Ahmes* geschrieben) aus dem 17. Jahrhundert v. u. Z., der sich in einem der wenigen erhalten gebliebenen mathematischen Papyri selbst als Verfertiger dieser Abschrift bezeichnet.
Die Anfänge der Mathematik reichen indessen noch viel weiter zurück. Die menschliche Arbeit erhielt schon frühzeitig mathematische Elemente; man denke etwa an Ornamente auf Waffen und Töpfereierzeugnissen, an die Herstellung von Rädern ohne und später mit Speichen, an die Planung der Anlagen von Feldern und Bauwerken, an die künstliche Bewässerung. In einer späteren Phase der menschlichen Gesellschaft sind Grundtatsachen und Grundgebilde der Geometrie sicher erfaßt worden, zum Beispiel gleichseitiges und gleichschenkliges Dreieck, Würfel, Quadrat, einige Symmetrieeigenschaften. Während der ersten gesellschaftlichen Arbeitsteilung, der Trennung in Ackerbauer und Viehzüchter, entwickelten sich Tausch- und Handelstätigkeit und mit ihnen die Fähigkeit zum Zählen und Rechnen. Eine weitere Haupttriebkraft zur Entwicklung mathematischer Fähigkeiten bestand im Zwang, sich in Raum und Zeit zu orientieren. So führte die lebensnotwendige Bestimmung landwirtschaftlicher Termine schon in der Frühzeit der Mathematik zu Kalenderrechnungen von überraschender Genauigkeit.
Das ursprüngliche mathematische Denken hat sich bei allen Völkern unter ähnlichen gesellschaftlichen Bedingungen fast gleichartig und voneinander unabhängig herausgebildet.
Die ersten Hochkulturen der Menschheit in den Flußtälern des Gelben Flusses, des Indus, des Euphrat und Tigris und des Nil weisen beträchtliche mathematische Kenntnisse aus. Bei den Chinesen sind im 1. Jahrtausend v. u. Z. lineare Gleichungen mit einer Variablen, Dreisatzrechnungen und die Systematisierung pythagoreischer Dreiecke nachgewiesen. In Indien wurden zum Beispiel komplizierte Flächenverwandlungen beherrscht und ausgezeichnete Näherungen für π und irrationale Wurzeln gefunden.
Auf Grund erhalten gebliebener Papyri aus dem 17. Jahrhundert v. u. Z. kennt man Struktur und Höhe der altägyptischen Mathematik recht gut. Das bis 10^7 reichende

Seite aus einem
Papyrus von Ahmes

Zahlensystem war dezimal aufgebaut, aber kein Positionssystem, da jede Zehnerpotenz ein besonderes Zeichen besaß. Die Rechenverfahren beruhten auf fortgesetztem Verdoppeln und Halbieren; die Grundlage der Bruchrechnung war ein durchgebildeter Algorithmus des Rechnens mit Stammbrüchen. Lineare Gleichungen mit einer Variablen traten bei der Bewältigung praktischer Aufgaben verbreitet auf; die Variable wurde durch die Hieroglyphe für ,,Haufen", ,,Menge" symbolisiert. Neben der Bekanntschaft mit den Grundtatsachen der ebenen und räumlichen Geometrie ist sogar eine Art Vorstufe der darstellenden Geometrie nachgewiesen, die Verwendung von quadratischen Netzen bei der Projektierung von Großbauten. Die Zahl $\frac{\pi}{4}$ wurde recht gut durch $\left(\frac{8}{9}\right)^2$ angenähert. Das Glanzstück der altägyptischen Mathematik war die korrekte Berechnung des Volumens des Pyramidenstumpfes.

In der babylonischen Mathematik erreichte insbesondere das algebraische Denken eine erstaunliche Höhe. Erhalten gebliebene Keilschrifttafeln, deren Entstehungszeit bis ins 2. Jahrtausend v. u. Z. zurückreicht, zeigen die Beherrschung von linearen und quadratischen Gleichungen, von Systemen linearer Gleichungen, die Vertrautheit mit arithmetischen und geometrischen Reihen, mit Quadrat- und Kubikwurzeln. Der pythagoreische Lehrsatz war bekannt, der Thalessatz wurde verwendet, und die trigonometrische Bezeichnung des Kotangens fand als ,,Böschungswert" beim Bau von Bewässerungsanlagen und Befestigungen breite Verwendung. Das babylonische positionelle Zahlensystem war sexagesimal aufgebaut und erhielt im 6. Jahrhundert v. u. Z. sogar ein inneres Lückenzeichen, eine Art Null.

Die gründliche Analyse der erhalten gebliebenen Texte aus der Frühzeit der Mathematik hat deutlich gezeigt, daß die Mathematik ihre Entstehung ganz handgreiflichen praktischen Problemen verdankt. Man weiß auch recht gut Bescheid über die soziale Stellung und die gesellschaftliche Funktion der Personen, die mathematische Kenntnisse besaßen und ausübten. Es handelt sich um die sogenannten Schreiber, die Verwaltungsbeamten der Staaten, die, je nach ihrem Rang mit mehr oder weniger umfassenden Machtbefugnissen ausgestattet, auch mehr oder weniger der herrschenden Schicht angehörten. Diese Schreiber trieben die Steuern ein, dirigierten die

Auszug aus dem Papyrus Rhind

Arbeitsheere, übten Gerichtsbarkeit aus, und sie praktizierten mathematische Kenntnisse, wie sie durch ihre Tätigkeit notwendig wurden. So waren Probleme der Feldvermessung, der Abgabenberechnung, der Bestimmung der Größe von Vorratsbehältern, der Projektierung von Bauwerken usw. mathematisch orientierte Verwaltungsprobleme, die in den Aufgabenbereich der Schreiber gehörten. Mit solchen und anderen Problemen befassen sich die mathematischen Keilschrifttexte und mathematische Papyri. Fast durchweg handelt es sich um eine rezeptartig betriebene empirische Mathematik. Die Texte enthalten Anweisungen zum Rechnen nach Art standardisierter Musterbeispiele. Dabei bestimmten die sachlichen Probleme – Bauwerke, Verpflegungssätze, Abgaben, Erbrecht usw. – die Gliederung der Texte. In den Ausbildungsstätten für die Schreiber wurden darauf zugeschnittene mathematische Verfahren gelehrt. Aus den überlieferten Texten kann man sogar schließen, daß die mündliche Unterweisung bis zu einem gewissen Grade die Wahl des entsprechenden Berechnungsverfahrens auch begründet haben muß.
Interessant ist in diesem Zusammenhang die Tatsache, daß sich schon auf dieser relativ frühen Stufe der Entwicklung der Mathematik, die inhaltlich und auch hinsichtlich der aus dem täglichen Leben übernommenen Terminologie ganz von den praktischen Problemen geprägt worden ist, echte Ansätze zu einer argumentierenden, ja sogar beweisenden Denkweise finden, womit der Weg zur Mathematik als Wissenschaft gebahnt wurde. Diese in die Zukunft weisenden Schritte sind durch intensive mathematikhistorische Forschungen in jüngster Zeit insbesondere für die babylonische Mathematik nachgewiesen worden. Der wirklich durchgreifende Übergang von der rezeptartig betriebenen Mathematik zu der auf Definitionen, Sätzen und Beweisen aufgebauten Wissenschaft vollzog sich jedoch erst im 7. und 6. Jahrhundert v. u. Z., nachdem im östlichen Mittelmeerraum weitreichende ökonomische, soziale und politische Veränderungen vorausgegangen waren.
Im Zusammenhang mit raschen Fortschritten bei der Entwicklung der Produktivkräfte entwickelten sich die gesellschaftlichen Verhältnisse weiter. Nun boten nicht mehr die Täler der großen Flüsse die besten Möglichkeiten zur Entfaltung, sondern die Küstenländer mit ihren günstigen Möglichkeiten des Handels und

Koloß von Rhodos
an der Hafeneinfahrt von Alexandria

Transportes auf dem Wasserwege. Die rings um das Ägäische Meer ansässig gewordenen griechischen Stämme der Ionier und Dorer schufen den neuen höheren Typ der antiken Gesellschaft, hoben Kultur und Wissenschaft auf eine neue Stufe der Entwicklung und vollzogen unter anderem auch, im engen Kontakt insbesondere mit der hochstehenden babylonischen Mathematik, den Übergang zur Wissenschaft Mathematik.

Eine erste Periode der griechisch-hellenistischen Mathematik läßt sich auf etwa die Zeit vom 6. Jahrhundert bis etwa 450 v. u. Z. ansetzen; der engen Beziehung der Mathematik zur ionischen Naturphilosophie wegen bezeichnet man diese Periode gewöhnlich als ionische Periode.

Ein wesentliches Merkmal dieser ersten Periode der griechisch-hellenistischen Mathematik ist die Herausarbeitung jener Kernfrage aller modernen wissenschaftlichen Mathematik, nach der nicht nur nach dem „Wie" eines mathematischen Zusammenhanges gefragt wird, sondern ebenso nach dem inneren Grund, dem „Warum". Um ein Beispiel zu nennen: Der Sachverhalt, daß jeder Peripheriewinkel über dem Kreisdurchmesser ein rechter Winkel ist, wurde schon in der babylonischen Mathematik benutzt, aber erst in der ionischen Periode wurde dafür ein Beweis erbracht. Ähnlich steht es mit dem Satz über die Gleichheit der Basiswinkel des gleichschenkligen Dreiecks oder dem selbstverständlich scheinenden, nun aber bewiesenen Satz, daß jeder Durchmesser eines Kreises die Kreisfläche halbiert.

Wie die antike Überlieferung wissen will, soll der in einer der führenden ionischen Stadtstaaten, in Milet, wirkende *Thales* alle diese – und weitere – Sätze auf Grund von Definitionen und Voraussetzungen mit Hilfe von Symmetrieüberlegungen erstmals bewiesen haben. Als Philosoph strebte *Thales* nach einer rationalen Erklärung der Welt und ihrer Entwicklung und sah nicht in Göttern oder übernatürlichen Mächten, sondern im Wasser den Urgrund der Welt, aus dem alle Dinge hervorgehen und in den sie zurückkehren. Damit wurde *Thales* über seine Schüler *Anaximander* und den ebenfalls in Milet wirkenden *Anaximenes* zum Stammvater der materialistisch eingestellten ionischen Naturphilosophie, der auch der herausragende ionische Dialektiker *Heraklit von Ephesos* angehörte.

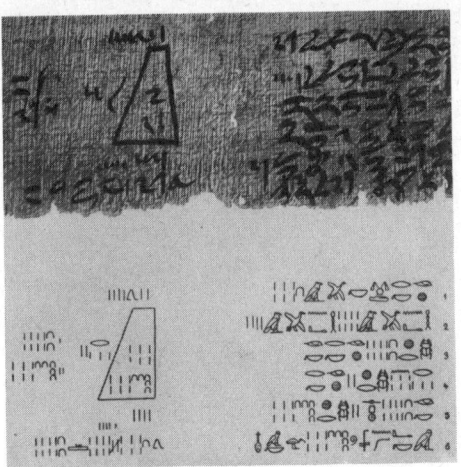

Moskauer Papyrus mit der Berechnung eines Pyramidenstumpfes mit hieratischem Text, darunter die Umschrift in Hieroglyphen

In jener Atmosphäre der Besinnung auf das Wesen der Erscheinungen, wie sie der spontan materialistisch-dialektischen Grundhaltung der ionischen Naturphilosophie zugrunde lag, gelang es in dieser ersten Periode der griechisch-hellenistischen Mathematik, das reiche Material mathematischer Erfahrungen und Kenntnisse logisch zu ordnen und Grundprinzipien der wissenschaftlichen Methode für die Mathematik herauszuarbeiten.

Als bedeutendster Geometer aus der Frühzeit gehört *Hippokrates von Chios* bereits dem Ende dieser ersten Periode an. Auf ihn geht unter anderem die Gewohnheit zurück, Punkte und Strecken bei geometrischen Konstruktionen durch Buchstaben zu bezeichnen. Er war der Verfasser einer ersten zusammenfassenden, auf Grund von Definitionen, Sätzen und Beweisen voranschreitenden Darstellung der Mathematik, doch sind diese seine „Elemente" verschollen, weil sie durch die umfangreicheren des *Euklid von Alexandria* verdrängt wurden.

In jene erste Periode fällt auch die Gründung des Geheimbundes der Pythagoreer, der, obwohl von idealistischen und mystischen Anschauungen über die geheimnisvolle Kraft der Zahlen ausgehend, dennoch in dieser unwissenschaftlichen Umhüllung einen bedeutenden Beitrag zur Lehre von der Teilbarkeit der Zahlen und zur Theorie der Primzahlen geleistet hat.

Eine zweite Periode der griechisch-hellenistischen Mathematik ist etwa auf die Zeit von 450 bis etwa 300 v. u. Z. anzusetzen; sie wird gewöhnlich als athenische Periode bezeichnet.

Der Stadtstaat Athen hatte mit seinen Verbündeten im 5. und 4. Jahrhundert v. u. Z. im griechisch besiedelten Raum die führende Stellung erreicht. Die wirtschaftliche Basis der politischen und militärischen Vormachtstellung dieses attischen Seebundes stellten ein ausgebreiteter Seehandel und ein großangelegter Silberbergbau dar. Unter dem Staatsmann *Perikles* erlebte die antike Demokratie ihre deutlichste Ausprägung und eine Zeit kultureller Hochblüte. Der Bau der Akropolis, die Entwicklung der bildenden Kunst, die Blüte des griechischen Theaterlebens mit den Tragödiendichtern *Sophokles* und *Euripides* und dem Komödiendichter *Aristophanes* sind noch heute beeindruckende Zeugnisse antiker Kultur.

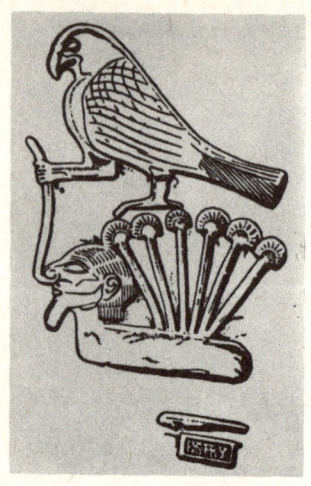

Hieroglyphe für die Zahl 6 000

Auch die Wissenschaften konnten sich in dieser Periode wirtschaftlichen und politischen Aufschwunges günstig entwickeln. Jedoch ging die friedliche und fruchtbare Periode rasch zu Ende; der von 431 bis 404 v. u. Z. dauernde Peloponnesische Krieg zwischen Athen und Sparta zog ganz Griechenland in Mitleidenschaft und endete schließlich mit dem Sieg Spartas. Bereits wenig später fiel das innerlich geschwächte Griechenland der Eroberung durch den mazedonischen König *Philipp* zum Opfer, und im Jahre 338 wurde ganz Griechenland Bestandteil des mazedonischen Reiches. Mit *Philipps* Sohn *Alexander von Mazedonien*, der in kurzer Zeit ein Weltreich eroberte, das Ägypten, den vorderen Orient und Teile von Zentralasien und Indien umfaßte, begann das Zeitalter des Hellenismus.

Die relativ kurze athenische Periode hat dennoch das Wesen der antiken Wissenschaften stark geprägt. Zwei Aspekte der Entwicklung der Mathematik verdienen hier besonders hervorgehoben zu werden, einmal die starke Beeinflussung durch die Philosophie *Platons*, zum anderen die Herausbildung eines besonderen Typs von Mathematik.

Seit *Platon* am Hofe des Herrschers *Archytas von Tarent*, der selbst ein leidenschaftlicher Pythagoreer und ausgezeichneter Mathematiker war, die Mathematik kennengelernt hatte, war sie ihm ein wesentliches Element seines philosophischen Systems, als Beweis dafür, daß durch das menschliche Denken allein ein Zugang zur Welt der Ideen möglich sei. Beispielsweise sei jedes hingezeichnete Dreieck nur ein mehr oder weniger guter Abklatsch der – nach seiner Auffassung objektiv existierenden – Idee „Dreieck", die alle am Dreieck nur mehr oder weniger genau nachmeßbaren Eigenschaften in Vollkommenheit besitzt. Jedes Ausmessen der Winkelsumme am konkreten Dreieck weicht eben ab von 180°, während die Idee Dreieck genau 180° als Winkelsumme besitzt.

Es handelt sich bei *Platon* um eine eindeutig idealistische Philosophie, insbesondere um eine grundsätzlich falsche Einschätzung des Wesens des Abstraktionsvorganges bei der Begriffsbildung. Die Folge aber der Überbetonung des reinen Denkens war eine Mißachtung der Anschauung, des Probierens, der praktischen Verwendung von Wissenschaft und speziell der Mathematik der Anwendungen. *Platon* selbst wandte sich

Keilschrifttext
zur Berechnung
eines ringförmigen Walles
mit trapezförmigem
Querschnitt

gegen die Anwendung von mechanischen Konstruktionsmitteln (außer Winkel und Lineal) und voller Zorn gegen die Vorstellung, man solle Mathematik „um des Kaufens und Verkaufens wie Handelsleute und Krämer" betreiben.
Bei dem großen Einfluß, den *Platon* und seine von ihm gegründete philosophische Schule unter den Bedingungen der antiken Gesellschaft, in der jede produktive Tätigkeit als Tätigkeit von Sklaven oder Unfreien von vornherein abgewertet war, erringen konnte, hat seine Philosophie somit in letzter Instanz hinderlich auf die Fortentwicklung der Mathematik in der Antike gewirkt, insbesondere auf die Herausbildung einer durchgebildeten Rechentechnik und die Bewältigung der Grenzwertvorstellung.
Gerade mit dem letzteren Gesichtspunkt hängt der zweite Aspekt der Mathematik in der athenischen Periode eng zusammen. Die pythagoreische Schule war mit ihrer Grundauffassung gescheitert, daß es in der Mathematik nur ganze Zahlen und deren Verhältnisse gebe, als man die Entdeckung von der Existenz irrationaler Größen machte. Mit der leicht als Diagonale im Einheitsquadrat zu konstruierenden Strecke war eine Strecke gefunden, die zur Länge der Quadratseite nicht im Verhältnis ganzer Zahlen steht. Anders ausgedrückt, zwei Strecken waren als gegeneinander inkommensurabel (d. i. sich nicht messend) erkannt worden. Der Widerspruch zwischen der Tatsache, daß eine Strecke wohl eine geometrische Repräsentation, nicht aber eine ihr entsprechende arithmetische Größe, ein Zahlenäquivalent besitzt, war damit aufgerissen und wurde zum theoretischen Grundproblem für die Mathematiker der athenischen Periode, zumal *Theodoros von Kyrene*, ein Zeitgenosse von *Platon*, die Irrationalität der Streckenlängen von $\sqrt{3}, \sqrt{5}, \ldots, \sqrt{17}$ nachgewiesen hatte.
Der Ausweg aus dieser Grundlagenkrise durch den Aufbau einer Theorie der irrationalen Zahlen hätte die begriffliche Bewältigung des Grenzwertbegriffes erfordert. Hier ist die Antike allerdings, gerade unter dem Einfluß des in der platonischen Philosophie noch wirkenden Pythagoreismus, nicht zur endgültigen Lösung vorgedrungen, wenn auch, noch während der athenischen Periode, weitgehende Ansätze und Ergebnisse durch die hochbedeutenden Mathematiker *Theaitetos von Athen* und *Eudoxos von Knidos* erzielt wurden.

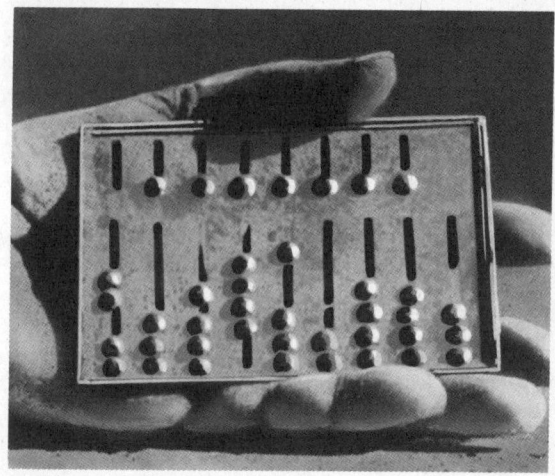

Römischer Handabakus

Die eigentliche Entwicklungsrichtung aber ging nicht diesen Weg. Vielmehr wurde die entstandene Grundlagenkrise durch den Aufbau einer geometrischen Algebra gelöst. Die Konstruktion, das heißt die geometrische Methode, liefert Strecken, also Repräsentationen für irrationale Zahlen, wie sie für die Lösung algebraisch-arithmetischer Problemstellungen gefordert werden. So wurden zum Beispiel die quadratischen Gleichungen „aufgelöst", das heißt, eine Strecke mit einer Länge von entsprechender Maßzahl wird konstruiert; so behandelte man den Versuch einer Klassifizierung quadratischer Irrationalitäten, usw.

Dieser spezielle Typ der Mathematik – geometrisch in der Methode, algebraisch in der Zielstellung – wurde in der athenischen Periode herausgebildet, bestimmte aber in großen Zügen auch das Bild der Mathematik in der nächsten Periode, die man im allgemeinen auf die Zeit von etwa 300 v. u. Z. bis etwa 200 u. Z. datiert und als hellenistische Periode bezeichnet.

Das von *Alexander* gebildete Großreich zerfiel bald nach seinem frühen Tode im wesentlichen in drei Teilreiche, von denen Ägypten mit der noch von *Alexander* gegründeten und nach ihm benannten Hauptstadt Alexandria für die nachfolgenden Jahrhunderte, bis zur Eroberung durch die Römer unter *Julius Cäsar*, als das ökonomisch und politisch stärkste verblieb.

Alexandria wurde das Zentrum der antiken Wissenschaft. Als erstes staatlich begründetes und unterhaltenes Forschungszentrum wurde dort noch vor 300 v. u. Z. das sogenannte Museion ins Leben gerufen. Es besaß Hörsäle, Arbeitszimmer, Speiseräume, eine Art Sternwarte, zoologische und botanische Gärten. Ihm war eine riesenhafte, etwa 400 000 Papyrusrollen umfassende Bibliothek angegliedert, deren Aufgabe darin bestand, alle wissenschaftlichen, philosophischen und schöngeistigen Schriften der Völker des Mittelmeeres und des Vorderen Orients systematisch zu sammeln. Leider wurde diese einmalige Bibliothek nach der Einnahme der Stadt durch die Römer vernichtet; sie benutzten die Papyrusrollen zum Heizen der Bäder.

Während der ersten zwei bis drei Jahrhunderte des Bestehens des Museions haben alle bedeutenden Naturforscher und Mathematiker in Alexandria gewirkt oder dort ihre Ausbildung erhalten und weiterhin dahin in Verbindung gestanden: *Euklid, Archime-*

Antikes Amphitheater, erbaut in der 2. Hälfte des 4. Jh. v. u. Z.

des, *Apollonios* und *Diophantos*, die hier in diesem Buch gesondert gewürdigt werden, aber auch *Eratosthenes von Kyrene*, *Heron von Alexandria*, *Ptolemaios*, *Pappos von Alexandria* und viele andere mehr.

Die Mathematikerschule in Alexandria hat noch bis zum Jahre 415 u. Z. bestanden; in diesem Jahr wurde die bedeutende Mathematikerin *Hypatia*, Tochter des Mathematikers *Theon von Alexandria*, als Nichtchristin von aufgehetzten fanatischen Anhängern des Christentums auf offener Straße ermordet.

Während der hellenistischen Periode hat die griechisch-hellenistische Mathematik ihren Höhepunkt erreicht; dies zeigen die Lebensbeschreibungen und Analysen der Werke von *Euklid*, *Archimedes* und *Apollonios* deutlich.

Aber auch in der sich anschließenden letzten Periode der griechisch-hellenistischen Mathematik, einer Endperiode, die bis zum 5. Jahrhundert unserer Zeitrechnung zu datieren ist, sind noch Fortschritte erzielt worden. Sie betreffen einmal die Wiederbelebung der echt algebraischen babylonischen Traditionen und treten am deutlichsten bei *Diophantos von Alexandria* hervor. Zum anderen handelt es sich um einen Aufschwung der praktischen Methoden der Mathematik, die in den vorzüglichen Schriften des auch sonst bedeutenden alexandrinischen Ingenieurs *Heron von Alexandria* enthalten sind. Daneben konnte *Pappos von Alexandria* Anfang des 4. Jahrhunderts unserer Zeitrechnung noch Fortschritte in Geometrie und Trigonometrie erzielen.

Im ganzen aber handelt es sich in dieser letzten Periode um eine Periode des Verfalls der Kultur, der Wissenschaften und auch der Mathematik durch die um sich greifende Stagnation der ökonomischen Entwicklung der antiken Gesellschaft und die beginnende Zersetzung und Auflösung des römischen Weltreiches.

Ziemlich unvermittelt ging die griechisch-hellenistische Mathematik zu Ende, jedoch nicht verloren. Sie ist eingegangen in die Mathematik der islamischen Länder; vom 8. Jahrhundert an wurden wesentliche antike mathematische Autoren ins Arabische übersetzt. Vom 14. Jahrhundert an, ganz besonders aber in der Periode der Renaissance, sind dann auch aus dem arabischen Kulturkreis die großartigen Ergebnisse der griechisch-hellenistischen Mathematik nach Europa gelangt, wo sie noch im 17. Jahrhundert wesentliche Impulse für die Begründung der modernen Mathematik gaben.

Büste des Pythagoras

Literaturverzeichnis zum Überblick über die Mathematik der Antike

[1] *Struve, W. W.:* Der mathematische Papyrus des staatlichen Museums der schönen Künste in Moskau. Berlin 1930.
[2] *Chace, A. B.* und andere: The Rhind Mathematical Papyrus, 2 Bände. Oberlin (Ohio) 1927 bis 1929.
[3] *Neugebauer,O.:* Mathematische Keilschrifttexte, 2 Bände. Berlin 1935.
[4] *Neugebauer, O.:* Vorlesungen über Geschichte der antiken mathematischen Wissenschaften, Band 1, Vorgriechische Mathematik. 1934.
[5] Die Fragmente der Vorsokratiker, griechisch und deutsch von H. Diels. Hrsg. W. Kranz, 8. Auflage, Berlin 1956.
[6] *Heath, Th.:* A History of Greek Mathematics, 2 Bände. Cambridge 1921.
[7] *Heiberg, J. L.:* Geschichte der Mathematik und Naturwissenschaften im Altertum. München 1925.
[8] *Hofmann, J. E.:* Geschichte der Mathematik, Band I. Von den Anfängen bis zum Auftreten von Fermat und Descartes. Sammlung Göschen, Band 226/226a, 2. Auflage, Berlin 1963.
[9] Zur Geschichte der griechischen Mathematik. Herausgegeben von O. Becker, Darmstadt 1965.
[10] Van der Waerden, B. L.: Erwachende Wissenschaft. 2. Auflage, Basel/Stuttgart 1966.
[11] *Wussing, H.:* Mathematik in der Antike. 2. Auflage, Leipzig 1965.
[12] *Löwe, G. / H. A. Stoll:* Die Antike in Stichworten. Leipzig 1966.
[13] Lexikon der Antike. Leipzig 1971.

Pythagoras von Samos und die Pythagoreer (etwa 580 bis etwa 500 v. u. Z.)

Die Person des *Pythagoras* und der nach ihm benannte Bund der Pythagoreer sind bereits in der Antike durch eine verklärende Geschichtsschreibung ins Legendäre erhoben worden. Die meisten schriftlichen Nachrichten über ihn und seine Anhänger

Antike Münze
mit Pythagoras-Bildnis

gehen auf Darstellungen seines Lebens zurück, die im 3. oder 4. Jahrhundert u. Z., also nach mehr als 800 Jahren, geschrieben worden sind. Die bekannteste, ausführlichste, aber auch wohl am stärksten parteiische und in diesem Sinne besonders verdächtige Lebensbeschreibung des *Pythagoras* stammt von dem Neupythagoreer *Jamblichos*, der am Ausgang der Antike lebte, als mit der allgemeinen Verstärkung mystischer und abergläubischer Anschauungen auch ein Rückgriff, eine Neubelebung der angeblichen Ansichten der inzwischen untergegangenen religiösen Sekte der Pythagoreer erfolgte. Kein Wunder, daß *Jamblichos* den vorgeblichen Stammvater seiner eigenen Ansichten zu einem Heros des Denkens und Forschens verklären wollte. Objektivere, aber nur sehr wenig aufschlußreiche Berichte über *Pythagoras* stammen schon vom „Vater der griechischen Geschichtsschreibung", von *Herodotos*, und dem bedeutenden Philosophen *Aristoteles*. Alle diese und weitere, wissenschaftlich ausgewertete Informationen sowie Rückvergleiche mit den Möglichkeiten und Wahrscheinlichkeiten der echten historischen Situation liefern etwa das folgende Bild über *Pythagoras* und seine Anhängerschaft.

Es gilt als gesichert, daß *Pythagoras* wirklich existiert hat. Das Geburtsjahr kann etwa auf 580 v. u. Z. festgesetzt werden; sein Vater soll ein Gemmenschneider auf der Insel Samos gewesen sein, die zu dieser Zeit von dem Tyrannen *Polykrates* beherrscht wurde, demselben, der in dem berühmten Gedicht „Der Ring des Polykrates" von *Friedrich Schiller* als ein vom Glück begünstigter Herrscher idealisiert wird.

Pythagoras verließ Samos wie so viele andere auch wahrscheinlich aus Furcht vor der drohenden Eroberung durch die aggressiven Perser. Zunächst soll er sich nach Milet begeben haben, wo *Thales* seine mathematische Begabung erkannte und ihn auf die in Phönizien und Ägypten vorhandenen Wissensschätze hingewiesen habe. Dies wäre von den Lebensdaten her durchaus möglich gewesen. In Phönizien (heute etwa die Küstenregion Syriens) und Ägypten wurde *Pythagoras* während eines langdauernden Aufenthaltes in die Mysterien verschiedenster religiöser Kulte eingeführt und lernte wohl auch die überlieferte hochentwickelte babylonische und altägyptische Mathematik und Astronomie kennen. Nach einem weiteren zwölfjährigen Aufenthalt in Babylon erreichte *Pythagoras* über verschiedene Zwischenstationen schließlich die von Grie-

Pythagoras als Musikant, aus „Theorica Musice", Milano 1492

chen bewohnte Stadt Croton in Süditalien und gründete eine religiöse Sekte, die zu beträchtlicher politischer Macht gelangte.

Die Pythagoreer wurden jedoch vertrieben und ließen sich in einer anderen süditalienischen Stadt, in Metapontum, nieder. *Pythagoras* selbst verbrachte dort seine letzten Lebensjahre. Etwa im Jahre 500 v. u. Z. ist er gestorben. Von allen Details abgesehen, ist diese Schilderung des Lebens von *Pythagoras* plausibel. Sie enthält jedenfalls den Hinweis auf die allgemeingültige Tatsache, daß die ionische Periode griechischer Wissenschaft in starkem Maße an die überlieferte babylonische und altägyptische Wissenschaft anknüpfte. Dies gilt in besonderem Maße für die Mathematik. So ist beispielsweise der Sachverhalt des nach *Pythagoras* benannten Satzes am rechtwinkligen Dreieck lange vor *Pythagoras* in der babylonischen Mathematik bekannt gewesen, wovon entsprechende erhalten gebliebene Keilschrifttafeln zeugen. Wann der Satz allgemein formuliert und bewiesen worden ist, kann heute nicht mehr genau festgestellt werden. Sicher ist, daß die Pythagoreer an den bekannten Sachverhalt angeknüpft und im Anschluß an dort bekannte Verfahren alle die durch $\frac{n^2-1}{2}$, n, $\frac{n^2+1}{2}$ mit ungeradem n gekennzeichneten rechtwinkligen Dreiecke aufgestellt haben. Möglicherweise in der Absicht und Hoffnung, alle rechtwinkligen Dreiecke durch rationale Seitenlängen zu beschreiben, wurde ein allgemeiner, allerdings geometrischer Beweis durch Konstruktion gefunden. Die Legende schreibt *Pythagoras* selbst diese Entdeckung zu und auch, daß er den Göttern ein großes Ochsenopfer dargebracht habe. Das letztere ist bestimmt falsch, denn die pythagoreische Seelenwanderungslehre verbot natürlicherweise von vornherein Tieropfer. Und doch ist es amüsant, jenes kleine Gedicht des deutschen romantischen Dichters *A. von Chamisso* zu lesen, das einer gewissen Aktualität nicht entbehrt:

„Die Wahrheit, sie besteht in Ewigkeit.
Wenn erst die blöde Welt ihr Licht erkannt;
der Lehrsatz, nach *Pythagoras* benannt,
gilt heute, wie er galt zu seiner Zeit.

Büste des Thales von Milet
(etwa 624 bis etwa 548 v. u. Z.)

Ein Opfer hat *Pythagoras* geweiht
den Göttern, die den Lichtstrahl ihm gesandt;
es taten kund, geschlachtet und verbrannt,
einhundert Ochsen seine Dankbarkeit.

Die Ochsen seit dem Tage, wenn sie wittern,
daß eine neue Wahrheit sich enthülle,
erheben ein unmenschliches Gebrülle.

Pythagoras erfüllt sie mit Entsetzen;
und machtlos, sich dem Licht zu widersetzen,
verschließen sie die Augen und erzittern."

Der von *Pythagoras* gegründete Bund stand politisch den Aristokraten, also den konservativen Kräften nahe. Ansonsten zeigte er alle Züge eines religiösen Geheimbundes. Seit der Vertreibung aus Croton war Konspiration nötig. Der „Meister", also anfangs *Pythagoras* selbst, blieb unsichtbar; nur seine Stimme durfte hinter einem Vorhang erklingen. Es gab strenge Vorschriften über Kleidung und Nahrung. Beispielsweise waren das Tragen von Wollkleidung und Schuhwerk und der Genuß von Fleisch, Fischen, Bohnen und Wein verboten. Erwiesen ist das Arrangement von „Wundern", um dem Bund neue Anhänger zuzuführen. Die zugrundeliegende religiöse Auffassung von einer Seelenwanderung hat *Pythagoras* sicherlich während seiner Wanderjahre kennengelernt.
Dies alles reihte den Bund der Pythagoreer ein in eine Vielzahl damals vorhandener religiöser Vereinigungen. Das Besondere bestand darin, daß nach Meinung der Pythagoreer der Zugang zu den Mysterien, zum Transzendenten nur oder wenigstens am besten zu erreichen sei durch die Versenkung in die Welt der Zahlen.
Religiösen Zwecken dienend rückte somit in dem Bund der Pythagoreer, sozusagen unbeabsichtigt, die Erforschung der Zahlen in den Vordergrund. Die positiven ganzen Zahlen größer als 1 — und nur dies sind Zahlen nach pythagoreischer Auffassung — dachte man sich mit geheimnisvollen Kräften ausgestattet, legte ihnen Eigenschaften und Absichten unter und glaubte, daß von personifizierten Zahlen das Geschehen der

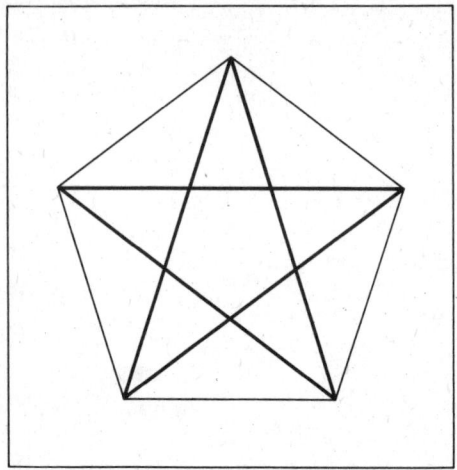

Pentagramm

Welt regiert werde. Besondere, beinahe göttliche Verehrung genoß die heilige Zehnzahl (Tetraktys), denn, wie es ein Pythagoreer ausdrückte: ,,Denn sie ist groß, alles vollendend, alles bewirkend und Anfang und Führerin des göttlichen, himmlischen und menschlichen Lebens." [5, S. 243]

Die Auffassung von der alles bewirkenden Kraft der Zahlen wurde unterstützt durch die eben um diese Zeit gemachte naturwissenschaftliche Entdeckung, daß bei Saiteninstrumenten harmonische Tonintervalle erzeugt werden, wenn die Saitenlängen im Verhältnis ganzer Zahlen stehen. Im Kreis der Pythagoreer wurde diese Entdeckung zum Ausgangspunkt weitreichender Spekulationen, die bis zu kosmologischen Scheinanalogien von einer Gegenerde und Gegensonne gingen.

Es handelt sich um eine idealistische Weltanschauung und bezüglich der fundamentalen Rolle der Zahl um eine Verkennung des Wesens beim erkenntnistheoretischen Prozeß des Abstrahierens. Entkleidet man die in der pythagoreischen Schule gemachten mathematischen Entdeckungen aber ihrer mystischen Hülle, so stellt sich heraus, daß viele wertvolle Ergebnisse gefunden worden sind, die, logisch geordnet, in die nachfolgende mathematische Tradition der athenischen Periode eingegliedert und schließlich in die berühmten 13 Bücher der ,,Elemente" von *Euklid* aufgenommen worden sind.

Die Einteilung der natürlichen Zahlen größer als 1 in gerade und ungerade Zahlen entstammt noch der pythagoreischen Schule der Frühzeit. Aus einer Mischung von Mystik, Geometrie und Zahlenspielerei gingen die sogenannten figurierten Zahlen hervor; man unterschied (in der Ebene) Dreiecks-, Quadrat-, Rechteck- und Fünfeckzahlen. Auf einem Sandbrett eingezeichnet oder mit Rechensteinen ausgelegt, konnte man diese Zahlen vor Augen bringen; auf diese Weise wurden auch, beinahe experimentell, die Summationen einfacher Reihen gefunden. In unseren heutigen Schreibweisen handelt es sich zum Beispiel um die folgenden Reihen.

$$\sum_{\nu=1}^{n} \nu = \frac{1}{2}(n+1)n \qquad \sum_{\nu=1}^{n} (2\nu - 1) = n^2 \qquad \sum_{\nu=1}^{n} (3\nu - 2) = \frac{1}{2}(3n-1)n$$

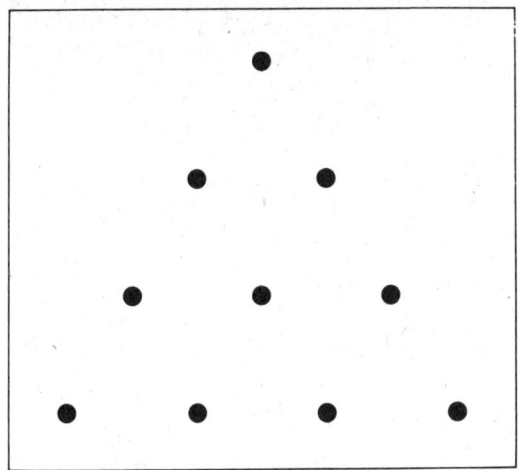

Tetraktys

Aus Babylonien stammen Kenntnisse über das arithmetische, geometrische und harmonische Mittel, die wahrscheinlich noch von *Pythagoras* selbst auf die Musiktheorie angewendet wurden. Insbesondere soll er die „goldene Proportion"

$$a : H = A : b,$$

wo $H = \dfrac{2ab}{a+b}$ das harmonische und $A = \dfrac{a+b}{2}$ das arithmetische Mittel von a und b bedeuten, von den Babyloniern übernommen und zum Mittelpunkt einer großangelegten Zahlenspekulation gemacht haben.

Diesem Ideenkreis entstammte auch das Ordenszeichen der Pythagoreer, das Pentagramm. Es ergibt sich, indem man im regelmäßigen Fünfeck die Diagonalen einzeichnet; dabei teilen sich die Seiten des Pentagramms im Verhältnis des „goldenen Schnittes". Diese Figur, die schon auf babylonischen Keilschrifttafeln vorkommt, hatte noch bis weit ins Mittelalter als sogenannter Drudenfuß mystische Bedeutung; man denke etwa an *Goethes* „Faust".

Dagegen sind die Lehre von der Teilbarkeit der Zahlen, die Theorie der Primzahlen und die Lehre von den Zahlenverhältnissen jüngeren Datums. Man darf annehmen, daß diese Ergebnisse, die dann in das Buch VII der „Elemente" von *Euklid* eingegangen sind, den Pythagoreern der Generation von *Archytas von Tarent* zu verdanken sind.

Die Folge der bedeutenden mathematischen Ergebnisse im Verein mit der zugrundegelegten idealistischen Ideologie war der Aufbau eines allgemeinen Dogmengebäudes, der sogenannten „arithmetica universalis" (d. i. allumfassende Arithmetik), wonach alles Geschehen der Welt in rationalen Zahlenverhältnissen erfaßbar und ausdrückbar sei.

Es ist nun um so bemerkenswerter, daß gerade innerhalb der pythagoreischen Schule die Entdeckung gemacht worden ist — möglicherweise bei dem Problem der Diagonalenlänge im Einheitsquadrat —, daß es doch gegenseitig sich nicht messende, irrationale Zahlen gibt. Wahrscheinlich geschah dies durch *Hippasos von Metapontum*, der diese für die Pythagoreer niederschmetternde Tatsache entdeckt hat, die

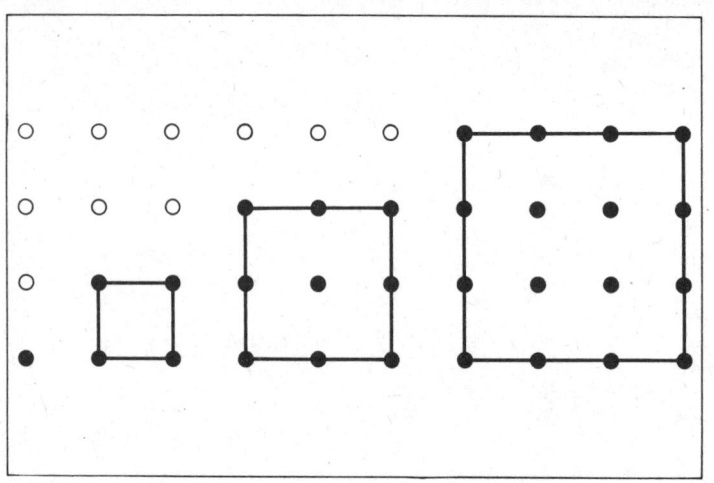

Darstellung der Quadratzahlen

den inneren Zusammenbruch der ,,arithmetica universalis" zur Folge haben mußte. Die Überlieferung besagt, daß die Pythagoreer anfangs versuchten, diese Entdeckung zu vertuschen, und daß sie später *Hippasos* wegen Verletzung der Geheimhaltungspflicht aus dem Bund ausschlossen, möglicherweise sogar den Schiffbruch inszenierten, dem *Hippasos* zum Opfer fiel. Jedenfalls wurde sein Tod von den Pythagoreern als eine gerechte Strafe des Himmels betrachtet. Indessen war der Untergang des Bundes nicht lange mehr aufzuhalten. Neben dem Zusammenbruch der ,,arithmetica universalis" hatten sich insbesondere durch den Sieg der demokratischen Kräfte über die Aristokratie auch in Süditalien die politischen und ökonomischen Bedingungen für seine Existenz grundlegend geändert. Spätestens gegen Ende des 4. Jahrhunderts v. u. Z. war der Bund erloschen.

Und doch hat die von den Pythagoreern vertretene idealistische Auffassung vom Wesen der Mathematik weitergewirkt. Als junger Mann nämlich hatte *Platon* bei *Archytas von Tarent* die Mathematik kennengelernt, und mit dem großen Einfluß, den *Platon* als Philosoph auf die Entwicklung der Philosophie und der Wissenschaft erlangte, wurden idealistische Auffassungen vom Wesen der Wissenschaft für die nächsten Jahrhunderte bestimmend. Es bedurfte eines zähen Kampfes, um diesen negativen Einfluß auf die Entwicklung der Mathematik zurückzudrängen. Auch heute noch existieren Nachklänge des Pythagoreismus und Platonismus in der Mathematik.

Literaturverzeichnis zu Pythagoras von Samos

[1] *Jamblichos/Porphyrios:* Vita Pythagoraica (Das Leben von Pythagoras). Ed. A. Nauck, 2. Auflage, Leipzig 1886.
[2] *Fritz, K. v.:* Pythagorean Politics in Southern Italy. Colorado 1940.
[3] *Fritz, K. v.:* Die Entdeckung der Inkommensurabilität durch Hippasos von Metapont. In: Zur Geschichte der griechischen Mathematik. Ed. O. Becker, Darmstadt 1965, S. 270 bis 307 (Übersetzung aus dem Englischen).

Darstellung der Polygonalzahlen

[4] Van der Waerden, B. L.: Die Arithmetik der Pythagoreer. In: Mathematische Annalen, Band 120 (1947/49), S. 127 bis 153, 676 bis 700.
[5] Die Fragmente der Vorsokratiker. Griechisch und deutsch von H. Diels, Erster Band, 2. Auflage, Berlin 1906.
[6] Geschichte der Philosophie. Band 1, Berlin 1959 (Übersetzung aus dem Russischen).
[7] Lietzmann, W.: Der Pythagoreische Lehrsatz. Leipzig 1957.

Euklid von Alexandria (etwa 365 bis etwa 300 v. u. Z.)

Euklid und sein Werk ,,Die Elemente" sind zu einem Inbegriff von Mathematik schlechthin geworden. Die ,,Elemente" stellen mit Abstand das erfolgreichste mathematische Werk der Weltgeschichte dar. Länger als 2 000 Jahre war es die Grundlage für die Mathematikausbildung, und noch in jüngster Zeit wurden in England die ,,Elemente" als offizielles Schullehrbuch verwendet.
Doch über die Lebensumstände des erfolgreichsten Autors im Bereich der Mathematik ist fast nichts bekannt; das Wenige stammt erst aus wesentlich späterer Überlieferung.
Sein Geburtsjahr kann auf etwa 365 v. u. Z. angesetzt werden, sein Geburtsort aber ist unbekannt. In der Geschichte der Wissenschaften wird *Euklid* als ,,Euklid von Alexandria" geführt, weil Alexandria der einzige Ort ist, der mit großer Sicherheit mit *Euklid* in Verbindung gebracht werden kann.
Man darf annehmen, daß *Euklid* seine philosophische, wissenschaftliche und mathematische Ausbildung an der Platonischen Akademie in Athen erhalten hat. Als die Arbeitsbedingungen dort durch kriegerische Ereignisse und deren Folgen immer unerquicklicher wurden, siedelte er nach Alexandria über, wo er unter der Regierung des ersten und möglicherweise auch noch unter der des zweiten Ptolemäerkönigs lebte.
Sicherlich hat *Euklid* in irgendeiner Form mit dem Museion und dessen Bibliothek in Verbindung gestanden, wie es scheint jedoch nicht in einer offiziellen Stellung. Andernfalls würden wir darüber von seiten der Hofhaltung der Ptolemäerkönige mit großer Wahrscheinlichkeit Dokumente besitzen.

Euklid unter einem Baldachin, aus einem Manuskript römischer Landvermesser

Als Datum der Niederschrift des Meisterwerkes „Elemente" kann man etwa das Jahr 325 v. u. Z. ansetzen; um das Jahr 300 v. u. Z. dürfte *Euklid* gestorben sein. Übrigens war der eigentliche Name „Eukleides", wobei ei wie langes i gesprochen wird. Doch hat sich in der deutschen Sprache schon seit langer Zeit der Name *Euklid* durchgesetzt. Mit dieser Gewohnheit wollen wir es hier auch halten.

Der Zeit des Aufenthaltes von *Euklid* in Alexandria werden zwei Anekdoten zugeschrieben, die in dem Sinne gut erfunden sind, als sie sowohl *Euklids* Ansichten wie auch die Situation in Alexandria wiedergeben.

Nach der einen Geschichte habe sich der erste oder zweite Ptolemäerkönig an *Euklid* mit der Frage, ja der Aufforderung gewandt, den mühsamen Weg zur Aneignung der Geometrie für ihn, einen Herrscher, durch einen schnelleren und bequemeren zu ersetzen. *Euklid* habe darauf geantwortet, daß es keinen Königsweg zur Geometrie gäbe. Übrigens wird dieselbe Anekdote auch von *Alexander dem Großen* und seinem damaligen Erzieher *Aristoteles* erzählt.

Die zweite Anekdote zeigt *Euklid* als Anhänger der Platonischen Ideenlehre und überhaupt der Platonischen Philosophie, nach der insbesondere das Wesen der Mathematik verdorbt werde, wenn aus ihr Anwendungen und Schlußfolgerungen für die Praxis gezogen würden. *Euklid* nämlich soll, nach einer geraumen Zeit des Unterrichts, von einem seiner Hörer danach gefragt worden sein, welchen Nutzen er davon habe, die geometrischen Lehrsätze zu lernen. *Euklid* rief einen seiner Sklaven herbei und beauftragte diesen, seinem Studenten eine kleine Geldmünze zu schenken, da „dieser armselige Mensch einen Gewinn aus seinen Studien ziehen müsse".

Da es über *Euklid* selbst nichts sicher Verbürgtes zu sagen gibt, wollen wir uns im folgenden seinen Arbeiten zuwenden, aus denen die „Elemente" herausragen und damit einer ausführlicheren Behandlung wert sind.

Die „Elemente" wenden sich nicht, wie man nach dem Titel zunächst denken könnte, an Anfänger. Es handelt sich also nicht um eine Einführung in die Mathematik, sondern um eine systematische Zusammenfassung und Darlegung fast des gesamten damaligen mathematischen Wissens, allerdings mit der bedeutenden Einschränkung, daß ganz im Sinne *Platons* jegliche Anwendung, ja sogar jede Anspielung darauf, sorgfältig

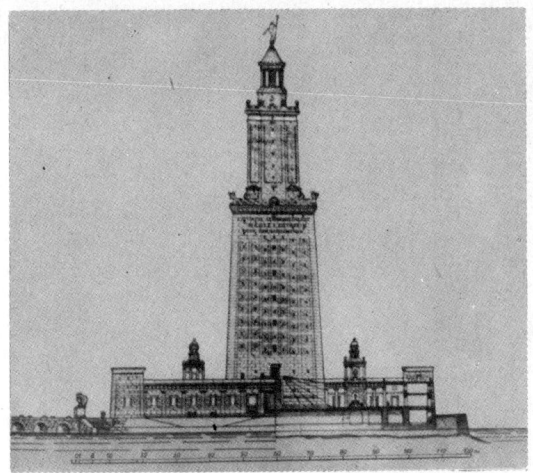
Pharos von Alexandria

vermieden wird. Dessen ungeachtet handelt es sich um ein vorzügliches Werk. Zweifellos hat *Euklid* auch unter dem Eindruck der Darstellung der Logik und ihrer Schlußweisen durch den hervorragenden Philosophen *Aristoteles* gestanden; ganz besonders wird das im Buch I der „Elemente" deutlich, wo der Stoff auf Postulaten und Definitionen gegründet wird.

In den „Elementen" tritt uns *Euklid* nicht als Forscher, nicht als Autor eigener Forschungsergebnisse entgegen – darüber wird an anderer Stelle zu berichten sein. Hier bestand die geistige Leistung *Euklids* vielmehr in dem strengen Aufbau und der systematischen Anordnung des Stoffes, der der Sache nach in früheren Perioden gefunden worden war. Über den Inhalt der 13 Bücher der „Elemente" und deren Ursprung bietet die folgende Tabelle einen orientierenden Überblick.

Tabelle zu den „Elementen" des *Euklid*

Buch	Inhalt	Inhaltlich herrührend von
Planimetrische Bücher		
I	Vom Punkt zum pythagoreischen Lehrsatz	Ionische Periode, insbesondere Pythagoreer
II	Geometrische Algebra	
IV	Ein- und umbeschriebene regelmäßige Vielecke	
V	Ausdehnung der Größenlehre auf Irrationalitäten	*Eudoxos*
VI	Proportionen, Anwendung auf Planimetrie	?

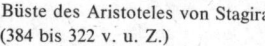
Büste des Aristoteles von Stagira
(384 bis 322 v. u. Z.)

Zahlentheorie		
VII	Teilbarkeitslehre, Primzahlen	
VIII	Quadrat- und Kubikzahlen, geometrische Reihen	Pythagoreer
IX	(Lehre von Gerade und Ungerade)	
Irrationalitäten		
X	Klassen quadratischer Irrationalitäten, Flächenanlegungen	*Theaitetos*
Stereometrische Bücher		
XI	Elementare Stereometrie	Ionische Periode
XII	Exhaustionsmethode: Pyramide, Kegel, Kugel	*Eudoxos*
XIII	Reguläre Polyeder	*Theaitetos*

Zum besseren Verständnis seien einige Erläuterungen zum gedanklichen Ansatzpunkt der „Elemente" gegeben.
Buch I beginnt – wie die anderen auch – mit Definitionen, hier unter anderen mit denen von Punkt, Linie, Strecke, Fläche, Winkel, Lot, Figur, Kreis, Bogen, Umfang usw., von geradliniger Figur, gleichseitigem, gleichschenkligem, rechtwinkligem Dreieck usw., von Quadrat, Rechteck, Rhombus, Rhomboid, Trapez und von Parallelen. So heißt es z. B.: „Ein Punkt ist, was keine Teile hat", oder: „Eine Linie ist breitenlose Länge", oder: „Parallel sind gerade Linien, die in derselben Ebene liegen und dabei, wenn sie nach beiden Seiten ins Unendliche verlängert werden, auf keiner einander treffen". [1, S. 2]

Ersichtlich sind diese Definitionen nur von beschreibender Art. Wer zum Beispiel noch nicht den Begriff des Punktes durch Abstraktion an Hand der Anschauung gewonnen hat, wird ihn durch diese Euklidische Definition schwerlich erwerben können. Diese schwache Stelle der ,,Elemente'' ist allerdings erst Ausgang des 19. Jahrhunderts behoben worden, freilich durch keinen Geringeren als *David Hilbert* in dessen ,,Grundlagen der Geometrie'' von 1899.
Den Definitionen folgen fünf Postulate. Nach ihnen darf man
1. jeden Punkt mit jedem durch eine Strecke verbinden,
2. jede begrenzte Linie gradlinig zusammenhängend verlängern,
3. Kreise mit beliebigem Durchmesser und Mittelpunkt ziehen.

Mit diesen ersten drei Postulaten werden, ganz im Sinne der idealistischen Philosophie *Platons*, die Konstruktionshilfsmittel der Geometrie auf Zirkel und Lineal beschränkt.
Durch das vierte Postulat wird festgelegt, daß alle rechten Winkel gleich sind.
Am berühmtesten und für die weitere Entwicklung am folgenreichsten wurde das letzte, das fünfte Postulat, das sogenannte Parallelenpostulat. In seiner ursprünglichen Fassung behauptet es, ,,daß, wenn eine gerade Linie beim Schnitt mit zwei geraden Linien bewirkt, daß wenn auf derselben Seite entstehende Winkel zusammen kleiner als zwei Rechte werden, dann die zwei geraden Linien bei Verlängerung ins Unendliche sich treffen auf der Seite, auf der die Winkel liegen, die zusammen kleiner als zwei Rechte sind''. [1, S.3]
Dieses Postulat ist bereits im Altertum heiß diskutiert worden, weil es nicht jenes Maß von Selbstverständlichkeit besitzt oder zu besitzen schien wie die vier anderen Postulate.
Die antiken Mathematiker *Ptolemaios* und *Proclos Diadochos* begannen mit einer noch bis ins 17. und 18. Jahrhundert anhaltenden Kette von Versuchen, das fünfte Postulat mit Hilfe der anderen vier zu beweisen. Diese Versuche sollten sich als vergeblich erweisen. Das andererseits aber hochinteressante Ergebnis bestand darin, daß man eine Anzahl von Postulaten entdeckte, die dem fünften Euklidischen äquivalent sind, so daß also die ersten vier mit dem ,,Austauschpostulat'' ebenfalls den strengen

Zeichnung zur ursprünglichen Fassung des Parallelenpostulates von Euklid

Aufbau der gesamten euklidischen Geometrie gestatteten. Solche zum Parallelenpostulat äquivalenten Postulate wurden u. a. von dem Engländer *J. Wallis*, dem Franzosen *A. M. Legendre* und *C. F. Gauß* gefunden. Äquivalent sind zum Beispiel die Postulate, daß es zu jeder ebenen Figur eine ähnliche beliebigen Flächeninhaltes gibt (*Wallis*) oder daß ein Dreieck existiert, in dem die Winkelsumme gleich zwei Rechten ist (*Legendre*).
Gegen Ende des 18., Anfang des 19. Jahrhunderts setzte sich die Erkenntnis durch, daß das Parallelenpostulat (oder ein dazu äquivalentes) nicht aus den vier anderen hergeleitet werden kann, also von ihnen unabhängig ist. Es war indessen von hier noch ein bedeutender gedanklicher Schritt bis zu der Einsicht, die Geometrie aufzubauen mit einer zu dem Parallelenpostulat widersprüchlichen Annahme. Als erster hat *C. F. Gauß* erkannt, daß unter der Annahme, daß zu einer Geraden durch einen nicht auf ihr gelegenen Punkt mehr als eine Parallele gezogen werden kann, eine ebenfalls logisch in sich widerspruchsfreie Geometrie, eine „nichteuklidische" Geometrie entsteht. Doch scheute er sich aus Angst vor dem „Geschrei der Böoter", das heißt aus Furcht vor den Angriffen engstirniger Philosophen, seine Ergebnisse über eine aller gewohnten Anschauung widersprechende Geometrie zu veröffentlichen. Diesen mutigen Schritt taten Anfang des 19. Jahrhunderts unabhängig voneinander der ungarische Mathematiker *J. Bolyai* und der russische Mathematiker *N. I. Lobatschewski*, dem in unserem Buch ein eigenes Kapitel gewürdigt ist. In allen drei Fällen handelt es sich um die sogenannte hyperbolische nichteuklidische Geometrie, nach der mehr als eine Parallele zu einer gegebenen Geraden gezogen werden kann.
Gibt es genau eine Parallele, dann ergibt sich die gewöhnliche euklidische Geometrie. Der dritte denkmögliche Fall, daß es gar keine Parallele gibt, wurde erst am Ausgang des 19. Jahrhunderts als Postulat zum Aufbau einer nichteuklidischen Geometrie zugrundegelegt; damit erhält man die sogenannte elliptische Geometrie.
Nach diesem Exkurs in die Geschichte des fünften durch *Euklid* formulierten geometrischen Postulates und der daraus entspringenden Folgerungen wenden wir uns wieder den „Elementen" zu.
Den Definitionen und Postulaten folgen neun Axiome; sie stellen, offenbar unter dem

Einfluß von *Aristoteles* aufgenommen, die logischen Voraussetzungen zusammen, auf deren Grundlage dann die Schlüsse gezogen werden dürfen. Beispielsweise wird festgelegt: ,,Was demselben gleich ist, ist auch untereinander gleich". ,,Wenn Gleichen Gleiches hinzugefügt wird, sind die Ganzen gleich." ,,Was einander deckt, ist einander gleich" (Kongruenz). ,,Das Ganze ist größer als der Teil." [1, S. 3]
Den Inhalt der einzelnen Bücher der ,,Elemente" kann man unserer Übersicht entnehmen. Moderne Textausgaben der ,,Elemente" stehen heute zur Verfügung. Es lohnt sich noch immer für jeden Mathematiker, *Euklid* im Original zu lesen.
Tritt uns *Euklid* in den ,,Elementen" hauptsächlich als Autor eines systematischen Lehrbuches entgegen, so ist auch ein Blick auf seine anderen Schriften interessant, die eigene Forschungsergebnisse und zusammenfassende Darstellungen von Teilgebieten der mathematischen Physik betreffen.
In den ,,Dedomena", den ,,Gegebenheiten", untersucht *Euklid*, welche Teile einer Figur und deren Beziehungen untereinander (etwa nach Größe, Lage usw.) bestimmt sind, wenn andere Teile nach Größe, Lage usw. vorgegeben sind. Wenn beispielsweise $A + B$ und $A : B$ als Summe und Verhältnis von Streckenlängen gegeben sind, dann gibt es ein geometrisches Verfahren, um mit Zirkel und Lineal die absoluten Längen A und B zu konstruieren. Auch hier bewegt sich *Euklid* ganz in der Denkhaltung der geometrischen Algebra. Diese Untersuchungen gelangten übrigens in der Periode der Renaissance zu großer Bedeutung bei der Weiterentwicklung der Algebra. Die anderen mathematischen Schriften von *Euklid* haben nur geringere Bedeutung.
,,Über die Zerlegung von Figuren" ist in einer arabischen Übersetzung erhalten geblieben und behandelt das Problem, geradlinig begrenzte Figuren dem Flächeninhalte nach in einem gegebenen Verhältnis zu teilen. Verlorengegangen sind die ,,Porismen"; sie enthielten Sätze, mit denen man etwas ,,finden" kann, ferner die ,,Pseudaria" (Trugschlüsse in der Mathematik), die ,,Conica" (Kegelschnittslehre in vier Büchern) und eine Schrift, die höchstwahrscheinlich von Flächen als geometrischen Örtern handelte.
Gemäß der Auffassung an der Platonischen Akademie gehörte auch mathematisierte Naturwissenschaft zum Gegenstand der Mathematik und damit zum direkten Lehr-

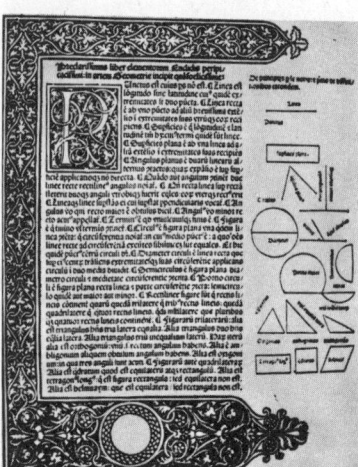

Seite aus der ersten europäischen Druckausgabe der „Elemente" von Euklid (1482)

stoff eines platonischen Philosophen. Auch hier hat *Euklid* das zu seiner Zeit vorhandene Wissen auf dem Gebiet der mathematischen Physik zusammenfassend dargestellt. Das eine Buch „Sectio canonis" befaßt sich mit Musiktheorie, „Optica" stellt die Lehre von der Perspektive, „Katoptrica" eine Theorie der Bilder an ebenen Spiegeln dar. Schließlich wurde in den „Phainomena" damaliger Annahme gemäß die Theorie der festen, aber gegeneinander beweglichen Himmelsphären entwickelt; hier handelt es sich also um theoretische Astronomie, wie sie noch vor *Apollonios von Perge* und *Ptolemaios* gelehrt wurde.

Schon in der Antike wurde die große Bedeutung der „Elemente" erkannt. Es gab vielerlei verschiedene antike Bearbeitungen mit Einschüben, Kommentaren usw. In späterer Zeit sind noch zwei weitere Bücher zu den „Elementen" hinzugekommen. Im Buch XIV aus dem 2. Jahrhundert v. u. Z. befaßte sich *Hypsikles* mit regelmäßigen Körpern, wie auch vermutlich *Damaskios* aus dem 6. Jahrhundert u. Z. im Buch XV. Über die syrische Sprache als Mittlersprache wurden die „Elemente" schon Anfang des 9. Jahrhunderts ins Arabische übersetzt und mit vorzüglichen Kommentaren versehen. Sie erfreuten sich unter den arabischen Mathematikern höchster Wertschätzung. Die „Elemente" sind auch durch Vermittlung der arabischen Gelehrten über Spanien und Sizilien sowie durch Berührung mit der byzantinischen mathematischen Tradition in Europa bekannt geworden. Eine noch bruchstückhafte lateinische Übersetzung lieferte um 1144 *Gerhard von Cremona*. In der Renaissance wurden durch die Humanisten sorgfältige Textausgaben in der Originalsprache veranstaltet; eine vorzügliche frühe Druckausgabe stammt von *S. Grynaeus* aus dem Jahre 1533. Auf diese Weise haben *Euklids* „Elemente" als Wegbereiter der Aneignung des mathematischen Erbes der Antike und damit zugleich als Schrittmacher für den großartigen Aufschwung der europäischen Mathematik in der Periode der Renaissance gewirkt.

Hellenistische
keramische
Gefäße aus dem
3. Jh. v.u.Z.

Literaturverzeichnis zu Euklid von Alexandria

[1] *Eukleides von Alexandria:* Die Elemente. Nach Heibergs Text aus dem Griechischen, herausgegeben von Clemens Thaer, 1. Teil (Buch I bis III), Ostwalds Klassiker der exakten Wissenschaften, Nr. 235, Leipzig 1933.
[2] *Eukleides von Alexandria:* Die Elemente. Nach Heibergs Text aus dem Griechischen, herausgegeben von Clemens Thaer, 2. Teil (Buch IV bis VI), Ostwalds Klassiker der exakten Wissenschaften, Nr. 236, Leipzig 1933.
[3] *Eukleides von Alexandria:* Die Elemente. Nach Heibergs Text aus dem Griechischen, herausgegeben von Clemens Thaer, 3. Teil (Buch VII bis IX), Ostwalds Klassiker der exakten Wissenschaften, Nr. 240, Leipzig 1935.
[4] *Eukleides von Alexandria:* Die Elemente. Nach Heibergs Text aus dem Griechischen, herausgegeben von Clemens Thaer, 4. Teil (Buch X), Ostwalds Klassiker der exakten Wissenschaften, Nr. 241, Leipzig 1936.
[5] *Eukleides von Alexandria:* Die Elemente. Nach Heibergs Text aus dem Griechischen, herausgegeben von Clemens Thaer, 5. Teil (Buch XI bis XIII), Ostwalds Klassiker der exakten Wissenschaften, Nr. 243, Leipzig 1937.
[6] *Wussing, H.:* Mathematik in der Antike. 2. Auflage, Leipzig 1965.
[7] *Juschkewitsch, A. P.:* Geschichte der Mathematik im Mittelalter. Leipzig 1964.
[8] *Hofmann, J. E.:* Geschichte der Mathematik, Band I. Sammlung Göschen Nr. 226, 2. Auflage, Berlin 1963.
[9] *Van der Waerden, B. L.:* Erwachende Wissenschaft. Basel/Stuttgart 1966.

Archimedes von Syrakus (etwa 287 bis 212 v. u. Z.)

Archimedes von Syrakus zählt zu den bedeutendsten Mathematikern nicht nur der antiken Wissenschaft. Er wurde bereits von seinen Zeitgenossen als bedeutender Gelehrter anerkannt, fand aber im Altertum selbst keine unmittelbaren Nachfolger. Die entscheidenden Gedanken seiner Lehren waren Fundament und Anknüpfungspunkt für die Mathematiker vieler Jahrhunderte.
Über die Lebensumstände dieses Mannes ist der Nachwelt nur wenig Sicheres über-

liefert. Im Altertum soll eine Archimedesbiographie von einem gewissen *Herakleides* geschrieben worden sein, die jedoch verloren gegangen ist.
Archimedes wurde sehr wahrscheinlich im Jahre 287 v. u. Z. als Sohn des Astronomen *Pheidias* in Syrakus geboren. Zu dieser Zeit begann im Mittelmeerraum der römische Staat als neue starke politische Kraft heranzuwachsen, nachdem die Stadt Syrakus selbst gegen Ende des 4. Jahrhunderts noch einmal vergeblich versucht hatte, ein Reich zu gründen, um wesentliche Teile des Mittelmeerraumes unter ihre Herrschaft zu bringen. Nach Jahren kriegerischer Auseinandersetzungen begann für die Stadt Syrakus im Jahre 265 v. u. Z. nach dem Sieg über die Mamertiner, die im Nordosten Siziliens einen eigenen Staat gegründet hatten, mit der Machtübernahme durch König *Hieron II.* eine ruhigere Periode. Als die Römer zugunsten der Mamertiner eingegriffen und Syrakus belagert hatten, war *Hieron II.* auf ihre Seite übergetreten und blieb bis zu seinem Ende mit ihnen verbündet. Unter diesen Umständen konnte die Stadt aufblühen, womit günstige Bedingungen auch für die Entwicklung von Wissenschaft und Kultur gegeben waren.
Archimedes war Angehöriger der herrschenden Kreise seiner Vaterstadt; mit König *Hieron II.* und seiner Familie verbanden ihn verwandtschaftliche, freundschaftliche Beziehungen.
Ausgedehnte Reisen führten *Archimedes* vermutlich in späteren Jahren nach Alexandria. Dort hat er zwar nicht mehr bei *Euklid* selbst, jedoch bei dessen Schülern und Nachfolgern, die an dem berühmten Museion in seinem Sinne wirkten, mathematische Bildung erwerben und lebenslange wissenschaftliche Bande knüpfen können, so mit den Astronomen und Mathematikern *Dositheos* und *Konon von Samos*. Auch mit *Eratosthenes von Kyrene*, der seit 235 v. u. Z. am Museion als Vorsteher wirkte, hat *Archimedes* brieflich wissenschaftlichen Meinungs- und Gedankenaustausch geführt.
Zurückgekehrt nach Syrakus, beschäftigte sich *Archimedes* mit den verschiedensten Problemen aus den Bereichen der Geometrie, Arithmetik, Astronomie, Hydrostatik, Mechanik und technischen Anwendungen. Der griechische Schriftsteller *Plutarch* erzählt, daß er „immer wie von einer eigentümlichen Sirene in seinem Inneren bezaubert" gewesen wäre, Essen und Trinken vergessen habe und oft „mit Gewalt zum

Baden und Salben hingeschleppt" werden mußte. „Ganz gefesselt von überglücklichen Gefühlen und von seiner mathematischen Muse wahrhaft besessen" [8, S. 25], habe er sogar dabei noch geometrische Figuren in die Asche des Herdes und auf seinen gesalbten Körper gezogen.
Die große, schon in der Antike erkannte Bedeutung seiner Entdeckungen für Mathematik und Physik hat bewirkt, daß viele seiner Arbeiten erhalten geblieben sind: wenngleich nicht immer die in dorischem Dialekt des Griechischen verfaßten Originaltexte, so haben doch arabische oder lateinische Übersetzungen die Jahrhunderte überdauert. Im übrigen hat *Archimedes* seine Lehrsätze und Erfindungen nur auf beständiges Drängen seiner Freunde mitgeteilt, mitunter ohne Beweis, um ihnen die Freude an eigenem Finden zu bewahren.
Die wissenschaftliche Tätigkeit von *Archimedes* wird in folgende vier Abschnitte gegliedert:
1. Die wissenschaftlichen Arbeiten, die der Einführung des Begriffes des Schwerpunkts und seiner Bestimmung für die einfachsten Figuren und Körper gewidmet sind;
2. die Ausarbeitung von Methoden zur Bestimmung von Flächen- und Rauminhalten mathematischer Figuren und Körper, wie er sie vornehmlich in Briefen an *Dositheos* mitgeteilt hat;
3. die Beschäftigung mit Problemen der mathematischen Physik, zu der insbesondere die Aufstellung des Hebelgesetzes sowie Gleichgewichtsuntersuchungen schwimmender Körper zu zählen sind;
4. die Arbeiten arithmetischen und astronomischen Inhalts.
Die bedeutendsten Leistungen *Archimedes'* auf mathematischem Gebiet betreffen Probleme der Integralrechnung, ordnen sich also dem zweiten Problemkomplex unter. Sehr frühe infinitesimale Betrachtungen sind uns aus der ersten Hälfte des 5. Jahrhunderts v. u. Z. erhalten geblieben, die von *Zenon* und *Anaxagoras* stammen. Von ersterem sind im Zusammenhang mit der Untersuchung des Kontinuums Bemerkungen überliefert, wie: „Wenn vieles ist, dies zugleich groß und klein sein muß, und zwar groß bis zur Grenzenlosigkeit und klein bis zur Nichtigkeit." [9, S. 42] Und

Panthenon,
erbaut
von 447 bis 438 v. u. Z.

Anaxagoras meinte, daß es weder beim Kleinen ein Kleinstes gäbe, sondern stets ein noch Kleineres, aber auch beim Großen gäbe es immer ein Größeres.
Überlegungen ähnlicher Art hat ferner ebenfalls im 5. Jahrhundert v. u. Z. der Sophist *Antiphon* auf das Problem der Kreisquadratur angewendet. Das Quadraturproblem besteht darin, aus einer krummlinig begrenzten Figur ein flächengleiches Quadrat herzustellen. *Antiphon* glaubte, daß sich bei hinreichender Verfeinerung eines dem Kreis einbeschriebenen Polygons die Gesamtheit seiner Seiten mit dem Umfang des Kreises decken würde und daß sich auf diese Weise die Kreisfläche „ausschöpfen" ließe. Da man zu jedem Polygon ein flächengleiches Quadrat konstruieren könne, sei es auch möglich, ein zu einem Kreis flächengleiches Quadrat herzustellen. Später tauchten Gedanken auf, für die Quadratur des Kreises auch umbeschriebene Polygone in die Untersuchungen einzubeziehen, mit dem Argument, wenn Größeres und Kleineres existiert, dann müsse auch Gleiches existieren. Da es größere und kleinere Polygone als den Kreis gäbe, müsse auch ein ihm gleiches vorhanden sein.
Der bedeutende antike Mathematiker *Eudoxos* knüpfte an die Überlegungen *Antiphons* an und entwickelte eine Lehre von der Ausmessung krummlinig begrenzter Flächen beziehungsweise von krummen Flächen begrenzter Körper. Diese seine Methode wurde im 17. Jahrhundert Exhaustionsmethode, das heißt Ausschöpfungsmethode, genannt. Sie bewältigt infinitesimale Probleme mit Hilfe von Aussagen der formalen Logik, wobei die Beweise indirekt geführt werden. Zum Beispiel zeigt man zum Beweis, daß das Volumen V eines Tetraeders gleich einem Drittel des Volumens V' eines Prismas von gleicher Grundfläche und Höhe ist, daß die beiden Relationen $V > \frac{1}{3} V'$ und $V < \frac{1}{3} V'$ nicht gleichzeitig gelten können, also einander widersprechen. Dieses Verfahren genügt mathematischer Strenge, hat aber den Nachteil, daß das zu beweisende Ergebnis vorher bekannt sein muß.
Auch *Archimedes* benutzte offiziell zum Beweis seiner Integrationsresultate – wie es damals üblich war – die Methode der Schule von *Eudoxos*. Jedoch hat man rund 2000 Jahre lang nicht gewußt, auf welchem Wege *Archimedes* seine kunstvoll bewiesenen Sätze gefunden hat, da dies aus der Art der Beweisführung nicht ersichtlich ist.

Demokritos von Abdera
(etwa 460 bis etwa 370 v. u. Z.)

Im Jahre 1906 entdeckte der dänische Historiker *J. L. Heiberg* in Konstantinopel die Abschrift eines Briefes von *Archimedes* an *Eratosthenes*, der die „Methode der mechanisch herleitbaren Sätze" enthält. Aus dieser Arbeit „Methodenlehre" geht hervor, daß *Archimedes* in der Tat über eine eigene fruchtbare Methode verfügte, die es ihm gestattete, seine Theoreme zu finden. Lassen wir ihn mit der Vorrede an *Eratosthenes* selbst sprechen:
„Da ich dich ... als einen hervorragenden Forscher ... kennengelernt habe, ... habe ich beschlossen, die Eigenart einer bestimmten Methode in diesem Buche auseinanderzusetzen, mit deren Hilfe Du imstande sein wirst, gewisse mathematische Betrachtungen mittels der ‚Mechanik' (Statik) anzustellen. Ich bin aber überzeugt, daß die Methode nicht weniger nützlich ist zum Beweis der Theoreme selbst. Denn Einiges von dem, was mir auf ‚mechanische' Weise klar wurde, wurde später auf geometrische Art bewiesen, weil die Betrachtungsweise dieser (‚mechanischen') Art der (strengen) Beweiskraft entbehrt. Denn es ist leichter den Beweis zustande zu bringen, wenn man schon vorgreifend durch die ‚mechanische' Weise einen Begriff von der Sache gewonnen hat, als ohne eine derartige Vorkenntnis.
Deshalb wird man auch einen nicht geringen Verdienstanteil an der Entdeckung jener Theoreme, für die Eudoxos zuerst den Beweis fand – über Kegel und Pyramide, daß der Kegel der 3. Teil des Zylinders und die Pyramide der 3. Teil des Prismas mit derselben Basis und Höhe ist –, dem Demokritos zubilligen müssen, der die Sätze über diese Figuren zuerst aussprach, wenn auch ohne Beweis." [9, S. 56]
Diese Ausführungen lassen erkennen, daß *Archimedes* auf Grund physikalischer, genauer gesagt mechanischer Überlegungen zu seinen Resultaten gelangte. Die Berufung auf *Demokritos* bedeutet die Übernahme atomistischer Vorstellungen auch bezüglich geometrischer Körper und gleichzeitig das Anknüpfen an die materialistischen Traditionen der antiken Naturlehre. Diese zweifache Möglichkeit des methodischen Herangehens zeigt sich beispielsweise bei der Quadratur des Parabelsegments, übrigens als einem der ersten exakt gelösten Quadraturprobleme bei ungeradlinig begrenzten Flächen. Die „Methodenlehre" enthält die heuristisch-mechanische Betrachtungsweise, die im Falle des Parabelsegments die Verhältnisse

Darstellung einer Archimedischen Schnecke
(um 100 v. u. Z.)

an der Waage ausnutzt, während sich ein strenger Beweis im Anschluß an *Eudoxos* in der Arbeit „Quadratur der Parabel" findet. Letzterer ist auch insofern von großer Bedeutung, als dieser Beweis erstmals die Summation einer unendlichen geometrischen Reihe verwendet.

In seiner Kreismessung fand *Archimedes* mittels um- und einbeschriebener regulärer Vielecke (3-, 6-, 12-, 24-, 48-, 96-Eck) als Näherungswert für die Berechnung des Kreisumfanges

$$3\frac{10}{71} < \pi < 3\frac{10}{70}.$$

Möglicherweise fand er sogar die recht gute Näherung

$$\frac{35\,312}{67\,441} < \frac{\pi}{6} < \frac{32\,647}{62\,351}.$$

Zwei Bücher unter dem Titel „Über Kugel und Zylinder" sind nichtebenen Flächen und der Beschäftigung mit Bogenlängen gewidmet. Sie enthalten neue Postulate, zum Beispiel, daß die Gerade die kürzeste Verbindungslinie zweier Punkte ist, daß bei konvex gekrümmten Gebieten das Umfassende stets größer als das Umfaßte ist. Die Erkenntnis, daß die Volumina eines Zylinders und der von ihm umschlossenen Kugel im Verhältnis 2 : 3 stehen, muß *Archimedes* mit besonderem Stolz erfüllt haben, denn er wünschte sich Zylinder mit Kugel auf seinem Grabe dargestellt. Als *Marcus Tullius Cicero* 75 v. u. Z. als Quaestor auf Sizilien seines Amtes waltete, konnte er an Hand dieser Säule das damals bereits unbekannte, verfallene Grab von *Archimedes* identifizieren.

Bekannt als Archimedische Spirale ist jene Figur, die entsteht, wenn sich ein Strahl mit konstanter Winkelgeschwindigkeit um seinen Anfangspunkt dreht und sich gleichzeitig auf ihm ein Punkt mit konstanter Geschwindigkeit bewegt. Während diese Spirale nicht von *Archimedes* selbst, sondern von *Konon* entdeckt worden sein soll, hat *Archimedes* in der Arbeit „Über die Schneckenlinie" die Tangente an beliebigen Punkten der Spirale und bestimmte Flächenstücke an der Spirale berechnet.

Mit der sogenannten „Sandrechnung", die in der Form eines Briefes an *Hierons* Sohn

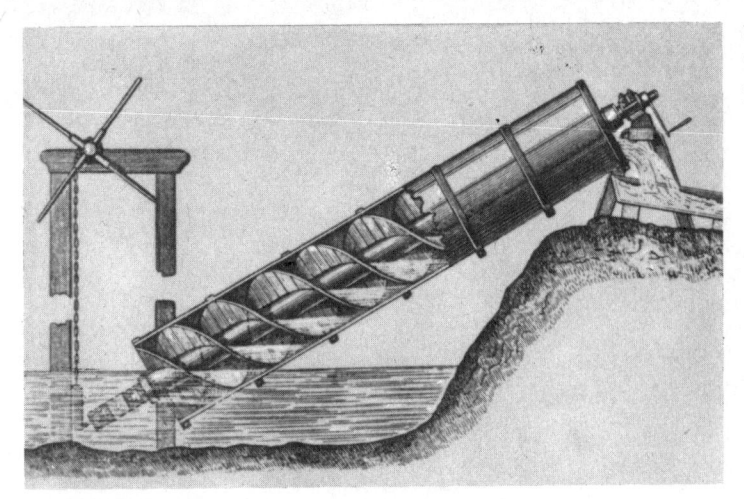

Nachbildung der Archimedischen Wasserschraube

Gelon vorliegt, ist uns ein arithmetisches Werk von *Archimedes* erhalten geblieben, in dem er verspricht, durch ,,mathematische Beweise" zu zeigen, daß es nicht nur Zahlen gibt, die die Zahl der Sandkörner angeben, die sich in einer Kugel von Erdgröße befinden, sondern auch Zahlen von der Größenordnung der Zahl der Sandkörner, die das ,,Weltall" füllen. Dabei setzte *Archimedes* voraus, daß ein Raum von Mohnkorngröße 10^4 Sandkörner fassen kann. Unter dem Weltall verstand er – an Vorstellungen des Astronomen *Aristarch* anknüpfend – eine Kugel mit der Erde als Mittelpunkt und der Entfernung Erde-Sonne als Radius.

Um die Zahl der Sandkörner in dieser riesigen Kugel angeben zu können, mußte *Archimedes* das vorhandene Zahlensystem erweitern. Die beiden hauptsächlich gebräuchlichen griechischen Zahlensysteme, das sogenannte attische und das sogenannte milesische System, gestatteten es zwar, auch große Zahlen auszudrücken, indes existierte nur noch für 10^4 ein Wort: Myriade. *Archimedes* bildete 10^8 als Myriade von Myriaden und bezeichnete die Zahlen von 1 bis $10^8 - 1$ als Zahlen erster Ordnung; 10^8 ist neue Einheit, und zwar der Zahlen zweiter Ordnung, die die Zahlen bis $10^{16} - 1$ umfassen. 10^{16} stellt nunmehr die Einheit der nächsten, der 3. Ordnung dar. Dieses Verfahren wird weitergeführt bis zur Ordnung $10^8 - 1$. Alle Zahlen bis zur Potenz 10^{63} werden auf diese Weise benannt; 10^{63} sei nun die gesuchte Anzahl Sandkörner im Weltall. Abschließend bemerkte *Archimedes*, daß es jedoch möglich wäre, die Zahlenreihe unbegrenzt fortzusetzen. Das war eine wichtige Erkenntnis!

In der Astronomie soll *Archimedes* vor allem durch den Bau eines Himmelsglobus hervorgetreten sein, einer Art hydraulisch bewegten Planetariums, daß die Umdrehung des Fixsternhimmels und der Planeten um die Erde veranschaulicht habe. Es wird berichtet, daß dieser Globus die einzige Siegestrophäe gewesen ist, die der römische Feldherr *Marcellus* nach dem Sieg über die Stadt Syrakus im Jahre 212 v. u. Z. mit nach Rom genommen hat.

Neben den rein mathematischen Untersuchungen waren auch die Arbeiten von *Archimedes* auf dem Gebiet der mathematischen Physik von sehr großer Bedeutung. Mit der Einführung des Kraftbegriffes schuf er Grundlagen der Statik. Er fand die Hebelgesetze und verbesserte die Flaschenzüge. Die Archimedische Schraube, eine För-

Ermordung des Archimedes

derschnecke, wurde von *Archimedes* noch in Alexandria erfunden und diente bald im großen Umfang zur künstlichen Bewässerung.
Zu Recht kann man ihn als Begründer dieser auf grundlegenden Sätzen aufbauenden wissenschaftlich-theoretischen Disziplin, der mathematischen Physik, bezeichnen. Das beweist vor allem die Arbeit zur elementaren Statik „Vom Gleichgewicht ebener Flächen und von den Schwerpunkten", mit einem strengen Beweis des Hebelgesetzes und Schwerpunktsbestimmungen. Dahin gehört auch die berühmte Abhandlung zur Hydrostatik „Von den in Wasser eingetauchten und in ihm schwimmenden Körpern", die das bekannte Grundgesetz der Hydrostatik und Stabilitätsuntersuchungen von Segmenten einer Kugel und eines Rotationsparaboloides enthält, die in Wasser schwimmen. Die mit diesen Untersuchungen möglich gewordene Berechnung der Wichte ist bekanntlich mit der Legende verknüpft, daß *Archimedes* einst im Bade sitzend die Lösung fand, einen goldenen Kranz auf unedle Metallbestandteile zu prüfen, und mit dem berühmten Ausruf „Heureka", „ich hab's", nach Hause eilte, ohne sich vorher angekleidet zu haben.
Im Altertum war *Archimedes* jedoch weniger wegen seiner fundamentalen mathematischen und physikalischen Leistungen bekannt, sondern vor allem auf Grund seiner Erfindungen bei der Verteidigung seiner Vaterstadt Syrakus, die während des 2. Punischen Krieges auf Seiten Karthagos gegen die Römer kämpfte. Die von *Archimedes* ersonnenen Verteidigungswaffen beruhten auf der Anwendung seiner mechanischen Entdeckungen und benutzten wesentlich das Hebelgesetz sowie insbesondere den Flaschenzug, mit dem er in Friedenszeiten ein riesiges Schiff allein mit der Kraft seiner Hand zu Wasser gelassen haben soll mit der legendären Bemerkung: „Gebt mir einen festen Punkt im Weltall, und ich hebe die Erde aus den Angeln." Dagegen dürfte wohl die Vernichtung angreifender römischer Kriegsschiffe mittels riesiger Hohlspiegel in das Reich der Legende gehören.
Fest steht jedoch, daß die Stadt nach zweijähriger Belagerung nur durch Kriegslist von den Römern eingenommen werden konnte. Bei der anschließenden Plünderung kam auch *Archimedes* ums Leben. Angeblich habe ein römischer Legionär den greisen *Archimedes* im Garten sitzend angetroffen, wie er mit einem Stab in den Sand geo-

Büste des Platon
(427 bis etwa 347 v. u. Z.)

metrische Figuren gezeichnet habe. *Archimedes* habe den Soldaten, ganz die Situation verkennend und in seine Überlegungen vertieft, angeherrscht: „Bringe mir meine Kreise nicht durcheinander" (Noli turbare circulos meos). Daraufhin habe der Legionär *Archimedes* erschlagen.

Für alle mathematischen und physikalischen Arbeiten *Archimedes'* sind ihr logischer Aufbau, die Strenge der Beweise, die Originalität und Tiefe der Gedankenführung sowie eine meisterhafte Beherrschung des Rechenapparates charakteristisch.

Das Interesse *Archimedes'* an praktischen Fragen mag einerseits bis zu einem gewissen Grade von den Anforderungen des Tages geweckt worden sein, andererseits aber auch in weltanschaulicher Hinsicht Gründe haben. Nach der von der idealistischen Philosophie *Platons* getragenen Auffassung war jede auf die Praxis gerichtete Tätigkeit verpönt und verachtet. Das Dasein der herrschenden Klasse, der ja auch *Archimedes* angehörte, stützte sich ausschließlich auf die Arbeit der Sklaven. Die Herrschenden hatten die Möglichkeit, sich Kunst und Wissenschaft zu widmen und ihren Interessen dienstbar zu machen, und wandten sich mehr und mehr von jeder praktischen Tätigkeit als ihrer unwürdig ab.

Archimedes scheint sich über diesen ebenso typischen wie engstirnigen Standpunkt seiner Klasse hinweggesetzt zu haben, indem er das Experiment in seiner wissenschaftlichen Arbeit benutzte, er ersann Werkzeuge und Maschinerien, freilich im Dienste seiner Klasse.

Beide Seiten seiner Tätigkeit, die theoretische, die stark das Übergewicht hat, und die praktische, kennzeichnen die Größe von *Archimedes*.

Literaturverzeichnis zu Archimedes von Syrakus

[1] Archimedes Werke. Deutsch von F. Kliem, Berlin 1914.
[2] *Archimedes:* Die Quadratur der Parabel und über das Gleichgewicht ebener Flächen oder über den Schwerpunkt ebener Flächen. Übersetzt und mit Anmerkungen versehen von A. Czwalina, Ostwalds Klassiker der exakten Wissenschaften, Nr. 203, Leipzig 1923.

Modell
des Burgberges
von Pergamon

[3] *Archimedes:* Über schwimmende Körper und die Sandzahl. Übersetzt und mit Anmerkungen versehen von A. Czwalina, Ostwalds Klassiker der exakten Wissenschaften, Nr. 213, Leipzig 1925.
[4] *Hultsch, F.:* Archimedes. In: Real-Encyclopädie der klassischen Altertumswissenschaften, Pauly-Wissowa II (1896), S. 507 bis 539.
[5] *Kliem, F. / G. Wolff:* Archimedes. Berlin 1927.
[6] *Dijksterhuis, E. J.:* Archimedes. Groningen 1938. Englische Ausgabe Kopenhagen 1956.
[7] *Veselovskij, I. N.:* Archimed sočinenija. Moskva 1952. Übersetzung, Einleitung und Kommentare von I. N. Veselovskij.
[8] *Plutarch:* Marcellus. Langenscheidtsche Bibliothek sämtlicher griechischer und römischer Klassiker, 47. Band, Berlin/Stuttgart 1855 bis 1885.
[9] *Becker, O.:* Grundlagen der Mathematik in geschichtlicher Entwicklung. Freiburg/München 1954.
[10] *Wussing, H.:* Mathematik in der Antike. 2. Auflage, Leipzig 1965.
[11] *Van der Waerden, B. L.:* Erwachende Wissenschaft. Basel/Stuttgart 1966.

Apollonios von Perge (etwa 262 bis etwa 190 v. u. Z.)

Die Leistungen von *Euklid, Archimedes* und *Apollonios von Perge* stellen die Höhepunkte der griechisch-hellenistischen Mathematik dar.
Apollonios, der jüngste von ihnen, war Zeitgenosse von *Archimedes,* jedoch rund 25 Jahre jünger als dieser. Wir dürfen sicher sein, daß er, ohne *Archimedes'* Schüler gewesen zu sein, doch das mathematische und physikalische Werk seines großen Vorbildes auf das genaueste gekannt hat. Beide befaßten sich mit Geometrie – doch in gänzlich unterschiedlicher Weise. Während *Archimedes,* mit Flächeninhaltsbestimmungen gewissermaßen messend, quantitativ an die Welt geometrischer Figuren heranging und damit zum ,,Stammvater" der Integrationsmethoden wurde, richtete *Apollonios* sein Hauptaugenmerk auf die Form geometrischer Figuren und insbesondere auf Relationen zwischen den Kegelschnitten. Beide Untersuchungsrichtungen lieferten zusammen sehr tiefe Einblicke in die Geometrie der Kegel-

Pergamon-Altar im Pergamon-Museum zu Berlin (Hauptstadt der DDR)

schnitte, wie sie erst im 16. Jahrhundert wieder erreicht und im 17. Jahrhundert übertroffen wurden.

Apollonios wurde wahrscheinlich im Jahre 262 v. u. Z. in Perge, einem Städtchen in Pamphylien, einer Landschaft an der Südküste Kleinasiens, geboren. Name und sozialer Stand seiner Eltern sind unbekannt, wie überhaupt über den Verlauf seines Lebens wenig bekannt ist. Mit Sicherheit weiß man nur, daß er in sehr jungen Jahren nach Alexandria an die berühmte Forschungs- und Lehrstätte, das Museion, geschickt wurde, um dort längere Zeit zu leben und zu arbeiten.

Während der Regierungszeit des Königs *Attalos I Soter* unternahm *Apollonios* eine längere Besuchsreise nach Pergamon in Kleinasien, der damals im raschen Aufschwung befindlichen Hauptstadt eines anderen Nachfolgereiches des alexandrinischen Großreiches, die Alexandria in zunehmendem Maße politisch, ökonomisch und kulturell Konkurrenz zu machen begann.

Datum und Ort seines Todes sind wiederum unbekannt; vergleichende Rückrechnungen führten dazu, sein Lebensende auf etwa 190 v. u. Z. anzusetzen.

Ähnlich wie bei *Euklid* ist auch bei *Apollonios* die überlieferte wissenschaftliche Hauptleistung auf dem Gebiet der Mathematik in einem großangelegten Werk repräsentiert, obwohl *Apollonios* eine beträchtliche Anzahl von Abhandlungen, beinahe soviel wie *Archimedes*, geschrieben hat. Während *Euklid* uns heute in erster Linie als Autor der „Elemente" interessiert, schätzen wir *Apollonios* hauptsächlich als Verfasser des aus acht Büchern bestehenden Werkes „Conica". Der Titel besagt soviel wie „Schnitte", gemeint sind die Kegelschnitte. Etwa die Hälfte dieses Lehrbuches befaßt sich mit der systematischen Zusammenstellung der durch frühere Mathematiker gefundenen Kenntnisse über Kegelschnitte. Die vier weiteren Bücher enthalten die Forschungsergebnisse von *Apollonios* selbst.

Über die erstaunliche Tiefe der Apollonischen Ergebnisse wird am besten die folgende Übersicht über den Inhalt des Werkes „Conica" informieren:

Buch I: Erzeugung der Kegelschnitte (Hyperbel, Parabel, Ellipse) durch Schnitt eines Kreiskegels
Tangenten

43

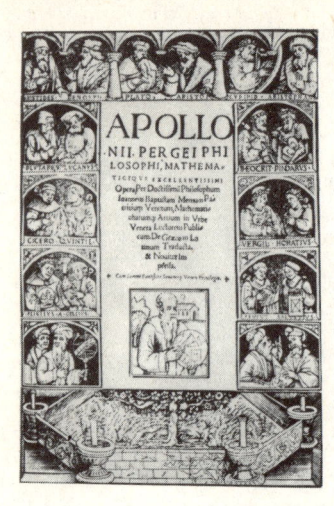

Titelblatt
der ersten Druckausgabe des Apollonios,
Venedig 1537

Buch II:	Achsen und Durchmesser der Kegelschnitte, insbesondere die Asymptoten der Hyperbel
Buch III:	Transversalen der Kegelschnitte
	Theorie von Pol und Polare
	Brennpunkte von Ellipse und Hyperbel
	Satz über Konstanz der Summe bzw. Differenz der Brennstrahlen
	Projektive Erzeugung der Kegelschnitte
Buch IV:	Untersuchung, wie viele Punkte Kegelschnitte mit Kreisen und mit anderen Kegelschnitten gemeinsam haben, nämlich höchstens vier
Buch V:	Theorie der ,,Normalen'' und ,,Subnormalen'' nach moderner Sprechweise, bei *Apollonios* Bestimmung der kürzesten bzw. längsten Verbindungslinie von einem Punkt außerhalb des Kegelschnittes zum Kegelschnitt
	Evoluten und Krümmungsmittelpunkte
Buch VI:	Untersuchung ,,gleicher'' und ,,ähnlicher'' Kegelschnitte, d. h. solcher, die aus gleichen oder ähnlichen Kegeln durch Schnitt hervorgehen
Buch VII:	Sätze über spezielle Eigenschaften von konjugierten Durchmessern (z. B.: die Summe bzw. Differenz) der Quadrate über zwei konjugierte Durchmesser der Ellipse (bzw. Hyperbel) ist gleich der Summe (bzw. Differenz) der Quadrate über den Hauptachsen
Buch VIII:	Spezielle Konstruktionsaufgaben für Kegelschnitte (nach dem Ergebnis der Rekonstruktion des verlorengegangenen Buches)

Ersichtlich bilden die Bücher I bis IV mit der Darlegung des traditionellen Lehrstoffes eine innere Einheit. Diese ersten vier Bücher liegen im griechischen Originaltext des *Apollonios* vor. Dagegen sind die Texte der Bücher V bis VII nur durch eine arabische Übersetzung erhalten geblieben, Buch VIII schließlich ist gänzlich verlorengegangen

Epizyklen

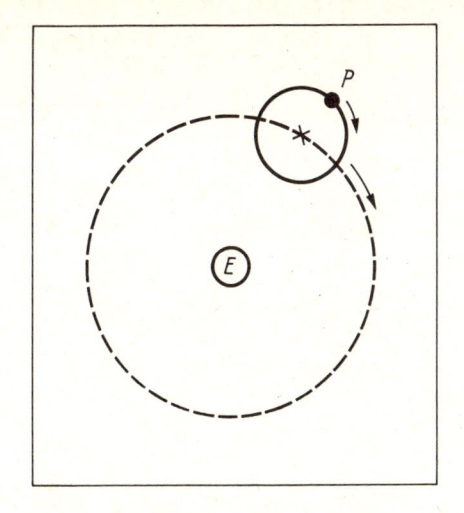

und konnte nur auf Grund von Berichten späterer Autoren über *Apollonios* inhaltlich zum Teil rekonstruiert werden.
Zu erwähnen ist noch der Umstand, daß die meisten Bücher von den „Conica" lebenden Personen in Pergamon gewidmet sind, zum Beispiel dem König *Attalos I.*, obwohl sich *Apollonios* die meiste Zeit seines Lebens in Alexandria aufgehalten hat. Hieraus hat man gelegentlich die Vermutung abgeleitet, daß er durch diese „falsch adressierte" Widmung bei den alexandrinischen Ptolemäerkönigen in Alexandria schließlich in Ungnade geraten sei und man sich so sein im Dunkel gebliebenes Lebensende zu erklären habe.
Es würde zu weit führen, den Inhalt der „Conica" ausführlich zu besprechen. Dabei hätte man überdies die Schwierigkeit zu überwinden, daß man bei der Lektüre und Darstellung der Apollonischen Kegelschnittslehre auf die heutigen bequemen Mittel des algebraischen Rechnens, der Koordinatenverwendung, der funktionalen Schreibweise und der graphischen Darstellung, das heißt auf den bekannten, erst im 17. und 18. Jahrhundert entwickelten Apparat der analytischen Geometrie, verzichten müßte. Mit einigen Bemerkungen zur Art der Behandlung der Kegelschnitte durch *Apollonios* wollen wir es daher bewenden lassen.
Schon früher waren Kegelschnitte studiert worden, insbesondere durch *Menaichmos*, *Aristaios*, *Euklid* und *Archimedes*. Während aber bei *Menaichmos* die verschiedenartigen Kegelschnitte – Ellipse, Parabel, Hyperbel – durch Schnitte einer festen Ebene mit Kegeln unterschiedlichen Öffnungswinkels entstehen, denkt sich *Apollonios* – ähnlich wie wir heute – diese durch Schnitte eines und desselben Kegels durch eine Ebene, aber mit unterschiedlichem Neigungswinkel zur Achse des Kegels, entstanden. Diese einheitliche Entstehungsweise aller Kegelschnitte gestattete es *Apollonios* auch, eine einheitliche Behandlung aller Kegelschnitte in den „Conica" durchzuhalten. Die Worte „Ellipse" und „Hyperbel" als Bezeichnung der Kurven wurden von ihm eingeführt. Sie leiten sich ab von den griechischen Worten für „Mangel" bzw. „Überschuß", die als fachspezifische Worte einer charakteristischen Methode der geometrischen Algebra, der Flächenanlegung, aus der Athener Periode stammen und in den „Elementen" niedergelegt wurden.

Parabolische Flächenanlegung

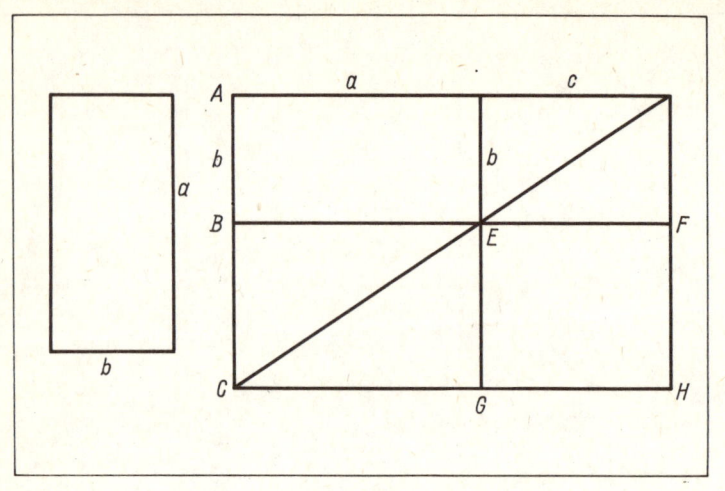

Die Grundaufgabe ist die ,,Flächenanlegung" schlechthin; aus dem Wort ,,parabellein" (anlegen) wurde die Bezeichnung ,,Parabel". Die Aufgabe besteht darin, ,,an eine gegebene Strecke c in Form eines Rechteckes eine Fläche anzutragen, die flächengleich ist mit einem vorgegebenen Rechteck der Fläche ab". Wenn man zur Lösung dieser Aufgabe das Rechteck bc konstruiert und über b das Rechteck ab aufträgt, dann schneidet die Diagonale des Rechteckes bc die Verlängerung von AB in C. Die Ergänzung zum Rechteck liefert das Rechteck $FEGH$, dessen Fläche cx mit ab flächengleich ist. Durch einfache ,,parabolische" Flächenanlegung wird also die Gleichung $ab = cx$ aufgelöst.

,,Elliptische" beziehungsweise ,,hyperbolische" Flächenanlegungen wurden ebenfalls schon in den ,,Elementen" behandelt, das heißt Flächenanlegungen, bei denen ein Flächenstück – gemessen an einem vorgegebenen Flächenstück – ,,fehlt" beziehungsweise ,,überschießt". So lautet die Aufgabe der hyperbolischen Flächenanlegung folgendermaßen, wenn noch über die Form des Überschusses eine Vorschrift angegeben wird: ,,An eine gegebene Strecke AB ein einer gegebenen gradlinigen Figur F_2 gleiches Parallelogramm so anzulegen, daß ein einem gegebenen Parallelogramm F_1 ähnliches überschießt" (Hyperbolische Flächenanlegung mit parallelogrammförmigem Überschuß). Die Lösung dieser Aufgabe – der Leser suche die geometrische Konstruktion! – ist rechnerisch gleichwertig der Auflösung eines Gleichungssystems vom Typ $xy = F$; $x - y = 2a$ beziehungsweise der Lösung der Gleichung $x(x - 2a) = F$. Bei der elliptischen Flächenanlegung würde das rechnerische Äquivalent in der Auflösung der Gleichung $x(2a - x) = F$ bzw. des Gleichungssystems $xy = F$; $x + y = 2a$ bestehen.

Die Verwandtschaft dieser drei Typen von Flächenanlegungen mit der heutigen Behandlung der Kegelschnitte tritt am deutlichsten hervor, wenn man sich auf die Scheitelgleichung $y^2 = ax^2 \pm 2bx$ der Kegelschnitte bezieht; das Pluszeichen entspricht dabei der Hyperbel, das Minuszeichen der Ellipse.

Neben der großartigen Behandlung der Kegelschnitte in den ,,Conica" treten die anderen Abhandlungen von *Apollonios* in ihrer Bedeutung für die weitere Entwicklung

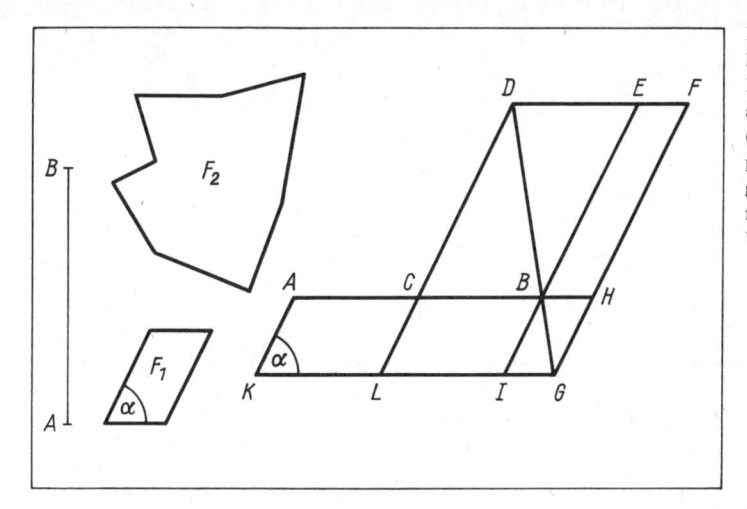

Hyperbolische Flächenanlegung (mit parallelogrammförmigem Überschuß)

der Mathematik zurück; übrigens ist die Mehrzahl von ihnen nicht erhalten geblieben. Zwei Einzelheiten sind jedoch erwähnenswert, da sie für die Entwicklung der Geometrie im 17. Jahrhundert noch eine bedeutende Rolle gespielt haben.

Der sogenannte Kreis des *Apollonios*, der in der Abhandlung „Über ebene Örter" behandelt wird, ist erklärt als geometrischer Ort aller Punkte P, deren Entfernungen von zwei festen Punkten A und B ein konstantes Verhältnis haben. Das Apollonische Berührungsproblem verlangt die Konstruktion aller Kreise, die drei gegebene Kreise berühren.

Auf einem weiteren Gebiet aber kommt *Apollonios* ebenfalls eine zentrale Stellung zu, dem der antiken theoretischen Astronomie.

Unter dem Einfluß idealistischer Philosophen, insbesondere dem *Platons*, hatten sich bezüglich des Weltbildes Anschauungen herausgebildet, die zwar am Anfang der ionischen Periode noch diskutiert, in der hellenistischen Periode aber zum unumstößlichen Bestandteil der antiken Astronomie geworden waren: Danach stand die Erde unverrückbar im Mittelpunkt der Welt (geozentrisches Weltbild), und ausschließlich Kreisbahnen waren denkmöglich für die Bewegungen aller Himmelskörper, insbesondere der Planeten, wozu man nach antiker Auffassung auch die Sonne zu rechnen hat.

Mit diesen Dogmen geriet aber die Astronomie in gewisse Schwierigkeiten bei der Erklärung der Planetenbewegung, etwa bei der am Himmel zu beobachtenden sogenannten „rückläufigen Bewegung" des Mars und dessen verschiedener Durchlaufgeschwindigkeiten am Himmel. Hier halfen nun *Herakleides* und *Apollonios* weiter, indem sie, wie es *Platon* gefordert hatte, durch kreisförmige Bahnen die „Erscheinungen retteten": Die Planeten laufen auf Kreisbahnen, deren Mittelpunkte sich ihrerseits auf Kreisbahnen um die Erde bewegen. Diese Theorie der Epizykel wurde, freilich in dieser verwickelteren Weise, den idealistischen Dogmen gerecht und genügte, zunächst qualitativ, zur Beschreibung der Himmelserscheinungen.

Damit wurde *Apollonios* der direkte Wegbereiter für den bedeutendsten antiken Astronomen *Ptolemaios*, der diese Konzeption in einer großartigen mathematischen Leistung quantitativ, rechnerisch durchbildete, und zwar mit solcher Kunstfertigkeit,

Kreis des Apollonios

Wenn $\overline{AR} : \overline{BR} = \overline{AS} : \overline{BS}$, so $\overline{AP} : \overline{PB} = m : n$

daß sich seine Theorie im Rahmen der geringen Maßgenauigkeit der damaligen astronomischen Instrumente (ohne Fernrohr!) im wesentlichen mit den Beobachtungen deckte.

Bis zur großen Tat des Astronomen und Domherrn *Nicolaus Copernicus* hat dieses ptolemäische geozentrische Weltbild unverrückbar fest bestanden; erst in einem langen Kampf gegen Dunkelmännertum, Bequemlichkeit, lastende Traditionen und vor allem gegen kirchlichen Dogmatismus konnte es im 17. Jahrhundert zumindest im Bereich der Naturwissenschaften durch das copernicanische heliozentrische Weltbild endgültig ersetzt werden; erst 1835 finden sich die Bücher, die die heliozentrische Lehre vertraten, nicht mehr auf dem berüchtigten Index der verbotenen Bücher der katholischen Kirche.

Zu Beginn der Neuzeit hat dagegen das Werk des Mathematikers *Apollonios* noch in höchstem Maße anregend auf die Entwicklung der modernen Mathematik gewirkt. Durch arabische Gelehrte waren im 9. und 10. Jahrhundert die Bücher I bis VIII der ,,Conica" — neben anderen Schriften — übersetzt worden. Auch gelangte ihr Inhalt schließlich über das oströmische Reich nach Italien und wurde 1537 — und in einer besseren Ausgabe 1566 — gedruckt herausgegeben. Damit lag in Europa erstmals eine zusammenfassende Darstellung der Kegelschnittlehre vor. Die führenden Mathematiker dieser Zeit — *J. Kepler, R. Descartes, G. Desargues, B. Pascal, P. de Fermat* und andere — schöpften daraus ihre geometrischen Kenntnisse. Es ist darum weniger ein historischer Zufall, als vielmehr eine Bestätigung der großen schöpferischen Leistung von *Apollonios*, wenn *P. de Fermat* bei dem Versuch, das verlorengegangene Buch VIII der ,,Conica" zu rekonstruieren, entscheidende Impulse zur Entwicklung einer neuen geometrischen Methode, der modernen analytischen Geometrie, erhielt.

Literaturverzeichnis zu Apollonios von Perge

[1] *Kliem, F.*: Apollonios von Perge. Berlin 1927.
[2] *Apollonios*: Conica. Ed. J. L. Heiberg, 2 Bände, Leipzig 1891 bis 1893. Deutsch von A. Czwalina, München/Berlin 1926.

[3] *Zeuthen, G. H.:* Die Lehre von den Kegelschnitten im Altertum. Reprografischer Nachdruck der von R. von Fischer-Benzon besorgten deutschen Ausgabe, Kopenhagen 1886, Hildesheim 1966.
[4] *Wussing, H.:* Mathematik in der Antike. 2. Auflage, Leipzig 1965.
[5] *Hankel, H.:* Zur Geschichte der Mathematik im Altertum und Mittelalter. 2. Auflage, Hildesheim 1965.

Diophantos von Alexandria (etwa zwischen 150 und 350 u. Z.)

Am Ausgang der Antike tritt uns in *Diophantos von Alexandria* eine Mathematikerpersönlichkeit entgegen, dessen Lebenswerk nach Inhalt und Stil ganz aus dem Typ der griechisch-hellenistischen Mathematik herausfällt. Statt geometrischer Algebra, der Grundform der entwickelten antiken Mathematik, haben wir es mit nun echter Algebra zu tun, und zwar sowohl nach ihrem Inhalt wie nach ihrer Form. Insbesondere wird hier bei *Diophantos* ein auf den ersten Blick für Algebra kennzeichnendes Moment deutlich, die Einführung von Abkürzungen und Symbolen.
Dieser besonderen Art von Mathematik wegen ist gelegentlich auch die Meinung vertreten worden, daß *Diophantos* nicht griechischer, sondern babylonischer Abstammung gewesen sei.
Weder für diese noch für jene Behauptung liegen dokumentarische Beweise vor. Sicher ist nur der Umstand, daß die hochstehende babylonische Rechenkunst, die sogar schon einen echt algebraischen Charakter anzunehmen begonnen hatte, durch *Diophantos* wieder aufgegriffen und weitergeführt wurde. Dabei war der Anschluß so eng, daß sich einige Aufgaben auf Keilschrifttafeln mit denen von *Diophantos* sogar hinsichtlich der Zahlenbeispiele genau decken. Beispielsweise gilt das für Aufgaben zur Bestimmung zweier Zahlen, deren Summe und Produkt gegeben sind.
Ansonsten ist über *Diophantos* selbst recht wenig bekannt. Man weiß nicht einmal seine Lebensdaten mit Sicherheit. Absolute Grenzen nach oben und unten lassen sich durch Rückvergleiche gewinnen. Danach lebte *Diophantos* vermutlich zwischen 150 und 350 u. Z., also etwa um 250 u. Z.

Schulszene, von einem Grabmal aus Neumagen bei Trier (um 200 u. Z.)

Wenn wir einer in Versform gegebenen mathematischen Aufgabe aus späthellenistischer Zeit vertrauen dürfen, dann erfahren wir daraus wenigstens etwas Persönliches über das Leben von *Diophantos*. Unter Anspielung auf die von ihm gelehrte mathematische Kunst des Berechnens wird dem Leser in einem Epigramm, das als Grabschrift gedacht werden soll, nahegelegt, mittels seiner Kunst das Alter des dahingegangenen *Diophantos* zu berechnen. In deutscher Übersetzung lautet der Text:

„Hier dies Grabmal deckt Diophantos. Schaut das Wunder!
Durch des Entschlafenen Kunst lehret sein Alter der Stein.
Knabe zu sein gewährte ihm Gott ein Sechstel des Lebens;
Noch ein Zwölftel dazu, sproßt' auf der Wange der Bart;
Dazu ein Siebentel noch, da schloß er das Bündnis der Ehe,
Nach fünf Jahren entsprang aus der Verbindung ein Sohn.
Wehe, das Kind, das vielgeliebte, die Hälfte der Jahre
Hatt' es des Vaters erreicht, als es dem Schicksal erlag.
Drauf vier Jahre hindurch durch der Größen Betrachtung den Kummer
von sich scheuchend auch er kam an das irdische Ziel"
[4, S. 395 f.]

Wir überlassen es dem Leser auszurechnen, wie alt *Diophantos* geworden ist – falls es sich doch um eine authentische Nachricht über ihn handeln sollte. (Der Text ist nicht ganz eindeutig formuliert!) Dieses Gedicht stammt aus einer Sammlung von 47 arithmetischen Epigrammen, die in hellenistischer Zeit in Mode gekommen waren.
Soviel wir wissen, hat *Diophantos* drei (oder vier) Werke geschrieben: Das eine Buch „Porismata" ist nur noch dem Titel nach bekannt, als Text ist es verlorengegangen. Die Schrift über „Polygonalzahlen" ist für *Diophantos* nicht typisch und überhaupt von geringer Wirkung gewesen, so daß wir uns die Besprechung schenken können.
Hochinteressant dagegen ist das Hauptwerk, die „Arithmetica", die den Höhepunkt der antiken Algebra darstellt und in späteren Jahrhunderten noch großen Einfluß auf die Entwicklung der Mathematik ausgeübt hat, sogar noch bei *F. Vieta* und *P. de Fermat*, den Stammvätern der moderneren Entwicklung der Algebra.

Die ,,Arithmetica" ist einem gewissen *Dionysios* (möglicherweise dem späteren Bischof von Alexandria) gewidmet und beginnt mit folgenden Worten: ,,Da ich weiß, mein sehr verehrter Dionysios, daß Du voller Eifer bist, die Lösung arithmetischer Probleme kennenzulernen, so habe ich versucht, Dir die Wissenschaft der Arithmetik, mit den Elementen beginnend, zu erklären. Vielleicht erscheint der Stoff etwas schwierig, da er Dir nicht vertraut ist und da es dem Anfänger manchmal an Selbstvertrauen fehlt. Aber diese Wissenschaft wird Dir dennoch infolge Deiner Lernbegierde und meiner Erklärungen wegen wohl verständlich werden, denn Lerneifer begreift schnell." [2, S. 5]

Im weiteren Text verspricht *Diophantos*, daß er seinen Stoff in 13 Büchern behandeln werde. Tatsächlich aber sind in dem erhaltengebliebenen Text der ,,Arithmetica" Lücken vorhanden; es läßt sich jedoch schwer sagen, ob die erhaltenen 6 Bücher wirklich der ursprünglich von ihm gewählten Einteilung entsprechen.

Diophantos legt zunächst im Anschluß an frühere Ansätze ein System von Bezeichnungen und Begriffen fest: ,,Du weißt, daß alle Zahlen aus einer gewissen Anzahl von Einheiten zusammengesetzt sind. Unter diesen Zahlen befinden sich auch die Quadratzahlen, das sind solche, die durch Multiplikation einer Zahl mit sich selbst entstehen. Multipliziert man die Quadratzahl mit der Zahl, aus der sie entstanden ist, so erhält man den Kubus oder die Kubikzahl." [1, S. 2] So fortschreitend, führt *Diophantos* Bezeichnungen bis zur sechsten Potenz ein: Biquadrat, Quadratokubus, Kubokubus. Doch beziehen sich diese Bezeichnungen, obwohl *Diophantos* von Zahlen schlechthin spricht, nur auf die Potenzen der Unbekannten, der gesuchten Zahl. Er verwendet dafür ein Zeichen, das dem Buchstaben für das Schluß-Sigma ähnlich ist: hier soll statt dessen der Buchstabe x gebraucht werden.

Diese Potenzen x, x^2, x^3, ..., x^6 werden bei *Diophantos* mit Hilfe der Anfangsbuchstaben für Quadrat- und Kubikzahl abgekürzt, so ist beispielsweise $\delta^{\bar{v}} = x^2$, $\varkappa^{\bar{v}} = x^3$. Bestimmte Zahlen werden durch μ^{δ} [Abkürzung von $\mu o \nu \alpha \sigma$ (monas) Einheit] bezeichnet, der Zahlenwert wird mit Hilfe der überstrichenen Buchstaben des Alphabets im sogenannten Milesischen Zahlensystem fixiert:

$$\overline{\alpha} = 1, \quad \overline{\beta} = 2, \quad \overline{\gamma} = 3, \quad \overline{\delta} = 4, \text{ usw.}$$

$\overset{\circ}{M}$ μονάδες
S   ἀριθμός
$Δ^Υ$ δύναμις
$K^Υ$ κύβος
$Δ^ΥΔ$ δυναμοδύναμις
$ΔK^Υ$ δυναμόκυβος
$K^ΥK$ κυβόκυβος

Die Addition wird durch einfaches Nebeneinanderschreiben ausgedrückt, für die Bezeichnung der Subtraktion wird ein spezielles Zeichen ⋔, eine Art umgekehrtes ψ, benutzt. Auch für das Gleichheitszeichen wird ein festes Symbol benutzt, nämlich der Buchstabe ι, der erste Buchstabe von ισοι (gleich).
So ist beispielsweise der Ausdruck

$$x^{\bar{υ}}\,\bar{β}\,μ^δ\,\bar{δ}$$

in moderner Bezeichnung mit $2x^3 + 4$ gleichwertig, *Diophantos* schreibt also $x^3 2$ Einheiten 4. Und der Ausdruck

$$δ^{\bar{υ}}\,\bar{α}\,⋔\,μ^δ\,\bar{ε}$$

bedeutet $x^2 - 5$.
Und schließlich führt *Diophantos* auch feststehende Bezeichnungen für Brüche und für die Potenzen $x^{-1}, x^{-2}, \ldots, x^{-6}$ der Variablen ein.
Tatsächlich erreichte er durch die Vereinheitlichung seiner Bezeichnungen und durch den Übergang zu einigen ersten algebraischen „Symbolen" eine bedeutende Vereinfachung bei der Behandlung seines Stoffes.
Das Anliegen besteht in der Darlegung der Methoden zur Auflösung von Gleichungen, und zwar algebraischer Gleichungen mit einer oder mehreren Variablen. Das Prinzip der Auflösung von Gleichungen umreißt *Diophantos* mit den folgenden Worten; wenn man davon absieht, daß es sich um eine Beschreibung in Worten handelt, die auf uns heute reichlich umständlich wirkt, so ist es doch die Beschreibung einiger Auflösungsschritte, die auch wir heute noch vornehmen: „Wenn nun bei irgend einer Aufgabe dieselben allgemeinen Ausdrücke auf beiden Seiten der Gleichung, aber mit ungleichen Koeffizienten stehen, so muß man Gleiches von Gleichem subtrahieren, bis zuletzt ein eingliedriger Ausdruck einem andern gleichgesetzt ist. Sollten irgend welche allgemeinen Ausdrücke auf einer Seite oder auf beiden Seiten als abzuziehende Zahlen stehen, so muß man dieselben auf beiden Seiten addieren, so daß auf jeder Seite nur hinzuzufügende Zahlen sich befinden (das heißt, daß nur additiv verbundene Terme auftreten, Wg). Darauf hat man wieder Gleiches von Gleichem zu subtrahieren, bis

auf jeder Seite nur ein Ausdruck übrig ist. In dieser Weise wird so lange mit dem Ansatze der Aufgaben verfahren, bis womöglich auf jeder Seite nur ein Glied sich befindet. Später werde ich ... auch noch zeigen, wie die Aufgabe gelöst wird, wenn zuletzt ein zweigliedriger Ausdruck einem eingliedrigen gleich ist". [1, S. 7f.]
Diese letzte Bemerkung bezieht sich offensichtlich auf die Auflösung gemischtquadratischer Gleichungen mit vorhandenem Absolutglied, – doch die Darlegung der Auflösung dieses Gleichungstyps gehört zu den verlorengegangenen Teilen der „Arithmetica".
Um den Leser mit Art und Stil der antiken Algebra bekannt zu machen, seien nun noch einige typische Aufgaben aus der „Arithmetica" vorgeführt. Man beachte, daß die Aufgaben zwar allgemein formuliert, aber nur an Zahlenbeispielen wirklich durchgeführt werden.
Aus dem Buch I der „Arithmetica" stammt die folgende Aufgabe:
„Eine vorgelegte Zahl so in zwei Zahlen zu zerlegen, daß ein vorgeschriebener Teil der ersteren einen vorgeschriebenen Teil der zweiten um eine gegebene Zahl übertreffe.
Diese letztere Zahl muß jedoch kleiner sein als die Zahl, welche man erhält, wenn man die zu zerlegende gegebene Zahl durch den Nenner des größeren Bruches dividiert. (Dadurch werden negative Zahlen als Lösungen ausgeschlossen, Wg.) Auflösung: Es sei aufgegeben, die Zahl 100 so in zwei Zahlen zu zerlegen, daß ein Viertel der ersteren um 20 größer sei als ein Sechstel der zweiten". [1, S. 12]
Indem *Diophantos* ein Sechstel der zweiten Zahl gleich der Variablen x setzt, erhält er die Gleichung $10x + 80 = 100$ und daraus durch Umformen $10x = 20$ mit der Lösung $x = 2$. Diese Aufgabe führt also auf eine lineare Gleichung.
Reichlich treten im Buch I auch quadratische Gleichungen auf. Falls diese zwei positive Lösungen besitzen, so wird nur eine, und zwar die größere, als Lösung der jeweiligen Aufgabe anerkannt. Ein einziges Mal kommt auch eine kubische Gleichung vor, und zwar im Buch IV der „Arithmetica". Es handelt sich um die Gleichung
$$x^3 + 3x - 3x^2 - 1 = x^2 + 2x + 3,$$
die sich auf die Form

Auszug aus
einem Manuskript
von Diophantos

[Griechisches Manuskript]

$$x(x^2 + 1) = 4(x^2 + 1)$$

bringen und damit der Behandlung mittels Kunstgriff zugänglich machen läßt.

Wenn mehrere Zahlen gesucht sind, dann umgeht *Diophantos* die auftretenden Schwierigkeiten in der Bezeichnung, indem er oft trickreich und kunstvoll nur eine einzige Variable einführt. Dabei beweist er eine erstaunliche Beherrschung des formalen Apparates.

Während Buch I hauptsächlich lineare und quadratische Gleichungen enthält, treten in den weiteren erhalten gebliebenen Büchern der ,,Arithmetica" im wesentlichen Aufgaben auf, die auf Gleichungen mit mehreren Variablen führen. Auch hier zeigt sich eine hohe Meisterschaft bei der Beherrschung des Formalen, indessen fehlt jede Spur einer Theorie, sogar beim einfachsten Typ, der linearen Gleichung mit mehreren Variablen $ax \pm by = c$. Auch von dem Typ einer Gleichung mit mehreren Variablen bei *Diophantos* soll hier ein Beispiel als Kostprobe vorgeführt werden – vielleicht erhält der Leser dadurch Appetit, nun bei *Diophantos* direkt nachzuschlagen und die noch heute reizvolle Aufgabensammlung auszuschöpfen.

,,Ein gegebenes Quadrat soll in eine Summe zweier Quadrate zerlegt werden.
Auflösung: Es soll 16 als Summe zweier Quadrate dargestellt werden. Der erste Summand sei x^2, damit ist der zweite also $16 - x^2$. Dieser soll also ein Quadrat sein. Ich forme das Quadrat der Differenz eines beliebigen Vielfachen von x, vermindert um die Wurzel 16, d. h. vermindert um 4. Ich bilde also das Quadrat von $2x - 4$. Es ist $4x^2 - 16x + 16$. Diesen Ausdruck sehe ich gleich $16 - x^2$ ... Die eine Zahl ist $\frac{256}{25}$, die andere $\frac{144}{25}$." [2, S. 26]

In allgemeiner Form läuft also der von *Diophantos* gegebene Lösungsweg auf den Ansatz $a^2 = x^2 + (\mu x - a)^2$ hinaus, der, da sich das absolute Glied weghebt, für rationales $\mu > 0$ stets durch rationales $x = \dfrac{2\mu a}{1 + \mu^2} > 0$ erfüllt wird.

Heute hat sich für Gleichungen mit mehreren Variablen, deren ganzzahlige Lösungen zu bestimmen sind, die Bezeichnung ,,diophantische Gleichungen" durchgesetzt. Man beachte aber, daß *Diophantos* sowohl ganze als auch gebrochen rationale Zahlen als Lösung zuläßt, dafür aber müssen sie positiv sein. Die Forderung nach Lösung solcher Gleichungen durch ganze (positive und negative) Zahlen entstammt erst der indischen Mathematik: Ansätze einer Theorie der linearen diophantischen Gleichungen rühren bereits von Âryabhaṭa her; die Theorie findet sich durchgebildet bei *Brahmagupta*.

Literaturverzeichnis zu Diophantos von Alexandria

[1] Die Arithmetik und die Schrift über Polygonalzahlen des Diophantos von Alexandria. Übersetzt und mit Anmerkungen begleitet von G. Wertheim, Leipzig 1890.
[2] Die Arithmetik des Diophantos aus Alexandria. Aus dem Griechischen übertragen und erklärt von A. Czwalina, Göttingen 1952.
[3] *Heath, T. L.*: Diophantos of Alexandria: A Study in the History of Greek Algebra. 2. Auflage, Cambridge 1910.
[4] *Wussing, H.*: Mathematik in der Antike. 2. Auflage, Leipzig 1965.
[5] *Juschkewitsch, A. P.*: Geschichte der Mathematik im Mittelalter. Leipzig 1964.
[6] *Cantor, M.*: Vorlesungen über Geschichte der Mathematik, Band 1. Leipzig 1880.
[7] *Van der Waerden, B. L.*: Erwachende Wissenschaft. Basel/Stuttgart 1966.
[8] *Colerus, E.*: Von Pythagoras bis Hilbert. rororo Sachbuch, Bd. 6696/97.
[9] *Bell, E. T.*: Die großen Mathematiker. Düsseldorf 1967.

2 Die Mathematik des Mittelalters

Überblick

Die Mathematik der Antike hatte im wesentlichen die Behandlung konstanter Größen und geometrischer Gebilde zum Gegenstand; sie besaß also fast durchgehend statischen Charakter. Auch die Hauptarbeitsgebiete der Mathematik im Mittelalter waren die Mathematik der konstanten Größen, die unveränderlichen geometrischen Gebilde und die Gesamtheit der elementaren Rechenalgorithmen. Andere Ergebnisse der griechisch-helleninistischen Mathematik, zum Beispiel die Analysis der unendlich kleinen Größen bei *Archimedes*, sind jedoch nicht aufgegriffen worden.

Die Unterschiede in der Entwicklung des Feudalismus in Asien einerseits und in Europa andererseits wirkten sich auch auf die Entwicklung der Mathematik in diesen Gebieten aus. Bis etwa zum 13./14. Jahrhundert bestimmten China, Mittelasien und der Nahe Osten eindeutig die Fortschritte der Mathematik, wie überhaupt ein starkes Kulturgefälle von Ost nach West über viele Jahrhunderte herrschte. Erst mit der im 14./15. Jahrhundert, mit der Renaissance beginnenden Entwicklung, die auch mit einer Emanzipation von kirchlichen Dogmen verbunden war, gelang es europäischen Forschern, im Anschluß an die Ergebnisse der hellenistischen und islamischen Mathematik, eigene, neue Resultate zu erzielen.

Die Grundzüge der Entwicklung der Mathematik in China, Indien, den arabischen Gebieten und den feudalen Staaten Europas sollen im folgenden kurz charakterisiert werden. Es muß dabei stets beachtet werden, daß zwischen diesen Kulturkreisen ein wenn auch langsamer, so doch ständiger Austausch mathematischer Methoden und Resultate durch Handelstätigkeit, durch Völkerwanderungen, durch religiöse Auseinandersetzungen und durch Eroberungszüge stattgefunden hat.

Als erstes soll im folgenden die Mathematik des mittelalterlichen China kurz behandelt werden. Die zur Verfügung stehenden Quellen sind nicht allzu reichhaltig. Zwar lassen sich die ältesten chinesischen Untersuchungen zur Mathematik bei Kalenderberechnungen bis in das zweite Jahrtausend v. u. Z. zurückverfolgen, aber besonders aus dem ersten Jahrtausend u. Z. ist uns sehr wenig Material überliefert worden. Die chinesische Mathematik war im wesentlichen arithmetisch-algebraisch orientiert. Die Geometrie als selbständige Teildisziplin der Mathematik ist aus dem Gesamtkomplex

„Turm zur Beobachtung der Sterne",
die älteste Sternwarte Ostasiens bei Kjongdschu
(7. Jh.)

mathematischer Probleme noch nicht ausgesondert. Es werden jedoch auch geometrische Probleme durch vielfach originelle Methoden bearbeitet.
Zumindest in den frühen mathematischen Schriften kann noch deutlich der Einfluß praktischer Fragestellungen, zum Beispiel der Vermessungsarbeiten, abgelesen werden.
Wichtige Resultate gewannen chinesische Mathematiker beim Lösen linearer Gleichungssysteme, bei der Behandlung diophantischer Gleichungen, bei dem näherungsweisen Ermitteln der Wurzeln von Gleichungen höheren Grades. Dabei wurden bis zum gewissen Grade Methoden der neueren Mathematik, wie das Anwenden von Determinanten und Matrizen, vorweggenommen. Um 1300 erreichte die frühe chinesische Mathematik den Höhepunkt ihrer Entwicklung (*Qin Jiu-shao, Li Ye, Yan Hui, Zhu Shi-jie* u. a.). Die klassischen Arbeiten dieser Epoche enthalten neben der Weiterentwicklung traditioneller Methoden auch die Bestimmung der Summen einiger Reihen und das sogenannte Pascalsche Dreieck der Binomialkoeffizienten.
Seit dem 13. Jahrhundert wird in der chinesischen Mathematik fast ausschließlich nur noch auf den alten Stoff zurückgegriffen (z. B. bei den Prüfungen für hohe Staatsämter), eine Weiterentwicklung erfolgte jedoch bis zur Befreiung vom halbfeudalen Joch der Dynastien nicht mehr.
Die Darstellungsweise der mathematischen Probleme in chinesischen Schriften ist, wie auch sonst fast ausschließlich in mathematischen Werken des Mittelalters, rezeptartig; die Regeln werden an Beispielen erläutert und sind in außerordentlich viele Spezialfälle aufgegliedert. Theoretische Schlußfolgerungen fehlen ebenso wie Beweise. Durch die Verwendung eines dezimalen Stellenwertsystems und die systematische Benutzung negativer Zahlen sind in der Form gegenüber älteren Kulturen allerdings Fortschritte zu verzeichnen.
Der Austausch wissenschaftlicher Ergebnisse zwischen China, Indien, Mittelasien wurde durch einen ausgedehnten Karawanenhandel Mittelasien-China, durch die Ausdehnung der arabischen Einflußsphäre bis an die Grenzen Chinas und die Mongoleneinfälle begünstigt. Es gab bereits einen regelrechten, allerdings sehr seltenen Austausch von Wissenschaftlern, so daß also auch chinesische mathematische Er-

Große Chinesische Mauer, gegenwärtiger Erhaltungszustand

gebnisse einen Einfluß auf die Weiterentwicklung der Mathematik allgemein genommen haben.

Die indische Mathematik stand auf einem höheren Niveau als die chinesische. Die frühesten Kenntnisse über die Mathematik in Indien beziehen sich auf die ,,Schnurregeln" (Sulba-sútra). Sie sind wahrscheinlich in der Zeit zwischen dem 7. und 5. Jahrhundert v. u. Z. verfaßt worden. Weitere Quellenwerke sind erst nach dem 2. Jahrhundert u. Z. entstanden. Die bedeutendsten Mathematiker des mittelalterlichen Indien waren Âryabhaṭa I, Mahâvirâ, Sûdhara, Âryabhaṭa II, Šrîpati, Bhaskara II, Nârâyama und Nîlakanta, die zwischen dem 5. und 15. Jahrhundert gewirkt haben. Die frühe indische Mathematik hat wohl ihre größte Leistung in der Entwicklung des dezimalen Positionssystems zu verzeichnen, das etwa seit dem 7. Jahrhundert allgemein auftritt. Hier zeigt sich bereits ein Ansatzpunkt für eine charakteristische Eigenschaft der indischen Mathematik: Algebraisierung und Arithmetisierung treten nicht nur des eigentlichen Rechenvorganges wegen auf, sondern auch bei der Behandlung von Gleichungen und Gleichungssystemen. Die Lösung ist oft geistreich und erreicht bei zahlentheoretischen Problemen häufig auch hellenistisches Niveau. Neben einem direkten griechischen Einfluß scheinen auch babylonische Überlieferungen eine gewisse Rolle gespielt zu haben. In der Trigonometrie erzielten indische Mathematiker ebenfalls neue Erkenntnisse durch ihre Halbsehnentrigonometrie. Auf dem Gebiet der Geometrie sind keinerlei bemerkenswerte indische Leistungen bekannt.

Die Spitzenleistung der frühen indischen Mathematik ist zweifellos die Reihenentwicklung des Kreisbogens nach Potenzen des Tangens oder Kotangens, um zu genauen Näherungswerten für π zu kommen. Das um 1501 verfaßte ,,Tantrasârasaṁgraha" (wissenschaftliches Sammelwerk) von Nîlakanta ist hier die wichtigste Quelle. In ihm spricht der Gelehrte seine Überzeugung aus, daß π irrational ist, und berechnet π auf zehn Dezimalen genau. Er leitet zu dieser Berechnung spezielle Reihen für $\frac{\pi}{2}$ her, die sich aus der allgemeinen Arcustangensreihe durch Spezifizierung ergeben.

Die Form der indischen Abhandlungen, ausschließlich in Sanskrit verfaßt, ist äußerst

Auszug
aus dem Bakhshali-Manuskript

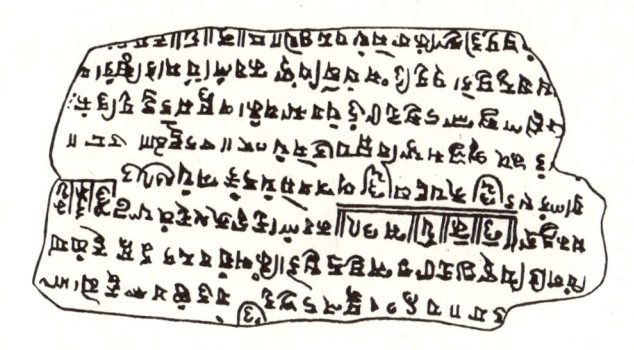

lakonisch. Erläuterungen werden oft in Versform gegeben, auf Beweise wird fast immer verzichtet.

Eine außerordentlich wichtige Rolle in der Geschichte der Mathematik haben islamische Mathematiker, genauer die „ostarabischen" Mathematiker gespielt. Durch die Vermittlerrolle arabischer Übersetzer sind uns viele griechische mathematische Autoren durch spätere Weiterübersetzungen ins Lateinische bekannt geworden. Der griechisch-hellenistische Einfluß auf die Mathematik der Araber ist unverkennbar. Daneben scheint, insbesondere auf astronomisch-astrologischem Gebiet, auf indische Quellen zurückgegriffen worden zu sein.

Die Träger der arabischen mathematischen Kultur waren nur ausnahmsweise Persönlichkeiten, die von der arabischen Halbinsel selbst stammten, sondern meist Syrer, Mesopotamier, Iranier und Usbeken, alle in einem Riesenreich lebend und durch das Arabische als Gelehrtensprache verbunden.

Nach der Aneignung der Überlieferungen durch Übersetzungen begannen die Mathematiker des ostarabischen Reiches, insbesondere in Bagdad, eine rege mathematische Tätigkeit zu entfalten.

Vom 10. Jahrhundert an können im großen Maße originale arabische Leistungen festgestellt werden.

Außergewöhnliche Erfolge erreichten die „arabischen" Mathematiker besonders auf Gebieten, die noch deutlich die Spuren der Fragestellungen des täglichen Lebens aufweisen. Es sind besonders das kaufmännische Rechnen, die Erbschaftsrechnung (auf Grund des sehr verwickelten islamischen Erbrechtes), die Näherungsrechnung (Tafelwerke für astronomische Berechnungen, Vermessungsarbeiten), die Trigonometrie und die Zahlenalgebra zu nennen. Man blieb jedoch nicht bei den praktischen Fragestellungen stehen, sondern verallgemeinerte weitgehend diese Probleme. In der arabischen mathematischen Literatur ist erstmals die Algebra als selbständige mathematische Disziplin zu erkennen. Der Charakter der (positiven) irrationalen Zahlen wurde klar herausgearbeitet, und die Irrationalitätentheorie des *Euklid* wurde fortgesetzt.

Es gelang, eine systematische Theorie kubischer Gleichungen aufzustellen und die

Eisensäule
im Hof der Moschee Kuvvat-ul Islam in Delhi
(415 u. Z.)

Berechnung von einzelnen Wurzeln und speziellen Werten mit außerordentlicher Genauigkeit durchzuführen. Zum Beispiel berechnete *al-Kâšî* π auf 17 Dezimalstellen genau; die gleiche Genauigkeit findet sich in den Tafelwerken des *Ulûg-Beg* im 15. Jahrhundert.

Auf geometrischem Gebiet setzten die Araber teilweise die griechische Tradition fort, etwa bei der Untersuchung des Parallelenpostulats von *Euklid*.

Die Darstellung in den arabischen mathematischen Schriften näherte sich in stärkerem Maße als beispielsweise in der indischen der griechisch-hellenistischen Tradition. Insbesondere sind deutliche Anklänge an die „griechische Strenge" mit ihrem deduktiven Vorgehen und ihrer Beweismethode feststellbar.

Aus der Vielzahl bedeutender islamischer Mathematiker sollen einige bekannte hervorgehoben werden: *al-Hwârâzmî*, dessen Hauptwerk „Kurzes Buch über das Rechnen der Algebra und Almukabala" die mittelalterliche Mathematik Europas stärkstens beeinflußt hat; *Abû'l Wafâ, al-'Haitham, al-Karağî, al-Ḥayyām, al-Kâšî*.

Die mathematischen Leistungen der Araber sind bis zur Renaissance unzweifelhaft in keinem anderen Kulturkreis des Mittelalters auch nur annähernd erreicht worden. Bis zum Auftreten des genialen *Regiomontanus* zehrte insbesondere die europäische Mathematik hauptsächlich vom griechischen und arabischen Erbe oder verlor sich in mehr oder minder unfruchtbare mathematisch-philosophische Spekulationen. Auch die Vermittlerrolle der arabischen Gelehrten zwischen den verschiedenen mathematischen Epochen und Zentren kann demnach nicht hoch genug veranschlagt werden.

In Europa dagegen blieb die Mathematik – wie die anderen Wissenschaften auch – noch lange auf recht bescheidenem Niveau. Man kannte im frühen Mittelalter zum Beispiel nicht den Satz über die Summe der (Innen-) Winkel im Dreieck und war gezwungen, von Fall zu Fall probierend vorzugehen.

Nach dem Zerfall des weströmischen Reiches hatten sich auf dessen ehemaligem Territorium lockere Staatengebilde herausgebildet, die politisch unbeständig waren und deren herrschende Ideen der christlichen Weltanschauung entsprangen. Diese war in den ersten Jahrhunderten unserer Zeitrechnung von den sogenannten Kirchenvätern begründet worden. Sie lehnten wissenschaftliche Erkenntnisse, unter ih-

Das große Minarett in Samarra
(Mitte des 9. Jh.)

nen die mathematischen, als zur „heidnischen Bildung" gehörend grundsätzlich ab. Doch sah man sich im 8./9. Jahrhundert gezwungen, die dogmatisch ausgelegten Glaubenssätze, die mit der Wirklichkeit zunehmend in Widerspruch gerieten, philosophisch abzusichern, und griff da besonders auf die Ansichten *Platons* zurück. Dadurch wurde die Geometrie wieder zum philosophischen, theoretischen Vorbild.
Mit der Konsolidierung der Staatengebilde wuchs auch das praktische Interesse an mathematischen Fragen und an der Verbesserung des Unterrichtswesens.
781 berief der Frankenkaiser *Karl* den aus York gebürtigen *Alcuin* an seinen Hof und beauftragte ihn mit der Reform der Wissensvermittlung. *Alcuin* gelang es durch Schaffung von Elementarschulen, der „Hochschule" von Tours und durch Abfassung von Lehrbüchern bald, das mathematische Durchschnittswissen erheblich zu erhöhen.
Auch das reine Zahlenrechnen wird in der folgenden Zeit aus praktischen Bedürfnissen literarisch dargestellt. Als typisches Werk hierfür ist das um 981 entstandene Rechenbuch von *Gerbert* (ab 999 Papst *Sylvester II*), bei dem erstmalig auch arabische Einflüsse vermerkt werden können, anzusehen.
Nachdem 1085 die Mauren aus Toledo vertrieben worden waren, strömten Übersetzer in die Stadt und übersetzten die arabischen Texte. Dadurch war der Zugang gefunden zur reichen griechischen und islamischen Mathematik. Unterstützt wurde diese Entwicklung durch das Auffinden griechischer Originalwerke im 12. Jahrhundert und die Schaffung der stark logisch-mathematisch orientierten scholastischen Methode.
Das Mittelalter sah den als gebildet an, der die sieben freien Künste (artes liberales) studiert hatte. Neben dem Trivium (Grammatik, Rhetorik, Dialektik) hatte der „Student" das stärker naturphilosophisch ausgerichtete Quadrivium, bestehend aus Arithmetik (einfachste Zahlentheorie und Zahlenmystik), Geometrie zusammen mit Geographie, Astronomie (hauptsächlich Kalenderberechnungen) und Musik, zu durchlaufen. Dieser zuerst nur an den Klosterschulen unterrichtete, später auch von den ersten Universitäten (um 1200 Paris, Oxford, Cambridge) in die Artistenfakultät übernommene Lehrgang wurde meist auf sehr niedrigem Niveau dargeboten.
Um 1200 bestand das mathematische Wissen aus einfacher Planimetrie, indischem Zahlenrechnen und aus Methoden zur Lösung elementarer Textaufgaben.

Islamischer Himmelsglobus
(Iran 1279)

Solange die neuplatonisch-augustinische Philosophie herrschte, genossen Mathematik und scholastische Naturwissenschaften, deren bedeutendste Vertreter in dieser Zeit R. *Grosseteste* und R. *Bacon* waren, großes Ansehen. Der seit 1250 stärker aufkommende Aristotelismus drängte an den Hochschulen diese Wissenschaften in ihrer Wirksamkeit wieder zurück. Forschung und Lehre begannen an den Universitäten schon bald nach deren Gründung Zeichen der Erstarrung zu zeigen.

Der entscheidende Anstoß für die weitere Entwicklung der Mathematik in Europa kam aus den ökonomisch hoch entwickelten italienischen Handelsstädten. Hier zuerst bemächtigten sich im 13. Jahrhundert Kaufleute und Rechenmeister der neuen mathematischen Erkenntnisse, insbesondere der indischen Rechenweise. *Leonardo von Pisa*, der erste „Fachmathematiker" des europäischen Mittelalters, hat bei diesem Prozeß eine führende Rolle gespielt. Seine Hauptwerke „Liber Abaci" (Buch vom Abacus) von 1202 und „Practica Geometrica" von 1220 verbreiten die arabischen Ziffern und die indischen Rechenverfahren in Europa, verraten aber auch eine völlige Beherrschung des zugänglichen griechischen und arabischen Wissens. Die von *Leonardo* behandelten zahlentheoretischen Probleme und die angegebenen Lösungsverfahren gingen erstmals über die Kenntnisse des arabischen (und auch des griechischen) Kulturkreises hinaus.

Im 13. Jahrhundert erwachte verstärkt wieder das Interesse an griechischen Originalwerken, es entstehen, beispielsweise durch *J. Campanus*, hervorragende Übersetzungen.

Auch im folgenden Jahrhundert ging an den Universitäten der Streit zwischen den verschiedenen Schulen der Scholastik weiter. Das 14. Jahrhundert brachte neben einer stärkeren Breitenwirkung der Mathematik auch zwei große Mathematiker hervor: *Th. Bradwardine*, dem das gesamte Wissen seiner Zeit zur Verfügung stand und dessen Arbeiten sich durch originelle Spekulationen über die Bewegung und das Kontinuum auszeichnen, und *N. Oresme*, über den hier ausführlich berichtet werden soll.

Die Werke dieser beiden bedeutenden Gelehrten bereiten bereits die Denkrichtung vor, die das gesamte Weltbild erneuern wird. Wichtige Leitgedanken einer mathematischen Behandlung des Bewegungsproblems werden vorweggenommen.

1 2 3 4 5 6 7 8 9

Mit *Bradwardine* und *Oresme* bricht allerdings auch die wissenschaftliche Kette der Traditionen ab, die bis ins frühe Mittelalter zurückgeht. Der in der Periode der Renaissance stürmisch einsetzende Aufschwung der Naturwissenschaften knüpfte an die Bearbeitung des Kontinuumsproblems und damit auch an das Studium des Bewegungsvorganges durch *Bradwardine* und *Oresme* kaum an; viel stärker wirkte sich die Orientierung auf die griechisch-hellenistische Antike aus.

Literaturverzeichnis zum Überblick über die Mathematik des Mittelalters

[1] *Hofmann, J. E.:* Geschichte der Mathematik, Band I. Berlin 1963.
[2] *Juschkewitsch, A. P.:* Geschichte der Mathematik im Mittelalter. Leipzig 1964.
[3] *Struik, D. J.:* Abriß der Geschichte der Mathematik. 4. Auflage, Braunschweig 1967.
[4] *Struik, D. J.:* Abriß der Geschichte der Mathematik. 5. Auflage, Berlin 1972.

Âryabhaṭa (geb. 476)

Wie von allen Mathematikern des alten Indiens kennt man auch von *Âryabhata* (dem Älteren) nur wenige Lebensdaten. Im wesentlichen hat man sich darum hier auf eine kurze Schilderung der Zeitverhältnisse und auf eine Würdigung seiner mathematischen Leistungen zu beschränken.

In der ersten Hälfte des 4. Jahrhunderts gewann in Nordwestindien, in Magadha am Unterlauf des Ganges, nach einer Zeitspanne von etwa einem Jahrhundert der Kleinstaaterei mit all ihren Folgen, wieder eine feste Zentralgewalt die Macht. Magadha wurde zum Zentrum des letzten bedeutenden indischen Sklavenhalterstaates, des Gupta-Staates, der seine Herrschaft bald über einen großen Teil Nordindiens ausdehnte. Begründer des Reiches war *Tschandragupta I.* Zu seinen wichtigsten Eroberungen zählte die Stadt Pâtaliputra (heute Patna im Staate Bihar), die auch die Hauptstadt des gesamten neuen Staates wurde.

In der Mitte des 4. Jahrhunderts erreichte der Gupta-Staat seine größte Macht. Er wurde seit der Mitte des 5. Jahrhunderts jedoch ständig von den Hephtaliten bedrängt

Buddha-Statue
aus Gandhara
um 300 u.Z.

und begann nach 476 wieder zu zerfallen. Die Herrschaft der Gupta-Könige erstreckte sich bald nur noch auf Magadha.

Die Zeit der Gupta-Herrschaft war gekennzeichnet durch einen langsamen Verfall der alten Gesellschaftsordnung, begleitet durch den schwindenden Einfluß des Buddhismus und das Aufkommen des Hinduismus mit seiner Kastenordnung. Land- und Seehandel, Ackerbau und Handwerk nahmen mit Unterstützung der Gupta-Herrscher wesentlichen Aufschwung. Die Städte wurden zu Zentren des Handels, der Verwaltung und der Kultur.

Hauptorte der Wissenschaft und Kunst waren Ujjayini mit einer großen Universität und Pâtaliputra. In Ujjayini haben unter anderen der hervorragende Schiftsteller *Kalidasa* und die Mathematiker *Varâhamihira* und der berühmte *Brahmagupta* gewirkt. In der Nähe von Pâtaliputra befand sich die weitbekannte Hochschule von Nâlanda, an der alle wesentlichen wissenschaftlichen Disziplinen der Zeit gelehrt wurden und die als Zentrum für Studium und Forschung Studenten vieler Länder anzog. In der Nähe von Pâtaliputra ist Âryabhaṭa 476 geboren worden.

Die Zeitangabe geht auf eine Bemerkung Âryabhaṭas selbst zurück. Die Möglichkeit wissenschaftlicher Studien hat Âryabhaṭa in seiner Jugend bestimmt gehabt, denn bereits im 23. Lebensjahr verfaßte er die ,,Âryabhaṭîya", eine Abhandlung über Astronomie und Mathematik in Versform. Es ist das erste indische mathematische Werk, von dem wir den Namen des Verfassers kennen und das sich ausschließlich mit mathematischen und astronomischen Fragen beschäftigt. Das Werk selbst setzt die Kenntnis der kurz vorher entstandenen Abhandlungen über Astronomie, der ,,Siddhatas" voraus, deren Datierung durch die im 11. Jahrhundert von *al − Bîrunî* durchgeführten Ermittlungen möglich ist. Es ist nicht abzuschätzen, welchen eigenen schöpferischen mathematischen Beitrag zur ,,Âryabhaṭîya" der Verfasser geleistet hat.

Das Werk ist wohl im wesentlichen als Abhandlung durchschnittlichen Niveaus zu betrachten und dürfte etwa dem indischen ,,Hochschulstoff" seiner Zeit entsprechen. Es besteht aus vier größeren Abschnitten mit insgesamt 123 Stanzen und zwar:
1. Daśagîtika (Die zehn Gîti − Stanzen)

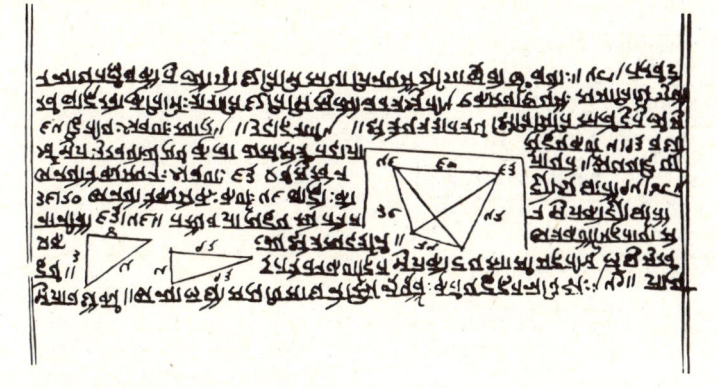

Ausschnitt
aus dem Bhaskara-Lilavati-Manuskript

2. Ganitapāda (Mathematik)
3. Kālakriyā (Zeitrechnung)
4. Gola (Das „Himmelsgewölbe")

Es hat erheblichen Einfluß auf die Entwicklung der indischen Mathematik ausgeübt, denn noch nach über 1 000 Jahren wurde es von dem mit Recht sehr berühmten *Nīlakanta* kommentiert, als sich die wissenschaftlichen Zentren Indiens seit Jahrhunderten im Süden des Subkontinents befanden. Eine erste Übersetzung erschien in Europa 1874.

Seit dem Erscheinungsjahr 499 der „Âryabhatīya" fehlt uns jede weitere Kenntnis vom Leben des Verfassers. Es ist jedoch möglich, daß er als „Hochschullehrer" tätig war, da er in den Kommentaren seines Schülers *Bhaskara I* zur „Âryabhatīya", die um 522 geschrieben wurden, als „Acarya", das heißt „der Gelehrte", bezeichnet wurde. Einige ausgewählte Fragestellungen aus dem Werk des *Âryabhata* verdienen eine genauere Betrachtung.

Die möglichst genaue Bestimmung von π war seit dem griechischen Altertum eine zentrale Aufgabe. Bei *Âryabhata* treten an verschiedenen Stellen der Schrift höchst unterschiedliche Näherungswerte auf, so bei der Bestimmung des Kreisumfanges der recht gute Wert $\frac{62\,832}{20\,000}$, der höchstwahrscheinlich auf *Apollonios von Perge* zurückgeht, woraus $\pi = 3{,}1416$ folgt. Die entsprechende Angabe *Âryabhatas* lautet: „Addiere 4 zu 100, multipliziere mit 8 und addiere 62 000. Das Resultat ist näherungsweise der Umfang des Kreises, dessen Durchmesser 20 000 ist". (Übersetzt aus dem Englischen nach [1, S. 28]) An anderer Stelle wird $\frac{1}{4}\pi = \frac{377}{480}$ verwendet, also $\pi = 3{,}141\overline{6}$. Aus der Art der Berechnung einer einfachen trigonometrischen Sinus-Tabelle der Vielfachen von $3\frac{3}{4}°$ kann, da der Radius des Kreises zu $3438'$ angesetzt wird, ein Wert von $\pi \approx 3{,}14146$ gefolgert werden.

Um so merkwürdiger mutet eine „Näherungsformel" an, die für das Kugelvolumen $V = S\sqrt{S}$ ansetzt, wo S den Flächeninhalt eines Großkreises bedeutet. Leicht er-

Darstellung der Entwicklung der Zahlzeichen

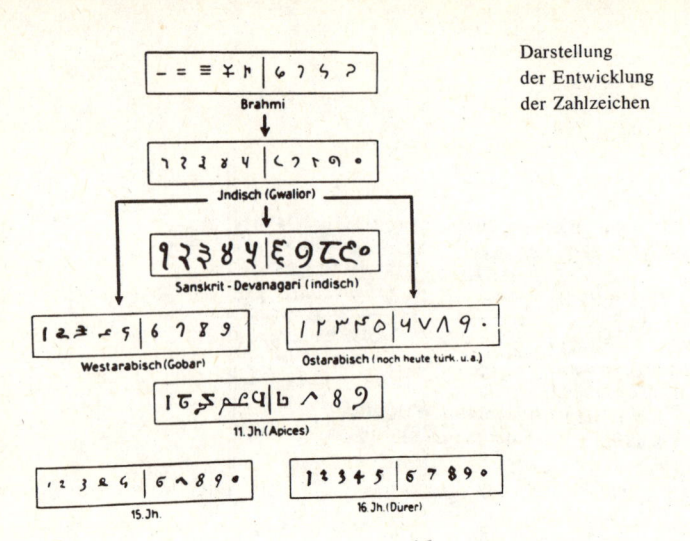

- Brahmi
- Indisch (Gwalior)
- Sanskrit - Devanagari (indisch)
- Westarabisch (Gobar)
- Ostarabisch (noch heute türk. u. a.)
- 11. Jh. (Apices)
- 15. Jh.
- 16. Jh. (Dürer)

gibt sich daraus der Wert für π zu $\frac{16}{9}$. „Die Hälfte des Umfanges multipliziere mit der Hälfte des Durchmessers – es ist die Fläche des Kreises. Diese Fläche multipliziere mit der eigenen Quadratwurzel – es ist das genaue Volumen der Kugel." (Nach [1, S. 27]) Gerade der letzte Wert zeigt deutlich, welche Schwierigkeiten die frühen Mathematiker sogar bei einfachsten stereometrischen Aufgaben hatten und wie schwer der Charakter der Zahl π in bezug auf Kreis und Kugel zu erkennen war. Die Transzendenz von π konnte übrigens erst 1882 von *F. Lindemann* gezeigt werden, nachdem *J. Lambert* deren Irrationalität 1761 bewiesen hatte.

Âryabhaṭa I verwendete ein dezimales Zahlensystem, das aber keinen Stellenwertcharakter besaß. Jede der Zahlen $K \cdot 10^n$ ($K = 1, ..., 9$) wurde mit einer neuen Silbe, die nach gewissen Grundregeln bildbar war, bezeichnet. Die Null war ihm nicht bekannt und auch bei der Bezeichnung der Zahlen durch Silben nicht notwendig. Erst sein schon erwähnter Schüler *Bhaskara I* führte eine Silbe für die Leerstelle ein und gab dem System Stellenwertcharakter.

Die Schaffung eines auf dem Positionssystem beruhenden dezimalen Stellenwertsystems ist eine der bedeutendsten kulturellen Leistungen der indischen Völker. In Indien waren seit altersher individuelle Ziffern für die ersten neun Zahlen (eines dezimalen Systems) bekannt. Man hatte eine besondere Vorliebe für den Aufbau von „Zahlentürmen", die Verwendung des multiplikativen und auch teilweise des positionellen Prinzips waren in den verschiedenen Zahlensystemen weit verbreitet. Im 7. Jahrhundert ist das dezimale Stellenwertsystem in Indien voll entwickelt. Das Zeichen für die Null ist in Indien nach 500 aufgetaucht, ansonsten wurden in verschiedenen Variationen Brâhmî-Ziffern verwendet. Inwieweit bei der Schaffung des positionellen Dezimalsystems fremde Einflüsse (Babylon, China) wirksam waren, kann kaum entschieden werden. Das indische System drang schnell nach Westen vor und ist bereits in Bagdad im 8. Jahrhundert bekannt. Die Araber besaßen ursprünglich keine eigene Zahlschrift, später ordneten sie den Zahlen oft Buchstaben zu (griechischer Einfluß) oder schrieben die Zahlen in Worten aus. Die Araber übernehmen nun eine einzigartige Vermittlerrolle, indem sie das indische System aufgreifen (die erste

Ausschnitt aus den Regensburger Annalen

arabische Zahl in indischer Schrift findet sich in einem ägyptischen Papyrus von 873), die indischen dezimalen Rechenverfahren erläutern und die Vorläufer der heutigen Ziffern entwickeln (insbesondere die westarabischen Gubar-Ziffern). Entscheidende Bedeutung hat hierbei das Werk des *al-Hwârâzmî*, der um 820 die Rechenweise der Inder sehr sorgfältig darstellt. Dadurch, daß der größte Teil Spaniens von den Arabern beherrscht wurde, gelangten die indischen Ideen auch nach Europa und wurden nach Zurückdrängen der Mauren auch den lateinischen Gelehrten bekannt.
Im Gegensatz zur schnellen Verbreitung des positionellen Dezimalsystems von Indien bis Spanien trafen die indischen Verfahren in Europa auf entschiedenen Widerstand. Im frühmittelalterlichen Europa waren die römischen Ziffern fest eingebürgert, wurden jedoch kaum zum Rechnen verwandt, da der Aufbau des römischen Systems nur unter großen Schwierigkeiten auch nur die Durchführung einfachster Operationen erlaubt. Gerechnet wurde seit der Antike auf dem Abacus, einem „Rechenbrett", letztlich mit Aufbau nach einem Positionssystem und klarer Stellenanordnung. Die Rechnung konnte auf dem Abacus schnell und sicher auf „manuelle Art" durchgeführt werden, und die Ergebnisse wurden in römischen Ziffern festgehalten. Für das einfache Rechnen ist der Abacus dem indischen System durchaus gleichwertig, und dadurch ist die langsame Ausbreitung des schreibbaren dezimalen Stellenwertsystems in Europa zu erklären. Diese Verbreitung kann in drei Phasen gegliedert werden. Um 1000 lernte *Gerbert von Aurillac* die arabischen Ziffern in Spanien kennen und schrieb sie auf die Rechensteine des Abacus – eine sinnlose Verwendung des indischen Systems, da der Abacus einer solchen Neuerung nicht bedarf.
Im 12. Jahrhundert werden die Werke des *al-Hwârâzmî* ins Lateinische übersetzt, und die indisch-arabischen Ziffern werden den Gelehrten in Europa allgemein bekannt.
Die entscheidende dritte Phase setzt erst ein, als im 13. Jahrhundert die Kaufleute und Rechenmeister sich der dezimalen Stellenwertarithmetik bemächtigen und ihre Vorzüge bei der schriftlichen Durchführung von Rechnungen feststellen. Die wichtigste Schrift, deren Erscheinen 1202 den entscheidenden Durchbruch der „indischen Rechenweise" bedeutet, ist das „Buch des Abacus" (Liber abaci) von *Leonardo von*

Leonardo Fibonacci von Pisa (?)
(etwa 1180 bis etwa 1250)

Pisa. In immer schnellerem Tempo beginnen jetzt die indischen Rechenverfahren in das Rechnungswesen der Kaufleute und damit auch in die Schulstuben einzudringen. Um 1500 ist das indische Verfahren weit verbreitet, ohne jedoch jemals vollständig die manuellen Verfahren verdrängen zu können.

In „Âryabhaṭîya" treten zum ersten Male in der Mathematikgeschichte Indiens Beschreibungen für die näherungsweise Bestimmung von Quadrat- und Kubikwurzel auf.

Sie beruhen auf den Näherungsformeln $\sqrt{a^2+r} \approx a + \frac{r}{2a}$, $\sqrt[3]{a^3+r} \approx a + \frac{r}{3a^2}$.

Diese Formeln mit einem darauf basierenden Iterationsverfahren waren jedoch schon in Babylonien bekannt. Beide Formeln stimmen in den Anfangsgliedern mit den entsprechenden Binomialreihen von *I. Newton* überein. Übrigens führte *Âryabhaṭa* auch erstmals bestimmte Bezeichnungen für die Quadratwurzel, die Kubikwurzel usw. ein.

Bemerkenswert gut behandelt *Âryabhaṭa* lineare und quadratische Gleichungen, Gleichungen mit mehreren Variablen und zeigt sehr gute Kenntnisse über arithmetische Reihen. Er führt auch zuerst den später in der islamischen Welt unter dem Begriff „Kurieraufgabe" bekannten Aufgabentyp ein, der sich auf eine astronomische Grundaufgabe zurückführen läßt, nämlich die, den Zeitpunkt der Konjunktion zweier Himmelskörper zu bestimmen, wenn deren Geschwindigkeit und Abstand bekannt sind. Als vorzüglich ist die Methode zu betrachten, Gleichungen ersten Grades mit mehreren Variablen („Teileraufgaben") $x = q_1 t_1 + r_1 = q_2 t_2 + r_2$ mit Hilfe von Kettenbruchentwicklungen zu lösen.

Eine Aufgabe, die auf eine quadratische Gleichung führt, sei in moderner Fassung angeführt: „Ein verzinstes Vermögen p (p = 100) bringt monatlich die unbekannten Zinsen (x). Diese Zinsen werden danach t Monate (t = 6) verzinst. Die ursprünglichen Zinsen ergeben zusammen mit ihren anschließend genannten Zinsen q(a = 16). Man bestimme den Zinsfuß." [2, S. 135]

Neben den angeführten Problemen werden im Werk des *Âryabhaṭa* noch einige elementare geometrische Aufgaben behandelt. Weiterhin findet sich im 2. Teil eine kleine trigonometrische Tafel für sinus und sinus versus (entspricht $1 - \cos \alpha$). Für $\sin \alpha$

Dom mit Baptisterium und Campanile in Pisa im 12. Jh.

wird hier „ardhajîva" (oder „ardhajyà") verwendet. „Ardha" bedeutet „halb" und „jiva" „Bogensehne", also „Halbsehnentrigonometrie". Daraus wurde in späteren Werken nur „jiva", im Arabischen dann über „ğiba" „ğaib" (entspricht Busen, Erhabenheit...) und in der lateinischen Übersetzung „sinus" durch *Robert von Chester* im 12. Jahrhundert.

Die Frage, ob in „Âryabhaṭîya" das Gesamtwissen der Inder der damaligen Zeit dargestellt ist, verneinte bereits *Bhaskara I*. Leider stehen uns aus der Zeit um 500 keinerlei andere, eindeutig datierbare, mathematische Werke zum Vergleich zur Verfügung.

Das Werk war in Versen geschrieben, wobei neben dem üblichen lakonischen Stil durch das starre Sanskrit-Versmaß mannigfaltige Schwierigkeiten auftraten. Besonders der 2. Teil (der 1. Teil enthält ein seltsames System zur mündlichen Wiedergabe von Zahlen), der aus 33 Strophen besteht, war rezeptartig aufgebaut und gab Regeln für das Lösen spezieller Aufgaben.

Trotz des großen Einflusses, den das Werk des *Âryabhaṭa* auf die mathematische Entwicklung Indiens genommen hat, blieben die indischen Mathematiker nicht auf dem erreichten Niveau stehen, sondern verbesserten systematisch Methoden und Ergebnisse. Mit dem Beginn kolonialer Einmischung und Unterdrückung begann in Indien die Stagnation der Entwicklung, die erst im wesentlichen im 20. Jahrhundert überwunden werden konnte.

Literaturverzeichnis zu Âryabhaṭa

[1] *Clark. W. E.:* The Âryabhaṭîya of Âryabhaṭa. An Ancient Indien Work on Mathematics and Astronomy. Translated with notes. Chicago 1930.
[2] *Juschkewitsch, A. P.:* Geschichte der Mathematik im Mittelalter. Leipzig 1964.
[3] *Struik, D. J.:* Abriß der Geschichte der Mathematik. 5. Auflage, Berlin 1972.
[4] *Hofmann, J. E.:* Geschichte der Mathematik, Band I. Sammlung Göschen, Berlin 1963.
[5] *Mennihger, K.:* Zahlwort und Ziffern. Göttingen 1958.

Umar al-Ḥayyām (1048 bis 1131)

Mit dem 7. Jahrhundert setzte in Arabien eine Entwicklung ein, die die politischen und gesellschaftlichen Verhältnisse im gesamten Mittelmeerraum, in Vorder- und Mittelasien stärkstens beeinflussen sollte. Dem Propheten *Muhammed* gelang es um 630, weite Teile Arabiens zu einigen; nach seinem Tod (632) begannen seine Nachfolger, die Kalifen, mit sehr erfolgreichen Eroberungskriegen. Sie eroberten riesige Gebiete mit der Motivierung eines ,,religiösen Krieges". Ihr Vormarsch wurde erst vor Konstantinopel (718), in Frankreich (732) und an den Grenzen Chinas aufgehalten. Das entstandene ,,Weltreich" wurde bis 722 von Damaskus, dann von Bagdad aus regiert. Es begann aber sehr schnell wieder zu zerfallen, so daß im wesentlichen ein west- und ein ostarabischer Entwicklungsweg zu unterscheiden ist.

Wissenschaftliches Zentrum des ostarabischen Herrschaftsgebietes war Bagdad. Hier wurden unter einigen Kalifen, etwa *Harūn al-Rašîd* (786 bis 809), bekannt aus den ,,Märchen aus Tausendundeiner Nacht", Naturwissenschaften und Mathematik durch die Gründung von Bibliotheken und einer Art ,,Akademie", des ,,Hauses der Weisheit", gefördert. Die mathematische Schule von Bagdad entwickelte über Jahrhunderte hinaus rege Aktivität. Es können drei Etappen ihrer Tätigkeit unterschieden werden:
1. Erfassung des griechischen Erbes durch Übersetzungen
2. Herausbildung einer eigenen mathematischen Kultur (etwa ab 9. Jh.)
3. Anwendung insbesondere auf numerische Aufgaben der Mathematik und Astronomie (Höhepunkte besonders im 13. und 14. Jh.)

Aus der Vielzahl der islamischen Mathematiker, die in den Städten des Kalifats tätig waren, seien einige wenige genannt: *al-Hwârâzmî, al-Battânî, Abû 'l Wafâ, al-Karağî* und *at-Tûsî*.

Sie haben für die europäische Mathematik bis in die Neuzeit größte Bedeutung gehabt. Ihre eigenen wissenschaftlichen Leistungen traten dabei fast noch hinter ihren Kommentaren und Übersetzungen griechischer Klassiker, deren Werke oft nur auf dem Weg über das Arabische erhalten geblieben sind, zurück.

Persisches Astrolab
(um 1223)

Al-Ḫayyāms mathematische Abhandlungen nehmen insofern eine Sonderstellung ein, da sie erst sehr spät beachtet wurden, als sein Name als Poet und Dichter längst hell zu strahlen begonnen hatte.

Im 10. Jahrhundert begannen im ostarabischen Teil des Kalifats wiederum bedeutende politische Veränderungen. Der Kalif verlor seine weltliche Macht, als im Irak und in Teilen des Irans die persische Buidendynastie (932 bis 1055) an die Macht kam. Diese Dynastie wurde durch den Einfall der seldschukischen Ogusen aus Mittelasien gestürzt. Das Seldschukenreich wurde bald zur bedeutendsten politischen Macht Vorderasiens.

In dieser bewegten Zeit wurde *Abū-l-Fatḫ 'Umar ibn Ibrāhim al-Ḫayyām* (al-Ḫayyām hat etwa die Bedeutung „der Zeltmacher" oder „der die Zelte der Weisheit errichtet") 1048 in Nischapur in der Landschaft Horosan (Persien) geboren. Nischapur gehörte mit Schiras, Isfahan und Rai zu den größten Städten des Landes. Im 11. Jahrhundert spielten sich in diesen Städten außerordentlich heftige Kämpfe um die Macht der Seldschuken ab, die oft die Form von Kriegen annahmen. In Erinnerung an Kindheit und Jugend in dieser unsicheren Zeit schrieb er später über den Stand der Wissenschaft: „Wir waren Zeugen des Unterganges der Gelehrten, von denen nur ein kleines, aber vielgeplagtes Häuflein übrig blieb. Die Härten des Schicksals jener Zeit hinderten sie daran, sich voll der Vervollkommnung und Vertiefung ihrer Wissenschaften zu widmen...". [1, S. 183]

Über die Jugend *al-Ḫayyāms* ist wenig Sicheres überliefert. Einer von mehreren Historikern erzählten Legende zufolge verband ihn eine Jugendfreundschaft mit *Niẓām al-Mulk*, dem späteren Wesir der Seldschukensultane *Alp Arslan* und *Ǧāmat ad-Dīn Malikšāh*, und mit *Hassan ibn Sabbah*, dem „Alten vom Berge". Die drei Jünglinge schworen einander Hilfe, wenn einer von ihnen ein hohes Staatsamt erlangen sollte. *Niẓām al-Mulk* gelang es bald, dieses Versprechen einzulösen. Als Wesir des minderjährigen *Malikšāh* (nach 1071) berufen, zog er seine Freunde an den Hof des Sultans. *Ibn Sabbah* wurde Kämmerer, begann aber gegen den Wesir zu intrigieren, mußte nach Ägypten fliehen und konnte erst 1090 zurückkehren. In einer eroberten Burg gründete er den Orden der „Haschaschin" (Haschischesser), die

unter dem Einfluß der Droge zu allen Verbrechen, insbesondere zum Meuchelmord, bereit waren. Als Führer der iranischen Ismailiten versuchte *ibn Sabbah*, durch geheimen Terror die Grundlagen des Staates zu untergraben.
Al-Ḥayyāms Leben ist, bevor der Wesir sich für ihn einsetzte, recht unsicher verlaufen. Feinde, über die wir nichts Näheres wissen, zwangen ihn, von Stadt zu Stadt zu ziehen. 1074 kam er dann nach Bagdad, schlug ein direktes Hofamt aus und wurde mit der Leitung des neuerrichteten Observatoriums in Isfahan betraut, um eine Kalenderreform vorzubereiten. Er schlug dann 1079 vor, das Jahr zu 365 Tagen + 5 Stunden + 49 Minuten + 5,75 Sekunden anzusetzen, in hervorragender Übereinstimmung mit der Wirklichkeit. Die Reform des Kalenders kam jedoch nicht zustande. In der Zeit seiner Tätigkeit in Isfahan scheinen auch die bekannten seiner mathematischen Werke entstanden zu sein.
Nachdem eine Anzahl von bedeutenden islamischen Gelehrten — u. a. *Ibn al-Haitham*, *al-Bîrunî* — innerhalb kurzer Zeit bedeutende Erfolge bei der geometrischen Konstruktion der Lösungen kubischer Gleichungen erzielt hatten, bestand der Wunsch nach einer zusammenfassenden Darstellung dieses Problemkreises. Eines der ersten Werke dieser Art ist eine Abhandlung von *Ibn Laith*, die aber recht ungenau und unvollständig war und von *al-Ḥayyām* kritisiert wurde. Um 1074 entstand *al-Ḥayyāms* Werk ,,Risala fi -l barahin 'ala masāil al – găbr wa –l maqābala'' (Über die Beweise für die Aufgaben der Algebra und Almukabala). ,,Almukabala'' (Gegenüberstellung, Vergleich) bedeutet die Zusammenfassung gleichartiger Glieder, ,,Al-găbr'' (Auffüllung) das Hinzufügen von Gliedern vom Betrag der subtraktiven Größe auf jeweils beiden Seiten der Gleichung. Der letztere Begriff stammt möglicherweise aus dem Babylonischen. Die Arbeit behandelt — neben linearen und quadratischen Gleichungen — insbesondere kubische Gleichungen und ferner Gleichungen, die darauf zurückgeführt werden können. Die Abhandlung ist rein algebraisch aufgebaut; arithmetische und geometrische Fragen werden nicht behandelt.
Eine Gleichung wird als gelöst betrachtet, wenn eine rechnerische Lösung und eine geometrische Konstruktion der Lösungen möglich sind. *Al-Ḥayyām* hat sich — offensichtlich vergeblich — bemüht, eine Lösung für Gleichungen dritten Grades in

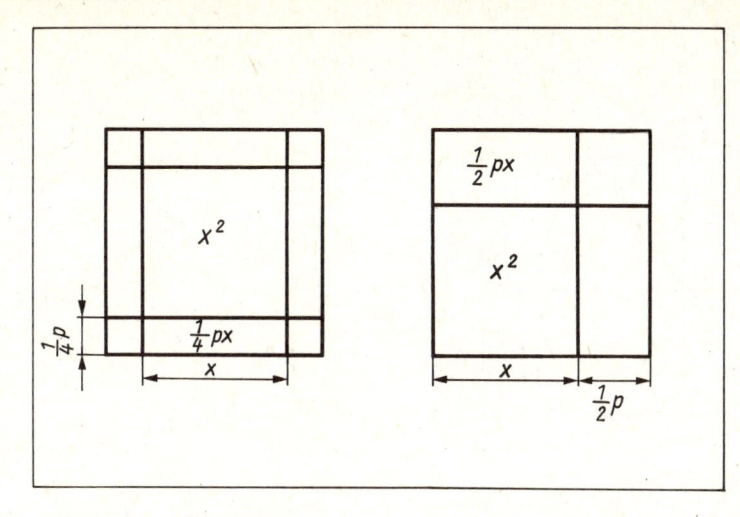

Geometrische Veranschaulichung der Gleichung $x^2 + px = q$ von Al-Hwârâzmî

Radikalen zu finden. „Es kann sein, daß jemand von denen, die nach uns kommen, dies wissen wird." [3, S. 120]
Er war also gezwungen, sich auf die geometrische Konstruktion der Wurzel zu beschränken. Er teilte alle möglichen Typen von Gleichungen 2. und 3. Grades in 25 kanonische Typen ein, wobei alle Gleichungen, wie auch sonst in der islamischen Mathematik, durch Worte ausgedrückt werden. Von diesen 25 Typen hatte *al-Hwârâzmî* sechs Fälle bereits behandelt, und weitere fünf lassen sich auf diese zurückführen, so daß 14 Typen neu zu untersuchen waren.
Die Wurzeln der Gleichungen 3. Grades werden mit Hilfe von Kegelschnitten konstruiert, wobei *al-Hayyām* bemerkt, daß die Lösung nicht nur mit „den Eigenschaften des Kreises", also in quadratischen Radikalen, bewerkstelligt werden kann. Der Beweis dieser Behauptung gelang erst 1837 durch *P. L. Wantzel*. Es sei beispielsweise die Gleichung (in moderner Schreibweise) $x^3 + bx = a$ („Kubus und Wurzel gleich Zahl") betrachtet:
Sie kann mit Hilfe des Kreises $x^2 + y^2 = \frac{a}{b}x$ und der Parabel $x^2 = \sqrt{b}\,y$ gelöst werden. Entsprechend werden die anderen Formeln behandelt. Dabei kommt es bei *al-Hayyām* doch zu einigen Unzulänglichkeiten, etwa beim Fall der Existenz von drei reellen Wurzeln, so daß seine Untersuchungen nicht vollständig sind. Negative Wurzeln werden als „unmöglich" angesehen, wie ja die islamischen Mathematiker – mit Ausnahme von *Abû'l Wafâ* – negative Zahlen grundsätzlich nicht verwendeten. Außerdem werden Null als Lösungen ebenso wie die Vielfachheit der Wurzeln nicht beachtet.
Das angegebene Werk nimmt in der Geschichte der Algebra durch die Systematik der Lösungsversuche kubischer Gleichungen eine hervorragende Stellung ein. Besonders der Hauptteil über kubische Gleichungen hat auf die nachfolgenden arabischen Mathematiker bedeutenden Einfluß gehabt. Auch in Europa hat die geometrische Konstruktion von Wurzeln von Gleichungen in der Entwicklung der Mathematik eine nicht geringe Rolle gespielt, wobei auch die irrige Ansicht *al-Hayyāms* widerlegt werden konnte, daß Gleichungen 4. Grades nicht mit Hilfe von Kegelschnittkonstruktionen

Skizze zur Veranschaulichung der Näherungslösung für $x^3 + 200x = 20x^2 + 2000$

lösbar seien. *Al-Ḫayyāms* Werk hat auf diese Entwicklung allerdings keine Auswirkung gehabt. Die erste europäische Übersetzung erschien 1851 und konnte nur noch historisches Interesse beanspruchen.

Im Jahre 1077 entstanden *al-Ḫayyāms* „Risāla fī – sarh mā äskal min muṣādarat kitāb Uqlidis" (Kommentare zu den Schwierigkeiten in die Einführung des Buches des *Euklid*). Diese Arbeit wurde in der Neuzeit erst 1936 in Teheran wieder veröffentlicht und hat also direkt den Entwicklungsweg der modernen Mathematik nicht mehr beeinflussen können.

Das Werk enthält Abschnitte über Proportionen (II. und III. Buch der Abhandlung), wobei eine völlig neue Theorie entwickelt wird. Die Beweisführungen beruhen dabei auf dem Theorem von der Existenz der vierten Proportionale zu drei gegebenen Größen und dessen Begründung aus den Eigenschaften stetiger Größen. Das I. Buch behandelt ein Problem, das seit *Euklid* eine Reihe der bedeutendsten Mathematiker bis in die Neuzeit hinein zu stets neuen Untersuchungen angeregt hat.

Welche Stellung nimmt das Parallelenpostulat im System der Axiome der (euklidischen) Geometrie ein? Kann es durch die anderen Axiome bewiesen werden?

Al-Ḫayyām, der übrigens nicht der erste arabische Mathematiker war, der sich mit dieser Frage befaßt hatte, vermeinte, einen solchen Beweis gefunden zu haben. Er bemerkte nicht, daß sein „Prinzip": „Zwei zusammenlaufende Geraden schneiden einander, und es ist unmöglich, daß zwei Geraden in der Richtung des Zusammenlaufens auseinandergehen" [3, S. 150], das er dem *Aristoteles* zuschreibt, dem zu Beweisenden zumindest äquivalent ist. Mit seinem „Prinzip" gelingt natürlich der „Beweis", wobei bei der Durchführung *al-Ḫayyām* Methoden anwendet, die beim gleichen Problem im Europa des 18. Jahrhunderts aufgegriffen werden sollten, so 1733 durch *G. Saccheri* und 1766 durch *J. H. Lambert*.

Eine weitere Arbeit mathematischen Inhalts (ohne Überschrift) von *al-Ḫayyām* ist erst um 1960 in Teheran entdeckt worden.

Sie ist vor der großen Abhandlung über kubische Gleichungen entstanden und hauptsächlich der Lösung folgender Aufgabe gewidmet:

Der Viertelbogen eines Kreises *ABCD* ist im Punkt *G* so zu teilen, daß $\overline{AE} \cdot \overline{HB}$

Arabische Darstellung des Satzes des Pythagoras (um 1350)

$= \overline{GH} \cdot \overline{EH}$ ist, wobei E der Mittelpunkt des Kreises und GH das Lot auf dem Durchmesser $\overline{DB}$ bedeuten. Die Aufgabe wird — unter Festlegung eines speziellen Wertes — auf die Gleichung $x^3 + 200x = 20x^2 + 2000$ zurückgeführt und geometrisch gelöst. Zusätzlich wird über einen trigonometrischen Ansatz eine gute Näherungslösung gefunden.

Ein weiteres Werk al-Ḥayyāms, ,,Muškilāt al-ḥisāb" (die Schwierigkeiten der Arithmetik), ist nur aus seiner Abhandlung über Algebra bekannt. Er teilt darin mit, daß er dort eine Methode angegeben habe, Wurzeln beliebig hohen Grades zu ziehen. Als Grundlagen seines Verfahrens nennt er indische Quellen und Teile der ,,Elemente" des Euklid.

Al-Ḥayyām wurde von seinen arabischen Landsleuten sehr geschätzt. Einige der von ihm behandelten Probleme, etwa die geometrische Auflösung kubischer Gleichungen, sind wesentliche Marksteine auf dem Weg zur modernen Mathematik gewesen und haben auch die europäischen Mathematiker jahrhundertelang intensiv beschäftigt. Die rechnerische Lösung der Gleichung dritten Grades gelang erst in der Renaissance, zuerst durch Scipione del Ferro.

Das friedliche und gesicherte Leben al-Ḥayyāms in Isfahan wurde jäh beendet, als Niẓām al Mulk, der weitsichtige und kluge Wesir, im Jahre 1092 wahrscheinlich durch die Ismailiten ermordet wurde und Sultan Malikšāh im gleichen Jahr (oder 1094) starb. In Folge dieser Ereignisse wurde das Observatorium geschlossen, und die Geistlichkeit konnte ihrem lange gehegten Haß gegen al-Ḥayyām freien Lauf lassen. Noch im hohen Alter war er gezwungen, eine Pilgerfahrt nach Mekka zu unternehmen und sich dann nach Nischapur zurückzuziehen. Dort starb er hochbetagt 1131.

Die Abneigung der orthodoxen Geistlichkeit gegen al-Ḥayyām bezog sich auf dessen ,,Ruba'iyāt" (Ruba'i bedeutet im Persischen: Sinnspruch in der Form eines Vierzeilers), die eine den starren islamischen Religionsvorschriften und Glaubenssätzen zuwiderlaufende Philosophie vertreten. Al-Ḥayyāms Lebensanschauung ist geprägt durch zwei damals verpönte Grundlinien, durch Sinnesfreude und daraus folgend Antireligiösität. Der ironisch-leichte Ton der Vierzeiler wurde von den Hütern des Islam als frivole Blasphemie verschrien. Bemerkenswert ist, daß al-Ḥayyām nicht nur in der Form seiner Sinnsprüche an alte persische Traditionen anknüpfte, sondern auch im Inhalt, etwa beim Lobpreisen des Weines, dessen Genuß im Islam verboten war und eine Strafe von 80 Geißelhieben nach sich ziehen konnte. Das Beispiel eines Vierzeilers soll einen kleinen Eindruck der hohen Kunst al-Ḥayyāms geben:

> „Solange du in der Lage bist
> sei ein weindürstiger Ketzer
> und zerstöre die Pfeiler
> des Gebets und des Fastens!
>
> Höre auf ein wahres Wort
> von Omar Hayyam:
> Trink Wein, lebe dein Leben
> und tue Gutes!" [6, S. 40]

Al-Ḥayyām hat seine Sinnsprüche nicht gesammelt; sie gingen heimlich im Volk von Mund zu Mund und sind erst lange Jahre nach seinem Tode aufgezeichnet worden. Sein Name blieb jedoch in der persischen Literatur und im persischen Volke unvergessen.

Die erste europäische Übersetzung von 110 Sinnsprüchen erschien 1859; ein Vierzeiler findet sich allerdings ins Lateinische übersetzt bereits in einer Handschrift von 1700. Es folgten im 19. Jahrhundert Übersetzungen in fast alle Kultursprachen. Der Begeisterung für seine Sprüche folgte alsdann auch das neue Interesse für seine mathematischen Arbeiten.

Literaturverzeichnis zu Umar al-Ḥayyām

[1] *Juschkewitsch, A. P.*: Geschichte der Mathematik im Mittelalter. Leipzig 1964.
[2] *Rosenfeld, B. A.* und *A. P. Juschkewitsch*: Omar Chajjam (russ.). Moskau 1965.
[3] *Juschkewitsch, A. P.* und *B. A. Rosenfeld*: Die Mathematik der Länder des Ostens im Mittelalter. In: Sowjetische Beiträge zur Geschichte der Naturwissenschaft, Berlin 1960.
[4] *Horn, P.*: Geschichte der persischen Literatur. Leipzig 1901.

Kochen von Bambus zur Papierherstellung (um 500)

[5] *Cantor, M.:* Vorlesungen über Geschichte der Mathematik, 4. Auflage, Bd. 1. Leipzig–Berlin 1922.
[6] *Ḥayyām, O.:* Zelte der Weisheit. Übersetzungen von D. Bellmann, Rudolstadt 1958.
[7] *Omar-i-Khajjam:* Sinnsprüche. Aus dem Persischen übertragen von F. Rosen, Leipzig 1973.

Li Ye (1178 bis 1265)

Eine außerordentlich wichtige Periode der Entwicklung der chinesischen Wissenschaft fällt zeitlich mit der Herrschaftszeit der Sun-Dynastie (960 bis 1279) zusammen. Insbesondere nahm der Seehandel mit anderen Staaten in dieser Zeit einen bedeutenden Aufschwung. Dadurch wurden an die Naturwissenschaften und die Mathematik neue Anforderungen gestellt, besonders an Astronomie und Physik sowie an die Kalenderberechnung. Der Kompaß kam unter anderem um diese Zeit in Gebrauch. Durch den Handel wurden neben dem wissenschaftlichen Austausch auch geographische und kartographische Arbeiten besonders gefördert. Neue Errungenschaften der Technik und Wissenschaft wurden eingesetzt, nicht nur im Handel, sondern beispielsweise auch im Kriegswesen mit der Verwendung des Schießpulvers.
Gerade zum Ende der Sun-Dynastie im 13. Jahrhundert erreichte die Algebra einen außerordentlich hohen Stand.
Von vier mathematischen Autoren, von *Qin Jin-shao*, *Yang Hui*, *Zhu Shi-jie* und *Li Ye*, sind vorzügliche Abhandlungen erhalten geblieben. Genauere Lebensdaten der drei ersten sind nicht bekannt. Über *Li Ye* hat man etwas bessere Kenntnis, wenn auch nur sehr bruchstückhaft.
Um die Zeit, als *Li Ye* lebte, begannen die mongolischen Eroberungszüge nach China. Im Jahre 1211 zogen die mongolischen Hauptstreitkräfte unter *Dschingis-Khan* gegen den nordchinesischen Staat Chin (Djin), den sie bis 1215 zum größten Teil eroberten. Die Dschurdschen, die diesen Staat beherrscht hatten, konnten endgültig aber erst 1234 nach einem Bündnis zwischen den Mongolen und den Sun-Kaisern bezwungen wer-

Chinesische Methode der Kreisberechnung durch Einbeschreiben regelmäßiger Polygone (3. Jh. u. Z.)

den. Das gesamte Gebiet des ehemaligen Staates fiel den mongolischen Eroberern zu. Später wurden die Sun selbst ein Opfer der Mongolen, als diese unter *Kublai* begannen, das südliche China anzugreifen und das Sun-Reich bis 1276 vollständig eroberten. *Kublai* hatte seine Residenz schon vorher nach China verlegt.

Es nimmt sich besonders merkwürdig aus, daß die Algebra zu dieser für China außerordentlich unsicheren Zeit einen Höhepunkt ihrer Entwicklung hatte. Die Gründe dafür sind noch ungenügend bekannt, doch dürften die durch das Mongolenreich möglichen engeren Verbindungen zu Mittelasien und damit auch zur arabisch-griechischen Tradition sowie die recht große Aufgeschlossenheit der mongolischen Herrscher für wissenschaftliche Fragen eine Rolle gespielt haben.

Li Ye wurde in der Nähe von Luan-ch'êng im Norden von China, im Staate Chin (Djin), geboren. Über Kindheit und Jugend sowie über seine Ausbildung ist nichts bekannt. Jedoch muß er eine recht gute Erziehung genossen haben, da er die nicht leichten Prüfungen der Verwaltung für den Zivildienst bestand und bald darauf zum Gouverneur von Chun Chou ernannt wurde. Die Hauptstadt („die Burg") der Provinz fiel 1232 in die Hände des Feindes (der Sun). *Li Ye* entfloh verkleidet und lebte versteckt in einfachen Verhältnissen. Erst nach seiner Flucht begann er, sich genauer mit wissenschaftlichen Fragen zu befassen. Nach der vollständigen Eroberung des Reiches Chin ließ ihn *Kublai* aufspüren, was nicht allzu schwer gewesen sein dürfte, da sich *Li Yes* Ruhm weit verbreitet hatte, und trat mit ihm in einen Meinungsaustausch, der, soweit bekannt, sich wohl nur auf Prinzipien der Staatsführung und Probleme der Zeit bezog. *Li Yes* Bemerkungen sind dabei, ohne seine eigene Persönlichkeit zu verleugnen, stets voller Achtung gegen *Kublai*.

Li lebte lange Jahre unter der mongolischen Herrschaft und verbrachte seine Zeit mit Studien und hauptsächlich mit dem Unterricht von Schülern. Als *Kublai* 1264 Großkhan wurde, schickte er nach *Li Ye*, um ihn zu einer hohen Dienststellung im Reich zu bewegen. *Li Ye* lehnte mit Rücksicht auf sein Alter und seine Krankheit ab. Bereits im nächsten Jahr wurde er jedoch durch *Kublai* gezwungen, einen Lehrstuhl an der Han-lin-Akademie zu besetzen. Er hielt es dort nur wenige Monate aus und ging in seine Heimat zurück. Kurze Zeit darauf verstarb er im Alter von 87 Jahren. Wenn diese

Darstellung der Gleichung
$2x^3 + 15x^2 + 166x - 4460 = 0$

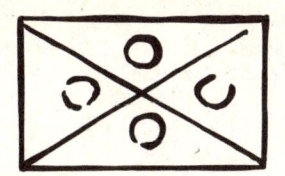

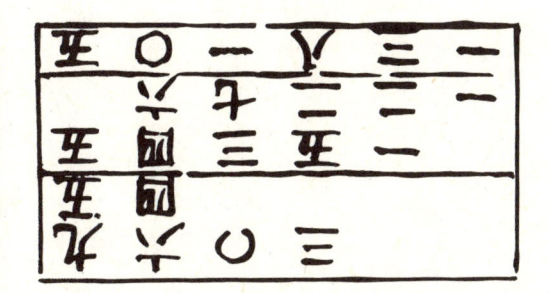

Angabe eines Historikers an der Schwelle vom 18. zum 19. Jahrhundert richtig ist, starb *Li Ye* im Jahre 1265, so daß das Geburtsjahr 1178 wäre.

Diese kurze Biographie und die Zeitumstände lassen erkennen, warum offenbar keine Verbindung zwischen den vier zu Beginn erwähnten Mathematikern bestand. Besonders zwischen *Qin jiu-Shao*, der ein hoher Beamter im südchinesischen Sun-Reich war, und *Li Ye* war das schon auf Grund der politischen Verhältnisse ausgeschlossen. Von *Li Ye* sind zwei mathematische Schriften überliefert, die von größter Bedeutung für die Einschätzung der chinesischen Mathematik im 13. Jahrhundert sind. Im Jahre 1248 sind der „Meeresspiegel der Kreisberechnung" (Ce yuan hai jing) und 1259 „Neue Schritte der Berechnung" (Yi gu yan duan) verfaßt worden. Vom Inhalt beider Werke soll an einigen wenigen Beispielen ein Eindruck vermittelt werden. Eine vollständige Übersetzung der Originalschriften in eine europäische Sprache liegt noch nicht vor, so daß man sich auf die Auswertung von Kommentaren beschränken muß. Der „Meeresspiegel der Kreisberechnung" ist, wie der Titel zunächst vermuten ließe, kein Werk über Methoden, die zur Berechnung von π dienen, sondern er enthält Aufgaben über Kreise, die beispielsweise Dreiecken einbeschrieben sind, und ähnliche Aufgaben.

Das genannte Werk und auch die „Neuen Schritte zur Berechnung" bemühen sich hauptsächlich um die Zurückführung geometrischer Probleme und anderer Aufgaben auf algebraische Gleichungen. Dabei werden zur Lösung der Gleichungen originelle Methoden angewandt, die erst viel später in Europa aufkamen.

Das chinesische Zahlensystem war von Anfang an ein dezimales Positionssystem; Gleichungen konnten daher auf recht einfache Weise geschrieben werden. Bei *Li Ye* kommt beispielsweise die Gleichung

$2x^3 + 15x^2 + 166x - 4460 = 0$

vor.

Die Bedeutung der Stäbchenziffern für die Koeffizienten ist sofort ersichtlich. Das Durchstreichen der letzten Ziffer eines Koeffizienten bedeutet, daß der Koeffizient negativ zu nehmen ist. Dies ist eine Sonderform der Darstellung, die fast nur bei *Li Ye* auftritt; andere Verfasser verwenden für positive Zahlen schwarze, für negative

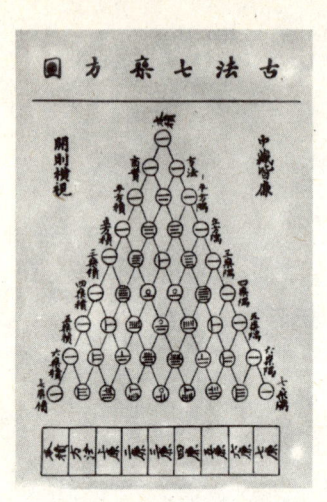

Chinesische Darstellung des arithmetischen Dreiecks in einem etwa 1305 erschienenen Buch

rote Tusche. Die obere Hieroglyphe „yuan" (d. h. Himmel) bedeutet die Variable, die untere „tai" das freie Glied.
Einige Umstände sind besonders bemerkenswert. Erstens werden die Koeffizienten tabellarisch angeordnet, wobei diese Methode noch deutlicher bei der Gleichung

$$2y^3 - 8y^2 - xy^2 + 28y + 6xy - x^2 - 2 = 0$$

zum Ausdruck kommt. Zweitens wird die Gleichung von vornherein auf die Normalform gebracht; die rechte Seite ist also identisch Null. Damit ist auch die Einführung und Erkenntnis der wichtigsten Eigenschaften negativer Zahlen verbunden.
Schon der Grad der Gleichungen läßt erkennen, daß sich *Li Ye* nicht von vornherein auf triviale Aufgaben beschränkte. *Zhu Shi-jie* verwendete sogar eine Gleichung vom 14. Grade. Dazu muß allerdings bemerkt werden, daß die chinesischen Mathematiker des 13. Jahrhunderts eine besondere Vorliebe dafür besaßen, geometrische Aufgaben auf Gleichungen höherer Grade zurückzuführen, als unbedingt notwendig war.
Die Methode, die zur Lösung solcher Gleichungen angewandt wurde, heißt bei *Li Ye* „Methode des Himmelselements" (tian-yuan shu), wobei „tian-yuan" die Variable des Elements, „shu" Methode bedeutet. Sie fällt mit der weit später nach dem britischen Mathematiker *W. Horner* benannten Hornerschen Methode zusammen, wobei die Ziffern der Wurzeln schrittweise durch Probieren ermittelt und zur vorgegebenen Gleichung durch lineare Substitutionen verschiedene Hilfsgleichungen gefunden werden.
Beispielsweise führt eine geometrische Aufgabe von *Qin jiu-shao* auf die Gleichung

$$2x^3 + 3x^2 - 243 = 0.$$

Mit dem Hornerschen Schema bestimmt man den ganzzahligen Anteil der (einen) Wurzel zu 4, setzt $x = 4 + y$, erhält daraus die Hilfsgleichung

$$2y^3 + 27y^2 + 120y - 67 = 0$$

und geht dann wie vom Anfang sukzessive weiter. Die Methode hat sich in ihrer Allgemeinheit wahrscheinlich aus der Behandlung quadratischer und kubischer Gleichungen entwickelt und ist dann auf Gleichungen höheren Grades übertragen worden. Man verzichtete im 13. Jahrhundert sogar vielfach auf andere einfachere Lösungs-

Chinesischer Abakus

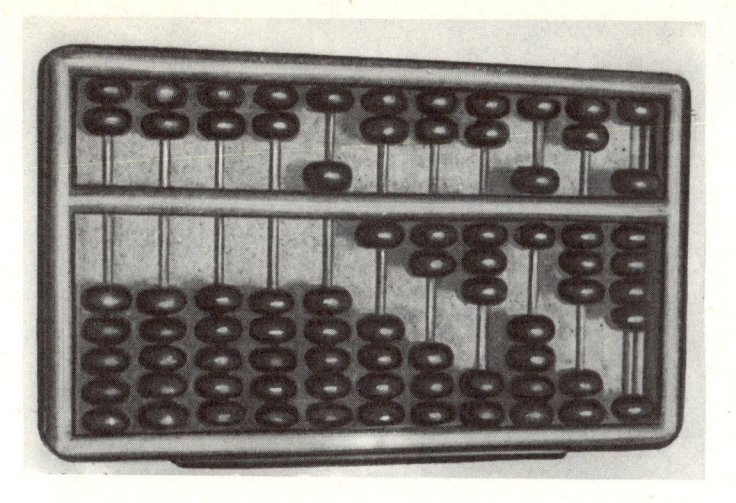

methoden, auch wenn diese offensichtlich waren, zugunsten der „Methode des Himmelselements".

Die Methode, die *Li Ye* auch in seinen Abhandlungen hauptsächlich erläutert, ist eine hervorragende Errungenschaft der chinesischen Mathematik.

Es sei erwähnt, daß die Normalform $f(x) = 0$ der Gleichungen, die die Voraussetzung für die generelle Anwendung des Hornerschen Verfahrens bildet, in Europa erst durch *Th. Harriot* und *R. Descartes* Ende des 16./Anfang des 17. Jahrhunderts eingeführt wurde. Die Methode tian-yuan trat außerhalb Chinas bei *al-Kāšī* im 15. Jahrhundert, 1600 bei *F. Vieta* und 1804 bei *P. Ruffini* auf.

Literaturverzeichnis zu Li Ye

[1] *Juschkewitsch, A. P.*: Geschichte der Mathematik im Mittelalter. Leipzig 1964.
[2] *Van Hee, L.*: Li-Ye Mathematicien chinois du XIIIE Siècle. In: T'oung Pao Vol. XIV, Leiden 1913.
[3] *Y Mikami*: The Development of Mathematics in China and Japan. Leipzig und Berlin 1913.
[4] *Juschkewitsch, A. P.* und *B. A. Rosenfeld*: Die Mathematik in den Ländern des Ostens im Mittelalter. In: Sowjetische Beiträge zur Geschichte der Naturwissenschaft, Berlin 1960.
[5] *Needham, J. u. a.*: Science and Civilisation in China, Volume 3. Cambridge 1959.

Nicole Oresme (1323? bis 1382)

An den englischen und französischen Universitäten nahmen im 13. und 14. Jahrhundert das Studium naturphilosophischer Probleme und die Anfänge einer abstrakt mathematischen Behandlung der scholastischen Kenntnisse von der Natur breiten Raum ein. Als Ausgangspunkt der Überlegungen dienten hauptsächlich die Werke des *Aristoteles* und die Übersetzungen islamischer Handschriften, deren Verfasser die

Nicole Oresme,
aus einer Handschrift
des 14. Jh.

gleiche philosophische Richtung vertraten. Besonders eingehend wurden Probleme der Mechanik behandelt.

Die führenden Mathematiker, die sich mit abstrakten Spekulationen, aber auch mit bemerkenswerten Entdeckungen an der Weiterentwicklung der aristotelischen Ideen beteiligten, waren in England *Thomas Bradwardine* und in Frankreich *Nicole Oresme*. Beide überragten ihre Zeitgenossen an Wissen und Können beträchtlich.

Nicole Oresme (auch andere Schreibungen des Namens sind bekannt) wurde um 1323 vermutlich in Allemagne in der Nähe von Caen, der heutigen Hauptstadt des Departments Calvados in der Normandie, geboren. Über Herkunft und Jugendzeit *Oresmes* ist nichts überliefert.

Die Zeitverhältnisse in Frankreich waren für ein ruhiges Leben nicht sehr günstig. 1337 hatte der Hundertjährige Krieg zwischen England und Frankreich begonnen, der in der ersten Phase für Frankreich sehr unglücklich verlief. Englische Heere verwüsteten große Landstriche, und 1346 zogen sie auch durch Caen.

Das erste sichere Datum über das Leben *Oresmes* ist das Jahr 1348. Er trat in diesem Jahr als Schüler in das Collège de Navarre der Universität von Paris ein. Da das Collège nur Studenten aufnahm, die die Kosten des Studiums nicht selbst tragen konnten, kann auf ein einfaches Elternhaus geschlossen werden. Sein „Schulalter" von etwa 25 Jahren war damals nicht verwunderlich, da die Schüler eines solchen Instituts fast immer zwischen dem 20. und 30. Lebensjahr standen.

Das Collège de Navarre bot wahrscheinlich, entsprechend dem allgemeinen wissenschaftlichen Stand, mathematisch sehr wenig. Nach den Satzungen der Anstalt von 1315 war der leitende Magister nur verpflichtet, in seiner Wohnung täglich eine Stunde über ein logisches, mathematisches oder grammatisches Werk, je nach dem Wunsche der Zuhörer, vorzutragen und dieses zu erläutern. Das gebotene Wissen umfaßte im mathematischen Teil nur elementarste Kenntnisse auf arithmetischem und geometrischem Gebiet, die nach antikem Vorbild vermittelt wurden.

Oresme stieg schnell die Stufenleiter vom Schüler zum Lehrer auf und wurde am 4. Oktober 1356 zum Vorsteher des Collèges ernannt. Er muß vorher also auch den Doktorgrad der Theologie erworben haben, der Voraussetzung zur Erlangung dieses

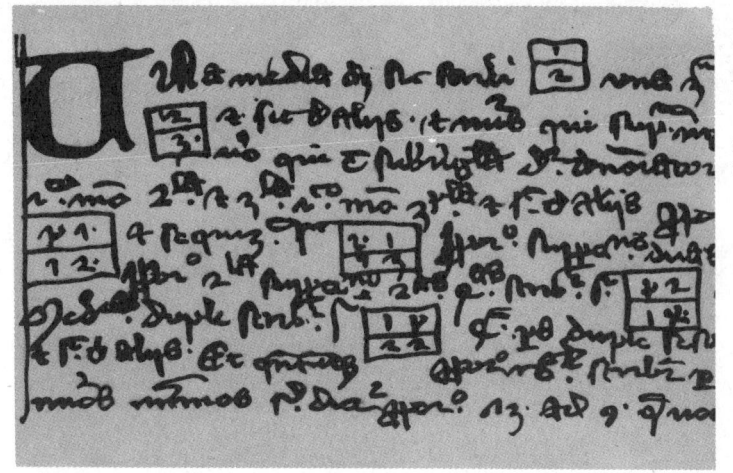

Ausschnitt aus der ersten Seite des „Algorismus proportionum"

Amtes war. Als Lehrer trug *Oresme* wohl hauptsächlich über theologische Fragen vor und erwarb sich dadurch schnell einen begründeten Ruf als scholastischer Philosoph.

Die mathematischen Arbeiten *Oresmes* lassen sich schwer datieren, und es ist unsicher, ob sie während seiner Tätigkeit am Collège geschrieben wurden. Um 1350 dürfte die Abhandlung „De proportionibus proportionum" (Über das Verhältnis der Verhältnisse) verfaßt worden sein, die noch kaum über antike Vorbilder hinausgeht. Bedeutender ist der „Algorismus proportionum" (Rechenkunst mit Proportionen), der erstmals gebrochene Exponenten explizit einführt. *Oresme* schreibt beispielsweise für $4\frac{3}{2} \cdot \frac{p \cdot 1}{1:2}$ 4 (wobei p vom Wort „proportio" herrührt).

Es gelang ihm trotz dieser schwerfälligen Schreibweise der nach seinen Worten „irrationalen" Verhältnisse, zu den wichtigsten Regeln des Rechnens bei Potenzen mit gebrochenen Exponenten vorzudringen. *Oresmes* Exponenten sind stets positiv. [Negative Zahlen und Null als Exponenten verwendete später wohl erstmals *N. Chuquet* in seinem ungedruckten Manuskript von 1484 „Le triparty en la science des nombres" (Die Dreiteilung in der Wissenschaft von den Zahlen).] *Oresme* wendete seine Lehre auf Arithmetik, Geometrie und Harmoniekunde an.

Der „Algorismus proportionum" war im Mittelalter nur in Handschriften verbreitet. Eine Drucklegung erfolgte erst 1868, nachdem in Thorn (Toruń) eine solche Handschrift wiederentdeckt worden war. Bemerkenswert erscheint die Einsicht *Oresmes*, daß man den Potenzwert der Potenzen mit positiv rationalen Exponenten oft nur näherungsweise und gemäß dem damaligen Wissensstand nur sehr ungenügend bestimmen kann. Eine für praktische Zwecke einfache arithmetische Bestimmung gelang erst mit der Aufstellung der ersten Logarithmentafeln am Ende des 16. Jahrhunderts durch *J. Bürgi* und durch *J. Neper*.

Eine weitere Arbeit von *Oresme* „Questiones super Geometriam Euclidis" (Fragen zur Geometrie von *Euklid*) enthält bemerkenswerte Entdeckungen auf dem Gebiet der Reihenlehre, unter anderem den Nachweis der Divergenz der harmonischen

John Neper
(1550 bis 1617)

Reihe, also der Reihe
$$1 + \frac{1}{2} + \frac{1}{3} + \cdots$$
durch abteilungsweises Zusammenfassen von Reihenstücken:
$$\frac{1}{3} + \frac{1}{4} > \frac{1}{2}, \quad \frac{1}{5} + \cdots + \frac{1}{8} > \frac{1}{2}, \quad \cdots$$
In anderen Arbeiten behandelte *Oresme* auch Reihen wie
$$\frac{1}{2} + \frac{3}{8} + \frac{1}{4} + \frac{3}{16} + \frac{1}{8} + \cdots = \frac{7}{4}.$$
Übrigens gingen auch andere Verfasser mathematischer Schriften dieses Zeitalters recht gewandt mit unendlichen Reihen um. Welches die Quellen dieser Kenntnisse sind, ist weitestgehend unbekannt.
Bei den im Mittelalter beliebten „dialektischen" Diskussionen konnte es natürlich vorkommen, daß bösartige Disputanten, um den Vortragenden in Verlegenheit zu bringen, solche Beispiele von Reihen vorlegten, die zur damaligen Zeit nicht summierbar waren, etwa $1 + \frac{2}{1} \cdot \frac{1}{2} + \frac{3}{2} \cdot \frac{1}{2^2} + \cdots = 2 + \ln 2$. Nach *Alvarus Thomas*, der am Ende des 15. Jahrhunderts lebte und sich ausdrücklich auf *Oresme* berief, sollte man in solchen Fällen behaupten, der Wert der Reihe sei irrational (was oft nicht einmal falsch ist) oder, falls dies nicht helfe, versuchen, den Gegner lächerlich zu machen, unter anderem dadurch, daß man Schreibzeug verlange, um die gewünschte Summe zu berechnen.
Oresmes wichtigste mathematische Arbeiten beziehen sich auf die sogenannte Theorie der Formlatituden. Einige dieser Arbeiten (vor 1371 entstanden) sind erstmalig 1482 in Padua im Druck mit dem Titel „Tractatus de latitudinibus formarum" (Abhandlung über die Breiten der Formen) erschienen, in den Handschriften finden sich auch andere Werkbezeichnungen.
Um in das Wesen dieser philosophisch-mathematischen Theorie einzudringen, ist es notwendig, einige allgemeine Bemerkungen vorauszuschicken. Es gab im 13. Jahrhundert eine rege Auseinandersetzung über das Wesen von Quantität und Qualität.

Titelholzschnitt, Nürnberg 1523

Die herrschende Richtung vertrat die von *Aristoteles* herrührende Meinung, daß die „qualitas" aus ihrem inneren Wesen wachse, nicht wie die „quantitas" durch das Anhäufen von Teilen. Die Gegner dieser Auffassung, denen man auch *Oresme* zuordnen kann, machten keinen grundsätzlichen Unterschied zwischen qualitas und quantitas. Dafür unterschieden sie eine „quantitas molis" (Quantität der Masse), die eigentliche Quantität, und eine „quantitas virtutis" (Quantität der Stärke oder Kraft), das ist die Intensität einer „qualitas". Mit der „quantitas virtutis" ergab sich die Möglichkeit, verschiedene Qualitäten zu vergleichen.

Oresmes Verdienst ist es, diese Theorie von der „Intensität der Formen" stark vereinfacht und durch Verwendung graphischer Methoden anschaulicher gemacht zu haben. Seine Art der Darstellung hat durchaus Gemeinsamkeiten mit den heutigen Methoden, unterscheidet sich aber in anderer Hinsicht prinzipiell von diesen. In jedem Punkte eines Körpers (subjectum) habe die Qualität (etwa Wärme, Geschwindigkeit usw.) eine bestimmte Intensität. Im Körper sei eine (gerade) Strecke (longitudo) gegeben, und die Intensität jedes Punktes der Strecke wird in einer bestimmten Ebene senkrecht zu longitudo durch eine Strecke (latitudo) dargestellt. Man erhält als Darstellung der längs einer Strecke veränderlichen Qualität eine ebene Figur.

Entsprechend können die Veränderlichkeit in einer Ebene und auch für alle Punkte eines Körpers untersucht werden. Letzteres gäbe ein vierdimensionales Gebilde; das hält *Oresme* jedoch für undenkbar.

Oresmes graphische Methode, die hier nur in den ersten Grundzügen angeführt wurde, kann nur als eine Art „Ordinatengeometrie" aufgefaßt werden, da zu einer (als Ganzes betrachteten) longitudo unendlich viele latitudines existieren. *Oresme* selbst setzte die Arbeit der sogenannten Kalkulatoren *R. Swineshead, W. Heytesbury* und anderer fort, die die Suche von *Th. Bradwardine* nach funktionalen Abhängigkeiten und seine Spekulationen über das Kontinuum fortgesetzt hatten.

Oresmes Ansichten waren noch sehr spekulativ, enthalten aber Keime der Idee, alle Naturerscheinungen, soweit möglich, mathematisch zu behandeln.

Bei Betrachtung der Methoden und der Anwendungen, die *Oresme* von seiner Theorie machte, zeigt sich oft ein erheblicher Mangel an mathematischem Grundwissen. Die

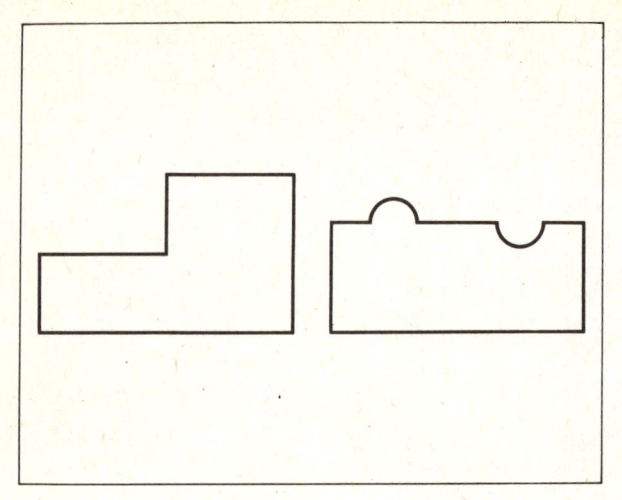

Darstellung
der ungleichförmigen
Veränderungen
der Eigenschaften
oder
Geschwindigkeiten

Anwendungen insbesondere können oft nur geeignet sein, naturwissenschaftliche und mathematische Erkenntnisse zu diskreditieren.
Bedeutende historische Wirksamkeit entfalteten seine Ideen nur in der Kinematik, obwohl bis ins 16. Jahrhundert *Oresmes* Ansichten gelehrt wurden (unter anderen an der Universität Köln).
Von weiteren naturwissenschaftlichen Arbeiten *Oresmes* seien nur die Schriften „Traitè de l' espère" (Abhandlung über die Kugel) und „Traitè du Ciel et du Monde" (Abhandlung über den Himmel und das Sonnensystem), also in französischer Sprache, erwähnt, die die wissenschaftliche französische Terminologie sehr stark beeinflußt haben.
Am Collège de Navarre blieb *Oresme* bis zum 4. Dezember 1361. Er übernahm dann nacheinander verschiedene kirchliche Ämter. Zuerst war er als Erzdiakon in Bayeux tätig, dann als Kanonikus (Mitglied eines Domkapitels) in Rouen (23. November 1362), Kanonikus in Paris (ab 10. Februar 1363) und vom 16. März 1364 als Dekan in Rouen. Diese Stellung war sehr ehrenvoll und einflußreich, da er nur dem Erzbischof direkt unterstellt war.
Schon in Paris (um 1359) und noch stärker in Rouen, nahm *Oresme* engere Beziehungen zum späteren König *Karl V.* auf, diente ihm zeitweise als Sekretär und wurde mit umfangreichen diplomatischen Aufträgen betraut. Auf Wunsch von *Karl V.* übersetzte er auch mehrere aristotelische Schriften ins Französische, unter anderem die „Politika". *Oresmes* französische Stilistik war ebenso wie seine Kenntnis des Lateinischen weithin berühmt.
In Rouen nahm *Oresme* zu vielen Zeitfragen in Schriften und Reden Stellung. Er verurteilte Astrologie und Wahrsagerei, trat gegen Übergriffe der Kirche auf und beschäftigte sich mit wirtschaftlichen Fragen, so der ständigen Geldentwertung durch Verfälschung der Münzen. Bekanntestes Beispiel seiner gesellschaftlichen Aktivität ist seine berühmte Ansprache in Avignon vom Weihnachtsabend 1363. In ihr werden schonungslos die Fehler und Schwächen der hohen Geistlichkeit aufgedeckt und angeprangert. *Oresme* konnte für diese Angriffe vom Klerus nicht zur Rechenschaft gezogen werden, da sich der päpstliche Hof in den Jahren 1309 bis 1377 im „ba-

bylonischen Exil" in Avignon befand und völlig der Macht des französischen Königs ausgeliefert war.
Am 16. November 1377 wurde Oresme mit tatkräftiger Unterstützung des Königs zum Bischof von Lisieux (im heutigen Department Calvados) gewählt, ist aber vor dem Herbst 1380 nicht dahin übergesiedelt. *Oresme* starb am 11. Juni 1382 in Lisieux.
In der Zeit nach dem Tode *Oresmes* verlagerte sich das Zentrum der wissenschaftlichen Forschung von Frankreich nach Mittel- und Südeuropa. In diesen Gebieten wurden dann in den folgenden Jahrhunderten auch die ersten großen mathematischen Leistungen vollbracht, die wesentlich über das griechische und arabische Erbe hinausgingen.

Literaturverzeichnis zu Nicole Oresme

[1] *Curtze, M.:* Der Algorismus proportionum des Nicolaus Oresme. Berlin 1868.
[2] *Curtze, M.:* Die mathematischen Schriften des Nicole Oresme. Berlin 1870.
[3] *Juschkewitsch, A. P.:* Geschichte der Mathematik im Mittelalter. Leipzig 1964.
[4] *Wieleitner, H.:* Zur Geschichte der gebrochenen Exponenten. In: Isis, Bd. VI (1924), S. 509 bis 520.
[5] *Wieleitner, H.:* Über den Funktionsbegriff und die graphische Darstellung bei Oresme. In: Bibliotheca mathematica, 3. Folge, Bd. 14 (1914), S. 193 bis 243.
[6] *Wieleitner, H.:* Der „Tractatus de latitudinibus formarum" des Oresme. In: Bibliotheca mathematica, 3. Folge, Bd. 13 (1912). S. 115 bis 149.
[7] Nicole Oresme and the Mediaval Geometry of Qualities and Motions ... Ed. M. Clagett, · Madison 1968.
[8] *Oresme, N.:* Le livre du ciel et du monde. Madison 1968.

3 Die Mathematik der Renaissance

Überblick

Die Renaissance gehört zu den interessantesten Perioden der europäischen Geschichte. Der Entwicklungsstand der Lebens- und Herrschaftsverhältnisse, des Handels, die politische Landkarte, Religion und Philosophie, Kunst, Weltbild und nicht zuletzt die Wissenschaft, alles das erfuhr in Süd- und Mitteleuropa tiefgreifende Umgestaltungen.
„Die moderne Naturwissenschaft ... beginnt" – so schreibt *Friedrich Engels* in der „Dialektik der Natur" – „mit jener gewaltigen Epoche, die den Feudalismus durch das Bürgertum brach, ... die große Monarchien in Europa schuf, die geistige Diktatur des Papstes brach, das griechische Altertum wieder heraufbeschwor und mit ihm die höchste Kunstentwicklung der neuen Zeit, die Grenzen des alten Orbis durchbrach und die Erde erst eigentlich entdeckte.
Es war die größte Revolution, die die Erde bis dahin erlebt hatte. Auch die Naturwissenschaft lebte und webte in dieser Revolution, ging Hand in Hand mit der erwachenden Philosophie der großen Italiener und lieferte ihre Märtyrer auf die Scheiterhaufen und in die Gefängnisse. Es ist bezeichnend, daß Protestanten wie Katholiken in ihrer Verfolgung wetteiferten. Die einen verbrannten Servet, die anderen Giordano Bruno. Es war eine Zeit, die Riesen brauchte und Riesen hervorbrachte, Riesen an Gelehrsamkeit, Geist und Charakter, ..."
Auch die Mathematik vollzog in dieser großartigen progressiven Periode der Menschheitsgeschichte, im 15. und 16. Jahrhundert, eine gänzliche Um- und Neuorientierung. Damals wurde der Boden bereitet für die umwälzenden neuen Ergebnisse und Methoden der Mathematik der veränderlichen Größen, wie sie während des 17. Jahrhunderts durchgebildet und im 18. Jahrhundert mit hervorragendem Erfolg angewendet werden konnten.
Charakteristisch für die Mathematik in der Periode der Renaissance war ihre unmittelbare Verflechtung mit der gesellschaftlichen Entwicklung. Mit der Entstehung von Manufakturen, der Erhöhung des Niveaus der handwerklichen Produktion, der Ausweitung der Handelsbeziehungen und der sich entwickelnden Ingenieurkenntnisse entstanden neue gesellschaftliche Bedürfnisse, deren Befriedigung nur durch Anwendung und Weiterentwicklung der Mathematik erreicht werden konnte; von dorther

Relief,
eine Universitätsvorlesung
darstellend
(um 1460)

wird sowohl das breite öffentliche Interesse der damaligen Zeit an Mathematik wie auch deren spezifischer Charakter und die bevorzugte Entwicklung bestimmter Hauptrichtungen der Mathematik verständlich. Während der Renaissance erreichte die Mathematik ein weitaus höheres Niveau und eine gänzlich andere gesellschaftliche Stellung als im Mittelalter und selbst im Spätmittelalter, wo doch immerhin eine beträchtliche Belebung der wissenschaftlichen Tätigkeit deutlich wurde.
Bereits vom 11. Jahrhundert an waren in Berührung mit der islamischen Welt und dem byzantinischen Reich Teile der antiken Mathematik nach Europa gelangt und an den Universitäten des feudalen Europa zum Bestandteil des Quadriviums, das heißt des zweiten Abschnittes der Grundausbildung, geworden. Im wesentlichen handelte es sich – noch bis ins 15. Jahrhundert hinein – um den Inhalt der planimetrischen Bücher der „Elemente" von *Euklid*, um Zahlenlehre, um den „Almagest" von *Ptolemaios* sowie um Mathematisches bei *Platon* und *Aristoteles*. Die Mathematik der Praxis beschränkte sich auf die allereinfachsten Elemente der Feldmeßkunst, auf die Berechnung beweglicher kirchlicher Feiertage, den sogenannten Computus, und auf das Rechnen mit dem Abakus.
Erst im 13. Jahrhundert zeigten sich in Europa Ansätze einer selbständigen Verarbeitung überlieferter Kenntnisse, so etwa bei dem aus dem Kaufmannsstand hervorgegangenen *Leonardo Fibonacci von Pisa*. Bereits damals wurde mit der Übersetzung von einigen durch arabische Gelehrte überlieferten Spitzenleistungen der antiken Mathematik ins Lateinische begonnen, beispielsweise der schwierigeren Bücher der „Elemente" von *Euklid*, einzelner Abhandlungen von *Proklos* und *Archimedes*. Diese wichtigen Bestandteile der antiken Mathematik blieben allerdings ihres tiefen mathematischen Inhaltes wegen im wesentlichen zunächst noch unverstanden, obgleich die Mathematik einen festen Platz im System der Gelehrsamkeit der Scholastik einnahm und mathematische Problemstellungen in großem Umfang zum Gegenstand scharfsinniger logischer Analyse wurden.
Der großartige Aufschwung der Mathematik in der Periode der Renaissance knüpfte jedoch nur in geringem Maße an die mathematischen Leistungen der Scholastik an. Er vollzog sich einerseits in direktem Rückgriff auf die antike Mathematik, zum

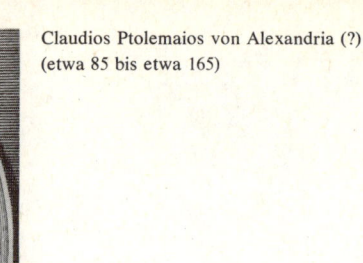

Claudios Ptolemaios von Alexandria (?)
(etwa 85 bis etwa 165)

anderen unter dem Einfluß der im Gefolge der gesellschaftlichen Entwicklung an die Mathematik gestellten Forderungen der Praxis.

Die Hinwendung zur Antike, die Absicht zu ihrer Wiedergeburt (Renaissance), die systematische Suche nach schriftlichen antiken Quellen und deren textkritische Wiederherstellung, alles das war getragen vom Gefühl der Unübertreffbarkeit jenes „goldenen Zeitalters" mit seinen großen Denkern und Gelehrten. Auch auf mathematischem Gebiet galt ein Großteil der Anstrengungen der Wiederherstellung alter und neu erschlossener mathematischer Literatur der Antike; beispielsweise erschien 1544 die erste griechische Gesamtausgabe aller damals bekannten Schriften von *Archimedes* im Druck. Das mathematische Erbe der Antike erwies sich als erstaunlich weit entwickelt, bot ständigen starken Anreiz zu Verständnis, Aneignung und Weiterführung aufgeworfener mathematischer Probleme und stellte ein noch weit in die Zukunft reichendes Reizmittel zur Entwicklung der Mathematik dar.

Die andere, noch weitaus kräftigere und in letzter Instanz entscheidende Quelle des Aufschwunges der Mathematik während der Renaissance wurde von den praktischen Anforderungen an die Leistungsfähigkeit mathematischer Hilfsmittel gespeist. Hier waren es nicht Gelehrte in Klöstern oder an Universitäten, die die entscheidenden Pionierschritte für die Mathematik vollzogen, es waren vielmehr die Rechenmeister in den Städten, die Büchsenmeister und Zeugmeister, die Handwerker und Ingenieure, die Kaufleute und Seefahrer.

Es gab eine Vielzahl mathematisch orientierter Bereiche, für die die entsprechende Mathematik noch nicht entwickelt oder wenigstens noch nicht in eine genügend leicht praktizierbare Form gebracht worden war.

Die mit dem Anwachsen der handwerklichen Produktion verbundene sprunghafte Verstärkung des Geldumlaufes forderte die Anwendung mathematischer Kenntnisse bei der Buchhaltung, bei der Meisterung der Ausdehnung des Zahlenbereiches, bei der schriftlichen Fixierung von Zahlen und Rechnungsvorgängen, bei der Ausarbeitung praktikabler Rechenmethoden, bei der Umrechnung der zahlreichen verschiedenen Währungen, Maß- und Gewichtseinheiten ineinander, bei der Zins- und Zinseszinsrechnung. Alles das wurde plötzlich von einer vergleichsweise riesigen Anzahl von

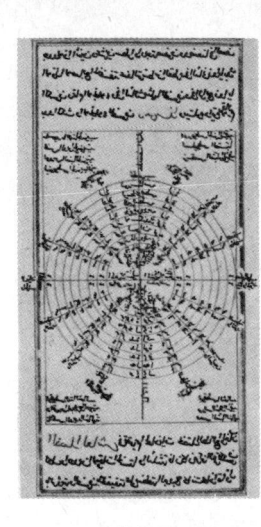

Eine Seite
aus der arabischen Übersetzung
des Almagest von Ptolemaios
(1294 u. Z.)

unausgebildeten Menschen gefordert; der Ausweg bestand darin, daß die bedeutenden Handelsstädte, sogenannte Rechenmeister anstellten, die die entsprechenden Rechnungen im Dienste der Stadtverwaltungen durchzuführen und gleichzeitig viele Personen in der Rechenkunst auszubilden hatten. Von den deutschen Rechenmeistern ist *Adam Ries* der bekannteste geworden, auf Grund seiner vorzüglichen, in hoher Auflage gedruckten Rechenbücher.

Die Schiffahrt erforderte neue Kenntnisse und Fertigkeiten bei der Navigation auf hoher See und beim Schiffsbau selbst, seit die Neue Welt entdeckt, der Seeweg nach dem Fernen Osten gefunden und die Kolonialisierung begonnen hatte. Es ergaben sich bedeutende Anforderungen an Nautik, an Astronomie und damit an sphärische Trigonometrie. Beispielsweise existierte schon im 15. Jahrhundert eine portugiesische Ausbildungsstätte für Seefahrer, an der sphärische Trigonometrie fester Bestandteil der Lehre war. Entsprechende Seefahrerschulen folgten im 16. Jahrhundert in Holland, England und im 17. Jahrhundert in Frankreich. Auch die weiterentwickelte Binnenschiffahrt stellte hohe Forderungen beim Verlegen der Kanaltrassen, beim Bau von Schiffsschleusen und bei der Regulierung von Flüssen.

Das aufkommende und sich weiterentwickelnde Geschützwesen stellte die Büchsenmeister, Zeugmeister und Kanoniere vor eine Reihe ballistischer Probleme. *Niccolò Tartaglia* fand durch großangelegtes Probieren, daß die größte Schußweite bei einem Erhebungswinkel von 45° erreicht wird; aber erst durch *Galileo Galilei* wurde die Flugbahn eines Geschosses als parabolisch erkannt. Da damals ein einziger Schuß ein Vermögen kostete, mußte man Methoden und Geräte ersinnen, die Geschütze zu richten. Auch von hier ergingen bedeutende Anforderungen an Geometrie und Trigonometrie.

Die Astronomie vollzog in der Periode der Renaissance mit dem Übergang vom geozentrischen ptolemäischen zum heliozentrischen Weltbild eine tiefgreifende Revolution. Im Todesjahr von *Nicolaus Copernicus*, 1543, erschien sein grundlegendes Werk ,,De revolutionibus orbium coelestium''. Im Jahre 1609 formulierte *Johannes Kepler* in einem seiner bedeutendsten Werke, der ,,Neuen Astronomie'', auf den genauen Messungen des dänischen Astronomen *Tycho Brahe* aufbauend, die beiden

Theodolit (um 1586)

ersten Keplerschen Gesetze über die Planetenbewegung, den Satz über die elliptische Bahnkurve und den Flächensatz. Während der Renaissancezeit galt übrigens die Astrologie ebenfalls als eine ernsthafte Wissenschaft, und weil die Aufstellung von Horoskopen zu astronomischen Rechnungen und Beobachtungen zwang, trug auch die Scheinwissenschaft Astrologie indirekt zum Fortschritt der Wissenschaften bei. Das alles bot zusammen mit den Anforderungen des Kalendermachens überreiche Anforderungen zur Entwicklung der theoretischen und praktisch-rechnerischen Trigonometrie, von *Johannes Regiomontanus* berühmter Trigonometrie ,,Fünf Bücher über alle Arten von Dreiecken" (erschienen 1533), über die umfangreichen trigonometrischen und astronomischen Tafeln von *N. Copernicus, T. Brahe, F. Vieta, J. Kepler* u. a. bis hin zur Erfindung der logarithmischen Rechenmethoden durch den schweizerischen Uhrmacher *J. Bürgi*, durch *J. Neper* in Schottland und *H. Briggs* in England. Auch im Bauwesen sah man sich vor Fragen gestellt, die die Verwendung mathematischer Kenntnisse, die Überwindung bloßer Empirie erforderten. Dies galt insbesondere für das militärische Bauwesen in Anbetracht der Verbesserungen im Geschützwesen. Wie defiliert man beispielsweise eine Festung, das heißt wie legt man sie unter Berücksichtigung der Geländeverhältnisse mit Hilfe von Bastionen, Vorsprüngen, Ecken usw. so an, daß keine ihrer Brüstungen von der Artillerie des Belagerers überstrichen werden kann? Zudem galt es, wegen der zunehmenden Durchschlagskraft der Geschosse auch in die Tiefe zu bauen. Das alles führte zu dem Problem, Dreidimensionales in einer ebenen Zeichnung zu projizieren, und ergab Ansatzpunkte für die Entwicklung von Grundelementen der darstellenden Geometrie.
Schließlich enthielten die sich gerade während der Renaissance stark entfaltende bildende und darstellende Kunst und Architektur zahlreiche mathematische Momente. Repräsentative Gebäude, Bildwerke und Gemälde mußten, wenn sie dem wiederbelebten antiken Schönheitsideal genügen sollten, nach kanonischen Regeln komponiert sein, das heißt, ihre Teile hatten in bestimmten Größenverhältnissen zu stehen, zum Beispiel in denen des Goldenen Schnittes. Die Berücksichtigung der Perspektive auf Gemälden, eine wesentliche Errungenschaft der darstellenden Kunst in der Renaissance, führte zur Entstehung einiger Grundzüge der darstellenden Geometrie, wie

Coronelli-Globus
aus der Sammlung
des Mathematisch-Physikalischen Salons
im Dresdener Zwinger

etwa Fluchtpunkt und Fluchtgerade. Bedeutende Künstler der Zeit, an hervorragender Stelle *Leonardo da Vinci* in Italien und *Albrecht Dürer* in Deutschland, waren zugleich vorzügliche schöpferische mathematische Denker und Erfinder.
In diesen Bereichen bewegten sich die gesellschaftlichen Anforderungen an die Mathematik in der Periode der europäischen Renaissance. In diesen Rahmen wurde die antike Mathematik eingepaßt, soweit sie schon inhaltliches Material bereitgestellt hatte, und soweit dieses Material überliefert worden war. Die Antike wurde dort übertroffen oder es wurden dort gänzlich neue Disziplinen geschaffen, wo die neue Entwicklung einer Mathematik benötigte, die die Antike noch nicht hervorgebracht hatte.
Im großen und ganzen kann man die im 15. und 16. Jahrhundert vor sich gegangene Entwicklung der Mathematik folgendermaßen zusammenfassen: Im Ergebnis der gesellschaftlichen Anforderungen schritt die Mathematik in der Periode der Renaissance in drei Hauptrichtungen voran: Ausbau der Trigonometrie zum geschlossenen System, Verbesserung der Rechenmethoden, Algebraisierung. Die Mathematik erreichte in dieser Zeit des aufblühenden Handwerks und des wachsenden Handels gegenüber der Periode des Feudalismus eine prinzipiell neue gesellschaftliche Stellung: Sie war nicht länger bloßes Bildungselement, eingegliedert in das Studium an einer unter kirchlicher Oberherrschaft stehenden mittelalterlichen Universität. Nun war sie zum Anliegen der an ihr von der Produktion her Interessierten geworden, ihr Gebrauchswert, ihre Produktionspotenz waren erkannt worden.
Bereits am Ende des 13. Jahrhunderts war West- und Mitteleuropa in den Besitz der trigonometrischen Kenntnisse der Antike und der Westaraber gelangt; dagegen war das ausgebaute System der Trigonometrie des ostarabischen Gelehrten *Abû'l Wafâ* in Europa unbekannt geblieben. Ansätze zur Verbesserung und Verfeinerung der astronomischen und trigonometrischen Tafeln sowie zur Vereinheitlichung der verschiedenartigen trigonometrischen Verfahren, insbesondere des Überganges von der Sehnenrechnung zur Sinustrigonometrie, stammen von zahlreichen italienischen, englischen, spanischen, portugiesischen und französischen Gelehrten und Praktikern; der Schwerpunkt dieser Anstrengungen verlagerte sich im 15. Jahrhundert nach Prag

Militärisches Vermessungswesen

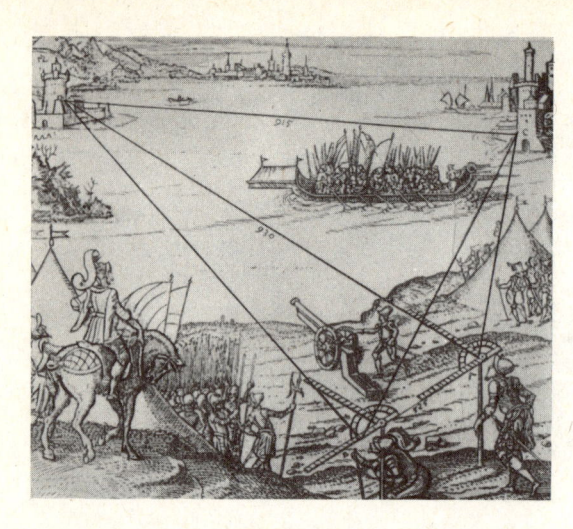

und an die 1365 gegründete Universität Wien. Hier wirkten *Johannes von Gmunden*, sein Nachfolger *Georg von Peurbach* und dessen überragender Schüler *Johannes Müller*, genannt *Regiomontanus*, unstreitig der bedeutendste Mathematiker des 15. Jahrhunderts. Von ihm stammen Sinustafeln, die von Minute zu Minute fortschreiten, sowie eine gradweise fortschreitende fünfstellige Tangententafel mit dezimaler Unterteilung. Auf Anregung von *Peurbach* faßte *Regiomontanus* in dem großartigen Werk „De triangulis omnimodis libri quinque" (Fünf Bücher über alle Arten von Dreiecken; nur vier vollendet, 1462/63 niedergeschrieben, erst 1533 erschienen) die vorhandenen trigonometrischen Verfahren, Sätze und Hilfstabellen in einer systematischen Darlegung der ebenen und sphärischen Trigonometrie zusammen, die unter anderem den Sinussatz und den Kosinussatz enthielt. Damit war die Trigonometrie zu einer zusammenhängenden und schon in gewissem Sinne selbständigen Wissenschaft geworden; die Emanzipation der Trigonometrie von der Astronomie beginnt.

Regiomontanus, ein vorzüglicher Kenner der griechischen Sprache und im wissenschaftlichen Austausch mit führenden Humanisten und Gelehrten seiner Zeit stehend, gründete in Nürnberg eine eigene Druckerei mit der Absicht, alle damals bekannten antiken Klassiker der Astronomie und Mathematik in lateinischen, textkritisch überarbeiteten Übersetzungen herauszubringen, insbesondere *Euklid*, *Apollonios*, *Ptolemaios*, den eben erst wiederentdeckten *Diophantos* und andere. Noch bei den Vorarbeiten zu diesem gewaltigen Unternehmen wurde er nach Rom gerufen, um Vorstellungen über die notwendig werdende Kalenderreform darzulegen, und starb dort unvermittelt. Sein Nachlaß ging leider zu wesentlichen Teilen verloren.

Im Zusammenhang mit der Vollendung des theoretischen Gebäudes der Trigonometrie wurden im 16. Jahrhundert viele vorzügliche Tafelwerke erarbeitet. So berechnete der Wittenberger Mathematikprofessor *G. J. Rhaeticus*, der wesentlich am Zustandekommen der Drucklegung des Hauptwerkes von *Copernicus* beteiligt war, in seinem „Canon" von 1551 umfangreiche, teilweise siebenstellige Tangenten- und Sekantentafeln und benutzte erstmals die Seiten des rechtwinkligen Dreiecks zur Definition der sechs trigonometrischen Verhältnisse. Die „Revolutiones" von *Copernicus* enthalten übrigens auch Darstellungen der ebenen und sphärischen Trigonometrie. Von den

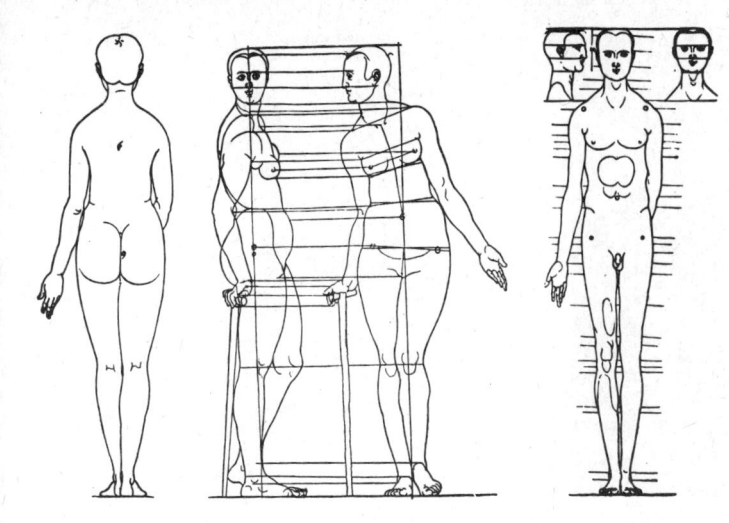

Proportions-schema aus Dürers Werk „Die Proportionslehre" (um 1528)

bedeutendsten Tafelwerken seien noch die von *E. Reinhold*, einem der ersten Anhänger des copernicanischen Weltsystems, und der „Canon" von *F. Vieta* erwähnt. Überhaupt gehört *Vieta* zu einem der bedeutendsten Förderer der Trigonometrie. Ähnlich wie *Vieta* wurde auch *J. Bürgi* durch die Beschäftigung mit Trigonometrie und Astronomie zur Algebraisierung gedrängt. Ursprünglich war *Bürgi* Uhrmacher und wurde wegen seiner Geschicklichkeit an die damals führende Sternwarte Kassel gezogen. Dort entfaltete sich sein mathematisches Talent. Später ging er nach Prag und wurde von *Kepler* überaus hoch geschätzt. Seine zum Zwecke der Tafelverbesserung angestellten Untersuchungen führten *Bürgi* unter anderem zur Ausbildung des Rechnens mit Dezimalbrüchen und schließlich, nach vielerlei tastenden Versuchen, zu den Grundlagen des logarithmischen Rechnens. Seine um 1600 berechneten „Arithmetischen und geometrischen Progreß-Tabulen" stellen eine Tafel der Antilogarithmen zur Basis $1{,}0001^{10000} \approx e$ dar; sie erschienen aber erst 1620 in Prag unter den außerordentlich ungünstigen Bedingungen des 30jährigen Krieges.

Eine bedeutend größere Resonanz fanden dagegen die Schriften des schottischen Edelmannes *J. Neper. Neper* war von einem mechanischen Problem ausgegangen und schuf sich Logarithmen mit einer zu $\frac{1}{e}$ proportionalen Basis. Seine 1614 erstmals erschienene Tafel „Mirifici logarithmorum canonis descriptio" (Beschreibung einer wunderbaren Tafel von Rechnungszahlen), in deren Titel zum erstenmal das Wort Logarithmus (soviel wie Rechnungszahl) auftritt, enthält die siebenstelligen Logarithmen der nach Minuten fortschreitenden Sinus- und Kosinuswerte sowie deren Differenzen, als den $\log \tan x$.

Logarithmische Tafeln verbreiteten sich schnell in Europa, zumal unter dem großen Einfluß, den *J. Keplers* Befürwortung der logarithmischen Rechnung und die sogenannten Rudolphinischen Tafeln (1627) in dieser Hinsicht ausübten. Dennoch dauerte es bis zur Mitte des 17. Jahrhunderts, ehe die seit 1514 bekannte sogenannte prosthaphairetische Methode außer Gebrauch kam, die in moderner Schreibweise auf der Anwendung der Formel

$$\sin \alpha \cdot \sin \beta = \frac{1}{2}\left[\sin\left(\frac{\pi}{2} - \alpha + \beta\right) - \sin\left(\frac{\pi}{2} - \alpha - \beta\right)\right]$$

Selbstbildnis von Albrecht Dürer
(1471 bis 1528)

beruht und es gestattet, wie unter Verwendung der Logarithmen die Multiplikation auf Subtraktion zurückzuführen.

H. Briggs, Inhaber einer der naturwissenschaftlichen Lehrstühle am sogenannten Gresham-College, ursprünglich einer Seefahrtsschule in London, einigte sich 1615 mit *Neper* auf die Annahme log 1 = 0, log 10 = 1. Da *Neper* bald darauf starb, machte sich *Briggs* allein mit Feuereifer daran, diese Tafeln zu berechnen; sie erschienen 14stellig in Teilen von 1617 an und wurden bald die gebräuchlichen europäischen Logarithmentafeln des 17. Jahrhunderts.

Im ganzen gesehen hatte die Trigonometrie ihrem mathematischen Gehalt nach schon Anfang des 17. Jahrhunderts das heutige Niveau erreicht. Spätere Nachträge und Ergänzungen betrafen besondere, speziellen Anwendungsbereichen angepaßte Lösungsverfahren. Die heutigen trigonometrischen Berechnungen sind natürlich erst nach und nach eingeführt worden.

Die Verbesserung der Rechenmethoden vollzog sich in zwei Hauptrichtungen: Am Ende des 16. Jahrhunderts neigte sich im Streit zwischen den sogenannten Abacisten und den sogenannten Algorithmikern, – den Anhängern des Rechnens auf dem Abacus bzw. mittels schriftlicher Rechenoperationen –, der Sieg den Algorithmikern zu. Damit setzten sich die indischen Ziffern auch in Europa durch.

Zum anderen wurden die Verfahren des schriftlichen Rechnens, Addition, Multiplikation usw., schrittweise in bequeme und erlernbare Formen gebracht. Besondere Schwierigkeiten bereiteten Division und Bruchrechnung, und noch heute sagt man, man „käme mit etwas in die Brüche", wenn man auf besondere Schwierigkeiten stößt. Der Lehre dieser Rechenkünste dienten die sehr zahlreichen Rechenbüchlein; sie gehörten neben Bibeln, Kalendern und allerlei aktuellen Flugblättern zu den ersten Druckerzeugnissen überhaupt und dokumentieren damit das außerordentliche gesellschaftliche Interesse an Mathematik und Rechenkunst. Den Bedürfnissen entsprechend in den Nationalsprachen und nicht in Latein, der Sprache der Gelehrten, verfaßt, ging von ihnen gleichzeitig ein bedeutender Einfluß auf die Entwicklung der europäischen Nationalsprachen aus.

Hatte sich auf der Grundlage eines starken öffentlichen Interesses die Berufsgruppe

Jost Bürgi
(1552 bis 1632)

der Rechenmeister herausgebildet, so kam es nach und nach zu einer algorithmischen Verarbeitung der praktizierten Rechenmethoden und zur theoretischen Durchdringung. Die unter Verwendung von Abkürzungen durchgearbeiteten Rechenvorschriften bezeichnete man als Coß, ihre Verfasser als Cossisten, und zwar nach der Bezeichnung (lat. res, d. i. Sache, Ding, ital. cosa) „Coß" (deutsch) für die Unbekannte, die in den häufig in Rechenbüchern auftretenden linearen Gleichungen immer öfter ein Individualzeichen erhielt. Natürlich war die Grenze zwischen den Rechenmeistern und Cossisten ebenso fließend wie zwischen Rechenbüchlein und cossischer Schrift. Die verschiedenen Autoren hatten Bezeichnungen nach eigenem Geschmack erfunden; erst nach und nach bürgerten sich verbindliche Bezeichnungen ein.

Diese Entwicklung mit der Tendenz auf Algebraisierung ging ebenfalls von Oberitalien aus, wurde durch deutsche, französische, niederländische und englische Cossisten weitergeführt und kam mit dem Auftreten von *Vieta* zu einem vorläufigen Höhepunkt und Abschluß. Genannt seien in diesem Zusammenhang die Italiener *Luca Paccioli*, der Rechenmeister *Niccolò Tartaglia*, der Universitätsprofessor *Geronimo Cardano* und der Ingenieur *Rafael Bombelli*.

Großen Einfluß übte die „Arithmetica integra" (Gesamte Arithmetik, 1544) des lutherischen Predigers *Michael Stifel* auf die Entwicklung der europäischen Coß aus. In England wirkten als cossische Schriftsteller u. a. der Arzt *Robert Recorde*, *Thomas Harriot* und in den Niederlanden der Baumeister und Kriegsingenieur *Simon Stevin*, der eine hervorragende Rolle im Befreiungskampf der Niederlande von spanischer Herrschaft gespielt hat. In dieser Zeit setzten sich solche noch heute üblichen mathematischen Symbole durch wie etwa die Zeichen +, −, =, das Wurzelzeichen, der Bruchstrich, die Schreibweise für die Dezimalbrüche und anderes mehr.

Der bedeutendste Algebraiker jener Periode war jedoch der Franzose *Vieta*. Von Beruf Jurist und in hohen Staatsämtern tätig, beschäftigte er sich in den durch politische Ereignisse erzwungenen Pausen seiner staatlichen Funktionen mit mathematischen Studien. In seinen „Ad logisticam speciosam notae priores" (Erste Kennzeichen einer prachtvollen Rechenkunst; 1591 entstanden) wurde im Ergebnis eines Abstrak-

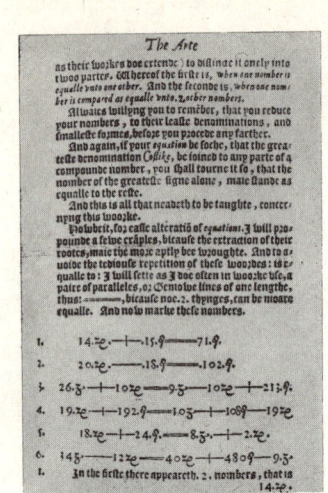

Erste Verwendung des Gleichheitszeichens 1557 durch Robert Recorde (etwa 1510 bis 1558)

tionsprozesses an sich dauernd wiederholenden Formalismen eine regelrechte Algebra entwickelt, mit festen Bezeichnungen für bestimmte und gesuchte Zahlen. Hier und in einigen anderen Abhandlungen war die Technik der algebraischen Umformungen schon weiter durchgebildet: Auflösen, Abspalten von Faktoren, Verwandlung in vollständige Quadrate, Beseitigung von Brüchen und Rationalmachen von Nennern, Transformation von Gleichungen durch neu einzuführende Variable und anderes mehr.

Vietas Bedeutung wurde indessen erst nach seinem Tode erkannt, als die Entwicklung der Algebra, ohne direkt auf ihm aufzubauen, in derselben Richtung weitergegangen war. *P. de Fermat* und *R. Descartes* haben in diesen Traditionen stehend später eine formale Meisterschaft bei der Beherrschung algebraischer Methoden und bei ihrer Verwendung in Analysis und Geometrie entwickelt.

Michael Stifel (1487? bis 1567)

„Ach du armer Murnar was hastu gethon.
Das du also blind in der heylgen schrifft bist gon?
Des must du in der kutten lyden pein
Aller glerten MURRNARR must du sein.
O he ho lieber Murnar." [9]

Dieses Spottlied gegen *T. Murner*, einen Franziskaner und entschiedenen Luthergegner, den *Stifel* zu *Murr-Narr* werden ließ, erschien 1522 in Straßburg als Erwiderung auf *Murners* Vorhersage des Unterganges vom christlichen Glauben. Die Vorhersage von Ereignissen – wenn auch nicht unbedingt mit solcher Tragweite – beziehungsweise die nachträgliche Auslegung unvorhergesehener Ereignisse wurde von den Gelehrten noch bis ins 17. Jahrhundert allen Ernstes auch „mit Hilfe" der Mathematik betrieben. Ebenso war es damals durchaus üblich, eine Gegenmeinung in Form geistvoller Spottverse zu veröffentlichen, von denen auch *Stifel* selbst nicht verschont blieb. Deshalb sollte man nicht voreilig ihren Verfassern besonders zynische oder über-

Ausschnitt aus dem Titelblatt einer Schrift Stifels gegen Murner (1475 bis 1537)

hebliche Charakterzüge unterstellen. *Stifel* blieb sein Leben lang ein anspruchsloser und zurückhaltender Mensch, dem es zwar nicht an Selbstbewußtsein mangelte, der aber letztlich doch die Kritik zwischen den Zeilen einem Kampf mit offenem Visier vorzog. Er arbeitete fleißig und mit großer Sorgfalt nicht nur an der Vorbereitung seiner Predigten, sondern auch an seinen Mathematik-Manuskripten. Seine Naivität, die sich teilweise bis zur Einfältigkeit und zu blindem Vertrauen auswuchs, mögen nicht zuletzt mit dafür verantwortlich sein, daß ihm die echte wissenschaftliche Anerkennung zu Lebzeiten versagt blieb.

Der 1487 (?) in Eßlingen geborene *Michael Stifel* trug zunächst die Kutte der Augustiner, schloß sich jedoch zeitig der Reformation an. Als konsequenter Anhänger *Luthers* zog er sich bald den Unmut der reaktionären klerikalen Kreise zu. Das steigerte sich vor allem nach 1521, dem Jahr, in dem über *Luther* nach dem Reichstag von Worms die Reichsacht ausgesprochen wurde und er sich als „Junker Jörg" verkleidet auf der Wartburg versteckt hielt, um Verfolgungen zu entgehen. *Stifel* seinerseits fand zunächst bei *Hartmut von Cronberg*, einem Verwandten *Franz von Sickingens*, Unterschlupf. Später besuchte er *Luther* im Zentrum der Reformation in Wittenberg und wurde nach einem kurzen Zwischenaufenthalt in Tirol von *Luther* in sein erstes Pfarramt in Lochau bei Wittenberg eingeführt.

Zu dieser Zeit hatte sich *Stifel*, vielleicht angeregt durch die Schriften des *Nicolaus von Cues*, schon mit Mathematik und der sogenannten Wortrechnung beschäftigt. Die Wortrechnung wurde zur historischen Deutung von Texten und zur Vorhersage von Ereignissen benutzt. Dazu fanden die Buchstaben lateinischer Texte Verwendung, die als mathematische Symbole (des römischen Zahlensystems) bekannt waren, also I, V, X, L, C, D, M. Nun wurden Rechenoperationen so lange auf diese „Zahlen" angewandt, bis sich ein vom Verfasser zu deutendes Ereignis, ein Name oder eine Jahreszahl ergab.

Aus einer solchen Wortrechnung prophezeite *Stifel* 1532 das Ende der Welt für das Jahr 1533 und konnte sogar das genaue Datum mit dem 18. Oktober und die Uhrzeit mit 8.00 Uhr vormittags bestimmen, was selbstverständlich nicht eintrat, dafür aber seine Absetzung und einen vierwöchigen Hausarrest zur Folge hatte, den Kurfürst

Verbrennung der Bannbulle in Wittenberg

Johann Friedrich der Großmütige verhängte. *Luther* und vor allem *Ph. Melanchthon* verhinderten Schlimmeres und konnten ihm erneut eine Pfarre in Holzdorf, in der Nähe von Lochau, besorgen, nachdem *Stifel* der Wortrechnung entsagt hatte. Neben der Wahrnehmung seiner seelsorgerischen Aufgaben unterrichtete er privat in Arithmetik. Der gute Ruf, den sich *Stifel* auf Grund seiner sorgfältig vorbereiteten Lektionen erwarb, verhalf ihm zum ,,Magister artium" an der Universität Wittenberg. Einer seiner bekanntesten Schüler war *C. Peucer*, der später die Tochter *Melanchthons* heiratete und unter anderem auch die Herausgabe von *Melanchthons* ,,Omnia opera" besorgte. *J. Milich*, der an der Universität die Mathematik vertrat und *Stifels* Familie ärztlich betreute, empfahl die Veröffentlichung von *Stifels* Arbeiten und auch den Titel ,,Arithmetica integra". Der als Lehrer *Luthers* und noch mehr durch seine berühmte Antrittsvorlesung ,,De corrigendis adolescentiae studiis" (Über die Verbesserung der Studien der Jugend) weitbekannte bürgerlich-humanistische Professor für Geschichte und Rhetorik *Melanchthon* schrieb dazu das Vorwort. Durch Vermittlung konnte der Nürnberger Drucker *J. Petrejus* zur Veröffentlichung gewonnen werden, der eben um diese Zeit, etwa 1542/43, das berühmte Buch ,,De revolutionibus orbium coelestium" des Astronomen *Nicolaus Copernicus* mit dem verfälschenden Vorwort von *Osiander* gedruckt hatte.
Die ,,Arithmetica integra" (Vollständige Arithmetik) erschien 1544 und besteht aus drei Büchern, deren Inhalt man etwa folgendermaßen abgrenzen kann.
1. Arithmetische Grundlagen mit eigenen Kommentaren
2. *Euklids* ,,Elemente", Buch X, kommentiert und erweitert
3. Einführung in die durch *Stifel* bereicherte Algebra
Unter anderem bezog sich *Stifel* auf *G. Cardanos* ,,Practica", die 1539 in Mailand (Milano) erschienen war, und den ,,Almagest" von *Ptolemaios*.
Im ersten Buch wurden die vier Grundrechenoperationen behandelt. Es folgen Teilbarkeitsregeln, Aussagen über figurierte Zahlen und Zahlenfolgen sowie über Potenzen. In zwei Anhängen werden Aufgaben mit Hilfe der regula falsi gelöst und Mischungsrechnungen durchgeführt.
Im zweiten Buch verwandte *Stifel* Symbole an Stelle euklidischer Worterklärungen,

Titelblatt der „Arithmetica Integra" (1544)

unter anderem benutzte er das Wurzelzeichen in der heute noch angewandten Form und erläuterte Beispiele geometrisch. Für den Nachweis der Inkommensurabilität zweier Wurzeln wandte *Stifel* die Kettendivision an. Er beschäftigte sich mit der Verdoppelung des Würfels und in einem Anhang mit der Quadratur des Kreises.

Im dritten Buch schließlich wandte sich *Stifel* der Coß zu und bezog sich dabei anerkennend auf *Adam Ries* und *Christoph Rudolff*. Die Operationszeichen für die Addition und Subtraktion wurden von *Stifel* konsequent verwendet. Er prägte den Begriff „Exponent". Damit sowie mit der Zulassung negativer Zahlen schuf *Stifel* die Voraussetzung zum Aufstellen logarithmischer Tafeln. Diese Aufgabe löste *John Neper* im Jahre 1614 in seinem „Mirifici logarithmorum cananis descriptio" (Beschreibung einer Tafel wunderbarer Rechnungszahlen).

Schließlich stellte *Stifel* zur Lösung quadratischer Gleichungen einen allgemeinen Algorithmus auf, der an die Stelle der 24 cossischen Regeln tritt, ohne jedoch schon negative Ergebnisse zuzulassen.

Kubische Gleichungen behandelte *Stifel* durch Abspalten von Linearfaktoren.

Mit der „Arithmetica integra" legte der Verfasser eine methodisch ausgefeilte Zusammenstellung der mathematischen Kenntnisse seiner Zeit vor, die noch viele Jahrzehnte später als Quellennachweis ebenso benutzt wurde wie die darin enthaltenen Tabellen (zum Beispiel der Binomialkoeffizienten) zum unmittelbaren Lösen von Problemen. Die Bedeutung von *Stifels* Arbeiten ist um so größer, als er seine Aussagen allgemeingültig formulierte und sie durch Beweise stützte. So darf ohne Übertreibung gesagt werden, daß *Stifel* einer der hervorragendsten Repräsentanten des „Cossischen Zeitalters" war, der die Werke seiner Vorgänger und die Bücher seiner Zeitgenossen gleichermaßen gut kannte. Seinen Nachfolgern – *S. Stevin, R. Recorde* und *F. Vieta* ebenso wie *J. Neper* und *J. Bürgi* – hinterließ *Stifel* für ihre Arbeiten ein ausgezeichnetes Material. Neben der „Arithmetica integra" gehören dazu die „Deutsche Arithmetic" von 1545 und das „Rechenbuch von der Welschen und Deutschen Praktik" von 1546 und ein 1532 in Wittenberg erschienenes „Rechen Büchlein".

Die von *Stifel* bearbeitete *Rudolff*sche „Coß", die 1554 erschien, enthielt über

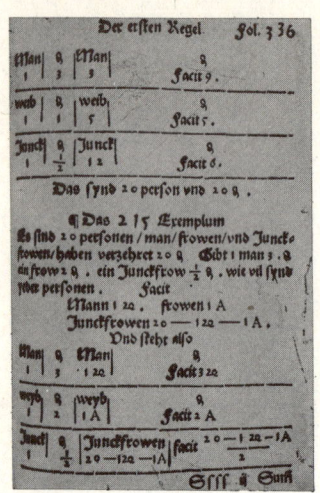

Eine Seite aus der Rudolffschen Coß (1553)

450 Übungsaufgaben und Beispiele. In ihr wurde die bereits in der „Arithmetica" enthaltene Potenzschreibweise angewandt.

„Es mag aber die Cossische progrehs auch also verzeychnet werden
$$1 \cdot 1\mathfrak{A}^1 \cdot 1\mathfrak{A}\mathfrak{A}^2 \cdot 1\mathfrak{A}\mathfrak{A}\mathfrak{A}^3 \cdot 1\mathfrak{A}\mathfrak{A}\mathfrak{A}\mathfrak{A}^4$$
und so fort ahn on ende.
Item auch also
$$1 \cdot 1\mathfrak{B}^1 \cdot 1\mathfrak{B}\mathfrak{B}^2 \cdot 1\mathfrak{B}\mathfrak{B}\mathfrak{B}^3 \cdot 1\mathfrak{B}\mathfrak{B}\mathfrak{B}\mathfrak{B}^4 \cdot \text{etc.}$$
Item auch also
$$1 \cdot 1\mathfrak{C}^1 \cdot 1\mathfrak{C}\mathfrak{C}^2 \cdot 1\mathfrak{C}\mathfrak{C}\mathfrak{C}^3 \cdot 1\mathfrak{C}\mathfrak{C}\mathfrak{C}\mathfrak{C}^4 \cdot \text{etc.}$$
und so fort an von andern Buchstaben." [5]

Dabei ist zu erkennen, wie Potenzen mit dem Exponenten 0 der Wert 1 zugeordnet wurde.
Bemerkt sei noch, daß man unter „Coß" zunächst die Bezeichnung der Unbekannten verstand. Später bürgerte sich der Begriff für die gesamte algebraische Behandlung von Problemen ein, die sich damals auf die Lösung von Gleichungen ersten und zweiten Grades beschränkte. Das Wort dürfte vom lateinischen „causa" über das italienische „cosa" zu „Coß" geworden sein. In *Rudolffs* „Coß" findet sich übrigens das heute noch gültige Zeichen für die Wurzel das erste Mal in gedruckter Form.
Die Cossisten in Deutschland waren am weitesten auf dem Wege der systematischen Verwendung von Symbolen vorangeschritten. Nun konnten die mathematischen Texte auch von Interessenten gelesen werden, die der lateinischen Sprache nicht mächtig waren.
Im Jahre 1546 starb *Luther*. Seine Anhänger – und damit auch *Stifel* – wurden erneut Repressalien ausgesetzt.
Stifel verließ Holzdorf, um nach vorübergehendem Aufenthalt in Memel (Klaipeda) an der eben (1544) gegründeten Universität Königsberg (Kaliningrad) Vorlesungen in Theologie und Mathematik zu halten. Er geriet aber bald in Auseinandersetzungen

> **Die erst Regel von dem Addiren vnd Subtrahiren. VIII.**
>
> Wey gleiche zeichen / machen eben das selbig zeichen / im Addiren vñ Subtrahiren/ ohn allein so du im subtrahiren die zal / die du soltest subtrahirē/ nicht kanst subtrahirē.
>
> Exempla vom Addiren.
>
> | 8 Sum: | + 7. | 8 Sum: | — 18. |
> |---|---|---|---|
> | 12 Sum: | + 11. | 3 Sum: | — 6. |
> | 20 Sum: | + 18. | 11 Sum: | — 24. |
>
> Hie sihest nu vor augen/wie + vnd + mache im ersten exemplo

Stifels Gebrauch der Zeichen „+" und „−" in der Arithmetica

mit dem damaligen Rektor A. *Hosemann (Osiander)*, dessen rechthaberisch-aggressivem Wesen *Stifel* nicht gewachsen war und der sich schon durch sein verfälschendes Vorwort zu „De revolutionibus" von *Copernicus* unrühmlich hervorgetan hatte. Hier in Königsberg erschien die bearbeitete Rudolffsche Coß.

Da sich auch nach *Osianders* Tod die Verhältnisse an der Königsberger Universität nicht besserten, kehrte *Stifel* nach Mitteldeutschland zurück und übernahm noch im Jahre 1554 eine Pfarrstelle in Brück bei Treuenbrietzen. Inzwischen war er 67 Jahre alt geworden.

Immer wieder, sowohl in Königsberg als auch in Brück, zog es *Stifel* zurück zur Wortrechnung, obwohl diese ihm doch 1533 eine so große Enttäuschung bereitet hatte. Seine Beschäftigung mit Zahlenmystik und magischen Zahlen — besser mit magischen Quadraten — führte er bis zu Aussagen darüber, wie solche Quadrate auch magisch bleiben, wenn man den äußeren Rand wegläßt beziehungsweise einen neuen Rand hinzufügt. Diese zahlentheoretischen Spielereien waren damals recht verbreitet und legen noch heute Zeugnis ab von den scharfsinnigen Schlußweisen ihrer Verfasser. Auch in vorgerücktem Alter gönnte sich *Stifel* noch immer keine Ruhe, sondern folgte einer Berufung nach Jena. Hier wurde er 1559 in den Lehrkörper der Universität aufgenommen, ohne jedoch einen Lehrauftrag zu erhalten. Der Theologieprofessor *N. Selnecker* nahm sich des alternden Mannes liebevoll an. Ihm ist es auch zu danken, daß eine ganze Reihe unveröffentlichter Schriften — zum Beispiel über die Wortrechnung — nach *Stifels* Tod, der 1567 an seinem Geburtstag, dem 19. April, eintrat, erhalten geblieben ist.

Stifel lieferte eine durch neue Erkenntnisse bereicherte Zusammenfassung der Algebra. Er schuf das Bildungsgesetz für Binomialkoeffizienten und die notwendigen Voraussetzungen für das Rechnen mit Logarithmen. Dabei bediente er sich einer präzisen, jedoch einfachen Ausdrucksweise und war ständig bemüht, sowohl Fragestellungen als auch deren Antworten und Beweise allgemeingültig zu formulieren.

Handschriftenprobe
aus einem Brief
von Michael Stifel

Lebensdaten zu Michael Stifel

1487?	19. April, Geburt in Eßlingen
1511	Priesterweihe
1517	*Luthers* Thesenanschläge zu Wittenberg
1521	Reichstag zu Worms, Reichsacht gegen *Luther*
1522	*Stifels* Erwiderung auf *Murners* Vorhersage des Untergangs vom christlichen Glauben
1524	Hofprediger *Albrecht von Mannsfelds*
1527	Übernahme der Pfarrstelle in Lochau
1532	Beschäftigung mit der Wortrechnung – führt zur Vorhersage des „Weltuntergangs"
	Ein Rechen Büchlein „Vom End Christ" erscheint.
1533	Arretierung, Entsagung der Wortrechnung,
	Übernahme der Pfarre in Holzdorf
1541	Immatrikulation in Wittenberg,
	Promotion zum Magister artium
1544	Die „Arithmetica Integra" erscheint in Nürnberg.
1545?	Tod *Christoph Rudolffs*
	„Deutsche Arithmetik" erscheint.
1546	Tod *Luthers*
	„Rechenbuch von der Welschen und deutschen Praktik"
1554	*Rudolffs* Coß unter *Stifels* Bearbeitung erscheint in Königsberg.
	Übernahme einer Pfarrstelle in Brück bei Treuenbrietzen
1559	*Stifel* folgt *Flacius* nach Jena
1561	Bekanntschaft mit *N. Selnecker*
1567	19. April, Tod *Stifels*

Literaturverzeichnis zu Michael Stifel

[1] *Stifel, Michael:* Ein Rechen Büchlein. Wittenberg 1532.
[2] *Stifel, M.:* Arithmetica integra. Nürnberg 1544.
[3] *Stifel, M.:* Deutsche Arithmetica. Nürnberg 1545.
[4] *Stifel, M.:* Rechenbuch von der Welschen und Deutschen Praktik. Nürnberg 1546.
[5] *Rudolff, Chr.:* Die Coß. Ed. M. Stifel, Königsberg 1553/54.
[6] *Müller, Th.:* Michael Stifel. Eßlingen 1897.
[7] *Tropfke, J.:* Geschichte der Elementarmathematik, Bd. 2. Berlin 1921.
[8] *Hofmann, J. E.:* Geschichte der Mathematik, Sammlung Göschen, Band I. Berlin (West) 1963.
[9] *Hofmann, J. E.:* Michael Stifel (1487?–1567). In: Sudhoffs Archiv, Beiheft 9. Wiesbaden 1968.

Adam Ries (1492 bis 1559)

Im Jahr der Entdeckung Amerikas durch *C. Columbus* wurde *Adam Ries* in Staffelstein am Main in eine Zeit hineingeboren, die von bedeutenden ökonomischen und politischen Ereignissen gezeichnet war.
Noch vor Ende des 15. Jahrhunderts entdeckte *Vasco da Gama* den Seeweg nach Indien. Die Reformation reifte heran und fand 1517 mit dem Anschlag der 95 Thesen an die Tür der Schloßkirche zu Wittenberg durch *M. Luther* ihre endgültige Auslösung. Territoriale Bauernaufstände trotzten dem Feudaladel wenigstens geringe Verbesserungen ab und führten schließlich zum Bauernkrieg von 1524/25, den *F. Engels* neben der Reformation als ersten Akt der bürgerlichen Revolution in Europa bezeichnete. Diese bewegte Zeit brachte für eine Reihe von Städten eine rasche Entwicklung mit sich, so auch für Erfurt und Annaberg, die beide im Leben von *A. Ries* die bedeutendste Rolle spielten. Der vorübergehende Aufschwung Erfurts fußte vor allem auf den sich festigenden neuen erweiterten Handelsbeziehungen. Annaberg hatte 1496 das Stadtrecht als Zentrum des sächsischen Silberbergbaus erhalten und gehörte kurze Zeit

Adam Ries,
aus dem Rechenbuch von 1550

später schon zu den bedeutendsten Städten Deutschlands. So ist es kein Wunder, daß diese Städte vor allem auf junge Menschen anziehend wirkten, die hier Betätigungs- und Entwicklungsmöglichkeiten suchten.
Der Vater von *Adam Ries* besaß eine Mühle, einen Weinberg und einige Hausgrundstücke, so daß die zehnköpfige Familie in bescheidenem Wohlstand leben konnte. Er war das zweite Mal verheiratet, seine erste Frau war um 1490 gestorben. *Adam* und weitere vier Kinder stammten aus zweiter Ehe.
Bereits als 17jähriger verließ *Adam Ries* sein Elternhaus, das erste Mal für längere Zeit. Wahrscheinlich begleitete er seinen Bruder nach Zwickau und betätigte sich dort auf mathematischem Gebiet. Sein Vater war zu diesem Zeitpunkt bereits seit etwa drei Jahren verstorben. Am Ende dieser Wanderjahre, während der *Adam Ries* 1515 auch die Stadt Annaberg kennengelernt hatte, wurde er im Jahre 1518 in Erfurt seßhaft. Dort bezeichnete er sich 1522 im Zusammenhang mit der Veröffentlichung des Rechenbuches ,,Rechenung auff der linihen und federn" erstmalig als Rechenmeister. Ob vorher ein Aufenthalt in Frankfurt/Main erfolgte, wo *Adam Ries* auf dem Römer für die Messebesucher mathematische Aufgaben gelöst haben soll, ist ungewiß. In Erfurt gründete *Ries* eine Rechenschule und veröffentlichte bereits 1518 sein erstes Buch ,,Rechnung auff der linihen" und 1522 die bereits erwähnte ,,Rechenung auff der linihen und federn"; beide erfuhren eine Reihe von Nachauflagen. Durch *G. Stortz,* den späteren Rektor der 1392 eröffneten Universität Erfurt, kam *Ries* mit Humanisten und mit den Lehren *M. Luthers* in Berührung. In der großen Bücherei in *Stortzens* ,,Engelsburg" standen *Ries* viele mathematische Schriften zur Verfügung, zu deren Studium ihm seine ausgezeichneten Kenntnisse der lateinischen Sprache sehr zugute kamen.
Stortz war es vor allem, der *Ries* zum Schreiben von Rechenbüchern angeregt hat. Beide Männer blieben auch weiterhin freundschaftlich verbunden, als *Ries* 1523 nach Annaberg umsiedelte, dort 1525 heiratete und den Bürgereid leistete. Gerade in diesem Jahr nach der Niederschlagung des Bauernkrieges verschärfte sich überall, so auch in Annaberg, die Verfolgung der ,,Lutheraner" immer mehr, ohne jedoch das Vordringen der neuen Lehre aufhalten zu können, mit der *Ries* sympathisierte, ohne

Thomas Müntzer
(etwa 1490 bis 1525)

sich öffentlich für sie zu bekennen. Über Repressalien, denen er dadurch ausgesetzt war, ist jedoch nichts bekannt. Vielleicht wäre der Verlust für die Bergwerksherren zu groß gewesen, wenn man *Ries*, wie viele andere, eingekerkert oder der Stadt verwiesen hätte.

In Annaberg versah *Ries* ab 1525 das Amt des Rezeßschreibers. Dieser Bergwerksberuf wäre aus heutiger Sicht vielleicht vergleichbar mit dem eines Buchhalters im Bergbau. Der Rezeßschreiber prüfte die Bergrechnungen und hatte die geförderte Erzmenge und deren Ausbeute zu erfassen und in das „Rezeßbuch" einzutragen. Außerdem erwartete der Eigentümer vierteljährlich eine Aufstellung — den Rezeß — über Soll und Ist seines Bergwerksbesitzes, den der Rezeßschreiber liefern mußte. Später — etwa ab 1532 — führte *Ries* das „Gegenbuch" als herzoglicher Gegenschreiber. Das war eine Beförderung, denn durch die Erfassung von Namen und Anteilen der einzelnen Gewerke konnten die jeweiligen Rezesse kontrolliert werden. Außerdem wurde der Gegenschreiber öfter mit Spezialaufträgen betraut und nahm an den größeren Rechnungslegungen teil.

Aus dieser Zeit stammen Zehnt- und Münzrechnungen sowie Rezeßschreiben aus *Ries*ens Feder. Auch für die Stadtverwaltung von Annaberg war *Ries* tätig, indem er Berechnungen von Nachlässen und Steuern durchführte. Für die Stadt Zwickau erarbeitete er einige Brot- bzw. Beckenordnungen. Bereits in Erfurt hatte *Ries* die Arbeiten an der „Coß" begonnen, die er 1524 in Annaberg vollendete. Gedruckt wurde dieses Buch nicht. In zweiter Fassung, 1550 fertiggestellt, enthält die Coß 534 handschriftliche Seiten, die heute einen der kostbarsten Schätze des Heimatmuseums in Annaberg-Buchholz bilden. Warum die Veröffentlichung unterblieb, ist bis heute nicht bekannt.

In *Ries*ens „Coß" sind neben vielen praktischen Aufgaben auch eine große Anzahl mit formalem Charakter enthalten. Dabei übernahm er Beispiele aus den Büchern anderer Cossisten, nicht ohne sie einer kritischen Überarbeitung zu unterziehen und sie vor allem in einfacher Sprache wiederzugeben. Wie in allen seinen Büchern bezeichnete auch hier *Ries* die Proben als zur vollständigen Lösung eines Problems gehörig. Der Inhalt der „Coß", also die Aufstellung mathematischer Probleme aus der

Erfurt um 1490

Praxis und die Lösung algebraischer Gleichungen mittels Algorithmus, das heißt durch systematische Anwendung der vier Grundrechenoperationen, wurde von *Ries* teils in unterrichtender, weiterführender Form, teils in Form von Wiederholungen und Übungen, immer aber so verständlich dargeboten, „... damit der arme gemeyne Mann nicht übersetzt (betrogen) werde". [4]

Von den Proben war seit jeher die Neunerprobe besonders beliebt. Für sie ist in der „Coß" folgendes Beispiel enthalten:

7 869
8 796
———
16 665

„Mach ein creutz zum ersten, also ✗
Nimm die prob von der obernn Zal, als von 7 869
setz die in ein veld des creutz, also 3✗
Nun nimm die proba von der andernn Zal,
das ist von 8 796 ist auch 3;
setz vff das ander veldtt neben vber, also 3✗3.
Addir nun zusammen 3 + 3 wirtt 6, setz obenn wie hi 3✗3.
So du nun die prob von beyden Zalnn oben gesatzt genumen und zusamen addirt hast, so
Nime alsdann prob auch von dem, das so auß dem addirnn komen ist, das ist von der vnterstenn Zal vnder der linihen alss 16 665.
Nim hinweg 9, so offt du magst, pleibn 6 übrig, die setz vnden in das ledige feltt. Ist gleich souil sam oben stett, also 3✗3.
So weniger oder mer komen wer, so hattest du im nicht recht gethan." (nach [5])

Bei diesem Beispiel ist zu erkennen, daß *Ries* als „prob" den Rest der Division einer Zahl durch 9 bezeichnet.

Bis in *Ries*ens Zeit wurde hauptsächlich *mit* oder besser *auf* dem Brett gerechnet. Dazu benötigte man Rechensteine oder Rechenpfennige, die je nach dem Geldbeutel des Besitzers oft recht kunstvoll ausgeführt waren. Die Umschrift auf einem dieser Pfennige „Zwiespalt großes Gut verzehrt — Einigkeit das Wenige mehrt" soll von *Adam Ries* stammen. Wirkliche Bretter oder in den Tisch geritzte oder darauf ge-

Annaberg um 1650

zeichnete Schemata oder ein entsprechend bemaltes Tischtuch dienten dabei als „Rechenbretter". Ein solches „Brett" ist zu verstehen als ein Schema für gebündelte Zahlen in Form von Linien. Die Einer, Zehner, Hunderter usw. wurden mit Rechensteinen *auf* ihnen dargestellt, die Fünfer, Fünfziger, Fünfhunderter usw. *zwischen* den Linien (in den sogenannten Spatien).
Während das Addieren und Subtrahieren auf dem Rechenbrett noch relativ übersichtlich auszuführen ist, gehören zur Ausführung von Multiplikation und Division gewisse Fertigkeiten, die unter anderem darin bestehen, daß eine mehrstellige Zahl dekadisch aufgespalten wird und die dadurch erhaltenen Teilsummanden einzeln „umgewandelt" werden. Zum Multiplizieren schrieb *Ries:*
„Heysset vil machen vnd leret wie mann ein zal mit jr oder einer anderen vilfeltign sol. Zum multiplizirn gehörn zwo zalen, eine die multipliziert würdt, die ander dardurch mann multiplicirt. Die multiplicirt sol werden soltu auffleg̈en die ander für dich schreiben zu öberst anheben. . . . "[5]
Die so erhaltenen „Ergebnisse" wurden dann wieder in „deutsche Zahlen" (gemeint sind die römischen Zahlzeichen) übertragen.
Seit dem 12. Jahrhundert waren allmählich auch die indischen Ziffern über Arabien nach Europa vorgedrungen und begannen sich im 14./15. Jahrhundert durchzusetzen.
Ries widmete sich in seinem 1522 erschienenen zweiten Buch „Rechenung auff der linihen und federn auff allerley handtierung" sowohl dem Rechnen mit dem Rechenbrett als auch dem schriftlichen Rechnen. Dieses Buch erlebte bis gegen 1650, also noch fast 100 Jahre nach *Ries*ens Tod, über 60 Auflagen. Der Grund ist unter anderem darin zu suchen, daß dieses Buch in deutscher Sprache geschrieben und somit breitesten Kreisen zugänglich und vorzüglich didaktisch aufgebaut war. Mit seiner Hilfe konnte der Leser wirklich Rechenfertigkeiten erwerben, indem er die ausführlichen Anleitungen gründlich studierte und die enthaltenen Exempel nachvollzog beziehungsweise Aufgaben löste. Und gerade in bezug auf die praktische Anwendung der Mathematik bestand ein großes Bedürfnis, dem das in den Hochschulen gelehrte Quadrivium in keiner Weise entsprach.
In seinen beiden Rechenbüchern, der „Rechenung auff der linihen und federn" und

Titelblatt
der „Rechnung auff der Linihen und Federn"
(Erfurt 1533)

der umfangreicheren „Rechenung nach der lenge, auff den Linihen und Feder", auch „Practica" genannt, verwendete *Ries* sowohl das Verfahren mittels Rechenbrett und Zählpfennigen als auch mittels der heute noch üblichen Zahlzeichen. Obwohl er sich persönlich für die Nützlichkeit des „neuen" Verfahrens aussprach, überließ er es letztlich doch dem Leser, sich für eine der beiden Möglichkeiten zu entscheiden.
Neben diesen Büchern ist noch das 1533 erschienene „Gerechent Büchlein auff den Schöffel, Eimer und Pfundgewicht" als erstes bekanntes Tabellenbuch für die Praxis erwähnenswert, das nicht nur mehrere Auflagen, sondern auch viele Nachfolger durch andere Autoren erfuhr. Dabei darf nicht vergessen werden, daß *Ries* nicht nur Bücher schrieb, sondern auch eine Rechenschule betrieb und vor allem aber für Bergbau und Verwaltung als Rechenmeister tätig war.
*Ries*ens guter Ruf drang bereits zu Lebzeiten weit über Annaberg hinaus. Abgesehen davon, daß er auch für Marienberg in den Jahren von 1529 bis 1537 den Rezeß führte und in Freiberg mehrmals der Rechnungslegung der Bergwerke beiwohnen durfte, wurde er 1539 zum „Churfürstlich Sächsischen Hofarithmeticus" ernannt. *Ries* konnte sich mit seiner zehnköpfigen Familie ein Leben frei von materiellen Sorgen leisten. Außerdem erwarb er zwei Häuser und gehörte somit zu den wohlhabenden Bürgern Annabergs. Etwa um 1545 starb seine erste Frau. Einige Jahre danach heiratete er ein zweites Mal. Diese Ehe währte fast noch zehn Jahre. Am 30. März 1559 starb *A. Ries* im Alter von 67 Jahren. Die unmittelbare Nachfolge übernahm sein Sohn *Abraham*.
Der Verlauf des Lebens von *Adam Ries* zeigt uns, daß er weder das schriftliche Rechnen noch das Einmaleins „erfunden" hat, wie häufig angenommen wird. Sein großes einmaliges Verdienst besteht darin, die damals hochgeschätzte, aber als noch sehr schwierig empfundene Rechenkunst so „aufbereitet" zu haben, daß sie von jedermann verstanden und angewendet werden konnte. Dabei verzichtete er nicht auf wissenschaftliche Strenge. Er erkannte die Bedürfnisse seiner Zeit, die für ihn darin bestanden, den breiten Massen Bildung zu vermitteln, um ihre Urteilsfähigkeit zu heben, und befriedigte diese in mathematischer Hinsicht optimal. Die Redewendung „macht nach Adam Ries...", nunmehr schon über 400 Jahre gebräuchlich, ehrt

Zeitgenössische Illustration zum Sieg des Ziffernrechnens (Boethius) über das Abakusrechnen (Pythagoras) (1503)

den ersten Mathematiklehrer des Volkes zu Recht, auch wenn die Ergebnisse von Rechenoperationen nach ihm die gleichen blieben wie vor seinem Wirken und *Ries* selbst keine eigenen Beiträge zur Fortentwicklung der mathematischen Wissenschaften geleistet hat.

Lebensdaten zu Adam Ries

1492	Geburt in Staffelstein in Franken
1496	Annaberg erhält das Stadtrecht
1506	Tod des Vaters *Cun(t)z Ries*
1509	Aufenthalt in Zwickau
1515	Erster kurzer Aufenthalt in Annaberg
1518	*Ries* wird in Erfurt seßhaft. Sein erstes Buch „Rechnung auff der linihen" erscheint.
1522	Sein zweites Buch „Rechnung auff der Linien und Federn" erscheint.
Bis 1522	Rechenmeister in Erfurt
1522	Übersiedlung nach Annaberg
1524	Abschluß der Arbeiten an der ersten „Coß"
1525	Heirat mit *Anna Lewber*, Hauskauf und Ablegen des Bürgereides
Ab 1525	Rezeßschreiber von Annaberg
1529 bis 1537	Rezeßschreiber auch von Marienberg
1532	Beförderung zum Herzoglichen Gegenschreiber
1536	„Ein gerechent Büchlein..." erscheint gedruckt.
1539	Ernennung zum „Kurfürstlich Sächsischen Hofarithmeticus"
Etwa 1545	Tod seiner Frau
Vor 1550	Zweite Heirat
1550	Das Rechenbuch „Rechenung nach der lenge auff den Linihen und Feder" erscheint.
Nach 1550	Die zweite „Coß" wird vollendet, aber nicht verlegt.
1559	Tod am 30. März

Bruchschreibweise mit römischen Zahlzeichen (1514)

Literaturverzeichnis zu Adam Ries

[1] *Ries, Adam:* Rechnung auff der linihen. Erfurt 1518.
[2] *Ries, A.:* Rechnung auff der Linien und Federn. Erfurt 1522.
[3] *Ries, A.:* Rechenung nach der lenge auff den Linihen und Feder. Leipzig 1550.
[4] *Ries, A.:* Coß-Manuskript (1524), unveröffentlicht. Erzgebirgsmuseum Annaberg-Buchholz I.
[5] *Deubner, F.:* ... nach Adam Ries. Leben und Wirken des großen Reichenmeisters. Leipzig/Jena 1959.
[6] *Müller, K.:* Adam Riese. MNU 11 (1958/59), S. 450 bis 452.
[7] *Vogel, K.:* Adam Riese, der deutsche Rechenmeister. München/Düsseldorf 1959.
[8] *Deubner, F.:* Adam Ries. In: Von Adam Ries bis Max Planck, Leipzig 1961.
[9] *Saemann, W.:* Adam Riese als Cossist. In: Mathematik in der Schule, Heft 1 (1964), S. 64 bis 68, Heft 3 (1964), S. 203 bis 214, Heft 8 (1964), S. 632 bis 639.
[10] *Deubner, H.:* Ries und die Neunerprobe – Eine historische Studie. In: Mathematik in der Schule, Heft 7 (1970), S. 481 bis 492.
[11] *Deubner, H.:* Adam Ries, der Rechenmeister des deutschen Volkes. In: Zeitschriftenreihe für Geschichte der Naturwissenschaften, Technik und Medizin (NTM), Teil 1 NTM, 1/1970, S. 1 bis 22, Teil 2 NTM, 2/1970, S. 99 bis 114, Teil 3 NTM, 1/1971, S. 58 bis 69.

Geronimo Cardano (1501 bis 1576)
Niccolò Tartaglia (1500? bis 1557)

Mit Staunen und Bewunderung blickte die Renaissance auf die mathematischen Schätze der Antike, die durch Quellenforschung und systematische Suche nach verschollenen Schriften der Alten wieder ans Licht gezogen wurden.
Unter den neuen Bedingungen wurden auch diese Kenntnisse in den Dienst der damaligen gesellschaftlichen Bedürfnisse gestellt. Den Rechenmeistern, Büchsenmeistern, Kaufleuten, Handwerkern, Baumeistern, Künstlern, Steuerleuten auf hoher

Geronimo Cardano

See –, ihnen allen wurde Mathematik zum unerläßlichen Element ihrer Tätigkeit. Es war darum kein Wunder, daß Rechenbücher und mathematische Darstellungen überhaupt sehr gefragt waren; der Buchdruck konnte zugleich dem Bedürfnis nach weiter Verbreitung der Kenntnisse rasch entgegenkommen.

Eine der ersten zusammenfassenden Darstellungen der gesamten damaligen Mathematik stammte von dem italienischen Franziskanermönch *Luca Paccioli*. In seiner 1487 bewußt in der Sprache des Volkes niedergeschriebenen und 1494 in Venedig im Druck erschienenen und mehrfach nachgedruckten „Summa de Arithmetica, Geometria, Proportioni e Proportionalitata" findet man neben den Grundlagen der Arithmetik und Geometrie auch Abschnitte über Buchhaltung, Schachspiel, Proportionslehre, Polyeder und anderes mehr. Auf Grund seiner hohen Bildung und seines großen Wissens über technische Probleme versuchte er Zeit seines Lebens, die mathematischen Schulweisheiten praktisch nutzbar zu machen. Für den mit ihm befreundeten *Leonardo da Vinci* berechnete *Paccioli* die Menge an Bronze, die zum Guß eines Reiterstandbildes erforderlich war.

Die „Summa" von *Paccioli* ging noch nicht wesentlich über die antiken Kenntnisse bei der Auflösung von Gleichungen hinaus. Es wurden lineare und quadratische Gleichungen behandelt, wenn auch – anders als in der Antike – in rechnerischer Form. Die rechnerische Auflösung der kubischen Gleichungen der Typen $ax^3 + cx + d = 0$ und $ax^3 + d = cx$ (jeweils mit positiven Koeffizienten) erklärte *Paccioli* für unmöglich. Fast genau ein halbes Jahrhundert später stellte sich dies als Irrtum heraus.

Zu Anfang des Jahres 1545 erschien in Nürnberg ein Buch unter dem Titel „Ars magna sive de regulis algebraicis" (Die große Kunst oder über die algebraischen Regeln). Der Verfasser dieses Buches war der am 24. September 1501 zu Pavia geborene Philosoph, Arzt und Mathematiker *Geronimo Cardano*. Sein Vater war ein bekannter Mailänder Rechtsgelehrter, *F. Cardano*.

Der Geburt des nicht aus legitimer Ehe entsprossenen Kindes sah die Mutter, über deren Herkunft nichts weiteres bekannt ist, keineswegs mit Freuden entgegen, da damals noch der Makel einer außerehelichen Geburt in gleicher Weise Mutter und Kind

Niccolò Tartaglia

anhaftete. Im übrigen sind wir aber über das Leben *Cardanos* ziemlich gut unterrichtet, da *Cardano* eine 1542 in Basel erschienene Autobiographie verfaßt hat, von der er kurz vor seinem Tode eine mit Ergänzungen versehene zweite Ausgabe veranstaltete. *Cardano* sagt selbst, daß ihm als Vorbild zu seiner Autobiographie ,,De propria vita" (Über mein eigenes Leben) die Schrift ,,Selbstbetrachtungen" des römischen Kaisers *Marcus Aurelius Antoninus* gedient habe.

In Wirklichkeit ist von Ähnlichkeit dieser beiden Lebensbeichten kaum etwas zu spüren. Dem römischen Stoiker steht der hochbegabte Renaissancemensch gegenüber, der in einem düsteren, bisweilen gramvollen Monolog die Höhen und Abgründe seiner Seele schonungslos preisgibt. Nur an wenigen Stellen atmet *Cardanos* Darstellung Optimismus, so wenn er bei der Schilderung seines an Schicksalsschlägen überreichen Lebens davon spricht, daß er in seinem Enkel weiterleben wird.

Dieser Selbstbiographie, die an Offenheit nichts zu wünschen übrig läßt, können wir folgende Tatsachen entnehmen:

Die ersten drei Jahre seines Lebens verbrachte *Cardano* in Moirage, einem kleinen Ort in der Nähe von Padua. Von 1504 bis 1519 lebte er unter der Obhut seiner Eltern in Milano. Der durch Krankheiten geschwächte Körper des frühreifen Jungen wurde durch die strengen Erziehungsmaßnahmen seines Vaters überfordert.

Im Jahre 1520 bezog *Cardano* die Universität zu Pavia, um Mathematik und Medizin zu studieren. Er wechselte mehrmals die Universität und wurde 1525 zum Rektor der Universität Padua gewählt. *Cardano* war damals noch Student. Die Gepflogenheit, aus der Gemeinschaft (universitas) der Professoren, Magister und Studenten den Rektor zu wählen, ist so zu erklären, daß der meistens aus vermögenden Kreisen stammende Rektor nur Repräsentationspflichten zu übernehmen hatte, während die Amtsgeschäfte ein älteres Mitglied der Universität wahrnahm.

In diese Zeit fallen auch die ersten schriftstellerischen Versuche *Cardanos* über mathematische Themen. Im Jahre 1526 erfolgte seine Promotion zum Doktor der Medizin. Die Meinungen der Kollegen und Studierenden über *Cardano* waren geteilt: Einerseits schätzte man seine Gelehrsamkeit und geistigen Fähigkeiten, andererseits machte er sich durch sein hochmütiges Wesen und seinen ausschweifenden Lebens-

Leonardo da Vinci
(1452 bis 1519)

wandel unbeliebt. Der Versuch, in das Mailänder Ärztekollegium aufgenommen zu werden, scheiterte zunächst an dem Makel der außerehelichen Geburt. Durch eine übereilte Heirat im Jahre 1531 verschlechterten sich seine wirtschaftlichen Verhältnisse. Seine Beschäftigung mit dem Würfelspiel artete alsbald zur Leidenschaft aus, zeitigte aber als positives Ergebnis ein mathematisches Buch „Liber de ludo aleae" (Buch über das Würfelspiel), über das noch zu sprechen sein wird.
Im Jahre 1534 gelang es *Cardano* durch die Hilfe einiger Freunde, in Milano festen Fuß zu fassen. Die wirtschaftliche Existenz war einigermaßen durch eine bescheidene Stellung als Arzt am städtischen Kranken- und Armenhaus gesichert. Außerdem hielt *Cardano* öffentliche Vorlesungen über Mathematik, Geographie und Architektur. Eine Berufung nach Pavia (1536) lehnte er wegen der zu geringen Besoldung ab. Nach mehrmaliger Zurückweisung des Gesuches um die Aufnahme in das Ärztekollegium von Milano erreichte *Cardano* endlich 1539 die Zulassung. Vier Jahre später wurde er als Professor der Medizin mit bescheidener Besoldung nach Pavia berufen. Außerdem entfaltete er in den folgenden Jahren eine reiche schriftstellerische Tätigkeit, vorzugsweise auf dem Gebiet der Mathematik. Nach mehrmaligem Wechsel des Aufenthaltes zwischen Milano und Pavia begann *Cardano* 1552 ein unstetes Wanderleben durch Schottland, Frankreich und Deutschland. Nach seiner Rückkehr nach Italien im Jahre 1553 dozierte er als Professor der Medizin abwechselnd in Milano, Pavia und Bologna. Es folgte dann eine Reihe härtester Schicksalsschläge für den bereits alternden Gelehrten. Im Jahre 1560 wurde sein Sohn wegen Gattenmordes angeklagt und auf Grund eines Indizienbeweises hingerichtet. Im Jahre 1570 wurde *Cardano* wegen einer Schuld von 1 800 Scudi (ungefähr 9 000 Mark), die er nicht zu tilgen vermochte, in Bologna eingekerkert. Nach seiner Entlassung aus dem Schuldgefängnis hatte er sich vor dem Inquisitionsgericht vermutlich wegen Ketzerei im Zusammenhang mit seinen philosophischen, pantheistisch gefärbten Schriften zu verantworten. Nur durch Vermittlung einiger ihm wohlgesinnter Kardinäle blieb *Cardano* das eigentliche Gerichtsverfahren erspart, so daß er die letzten fünf Jahre seines ereignisreichen Lebens friedlich und frei von wirtschaftlichen Sorgen in Rom verbringen konnte. Er starb am 21. September 1576 kurz nach Vollendung der zweiten Ausgabe seiner Selbstbio-

Darstellung von Wasserkraftmaschinen durch Leonardo da Vinci

graphie in Rom. Nach einer allerdings nicht verbürgten Nachricht soll er eines freiwilligen Hungertodes gestorben sein, um sein von ihm selbst vorhergesagtes Todesjahr nicht zu überleben.

Wenn wir nun die Leistungen *Cardano*s auf mathematischem Gebiet betrachten, so können wir uns bei der Entdeckungsgeschichte der Cardanischen Formel auf das Selbstzeugnis *Cardano*s in der bereits erwähnten ,,Ars magna'' stützen. Zweimal (Kapitel I und XI) kommt hier der Verfasser des berühmten Werkes auf die Vorgeschichte der Entdeckung der nach ihm benannten Formel für die Auflösung der kubischen Gleichungen $ax^3 + cx = d$ und $ax^3 + b = cx$ zu sprechen. *Cardano* erwähnt hier unter anderem *Luca Paccioli*, der behauptet hatte, daß die beiden Typen kubischer Gleichungen mit den bisher zu Gebote stehenden Mitteln rechnerisch nicht gelöst werden können. Unterdessen habe jedoch der tüchtige Rechenmeister *Scipione del Ferro* aus Bologna, so berichtet *Cardano* in seiner ,,Ars magna'', die Lösung der Gleichung $x^3 + px = q$ gefunden.

Soweit wir heute die Sachlage überschauen können, hat *del Ferro* seine Lösung mehreren Bekannten mitgeteilt, unter anderem auch seinem Schüler *Antonio Maria Fior*. Der Zufall wollte es, daß *Fior* mit dem Rechenmeister *Niccolò Tartaglia* bezüglich der Lösung der kubischen Gleichungen in einen Wettstreit geriet. *Fior* legte seinem Gegner 30 Aufgaben über kubische Gleichungen vor, die dieser überraschenderweise auch termingerecht löste.

Nun wurde *Tartaglia* von *Fior* und *Cardano* dringend um die Bekanntgabe seines Lösungsverfahrens gebeten. Nach jahrelangem Zögern lüftete *Tartaglia* gegenüber *Cardano* das Geheimnis und verlangte von ihm einen Eid, daß er das Geheimnis streng hüten werde. *Cardano* leistete den Eid und erhielt von *Tartaglia* die Lösung der Gleichung $x^3 + px = q$ in absichtlich einigermaßen undurchsichtig gehaltenen Versen, die mathematisch gesehen folgenden Inhalt hatten:

$$x^3 + px = q; \quad y - z = q; \quad y \cdot z = \left(\frac{p}{3}\right)^3; \quad x = \sqrt[3]{y} - \sqrt[3]{z}.$$

Hieraus ergibt sich für einen einigermaßen gewandten Algebraiker die Lösungs-

Johann Gutenberg (etwa 1395 bis 1468) in seiner Werkstatt

formel
$$x = \sqrt[3]{\sqrt{\left(\frac{p}{3}\right)^3 + \left(\frac{q}{2}\right)^2} + \frac{q}{2}} - \sqrt[3]{\sqrt{\left(\frac{p}{3}\right)^3 + \left(\frac{q}{2}\right)^2} - \frac{q}{2}}.$$

Cardano aber brach seinen Eid und veröffentlichte in seiner „Ars magna" (1545) die von *Tartaglia* mitgeteilte Lösungsmethode, allerdings unter Nennung sämtlicher an der Angelegenheit beteiligten Personen. Außerdem hatte *Cardano* auch noch durch den Schwiegersohn *del Ferros* von der Ferroschen Lösung Kenntnis erhalten und war sehr erstaunt darüber, daß die Ferrosche Lösung mit der von *Tartaglia* mitgeteilten Lösung genau übereinstimmte.

Kurz nach dem Erscheinen der „Ars magna" veröffentlichte *Tartaglia* eine umfangreiche Schrift „Quesiti et inventione diverse" (Verschiedene Aufgaben und Erfindungen), in der er gegen *Cardano* schwere Vorwürfe wegen seines Wortbruches erhob. In der nun folgenden Auseinandersetzung hielt sich *Cardano* zurück. Er überließ also die an *Tartaglia* zu richtenden Erwiderungen seinem Schüler *Ferrari*, der – unberechtigt – *Tartaglia* verdächtigte, von der del Ferroschen Lösung Kenntnis gehabt zu haben. Darin lag ein offener Vorwurf des Plagiats. Der Streit nahm häßliche Formen an, und als *Tartaglia* 1548 ein öffentliches Streitgespräch in Milano vorschlug, erschien *Ferrari* an dem festgesetzten Tage mit einigen handfesten Raufbolden, so daß der Kampf abgebrochen werden mußte. *Tartaglia* zog sich gekränkt zurück und beklagte sich bitter über die ihm durch den Streit entstandenen Unkosten und die Schädigung seines Ansehens.

Der Wortbruch von *Cardano* ist in keiner Weise zu billigen. Doch hat sich *Cardano* durch die Publikation der von *Tartaglia* gefundenen Auflösung der Gleichung dritten Grades um den Fortgang der mathematischen Wissenschaften verdient gemacht. So kam es, daß die Auflösungsformel der kubischen Gleichung *Cardanos* Namen trägt. Die „Ars magna" enthält nicht nur exakte Beweise für die Cardanische Formel, sondern auch eine stattliche Menge von vollständig durchgerechneten Zahlenbeispielen für kubische Gleichungen.

Nur einen Fall der kubischen Gleichung konnte *Cardano* nicht erledigen; es ist dies die Gleichung

Vorstellung von der Flugbahn eines Geschosses (Mitte 16. Jh.)

$x^3 = px + q$ mit $\left(\frac{p}{3}\right)^3 > \left(\frac{q}{2}\right)^2$.

In diesem Falle kann man die in der Cardanischen Formel auftretende Quadratwurzel nicht ziehen. Wir wissen heute, daß gerade in diesem Falle, der als „Casus irreducibilis" bezeichnet wird, die kubische Gleichung drei verschiedene reelle Lösungen hat.

Obwohl *Cardano* den Casus irreducibilis nicht bewältigt hat, so enthält die „Ars magna" doch wertvolle neue Erkenntnisse:

Die Beseitigung des quadratischen Gliedes einer kubischen Gleichung durch die Substitution $x = y \pm \frac{a}{3}$, wo a der Koeffizient des quadratischen Gliedes ist, war *Cardano* geläufig. Ferner war ihm bekannt, daß eine kubische Gleichung drei verschiedene reelle Wurzeln haben kann und daß die Summe dieser Wurzeln gleich dem Koeffizienten des quadratischen Gliedes ist. Die Möglichkeit von mehrfachen Wurzeln einer kubischen Gleichung wird von *Cardano* wenigstens angedeutet. Die Regel, daß man aus dem Zeichenwechsel der Glieder einer kubischen Gleichung gewisse Schlüsse auf die Natur der Wurzeln der Gleichung ziehen kann, das heißt die sogenannte Cartesische Zeichenregel, erscheint schon bei *Cardano*, wenn auch noch nicht in der klaren Form, wie sie später (1637) in der „Geometrie" von *R. Descartes* zu finden ist. Ferner versteht es *Cardano*, mit komplexen Zahlen zu rechnen. Im XXXVII. Kapitel der „Ars magna" steht zum Beispiel die Formel

$(5 + \sqrt{-15}) \cdot (5 - \sqrt{-15}) = 25 - (-15) = 40,$

wenn man sie in moderne Symbolik übersetzt. Dieses Beispiel geht aus der Aufgabe hervor: Die Strecke 10 ist so in zwei Teile zu zerlegen, daß deren Rechteck (Produkt) 40 Flächeneinheiten ergibt. Im XXXIX. Kapitel der „Ars magna" behandelt *Cardano* die Gleichung vierten Grades

$x^4 + 6x^2 + 36 = 60x.$

Das kubische Glied ist also schon beseitigt. Wie *Cardano* hervorhebt, stammt die Aufgabe von seinem Schüler *Ferrari*.

Luca Paccioli
(1445 bis 1514)

Die Lösung hat folgende Form: Addiert man zu den beiden Seiten der Gleichung $x^4 = 60x - 6x^2 - 36$ den Ausdruck $2yx^2 + y^2$, so entsteht

$$x^4 + 2yx^2 + y^2 = 2 \cdot (y-3) \cdot x^2 + 60x + (y^2 - 36).$$

Links steht das Quadrat von $x^2 + y$. Um rechts ebenfalls ein Quadrat zu erhalten, muß man setzen:

$$\sqrt{2(y-3) \cdot (y^2 - 36)} = 30.$$

Dies führt auf die kubische Gleichung

$$y^3 - 3y^2 - 36y - 342 = 0,$$

deren Lösung mit den *Cardano* zur Verfügung stehenden Mitteln durchaus möglich war.

Ferner gibt *Cardano* in seiner ,,Ars magna" (Kapitel XXX) ein Verfahren zur näherungsweisen Lösung von Gleichungen dritten und vierten Grades an, das auch für Gleichungen höheren Grades verwendet werden kann. Er bezeichnet dieses Näherungsverfahren als ,,Regula aurea" (Die goldene Regel).

Die ,,Ars magna" bezeichnete *Cardano* selbst als das zehnte Buch des vierzehn Bücher umfassenden ,,Vollständigen Werkes". In einer 1570 erschienenen Ausgabe sind enthalten als fünftes Buch ,,Von den Proportionen", als zehntes Buch die ,,Ars magna" und ein Buch mit dem etwas rätselhaften Titel ,,De Regula Aliza", in dem auch Teile aus anderen mathematischen Schriften *Cardano*s verwertet sind. In der Numerierung seiner Bücher verfuhr *Cardano* ziemlich großzügig. Von den vierzehn Büchern seines ,,Vollständigen Werkes" existierten nur vier wirklich, obwohl dem Verfasser zur Erstellung seines ,,Vollständigen Werkes" noch etwa zwanzig Jahre seines Lebens zur Verfügung gestanden haben.

Das bedeutendste Werk *Cardano*s ist ohne Zweifel die ,,Ars magna", obwohl darin auch Dinge enthalten sind, die nicht von *Cardano* herrühren.

Wir werfen noch einen kurzen Blick auf andere Schriften *Cardano*s. Das fünfte Buch des ,,Vollständigen Werkes" mit dem Titel ,,Von den Proportionen" enthält Aufgaben aus der Kombinatorik, Sätze aus der Reihenlehre, geometrische und mechanische

> **DEMONSTRATIO.**
> Sit igitur exempli causa cubus G H & sexcuplum lateris G H æqualẹ 20, & ponam duos cubos A E & C L, quorum differentia sit 20, ita quod productum A C lateris, in c ĸ latus, sit 2, tertia scilicet numeri rerum pars, & abscindam c в, æqualem c ĸ, dico, quod si ita fuerit, lineam A B residuum, esse æqualem G H, & ideo rei æstimationem, nam de G H iam supponebatur, quod ita esset, perficiam igitur per modum primi suppositi .6ʼ capituli huius libri, corpora D A, D C, D E ,D F, ut per D C intelligamus cubum B C, per D F cubum A B, per D A triplum C B in quadratum A B, per D E triplum A B in quadratū B C. quia igitur ex A C in c ĸ fit 2, ex A C in c ĸ ter fiet 6 numerus rerum, igitur ex A B in triplum A C in c ĸ fiunt 6 res A B,

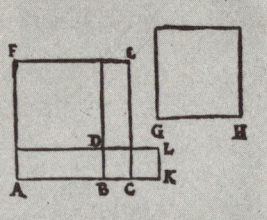

Teil von Cardanos Lösung einer kubischen Gleichung in der „Ars magna"

Probleme, Untersuchungen über die von Geraden und Kreisbögen gebildeten Winkel usw. Das Buch „De Regula Aliza" enthält die Lösung einer Gleichung sechsten Grades von besonderer Art:

$$x^6 + ax^4 + a^2x^2 + a^3 = bx^3.$$

Unter Benutzung der Substitution $y = \frac{a}{x}$ ergibt sich die Gleichung

$$x^3 + y^3 + x^2y + xy^2 = b.$$

In derselben Schrift sind auch Ergänzungen zu der Lösung kubischer Gleichungen enthalten. Die Behandlung des „Casus irreducibilis" wird hier wohl versucht, zu einer allgemeinen Lösung dieses Falles gelangte *Cardano* jedoch nicht.

Besondere Beachtung verdient die Schrift „Über das Würfelspiel". Der Verfasser untersucht hier, wie viele Paschwürfe bei zwei beziehungsweise drei Würfeln möglich sind. Da *Cardano* nur die Ergebnisse mitteilt, bleibt die Frage offen, ob diese Ergebnisse durch echte kombinatorische Betrachtungen oder durch Probieren gefunden wurden. Mehrmals klingt in der Schrift „Über das Würfelspiel" das „Gesetz der großen Zahlen" an. So findet *Cardano*, daß die Wahrscheinlichkeit, mit zwei Würfeln bei n Würfen eine gerade Augenzahl zu werfen, zu der entgegengesetzten Wahrscheinlichkeit sich wie $1 : (2^n - 1)$ verhält, und knüpft daran die Bemerkung, daß das Ergebnis bei einer unendlichen Anzahl von Würfen mit der Erfahrung übereinstimme. Der Vollständigkeit halber sei auch noch eine physikalische Einrichtung, die heute ebenfalls *Cardano*s Namen trägt, erwähnt. Es ist dies die bei Schiffskompassen, Foucaultschen Pendeln und dergleichen verwendete freibewegliche „Cardanische Aufhängung". In einer Schrift „De subtilitate" (Über den Scharfsinn) beschrieb *Cardano* eine Vorrichtung, die mittels dreier ineinandergreifender Stahlringe bewirkt, daß aus einer offenen Lampe, wie man sie auch halte, niemals Öl ausfließen könne. *Cardano* sagt selbst, daß dies eine sehr alte Erfindung sei. Nachforschungen haben ergeben, daß sich eine derartige Konstruktion in einer Handschrift des 12. Jahrhunderts nachweisen läßt.

Weniger stürmisch als das Leben *Cardanos* verlief das seines Gegenspielers *Niccolò Tartaglia*. Auch hier liegen autobiographische Aufzeichnungen vor, die *Tartaglia* dem

Steinrelief
„Der Wägemeister"
über dem Portal
der Stadtwaage
in Nürnberg, 1497

sechsten Buch der bereits erwähnten „Quesiti et inventione diverse" einverleibte. Es sind bisweilen Zweifel bezüglich der Glaubwürdigkeit dieser autobiographischen Notizen *Tartaglias* erhoben worden. So erzählt er, daß er den Familiennamen seines Vaters nicht gekannt habe. In seinem Testament bezeichnet er sich als Sohn des Pferdeposthalters *Micheletto Fontana* aus Brescia. Über die Herkunft seines Namens „Tartaglia" berichtet er folgendes: Bei der Einnahme von Brescia durch die Franzosen (1512) flüchtete seine bereits verwitwete Mutter mit ihren Kindern in den Dom. Ein roher Soldat versetzte dem zwölfjährigen Jungen einen Hieb über die Kinnlade. Durch diese Verwundung wurde die Sprache stotternd, so daß er von seinen Kameraden den Spottnamen „Tartaglia" (der Stammler) erhielt. Bei sämtlichen Veröffentlichungen behielt er diesen Namen als Autornamen bei. Daß *Tartaglia* eine harte Jugend durchlebte, dürfte wohl stimmen, da es damals eine Fürsorge für Witwen und Waisen noch nicht gab. Als vierzehnjähriger Junge wurde er nach seinen Angaben von seiner Mutter zu einem Schreiblehrer gebracht. Da das erste Drittel des Lehrgeldes im voraus, das zweite Drittel nach Erlernung der Buchstaben *A* bis *K* entrichtet werden mußte, erlitt der Unterricht einen jähen Abschluß, bevor der fleißige Schüler die Anfangsbuchstaben *N* und *T* seines Namens erlernt hatte. In einem gewissen Widerspruch hierzu steht jedoch die andere Mitteilung, daß er schon mit sechs Jahren im Selbstunterricht das Schreiben erlernt habe, um durch schriftliche Arbeiten etwas zum Lebensunterhalt der Familie beitragen zu können. Sehr wahrscheinlich war *Tartaglia* in den mathematisch-naturwissenschaftlichen Fächern Autodidakt. Durch Fleiß und beharrliches Studium brachte er es bald so weit, daß er schon in jugendlichem Alter in Brescia und Verona als Mathematiklehrer und öffentlicher Rechenmeister sich seinen Unterhalt verdiente. Als „Computista" (Rechenmeister) hatte er Berechnungen für Architekten, Ingenieure, Büchsenmeister, Kaufleute, Astrologen usw. auszuführen. Später übte er seinen Beruf in Venedig, Milano und Piacenza aus. Nach einer Zusatzbemerkung des Notars, der *Tartaglia*s Testament ausgefertigt hat, starb er am 14. Dezember 1557 in Venedig.

Heute steht fest, daß *Tartaglia* den wesentlichen Anteil an der Lösung der kubischen Gleichung für sich in Anspruch nehmen kann. Im Gegensatz zu *Cardano* blieben

Instrumente
zum Richten von Geschützen
(um 1550)

Tartaglia infolge seiner Armut und niederen Herkunft ein geregeltes Studium und der Erwerb akademischer Grade versagt.
In den bereits erwähnten „Unterschiedlichen Aufgaben und Erfindungen" (1546) stellte *Tartaglia* an Hand von praktischen Fragen, die er in seiner Eigenschaft als Rechenmeister zu lösen hatte, auch theoretische mathematische Untersuchungen an. Die Aufgaben und deren Lösungen werden vielfach in Dialogform dargeboten. Einen breiten Raum nimmt in den „Unterschiedlichen Aufgaben und Erfindungen" die Geschichte der Entdeckung der Cardanischen Formel ein.
Eine Einzelleistung *Tartaglia*s stellt die Lösung folgender Extremalaufgabe dar:
Die Zahl 8 soll in zwei Teile zerlegt werden, die miteinander und überdies mit ihrer Differenz vervielfacht das größtmögliche Produkt hervorbringen. Für den Leser, der über die Anfangsgründe der Differentialrechnung verfügt, bietet diese Aufgabe kaum eine Schwierigkeit. Es ist $y = x \cdot (8 - x) \cdot (8 - 2x)$ zu einem Maximum zu machen. Aus $\frac{dy}{dx} = 6x^2 - 48x + 64 = 0$ ergibt sich $x = 4 \pm \sqrt{\frac{16}{3}}$.

Zu diesem Ergebnis gelangt *Tartaglia* ebenfalls auf einem zwar umständlichen, aber doch geistreichen Weg. Die Leistung *Tartaglia*s ist um so höher einzuschätzen, als im mathematischen Schrifttum vor *Tartaglia* nur ganz vereinzelt Extremalaufgaben behandelt wurden. In größerem Umfang wurden Extremalprobleme erst im 17. Jahrhundert von *Pierre de Fermat* untersucht nach einer Methode, die der Differentialrechnung ziemlich nahesteht. Ein vielgebrauchtes, weitverbreitetes Werk *Tartaglia*s ist der „General trattato di numeri et misure" (Allgemeine Abhandlung über Zahlen und Maße), dessen letzter Teil erst nach dem Tode des Verfassers erschien. Das Buch kam in den Jahren 1556 bis 1560 heraus und ist eines der meist gelesensten mathematischen Schriften des 16. Jahrhunderts. In handlicher Form wird in diesem Werk das arithmetische und geometrische Wissen der damaligen Zeit dargestellt. Sehr viel Neues enthält die Schrift nicht; die Behandlung des Stoffes ist jedoch als mustergültig zu bezeichnen.
Tartaglia kommt in seinen Werken des öfteren auf Probleme der Mechanik zu spre-

chen. In einem Frühwerk „Nuova scienza" (Neue Wissenschaft) aus dem Jahre 1537 hatte er versucht, die Ballistik theoretisch zu begründen.

Auch als bedeutender Übersetzer ist *Tartaglia* hervorgetreten. Er gab 1543 eine lateinische Übersetzung des *Archimedes* und eine italienische Ausgabe der „Elemente" des *Euklid* heraus. Wie weit die Archimedes-Übersetzung als selbständige Leistung *Tartaglias* zu werten ist, können wir hier nicht entscheiden, da *Tartaglia* vielleicht die um 1270 handschriftlich verbreitete lateinische Übersetzung des Dominikanermönches *Wilhelm von Moerbeke* benutzt hat. Der italienischen Euklid-Ausgabe lag nicht der griechische Text, sondern die lateinischen Ausgaben von *Johannes Campanus von Novara* und *Bartolomeo Zamberti* zugrunde. Die Euklid-Ausgabe *Tartaglias* war sehr verbreitet und erlebte innerhalb von 42 Jahren fünf Auflagen.

Lebensdaten zu Geronimo Cardano und Niccolò Tartaglia

1500?	*Tartaglia* in Brescia geboren
1501	24. September, *Cardano* in Pavia geboren
1512	*Tartaglia* wird bei der Einnahme von Brescia durch die Franzosen schwer verwundet.
1520	*Cardano* nimmt das Studium der Medizin und Mathematik in Pavia auf.
1523	Beginn der Lehrtätigkeit *Cardanos* als Mathematiker in Pavia
1525	*Cardano* zum Rektor der Universität Pavia gewählt
1526	*Cardanos* Promotion zum Doktor der Medizin an der Universität Pavia
1534	*Tartaglia* beginnt seine Tätigkeit als Rechenmeister in Venedig.
1534	*Cardano* läßt sich als Arzt in Mailand nieder.
1539	*Cardano* wird Mitglied des Ärztekollegiums in Mailand.
1539	25. März, Disputation zwischen *Cardano* und *Tartaglia* in Mailand
1539	*Cardano* leistet den Eid, die Lösungsmethode der kubischen Gleichung nicht zu veröffentlichen.
1543	*Cardanos* Berufung als Professor der Medizin nach Pavia
1543	*Tartaglia* veröffentlicht eine lateinische Übersetzung des *Archimedes* und eine italienische Übersetzung der „Elemente" des *Euklid*.

1545	Erscheinen der „Ars magna" Cardanos
	Eidbruch Cardanos gegenüber Tartaglia
1546	Tartaglia veröffentlicht seine „Quesiti et inventioni diverse".
	Beginn des Streites zwischen Cardano und Tartaglia
1552	Beginn der Reise Cardanos durch Schottland, Frankreich und Deutschland
1556	Tartaglia veröffentlicht die beiden ersten Teile seines „General Trattato di numeri et mesure".
1557	14. Dezember, Tartaglia stirbt in Venedig.
1560	Die letzten Teile von Tartaglias „General Trattato" erscheinen.
1560	Cardanos Sohn wird hingerichtet.
1562	Cardano siedelt nach Bologna über.
1570	Cardano wird in Bologna im Schuldgefängnis inhaftiert.
1575	Cardano gibt die erweiterte Fassung seiner Selbstbiographie heraus.
1576	21. September, Cardano stirbt in Rom.

Literaturverzeichnis zu Geronimo Cardano— Niccolò Tartaglia

[1] Cardano, Geronimo: Opera, 10 Bände. Lyon 1663. Die wichtigsten mathematischen Schriften enthält Band IV.
[2] Cardano, G.: Ars magna sive de regulis algebraicis. Nürnberg 1545.
[3] Cardano, G.: De vita propria (Autobiographie). Basel 1542 und 1575. Deutsch von H. Hefele, Jena 1914.
[4] Ore, O.: G. Cardano. Princeton 1953, Neudruck New York 1965.
[5] Tartaglia, N.: Della Nova Scientia. Venedig 1557.
[6] Tartaglia, N.: Quesiti et inventioni diverse. Venedig 1546.
[7] Tartaglia, N.: General trattato di numeri et misure. Venedig 1556 bis 1560.
[8] Hofmann, J. E.: Geschichte der Mathematik I. Sammlung Göschen, Bd. 226 (1953).
[9] Harig, G.: W. H. Ryff und N. Tartaglia. Ein Beitrag zur Entwicklung der Dynamik im 16. Jahrhundert. In: Forschungen und Fortschritte, Bd. 32 (1958), H. 2, S. 40 bis 47.

François Vieta

François Vieta (1540 bis 1603)

François Viète — oder *Vieta,* wie er sich in einer latinisierten Form seines Namens nannte — gilt mit Recht als einer der Stammväter der modernen Buchstabenalgebra. Wohl gab es Vorläufer und Mitstreiter bei der Herausbildung einer mathematisch-algebraischen Symbolik und insbesondere beim Gebrauch der Buchstaben, aber keiner hat auf diesem Gebiet eine derartig weitreichende und anregende Wirkung ausgelöst wie *Vieta.*
Vieta erkannte, daß das Rechnen mit Symbolen, mit Operationssymbolen und Buchstaben (,,logistica speciosa", das heißt prächtige Rechenkunst) mit seinen Möglichkeiten weit über das Rechnen mit Zahlen (,,logistica numerosa") hinausgreift. Durch *Vieta* trat ein neuer Zweig der Mathematik, die Algebra, gleichberechtigt neben die Geometrie, die bis dahin weitgehend mit Mathematik schlechthin identisch gewesen war, da es bisher nur dort echte mathematische Sätze und Beweise gegeben hatte. Darüber hinaus hat *Vieta* auf dem Gebiet der Trigonometrie Hervorragendes geleistet und wertvolle Vorarbeiten für die nachfolgende Ausarbeitung der Infinitesimalrechnung geleistet.
Vieta stammt aus einer angesehenen bürgerlichen Familie des westlichen Frankreichs. Großvater und Vater waren Kaufleute; der Vater heiratete dann in eine wohlhabende Familie in Fontenay-le-Comte ein, einer Stadt nordöstlich von La Rochelle, in der Landschaft Vendée. Dort wurde *Vieta* im Jahre 1540 geboren; das genaue Geburtsdatum ist unbekannt. In der Klosterschule der Minoriten, an der kurz zuvor, von 1509 bis 1523, der bedeutende französische Humanist und fortschrittliche Prosadichter *Fr. Rabelais* gewirkt hatte, erhielt *Vieta* eine gründliche Ausbildung; vor allem erwarb er sich vorzügliche Sprachkenntnisse, die ihn befähigten, unedierte altgriechische Texte im Original zu lesen. Im Alter von 18 Jahren begann *Vieta* das Studium der Rechte an der berühmten Universität Poitiers, wurde schon 1559 Baccalaureus und etwas später Lizentiat beider Rechte. Er ließ sich anschließend in seiner Vaterstadt als Advokat nieder und erwarb sich bald den Ruf eines geschickten Anwaltes. Der Kuriosität halber sei erwähnt, daß *Vieta* unter anderem 1564 die Interessen der katholischen

François Rabelais
(etwa 1494 bis 1553)

Königin von Schottland, *Maria Stuart*, vertrat, als in einer ihr gehörenden Mühle in Fontenay ein Schatz entdeckt wurde.
Frankreich war damals, zur Mitte des 16. Jahrhunderts, in zwei sich erbittert bekämpfende religiöse Parteien gespalten, die Katholiken und die Reformierten (Hugenotten). Die außerordentlich gespannte innenpolitische Situation führte überdies auch zu politischen und militärischen Konflikten mit den Nachbarn, mit England, Spanien und den Niederlanden. Grausame Bürgerkriege und Kriege folgten aufeinander. In der berüchtigten Bartholomäusnacht vom 23. zum 24. August 1572 wurden allein in Paris 2000 Hugenotten ermordet, weitere 20000 in den Provinzen.
Vieta war katholischen Glaubens, aber offenbar von relativ toleranter Gesinnung. 1564 trat er eine Stellung als Sekretär und Rechtsberater bei einer sehr einflußreichen und wohlhabenden calvinistischen Familie an. Daneben übernahm er die wissenschaftliche Ausbildung der einzigen, damals 11jährigen Tochter *Cathérine*, die bei rascher Auffassungsgabe ein starkes Interesse an Astrologie und Astronomie hatte. Auf diese Weise entstand ein – noch heute ungedrucktes – Werk *Vieta*s, das „Harmonicon coeleste". Es handelt sich um eine Darstellung der Planetentheorie auf der Grundlage des ptolemäischen, geozentrischen Systems. Das heliozentrische System von *N. Copernicus* schien *Vieta* unannehmbar, da es in seiner ursprünglichen Form noch Ungenauigkeiten enthielt.
1568 schloß *Cathérine* die Ehe mit einem bretonischen Adligen. *Vietas* juristische Dienste wurden bald in Anspruch genommen, da *Cathérine* kinderlos blieb und die herrschsüchtige Mutter gegen die Ehe und den Schwiegersohn um die Herausgabe der beträchtlichen Mitgift prozessierte. Der um hohen Einsatz in der Hocharistokratie geführte Prozeß brachte *Vieta* mit führenden Persönlichkeiten in Berührung, unter anderem mit *Heinrich von Navarra*, einem Hugenottenführer, der später, nach dem Übertritt zum Katholizismus, als *Heinrich IV.* König von Frankreich wurde und die Dynastie der Bourbonen begründete. Er konnte schließlich 1598 durch das Edikt von Nantes, das den Hugenotten das Recht der Religionsausübung zugestand, die Religionskriege in Frankreich beenden und die absolutistische Staatsmacht wesentlich stärken.

Bartholomäusnacht (1572)

Vieta schied – es hatte Ärger gegeben mit der Mutter von *Cathérine* – 1571 aus dem Familiendienste aus und wurde ,,Advokat am Parlament" in Paris. Er machte dort die Bekanntschaft mit führenden Mathematikern und Gelehrten, unter anderen mit *P. de la Ramée* und *J. Peletier*, und bemühte sich um den Druck seines ,,Canon mathematicus", eines Tafelwerkes der trigonometrischen Funktionen für von Minute zu Minute fortschreitende Argumente. Der Druck wurde jedoch erst 1579 beendet, zusammen mit den sogenannten ,,Inspectiones", in denen Sätze der ebenen und sphärischen Trigonometrie hergeleitet werden, die zur Tafelberechnung dienen können.
Im darauffolgenden Jahr, 1572, entluden sich die politischen Spannungen in der Bartholomäusnacht. *P. de la Ramée* wurde ermordet; *Vietas* ehemalige Schülerin, *Cathérine*, entging nur mit Mühe dem Tode. *Vieta* selbst scheint als Katholik nicht gefährdet gewesen zu sein, aber als ehemaliger Angestellter einer hochgestellten Hugenottenfamilie erhielt er die von ihm angestrebte Stellung als Rat am Parlament nicht in Paris, sondern nur am Parlament der Bretagne.
Mit Unterbrechungen wirkte *Vieta* auch als persönlicher Ratgeber am Hofe des letzten französischen Königs aus dem Hause Valois, *Heinrich II.*, unter anderem in Tours. Eine der Aufgaben von *Vieta* bestand darin, abgefangene verschlüsselte Botschaften der politischen Gegner des Königs zu dechiffrieren. In den Zwischenzeiten lebte *Vieta* auf dem Lande bei befreundeten Feudalherren und entwickelte dort die Grundzüge seiner Algebra.
Heinrich III. wurde 1589, da er sich den Hugenotten annäherte, durch einen fanatisierten Mönch ermordet. Der Nachfolger auf dem Thron, *Heinrich IV.*, behielt *Vieta*, den geschickten Juristen und erfahrenen Entzifferer von Geheimdokumenten, in seinen Diensten. *Vieta* hat sich in der Periode der von *Heinrich IV.* eingeleiteten politischen und ökonomischen Konsolidierung des französischen absolutistischen Staates viele Verdienste erworben. Trotz einer Fülle solcher Aufgaben hat *Vieta* seine mathematischen Arbeiten fortgesetzt und seit 1591 einige seiner Ergebnisse drucken lassen können, unter anderem die hochbedeutsame Einführung in die Algebra, der *Vieta* den Titel ,,In artem analyticem Isagoge" (Einführung in die analytische Kunst) gab.

Nicolaus Copernicus
(1473 bis 1543)

Aus gesundheitlichen Gründen bat *Vieta* den König im Jahre 1602 um Entlassung aus dem Dienst, die ihm auch mit allen Zeichen der Anerkennung gewährt wurde. Bald darauf, am 23. Februar 1603, ist *Vieta* in Paris gestorben.

Vieta hat nur einen Teil seiner Schriften selbst zum Druck bringen können, weitere wurden aus dem Nachlaß herausgegeben, weitere sind bis jetzt ungedruckt geblieben. Außer den schon erwähnten Schriften – dem ,,Canon" und der ,,Isagoge" –, die bereits zu Lebzeiten *Vieta*s erschienen, seien von seinen rund 20 Schriften hier noch besonders zwei aufgeführt, und zwar die erst 1631 von *J. de Beaugrand* in Paris herausgegebenen ,,Ad logisticam speciosam notae priores" (schwer direkt zu übersetzen, modern: Formeln für das algebraische Rechnen) sowie ,,Zeteticorum libri quinque" (modern: Fünf Bücher mit Aufgaben zur Buchstabenalgebra), die 1593 in Tours erschienen.

Es ist nicht einfach, einem Leser der heutigen Zeit klarzumachen – dafür sind die Unterschiede in Symbolik und Zielstellung zu groß –, inwieweit *Vieta* schon ein ,,moderner Algebraiker" war. Wir müssen uns hier auf einige Andeutungen und Proben der Kunst von *Vieta* und seines Scharfsinns beschränken; die Einarbeitung in *Vieta*s schwierige Sprache und in die Fülle seiner eigenen Wortschöpfungen und Vorstellungen ist recht schwer.

Jedenfalls steht fest, daß sich *Vieta* der vollen Tragweite seiner neuen mathematischen Methode bewußt war, so sehr er andererseits auch wußte, daß diese noch weiter ausgebaut werden mußte. Interessant ist in diesem Zusammenhang die seiner ,,Isagoge" vorangestellte Widmung an *Cathérine de Partenay*, seine frühere Schülerin und spätere juristische Mandantin. Es heißt dort:

,,Verehrungswürdigste Fürstin, was neu ist, pflegt anfangs roh und unförmig vorgelegt zu werden und muß dann in den folgenden Jahrhunderten geglättet und vervollkommnet werden. So ist auch die Kunst, die ich nun vortrage, eine neue oder doch auch wieder eine so alte und von Barbaren so verunstaltete, daß ich es für notwendig hielt, alle ihre Scheinbeweise zu beseitigen, damit auch nicht die geringste Unreinheit an ihr zurückbleibe und damit sie nicht nach dem alten Moder rieche, und ihr eine vollkommen neue Form zu geben, sowie auch neue Bezeichnungen zu erfinden und

Bahnen der Planeten im copernicanischen Weltsystem

einzuführen. Da man allerdings bisher an diese zu wenig gewöhnt ist, wird es kaum ausbleiben, daß viele schon von vorneherein abgeschreckt werden und Anstoß nehmen. Zwar stimmten alle Mathematiker darin überein, daß in ihrer Algebra oder Almucabala, die sie priesen und eine große Kunst nannten, unvergleichliches Gold verborgen sei, aber gefunden haben sie es nicht. So gelobten sie Hekatomben und rüsteten zu Opfern für Apollo und die Musen, für den Fall, daß einer auch nur das eine oder andere der Probleme lösen würde, von deren Art ich zehn oder zwanzig ohne weiteres darlege, da es meine Kunst erlaubt, die Lösungen aller mathematischen Probleme mit größter Sicherheit zu finden." [5, S. 34f.]
In der Tat ist der durch *Vieta* erzielte Fortschritt beträchtlich – auch wenn er nicht jedes mathematische Problem lösen kann, wie er im Überschwang seines Stolzes auf das Erreichte behauptete.
In der Antike waren erste Anfänge einer mathematischen Symbolik verwendet worden, so bei *Diophantos* und *Heron von Alexandria*. Es gab bei diesen Autoren durchgehende Bezeichnungen für die Potenzen der Variablen (Unbekannten), es gab ein stets wiederkehrendes Symbol für die Subtraktion. Im ausgehenden Mittelalter und vor allem während der Renaissance führten die Rechenmeister und später die Cossisten eine Vielzahl von Abkürzungen und Symbolen ein für die Variable und deren Potenzen, für die Rechenoperationen, für die Zusammenfassung von Termen (Klammern) und anderes mehr. Hier gingen unter anderen *N. Chuquet* in Frankreich, *R. Recorde* in England, *R. Bombelli, G. Cardano* in Italien, *J. Widmann, A. Ries* und *M. Stifel* in Deutschland voran. *Vieta* kannte eine Vielzahl dieser Autoren. Mit den mitteleuropäischen Cossisten aber, die am weitesten bei der Ausarbeitung der Symbolik vorangeschritten waren, hatte *Vieta* keine Berührung.
Als Mensch der Renaissance empfand *Vieta* die Ansätze der Algebra in der Antike als Vorbild seiner eigenen Anstrengungen, die insbesondere auf eine Vereinheitlichung der Symbolik gerichtet waren. Das Wichtigste besteht in Folgendem:
Vieta hat durchgehend die Variablen (Unbekannten) durch die Vokale A, E, I, O, U, Y und die bekannten Größen durch die Konsonanten $B, C, D, \ldots$ bezeichnet. *Vieta* bezeichnete durchgehend die Addition durch das Zeichen $+$, die Subtraktion durch

Heinrich IV.
(1553 bis 1610)

−; allerdings ist die Subtraktion noch an die Bedingung gebunden, daß ein Kleineres vom Größeren abzuziehen ist. Falls bei der Subtraktion von B und C nicht klar war, ob B oder C größer ist, schrieb er $C = B$ für die positive Differenz, also für das Ergebnis, das wir heute mit dem Absolutbetrag $|C-B|$ bezeichnen.

Vieta gebrauchte weiterhin den Bruchstrich als Symbol der Division und das Wörtchen ,,in'' als feststehendes Kurzzeichen der Multiplikation.

Die Gleichheit zweier Terme drückte Vieta durch die Worte ,,aequibitur'' oder ,,aequale'' aus.[Nebenbei sei mitgeteilt, daß das heutige Gleichheitszeichen erstmals von R. Recorde im Jahre 1557 in seinem Buche ,,The Whetstone of Witte'' (Der Wetzstein des Verstandes) vorgeschlagen wurde; es hat sich allerdings erst im 17. Jahrhundert durchsetzen können.] Zusammengehörige Terme schrieb Vieta untereinander und verband sie mit geschweiften Klammern.

Beispielsweise würde also Vieta den Ausdruck $\frac{ab}{c} + \frac{cd-ax}{f} = h$ in der Form

$$\frac{a\,\text{in}\,b}{c} + \left\{ \begin{array}{c} c\,\text{in}\,d \\ -a\,\text{in}\,x \end{array} \right\} \quad \text{aequale}\ h$$

geschrieben haben.

Es wird nützlich sein, noch einige Bemerkungen über die inhaltliche Reichweite und den methodologischen Ansatzpunkt der von Vieta ins Leben gerufenen algebraischen Methode zu machen; für genauere Angaben muß auf Vieta selbst oder auf [5] verwiesen werden. Vieta knüpft natürlicherweise an die Antike an. In einem seiner Hauptwerke, der schon genannten ,,In artem analyticem Isagoge'', setzt sich Vieta mit der ,,analytischen Methode'' des Proklos auseinander. Etwas anders als dieser bezeichnet Vieta die Analysis als ,,Die Annahme des Gesuchten als bekannt und der Weg von dort durch Folgerungen zu etwas als wahr Bekanntem''. [5, S. 22]

Vieta teilt die Analysis danach ein, worauf sie sich bezieht. Handelt es sich um das ,,Aufsuchen'', so spricht Vieta von ,,Analysis zetetike''; geht es um das ,,Beschaffen'', so nennt er dies ,,Analysis poristike''.

Im ersteren Falle liegt die Vorstellung zugrunde, daß man bei ,,Annahme des Gesuchten als bekannt'' der gesuchten Größe einen Namen, ein Zeichen, ein Symbol gibt.

Robert Recorde
(etwa 1510 bis 1558)

Man kann dann mit diesem Symbol operieren, als ob es sich um eine bekannte Größe handele, und für sie eine entsprechende mathematische Gleichung aufstellen, „aufsuchen", wie *Vieta* sagt. Sind dazu noch Beweise von Hilfssätzen notwendig, so müssen diese „beschafft" werden; dies ist der Inhalt der „Analysis poristike".
Und schließlich unterscheidet *Vieta* noch eine dritte Art von Analysis, die „Analysis exegetike" (ausführende Analysis); darunter versteht *Vieta* die Handhabung algebraischer Umformungen und die Auflösung von Gleichungen. Das alles – sagt *Vieta* – ist nur möglich mit Hilfe der Verwendung von Buchstaben-Symbolen, also auf der Grundlage der „Analysis zetetike".
Im speziellen hat *Vieta* auf dieser neuen methodischen Grundlage auch wesentliche Ergebnisse am mathematischen Detail erzielen können. Er gab eine Vielzahl von interessanten Gleichungslösungen bei diversen algebraischen Problemen, unter anderem beim casus irreduzibilis für die Gleichung dritten Grades und für den Aufbau der Gleichungskoeffizienten aus den Lösungen (Satz von *Vieta*).
Auch auf dem Gebiet der Geometrie hat *Vieta* Bedeutendes geleistet, beispielsweise bei der Bestimmung des Sehnenvierecks aus den Seiten und bei der Lösung des Kreisberührungsproblems von *Apollonios*.

Lebensdaten zu François Vieta

1540	*François Viète (Vieta)* in Fontenay-le-Comte geboren
1558	Beginn des Rechtsstudiums in Poitiers
1559	*Vieta* wird Baccalaureus, später läßt er sich als Advokat in seiner Heimatstadt nieder.
1564	*Vieta* tritt in die Dienste der Familie *Soubise*.
1571	Advokat am Parlament in Paris
1572	Bartholomäusnacht
1573	*Vieta* wird Rat am Parlament der Bretagne.
	Später im Dienste *Heinrichs III.*, seit 1589 in Tours
1579	Der „Canon mathematicus" erscheint im Druck.

1591	Im Druck erscheint „In artem analyticem Isagoge".
1594	*Heinrich IV.* wird König von Frankreich; *Vieta* tritt in seine persönlichen Dienste.
1598	Edikt von Nantes
1602	Aus Gesundheitsrücksichten zieht sich *Vieta* ins Privatleben zurück.
1603	23. Februar, *Vieta* stirbt in Paris.

Literaturverzeichnis zu François Vieta

[1] Francisci Vietae Opera Mathematica. Leiden 1646.
[2] *Cajori, F.*: A History of Mathematical Notations, 2 Bände. Chicago 1928/1929.
[3] *Grisard, I.*: François Viète, mathematicien de la fin du seizième siècle (Dissertation). Paris 1968.
[4] *Viète, F.*: Opera Mathematica. Mit Vorwort von J. E. Hofmann: François Viète (1540–1603) – Leben, Wirken, Bedeutung. Nachdruck Hildesheim, New York 1970.
[5] *Viète, F.*: Einführung in die Neue Algebra. Übersetzt und erläutert von Karin Reich und Helmuth Gericke. München 1973.
[6] *Nový, L.*: Origins of Modern Algebra. Prague 1973.
[7] *Hofmann, J. E.*: Zur Erinnerung an François Viète. Archimedes 5 (1953), S. 113 bis 116.

Johannes Kepler (1571 bis 1630)

In *Kepler* tritt uns eine höchst beeindruckende Persönlichkeit gegenüber. Phantasiereiches, gedankentiefes Spekulieren über die Natur ist in einmaliger Weise gemischt mit geduldiger, vorurteilsfreier Beobachtung und einer nahezu beispiellosen Beharrlichkeit des Rechnens.

Erregend ist das Leben *Keplers* verlaufen, geprägt von einer bewegten Zeit religiösen Fanatismus, bestimmt durch hoffnungsreiche Ansätze progressiver Entwicklungsgänge, überschattet schließlich durch den schrecklichen Krieg, der dreißig Jahre dauern sollte.

Johannes Kepler (1620)

Keplers Schriften faszinieren noch heute. Zeitbedingtes und Unvergängliches, Schwärmerei und sachliche, fast trockene Darlegung durchdringen einander. Sein Werk gehört einer der markantesten Perioden der Neuorientierung in der Astronomie und Mathematik an: Ablösung der von der christlichen Kirche geformten Naturanschauung durch eine wissenschaftliche Naturerkenntnis, Kampf um die Anerkennung des heliozentrischen, copernicanischen Weltbildes, Herausbildung infinitesimaler Methoden der Mathematik.

Johannes Kepler stammt aus dem Württembergischen. Er wurde geboren am 27. Dezember 1571 in Weil der Stadt, einer sehr kleinen freien Reichsstadt von nur etwa 200 Bürgern. Um diese Zeit war der Großvater mütterlicherseits Bürgermeister der Stadt. Der Vater, *Heinrich Kepler*, aber wurde nicht seßhaft. Abenteuerlust trieb ihn in den kriegerischen Zeiten als Soldat durch weite Teile Europas. Anfangs zog *Keplers* Mutter mit ihrem Manne umher, während *Johannes* und seine Geschwister in der Obhut des Großvaters blieben. Nach einem gescheiterten Versuch der Eltern, durch den Betrieb eines Gasthofes in der Nähe der Stadt Fuß zu fassen, zerfiel die Ehe schließlich. Der Vater kehrte zum Söldnerdienst zurück und verließ die Frau. Inzwischen hatte *Johannes* sechs weitere Geschwister bekommen. Der Vater starb 1590 als Hauptmann in der Gegend von Augsburg.

Die Mutter erkannte früh die besondere geistige Regsamkeit des *Johannes* und strebte für ihn einen geistigen Beruf an, zumal der Junge von schwächlicher Konstitution war. Sie vermochte es, *Johannes* im nahegelegenen Leonberg auf einer Lateinschule unterzubringen. Durch Fleiß und Begabung gelang es *Johannes*, am 17. Mai 1583 das gefürchtete „Landexamen" zu bestehen. Damit eröffnete sich ihm der Weg zum Universitätsstudium. Nach einer harten Ausbildung an den Klosterschulen in Adelberg und Maulbronn, unter der *Kepler* sehr litt, und nach Ablegung des Baccalaureatsexamens in Tübingen gelangte er schließlich 1589 als Stipendiat an die Universität Tübingen.

Hier studierte *Kepler* protestantische, und zwar lutherische Theologie. Dem damaligen Studiengang entsprechend durchlief er zunächst die sogenannte Artistenfakultät, an der die „sieben freien Künste" (artes liberales) gelehrt wurden. Neben

Giordano Bruno
(1548 bis 1600)

einer strengen Schulung in Latein, Griechisch und Hebräisch gehörten dazu auch Unterweisungen in Mathematik und Astronomie.

In Tübingen erhielt *Kepler* eine für die damalige Zeit vorzügliche Ausbildung, freilich eingezwängt in religiöse Unduldsamkeit und starre Orthodoxie. In Tübingen wuchs *Kepler* auch zu einem Meister der Sprache heran; die hier wiedergegebenen Zitate werden auch von dieser höchst bemerkenswerten Fähigkeit *Keplers* zeugen.

Einen besonders nachhaltigen Einfluß übte der Tübinger Professor für Mathematik und Astronomie, *Michael Maestlin*, auf *Kepler* aus. Durch ihn wurde er mit der höchst umstrittenen Lehre des *Copernicus* bekannt, die von *Maestlin* allerdings nur als mathematische Hypothese, nicht mit dem Anspruch auf Widerspiegelung des wirklichen Sachverhaltes, aufgefaßt wurde. Die schlimmsten weltanschaulichen Auseinandersetzungen um die neue Lehre, die – entgegen einigen Textstellen der Bibel – die Sonne in den Mittelpunkt der Welt rückte, standen allerdings erst bevor: Im Jahre 1600 wurde *Giordano Bruno* in Rom als Ketzer verbrannt. Der Prozeß gegen *Galileo Galilei* wurde 1633 geführt und endete mit dessen lebenslänglicher Inhaftierung.

Damals aber, 1594, trug man in Tübingen keine Bedenken, den jungen Magister, einen erklärten Anhänger der copernicanischen Lehre, in die Hauptstadt Graz der protestantisch gewordenen Steiermark zu empfehlen. Obwohl *Kepler* seine theologischen Studien noch nicht abgeschlossen hatte, folgte er auf Zureden von *Maestlin* der Berufung. Im Frühjahr 1594 trat *Kepler* sein Amt an als „Lehrer der Mathematik und der Moral" an der dortigen Stiftschule und als Mathematiker der „Landschaft", das heißt der Landesregierung.

Damit gehörte es zu *Keplers* Aufgabenbereich, Kalender zu berechnen und drucken zu lassen, die, damaligem Brauch gemäß, mit allerlei „Prognostica" gewürzt waren, also Voraussagen über Wetter, Ernteaussichten, politische Ereignisse, Sternkonstellationen und daraus abgeleitete astrologische Prophezeiungen. Mit seinem ersten Kalender von 1594 hatte *Kepler* Glück und konnte seinen Ruf als Astrologe begründen: Seine Voraussagen über große Winterkälte und einen gefährlichen Einfall der Türken trafen zufälligerweise erstaunlich genau zu.

Kepler hat die sich aus dem Kalendermachen und dem Stellen von Horoskopen ergebenden zusätzlichen Einnahmen gern mitgenommen. Sein Gehalt war mager. Auch später besserte sich seine finanzielle Lage nicht durchgreifend, da ihm zwar bessere Gehälter versprochen, aber im allgemeinen nur höchst unregelmäßig gezahlt wurden. So blieb ihm, da er seine Bücher auch im wesentlichen auf eigene Kosten drucken lassen mußte, oftmals nur der Ausweg, dort Geld zu verdienen, wo es zu haben war, durch Anfertigung von Horoskopen. Selbstironisch zieht *Kepler* zum Verhältnis von Astrologie und Astronomie den folgenden Vergleich: ,,Wenn Gott jedem Tierlein Werkzeuge zur Erhaltung seines Lebens gegeben hat, warum soll es dann nicht recht sein, wenn er in derselben Absicht den Astronomen die Astrologie zuteilt?". [14,S. 28] Gelegentlich wird er noch drastischer: ,,Die Dirne Astrologie muß ihre Mutter Astronomie aushalten, sind doch der Mathematiker Gehälter so gering, daß die Mutter gewißlich Hunger leiden müßte, wenn die Tochter nichts erwürbe." [14,S. 16] Dabei war *Kepler* zutiefst vom Einfluß des kosmischen Geschehens auf den Menschen überzeugt, da dieser seinerseits ein Teil des Kosmos sei. In diese Gedankengänge von einer umfassenden kosmischen Harmonie versenkt, erschien ihm, wie er es empfand, am 19. Juli 1595 die Lösung des ,,Weltgeheimnisses", das ,,Mysterium Cosmographicum".

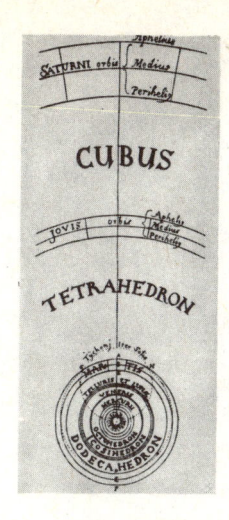

Eine kühne spekulative Zusammenschau ordnet den fünf regulären Polyedern sechs kugelförmige Sphären zu, auf denen die kreisförmig gedachten Bahnen der damals bekannten Planeten verlaufen. Im Mittelpunkt steht dabei die Sonne. Die genaue Vorschrift gibt *Kepler* so an: ,,Die Erde ist das Maß für alle anderen Bahnen. Sie umschreibe ein Dodekaeder; die dieses umspannende Sphäre ist der Mars. Die Marsbahn umschreibe ein Tetraeder; die dieses umspannende Sphäre ist der Jupiter. Die Jupiterbahn umschreibe einen Würfel; die diesen umspannende Sphäre ist der Saturn. Nun lege in die Erdbahn ein Ikosaeder; die diesem einbeschriebene Sphäre ist die Venus. In die Venusbahn lege ein Oktaeder; die diesem einbeschriebene Sphäre ist der Merkur." [2, S. 24]

Die Begeisterung über die vermeintliche Enthüllung des göttlichen Bauplanes für das Universum riß *Kepler* mit sich fort. Im Geleitwort des 1596 im Druck erschienenen Werkes bricht er in die Worte aus: ,,Den Genuß, den mir meine Entdeckung schenkte,

Weltsystem des Tycho Brahe (1546 bis 1601)

mit Worten zu beschreiben, wird mir nie möglich sein ... So lösen wir (Menschen) dem Himmel und der Natur auf den folgenden Seiten die Zunge und lassen ihre Stimme lauter erschallen: Lobt, ihr Himmel, den Herrn, lobt ihn, Sonne und Mond." [14, S. 44, S. 47]

Mit einem Schlag wurde *Kepler* berühmt durch diese Publikation. Der Professor der Mathematik aus Padua, *Galileo Galilei*, gab seiner Freude darüber Ausdruck, einen „Gefährten bei der Erforschung der Wahrheit" gefunden zu haben.
Aber *Kepler* erfuhr nicht nur uneingeschränkte Zustimmung: Der ausgezeichnete dänische Astronom *Tycho Brahe* forderte die Erneuerung der Astronomie auf Grund von Beobachtungen und verwarf die spekulative Methode *Kepler*s. Immerhin aber erkannte er Begabung und gedankliche Tiefe *Kepler*s und lud ihn zu einem Besuch nach Prag ein, wo er bei *Kaiser Rudolf II.* inzwischen eine Stellung als Kaiserlicher Mathematiker gefunden hatte. Auf Grund dieser Einladung hielt sich *Kepler* Anfang 1600 einige Monate bei *Tycho Brahe* in Prag auf.
Die persönlichen Verhältnisse *Kepler*s aber gestalteten sich um diese Zeit zunehmend ungünstiger: Die 1597 mit der Witwe *Barbara Müller* geschlossene Ehe wurde nicht glücklich. Auch die finanziellen Verhältnisse blieben bescheiden. Überdies starben die beiden ersten Kinder schon als Säuglinge, das dritte, ein Junge, mit sechs Jahren an den Pocken. Nur die beiden letzten Kinder, *Susanne* und *Ludwig*, überlebten die Eltern. Mit großer Liebe hing *Kepler* auch an seiner Stieftochter *Regina*, die aus Frau *Barbara*s erster Ehe stammte.
Im Sommer 1598 nahmen die Sorgen zu. Die Vertreter der Gegenreformation griffen zu immer schärferen Maßnahmen. Im Herbst des Jahres 1598 mußten alle Protestanten mit ihren Familien binnen sieben Tagen Graz verlassen. Nur für *Kepler*, der wegen seiner mathematischen Kenntnisse auch bei den Jesuiten in hohem Ansehen stand, wurde eine an strenge Bedingungen gebundene Ausnahme gemacht. Als aber Kepler seine Tochter in einem Nachbarort evangelisch taufen und das nach 35 Tagen gestorbene Kind trotz aller Befehle nicht katholisch begraben ließ, wurde auch er ausgewiesen. Gern wäre *Kepler* an seine Heimatuniversität Tübingen zurückgegangen. Aber dort wollte man ihn nicht haben, da er sich geweigert hatte, die sogenannte

Tycho Brahe
(1546 bis 1601)

Konkordienformel, die Bekenntnisformel der Lutheraner, anzuerkennen, und daher als ein versteckter Calvinist galt.

So folgte *Kepler* einer Aufforderung von *Tycho Brahe*, zu ihm nach Prag als Assistent zu kommen. Mitte Oktober traf er mit seiner Familie ein, niedergedrückt von Schulden und Ungewißheit.

Tycho Brahe hatte in jahrzehntelanger Arbeit ein ganz außerordentlich umfangreiches und sorgfältiges Beobachtungsmaterial über den Lauf der Planeten am Himmel aufgehäuft. Doch war er wenig glücklich gewesen bei der Wahl seines Mitarbeiters *Longomontanus*, dem er die mathematische Auswertung seiner Beobachtungen anvertraut hatte. Seinem neuen Mitarbeiter *Kepler* stellte der enttäuschte und verbitterte *Tycho Brahe* nur die Meßergebnisse über einen einzigen Planeten, die vom Mars, zur Verfügung. *Kepler* ging mit Feuereifer an die Arbeit, aber der Berechnung der Marsbahn stellten sich unerwartete Schwierigkeiten entgegen. ,,Mars wehrt sich ständig" [14, S. 57], so klagte *Kepler*.

Schon im Herbst 1601 starb *Tycho Brahe* an Urämie. Kaiser *Rudolf II.* vertraute die kostbaren Instrumente *Kepler* an und ernannte ihn als Nachfolger *Tycho Brahes* zum Kaiserlichen Mathematiker.

Doch der Ärger nahm kein Ende. Wohl war *Kepler* ein gutes Gehalt versprochen worden, aber bei den leeren Staatskassen erhielt er es nur höchst unregelmäßig und nach vielerlei Bittstellerei. Hinderlicher für *Kepler*s Arbeit noch war der Umstand, daß *Tycho Brahes* Schwiegersohn *Tengnagel* die Unterlagen seines Schwiegervaters erst dann *Kepler* übergeben wollte, wenn der Kaiser das rückständige Gehalt *Tycho Brahes* an ihn, den Erben, ausgezahlt hätte. ,,Wie ein Hund vor der Futterkrippe, der das Heu nicht frißt, es aber auch keinem anderen vergönnt" [14, S. 59] – so drastisch machte *Kepler* seinem Ärger über *Tengnagel* Luft. Dennoch waren die zwölf Jahre seines Prager Aufenthaltes für *Kepler* eine Zeit fruchtbaren Schaffens. Das herausragende Ereignis stellte die Publikation der ,,Astronomia Nova", der ,,Neuen Astronomie", im Jahre 1609 dar.

Durch einen glücklichen Zufall hatte *Tycho Brahe* an *Kepler* gerade die Bearbeitung des Mars übertragen, jenes Planeten unter den damals bekannten, dessen Bahn die

Tycho Brahes Sextanten

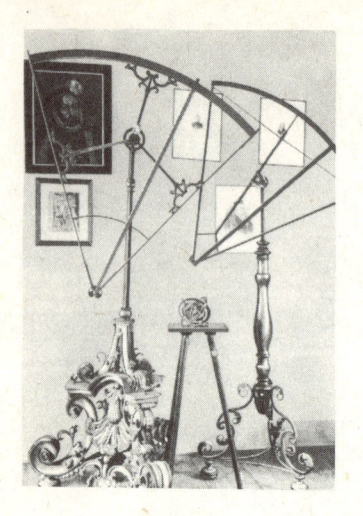

größte Exzentrizität aufweist. In unvorstellbar mühsamen Berechnungen – damals waren die Logarithmen noch nicht im Gebrauch – mußte sich *Kepler* überzeugen, daß die Beobachtungsdaten nicht mit der damals als selbstverständlich gemachten Annahme in Übereinstimmung zu bringen waren, daß die Planetenbahnen Kreise sind: Es blieb, auch bei Berücksichtigung der Fehlergrenzen von *Tycho Brahes* Beobachtungen, bei einer Abweichung von 8 Winkelminuten.
Auch die Zusammensetzung der Marsbahn aus Kreisbogenstücken führte schließlich nicht weiter. Erst die Annahme einer elliptischen Bahn ergab die geforderte Übereinstimmung. Hier tritt uns *Kepler* als einer der ersten echten Naturforscher überhaupt entgegen: Eine jahrtausendealte, unumstößliche Gewißheit, die von kreisförmigen Bahnen aller Himmelskörper, wird aufgegeben, ausschließlich unter dem Druck von Beobachtungsergebnissen. Die Naturbeobachtung wird über die Autorität, auch über die der Bibel gestellt, ein unerhörter Schritt für die damalige Zeit. Neun Jahre nur vor dem Erscheinen der ,,Neuen Astronomie" hatte wegen derselben Ketzerei *G. Bruno* in Rom auf dem Scheiterhaufen sterben müssen. Es gehörte wirklicher Mut dazu, sich im Vorwort zur ,,Neuen Astronomie" so klar zur wissenschaftlichen Wahrheit zu bekennen: ,,Auf die Meinung der Heiligen aber über diese natürlichen Dinge antworte ich mit einem einzigen Wort: In der Theologie gilt das Gewicht der Autoritäten, in der Philosophie (nach damaligem Sprachgebrauch heißt das: in der Naturwissenschaft, Wg) aber das der Vernunftgründe. Heilig ist zwar Laktanz, der die Kugelgestalt der Erde leugnete, heilig ist Augustinus, der die Kugelgestalt zugab, aber Antipoden leugnete, heilig ist das Officium unserer Tage, das die Kleinheit der Erde zugibt, aber ihre Bewegung leugnet – heiliger ist mir die Wahrheit. – Wer zu einfältig ist, die Astronomie zu verstehen, oder zu kleinmütig, um ohne Angst für seine Frömmigkeit dem Kopernikus zu glauben, dem gebe ich den guten Rat, die Schule der Astronomen zu verlassen und sich seinen Geschäften zu widmen." [3, S. 33]
In der ,,Neuen Astronomie" werden die beiden ersten Keplerschen Gesetze ausgesprochen, wonach die Planeten auf elliptischer Bahn laufen, und zwar so, daß die Sonne in dem einen Brennpunkt der Ellipse steht und die Verbindungslinie Sonne–Planet in gleichen Zeiten gleiche Flächen überstreicht. Das dritte Keplersche Gesetz,

Prag um 1620

wonach sich die Quadrate der Umlaufzeiten der Planeten verhalten wie die Kuben der großen Halbachsen der entsprechenden Bahnellipsen, hat *Kepler* erst wesentlich später entdeckt, und zwar an jenem „glückhaften Tag" des 18. Mai 1618, fünf Tage übrigens vor dem Prager Fenstersturz, dem Signal zum Ausbruch des Dreißigjährigen Krieges. Niedergelegt ist das dritte Keplersche Gesetz in dem 1619 erschienenen Werk „Harmonices Mundi" (Weltharmonik), das allerdings wegen seines neuplatonischen Einschlages als umstritten in die Geschichte der Wissenschaften eingegangen ist.

Mit der Entdeckung der Keplerschen Gesetze war die copernicanische Astronomie um ein wesentliches Stück weitergebracht worden. *Kepler* selbst hat noch ein Lehrbuch der copernicanischen Astronomie geschrieben; es erschien in den Jahren 1618, 1620 und 1621 in drei Teilen unter dem Titel „Epitome Astronomiae Copernicae" (Abriß der Copernicanischen Astronomie). *Kepler* mußte, ehe er seine grundlegenden Einsichten gewinnen und sich seinen Lesern verständlich machen konnte, ausführliche Studien zur antiken Kegelschnittlehre treiben und diese für seine Absichten weiterentwickeln. Verwendet man die heutige Terminologie, so kann man sagen, daß *Kepler* erstmals die Parabel als Grenzfall zwischen Ellipse und Hyperbel erkannt hat. Die elliptische Planetenbewegung beschrieb er mit der Brennpunktsgleichung $r = a + e \cos u$, in der u die exzentrische Anomalie bedeutet. Von *Kepler* stammen ferner die Fachausdrücke „Exzentrizität" sowie „Aphel" und „Perihel" für sonnenfernsten bzw. sonnennächsten Punkt der Ellipsenbahn.

Auch für die weitere Entwicklung der Physik wurde die „Neue Astronomie" schrittmachend: Erstmals wurden hier nicht nur die Formen der Planetenbahnen untersucht, sondern auch von Mystik und Religion befreite Vorstellungen über die Ursachen der Planetenbewegung entwickelt. Nicht mehr Engel führten die Planeten, sondern eine Art Magnetismus. Schließlich, 1621, bezeichnete *Kepler* als die Ursache der Bewegung eine von der Sonne ausgehende Kraft (vis). Nur dreizehn Jahre nach *Keplers* Tode wurde *Isaac Newton* geboren. Er schloß aus den Keplerschen Gesetzen zurück auf die Existenz einer allgemeinen Anziehungskraft (Gravitation) und lehrte deren rechnerische Beherrschung beim Aufbau einer Himmelsmechanik.

In die Zeit von *Keplers* Prager Aufenthalt fiel auch die Veröffentlichung des „Sidereus

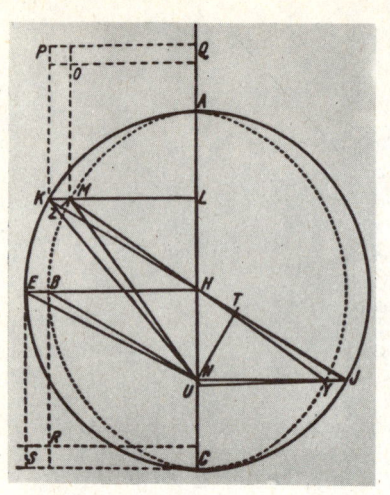

Keplers Entwurf
der elliptischen Planetenbahnen
(gestrichelt)

Nuncius" (Sternbote) durch *Galilei* im Jahre 1610. *Galilei* hatte als erster das Fernrohr auf den Himmel gerichtet und eine Reihe sensationeller Entdeckungen gemacht, die die alte aristotelisch-scholastische Weltanschauung aufs heftigste erschütterten: Berge auf dem Mond, neu entdeckte Fixsterne in Fülle, Entdeckung von Jupitermonden, Phasen bei der Venus.

Begeistert über *Galilei*s Entdeckungen schrieb *Kepler* eine ausführliche Abhandlung. Sein kühner Gedankenflug ging hin bis zur Vision kosmischer Flüge: „Schaff' nur Fahrzeuge oder Segel, die der Himmelsluft angepaßt sind, dann kommen schon Menschen, die sich nicht einmal vor jener weiten Öde fürchten werden. Inzwischen wollen wir, sozusagen kurz vor der Ankunft dieser kühnen Himmelsfahrer, Himmelsländerkarten ausarbeiten – ich für den Mond, Du, Galilei, für den Jupiter." [1, Bd. 2, S. 502]

In die Prager Zeit fiel schließlich auch *Kepler*s Beitrag zur Optik, seine „Dioptrice" vom Jahre 1611, in der die geometrische Optik behandelt und der Strahlengang in dem nach ihm benannten Fernrohr konstruiert wird.

Unterdes aber war *Kepler*s Lage in Prag unhaltbar geworden, trotz des überaus hohen Ansehens, das er in aller Welt unter den Astronomen genoß. Seine Feinde, denen der Protestant *Kepler* am Hofe des katholischen Kaisers schon immer ein Ärgernis gewesen war, witterten Morgenluft, da *Kepler* seinem alten Beschützer *Rudolf II.* noch die Treue hielt, als dieser längst schon seine Macht an Kaiser *Matthias* verloren hatte. Eine Berufung nach Tübingen, wiederum von *Kepler* angestrebt, zerschlug sich abermals wegen des Verdachtes, ein Calvinist zu sein, und darum, „weiln er in philosophia ein opionist, vil Unruch unter der Jugendt erwecken möchte" [14, S. 76] – so heißt es bei der Ablehnung des Berufungsgesuches durch die Tübinger Behörden.

Mitte 1611 fand *Kepler* eine Anstellung durch die Stände des Erzherzogtums Österreich ob der Enns, und zwar im protestantischen Linz. Am 20. Januar 1612 starb *Rudolf II.*, am 18. März wurde *Kepler* unter Billigung seiner Übersiedlung nach Linz in seiner Stellung als Kaiserlicher Mathematiker bestätigt; bald darauf reiste *Kepler* endgültig nach Linz ab.

*Kepler*s Frau *Barbara* war 1611 in Prag am Fleckfieber gestorben; die zehnjährige

Aus einem Visierbüchlein
zur Berechnung des Inhaltes von Fässern

Susanne und der fünfjährige *Ludwig* waren zu versorgen. Im Spätherbst 1613 ging *Kepler* mit *Susanne Reuttinger*, die aus der Nähe von Linz stammte, eine zweite Ehe ein. Frau *Susanne* schuf *Kepler* eine glückliche häusliche Atmosphäre, die seiner wissenschaftlichen Arbeit sehr förderlich war. Auch das Verhältnis zu den beiden Stiefkindern entwickelte sich hervorragend. Von den sieben Kindern *Keplers* mit Frau *Susanne* starben freilich sechs ganz jung.

In einer merkwürdigen Weise ist *Keplers* zweite Ehe mit dem Entstehen eines Buches verknüpft, das wesentlich zur Fortentwicklung der infinitesimalen Methoden, insbesondere zur Herausbildung der Integralrechnung beigetragen hat. *Kepler* berichtet: ,,Als ich im November des letzten Jahres (1613) meine Wiedervermählung feierte, zu einer Zeit, da an den Donauufern bei Linz die aus Niederösterreich herbeigeführten Weinfässer nach einer reichlichen Lese aufgestapelt und zu einem annehmbaren Preis zu kaufen waren, da war es die Pflicht des neuen Gatten und sorglichen Familienvaters, für sein Haus den nötigen Trunk zu besorgen. Als einige Fässer eingekellert waren, kam am 4. Tag der Verkäufer mit der Meßrute, mit der er alle Fässer, ohne Rücksicht auf ihre Form, ohne jede weitere Überlegung oder Rechnung ihrem Inhalt nach bestimmte... Ich bezweifelte die Richtigkeit der Methode, denn ein sehr niedriges Faß mit etwas breiten Böden und daher sehr viel kleinerem Inhalt könnte dieselbe Visierlänge besitzen. Es schien mir als Neuvermähltem nicht unzweckmäßig, ein neues Prinzip mathematischer Arbeiten, nämlich die Genauigkeit dieser bequemen und allgemein wichtigen Bestimmung nach geometrischen Grundsätzen zu erforschen und die etwa vorhandenen Gesetze ans Licht zu bringen." [5, S. 99f.]

Demnach sah sich *Kepler* mit dem unbefriedigenden Zustand der sogenannten Kunst des Visierens konfrontiert, jener Methode, mit Hilfe einer ins Spundloch gesteckten Meßlatte den Rauminhalt des Fasses zu bestimmen. *Kepler* fand genauere Regeln und Beweise; sie sind niedergelegt in dem 1615 erschienenen Buch ,,Nova stereometria doliorum vinariorum" (Neue Stereometrie der Weinfässer). Einen Auszug in deutscher Sprache, in dem unter Verzicht auf Beweise praktische Regeln für die Visierer zusammengestellt waren, ließ *Kepler* ein Jahr später unter dem Titel ,,Auszug aus der Uralten Messekunst Archimedis" erscheinen. *Kepler* griff dabei zurück auf die aus

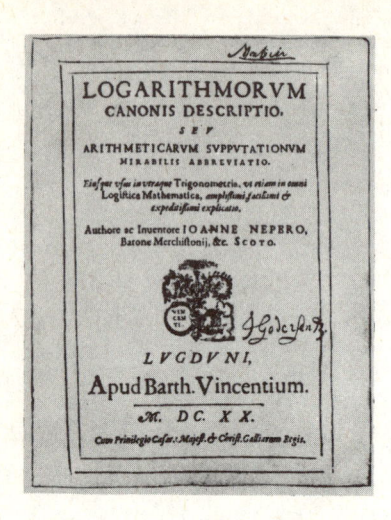

Titelblatt
von John Nepers Werk über Logarithmen
(1620)

der Antike stammenden Methoden der Volumenberechnung, insbesondere auf die hervorragenden Leistungen, die *Archimedes* erzielt hatte. Und doch ging *Kepler* methodisch weit über *Archimedes* hinaus, indem er Begriff und Redeweise vom unendlich Kleinen in mathematische Rechenmethoden einbezog. Zwar lassen wir heute *Keplers* Schlußweisen allenfalls nur im Hinblick auf ihren heuristischen Wert gelten, trotzdem wurden sie über *B. Cavalieri, Gregorius a S. Vincentio, B. Pascal, J. Wallis, P. de Fermat, J. Gregory* und viele andere wegbereitend für Ausarbeitung und Systematisierung der infinitesimalen Methoden durch *I. Barrow, I. Newton* und *G. W. Leibniz*.

Das Wesentliche an *Keplers* Schlußweisen tritt uns schon bei der Bestimmung des Flächeninhaltes eines Kreises entgegen. *Kepler* sagt: ,,Der Umfang des Kreises BG hat so viele Teile als Punkte, nämlich unendlich viele; jedes Teilchen kann angesehen werden als Basis eines gleichschenkligen Dreiecks mit den Schenkeln AB, so daß in der Kreisfläche unendlich viele Dreiecke liegen, die sämtlich mit ihren Scheiteln im Mittelpunkt A zusammenstoßen. Es werde nun der Kreisumfang zu einer Geraden BC ausgestreckt. So werden also die Grundlinien jener unendlich vielen Dreiecke oder Sektoren sämtlich auf der einen Geraden BC abgebildet und nebeneinander angeordnet." [5, S. 101] Demnach ist der Kreisinhalt dem Inhalt des Dreiecks ABC gleich.

Ähnliche Zerlegungsgedanken spricht *Kepler* für Kugel und Zylinder aus. Zum Beispiel schreibt er: ,,Die Kugel besteht aus unendlich vielen Kegeln, deren Scheitel im Mittelpunkte zusammentreffen, und deren auf der Oberfläche gelegene Grundflächen durch Punkte ersetzt sind." [5, S. 101]

Aus Kugeln, Zylindern, Kegeln und Kegelstümpfen setzte *Kepler* komplizierte Körper näherungsweise zusammen, zum Beispiel das Faß aus Zylinder und zwei Kegelstümpfen. Hier hat man die ursprüngliche Form der sogenannten Keplerschen Faßregel der heutigen Integralrechnung.

Insgesamt war *Kepler* so imstande, weit über *Archimedes* auch hinsichtlich der Fülle von Körpern hinaus zu gehen, die — wenigstens näherungsweise — dem Inhalt nach berechenbar wurden. *Kepler* gab unter anderem auch Verfahren an für Torus, zi-

Veranschaulichung des
2. Keplerschen Gesetzes

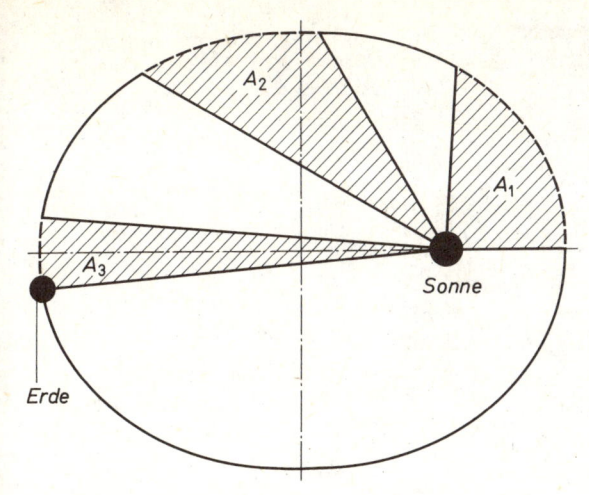

tronenförmige, apfelförmige, birnen- und pflaumenförmige Körper, Quitte, Kürbis, Olive, Spindeln und andere mehr. Ein besonderer, der zweite Teil der „Faßrechnung" ist insbesondere dem Ausgangsproblem gewidmet, der „Stereometrie des österreichischen Fasses im besonderen"; zur damaligen Zeit wurden Fässer auf handwerklicher Tradition beruhend in verschiedenen Landschaften unterschiedlich gebaut.

Nach moderner Sprechweise treten bei *Kepler* in der „Faßrechnung" Schwerpunktssätze nach der Art der Guldinschen Regeln auf, und es werden in stereometrischer Form Integralsubstitutionen ausgeführt.

Doch galt *Kepler*s Hauptinteresse während der Linzer Zeit der Astronomie. Nach der Enthüllung des Bauplanes des Planetensystems und der Aufstellung der Bewegungsgesetze der Planeten wandte sich *Kepler* einem weiteren großen Problemkreis zu, durch dessen Bewältigung der neuen Astronomie sozusagen erst die letzte Vollendung zu geben war, der Aufstellung und Berechnung neuer astronomischer Tafeln auf der Grundlage der neuen Astronomie.

Hier vollbrachte *Kepler* die vom Arbeitsaufwand her größte Leistung, bei der Berechnung der „Rudolphinischen Tafeln". Diesen Auftrag hatte *Kepler* schon 1601 als Nachfolger *Tycho Brahes* unter den von *Rudolf II.* erteilten Pflichten übernommen. Die Rechnungen wuchsen ins Uferlose, ein Ende schien unabsehbar. Doch kam *Kepler* zur rechten Zeit ein neues Hilfsmittel zustatten, die Einführung der Logarithmen. *Kepler* griff begeistert zu den von dem Schotten *J. Neper* berechneten Tafeln und schrieb selbst eine Erklärung der neuen, die Rechenarbeit vereinfachenden logarithmischen Methode — zum größten Mißfallen seines alten Lehrers *Maestlin,* denn „es steht einem Professor der Mathematik nicht an, sich über irgendeine Abkürzung der Rechnungen kindisch zu freuen". [14, S. 107]

Im Frühjahr 1624 endlich war *Kepler* mit beiden Teilen der „Rudolphinischen Tafeln" fertig. Sie stellen astronomische Tafeln zur Berechnung der Sonnen- und Mondörter und damit der Verfinsterungstermine, ferner der Planetenorte dar, und zwar für jede beliebige Zeit, vor oder nach Beginn der christlichen Zeitrechnung. Ein zweiter Teil enthielt die Anweisungen zur Benutzung der Tafeln. „Die Rudolphinischen Tafeln", so schreibt *Kepler,* „die ich von Tycho als Vater empfangen habe, habe ich nun

Wallensteins Astrologe
Giovanni Baptista Seni
(1600 bis 1656)

22 Jahre in mir getragen und gebildet, wie sich allmählich die Frucht im Mutterleib bildet. Nun quälen mich die Geburtswehen." [14, S. 107f.]
Die Schwierigkeiten, denen sich *Kepler* bei der Drucklegung gegenübersah, sind kaum zu schildern: Neuer, kleinlicher Streit mit *Tycho Brahes* Erben, das Problem der Finanzierung, einander widersprechende Weisungen seiner Vorgesetzten und schließlich der immer stärker das Wirtschaftsleben einschnürende Krieg. ,,Ich bin" – so schrieb *Kepler* – ,,auf die Herausgabe so begierig wie Deutschland nach Frieden." [14, S. 109] Nachdem er fast ganz Süddeutschland nach einem noch zum Druck geeigneten Ort durchstreift hatte, fand er schließlich in Ulm einen Drucker. Am 20. November 1626 brach er mit Frau, fünf Kindern, Büchern, Hausrat und den kostbaren Lettern von Linz auf, doch mußte er die Familie wegen des harten Winters in Regensburg zurücklassen. Anfang September 1627 endlich war die Drucklegung der 1 000 Exemplare der ,,Rudolphinischen Tafeln" vollendet. Sie wurden für nahezu zwei Jahrhunderte zum unentbehrlichen Hilfsmittel der Astronomie und der Navigationskunst. In der Zeit der Kolonialisierung trugen sie *Keplers* Ruhm bis an die amerikanische Ostküste und bis in den Fernen Osten.
Allerdings hatte der Druck nur auf eigene Kosten erfolgen können. Das Werk belastete daher *Keplers* Finanzlage sehr, zumal es wegen des Krieges nicht günstig verkauft werden konnte. In der Widmung an den damaligen deutschen Kaiser *Ferdinand* bricht seine tiefe Verzweiflung über den schrecklichen Krieg hervor, über den ,,gräßlichen Zwiespalt der Meinungen": ,,Wir vergehen vor Verlangen nach Frieden, da nur in ihm der Gebrauch der Tabellen einen gedeihlichen frohen Fortschritt zu bewirken vermag." [14, S. 113]
Kepler selbst und seine Familie waren aufs schwerste von der Zerrüttung der gesellschaftlichen Zustände betroffen.
Nur mit größter Mühe, schließlich nur, indem er seinen hohen Titel ,,Kaiserlicher Mathematiker" in die Waagschale warf, vermochte er die von Protestanten als Hexe angeklagte Mutter vor dem Scheiterhaufen zu retten.
Mit der protestantischen Gemeinde Linz kam es zum Bruch, für den tiefgläubigen *Kepler* ein schwerer Schlag. ,,Ich weiß wohl, ich könnte den ganzen Streit nieder-

Fenstersturz zu Prag 1618

schlagen, wenn ich die Konkordienformel ohne Vorbehalte unterschriebe. Aber mir steht nicht an, in Gewissensfragen zu heucheln!" [14, S. 95]
Ein Antrag auf Revision des Linzer Urteils in Tübingen verschlimmerte die Lage noch, er erhielt eine von Hohn und Haß diktierte Antwort. Zusätzlich lastete man ihm noch sein Eintreten für das Copernicanische Weltbild an. Im Bescheid aus Tübingen heißt es: ,,Daher können weder ich noch meine Herren Kollegen und Mitbrüder Eure absurden und blasphemischen Hirngespinste billigen". [14, S. 94] Als Folge des Ausschlusses vom Abendmahl ging die Zahl der Schüler von *Kepler* stark zurück; dies bedeutete einen schweren finanziellen Schlag.
Linz wurde im Verlaufe der wechselhaften, turbulenten Kriegshandlungen mehrfach belagert, von erbitterten Bauern, von katholischen und protestantischen Truppen. Hunger und Epidemien herrschten. Schließlich trug in Linz die Gegenreformation den Sieg davon. Ende 1625 wurden die Protestanten aus Linz ausgewiesen; *Kepler* erhielt nur einen Aufschub.
Nach dem Druck der ,,Rudolphinischen Tafeln" geriet *Kepler* in die größte Sorge um seinen Lebensunterhalt. Ein günstiges Angebot des Kaisers war an die Bedingung geknüpft, er solle katholisch werden. *Kepler* lehnte ab. Schließlich fand er eine Anstellung bei dem von astrologischem Wahn besessenen Kaiserlichen Oberbefehlshaber *Wallenstein*, der *Kepler* hauptsächlich als Astrologen in seine Dienste nahm. Als Wohnort wurde *Kepler* zunächst Sagan im damaligen Schlesien zugewiesen. *Kepler* ging unverzagt an die Arbeit, er rechnete weiter an den ,,Ephemeriden", das sind Tabellen künftiger Planetenstellungen, von Sonnen- und Mondfinsternissen und anderem mehr. Bereits im Sommer 1630 begann *Kepler* in einer von *Wallenstein* eingerichteten Druckerei mit dem Druck eines neuen Buches, dem ,,Traum vom Mond", einem der frühesten Beispiele utopisch-wissenschaftlicher Literatur überhaupt, in dem die Verhältnisse auf dem Mond und unter seinen Bewohnern geschildert werden. Dieses Buch ist noch heute lesenswert.
So schien sich alles wenigstens erträglich zu entwickeln, nur das Geld blieb knapp. Als aber *Wallenstein* beim Kaiser in Ungnade gefallen und damit die Hoffnung geschwunden war, *Wallenstein* könne die beträchtlichen Gelder beitreiben, die der

Im 30jährigen Krieg

Kaiser noch an *Kepler* schuldete, da machte sich *Kepler* im Herbst 1630 über Leipzig und Nürnberg auf den Weg nach Regensburg, wo er selbst auf dem Kurfürstentag beim Kaiser vorstellig werden wollte. Geschwächt von den Strapazen des langen Rittes durch das vom Krieg gepeinigte Land, erkrankte *Kepler* in Regensburg. Er starb nach schwerem Leiden am 15. November 1630.

Als Lutheraner durfte *Kepler* nur außerhalb der Stadtmauern des katholischen Regensburg bestattet werden. Schon 1634, während der Belagerung Regensburgs durch schwedische Truppen, wurde das Grab zerstört. Die Stelle wurde unauffindbar.

Alle Hoffnungen von Frau *Susanne* auf Auszahlung der rückständigen Gehälter zerschlugen sich. In großer Armut starb sie 1636. Die kaiserliche Obligation von 12964 Gulden ist nie eingelöst worden. *Kepler*s umfangreicher Nachlaß wurde 1765 in einem Koffer in Frankfurt am Main wiederentdeckt, doch fand sich in Deutschland niemand, der ihn übernehmen wollte. Schließlich kaufte auf Empfehlung *L. Euler*s die russische Zarin *Katharina II. Kepler*s nachgelassene Schriften und Briefe auf. Sie werden heute in Leningrad bei der Sowjetischen Akademie der Wissenschaften als kostbarer Besitz aufbewahrt.

Lebensdaten zu Johannes Kepler

1571	27. Dezember, *Johannes Kepler* wird in Weil der Stadt geboren.
1576	Übersiedlung der Eltern nach Leonberg: *Rudolf II.* wird Kaiser.
1583	*Kepler* besteht das „Landexamen", das den Weg zum Studium öffnet.
1584	Eintritt in die Klosterschule Adelberg
1586	Eintritt in die Klosterschule Maulbronn
1588	Examen als Baccalaureus
1589	*Kepler* bezieht die Universität Tübingen; als Stipendiat wird er in das berühmte „Tübinger Stift" aufgenommen.
1591	Magister artium, das heißt Magister an der Artistenfakultät
1594	*Kepler* wird Professor der Mathematik in Graz.
1595	*Kepler* entdeckt das „Weltgeheimnis"; 1596 erscheint das „Mysterium Cosmographicum" im Druck.

Albrecht Wenzel
Eusebius von Wallenstein
(1583 bis 1634)

1597	Heirat mit *Barbara Müller*
1600	Februar bis Juni, bei *Tycho Brahe* in Prag
	August, Ausweisung aus Graz
	Übersiedlung nach Prag
1601	*Kepler* wird nach dem Tode *Tycho Brahes* Kaiserlicher Mathematiker.
1609	Die ,,Astronomia Nova" erscheint.
1610	*Galilei* veröffentlicht den ,,Sidereus Nuncius".
1611	*Kepler* veröffentlicht ,,Dioptrice" (Keplersches Fernrohr).
	Tod der ersten Frau
	Kepler wird Mathematiker der Landschaft Österreich ob der Enns.
1612	Umzug nach Linz
	Kaiser *Rudolph II.* stirbt; *Matthias* wird sein Nachfolger.
1613	*Kepler* schließt eine zweite Ehe mit *Susanne Reuttinger*.
1615	*Kepler* läßt die ,,Stereometria Doliorum" erscheinen.
1616	*Kepler* veröffentlicht den ,,Auszug aus der Messekunst Archimedis".
	Die Lehre von *Copernicus* wird von der Katholischen Kirche verworfen und *Galilei* wegen seines Eintretens für das Copernicanische System streng verwarnt.
1617	Erste Reise *Keplers* nach Württemberg, um die als Hexe angeklagte Mutter zu verteidigen
1618	18. Mai, *Kepler* entdeckt das 3. Keplersche Planetengesetz.
	23. Mai, Prager Fenstersturz, Beginn des Dreißigjährigen Krieges
1619	Kepler läßt die ,,Harmonica Mundi" drucken.
1620/21	Oktober bis November (1621), zweite Reise *Keplers* nach Württemberg, um die Mutter zu retten
1624/25	Oktober bis Januar, Reise nach Wien wegen des Druckes der ,,Rudolphinischen Tafeln"
1625	April bis August, Reise nach Schwaben, um Geld für den Druck der ,,Rudolphinischen Tafeln" zu beschaffen
	Wallenstein Oberbefehlshaber der Kaiserlichen Truppen
	Ausweisung der Protestanten aus Linz
1626/27	Dezember bis September, ohne Familie in Ulm wegen des Druckes der ,,Rudolphinischen Tafeln"

1627/28	September bis Juli, die „Rudolphinischen Tafeln" erscheinen. Ständig wechselnder Aufenthalt
1628	*Kepler* tritt in die Dienste *Wallensteins*. Übersiedlung nach Sagan
1630	Der zweite Teil der „Ephemeriden" erscheint. Am 8. Oktober tritt *Kepler* seine Reise nach Regensburg an, dort stirbt er am 15. November.

Literaturverzeichnis zu Johannes Kepler

[1] *Kepler, Johannes:* Gesammelte Werke. Herausgegeben von M. Caspar und F. Hammer, München, seit 1937. Bisher sind 17 Bände erschienen.
[2] *Kepler, J.:* Das Weltgeheimnis. München/Berlin 1936.
[3] *Kepler, J.:* Neue Astronomie. München/Berlin 1929.
[4] *Kepler, J.:* Weltharmonik. München 1939.
[5] *Kepler, J.:* Neue Stereometrie der Fässer. Ostwalds Klassiker der exakten Wissenschaften, Nr. 165, Leipzig 1908.
[6] *Kepler, J.:* Dioptrik. Ostwalds Klassiker der exakten Wissenschaften, Nr. 144, Leipzig 1904.
[7] *Kepler, J.:* Über den hexagonalen Schnee. Regensburg 1958.
[8] *Kepler, J.:* Keplers Traum vom Mond. Herausgegeben von L. Günther, Leipzig 1898.
[9] *Caspar, M.:* Johannes Kepler. Stuttgart 1958.
[10] *Schuder, R.:* Der Sohn der Hexe (Roman). 5. Auflage, Berlin 1960.
[11] *Harig, G.:* Johannes Kepler. In: Von Adam Ries bis Max Planck. Herausgegeben von G. Harig, Leipzig 1961.
[12] *Harig, G.:* Die Tat des Kopernikus. Leipzig/Jena/Berlin 1962.
[13] *Freiesleben, H. C.:* Kepler als Forscher. Darmstadt 1970.
[14] *Gerlach, W.; M. List:* Johannes Kepler. Leben und Werk. München 1966.
[15] *Gerlach, W.; M. List:* Johannes Kepler. Dokumente zu Lebenszeit und Lebenswerk. München 1971.
[16] Materialien des Internationalen Kepler-Symposiums in Leningrad, 26. bis 28. August 1971.
[17] *Belyj, Ju. A.:* Iogann Kepler (russ.). Moskva 1971.
[18] *Wussing, H.:* Nicolaus Copernicus. Leipzig/Jena/Berlin 1973.

4 Die Mathematik der Zeit des Rationalismus

Überblick

Die aus der frühkapitalistischen Entwicklung Europas entspringenden Anforderungen hatten die Mathematik in den fortgeschrittenen Ländern bereits im 15. und 16. Jahrhundert entscheidend geformt und sie eine prinzipiell neue, auf Anwendungen orientierte gesellschaftliche Stellung erreichen lassen. Zugleich hatten sich deutlich eigengesetzliche, aus innerer Folgerichtigkeit entspringende Tendenzen der Entwicklung abzuzeichnen begonnen. An der Wende zum 17. Jahrhundert wurde schließlich eine weitere starke Triebkraft für die zukünftige Entwicklung der Mathematik erkennbar, und zwar der von den Naturwissenschaften an die Mathematik ergehende Impuls. Diese beiden Faktoren und der dann im 17. Jahrhundert erfolgende und sich rasch ausdehnende Übergang zur manufakturellen Produktion hat die stürmische Weiterentwicklung der Mathematik im 17. Jahrhundert ausgelöst.
Für die Geschichte der Mathematik bildet der Zeitraum von etwa 1620/1630 bis etwa 1730/1740 eine deutlich in sich geschlossene Periode. Innerhalb dieses historischen Zeitraumes vollzog die Mathematik eine so bedeutende und durchgreifende Entwicklung, daß in wissenschaftshistorischen Darstellungen geradezu von einem mathematischen Jahrhundert gesprochen wird. Männer wie *P. de Fermat, R. Descartes, J. Wallis, I. Newton, G. W. Leibniz, Jacob* und *Johann Bernoulli* – um nur die Sterne erster Größe am mathematischen Himmel zu nennen – vollzogen einen durchgreifenden Umschwung der Mathematik, gleich revolutionär in der Zielstellung wie in den Methoden.
Zwei Momente dieser Umgestaltung treten besonders deutlich hervor und haben eine noch bis in unsere Zeit reichende Bedeutung, da bereits damals wichtige Elemente der höheren Mathematik herausgebildet werden konnten.
Die Verschmelzung geometrischer und algebraischer mathematischer Methoden, wie sie insbesondere mit der Herausarbeitung der Grundvorstellungen der analytischen Geometrie zutage trat, eröffnete den Weg zu neuen leistungsfähigen mathematischen Verfahren. Zum zweiten trat nach und nach mit dem Übergang zum Studium variabler Größen und dem Hervorbrechen funktionaler Denkweisen eine ganz neue Art von Mathematik hervor, mit einem unvergleichlich größeren Anwendungsbereich als die Mathematik der nur statisch, unveränderlich gedachten Größen. Die schrittweise

Galileo Galilei
(1564 bis 1642)

sich vollziehende Herausbildung der infinitesimalen Methoden – der Differential- und Integralrechnung, der Potenzreihenmethode, der Anfänge des Studiums von Differentialgleichungen und der Variationsrechnung – lieferte schließlich jene mathematischen Kalküle, mit denen trotz großer gedanklicher Schwierigkeiten bei der Beherrschung der Grenzwertprozesse eine Fülle mathematischer, naturwissenschaftlicher und praktischer Probleme rechnerisch gelöst werden konnte.
Angesichts dieser durchgreifenden Änderung des Gesamtcharakters der Mathematik ist die Frage nach den Ursachen berechtigt. In jener Periode von etwa 1620 bis 1740 entfalteten sich in den fortgeschrittenen Ländern West- und Mitteleuropas auf allen Gebieten des gesellschaftlichen Lebens neue, mit dem Rationalismus verbundene Tendenzen und Auffassungen. Auf politischem Gebiet bildete sich in einigen noch feudalen Ländern, besonders typisch in Frankreich, die absolutistische Staatsform mit ihrer starken Zentralgewalt heraus; sie war letztlich Ausdruck des Gleichgewichtes zwischen den Feudalkräften und der ökonomisch erstarkten, nach politischem Einfluß strebenden Bourgeoisie. In solchen Ländern wie den Niederlanden und England griff die Bourgeoisie in Revolutionskriegen bereits nach der politischen Macht. Deutschland indes fiel durch die Folgen des 30jährigen Krieges in feudale Zersplitterung zurück und verlor eine ehemals führende ökonomische Stellung.
Steigender Bedarf führte im Bereich der materiellen Produktion zu neuen Organisationsformen, zu verstärkter Kooperation und zur Manufaktur. In dem Bestreben nach ökonomischer und politischer Emanzipation gegenüber den feudalen Kräften wandte die sich formierende Bourgeoisie in immer stärkerem Maße ihre Aufmerksamkeit den Naturwissenschaften und der Mathematik zu, die ihr Möglichkeiten zur Steigerung der Produktivität unter den neuen Produktionsverhältnissen eröffneten.
Auf dem Hintergrunde dieses gesellschaftlichen Interesses an Naturwissenschaften und Mathematik kam es in jener Periode nicht nur zur stürmischen Entwicklung der Mathematik, sondern ebenso zum raschen Aufschwung der Naturwissenschaften, sowohl im Theoretischen und Methodologischen wie auch im Bereich der Anwendungen. Führend wurde hier die Mechanik. Es sei erinnert an *G. Galilei*, der als Gefangener der Inquisition 1638 die Grundzüge der Dynamik schriftlich niederlegte.

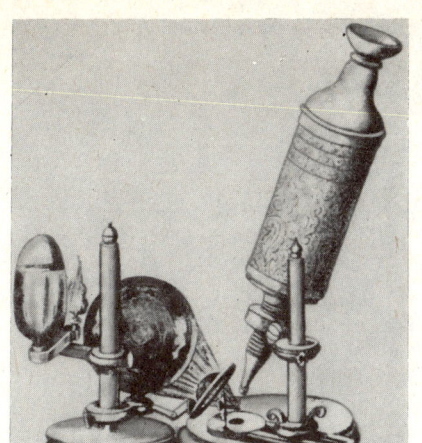

Mikroskop von Robert Hooke
(1635 bis 1703)

I. Newton konzipierte 1666 die Gravitationstheorie, und 1687 erschienen seine „Philosophiae naturalis principia mathematica" (Mathematische Prinzipien der Naturphilosophie, d. i. der Naturwissenschaft), mit denen der Prozeß der Grundlegung der klassischen Mechanik zu einem vorläufigen Abschluß gebracht wurde.
Auch sonst war es eine große Zeit für die Entwicklung der Naturwissenschaften: Fernrohr und Mikroskop wurden erfunden und zu wichtigen Forschungsmitteln. In der Astronomie gelangen mit Hilfe des Fernrohres weitreichende Entdeckungen, zum Beispiel der Berge und Täler auf dem Mond, der Sonnenflecken, der Jupitermonde und des Saturnringes und der Endlichkeit der Lichtausbreitung. Zur mathematischen Formulierung des Brechungsgesetzes der Optik und des Strahlenganges im Fernrohr gesellten sich die Erfindung der Luftpumpe und das Studium des Luftdruckes mit dem Barometer. Mit der Entdeckung der roten Blutkörperchen, des Blutkreislaufes und der Mikroorganismen beschritt auch die Erforschung der Lebenserscheinungen neue Wege.
Jene Periode war zugleich geprägt vom Vertrauen in die Erfindungskraft des Menschen. *Francis Bacon,* den *Karl Marx* den „wahren Stammvater des englischen Materialismus und aller modernen experimentellen Wissenschaft" nannte, hatte jenen Leitsatz geprägt, daß Wissen Macht sei, das heißt, daß Kenntnisse über die Natur die Menschen in die Lage versetzen, ihre Lebensbedingungen wesentlich günstiger zu gestalten. Er hatte sogar ein – freilich durchaus noch utopisches – Gemälde einer auf wissenschaftlicher Grundlage organisierten und gesteuerten menschlichen Gesellschaft entworfen.
Die Konstruktion aller möglichen Mechanerien bewegte immer wieder erfinderische Geister: Maschinen zur Wasserhaltung und Förderung im Bergwerk, Flugmaschinen, Unterseeboote, Wagen, die ohne Zugtiere fahren, Schleifmaschinen, Gesteinsbohrmaschinen beim Tunnelbau, Schiffshebewerke, Schaufelräder zum Schiffsantrieb, Mischmaschinen für die Papier- und Textilherstellung, Kräne, Seilzugaggregate, Pumpwerke, Windmühlen – das alles und noch vieles andere wurde entworfen, ausprobiert, verbessert. In den Manufakturen fanden die ersten Werkzeugmaschinen Verwendung. Dazu trat die Jagd nach dem perpetuum mobile, jenem unerschöpflichen

Aussaugen von Luft

„Kraftspender" – auf dem Gebiet der Mechanik das Gegenstück zum Stein des Weisen in der Chemie.
Das alles ging Hand in Hand mit der Anerkennung und Festigung der gesellschaftlichen Stellung der Naturwissenschaften und der Naturwissenschaftler. Dafür sprechen beispielsweise die folgenden Tatsachen ganz drastisch: Während *Bruno* im Jahre 1600 verbrannt wurde, *Galilei* in der Haft der Inquisition starb und *Descartes* noch emigrieren mußte, wurde *Newton* geadelt und erhielt 1727 als Naturwissenschaftler ein Staatsbegräbnis. Die unbestreitbaren und offensichtlichen Erfolge der Naturwissenschaftler mit Einschluß der Mathematik sowohl bei der theoretischen Erfassung der Natur als bei deren Anwendung in der Praxis begünstigten zugleich die Herausbildung neuer Organisationsformen der wissenschaftlichen Tätigkeit. Aus privaten Zirkeln von Liebhabern der neuen Experimentalphilosophie, wie man damals die Naturwissenschaften bezeichnete, wurden staatlich privilegierte und zum Teil von den Feudalstaaten unterhaltene Akademien, an denen die Naturforscher konzentriert wurden. So entstand in Florenz die „Accademia del Cimento" (Akademie der Experimente). Durch Privileg der englischen Krone wurde 1662 die „Royal Society" in London gegründet. Im Jahre 1666 folgt durch Beschluß des französischen Finanzministers *J.-B. Colbert,* des Theoretikers des Merkantilismus, im absolutistischen Frankreich von *Ludwig XIV.* die Gründung der straff organisierten Pariser Akademie. In Deutschland entstand 1652 durch Privileg des damaligen deutschen Kaisers *Leopold I.* eine Akademie der Naturforscher, die heute noch bestehende sogenannte „Leopoldina". Auf Initiative von *Leibniz* wurde 1700 in Berlin eine Sozietät der Wissenschaften gegründet, aus der die jetzige „Akademie der Wissenschaften der DDR" hervorgegangen ist. Auf Befehl *Peters I. von Rußland* wurde 1724 in St. Petersburg, dem heutigen Leningrad, eine Akademie gegründet, die bald eine glänzende Entwicklung nahm. Die Akademien in London, Paris, Berlin und Petersburg wurden für mehr als 150 Jahre die wissenschaftlichen Zentren der Naturwissenschaften; an ihnen wirkten auch die bedeutendsten Mathematiker des 17. und 18. Jahrhunderts.
Durch Vermittlung der Akademien führten die absolutistischen Staaten die in ihrem Interesse liegenden wissenschaftlichen Aufgaben der Bearbeitung durch die Wis-

Lavoisier
in seinem
Laboratorium
(um 1780)

senschaftler zu. Für die Anwendung der Mathematik standen Probleme der Geodäsie, des Artilleriewesens, der Schiffahrt, des Kanalbaues und der maschinellen Ausrüstung von Manufakturen im Vordergrund. Neben der weitreichenden Reglementierung der wissenschaftlichen Tätigkeit an den Akademien durch die absolutistischen Herrscher ist auch ein Zug zum Repräsentativen, zur ,,Verzierung" des Hoflebens durch die Akademiker unverkennbar, die den Gelehrten zugleich einen gewissen, gelegentlich sogar beträchtlichen Spielraum beim Verfolg ihrer eigenen wissenschaftlichen Interessen freigab.

Auf diesem — hier nur skizzenhaft andeutbaren — allgemeinen Hintergrund der raschen Entfaltung der Naturwissenschaften und der Entwicklung der Produktionsinstrumente vollzog sich die oben geschilderte durchgreifende Umgestaltung der Mathematik in jener Periode von 1620 bis 1730. Während in der Periode der Renaissance der Fortschritt der Mathematik wesentlich Ergebnis ganz direkter gesellschaftlicher Forderungen gewesen war, ergingen hier die Forderungen an die Mathematik in zunehmendem Maße indirekt, das heißt durch Vermittlung der Naturwissenschaften, der Produktionsinstrumente und der Technik. Über jene dialektischen Zusammenhänge gegenseitiger Wechselwirkung in der frühen Manufakturperiode schreibt *Karl Marx* im ,,Kapital": ,,Sehr wichtig wurde die sporadische Anwendung der Maschinerie im 17. Jahrhundert, weil sie den großen Geometern jener Zeit praktische Anhaltspunkte und Reizmittel zur Schöpfung der modernen Mechanik darbot."

Das Studium der Fallbewegung durch *Galilei*, der Planetenbewegung durch *Kepler* und die Herausbildung der klassischen Mechanik durch *Newton* mußte Hand in Hand gehen mit der Fortentwicklung mathematischer Methoden unter dem Eindruck der öffentliche Sensationen darstellenden technischen Großanlagen der damaligen Zeit. Die Naturforscher und Ingenieure sahen sich mit einer Vielzahl von Fragestellungen konfrontiert, von denen man wußte oder ahnte, daß sie einer mathematisch-physikalischen oder mathematisch-mechanischen Behandlungsweise grundsätzlich zugänglich sein würden, falls man geeignete mathematische Methoden entwickelt hätte. Gerade die Erfindung dieser neuen Art von Mathematik war die zentrale Aufgabe der Mathematiker jener Periode: Es ging um die geistige Bewältigung me-

Karikatur auf ein Alchimisten-Laboratorium (16. Jh.)

chanischer Bewegungsabläufe in Form einer neuen Mathematik, sei es zur Erfassung der Planetenbewegung, der Fallbewegung oder der Bewegungen gegeneinander beweglicher Maschinenteile.

Tastend anfangs und in einem mühsamen und zugleich widersprüchlichen Prozeß bildeten sich die Grundzüge einer Mathematik der Variablen heraus und wurden die entsprechenden mathematischen Kalküle entwickelt. Hing diese neu zu entwickelnde Art mathematischen Denkens zu Anfang jener Periode von 1620 bis 1730 noch hinter den vielfältigen an sie gestellten Forderungen zurück, so hatte sie zu Beginn des 18. Jahrhunderts ihrerseits einen solchen Reifegrad erlangt, daß eine neue und abermals ganz unerhörte Ausdehnung der Leistungsfähigkeit mathematischer Methoden zutage trat. Die hier vorgelegten Biographien der vorzüglichsten Mathematiker jener Periode sollen die persönlichen Anteile an jener grandiosen Erweiterung des Leistungsvermögens der Mathematik verdeutlichen. Viele andere Mathematiker aber, deren Anteil an der Herausbildung der Mathematik der veränderlichen Größen ebenfalls beträchtlich ist, konnten hier in dieser Biographiensammlung nicht aufgenommen werden. Aber auch sie haben die wissenschaftliche Revolution der Mathematik in jener Periode mitgestaltet.

Pierre de Fermat (1601 bis 1665)

Am Anfang des 17. Jahrhunderts hat Frankreich zwei Männer hervorgebracht, die beide bedeutenden Einfluß auf die Entwicklung der europäischen Mathematik erlangt haben, *René Descartes* und *Pierre de Fermat*. In Charakter, Herkunft, Lebensverhältnissen, Beruf und wissenschaftlichen Absichten waren sie nahezu extrem verschieden. Es erweist sich jedoch, daß beide einen entscheidenden Anteil an der Begründung einer mathematischen Disziplin gehabt haben, die wir heute als „analytische Geometrie der Ebene" bezeichnen. Während *Descartes* diese seine mathematischen Ambitionen als Probe auf die Vorzüglichkeit seiner philosophischen Denkweise dargelegt hat und überhaupt seine eigentlichen Interessen philosophischer Art waren, befaßte sich der Jurist *de Fermat* außerhalb seiner Berufstätigkeit aus Neigung und

Pierre de Fermat

Interesse, sozusagen aus Liebhaberei mit mathematischen Studien. Er wurde einer der erfolgreichsten Mathematiker überhaupt. Von ihm stammen grundlegende Entdeckungen nicht nur zur analytischen Geometrie, sondern auch zur Infinitesimalrechnung, Wahrscheinlichkeitsrechnung und Zahlentheorie.
Im Unterschied zu dem um fünf Jahre älteren *Descartes* hat *Fermat* in der von militärischen, religiösen und politischen Unruhen erschütterten ersten Hälfte des 17. Jahrhunderts ein äußerlich ruhiges Leben geführt, ohne besondere Höhepunkte und bemerkenswerte Einschnitte. Geboren im August des Jahres 1601 in Beaumont de Lomagne – einer Kleinstadt in der Gascogne, in der Nähe von Toulouse – konnte *Pierre Fermat* als Sohn eines begüterten Lederhändlers in Toulouse die Rechtswissenschaften studieren, wurde Anwalt und bekleidete seit 1631 verschiedene Ämter am obersten Gerichtshof (parlement) zu Toulouse.
Über *Fermat*s Studienzeit und über seine akademischen Lehrer ist fast nichts bekannt. Doch muß er eine außerordentlich gute Ausbildung erhalten haben, da er vorzügliche Kenntnisse in alten Sprachen, insbesondere in griechischer und lateinischer Sprache, besaß und in späteren Jahren auch fast alle damals führenden europäischen Sprachen beherrschte. Auch hat er zahlreiche geschmackvolle Gedichte in französischer und spanischer Sprache verfaßt.
Die Neigung zur Mathematik kann nicht aus seinem Studiengang direkt abgeleitet werden, da damals höhere Mathematik noch nicht an den Universitäten als Lehrfach aufgenommen worden war. Man hat *Fermat* vielmehr jener um die damalige Zeit rasch zunehmenden Gruppe von Amateuren und Liebhabern der sich außerhalb der Universitäten formierenden Experimentalwissenschaften und Naturphilosophie zuzurechnen; diese „Virtuosi", wie sie sich nannten – Kaufleute, Ärzte, Handwerker, Künstler, Beamte – leiteten die Erneuerung und Herausbildung der modernen Naturwissenschaft ein.
*Fermat*s Berufstätigkeit als Anwalt in Toulouse brachte ihm die Erhebung in den Adelsstand ein, obwohl er – wohl auf Grund seines überwältigenden Interesses für Mathematik und der dadurch bewirkten Ablenkung von seinen Amtspflichten – keinen besonders guten Stand bei den Präsidenten des dortigen Gerichtshofes gehabt haben

Jean Baptiste Colbert
(1619 bis 1683)

dürfte. In einem geheimen Bericht vom Dezember 1663 an den damaligen französischen Finanzminister *J. B. Colbert* heißt es: ,,Fermat ist ein Mann von großer Gelehrsamkeit. Er pflegt einen vielseitigen wissenschaftlichen Verkehr, ist ziemlich geldgierig, kein sehr guter Berichterstatter, konfus und gehört auch nicht zu den Freunden des ersten Präsidenten." Dieses Urteil ist nicht gerecht. Man muß hinzufügen, daß *Fermat* in seinem Amte unbestechlich war – damals eine große Seltenheit! –, ruhig und ausgeglichen lebte und jeden nutzlosen Streit vermied. *Fermat* hat die Umgebung seines Amtssitzes Toulouse bis zu seinem Tode am 12. Januar 1665 in Castres kaum verlassen.

Im Zusammenhang mit seinen zurückgezogenen Lebensgewohnheiten steht auch die Tatsache, daß *Fermat* von seinen mathematischen Entdeckungen nur den allergeringsten Teil selbst publizierte. *Fermats* ältester Sohn *Clément-Samuel* hat aus dem Nachlaß seines Vaters noch vorhandene Notizen, Fragmente und Zettel zusammengetragen und 1679 das damals noch Erreichbare herausgegeben. Seitdem sind die Arbeiten von *Pierre de Fermat* systematisch zusammengetragen worden. In den Jahren 1891 bis 1912 erschienen die ,,Œuvres" (Werke) in vier Bänden, die im Laufe unseres Jahrhunderts noch mehrfach ergänzt werden konnten.

Heute steht *Fermat* nicht nur als ein ideenreicher Erfinder, sondern auch als fleißiger Autor auf mathematischem Gebiet vor uns. Freilich ist es sehr schwer, in vielen Fällen sogar ganz unmöglich, die zahlreichen Abhandlungen zu datieren. Ein Teil seiner Forschungsergebnisse ist in einem umfangreichen Briefwechsel mit Mathematikern seiner Zeit enthalten, eine Folge des Umstandes, daß es damals noch keine wissenschaftlichen Zeitschriften gab. Hauptkorrespondenten unter den Mathematikern waren in England *J. Wallis*, in Frankreich *B. Pascal*, *G. P. de Roberval* sowie *M. Mersenne* in Paris, der, im Mittelpunkt eines außerordentlich umfangreichen Briefwechsels zu fast allen europäischen Mathematikern und Naturforschern der Zeit stehend, zu einem organisatorischen Zentrum der sich emanzipierenden Naturwissenschaften wurde.

Das Interesse von *Fermat* an der Mathematik galt zunächst der Aneignung der antiken Mathematik. Sein Forscherdrang wandte sich dem Versuch zu, verlorengegangene

Sitz der 1635 gegründeten französischen Akademie

Schriften von *Euklid* und *Apollonios*, insbesondere das achte Buch von dessen ,,Conica", inhaltlich wiederherzustellen, und zwar auf Grund von Bemerkungen und Andeutungen, die sich bei späteren antiken Autoren, etwa bei *Proklos Diadochos* und *Pappos von Alexandria*, finden. Dabei wurde er auf die Behandlung der geometrischen Örter und zugleich auf die von seinem Landsmann und Berufskollegen *F. Vieta* gefundene Methode der Bezeichnung algebraischer Größen durch Buchstaben geführt. Als Ergebnis entstand *Fermat*s Schrift ,,Ad locos planos et solidos isagoge" (Einführung in die ebenen und körperlichen Örter), die erstmals entscheidende Grundgedanken der analytischen Geometrie entwickelt und bereits vor dem Jahre 1637 fertiggestellt war, dem Jahre des Erscheinens von *Descartes'* ,,Discours de la méthode". Demnach kommt *Fermat* das zeitliche Primat, *Descartes* dagegen das Primat der Publikation bei der Entwicklung der Grundlagen der analytischen Geometrie zu. Der Titel der Abhandlung ,,Isagoge..." ist, nach heutiger Terminologie, mißverständlich; ,,körperliche Örter" heißt nicht analytische Geometrie des Raumes. Vielmehr schließt sich hier *Fermat* an die aus der Antike stammende Einteilung der ebenen Kurven an:

    Ebene Örter: Gerade und Kreis
    Körperliche Örter: Parabel, Hyperbel, Ellipse
    Lineare Örter: Alle anderen ebenen Kurven

Demnach behandelt *Fermat* in der ,,Isagoge..." die Kurven zweiter Ordnung, das heißt die Kegelschnitte; die Kurven höherer Ordnung werden nicht untersucht, und zwar wegen der irrigen Meinung *Fermat*s, daß das Studium der Kurven höherer Ordnung (das heißt der linearen Örter) zurückgeführt werden könne auf die Untersuchung der Kurven zweiter Ordnung (der ebenen und körperlichen Örter).

Die ,,Isagoge..." beginnt mit den Worten: ,,Es ist kein Zweifel, daß die Alten sehr viel über Örter geschrieben haben. Zeuge dessen ist Pappos, der zu Anfang des 7. Buches versichert, daß Apollonios über ebene, Aristaios über körperliche Örter geschrieben habe. Aber wenn wir uns nicht täuschen, fiel ihnen die Untersuchung der Örter nicht gerade leicht. Das schließen wir daraus, daß sie zahlreiche Örter nicht allgemein genug ausdrückten,... Wir unterwerfen daher diesen Wissenszweig einer

Extremwertmethode

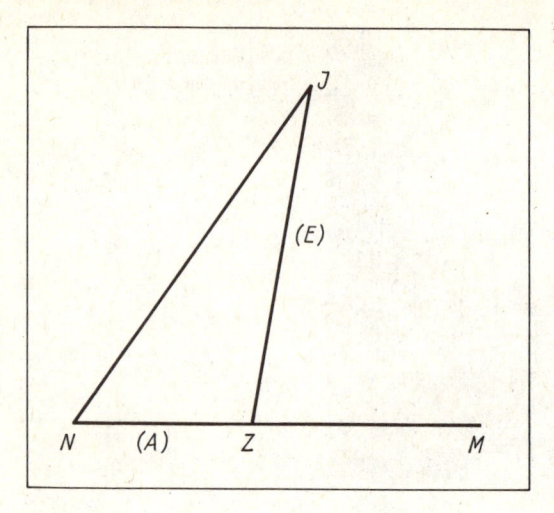

besonderen und ihm eigens angepaßten Analyse, damit in Zukunft ein allgemeiner Zugang zu den Örtern offen steht." [2, S. 7]

Dann kommt ohne weiteren Übergang die entscheidende Stelle, die das Prinzip der analytischen Geometrie erstmals ausspricht: ,,Sobald in einer Schlußgleichung zwei unbekannte Größen auftreten, hat man einen (geometrischen) Ort, und der Endpunkt der einen Größe beschreibt eine gerade oder krumme Linie.... Die Gleichungen kann man aber bequem versinnlichen, wenn man die beiden unbekannten Größen in einem gegebenen Winkel (den wir meist gleich einem Rechten nehmen) aneinandersetzt und von der einen die Lage und den einen Endpunkt gibt." [2, S. 7]

Wie behandelt *Fermat* beispielsweise die Gleichungen der Geraden? Dazu sei daran erinnert, daß *Fermat* die Bezeichnungen von *Vieta* übernommen hat: Vokale bedeuten die veränderlichen Größen, Konsonanten die bekannten gegebenen Größen.

Die Gerade als geometrischer Ort wird von *Fermat* folgendermaßen eingeführt: ,,*NZM* sei eine der Lage nach gegebene Gerade, *N* ein fester Punkt auf ihr. *NZ* sei die eine unbekannte Größe *A*, und die an sie unter dem gegebenen Winkel *NZI* angesetzte Strecke *ZI* sei gleich der anderen unbekannten Größe *E*. Wenn dann *DA* = *BE*, so beschreibt *I* eine der Lage nach gegebene Gerade." [2, S. 7]

Übrigens schreibt *Fermat*, der noch nicht das Gleichheitszeichen ,,=" kannte und verwendete, im Originaltext nicht *DA* = *BE*, sondern

,,*D* in *A* aequetur *B* in *E*".

Das würde übersetzt etwa lauten: *D* mit *A* multipliziert möge gleichgesetzt werden dem mit *B* multiplizierten *E*.

Den Beweis, daß *DA* = *BE* wirklich die Gleichung einer Geraden darstellt, führt *Fermat* folgendermaßen:

,,Es ist nämlich *B* : *D* = *A* : *E*.

Daher ist das Verhältnis von *A* : *E* fest, und da außerdem der Winkel bei *Z* gegeben ist, kennt man die Form des Dreiecks *NIZ* und damit den Winkel *NIZ*. Der Punkt *N* ist aber gegeben und die Gerade *NZ* der Lage nach bekannt. Also ist die Lage von *NI* gegeben..." [2, S. 8]

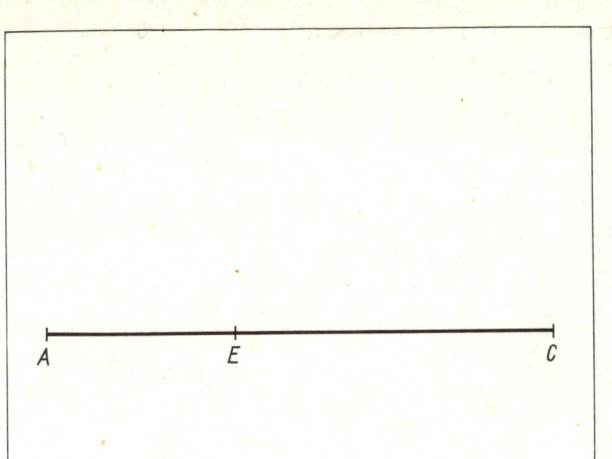

Gleichung
der Geraden

A ——————— E ——————————— C

Auf ähnliche Weise beweist *Fermat*, daß die Gleichung
 $AE = Z$ eine Hyperbel,
 $A^2 = DE$ eine Parabel,
 $E^2 = DA$ eine Parabel,
 $B^2 - A^2 = E^2$ einen Kreis,
 $A^2 + B^2 = E^2$ eine Hyperbel
darstellt. Insgesamt liefert *Fermat* auf diese Weise einen im wesentlichen vollständigen Beweis für den abschließenden, zusammenfassenden Satz, voller Stolz auf die von ihm gegenüber der Antike im Methodischen erzielten Fortschritte: ,,Wir haben also kurz und klar alles gemeistert, was die Alten über die ebenen und räumlichen Örter unerklärt gelassen haben. Wenn keine der Unbekannten die zweite Potenz überschreitet, wird der Ort eben oder körperlich..." [2, S. 16]
Auch einige Anregungen zu der schon um 1629 vollendeten Studie ,,Über Maxima und Minima" verdankt *Fermat* der antiken Mathematik, insgesamt aber den nachhaltig wirkenden Anstößen und Diskussionen mit seinen wissenschaftlichen Partnern zu einer Zeit, als sich die Naturwissenschaften stürmisch zu entfalten begannen. Beispielsweise enthält diese Abhandlung neben mathematischen Beispielen auch die Ableitung des Brechungsgesetzes der Optik aus dem Axiom, daß sich das Licht ,,auf dem Wege des geringsten Widerstandes" ausbreite, eine Postulierung, die unter der Bezeichnung Fermatsches Prinzip in die Geschichte der Naturwissenschaften eingegangen ist.
Schaut man auf die Methode, wie *Fermat* die zu bestimmenden Maxima und Minima gefunden hat, so entdeckt man, daß es sich um eine verkappte Differentialrechnung handelt, die schon den Methoden von *Leibniz* und *Newton* überraschend nahe steht. Allerdings ist sie bei *Fermat* nur für einige einfache Klassen von Funktionen tragfähig. So ist es kein Wunder, daß in der Periode des nationalistisch gefärbten Streites zwischen Deutschen und Engländern während des 18. Jahrhunderts um die Priorität von *Newton* oder *Leibniz* bei der Erfindung der Infinitesimalrechnung die Franzosen diesen Streit durch Verweis auf *Fermat*, den eigentlichen Erfinder, für gegenstandslos erklärten.

Evangelista Torricelli
(1608 bis 1647)

Ein Beispiel soll *Fermats* Methode verdeutlichen:
Sei die Strecke $\overline{AC}$ durch den Punkt E so zu teilen, daß das Rechteck AEC, das heißt, daß das Produkt aus $\overline{AE}$ und $\overline{EC}$ ein Maximum wird.
Fermat bezeichnet die Strecke $\overline{AC}$ mit B; den einen Teil der Strecke bezeichnet er mit A, der andere ist dann $B-A$. Für das Rechteck $BA-A^2$ soll also der größte Wert gefunden werden. Nun ändert *Fermat* den Wert der Variablen A ein wenig ab – wie wir heute etwa auch x durch $x+h$ ersetzen – und schreibt: ,,Setzen wir für den einen Teil von B neuerdings $A+E$, so ist der übrige Teil gleich $B-A-E$ und das aus den beiden Abschnitten gebildete Rechteck gleich

$$BA - A^2 + BE - 2AE - E^2,$$

dies ist näherungsweise gleichzusetzen obigem Rechteck $BA - A^2$. Nach Wegfall der gemeinsamen Glieder erhält man

$$BE \approx 2AE + E^2.$$

Wird alles durch E dividiert, so bleibt $B \approx 2A + E$.
Wird E gestrichen, so ergibt sich

$$B = 2A.$$

Also ist zur Lösung der Aufgabe B zu halbieren." [4, S. 2]
Im Vollgefühl der Leistungsfähigkeit seiner Methode fügt *Fermat* hinzu: ,,Eine allgemeinere Methode kann man wohl nicht angeben."
Fermat hat mit seiner Methode sehr interessante Anwendungen von Extremwertaufgaben formuliert.
Gesucht sei der Punkt, für den die Summe der Abstände von n gegebenen, in einer Ebene liegenden Punkten möglichst klein wird. Diese Minimalsumme bezeichnet man heute als ,,Vial" und den gesuchten Punkt als ,,Vialzentrum". *Fermat* stellte das Problem für $n = 3$ auf, elegante Lösungen stammen von *E. Torricelli, V. Viviani* und *B. Cavalieri*. Für $n = 4$ liegt das Vialzentrum – von einigen Sonderfällen abgesehen – im Schnittpunkt der Diagonalen des gegebenen Vierecks. Für mehr als vier Punkte sind, wie *C. F. Gauß* zeigte, nur noch Näherungslösungen möglich. *Gauß* erkannte

Bonaventura Cavalieri
(etwa 1598 bis 1647)

auch den Zusammenhang dieser Aufgabe mit verkehrstechnischen Problemen, zum Beispiel beim Ermitteln der günstigsten Lage von Verkehrsknotenpunkten. (Dieser Hinweis stammt von *M. Miller*, Dresden.)

Bemerkenswerterweise eignet sich *Fermat*s Methode der Extremwertbestimmung auch zur Behandlung des Tangentenproblems, also zur Lösung der Aufgabe, an eine Kurve in einem beliebigen Punkte die Tangente zu legen. Freilich reicht auch hier seine Methode nur für eine gewisse Klasse von Funktionen aus.

Sei beispielsweise die Tangente an die quadratische Parabel im Punkte B zu legen. Die Parabel habe den Scheitel D. Der Fußpunkt des Lotes von B auf die Achse der Parabel sei C, die gesuchte Tangente schneide die Achse in E. Man wähle auf der Tangente einen weiteren Punkt O, der entsprechende Fußpunkt heiße I.

Auf Grund der geometrischen Definition der Parabel ist

$$\overline{CD}:\overline{DI} > \overline{BC}^2:\overline{OI}^2,$$

wegen der Ähnlichkeit der entsprechenden Dreiecke ist jedoch

$$\overline{BC}^2:\overline{OI}^2 = \overline{CE}^2:\overline{IE}^2$$

Also hat man

$$\overline{CD}:\overline{DI} > \overline{CE}^2:\overline{IE}^2.$$

Setzt man $\overline{CD}$ gleich D, $\overline{CE} = A$ und $\overline{CI} = E$, dann ist

$$D:(D-E) > A^2:(A^2+E^2-2AE).$$

Durch Ausmultiplizieren, Gleichsetzen, Weglassen der gemeinsamen Glieder und Division durch E und Streichen der mit E behafteten Glieder erhält man schließlich

$$A^2 = 2DA \text{ oder } A = 2D.$$

Damit ist der Punkt E gefunden und die Konstruktion der Tangente sofort möglich. Wieder folgt ein freudiger Ausbruch *Fermat*s: „Die Methode der Tangentenbestimmung versagt nie; sie kann sogar auf eine große Anzahl sehr schöner Aufgaben ausgedehnt werden; mit ihrer Hilfe finden wir die Schwerpunkte von Figuren, die von

Tangentenmethode

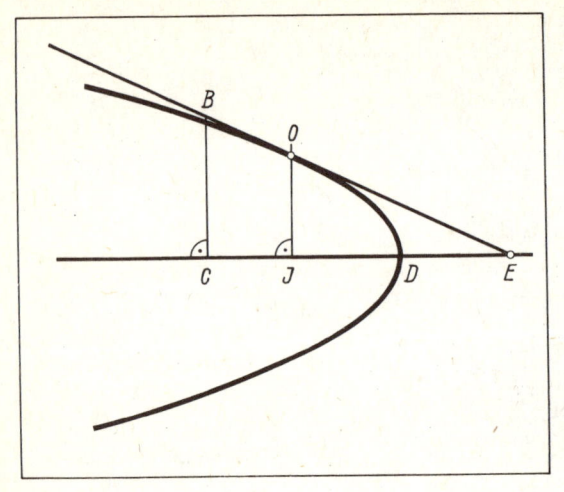

Kurven und Geraden begrenzt sind, sowie auch von Körpern und noch vieles andere, worüber wir vielleicht noch ein andermal berichten werden, wenn wir dazu Muße finden." [4, S. 4]

Leider hat *Fermat* dazu nicht „die Muße gefunden", auch nicht zu einer Publikation seiner weitreichenden Ergebnisse in der Integralrechnung. Seine Methode bei der Berechnung von Flächeninhalten, das heißt der Bestimmung von Quadraturen, beruht auf einer Kombination der euklidischen Methode mit den von *Archimedes* in der „Parabelquadratur" gegebenen Anregungen. Übersetzt man die von *Fermat* gefundenen Ergebnisse in heutige Symbole und Sprechweise, so war er imstande, alle durch $\left(\frac{y}{b}\right)^q = \left(\frac{v}{a}\right)^p$ beziehungsweise durch $\left(\frac{x}{a}\right)^p \cdot \left(\frac{y}{b}\right)^q = 1$ (p und q ganz und positiv, zueinander teilerfremd) gegebenen Funktionen zu integrieren. Auch für die Rektifikation von Kurven konnte *Fermat* erste wegweisende Schritte vorzeichnen.

In der Entstehungsgeschichte der Wahrscheinlichkeitsrechnung begegnet uns der Name *Fermat* wiederum als der eines scharfsinnigen Erfinders. Im Sommer 1654 wechselte *Fermat* Briefe mit *Blaise Pascal*, angeregt durch die vom *Chevalier de Méré* aufgeworfene Frage nach der gerechten Verteilung der Einsätze eines Glücksspielers, wenn das Spiel vorzeitig abgebrochen wird.

Den größten Ruhm erlangte *Fermat* mit seinen Untersuchungen zur Zahlentheorie, der auch seine eigene, besondere Vorliebe gilt. In den Jahren 1657 bis 1658 lieferte *Fermat* im Wettstreit mit Lord *W. Brouncker* und *J. Wallis* in England und *B. Frenicle de Bessy* eine Fülle anregender Sätze und Problemstellungen.

Den Ausgangspunkt nahm *Fermat* bei der „Arithmetik" des antiken Mathematikers *Diophantos von Alexandria*. *Fermat* suchte die Methode von *Diophantos* zu rekonstruieren und machte dabei seinerseits bedeutende zahlentheoretische Entdeckungen, die er, da er zu bequem zur zusammenfassenden Darstellung war, auf den Buchrand einer Diophant-Ausgabe festhielt.

Der Name *Fermat* erlangte zusätzlich noch eine merkwürdige Berühmtheit durch die bewegte Geschichte eines dieser Probleme, des sogenannten Großen Fermatschen Satzes:

Ernst Eduard Kummer
(1810 bis 1893)

Soll man die Gleichung $x^n + y^n = z^n$, wo n die Zahlen 1, 2, 3 ... durchläuft, in ganzzahligen x, y und z auflösen, so ist diese Gleichung für $n = 1$ trivial lösbar. Für $n = 2$ erhält man die ganzzahligen Seitenlängen rechtwinkliger Dreiecke (Pythagoreische Zahlentripel). Für alle $n \geqq 3$, ganz, behauptete *Fermat*, daß diese Gleichung nicht in ganzen Zahlen zu lösen sei. In seine Diophant-Ausgabe schrieb er: „Ich habe für diese Behauptung einen wahrhaft wunderbaren Beweis entdeckt, doch ist dieser Rand (des Buches, Wg) hier zu schmal, um ihn zu fassen." [3, S. 3]
Die Folgezeit sah eine Fülle von Anstrengungen, diesen recht harmlos klingenden Satz zu beweisen, zumal *Fermat* den Beweis schon besessen haben wollte. Er trotzte aber sogar den Bemühungen solch genialer Mathematiker wie *L. Euler* und *C. F. Gauß*. Der deutsche Mathematiker *E. E. Kummer* entwickelte im Hinblick auf den „Großen Fermat" die sogenannte Idealtheorie, die heute einen wichtigen Bestandteil der modernen Algebra darstellt, vermochte aber den Satz auch nur für $n = 3, 4, \ldots, 100$ zu beweisen. Es ist bis heute nicht gelungen, den Satz für alle $n \geqq 3$ zu beweisen; zwar für eine sehr umfangreiche Klasse von Exponenten n, aber eben nicht für alle n.
Ursprünglich blieb der „Große Fermat", das heißt die Fermatsche Vermutung, Gegenstand der Bemühungen von professionellen Mathematikern. Das änderte sich schlagartig, als im Jahre 1905 der Göttinger Professor *P. Wolfskehl* der Göttinger Gesellschaft der Wissenschaften die beträchtliche Summe von 100 000 Mark als Preis für denjenigen zur Verfügung stellte, der den Beweis des Satzes gefunden hätte. Von nun an liefen Tausende von sogenannten Beweisen ein; meist waren sich die Autoren der eigentlichen Schwierigkeiten nicht bewußt. Sie übersahen, weil das Problem so schnell zu verstehen ist, die Tücken von zahlentheoretischen Untersuchungen. Es gab viel Ärger — bei den Autoren, die sich schon im Besitz der Summe sahen, bei den Assistenten, die jedesmal den jeweiligen Fehlschluß in mühevoller Arbeit nachzuweisen hatten. Es soll an den großen mathematischen Instituten mehrerer deutscher Hochschulen jeweils einen Assistenten gegeben haben, der speziell mit dem „Abtöten" der vorgeblichen Fermat-Lösungen beschäftigt war.
Man kann annehmen, daß der große Fermatsche Satz richtig ist; aber man darf auch annehmen, daß *Fermat* selbst einer Täuschung erlegen ist, als er glaubte, dafür einen

Stube eines Rechtsanwalts im 17. Jh.

„wunderbaren Beweis" gefunden zu haben. *Fermat* hat sich, bei seinen zahlreichen kühnen Vorstößen in mathematisches Neuland, auch sonst gelegentlich geirrt, beispielsweise mit der Behauptung, daß jede Zahl der Form $2^{(2^n)} + 1, n = 1, 2, 3, \ldots$ stets eine Primzahl darstelle. *Euler* fand dafür ein Gegenbeispiel, indem er für $n = 5$ die Faktorenzerlegung

$$2^{(2^5)} + 1 = 2^{32} + 1 = 641 \cdot 6\,700\,417$$

angab.
In jeder Weise glücklicher ging es mit dem sogenannten „Kleinen Fermatschen Satz", der sich als richtig erwies, in aller Vollständigkeit bewiesen werden konnte und sich als fundamentales Theorem in vielen mathematischen Teilgebieten herausstellte. Dieser Satz lautet:
Wenn p eine Primzahl ist und a eine ganze Zahl, die sich nicht ohne Rest durch p teilen läßt, so ist $a^{p-1} - 1$ durch p teilbar.
Verwendet man die Schreibweise mit Kongruenzen, so hat man

$a^{p-1} \equiv 1 \pmod{p}$, falls $(a, p) = 1$.

Dem Zauber der Zahlentheorie, wie sie *Fermat* selbst betrieben und zum Gegenstand der mathematischen Wissenschaft gemacht hat, kann sich seitdem bis heute niemand entziehen, der Freude am Entdecken und Sinn für abstraktes, logisches Denken hat. Auch *Gauß* hat daher *Fermat* aufs höchste geschätzt und sich stets im Tone höchster Begeisterung über die Zahlentheorie geäußert: „Die höhere Arithmetik hält für uns eine unerschöpfliche Fülle interessanter Wahrheiten bereit – auch Wahrheiten, die nicht isoliert, sondern untereinander in enger Verbindung stehen und zwischen denen wir mit zunehmender Kenntnis stets neue und manchmal völlig überraschende Zusammenhänge entdecken. Ein zusätzlicher Reiz vieler arithmetischer Theorien liegt in der Eigentümlichkeit, daß wichtige Sätze, die den Stempel der Einfachheit tragen, oft durch Induktion leicht zu entdecken und doch von solcher Tiefe sind, daß wir ihren Beweis erst nach vielen vergeblichen Versuchen finden; und selbst wenn es uns gelingt, benötigen wir dazu oft langwierige und kunstvolle Verfahren, während die einfacheren Methoden oft lange verborgen bleiben können." [9, S. 76]

Jean Baptiste Molière
(1622 bis 1673)

Eines der schönsten Beispiele der Zahlentheorie *Fermats*, auf die *Gauß* anspielte, verbirgt sich in dem Satz, daß sich jede Primzahl der Form $4n + 1$ als Summe von zwei Quadraten darstellen läßt, und zwar nur auf eine einzige Weise. Also ist z. B. für $n = 1$ die Zahl $4 \cdot 1 + 1 = 5 = 1^2 + 2^2$, und für $n = 3$ ist $4 \cdot 3 + 1 = 13 = 3^2 + 2^2$. Dagegen ist keine Primzahl der Form $4n - 1$ als Summe zweier Quadrate darstellbar. Auch für diesen Satz hat *Fermat* keinen Beweis publiziert, sondern nur brieflich das – dabei schwierig zu handhabende – Verfahren beschrieben, das er „descente infinie" (unendlicher Abstieg) nannte. Es besteht aber in diesem Fall und bei vielen anderen zahlentheoretischen Sätzen im Unterschied zum „Großen Fermat" kein Zweifel, daß *Fermat* einen vollgültigen Beweis besessen hat. *Euler* fand nach siebenjährigem Suchen für den Zerlegungssatz der Primzahlen $4n + 1$ erneut einen Beweis und veröffentlichte ihn im Jahre 1749.

Das Leben des Mathematikers *Pierre de Fermat* war gekennzeichnet durch eine Fülle wunderbarer Ideen, durch tiefliegende Ergebnisse und sicheres Gefühl für die zu seiner Zeit fruchtbarsten mathematischen Fragestellungen und Problemkreise. Vieles an bedeutenden Einzelheiten wäre noch nachzutragen, beispielsweise seine Studien über magische Quadrate, über Eliminationstheorie und praktische Integrationsmethoden. Zu seinen Lebzeiten sah sich *Fermat* jedoch in vielerlei unerquickliche Streitigkeiten mit seinen Fachkollegen verwickelt: *Descartes* attackierte – ganz zu Unrecht – *Fermat*s Tangentenmethode und beschimpfte ihn als „plumpen Gascogner". Es gab Prioritätsstreitigkeiten und böswillige Unterstellungen, vor allem nach dem Tode (1648) des ihm befreundeten *Mersenne*. Man geht nicht fehl in der Einschätzung, daß ein großer Teil der Ärgernisse, deretwegen *Fermat* zu Lebzeiten nicht die verdiente Anerkennung finden konnte, gerade daher rührt, daß *Fermat* seinen Zeitgenossen zu weit, zu schnell und so erfolgreich auf mathematischem Gebiet davoneilte. Heute ist seine Stellung als die eines der bedeutendsten Mathematiker der Neuzeit und eines Wegbereiters der modernen Mathematik unbestritten.

Paris um 1700

Lebensdaten zu Pierre de Fermat

1601	August, *Pierre de Fermat* in Beaumont de Lomagne (Gascogne) geboren 20. August, *Fermat* getauft
1628/29	*Fermat* entwickelt eine Methode der Maxima und Minima.
1631	14. Mai, Ernennung zum Petitionskommissar in Toulouse 1. Juni, Heirat mit *Louise de Long*, einer Cousine mütterlicherseits
1634	Rat am obersten Gerichtshof in Toulouse
Um 1635	Mitte der 30er Jahre (noch vor 1637), *Fermat* entwickelt eine Methode der analytischen Geometrie.
1665	12. Januar, *Pierre de Fermat* in Castres bei Toulouse gestorben
1679	*Fermats Sohn Clément-Samuel* gibt „Varia opera mathematica" (Verschiedene mathematische Werke) seines Vaters heraus.

Literaturverzeichnis zu Pierre de Fermat

[1] *Fermat, Pierre de:* Œuvres, 4 Bände. Ed. P. Tannery und Ch. Henry, Paris 1891 bis 1912.
[2] *Fermat, P. de:* Einführung in die ebenen und körperlichen Örter. Ed. H. Wieleitner, Ostwalds Klassiker der exakten Wissenschaften, Nr. 208, Leipzig 1923.
[3] *Fermat, P. de:* Bemerkungen zu Diophant. Ostwalds Klassiker der exakten Wissenschaften, Nr. 234, Leipzig 1932.
[4] *Fermat, P. de:* Abhandlungen über Maxima und Minima (1629). Ed. M. Miller, Ostwalds Klassiker der exakten Wissenschaften, Nr. 238, Leipzig 1934.
[5] *Itard, J.:* Pierre Fermat. Beiheft zu den „Elementen der Mathematik", Nr. 10. Basel 1950.
[6] *Hofmann, J. E.:* Über zahlentheoretische Methoden Fermat's und Euler's, ihre Zusammenhänge und ihre Bedeutung. In: Archiv. Hist. Exact. Sc., Band 1/2 (1961), S. 122 bis 159.
[7] *Hofmann, J. E.:* Pierre Fermat – ein Pionier der neuen Mathematik. In: Praxis der Mathematik 7, 1965, S. 113 bis 119, 171 bis 180, 197 bis 203.
[8] *Bašmakova, I. G.:* Diofant i Ferma. In: Ist. Mat. Issl., Band XVII (1966), S. 185 bis 207.
[9] *Bell, E. T.:* Die großen Mathematiker. Düsseldorf, Wien 1967.

René Descartes
(Gemälde von Franz Hals)

René Descartes (1596 bis 1650)

Die Familie *Descartes* gehörte zu jenen Kreisen des mittleren französischen Adels, die sich durch die Ausübung höfischer Ämter in der Provinz einen gewissen Wohlstand erwarben, der ihnen materielle Sorgen so lange ersparte, so lange sie sich der Gunst des Hofes erfreuten.
Der 1563 geborene Vater *Joaquim Descartes* war Jurist und seit 1586 Conseiller – das heißt königlicher Berater – am Parlament der Bretagne. *René* wurde als drittes Kind am 31. März 1596 in La Haye in der Touraine in der Nähe von Tours geboren. Seine Mutter *Jeanne* starb wenige Wochen nach seiner Geburt.
Im Alter von acht Jahren kam der zwar körperlich schwächliche, jedoch mit scharfem Verstand ausgezeichnete Knabe in das 1603 gegründete Jesuitencollege La Flêche, in dem ein Onkel von ihm unterrichtete und das als Bildungsstätte einen guten Ruf genoß. Gelehrt wurde auf der Grundlage der ,,sieben freien Künste", der ,,artes liberales", sie umschlossen das Trivium (Grammatik, Rhetorik, Dialektik oder Logik) und das Quadrivium (Arithmetik, Geometrie, Astronomie, Musik).
In La Flêche blieb *Descartes* bis zu seinem 17. Lebensjahr, bis 1612. Da er einige Sondervergünstigungen genoß, fühlte er sich wohl. Mit einem der älteren Zöglinge des College, *Marin Mersenne*, verband ihn später eine dauernde Vertrautheit. Ihr verdankte *Descartes* die Verbindung zu vielen Gelehrten Frankreichs. Bei *Mersenne* trafen sich Naturforscher und Philosophen, um zu disputieren. Er selbst pflegte eine rege wissenschaftliche Korrespondenz (siehe auch Biographie ,,*Blaise Pascal*"). In La Flêche wurde Mathematik vor allem nach den Büchern von *Ch. Clavius* gelehrt. *Clavius* hatte sich seinen guten Ruf unter anderem dadurch erworben, daß seine Schüler in Rom Untersuchungen über *Apollonios* und *Archimedes* anstellten. *Descartes* studierte darüber hinaus auch die Werke von *F. Vieta*, dem Schöpfer der algebraischen Analyse für spezielle Beispiele, dem allerdings eine allgemeine Systematik noch ebenso nicht gelang wie der Verzicht auf die sogenannten ,,Kunstgriffe".
Bis zu seinem 20. Lebensjahr führte *Descartes*, nachdem er das College verlassen

Marin Mersenne
(1588 bis 1648)

hatte, zunächst das Leben eines „Privatiers", wahrscheinlich in Paris, um sich dann – ohne besondere Neigungen – juristischen Studien zuzuwenden. Im Jahre 1619 erwarb er als 20jähriger das Baccalaureat der Rechte und bereits drei Tage später das Lizenziat an der Fakultät zu Poitiers. Da *Descartes* die Absicht hatte, später ein einflußreiches weltliches Amt auszuüben, mußte er zwei Bedingungen erfüllen. Erstens mußte er dem „begüterten" Adel angehören – das war der Fall, nachdem er gegen 1618 ein kleines Gut im Poitou geerbt hatte und sich zeitweilig *Sieur du Perron* nannte. Zweitens brauchte er militärische Erfahrungen. Deshalb entschloß er sich mit 21 Jahren, zu dem Zeitpunkt, als der Ausbruch des 30jährigen Krieges heranreifte, freiwillig der Armee des gegen die Spanier erfolgreichen *Moritz von Nassau* beizutreten, der sich für die Naturwissenschaften interessierte. Bei ihm in Holland lernte *Descartes* den bereits 70jährigen Naturforscher, Ingenieur und Mathematiker *S. Stevin* kennen, der im Heer das Amt des Generalquartiermeisters ausübte. Auch *W. Snell* – Professor für Mathematik in Leyden – gehörte zur Truppe *Moritz von Nassaus*. In Breda schloß *Descartes* die Bekanntschaft mit dem Mathematiker *I. Beeckman*, der ihn wahrscheinlich in den folgenden Jahren über das bedeutende naturwissenschaftliche Leben Hollands auf dem laufenden hielt.

Beeckman, dessen Vorstellungen dahin gingen, die Physik vollständig zu mathematisieren, war es auch, der *Descartes* davon abriet, seine Zeit nutzlos in der ohnehin in keine größeren kriegerischen Handlungen verwickelten Armee zu vergeuden. Um seine Studien „im Buche der Welt" fortzusetzen, besuchte *Descartes* 1619 Dänemark und wahrscheinlich auch Polen, Ungarn, Österreich und Böhmen, bevor er gegen Ende des Jahres dem Heer *Maximilians V. von Bayern* beitrat, mit diesem bis vor Prag zog und an der für Böhmen und Mitteleuropa entscheidenden Schlacht am Weißen Berge am 8. November 1620 gegen den Böhmenkönig Kurfürst *Friedrich V. von der Pfalz* teilnahm. Vorher, etwa im Winter 1619/1620, war *Descartes* in Ulm in Kontakt mit dem berühmten deutschen Rechenmeister *J. Faulhaber* gekommen, der ihn zu mathematischen Überlegungen anregte, die unter anderem zur Entdeckung des sogenannten Eulerschen Polyedersatzes führten, jedoch ohne ihn zu veröffentlichen.

Nun quittierte *Descartes* seinen Militärdienst, um sich erneut ausgiebigen Reisen

Simon Stevin
(1548 bis 1620)

durch Mitteleuropa und – nach einem Zwischenaufenthalt in Rennes bei seinem Vater – auch durch Italien zuzuwenden. 1625 kehrte er nach Frankreich zurück und hielt sich in der folgenden Zeit meist in Paris auf, befreundete sich mit dem Dichter *Guy de Balzac* und gehörte zu dem Kreis der Naturforscher um *Mersenne*, der sich bemühte, die Naturgesetze statt durch Hinweise auf antike Autoren durch Experimente, Beobachtungen, Verallgemeinerungen zu belegen. *Descartes* führte zu dieser Zeit das Leben eines Spielers und Lebemannes, bis er sich, der Vergnügungen überdrüssig, in eine Wohnung nach Saint Germain zurückzog.

Hier beginnt eine intensivere Beschäftigung mit Philosophie, Physik und Mathematik, ohne daß er etwas veröffentlichte. Im Jahre 1628 schließlich emigrierte er nach Holland, um sich einer klaren Stellungnahme zu den durch die Erstarkung der Manufaktur herausgebildeten Produktivkräften und damit den heranreifenden Klassenauseinandersetzungen zu entziehen. In den holländischen Städten blühten Handel und Wissenschaft, und *Descartes* fand Anschluß an die gelehrten Kreise. Im Jahre der Gründung der Amsterdamer Akademie, 1632, lernte *Descartes* den einflußreichen Sekretär des Prinzen von Oranien, *Constantin Huygens*, kennen, zu dessen Sohn *Christiaan* er eine väterliche Zuneigung empfand. Während seines 20jährigen Aufenthaltes in Holland führte *Descartes* ein sorgenfreies Leben, wobei er keinesfalls die meiste Zeit in Amsterdam verbrachte. Vielmehr lebte er in kleinen Landhäusern, um dort ungestört seine wissenschaftlichen Studien betreiben zu können. Aus einem Verhältnis mit einer Magd ging im Sommer 1635 ein Kind hervor. Das Mädchen, das den Namen *Francine* erhielt, wurde allerdings nur knapp fünf Jahre alt.

In Holland verbrachte *Descartes* die produktivsten Jahre seines Lebens, und hier erschien auch 1637 der „Discours de la méthode . . ." (Abhandlung über die Methode, die Vernunft richtig zu leiten und die Wahrheit in den Naturwissenschaften zu suchen, außerdem die Dioptrik, Meteore und Geometrie). Außer mit Philosophie und Mathematik beschäftigte sich *Descartes* auch vorübergehend mit Optik, Chemie, Mechanik, Anatomie, Embryologie, Medizin, Astronomie und Meteorologie. Das physikalische Sammelwerk „Le Monde" wurde unmittelbar vor seiner Veröffentlichung 1634 von *Descartes* zurückgehalten, da er fürchtete, ihm könne es ähnlich wie *Galilei*

Christiaan Huygens
(1629 bis 1695)

ergehen und auch ihm von kirchlichen Kreisen der Prozeß gemacht werden. Mit *Mersenne* und *Balzac* in Paris führte er um diese Zeit eine rege Korrespondenz. In Holland entstanden außerdem die „Prinzipien der Philosophie", die „Passionen der Seele" und die „Meditationen", über die *Descartes* im Brief vom 28. Januar 1641 an *Mersenne* schrieb: „Diese sechs Meditationen enthalten die gesamten Grundlagen meiner Physik. Aber sagen Sie das bitte nicht, weil es sonst den Anhängern des Aristoteles vielleicht schwerfiele, sie zu billigen; und ich hoffe, daß die sie Lesenden sich unmerklich an meine Prinzipien gewöhnen und ihre Wahrheit anerkennen, bevor sie merken, daß sie die des Aristoteles zerstören." [1, Bd. III]

Descartes besuchte natürlich auch ab und zu Paris, zum Beispiel 1638, wo er allerdings mit *P. de Fermat* in den häßlichen Streit über dessen Tangentenmethode geriet, oder später, als er *B. Pascal* zweimal besuchte, ohne jedoch eine rechte Verständigungsbasis mit ihm zu finden. 1631 stattete er auch England einen kurzen Besuch ab. Sein letzter Aufenthalt in Frankreich erfolgte 1648. Eigentlich sollte es ein Bleiben von Dauer sein, denn *Mazarin* hatte *Descartes* zur Stärkung der Position *Ludwigs XIV.* geholt. Doch *Descartes* floh erneut, weil er keine Einstellung zum Hof und zur Fronde hatte [7]. Er verließ Paris, ohne seinem erkrankten Freund *Mersenne*, der fünf Tage später starb, einen Besuch abzustatten. Schließlich nahm *Descartes* eine Einladung nach Schweden als willkommenen Ausweg an. Königin *Christine von Schweden* hatte es sich in den Kopf gesetzt, von *Descartes* in Philosophie unterrichtet zu werden. Als der Gelehrte in Stockholm eintraf, empfing ihn die Königin freundlich, während die höfischen Philosophen befürchteten, daß *Descartes* ihre Herrscherin vom Katholizismus überzeugen könnte − nicht zu Unrecht, wie sich herausstellen sollte. Trotz ihrer Freundlichkeit ließ *Christine* den Gelehrten den Standesunterschied merken. Die von ihr gewünschten Unterweisungen wurden auf fünf Uhr morgens festgelegt. *Descartes*, der sein ganzes Leben lang gewohnt war, täglich bis weit in den Vormittag hinein im Bett zu bleiben, mußte, nun 53jährig, im kalten Winter des Nordens am frühen Morgen den langen Weg von seiner Wohnung in der französischen Botschaft bis zum Schloß der Königin zurücklegen. Nach einigen Tagen schon zog er sich eine Lungenentzündung zu, die ihm nach neun Tagen, am 11. Februar 1650, den Tod brachte.

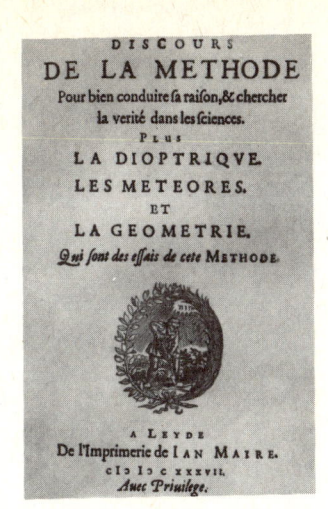

Titelblatt des „Discours de la méthode"

Wie bereits erwähnt, begann sich *Descartes* vor allem während seines Militärdienstes und des danach folgenden Pariser Aufenthaltes ernsthaften philosophischen und naturwissenschaftlichen Studien zuzuwenden. Die Veröffentlichung gefundener Erkenntnisse unterblieb aus Angst vor der Inquisition. So erschien zum Beispiel seine mathematische Fundierung der Musiktheorie „Musicae compendium" aus dem Jahre 1618 sogar erst nach seinem Tod. So wie die Musik wollte *Descartes* alle Wissenschaften auf das Niveau der Mathematik anheben. Aus der mathematischen Erkenntnis, daß nur das gilt, was existiert und beweisbar ist, unabhängig von jeder Autorität, baute er sein rationalistisches Weltbild auf, das auf die Vernünftigkeit der Wirklichkeit gegründet war. Zur Verwirklichung seines Grundanliegens suchte *Descartes* eine sichere, allgemeingültige Methode der Wahrheitsforschung für alle Wissenschaften zu finden. Nach seiner Meinung eignete sich die Mathematik vor allem deshalb als methodisches Vorbild, weil sie von einfachen allgemeinverständlichen Tatsachen ausgeht und ihren Strukturelementen Allgemeingültigkeit zukommt.

Bei der konsequenten Anwendung der axiomatisch-deduktiven Methode auf die Physik wurde *Descartes* jedoch zum Dogmatiker. Er führte alle Erscheinungen auf Bewegungen kleinster Teilchen („corpuscula") zurück, die von Kausalität beherrscht werden, und reduzierte damit die Dynamik a priori auf Statik und Kinematik unter Ablehnung des Zeitparameters. Das charakterisiert *Descartes* als Vertreter des extremen mechanischen Materialismus. Bei der Formulierung der Stoßgesetze verwechselte er zum Teil Impuls mit Kraft, postulierte aber wohl auch als erster die Erhaltung der Bewegungsgröße [6] in der Form $\sum mv =$ konst.

Ausführlich beschäftigte sich *Descartes* mit optischen Experimenten und begründete selbständig das Brechungsgesetz und den Strahlengang in Regentropfen, wozu er Untersuchungen an mit Wasser gefüllten Glaskugeln (Schusterkugeln) durchführte. In der Astronomie stellte er sich die Sonne als Wirbelzentrum – ganz im Sinne eines Wasserwirbels – vor. Die um die Sonne kreisenden Planeten verglich er mit Korkstückchen, die in unterschiedlichen Entfernungen um das Zentrum schwimmen. Die fast kreisförmigen Umlaufbahnen der Planeten erklärte *Descartes* als mechanische Auswirkung eines vorhandenen Ätherwirbels. Erst *Newton* stellte auf der Grundlage

Ein Brief von Descartes

der Keplerschen Gesetze die richtige Theorie auf, indem er die Wechselwirkung von Gravitation und Trägheit nachwies.

Wenn sich *Descartes* der Mathematik bediente, so heißt das nicht, daß er sie kritiklos übernahm. Zunächst formalisierte er in mathematischen Texten alles, was sich mit Hilfe von Symbolen darstellen ließ, und erkannte, daß Allgemeingültigkeit nur erzielt werden konnte, wenn die Algebra nicht neben der Geometrie stand, sondern beide zu einer Einheit zusammengefügt wurden. Sollte sich schließlich seine Methode erfolgreich durchsetzen, so mußte sie für jedermann verständlich – also in der Landessprache – geschrieben werden.

Descartes gliederte die Mathematik zunächst in ,,Präzisionsmathematik", worunter er alle auf algebraischem Wege lösbaren – nach *Descartes* ,,geometrische" – Probleme versteht, und in ,,Approximationsmathematik", zu der er alle übrigen – mechanischen – Probleme rechnete. Er verzichtete auf das Homogenitätsprinzip und konnte dadurch auch Probleme höheren als 3. Grades in Angriff nehmen. Durch Einführung einer Einheitsstrecke wurde es ihm möglich, jede beliebige Strecke als Zahl aufzufassen. Das führte zur Arithmetisierung der Geometrie. Die mit Zirkel und Lineal konstruierbaren geometrischen Probleme ersten und zweiten Grades bezeichnete er wie *Apollonios* als ,,eben" und nannte Aufgaben dritten und vierten Grades wie die oberitalienischen Cossisten ,,körperlich". Während *L. Ferrari* gezeigt hatte, daß die Lösung der allgemeinen Gleichung vierten Grades von der Auflösung einer kubischen und zweier quadratischer Gleichungen abhängt, fand *Descartes* etwa 1628/29 die zeichnerische Lösung mittels einer einzigen Parabel, die von einem Kreis geschnitten wird, dessen Mittelpunkt und Radius von den Gleichungskoeffizienten bestimmt werden.

Indem *Descartes* alle Gleichungen vom Grade $2n$ und $2n + 1$ irrtümlicherweise als Problemtypen vom ,,genre n" zusammenfaßte, verschloß er sich den Weg zu allgemeinen Aussagen. Das wurde ihm später von *P. de Fermat* auch eindringlichst vorgeworfen. Im Anschluß an die Gleichung vierten Grades, die *Descartes* mittels Hilfsgleichungen löste, fand er einige Sätze über allgemeine Gleichungen n-ten Grades, unter denen wohl der wichtigste die sogenannte Cartesische Zeichenregel ist: Die Anzahl der positiven Wurzeln ist höchstens gleich der Anzahl der Zeichenwechsel; die

Anzahl der negativen Wurzeln höchstens gleich der Zeichenfolgen innerhalb der in richtiger Reihenfolge nebeneinandergeschriebenen Gleichungskoeffizienten. Er kannte die Teilbarkeit von $f(x) - f(x_0)$ durch $x - x_0$ und die bewegungsgeometrische Erzeugung von Figuren, beispielsweise durch Verschieben einer Parabel. Dabei war für *Descartes* die Figur selbst primär, die dazugehörende Ortsgleichung sekundär. Daß Gleichungen auch für sich aussagekräftig genug sind, wurde außer acht gelassen. Damit darf festgestellt werden, daß *Descartes* keinesfalls der Erfinder der analytischen Geometrie war, wohl aber als einer ihrer Wegbereiter anzusprechen ist, zumal das von ihm benutzte Achsenpaar eben nur ein Achsenpaar, nicht aber ein Parallelkoordinatensystem darstellte und negative Abszissen absolut ausgeschlossen waren. In der ,,Geometrie", dem einen Anhang des ,,Discours de la méthode...", wurde nur ein einziges Mal eine wirkliche Geradengleichung verwandt. Das geschah im Zusammenhang mit den Aussagen über die Natur der krummen Linien im zweiten Buch, wo für die Linie *LC*

$$LC = \sqrt{m^2 + cx + \frac{p}{m}x^2}$$

angegeben wurde. Er bewies damit, daß in einem schiefwinkligen Koordinatensystem mit dem Ursprung A, der x-Achse AB und der parallel zu BC verlaufenden y-Achse die Geradengleichung für IL lautet:

$$y = m - \frac{n}{s}x. \quad [4]$$

Obwohl *Descartes* Allgemeinverständlichkeit forderte, formulierte er selbst in der ,,Geometrie" gelegentlich unklar und ließ in der Beweisführung Lücken offen. Man kann sich das nur damit erklären, daß diese Eigenart des Verfassers eine Art ,,Sicherheitsvorkehrung" war, um bei Streitigkeiten durch entsprechende Vervollständigungen die Priorität nachweisen zu können – was er in bezug auf den algebraischen Inhalt der ,,Geometrie" auch bald nötig hatte, als ihm von *Roberval* auf einer öffentlichen Disputation im Jahre 1646 vorgeworfen wurde, er habe den wesentlichsten Inhalt von *Th. Harriot* und *W. Oughtred* entnommen. *Roberval* folgerte das daraus, daß *Des-*

Königin Christine von Schweden
(1626 bis 1689)

cartes 1631 in England war. Und noch 40 Jahre nach dem Erscheinen der ersten Ausgabe der „Geometrie" wurde dieser Vorwurf von *J. Wallis* wiederholt – zu Unrecht, wie wir heute wissen [6].

War die „Geometrie" anfangs einer der Anhänge des „Discours de la méthode..." – wobei allerdings der „Discours" selbst mehr als Studienanleitung eben der Anhänge aufzufassen ist –, so wurde sie bald für sich herausgebracht. Ihr größter Förderer war der niederländische Mathematiker *Fr. van Schooten,* der seit 1635 mit *Descartes* in Verbindung stand und auch eine Reihe anderer maßgeblicher Mathematiker kannte. Die von ihm 1646 veröffentlichte Sammlung Vietascher Schriften erschien in cartesischer Symbolik, und auch an der zweiten lateinischen Ausgabe der „Geometrie" (die erste erfolgte 1649) war *van Schooten* neben *Ch. Huygens, J. de Witt* und *J. Hudde* mit Verbesserungen beteiligt. Nun wurde die cartesische Mathematik allgemein bekannt. Die Betrachtungsweise von *Descartes* und seine Bemühungen, ein in sich geschlossenes System der Mathematik aufzubauen, wurden allerdings erst von *G. W. Leibniz* vollendet, indem zur Algebra und Geometrie die Analysis hinzukam.

Wir können zusammenfassend sagen, daß *Descartes* im Verlaufe seines Lebens das durch die Humanisten bereits angeschlagene, aber immer noch herrschende Dogma der Scholastik mit seiner mechanistisch-materialistischen Naturauffassung theoretisch untergrub und damit den Grundstein zu einer neuen Philosophie legte, die sich nicht auf Autoritäten des Altertums berief. Durch seine praktischen Handlungen jedoch gab er nie „Anlaß zu Tadel" seitens der Obrigkeit. Ihm ging es um die Theorie, die verallgemeinernde Methode auf der Basis des „cogito, ergo sum", des „Ich denke, also bin ich". Durch den Galilei-Prozeß gewarnt, schoß er seine scharf gespitzten Pfeile meist aus dem Hinterhalt ab und umwickelte sie mit der Watte von Verbeugungen vor Kirche und Staat. Erst nachdem *Descartes* längst verstorben war, bildeten seine Schriften mit zunehmender Verbreitung eine Gefahr für den Klerikalismus und kamen schließlich 1663 auf den Index.

In der Physik führte *Descartes'* starres Festhalten an den postulierten Grundsätzen und die strenge Deduktivität trotz mancher gewonnener Einsichten schließlich in eine Sackgasse, das ging so weit, daß er sogar die Richtigkeit von Beobachtungen an-

Schloß Frederiksborg

zweifelte, wenn sie seinen Voraussetzungen widersprachen. Die erfolgreiche naturwissenschaftliche Methode wurde erst durch eine Kombination von Deduktion und Induktion von *G. Galilei, J. Kepler, I. Newton* und anderen in ihre historischen Rechte eingesetzt.

Die mathematischen Leistungen von *Descartes* bestehen vor allem darin, einen einheitlichen Formalismus angestrebt und in großen Teilen konsequent angewandt zu haben, einschließlich exakterer Bezeichnungen, zum Beispiel der Gleichungen als Zahlenrelationen oder der Einführung des Wurzelstriches für die Kennzeichnung des Radikanden. Die Algebra wurde konsequent auf die Geometrie angewandt und durch Liquidation des Homogenitätsprinzips das Tor zur höheren Mathematik geöffnet. Schließlich wurde die Mathematik neu systematisiert, wobei Schwächen unter anderem bei der Interpretation algebraischer Kurven erkennbar sind.

Descartes gehört zu den Wegbereitern der Mathematik der Neuzeit. An ihn anknüpfend erzielten *I. Newton* und *G. W. Leibniz*, die bereits der nächsten Generation angehörten, grundlegende Ergebnisse, die die Mathematik der veränderlichen Größen als selbständige und weitreichende mathematische Disziplin schufen.

Lebensdaten zu René Descartes

1596	31. März, *René Descartes'* Geburt als drittes Kind des Juristen *Joaquim Descartes* in La Haye bei Tours
1604 bis 1612	Besuch des Jesuitencollegs La Flêche
1614 bis 1616	Studium in Poitiers, *Descartes* erwirbt das Baccalaureat und Lizeniat der Rechte an der Fakultät zu Poitiers
1618	Erbe eines kleinen Gutes Le Perron im Poitou
	Freiwilliger Eintritt in die Armee *Moritz v. Nassaus* in Holland
1618 bis 1648	Dreißigjähriger Krieg
1619	Entdeckung des Eulerschen Polyedersatzes $e + f = n + 2$
1620	Freiwillig in der Armee des Herzogs von Bayern, Teilnahme an der Schlacht am Weißen Berge
1622 bis 1625	Reisen, unter anderem nach Italien

Titelblatt vom „Index der verbotenen Bücher"

1626 bis 1628	Aufenthalt in Paris, Freundschaft mit *M. Mersenne* und *G. de Balzac*
1628	Emigration nach Holland
1631	Besuch in England
1632	Gründung der Amsterdamer Akademie Bekanntschaft mit *C. Huygens*
1637	„Discours de la méthode..." erscheint.
1638	Streit mit *Fermat* über die Tangentenmethode
1646	*Roberval* bezichtigt *Descartes* des Plagiats
1649	*Descartes* folgt der Einladung nach Schweden.
1650	Tod am 11. Februar
1659 bis 1661	Zweite lateinische Ausgabe der „Geometrie" erscheint.
1663	*Descartes'* Schriften kommen auf den Index.

Literaturverzeichnis zu René Descartes

[1] *Descartes, René:* Œuvres. In 13 Bänden herausgegeben von Ch. Adam und P. Tannery, Paris 1897 bis 1913.
[2] *Descartes, R.:* Discours de la méthode pour bien couduire sa raison et chercher la verité dans les sciences. Leyden 1637.
[3] *Descartes, R.:* Die Geometrie. Dtsch. ed. L. Schlesinger, Berlin 1894.
[4] *Hofmann, J. E./H. Scholz/A. Krazer:* Descartes. Drei Vorträge. Münster 1951.
[5] *Specht, R.:* René Descartes in Selbstzeugnissen und Bilddokumenten. Hamburg 1966.
[6] *Porschnew, B. F.:* Descartes. In: Beiträge zur französischen Aufklärung und zur spanischen Literatur. Berlin 1971, S. 281 bis 286.

Blaise Pascal (1623 bis 1662)

Obwohl *Pascal* sicher nicht zu den größten Mathematikern des 17. Jahrhunderts zu zählen ist, ja von *J. Coolidge* [9] sogar als mathematischer Amateur bezeichnet wird, verdanken wir ihm doch eine Reihe von Erkenntnissen, die auch heute noch zum

Blaise Pascal

Bestand jedes elementaren mathematischen beziehungsweise physikalischen Lehrbuches gehören.
Die Zeit, in der *Blaise Pascal* am 19. Juni 1623 geboren wurde, war gekennzeichnet von der Erstarkung des Bürgertums in Europa. Dabei stellte der Übergang zur manufakturellen Produktion an die Entwicklung der Produktivkräfte Anforderungen, die nur bei entsprechender Weiterentwicklung der Naturwissenschaften und der Mathematik erfüllt werden konnten.
Der Vater *Etienne Pascal* übte im Steuerbezirk Riom, etwa 30 Kilometer nördlich von Clermont, das ererbte Amt eines königlichen Rates, Schatzmeisters und Finanzdirektors aus. Er war mit der Kaufmannstochter *Antoinette Bêgon* verheiratet, die jedoch schon im Jahr 1626, drei Jahre nach der Geburt des Sohnes *Blaise*, starb. Die Familie lebte zunächst in Clermont, dem heutigen Clermond-Ferrand, in der Auvergne, einer äußerst kargen Landschaft im südlichen Teil Mittelfrankreichs. *Blaise* hatte noch zwei Schwestern, die 1620 geborene *Gilberte*, die 1641 ihren Vetter *Florin Périer* heiratete, und der wir eine Reihe von Informationen über das Leben ihres Bruders verdanken, sowie die zwei Jahre jüngere *Jacqueline*. Sie nahm 1653 den Schleier im Kloster Port Royal und starb noch ein Jahr vor *Blaise*.
Das 1204 als Frauenkloster gegründete Port Royal wurde 1636 zum geistigen und kulturellen Zentrum des reformkatholischen Jansenismus, zu dessen Hauptvertretern, vor allem im Kampf gegen die Jesuiten, später *Blaise Pascal* zählte. Im Jahre 1664 begann die große Jansenistenverfolgung. Port Royal wurde 1712 zerstört.
Die gesellschaftliche Stellung des Vaters erlaubte der Familie ein Leben ohne materielle Sorgen. Die Kinder wurden von *Etienne Pascal* selbst unterrichtet, wobei das Schwergewicht auf der sprachlichen Ausbildung lag. Bücher mit mathematischem Inhalt wurden nicht benutzt, ja sogar versteckt, obwohl sich der Vater gerade auf diesem Gebiet durch die Entdeckung gewisser Kurven 4. Ordnung (Pascalsche Schnecken) einen Namen gemacht hatte.
Im Jahre 1631 übersiedelte die Familie nach Paris. Da *Etienne Pascal* 1634 auch sein Amt als Präsident des Obersteueramtes verkauft hatte, konnte er sich nun seinen wissenschaftlichen Neigungen und der Erziehung seiner Kinder voll widmen. Durch

Port Royal in Paris

den Mathematiker *La Pailleur* erhielt er Verbindung mit vielen Gelehrten und gehörte von Anfang an neben *R. Descartes, G. Desargues, G. P. de Roberval, P. de Fermat* und anderen zur sogenannten „Freien Akademie", die von *M. Mersenne* als Vereinigung der bedeutendsten Pariser Naturwissenschaftler 1635 gegründet worden war. Eines Tages soll *Blaise* den Vater mit der Frage überrascht haben, was denn eigentlich Mathematik sei. Die Antwort, es handle sich um ein Mittel, Figuren richtig zu zeichnen und ihre Verhältnisse zu ermitteln, genügte, um den zwar körperlich schwachen, aber mit scharfem Verstand ausgezeichneten Knaben dazu anzuregen, mit Kohle geometrische Gebilde auf den Fußboden zu malen, ihnen Namen zu geben, Sätze und Axiome aufzustellen sowie die Konstruktionsmöglichkeiten zu beschreiben. Als er nunmehr vom Vater die „Elemente" des *Euklid* erhielt, studierte er diese ohne große Mühe und durfte nun als Dreizehnjähriger zuweilen den Gelehrtentreffen bei *Mersenne* beiwohnen, wo er unter anderem die heftige Kritik seines Vaters gemeinsam mit *Roberval* an *Descartes'* „Discours de la méthode..." zugunsten *Fermats* erlebte und manchmal Fehler in wissenschaftlichen Manuskripten entdeckt haben soll, die den anderen entgangen waren. [7].

Im Alter von 16 Jahren schrieb *Blaise Pascal* eine Abhandlung über Kegelschnitte, über die sich *G. W. Leibniz* in einem Brief an *Pascals* Neffen recht lobend äußerte. Leider ist diese Arbeit verloren gegangen. Zwei Jahre später aber erschien das erste Werk „Essai pour les coniques" (Abhandlung über die Kegelschnitte) im Druck, Auflagenhöhe 50 Exemplare. Beide Arbeiten haben ihren Ursprung bei der Beschäftigung mit den „Konika" des *Apollonios* und den Theorien von *Desargues*. Hier formulierte *Pascal* den Satz: „Im Sehnensechseck eines Kegelschnittes liegen die Schnittpunkte je zweier Gegenseiten auf einer Geraden".

Inzwischen war die Familie nach Rouen übergesiedelt, da der Vater wahrscheinlich dem Kanzler *Ségnier* bei der blutigen Unterdrückung eines Volksaufstandes assistierte und hier die Steuern einzutreiben hatte. *Blaise* unterstützte den Vater bei seinen Amtsgeschäften, die dadurch erschwert waren, daß es kein einheitliches Münzsystem gab. Sein praktischer Sinn, den er auch mit der Anregung zur Einrichtung einer Omnibuslinie sowie der Konstruktion der Schubkarre unter Beweis

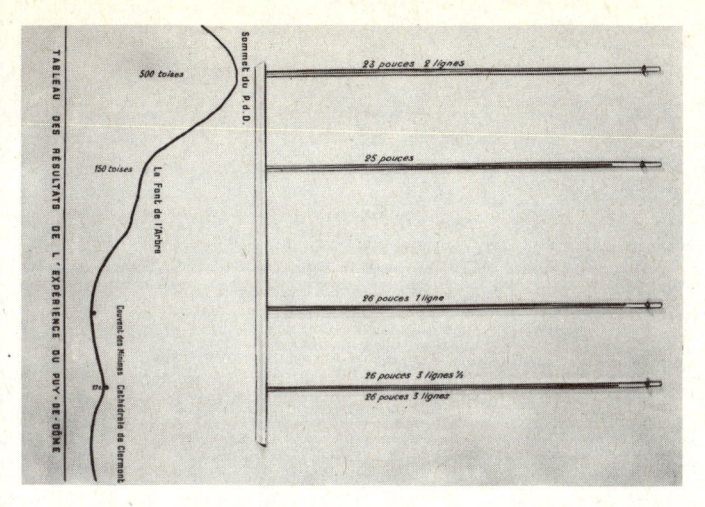

Diagramm zur Abnahme des Luftdruckes mit der Höhe bei der Bergbesteigung 1648

stellte, wurde durch diese notwendigen umfangreichen Berechnungen dazu angeregt, eine Rechenmaschine zu bauen. Nach zahlreichen Versuchen gelang es dem Zwanzigjährigen, insgesamt acht funktionierende Additionsmaschinen herzustellen. Die erste widmete er dem Kanzler *Ségnier* und übergab sie dem College Royal de France, wo sie 1645 durch *Roberval* der Öffentlichkeit vorgestellt wurde. Wenn auch die Funktionssicherheit der Maschinen sehr zu wünschen übrig ließ und nur selten richtige Ergebnisse mit ihnen erzielt wurden, ist doch allein schon die Tatsache bedeutsam genug, daß sich *Pascal* daran wagte, Tätigkeiten des menschlichen Gehirns in mechanische Bewegungen umzuwandeln und diese von einer Maschine ausführen zu lassen. Weder das zur Verfügung stehende Material noch die vorhandenen Werkzeuge waren um diese Zeit so weit entwickelt, daß mit ihnen eine Maschine gebaut werden konnte, die so präzise funktionierte, wie das zur Ausführung mathematischer Operationen nötig ist. Man denke daran, daß von der ,,Pascaline" bis zum R 21 oder der IBM 360 immerhin noch über 300 Jahre vergehen mußten, bevor der heutige hohe Stand der maschinellen Rechentechnik erreicht wurde.

Mitte der vierziger Jahre wandte sich *Pascal* auch der Physik zu. *E. Torricelli* hatte 1644 sein berühmtes Experiment mit einer mit Quecksilber gefüllten Röhre gemacht und damit fast gleichzeitig wie *Otto von Guericke* in Magdeburg die Existenz der Lufthülle um die Erde nachgewiesen. An den Hochschulen wurde aber immer noch – nach *Aristoteles* – die Unmöglichkeit des leeren Raumes gelehrt, woran auch *P. Gassendis* erneuerte Atomistik zunächst nichts änderte. Um einen einwandfreien Beweis dafür zu führen, daß die Höhe von Flüssigkeitssäulen proportional der Dichte der verwendeten Flüssigkeiten und die Ursache dafür der Druck der Luft ist, wiederholte *Pascal* die Torricellischen Experimente mit Quecksilber, Wasser und Wein. Außerdem regte er an, die Höhe einer Quecksilbersäule am Fuße und auf dem Gipfel eines Berges zu vergleichen. Sein Vater, sein Schwager *Périer* und der Mathematiker *P. Petit* führten am 19. September 1648 das Experiment am Fuße und auf dem Gipfel des 1465 m hohen Puy de Dôme durch. *Pascal* selbst konnte wegen Krankheit nicht daran teilnehmen. Überzeugend lieferten sie unter verschiedenen Witterungsbedingungen den Nachweis über die Wirkungen des Luftdruckes. Bei der Auswertung

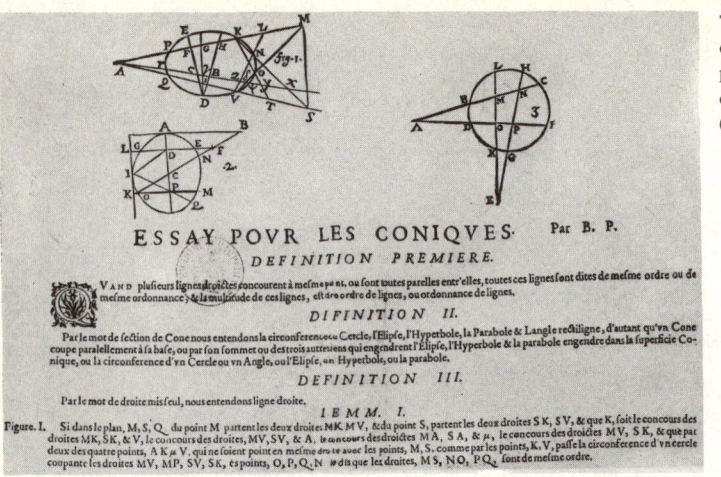

Titelblatt des „Essay pour les coniques" (Paris 1640)

dieser Untersuchungen wandte *Pascal* die Methode Beobachtung–Experiment–Messung–Verallgemeinerung an. Indem er in den beiden Abhandlungen „Traité de l'equilibre des liqueurs" (Abhandlung über das Gleichgewicht der Flüssigkeiten) und „Traité de la pesanteur de la masse de l'air" (Abhandlung über die Schwere der Luftmenge) nach einem einheitlichen Gesetz für das Verhalten von Wasser und Luft suchte, unternahm *Pascal* die ersten Schritte in Richtung einer verallgemeinernden Naturbetrachtung. Mit beiden Arbeiten legte er neben *Galilei* und *Stevin* den Grundstein zur klassischen Hydrostatik.

Zu Beginn des Jahres 1646 zog sich der Vater *Pascal* eine Oberschenkelverletzung zu und wurde von zwei ehemaligen Raufbolden und Gelegenheitsärzten gepflegt, die drei Monate lang im Hause *Pascals* lebten. Dabei gelang es ihnen, zunächst *Blaise* und dann auch alle weiteren Familienangehörigen zu einem damals neuen Glauben, dem Jansenismus, zu bekehren. Diese von dem niederländischen Bischof *Cornelius Jansen* begründete Religionslehre fußte auf der allgemeinen Gnadenlehre und Prädestination und lehnte die Anerkennung der Willensfreiheit des Menschen ab. Da sie aber in gewisser Weise die Ideologie der fortschrittlichen Bourgeoisie repräsentierte, wurde sie später vor allem durch die Veröffentlichungen von *A. Arnauld* und *Pascal* zu einer echten Gefahr für die reaktionären Jesuiten. So wurde das Buch *Jansens* „Augustinus" im Jahre 1643 ebenso auf den Index gesetzt wie genau 20 Jahre später sechs Bücher von *René Descartes*. Dazwischen lagen die Verjagung *Arnaulds* von der Sorbonne und die öffentliche Verbrennung der als ketzerisch gebrandmarkten „Briefe aus der Provinz" von *Pascal*, in denen er scharf und in geschliffenen Worten das Dogma und die Scheinmoral der Jesuiten bloßstellte. Von dieser Zeit an beschäftigte sich *Blaise Pascal* in immer stärkerem Maße mit religionsphilosophischen und theologischen Fragen, bis er schließlich seine naturwissenschaftlichen Studien ganz aufgab, seine eigenen Beiträge dazu selbst verleugnete und ganz und gar zum „Mysterium Jesu" zurückkehrte.

Im Sommer 1647 besuchte *Descartes* den erkrankten *Pascal* an zwei aufeinanderfolgenden Tagen. Obwohl über die Rechenmaschine und über den horror vacui (den leeren Raum) diskutiert wurde, fanden beide keine rechte Verständigungsbasis und

Inneres einer Rechenmaschine von Pascal

wurden später sogar zu Gegnern. Überhaupt ist nichts bekannt über Männer, die mit *Pascal* enger befreundet gewesen wären. Das mag sicher zum Teil auf seine Krankheit zurückzuführen sein; er selbst erklärte, daß er seit seinem 18. Lebensjahr keinen Tag ohne Schmerzen verlebt habe. Der Hauptgrund aber dürfte in seinem rechthaberischen, streitsüchtigen und teils zynischen Wesen sowie seinem überspitzten Moralempfinden zu suchen sein. Wer *Pascal* einmal zum Kontrahenten hatte, konnte sicher sein, damit einen äußerst erbitterten Gegner gefunden zu haben. Davon mußte sich unter anderen der ehemalige Kapuziner *Saint-Ange* überzeugen, der nur mit knapper Mühe der Inquisition entging. Auch der Rektor des College de Clermont in Paris, der Jesuitenpater *J. P. Nöel*, der seine Auffassung über den leeren Raum mit dem Hinweis auf die Autorität des *Aristoteles* beweisen wollte, erhielt von *Pascal* eine Abfuhr mit den Worten: ,,Wenn wir Autoren zitieren, zitieren wir ihre Beweise, nicht ihre Namen. Die metaphysische Diskussion hat kein Recht in der Physik. Wir haben es mit Erscheinungen zu tun, nicht mit Worten." [1, Bd. II; S. 97]
Der Vollständigkeit halber sei angemerkt, daß der Inhalt dieses Ausspruches für *Pascal* selbst wie für alle Philosophen seiner Zeit nur für die Naturwissenschaften galt, während sonst einzig und allein die Autorität entscheiden sollte; etwa die von *Aristoteles* und *Thomas von Aquino*. Das kann man zum Beispiel in der Vorrede zur ,,Abhandlung über die Leere" nachlesen.
Seit 1648 lebte die Familie *Pascal* wieder in Paris. Nach dem Tod des Vaters, 1651, und dem Eintritt seiner Schwester ins Kloster unternahm *Pascal* einige kürzere Reisen, auf denen er unter anderen von dem Chevalier *de Méré*, einem Spieler und Lebemann, begleitet wurde. Diese ,,weltliche" Periode hielt bis gegen 1654 an. Angeregt durch den Baron *de Méré* wechselte *Pascal* im Sommer 1654 einige Briefe mit *Fermat* über Fragen der Wahrscheinlichkeitsrechnung. Den Ausgangspunkt bildete die Problemstellung, wie der Einsatz eines Glücksspieles zwischen zwei gleichwertigen Partnern bei vorzeitigem Abbruch des Spieles aufzuteilen ist.
Angenommen, es sei vereinbart, daß derjenige Sieger ist und damit den gesamten Einsatz erhält, der als erster den dritten Gewinnpunkt für sich verbuchen kann. Das Spiel werde jedoch beim Stande von 1 : 0 abgebrochen.

Statue,
Pascal als Kind darstellend

Pascal ging von der Überlegung aus, daß dem ersten Spieler noch zwei und dem zweiten Spieler noch drei Punkte am Gewinn fehlen. Nun bildete er das nach fallenden Potenzen geordnete Zahlendreieck der Koeffizienten der Entwicklung von $(a + b)^n$:

$n = 0$						1						
$n = 1$						1	1					
$n = 2$					1	2	1					
$n = 3$					1	3	3	1				
$n = 4$				1	4	6	4	1				
$n = 5$			1	5	10	10	5	1				
$n = 6$		1	6	15	20	15	6	1				
...						...						

Da das Spiel spätestens nach weiteren $2 + 3 - 1$ Partien beendet ist, weil dann unbedingt ein Sieger feststeht, wird die dieser Zahl entsprechende Basis im Zahlendreieck aufgesucht. Man findet für $n = 4$ die Folge 1, 4, 6, 4, 1. Addiert man nun so viele Zahlen, wie sie der Anzahl der am Gesamtgewinn noch fehlenden Partien entsprechen, so ergibt sich für den ersten Spieler die Summe $1 + 4 = 5$ und für den zweiten $6 + 4 + 1 = 11$. Mit diesen beiden Zahlen 5 und 11 ist das Verhältnis gefunden, in welchem der Einsatz bei einem Stande von 1:0 aufzuteilen ist. Der dem Gewinn nähere Spieler erhält 11 Teile, der andere 5 Teile des Einsatzes. Übrigens bildet jede $(k + 1)$-te Schrägreihe des Zahlendreiecks eine arithmetische Folge k-ter Ordnung $(k = 0, 1, 2, \ldots)$.

Fermat ging unabhängig von *Pascal* ebenfalls von der Überlegung aus, daß das Spiel nach spätestens vier Partien beendet ist. Da es sich um zwei Spieler (zwei Elemente) handelt, ergibt sich für ihn ein Anordnungsproblem mit Wiederholung von zwei Elementen zur vierten Klasse mit folgenden Möglichkeiten.

1111	1122	1222	2111	2211	2222
1112	1212			2121	2221
1121	1221			2112	2212
1211					2122

Otto von Guericke
(1602 bis 1686)

Dabei entscheiden alle die Anordnungen das Spiel zugunsten des ersten Spielers, in denen die 1 mehr als einmal vorkommt. Das ist elfmal der Fall. Für den zweiten Spieler sind nur die Anordnungen günstig, in denen die 2 mehr als zweimal vorkommt. Das ist fünfmal der Fall. Da insgesamt 16 verschiedene Anordnungsmöglichkeiten existieren, hat bei Abbruch des Spieles bei einem Stande von 1:0 der erste Spieler $\frac{11}{16}$ und der zweite Spieler $\frac{5}{16}$ des Einsatzes zu erhalten. Beide, *Fermat* und *Pascal*, kommen also bei unterschiedlichen Verfahren zu übereinstimmenden Ergebnissen. Es ist leicht einzusehen, daß die von *Fermat* angewandte Methode – heute als ,,Variation mit Wiederholung'' bezeichnet – gegenüber der Methode von *Pascal* den Vorteil der leichteren Verallgemeinerungsfähigkeit hat, denn prinzipiell ist hier die Anzahl der Elemente unwesentlich. Damit legten *Pascal* und *Fermat* gemeinsam den Grundstein zur Wahrscheinlichkeitsrechnung, die später unter anderem von *A. de Moivre, J. Stirling* und *Jacob Bernoulli* maßgeblich ausgebaut wurde. Bedauerlicherweise entwickelte sich aus der Korrespondenz über dieses Problem keine engere Verbindung zwischen diesen beiden Männern. Vielmehr begann sich *Pascal* immer mehr von den Naturwissenschaften abzuwenden und mit Fragen der Ethik, Moral, Philosophie und Theologie in einer zum Teil befremdlichen Weise zu beschäftigen. So trug er lange vor seinem Tod ständig einen Stachelgürtel und ergab sich einer Askese bis zur gewollten Selbstzerstörung. Seit der Nacht des 23. November 1654 hatte er ein selbst verfaßtes Memorial in das Futter seines Rockes eingenäht, das er ständig bei sich trug. Es schloß mit den Worten: ,,. . . Vollkommene Unterwerfung unter Jesus Christus und unter meinen geistlichen Führer.'' [5; S. 37f.]
In den Jahren von 1655 bis 1657 zog sich *Pascal* einige Male nach Port Royal zurück, schrieb dort unter dem Pseudonym *Louis de Montalte* die 18 ,,Briefe aus der Provinz'' und begann die Arbeiten an der Apologie des Christentums. Noch einmal wandte sich *Pascal* intensiverer Beschäftigung mit der Mathematik zu. Das geschah gegen 1658, nachdem vorher von ihm in Anlehnung an *Desargues* der Satz über die Lage der Schnittpunkte je zweier Gegenseiten im Sehnensechseck eines Kegelschnittes aufgestellt worden war. Er befaßte sich ferner ausführlich mit Rollkurven, wobei er im

Pascals Triangle Arithmétique

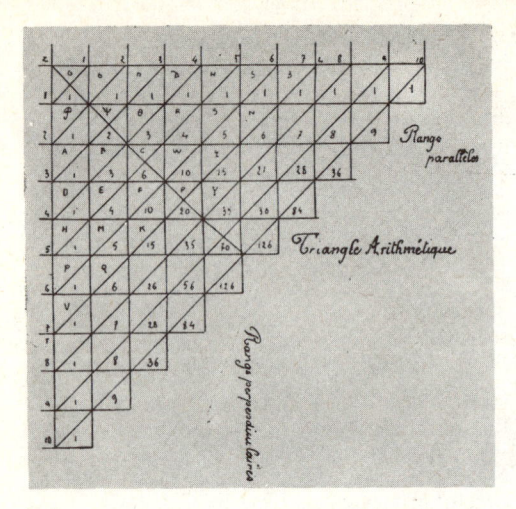

Zusammenhang mit der Zykloide *Torricelli* des geistigen Diebstahls bezichtigte, indem er ihm vorwarf, er habe die von *Roberval* gefundene Formel zur Bestimmung des Flächenraumes als seine eigene (*Torricellis*) Entdeckung ausgegeben.

Da es in damaliger Zeit noch keine wissenschaftlichen Zeitschriften gab, war es üblich, wissenschaftliche Ergebnisse oder Problemstellungen in Form von Rundschreiben oder Briefen zu veröffentlichen. Oft setzte dabei der Verfasser für die Lösung des einen oder anderen Problems einen Preis aus, um die Gelehrten zu animieren. Auch *Pascal* veröffentlichte 1658 ein solches Preisausschreiben über 6 unerledigte Probleme der Zykloide, für deren Lösung er die beträchtliche Summe von 10 Pistolen in Aussicht stellte.

(Der heutige Wert dieses Betrages ist nur sehr schwer anzugeben, da echte Vergleichsmaßstäbe fehlen.)

An der Diskussion beteiligten sich *R. F. de Sluse, Chr. Huygens*, der vier Aufgaben löste, *J. Wallis*, der zwei Lösungen fand, und der Jesuitenpater *A. de Lalovera* neben *Pascal* selbst, der sich dabei des Decknamens *Amos Dettonville* bediente und dessen Arbeit als die beste gewertet wurde.

Obwohl *Pascal* in mathematischer Hinsicht hauptsächlich auf geometrischem Gebiet wirkte, beschäftigte er sich doch auch mit einer Reihe von Problemen, die wir heute zur Integralrechnung zählen — allerdings ohne eine allgemeingültige Aussage treffen zu können.

Ab 1659 verschlechterte sich der Gesundheitszustand von *Pascal* dermaßen, daß er an eine regelmäßige Arbeit nicht mehr denken konnte. Inzwischen nahmen die Verfolgungen, denen die Jansenisten seitens der Jesuiten ausgesetzt waren, immer heftigere Formen an. Von den Anhängern *Jansens* wurde die bedingungslose Unterzeichnung des „Formulars" gefordert, das 1657 erschienen war und die Lehre des *Jansen* verdammte. Auch *Pascal* mußte sich nach vorübergehendem Aufbäumen geschlagen geben, zumal er sich in seinen Erwiderungen in Meinungsunterschiede zum Port Royal manövrierte.

Im Juni des Jahres 1662 ließ er sich zu seiner älteren Schwester *Gilberte Périer* transportieren, da seine Kräfte so nachgelassen hatten, daß er das Bett nicht mehr

184

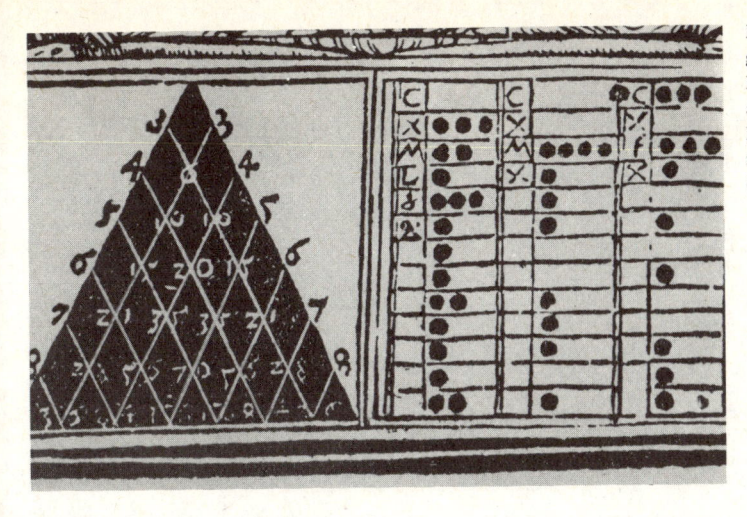

Die erste gedruckte Darstellung des arithmetischen Dreiecks in Europa (1527)

verlassen konnte. Dort schrieb er am 3. August sein Testament und empfing am 17. August die letzte Ölung.

Am 19. August 1662 starb *Pascal*, ohne Zweifel ein naturwissenschaftlicher Universalist, dem es gelang, zu tiefen Einsichten vorzudringen, der aber andererseits zu religiös befangen war, um seine materialistischen Ansätze der Naturerklärung konsequent weiterzuführen. Die philosophische Verallgemeinerung insgesamt gelang ihm nicht, vielmehr flüchtete er sich schließlich in das starre Dogma der Religion. So wundert es nicht, daß beispielsweise *Rousseau* und *Voltaire* mit *Pascals* Menschenbild schlechterdings nichts anzufangen wußten. Die Philosophen der Aufklärung deuteten im allgemeinen *Pascals* Versagen in dieser Hinsicht als Mangel an innerer Kraft, wegen seiner beständigen Krankheit. Wir können dem noch hinzufügen, daß auch sein ausgeprägter Eigenwille, seine Unduldsamkeit gegenüber anderen Auffassungen und schließlich seine psychische Labilität einer progressiveren Wirkung *Pascals* entgegenstanden.

Lebensdaten zu Blaise Pascal

1623	19. Juni, Geburt von *Blaise Pascal* in Clermont
1635	Gründung der „Freien Adademie" durch *Mersenne*
1640	Januar, Blutige Unterdrückung eines Volksaufstandes in Rouen
	Blaise Pascals erstes Werk „Essay pour les coniques" (Abhandlung über die Kegelschnitte) wird gedruckt.
1642	*Blaise* versucht, eine Rechenmaschine zu bauen. Das endgültige Modell wird erst 1652 fertig.
1644	Experiment *Torricellis* über den Luftdruck
1646	August bis November, *Pascal* wiederholt die Torricellischen Versuche zusammen mit seinem Vater, seinem Schwager *Périer* und dem Mathematiker *Pierre Petit*. Ergebnisse werden protokolliert.
1647	Zusammentreffen mit *Descartes*
	Neue Versuche über die Leere, Erhärtung der Hypothese *Torricellis*

Chateau de Bien-Assis

1648	Der Bericht vom großen Experiment über das Gleichgewicht der Flüssigkeiten erscheint.
1653	*Pascal* schreibt die beiden „Abhandlungen" „Über das Gleichgewicht der Flüssigkeiten" und „Über das Gewicht der Luft".
1654	Die Abhandlung über das arithmetische Dreieck und die Zuschrift an die Pariser mathematische Akademie entstehen, in der *Pascal* triumphierend die bevorstehende Entdeckung einer „geometrie du hasard" (Wahrscheinlichkeitsrechnung) ankündigt.
1656	Die „Provinciales" erscheinen (Briefe gegen die Jesuiten), die am 6. September auf den Index gesetzt werden.
1657	Wiederaufleben der „wissenschaftlichen Arbeiten" Die „Elemente de geometrie" erscheinen.
1658	„Zykloidenstreit"
1659	*Pascals* Krankheit entwickelt sich zu einem Dauerzustand der Entkräftung.
1662	18. März, Eröffnung der ersten Pariser Omnibuslinie; *Pascal* erhält ein Patent auf dieses gemeinnützige Transportunternehmen. 3. August, Niederschrift des Testamentes 19. August, Tod *Pascals*
1664	Beginn der großen Jansenistenverfolgung
1712	Zerstörung von Port Royal

Literaturverzeichnis zu Blaise Pascal

[1] *Pascal, Blaise:* Œuvres, 14 Bände. Ed. L. Brunschwicg, P. Boutroux, Paris 1908 bis 1925.
[2] *Pascal, B.:* L'œuvre. Ed. J. Chevalier, Paris 1949/54.
[3] *Pascal, B.:* Gedanken. Reclams Universalbibliothek Nr. 1621/24, Leipzig 1948.
[4] *Pascal, B.:* Présent 1662–1962. Coll. Eczivains D'Auvergne G. de Bussac, Clermont-Ferrand 1962.
[5] *Montel, P.:* Pascal mathématicien. Paris 1951.
[6] *Biermann, K.-H.:* Die Entstehung des „calcul des partis". In: Forschungen und Fortschritte, Bd. 29 (1955), H. 4.

Isaac Newton

[7] *Werner, K.,* und *W. Arnold:* Dem Gedenken an Blaise Pascal. In: Mathematik in der Schule, Heft 8 (1962), S. 695 bis 707.
[8] *Bell, E. T.:* Die großen Mathematiker. Düsseldorf 1967, S. 81 bis 96.
[9] *Kljaus, E. M./J. B. Pogrebysskij/U. J. Frankfurt:* Paskal' (russ.). Moskva 1971.

Isaac Newton (1643 bis 1727)

Ein knappes Jahrhundert nach dem Tode *Newtons* schrieb *J. L. Lagrange,* selbst einer der erfolgreichsten Mathematiker und Physiker, über *Newton,* den Entdecker des Gravitationsgesetzes und den Begründer der klassischen Mechanik und Himmelsmechanik: ,,Er ist der Glücklichste, das System der Welt kann man nur einmal entdecken."
Das mathematische Lebenswerk, das hier, in einer Sammlung von Mathematikerbiographien, notwendigerweise im Vordergrund der Darstellung zu stehen hat, ist eingewebt in *Newtons* gesamtes wissenschaftliches Werk und nur in diesem großen Zusammenhang verständlich und in seiner vollen Bedeutung zu würdigen.
Der bedeutende, 1951 verstorbene sowjetische Physiker *S. I. Wawilow,* Präsident der Akademie der Wissenschaften der UdSSR, läßt die dem 300. Geburtstag *Newtons* gewidmete und von tiefem Einfühlungsvermögen gekennzeichnete Biographie in die folgenden Worte ausklingen: ,,Newton war Physiker und vor allem Physiker. Die astronomischen Räume waren sein gigantisches Laboratorium, die mathematischen Methoden das geniale Instrument. Newton ließ sich nicht von der rein astronomischen und rein mathematischen Seite der Arbeit ablenken, sondern blieb in erster Linie Physiker. Hierin liegt die außergewöhnliche Ausdauer und das Wirtschaftliche seines Denkens. Vor Newton und nach ihm hat die Menschheit bis in unsere Tage keine Äußerung eines wissenschaftlichen Genies von größerer Kraft und Dauer gesehen." [8, S. 204].
Newton wurde am 4. Januar 1643 geboren, wenn man den heutigen, den gregorianischen Kalender zugrundelegt. Diese Kalenderrechnung wurde in England aber erst

Eine Sitzung des englischen Parlaments

1752 eingeführt. Nach der damals in England gültigen Kalenderrechnung, nach dem julianischen Kalender, wurde *Newton* als Sohn eines Landpächters am 25. Dezember 1642 in dem kleinen Dorf Woolsthorpe geboren, nahe der Stadt Grantham, an der Ostküste Mittelenglands.

Newton starb, hochgeehrt, im Besitz des persönlichen Adels und eines beträchtlichen Vermögens, in Kensington, damals noch eine selbständige Ortschaft in der Umgebung von London, in der Nacht vom 20. zum 21. März 1727 im 84. Lebensjahr.

Nach außen hin verlief das Leben von *Newton* ohne dramatische Zuspitzungen. Er hat England nie verlassen, erfreute sich einer ungewöhnlichen Gesundheit, blieb unverheiratet und ohne intime Freundschaften und führte ein alles in allem ziemlich zurückgezogenes Leben.

Die Zeit aber, in der *Newton* lebte, verlief stürmisch. In seinen ersten Lebensjahren siegte unter *O. Cromwell* die bürgerliche Revolution militärisch, und die Republik wurde errichtet. Nach der vorübergehenden Restauration der Monarchie siegte in der „glorreichen Revolution" von 1688 die englische Bourgeoisie, errichtete eine konstitutionelle Monarchie, die 1707 die Union mit Schottland vollzog und damit das Königreich Großbritannien zwangsweise herbeiführte. Nach dem Tode der letzten Königin, *Anna*, aus dem Hause der Stuarts wurde der Thron 1714 dem deutschen Fürstenhaus Hannover übertragen.

Newton erlebte den raschen Aufschwung der Bourgeoisie in England, den Aufstieg Englands zur bedeutendsten Kolonialmacht, er war Zeitgenosse von *Ludwig XIV. von Frankreich* und *Peter dem Großen von Rußland*.

Im engeren Sinne des Wortes hat *Newton*, obgleich er nach 1688 sogar zwei Jahre als Vertreter der Universität Cambridge Abgeordneter im englischen Parlament war, keine politische Tätigkeit ausgeübt. Jedoch hat er sich als Mitglied des Lehrkörpers von Cambridge standhaft allen Versuchen zur Rekatholisierung der Universität widersetzt. Sein hohes organisatorisches Geschick konnte sich bewähren, als *Newton* zwischen 1696 und 1703 als Aufseher, später als Direktor der Münze die schwierige Aktion einer Währungsreform und Umprägung aller Münzen leitete, die für die Entfaltung kapitalistischer Wirtschaftsformen in England unumgänglich geworden war.

London vor dem großen Brand (1666)

Den größten Dienst für sein Land leistete *Newton* als Präsident der britischen Akademie, der Royal Society. Von 1703 bis zu seinem Tode, also ein Vierteljahrhundert lang, war *Newton* Organisator und Repräsentant der sich stürmisch entwickelnden Naturwissenschaft im damals fortgeschrittensten Land der Erde.

Als Mensch war *Newton* ziemlich verschlossen und in sich gekehrt. Er war ein äußerst schlechter Gesellschafter. Berühmt wurde eine Anekdote, wonach *Newton* während einer Geselligkeit in seiner Zerstreutheit den Finger einer neben ihm sitzenden Dame zum Nachstopfen seiner brennenden Pfeife verwendet habe. Sein ganzes Leben war von Leidenschaft für seine Arbeit geprägt, wobei sich höchstes experimentelles Geschick mit äußerster Kraft abstrakten Denkens glücklich verband.

Auch wenn man an genauen und verläßlichen Einzelheiten über das Denken und Fühlen des zurückgezogen lebenden Menschen *Newton* relativ wenig weiß, so liegen doch die Etappen seines Lebens und Wirkens einigermaßen deutlich vor uns.

Newtons Vater war gestorben, noch bevor der Junge geboren worden war. Die Mutter heiratete ein zweites Mal und wurde zum zweiten Mal recht früh Witwe. Begreiflicherweise wollte sie *Isaac*, inzwischen das Älteste von vier Geschwistern, als Ernährer auf dem Hofe halten; *Isaac* aber interessierte sich mehr für Bücher. Früh trat auch eine ausgeprägte Neigung zum Basteln und Experimentieren und zu eigenwilligen Versuchen der logischen Anordnung von Erfahrungstatsachen aus den unterschiedlichsten Wissensgebieten zutage. Anekdoten berichten von den Experimenten *Isaacs* mit Wassermühlen und Drachen, mit denen die Kraft sich bewegenden Wassers oder der strömenden Luft festgestellt werden sollte.

Jedenfalls gelang es einsichtigen Verwandten, dem Jungen in der gutgeführten Schule im benachbarten Grantham eine vorzügliche Schulbildung zukommen zu lassen. Gut vorbereitet wurde *Newton* 1661 am Trinity College als „subserver", das heißt dienender, weil wenig bemittelter Student, immatrikuliert. Cambridge war damals eine noch weitgehend mittelalterlich organisierte Universität. Latein, Griechisch, Hebräisch und theologische Fächer spielten die Hauptrolle. Aus *Newtons* Notizen wissen wir aber, daß er während seiner ersten beiden Studienjahre auch den *Euklid* studiert und sogar das copernicanische Weltsystem kennengelernt hat.

Sein eigentlicher Lehrer, der ihm den Weg zur Mathematik und Naturwissenschaft wies, wurde *I. Barrow*, ein hochgebildeter Mann und selbst ein höchst erfolgreicher und bedeutender eigenständiger Naturforscher und Mathematiker, der bald eine enge Freundschaft mit *Newton* schloß.
Barrow war Inhaber des einzigen, erst 1663 eingerichteten naturwissenschaftlichen Lehrstuhls in Cambridge, der nach dem Stifter, einem gewissen *H. Lucas*, Lucasischer Katheder genannt wird. Damit war *Barrow* laut Statut verpflichtet, wöchentlich Vorlesungen und Übungen zur Arithmetik, Geometrie, Astronomie, Geographie und Statik oder austauschweise anderen mathematischen Disziplinen zu halten.
Barrow führte *Newton* in Forschungen zur Optik ein. In seinen „Lectiones Opticae et Geometricae" (Vorlesungen zur Optik und Geometrie, schon vor 1668 vollendet, aber erst 1674 in London erschienen) wird zum erstenmal der Name *Newton*s als der eines Forschers herausgehoben. Im Vorwort schreibt *Barrow:* „Unser berühmter und wissensreicher Kollege Dr. I. Newton hat dieses Manuskript durchgesehen, einige notwendige Korrekturen vorgenommen und persönlich einiges hinzugefügt, was sich an mehreren Stellen angenehm bemerkbar macht." [8, S. 9]
Der hochbegabte *Newton* durchlief in erstaunlich kurzer Zeit die Stadien von einem gelehrigen Schüler zu einem selbständigen Forscher. Auch die äußere akademische Stufenleiter weist dies aus: 1664 wurde *Newton* Scholar, 1665 Bakkalaureus, 1667 „minor fellow", 1668 „major fellow" und im Juli desselben Jahres „Mastor of Arts". 1669 trat *Barrow* vom Lucasischen Katheder zugunsten seines Freundes und bedeutenden Schülers zurück. Der Lucasische Lehrstuhl, der zwei so sehr bedeutende erste Inhaber hatte, besteht noch heute in Cambridge, und eine Berufung auf ihn gilt mit Recht als höchst ehrenvoll. Beispielsweise hatte ihn *P. Dirac* inne, einer der Begründer der modernen Quantenmechanik.
Newton hat sein akademisches Lehramt bis 1701 ausgeübt. In diese Zeit fallen alle seine bedeutenden Entdeckungen und Forschungen, wenn auch einige der hieraus entspringenden Publikationen erst später erfolgten.
Bei der zeitlichen Eingrenzung ergibt sich sogar noch genauer, daß *Newton* in den

Der Tower in London

Jahren 1666/67 eine unvergleichlich produktive Phase schöpferischen Denkens durchlebt hat, als er, wie viele andere auch, vor einer der verheerenden Pestzüge aus der Stadt aufs Land flüchtete. Allein in London starben damals rund 30 000 Menschen.
In der ländlichen Stille von Woolsthorpe konzipierte *Newton* die Grundideen zur Optik, zur Gravitationstheorie und zur Grundlegung der klassischen Mechanik, dort vervollständigte er seine experimentellen Fertigkeiten. In diese Zeit fallen auch seine hauptsächlichen Entdeckungen zur Mathematik, insbesondere zur Infinitesimalrechnung.
Die Optik war um die Mitte des 17. Jahrhunderts ein in rascher Entwicklung befindliches Forschungsgebiet. Zwar hatte schon die Antike die geometrische Optik hervorgebracht, aber erst im 17. Jahrhundert waren Fernrohre konstruiert worden, konnten *W. Snell* und *R. Descartes* das Brechungsgesetz finden. *Chr. Huygens* entdeckte und erklärte die Doppelbrechung am Kalkspat mit Hilfe einer Lichttheorie, die die Lichtausbreitung als Wellenvorgang auffaßte. Das Problem der Farben aber war offen, trotz der heißen Bemühungen von *Johannes Kepler* und *Marcus Marci*. Hier setzte *Newton* ein.
Mit äußerst sorgfältig durchgeführten Versuchen an Glasprismen gelang ihm der Nachweis, daß sich verschiedenfarbiges Licht durch verschiedene Grade der Brechbarkeit unterscheidet, daß das weiße Sonnenlicht aus farbigem Licht, den Spektralfarben, zusammengesetzt ist und umgekehrt durch deren Mischung wiederum weißes Licht erzeugt werden kann. Farben entstehen also nicht, wie man bis dahin verbreitet angenommen hatte, durch Mischung von Licht mit Schatten; auf diesen – falschen – Standpunkt sollte sich später sogar noch *J. W. Goethe* in seiner Farbenlehre stellen.
Seit 1669 hat *Newton* in Cambridge Vorlesungen über Optik gehalten. Allerdings war der Erfolg recht bescheiden, da die Studenten den Stoff und seinen revolutionierenden Inhalt nicht verstehen konnten und daher die Vorlesung kaum, gelegentlich auch gar nicht besuchten. Am 6. Februar 1672 reichte *Newton* unter dem Titel „New Theory about Light and Colors" (Eine neue Theorie des Lichtes und der Farben) seine Ergebnisse der Royal Society ein, eine hervorragende Probe auf das Leistungsvermögen der neuen Methode der Experimentalwissenschaften.

Eigenhändige Zeichnung Newtons zum Spiegelteleskop

Die Ergebnisse *Newton*s über die Natur der Farben mußten freilich auf die Zeitgenossen gänzlich neuartig wirken. *Huygens*, die damals führende Autorität auf dem Gebiet der Optik, hatte sich mit Prismenfarben weniger befaßt und äußerte sich zurückhaltend. Kritisch fiel das Gutachten der von der Royal Society eingesetzten Kommission aus. *Newton* sah sich zu einer langdauernden Polemik gezwungen, insbesondere mit *R. Hooke*, dem Vorsitzenden der Kommission, der ebenfalls an optischen Untersuchungen stark beteiligt war. In weiteren Denkschriften machte *Newton* andere optische Entdeckungen bekannt, unter anderem über die nach ihm benannten Ringe, und äußerte sich über die eigentliche Natur des Lichtes vorsichtig dahin, daß es sich um eine Bewegung von Korpuskeln handele. In den 80er Jahren aber stellte *Newton* seine Untersuchungen und Publikationen zur Optik, offenbar wegen des damit verbundenen Ärgers, ein. Erst 1704 ließ er das etwa seit 30 Jahren im Manuskript fertiggestellte Buch ,,Opticks" drucken, ein Jahr nach dem Tode von *Hooke*.

Mehr Glück hatte *Newton* auf einem anderen Gebiet der Optik, und zwar bei der Konstruktion des Spiegelteleskopes. Fernrohre waren damals in ganz Europa Gegenstand der Sensation und der Mode, seit *G. Galilei* das Fernrohr auf den Himmel gerichtet und die unglaublichsten Entdeckungen gemacht hatte: Berge auf dem Mond, Sonnenflecken, Monde des Jupiter.

Obwohl die Leistungsfähigkeit eines Spiegelfernrohres im Vergleich zu der der Linsenfernrohre als sehr schlecht beurteilt wurde, unter anderem auch von *B. Cavalieri*, machte sich *Newton* mit großer Begeisterung und handwerklichem Können an die Arbeit. Eigenhändig erprobte *Newton* neue Methoden des Polierens und verschiedene Legierungen für den Metallspiegel. Ein erstes Exemplar war 1668 fertiggestellt, freilich sozusagen nur ein Mini-Modell von insgesamt etwa 15 cm Länge und mit einem Spiegel von 25 mm Durchmesser. Aber es genügte zum Nachweis der Leistungsfähigkeit dieses neuen astronomischen Instruments; mit ihm konnte man sogar die Jupitermonde sehen! Schon 1671 folgte ein zweites, größeres Exemplar. Die Prüfungskommission der Royal Society unter Leitung von *R. Hooke* und *Chr. Wren*, einem berühmten Baumeister, der unter anderem die St.-Pauls-Kathedrale in London erbaut hatte,

Pembroke College in Cambridge (17. Jh.)

bestätigte den hohen Wert des Instruments. Am 11. Januar 1672 wurde *Newton* zum Mitglied der Royal Society gewählt.

Die Arbeiten zur Optik hatten *Newton* auch zur Beschäftigung mit den Eigenschaften eines hypothetischen Lichtträgers, eines Äthers geführt. Dies berührte sich mit seinen Forschungen zur Erdanziehung und zur Grundlegung der Mechanik auf das engste. Überhaupt war damals der Differenzierungsprozeß zwischen den einzelnen naturwissenschaftlichen Disziplinen noch nicht sehr weit fortgeschritten.

Bekannt ist die berühmte Anekdote zur Entdeckungsgeschichte der Gravitationstheorie. *Newton* habe während seines durch die Pest erzwungenen Aufenthaltes auf dem Lande unter einem Apfelbaum gelegen. Ein heruntergefallener Apfel habe ihn auf die Frage nach den Ursachen des stets auf den Mittelpunkt der Erde gerichteten Falles geführt. Mag die Anekdote stimmen oder nicht, jedenfalls hat der streitbare französische Materialist *Voltaire* auf dem Kontinent diese Erzählung in Umlauf gesetzt, um sein Eintreten für die Newtonsche Gravitationstheorie zu unterstützen. *Voltaire* veröffentlichte 1734 seine ,,Englischen Briefe" und attackierte damit die Wirbeltheorie von *Descartes*. *Voltaires* Freundin Madame *du Châtelet* übersetzte *Newtons* Hauptwerk, die ,,Principia", sogar ins Französische, eine sehr schwierige und außerordentlich verdienstvolle Arbeit!

Jedenfalls steht fest, daß *Newton* 1665/66 imstande war, aus den Keplerschen Gesetzen das Gravitationsgesetz abzuleiten, wonach die Anziehung zwischen Massenkörpern dem Quadrat der Entfernung umgekehrt proportional ist. *Galilei* hatte mit dem Begriff der Trägheit und den Fallgesetzen Grundlegendes zur Dynamik vorgearbeitet, *Kepler* überdies zur Erklärung der von ihm entdeckten Art der elliptischen Bewegung der Planeten die Vorstellung von einer Kraft entwickelt, die die Himmelskörper hält und von der Sonne ausgeht. *Newton* berichtet rückblickend über seinen eigenen Ansatzpunkt folgendermaßen: ,,Im gleichen Jahr (1666) begann ich über die Gravitation nachzudenken, die sich bis zur Mondbahn erstreckt, und ich fand, wie die Kraft abzuschätzen ist, mit welcher eine Kugel, die innerhalb einer Sphäre rotiert, auf die Fläche dieser Sphäre drückt. Aus der Regel Keplers, daß die Perioden der Planeten das Verhältnis anderthalb zu den Entfernungen von den Zentren ihrer Bahnen haben, folgerte ich, daß die Kräfte, welche die Planeten in ihren Bahnen halten, umgekehrt proportional zu den Quadraten ihres Abstandes von den Zentren sein müssen, um welche sie sich drehen. Hieraus weiter schließend verglich ich die Kraft, die notwendig ist, um den Mond in seiner Bahn zu halten, mit der Schwerkraft auf der Oberfläche der Erde, und fand, daß sie fast genau gleich sind. All dies ereignete sich in den zwei Pestjahren 1665 und 1666, da ich damals in der Blüte meiner erfinderischen Kräfte war und mehr als jemals später über Mathematik und Philosophie nachdachte". (Deutsch zitiert bei [8, S. 97/98])

Doch blieben auch diese Ergebnisse zunächst unpubliziert, bis eine Korrespondenz mit dem Astronomen E. *Halley* und mit *Hooke*, der seinerseits dicht an das Gravitationsgesetz herangekommen war, *Newtons* Zurückhaltung aufhob. Im Februar 1685 wurde eine Abhandlung von *Newton* ,,De motu" (Über die Bewegung) zum Schutze seiner Priorität bei der Royal Society hinterlegt.

Mit Hilfe eines Sekretärs machte sich *Newton* an die Niederschrift einer großangelegten Darstellung. Der Sekretär berichtet: ,,Sir Isaac war zu jener Zeit sehr liebenswürdig, ruhig und bescheiden und geriet nie in gereizte Stimmung; mit Ausnahme eines Falles sah ich nie, daß er lachte... Er gestattete sich keine Erholung oder Pause, ritt nie aus, ging nicht spazieren, spielte nicht Kegel, trieb keinen Sport; er hielt jede Stunde für verloren, die nicht dem Studium gewidmet war. Selten verließ er sein Zimmer, ausgenommen, wenn er als Lucasischer Professor Vorlesungen halten mußte... Er wurde so sehr von seinen Studien mitgerissen, daß er oft vergaß, zu Mittag zu essen... Er ging selten vor zwei bis drei Uhr nachts schlafen, und oft schlief er erst um fünf oder sechs Uhr morgens ein. Er schlief insgesamt nicht mehr als vier oder fünf Stunden, besonders im Herbst und Winter, wenn in seinem chemischen Laboratorium Tag und Nacht das Feuer brannte." (Deutsch zitiert bei [8, S. 107]).

Am 28. April 1686 wurde das Manuskript *Newtons* der Royal Society überreicht. Es trug den Titel ,,Philosophiae naturalis principia mathematica" (Mathematische Prinzipien der Naturwissenschaft). Mitte 1687 erschien das Buch im Druck und war bald vergriffen.

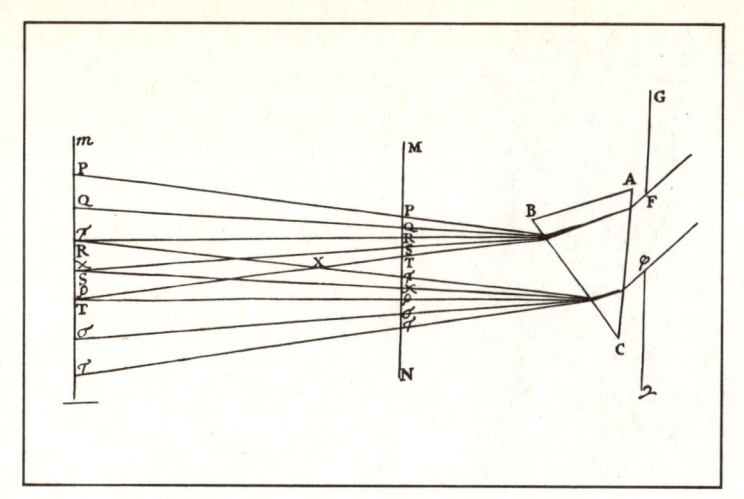

Abbildung aus Newtons „Optik" zum Prismenversuch

Die „Principia" markieren einen einschneidenden Wendepunkt in der Geschichte der Naturwissenschaften. Nach einer Periode des Tastens und Suchens bei der Bewältigung des Bewegungsproblems, nach den hervorragenden Einzelbeiträgen von *Copernicus*, *Galilei* und *Kepler* wurden hier in systematischer Form die Grundlagen der klassischen Mechanik gelegt, von der aus die Physik in den kommenden zwei Jahrhunderten von Triumph zu Triumph schritt. Erst am Anfang des 20. Jahrhunderts sollte die Newtonsche Physik mit der Aufstellung der Relativitätstheorie durch *A. Einstein* in einen noch tieferen Zusammenhang eingebettet werden.
Es ist hier nicht möglich, den Inhalt der „Principia" ausführlich wiederzugeben. Dennoch: Man vergegenwärtige sich, daß die grundlegenden physikalischen Begriffe „Masse", „Kraft" und „Bewegungsgröße" durch *Newton* festgelegt wurden. Er formulierte die drei berühmten Axiome über die Bewegung: Trägheitsgesetz, Kraft als Änderung der Bewegungsgröße, actio gleich reactio. Auf dieser Grundlage konnte *Newton* in den drei Büchern der „Principia" den freien Fall, die Bewegungen des Mondes, die Gesetze der Planetenbewegung berechnen, er konnte das allgemeine Gesetz der Gravitation ableiten und schließlich seine Mechanik anwenden, unter anderem auf die Berechnung der Gezeiten – fürwahr eine gewaltige Leistung! Sie steht zugleich am Ende der eigentlich schöpferischen Tätigkeit *Newtons*.
In eben den Jahren des Erscheinens der „Principia" spitzten sich die politischen, sozialen und religiösen Gegensätze in England zu. *Newton* gehörte als führendes Mitglied einer Delegation der Universität Cambridge an, die beim König *Jacob II.* die Rücknahme einer auf die Rekatholisierung der Universität gerichteten Verordnung durchsetzte. Im Dezember 1688 landete schließlich *Wilhelm von Oranien* in England, der König flüchtete, die „glorious revolution" hatte gesiegt. *Newton* wurde, wohl im Hinblick auf seine standhafte Haltung bei seinem ersten politischen Auftreten, für zwei Jahre als Abgeordneter der Cambridger Universität in das Parlament von London gewählt.
Eine schwere Periode durchlebte *Newton* zwischen 1690 und 1693. Er litt an Depressionen und Geistesverwirrung, vielleicht als Folge geistiger Überanstrengung, vielleicht aber auch deswegen, weil ein von seinem Lieblingshund ausgelöster Brand

Oliver Cromwell
(1599 bis 1658)

in seinem Arbeitszimmer viele Manuskripte vernichtet hatte, darunter angeblich auch solche über noch nicht veröffentlichte wesentliche Forschungsergebnisse, die damit unwiederbringlich verloren waren. Die Erkrankung *Newton*s ist eine feststehende Tatsache, obwohl seine Freunde alles taten, die umlaufenden Gerüchte zu zerstreuen.
Es mag mit *Newton*s Erkrankung zusammenhängen, daß er sich nun, fast 50 Jahre alt, um eine gesicherte materielle Existenz bemühte, die ihm die Professur in Cambridge nicht bieten konnte. Im März 1696 wurde *Newton* zum Aufseher und später, 1699, zum Direktor der Münze ernannt, was ihm ein recht bedeutendes Gehalt einbrachte und 1701 zur Übersiedelung nach London und zur Aufgabe des Lucasischen Lehrstuhls in Cambridge führte.
Im Jahre 1703 wurde *Newton* Präsident der Royal Society, 1705 wurde er geadelt. Bis zu seinem Lebensende blieb er Präsident und erwarb sich bedeutende Verdienste um die Organisation der Wissenschaften in England sowie als Mitglied verschiedener Parlamentskommissionen. Auch in das Leben am englischen Hofe wurde er stark als eine Art Salonphilosoph einbezogen. Seine geistige Tätigkeit dieser Zeit gehörte weitausgreifenden alchimistischen und theologischen Untersuchungen sowie der Überwachung des Druckes seiner überarbeiteten Werke.
Die intensive Beschäftigung mit der Mathematik hat *Newton* sein ganzes aktives Leben begleitet, seit der Zeit der „Blüte seiner erfinderischen Kräfte", wie er über die Pestjahre 1665/66 sagt, bis in seine letzte Lebenszeit, die allerdings durch den Streit mit den Anhängern von *Leibniz* um die Priorität der Entdeckung der Infinitesimalrechnung getrübt war.
Auch in die Mathematik ist *Newton* durch seinen Lehrer und Freund *I. Barrow* eingeführt worden, der selbst eine fundamentale Einsicht als erster gefunden hat, nämlich den gegenseitigen, inversen Zusammenhang des Tangentenproblems mit der Flächeninhaltsbestimmung, das heißt den Inhalt des Fundamentalsatzes der Differential- und Integralrechnung, wenn wir uns modern ausdrücken. Von *Barrow* übernahm *Newton* die Vorstellung des Fließens der Zeit und die Vorstellung von Größen, die sich mit der Zeit ändern, also sozusagen die von kinematischen Variablen. Auch in seinen späteren Bezeichnungen schloß sich *Newton* an *Barrow* an; wie er

St. Paul's Cathedral in London

bezeichnete er Geschwindigkeiten, das heißt Differentiationen nach der Zeit, durch einen darübergesetzten Punkt.

Weitere entscheidende Anregungen empfing *Newton* durch die Lektüre der mathematischen Arbeiten seiner Landsleute J. *Wallis* und W. *Brouncker*, des Schotten J. *Gregory* und des aus Norddeutschland stammenden N. *Mercator*. Diese Autoren hatten sich unter anderem intensiv mit der Quadratur der Hyperbel beschäftigt und waren dabei zu Reihenentwicklungen der Logarithmusfunktion vorgestoßen; beispielsweise stammt von *Brouncker* die Reihe

$$\ln 2 = \frac{1}{1 \cdot 2} + \frac{1}{3 \cdot 4} + \frac{1}{5 \cdot 6} + \cdots$$

Im Sommer 1668 veröffentlichte *Mercator* im Anschluß an das von *Wallis* aufgestellte allgemeine Gesetz $\int_0^1 x^n \mathrm{d}x = \frac{1}{n+1}$, $n \neq -1$, eine Reihenentwicklung für den Ausnahmefall

$$\int_0^1 \frac{1}{1+x} \mathrm{d}x = 1 - \frac{1}{2} + \frac{1}{3} - \frac{1}{4} + - \cdots = \ln 2,$$

die er durch gliedweise Integration von $\frac{1}{1+x} = 1 - x + x^2 - x^3 + \cdots$ erhalten hatte.

Nun endlich ließ sich *Newton* durch seine Freunde bewegen, seine eigenen bedeutenden Ergebnisse zur Reihenlehre im Zusammenhang niederzuschreiben. Die Abhandlung war im Sommer 1669 fertiggestellt und wurde unter dem Titel ,,De Analysi per aequationes numero terminorum infinitas" (Über die Rechenkunst mittels der der Zahl ihrer Glieder nach unendlichen Gleichungen) bei der Royal Society registriert, stand jedem zur Einsicht offen und galt damit als publiziert. Zum Druck gelangte die Arbeit allerdings erst viel später, erst im Jahre 1711.

Diese Abhandlung von *Newton* wurde zum Gründungsdokument der Theorie der unendlichen Reihen als einer selbständigen mathematischen Disziplin. Zwar ist das Ziel der Arbeit noch die Bestimmung von Flächeninhalten, das heißt die Lösung von Integralen. Die dazu entwickelte Methode besteht jedoch darin, den Integranden in

eine Reihe zu entwickeln. Damit wird die Reihenentwicklung zum selbständigen Aufgabenbereich; ihr Kernstück bei *Newton* ist die Binomialreihe.
Newton hat später, in einem Brief an *Leibniz* vom 24. Oktober 1676, geschildert, wie er aus dem bei der Ellipse auftretenden Integrationsproblem $\int \sqrt{1-x^2}\,dx$ durch eine großangelegte Induktion zur Aufstellung der Binomialreihe gelangt ist. Bei *Newton* erscheint sie in der Schreibweise

$$(P+PQ)^{\frac{m}{n}} = P^{\frac{m}{n}} + \frac{m}{n}AQ + \frac{m-n}{2n}BQ + \frac{m-2n}{3n}CQ + \cdots$$

für alle ganzen positiven m und n; dabei bedeutet A den ersten additiven Term, B den zweiten Term usw. Der Leser lasse sich nicht dadurch irritieren, daß *Newtons* Schreibweise von der heutigen abweicht.

Newton hat übrigens die Auffindung der Binomialreihe als seine hauptsächliche mathematische Leistung bezeichnet. Ihm zu Ehren wurde daher sein Sarkophag in der Westminster Abtei mit der obigen Formel für die Binominalreihe geschmückt. Damit reichten *Newtons* Möglichkeiten aus, alle Integrale der Form

$\int ax^\lambda (b+cx^\mu)^\nu dx$, λ, μ, ν ganz,

mittels Reihenentwicklung zu integrieren; man erhält eine abbrechende Reihe, wenn $\frac{\lambda+1}{\mu} > 0$ ganz oder wenn $\frac{\lambda+1}{\mu} + \nu$ ganz ist.

Insgesamt handelt es sich mit „De Analysi..." um eine bereits weit entwickelte Reihentheorie: Man findet unter anderem die Methode der unbestimmten Koeffizienten, die Umkehrung der Reihen, ferner die Entwicklung der Funktionen $y = \sin x$, $y = \cos x$ und $y = e^x$ in unendliche Reihen.

Es fehlt lediglich eine Konvergenztheorie. Diese aber war erst das Werk des 19. Jahrhunderts, die Leistung von N. *Lobatschewski*, N. H. *Abel*, C. F. *Gauß*, B. *Bolzano*, A. L. *Cauchy*, K. *Weierstraß* und anderen.

Schon 1671 lag ein weiteres mathematisches Buch von *Newton* druckfertig vor; es enthielt seine Infinitesimalrechnung zusammen mit einer verbesserten Darstellung der unendlichen Reihen. Dieses Buch trug den Titel „Methodus fluxionum et serierum infinitarum" (Methode der fließenden Größen und der unendlichen Reihen).

Edmund Halley
(1656 bis 1742)

Aber auch hier erfolgte zunächst keine Drucklegung, zum Teil auch deshalb, weil der große Brand von London im Jahre 1666 fast die ganze Stadt und darunter alle Druckereien zerstört hatte. Erst 1736 erschien die ,,Fluxionsrechnung" in einer englischen Übersetzung unter dem Titel ,,Method of Fluxions" im Druck, das heißt nach *Newton*s Tode und zu einem Zeitpunkt, da ihr Inhalt schon überholt war.
Zum Zeitpunkt der Niederschrift aber war es ein hochbedeutendes Buch. *Newton* ging von physikalischen, insbesondere mechanischen Grundvorstellungen aus, denselben, die den ,,Principia" später zugrundegelegt wurden: Es gibt eine objektiv existierende, unabhängig von allen Geschehnissen verlaufende Zeit. Alle Körper bewegen sich in einem objektiv existierenden Raum, der unabhängig ist von allen darin befindlichen Körpern. Alle veränderlichen Größen sind physikalische Größen, die von der objektiv ablaufenden Zeit abhängen. Diese Größen, die Variablen also, nennt er ,,Fluenten", das heißt soviel wie ,,Fließende". Ihre Geschwindigkeiten, das heißt ihre Ableitungen, heißen ,,Fluxionen". *Newton* definiert folgendermaßen: ,,Die Größen, die ich als allmählich und unbeschränkt zunehmende ansehe, werde ich von nun an Fluenten oder Flowing Quantities nennen und werde sie durch die letzten Buchstaben des Alphabets bezeichnen, durch v, x, y, z, damit ich sie unterscheiden kann von anderen Größen, die in Gleichungen als bekannt und bestimmt betrachtet werden können, und welche darum durch die Anfangsbuchstaben $a, b, c, \ldots$ bezeichnet werden. Und die Geschwindigkeiten, die jede Fluente durch die erzeugende Geschwindigkeit erhält – die ich als Fluxion oder einfach als Geschwindigkeiten bezeichnen möchte – werde ich durch dieselben Buchstaben, aber mit Punkt versehen, bezeichnen, also $\dot{v}, \dot{x}, \dot{y}, \dot{z}$." [2, S. 20, englisch]
Der dritte wichtige Begriff der Newtonschen Fluxionsrechnung ist das Moment einer Größe. *Newton* definierte es als einen ,,gerade noch wahrnehmbaren Zuwachs einer Größe" und bezeichnete es mit ,,o". Demnach ist o das Moment der Zeit, $\dot{x}o$ das Moment der Fluente und $\ddot{x}o$ das Moment der Fluxion, das etwa dem heutigen Differential entspricht.
Dieser Begriff ,,Moment" ist natürlich einigermaßen unklar. Es fehlt eine klare begriffliche Fixierung des Grenzüberganges, zu der *Newton* noch nicht vorstoßen

Universität in Oxford im 17. Jh.

konnte. Dagegen hat *Newton* in voller Tragweite den Zweck seiner Fluxionsrechnung im mathematisch-physikalischen Zusammenhang erfaßt und gehandhabt.
Die tiefe Einsicht *Newtons* ist am leichtesten durch einen Blick auf den Inhalt des Buches ,,Method of Fluxions" zu demonstrieren.
Drei große Themen werden behandelt.
1. Die Beziehung zwischen den Fluenten untereinander ist gegeben. Zu bestimmen ist die Beziehung zwischen ihren Fluxionen. Dies ist also das Problem der Differentiation. Ein Beispiel aus der ,,Method of Fluxions" soll hier in den Worten von *Newton* demonstriert werden. Behandelt wird die Differentiation von
$$x^3 - ax^2 + axy - y^3 = 0;$$
x und y hat man sich als abhängige Variable zu denken, die unabhängige Variable ist die Zeit.
Man liest bei *Newton*:
,,Sei nun irgendeine Gleichung $x^3 - ax^2 + axy - y^3 = 0$ gegeben und ersetze $x + \dot{x}o$ für x und $y + \dot{y}o$ für y, dann ergibt sich

$$\left.\begin{array}{l} x^3 + 3\dot{x}ox^2 + 3\dot{x}^2oox + \dot{x}^3o^3 \\ - ax^2 - 2a\dot{x}ox - a\dot{x}^2oo \\ + axy + a\dot{x}oy + a\dot{y}ox + a\dot{x}\dot{y}oo \\ - y^3 - 3\dot{y}oy^2 - 3\dot{y}^2ooy - \dot{y}^3o^3 \end{array}\right\} = 0$$

Nun ist nach Voraussetzung
$$x^3 - ax^2 + axy - y^3 = 0,$$
welche demnach gestrichen werden. Die verbleibenden Terme werden durch o dividiert.
Es bleiben

$$3\dot{x}x^2 + 3\dot{x}^2ox + \dot{x}^3oo$$
$$- 2a\dot{x}x - a\dot{x}^2o + a\dot{x}y + a\dot{y}x + a\dot{x}\dot{y}o$$
$$- 3\dot{y}y^2 - 3\dot{y}^2oy - \dot{y}^3oo = 0.$$

Aber da vorausgesetzt war, daß o unendlich klein ist, daß sie die Momente der

PHILOSOPHIÆ NATURALIS PRINCIPIA MATHEMATICA.

AUCTORE ISAACO NEWTONO, Eq. Aur.

Editio tertia aucta & emendata.

LONDINI:
Apud Guil. & Joh. Innys, Regiæ Societatis typographos.
MDCCXXVI.

Titelblatt der „Principia"

Größen repräsentieren, werden die Terme, die mit o multipliziert sind, nichts sein in Anbetracht des Restes. Deswegen verschmähe ich sie und es bleibt

$$3\dot{x}x^2 - 2a\dot{x}x + a\dot{x}y + a\dot{y}x - 3\dot{y}y^2 = 0."$$ [2, S. 24, englisch]

2. Eine Gleichung ist vorgegeben, in der auch Fluxionen von Größen enthalten sind. Gesucht sind die Beziehungen zwischen jenen Größen untereinander. Dies ist das Problem der Integration. Aber es ist mehr als nur die Bestimmung von Stammfunktionen. Hierin sind auch die Integrationen von Differentialgleichungen eingeschlossen. *Newton* gibt u. a. als Beispiel die Gleichung

$$\dot{y}y = \dot{x}\dot{y} + \dot{x}\dot{x}x$$

zwischen den Fluxionen und als Lösung die Beziehung

$$y = x + \frac{1}{3}x^3 - \frac{1}{5}x^5 + \frac{2}{7}x^7 - \cdots$$

zwischen den Fluenten an. Offensichtlich handelt es sich bei *Newton* um eine sehr tiefe Einsicht, um die Befreiung von der engen Bindung des Integrationsproblems an die Quadratur allein.

3. Hier systematisiert *Newton* die Behandlungsweise der verschiedenen Probleme: Berechnung von Maxima und Minima, Tangenten an Kurven, Krümmungsmaß von Kurven, Art der Krümmung, Quadratur von Kurven, Rektifikation von Kurven.

Mit der Reihenlehre und der Fluxionsrechnung allein reiht sich *Newton* unter die Mathematiker ersten Ranges ein. Und doch erschöpft sich hierin seine mathematische Leistung nicht. *Newton* war ferner noch sehr erfolgreich als Algebraiker tätig. Von ihm stammt beispielsweise die Bestimmung der Potenzsummen der Wurzeln einer Gleichung aus deren Koeffizienten. *Newton* hat 1673/74 einen sehr geschickten Grundlehrgang zur Algebra auf der Grundlage seiner Vorlesungen unter dem Titel „Arithmetica universalis" (Allgemeine Algebra) niedergeschrieben; der Druck erfolgte erst 1707.

Zu Beginn der 70er Jahre, als *Newton* auf der Höhe seiner Produktivität stand und im Besitz weitreichender Ergebnisse und Methoden war, begann *Leibniz* in Paris mit

Westminster Abbey in London, Kapelle Heinrichs VIII.

intensiven mathematischen Studien. Nach dem zwiespältigen Eindruck, den *Leibniz* bei seinem ersten Aufenthalt 1672 in London hinterlassen hatte — vgl. dazu die Biographie über *Leibniz* —, ist es verständlich, daß *Newton* gegenüber *Leibniz* im Briefwechsel eine reservierte Haltung einnahm. Sie war indessen verfehlt für den *Leibniz* der Jahre 1675/76. In demselben Brief, in dem *Newton* über seinen Weg zur Binomialreihe berichtet hat (24. Oktober 1676), informiert *Newton Leibniz* auch über seine Fluxionsrechnung, aber eben nicht über seine Methode, sondern über Ergebnisse. Bezüglich seiner Methode gibt *Newton* nur das folgende Anagramm (eine besondere Art von Buchstabenrätsel).

$\quad$ 6a cc d ae 13e ff 7i 31 9n 4o 4q rr 4s 9t 12v x

Die Lösung lautete: „Data aequatione quotcunque fluentes quantitates involvente fluxiones invenire et vice versa" (Bei gegebener Gleichung zwischen beliebig vielen fließenden Größen deren Fluxionen zu finden und umgekehrt).
Für *Leibniz* mußte dies Anagramm unverständlich bleiben, obwohl er selbst die Infinitesimalrechnung gefunden hatte. Es ist mit Recht gesagt worden, daß es wohl eines viel größeren Scharfsinnes bedurft hätte, aus diesem Anagramm *Newton* das Geheimnis der neuen Methode zu entreißen, als selbständig die Differential- und Integralrechnung zu entdecken.
Nach dem Tode (1677) von *H. Oldenburg*, des *Leibniz* wohlgesonnenen Sekretärs der Royal Society, rissen die ohnedies nur losen Fäden des persönlichen Austausches zwischen den beiden großen, selbständigen Entdeckern der Differential- und Integralrechnung ab. Ungeschicklichkeiten von *Leibniz*, spätere von *Newton*, gaben den Prioritätsansprüchen beider zugleich einen nationalistisch gefärbten Anstrich. Charakteristisch ist hierfür ein Brief des schon hochbetagten *Wallis* an *Newton*, in dem dieser, vom beginnenden Siegeszug der Leibnizschen Infinitesimalrechnung in seinem Nationalstolz gekränkt, *Newton* nachdrücklich aufforderte, die britischen Nationalinteressen durch Betonung seiner Leistungen wahrzunehmen: „Ihr sorgt für Eure Ehre und die der Nation nicht so, wie Ihr solltet, wenn Ihr wertvolle Entdeckungen so lange zurückhaltet, bis andere den Ruhm für sich in Anspruch nehmen." (Deutsch zitiert bei [11, S. 168]) *Newton* blieb zurückhaltend, obwohl er sich durch

Handschrift
mit Unterschrift Newtons

Leibniz gekränkt fühlte. Aber eine Kommission der Royal Society wurde zur Untersuchung der Angelegenheit eingesetzt und kam 1713 zu dem unberechtigten Ergebnis, daß *Newton* als „erster Erfinder" der neuen Mathematik anzusehen sei und der Vorwurf des Plagiats gegen *Leibniz* nicht zu Unrecht bestehe. Der englische Hof nahm an der nun beginnenden polemischen Auseinandersetzung zwischen *Leibniz*, *Newton* und deren jeweiliger Anhängerschar ein ständiges Interesse als dem spannendsten Wettbewerb dieser Zeit.

Es ist hier nicht nötig, auf alle Einzelheiten des unglücklichen Streites einzugehen, der nicht einmal mit dem Tode von *Leibniz* und *Newton* endete. Heute steht eindeutig fest, daß beide unabhängig voneinander zu eigenen Formen der Differential- und Integralrechnung gekommen sind, Calculus bzw. Fluxionsrechnung. (Auf die Reihenlehre hat *Leibniz* übrigens niemals Anspruch erhoben.) *Newton* hatte das tiefere Verständnis für den inneren Zusammenhang zwischen Mathematik und Physik, *Leibniz* sah schärfer den Zusammenhang zwischen Mathematik, Logik und Erkenntnistheorie. *Newton* gelangen systematische Darlegungen, aber *Leibniz* publizierte seine zersplitterten Ergebnisse früher und entwickelte die weitaus geschickteren Bezeichnungen.

Abgesehen von dem Streit mit *Leibniz* verbrachte *Newton* ein ruhiges Alter, bis zum Ende ohne ernstliche Krankheit, hochgeehrt vom ganzen Lande, häuslich umsorgt von einer Nichte, trotz seiner hohen Stellung bescheiden, ja fast geizig lebend.

Noch am 28. Februar 1727 leitete *Newton* eine Sitzung der Royal Society, doch am 4. März erlitt er einen Gallenanfall und starb in der Nacht zum 21. März im Alter von 84 Jahren. Er erhielt ein Staatsbegräbnis und wurde feierlich in der Londoner Westminster Abtei beigesetzt. Auf seiner Grabplatte stehen die folgenden Worte; sie dokumentieren zugleich den Geist der Zeit.

„Hier ruht Sir Isaac Newton, welcher als Erster mit nahezu göttlicher Geisteskraft die Bewegungen und Gestalten der Planeten, die Bahnen der Kometen und die Fluten des Meeres durch die von ihm entwickelten mathematischen Methoden erklärte, die Verschiedenheit der Lichtstrahlen sowie die daraus hervorgehenden Eigentümlichkeiten der Farben, welche vor ihm niemand auch nur geahnt hatte, erforschte, die Natur, die Geschichte und die Heilige Schrift fleißig, scharfsinnig und zuverlässig deutete, die Majestät des höchsten Gottes durch seine Philosophie darlegte und in evangelischer Einfachheit der Sitten sein Leben vollbrachte. Es dürfen sich alle Sterblichen beglückwünschen, daß diese Zierde des menschlichen Geschlechts ihnen geworden ist. Er wurde am 25. Dezember 1642 geboren und starb am 20. März 1727." (Deutsch zitiert bei [8, S. 202])

Lebensdaten zu Isaac Newton

1643	4. Januar, Geburt *Isaac Newtons*
1661	Immatrikulation am Trinity College der Universität Cambridge
1664	Scholar
1665	Bakkalaureus
1667	Minor Fellow, Mitglied des College
1668	Major Fellow, Master of Arts
1668	Fertigstellung des ersten Spiegelteleskops
1669	Professor in Cambridge auf dem Lucasischen Lehrstuhl
1669	Vollendung einer Niederschrift einer zusammenfassenden Darstellung zur Reihenlehre ,,De Analysi per aequationes numero terminorum infinitas''; sie erscheint erst 1711 im Druck
1671/72	Niederschrift einer zusammenfassenden Darstellung der Fluxionsrechnung, die 1736 in englischer Übersetzung unter dem Titel ,,Method of Fluxions'' in London erscheint
1672	*Newtons* zusammenfassende Schrift ,,Eine neue Theorie des Lichtes und der Farben'' wird in der Royal Society verlesen.
1672	*Newton* wird zum Mitglied der Royal Society gewählt.
1673/83	Niederschrift der ,,Arithmetica universalis'', die 1707 in Cambridge im Druck erscheint
1675	Erneute umfangreiche Denkschrift von *Newton* zur ,,Theorie des Lichtes und der Farben''
1687	Die ,,Philosophiae naturalis principia mathematica'' erscheinen erstmals im Druck.

1688	Wilhelm von Oranien übernimmt die Regierung in England.
1688/89	Newton als Parlamentsabgeordneter vorwiegend in London
1696	Newton wird Aufseher der Münze.
1699	Newton wird Direktor der Münze.
1699	Newton wird Mitglied der Pariser Akademie der Wissenschaften.
1701	Rücktritt vom Lucasischen Lehrstuhl in Cambridge
1703	Newton wird Präsident der Royal Society und behält dieses verantwortungsvolle Amt bis zum Tode.
1704	Die „Optik oder eine Abhandlung über die Reflexionen, Brechungen, Beugungen und Farben des Lichtes" erscheint erstmals im Druck.
1727	20./21. März, Tod Isaac Newtons

Literaturverzeichnis zu Isaac Newton

[1] *Newton, Isaac:* The Mathematical Papers of Isaac Newton. Ed. D. T. Whiteside, Cambridge, seit 1967.
[2] *Newton, I.:* Method of Fluxions. London 1736.
[3] *Newton, I.:* The Correspondence. Ed. H. W. Turnbull, J. F. Scott, Cambridge, seit 1959.
[4] *More, L. T.:* Isaac Newton. A Biography, 1934. 2. Auflage Dover Publications, New York 1962.
[5] *Turnbull, H. W.:* The Mathematical Discoveries of Newton. Glasgow 1945.
[6] *Laue, M. v.:* Isaac Newton. In: Gottfried Wilhelm Leibniz, Sammelband von Vorträgen aus Anlaß seines 300. Geburtstages, S. 246 bis 262. Hamburg 1946.
[7] *Hofmann, J. E.:* Geschichte der Mathematik, Band II. Berlin 1957.
[8] *Wawilow, S. I.:* Isaac Newton (Übersetzung aus dem Russischen). Berlin 1951.
[9] *Hofmann, J. E.:* Die Entwicklungsgeschichte der Leibnizschen Mathematik während des Aufenthaltes in Paris (1672 bis 1676). München 1949.
[10] *Anthony, H. D.:* Sir Isaac Newton. London, New York, Toronto, 1960.
[11] *Herivel, J.:* The Background to Newton's Principia. Oxford 1965.

Gottfried Wilhelm Leibniz (1646 bis 1716)

Leibniz würde nicht nur in einer Sammlung von Biographien bedeutender Mathematiker einen Ehrenplatz einnehmen; er wäre ebenso unter eine Auswahl hervorragender Philosophen und in die von herausragenden Historikern einzureihen. *Leibniz* lieferte wesentliche Beiträge zur Mechanik, zur Biologie, zur theoretischen Logik; er kümmerte sich um Bergwerke, Seidenraupenzucht und vielerlei produktionswirksame technische Verbesserungen. *Leibniz* war ein hervorragender Jurist und als Diplomat in wichtigen politischen Missionen tätig. Er bemühte sich um den Ausgleich zwischen der katholischen und der reformierten Kirche in Deutschland. Auf seine Initiative ging die Gründung der Berliner Akademie der Wissenschaften zurück. Als einer der ersten lenkte *Leibniz* das europäische kulturhistorische Interesse auf den Fernen Osten, insbesondere auf China.

Leibniz ist unermüdlich tätig gewesen und hat sehr viel veröffentlicht. Noch mehr aber wurde erst nach seinem Tode herausgegeben. Bis heute ist viel Bedeutendes noch nicht erschlossen, das sich im Nachlaß befindet. Dazu kommt ein ausgedehnter Briefwechsel, den *Leibniz* mit seinen bedeutendsten Zeitgenossen führte.

Leibniz war von einer fast unglaublichen geistigen Beweglichkeit und raschen Auffassungsgabe, von einem nie erlahmenden Arbeitseifer und schier unerschöpflichem Ideenreichtum. Zugleich aber litt er zeitweise unter einem schlechten Gedächtnis, pflegte daher alles zu notieren und kein Zettelchen zu vernichten. Wir können daher noch heute an Hand seiner Aufzeichnungen die Wege seines Forschens und Denkens durch alle Stationen der Mühe und der Irrtümer klar rekonstruieren. Mit glänzendem Verstand ausgestattet, konnte *Leibniz* in seinen jüngeren Jahren – der damaligen Mode entsprechend – als vollendeter Meister des französischen Esprit und weltoffener Universalität gelten. Er war kein trockener Buchgelehrter, sondern ein geistvoller Mann von Welt. (Vgl. dazu [6])

Er war am Hofe des „Sonnenkönigs" *Ludwigs XIV.*, dem Mittelpunkt der galanten Welt seiner Zeit, ebenso zu Hause wie bei Ärzten, Handwerkern, Bergleuten, Alchimisten, Schwarzkünstlern und Scharlatanen. Und doch hat *Leibniz* so gut wie keine

Gottfried Wilhelm Leibniz

dauerhafte Freundschaft finden können. Er gründete keine Familie und starb schließlich in völliger Vereinsamung, in unerquickliche Prioritätsstreitigkeiten mit den Anhängern von *Newton* um die Entdeckung der Infinitesimalrechnung verwickelt, nur von wenigen in seiner Bedeutung als Gelehrter und Philosoph gewürdigt und bei seinem Landesherrn am Hofe in Hannover in Ungnade gefallen. ,,Wie ein Straßenräuber fast," so schrieb ein Zeitgenosse, ,,wurde der bedeutendste Gelehrte seiner Zeit begraben." [5, S. 71]

Vom Charakter her war *Leibniz* — trotz vieler attraktiver Züge — durchaus nicht unangreifbar. Unter den damaligen gesellschaftlichen Bedingungen mußte er in ständiger Abhängigkeit von Herrschern und Potentaten bleiben. Er mußte sich mit den Mächtigen seiner Zeit arrangieren, wollte er ein angenehmes Leben führen. *Leibniz* selbst sah vielleicht am deutlichsten seine Schwächen; mehr als einmal hat er sich selbst wegen seiner, wie er sagte, ,,Freßlust" verspottet.

Der Lebensweg von *Leibniz* ist nicht nur als der einer höchst bemerkenswerten Einzelpersönlichkeit interessant. Die Stationen seines Lebens, seine Absichten, Handlungen, Erfolge und Mißerfolge spiegeln in beeindruckender Form seine Zeit wider, die Periode des Absolutismus, den Kompromiß des herrschenden Feudalismus mit den sich entwickelnden bürgerlichen Kräften. Es war eine unruhige Zeit, voller hochdramatischer politischer Verwicklungen, bemerkenswerter Entwicklungen im Bereich der Produktivkräfte, des Überganges zum Manufaktursystem und gärender geistiger Bewegungen in der sich formierenden europäischen Frühaufklärung.

In dem von schwedischen Truppen besetzten Leipzig wurde *Gottfried Wilhelm Leibniz* nach altem Kalender am 21. Juni, nach gregorianischem Kalender am 1. Juli des Jahres 1646 geboren, etwa zwei Jahre vor dem Ende des verheerenden Dreißigjährigen Krieges, der Deutschland zum Schauplatz der militärischen Auseinandersetzungen fast aller europäischen Mächte gemacht hatte, in dem rund ein Drittel der deutschen Bevölkerung umkam und der Deutschland in seiner ökonomischen, politischen, aber auch kulturellen und wissenschaftlichen Entwicklung weit hinter Frankreich, England, Italien, die Niederlande und Schweden zurückwarf.

Der Vater von *Leibniz* war Jurist und wirkte als Notar sowie als Professor der Moral

Schwere Geschütze im 16. Jh.

an der Leipziger Universität. Die Mutter entstammte der Familie eines Professors der Rechte. Die Eltern gehörten damit der einzigen Schicht des gehobenen Bürgertums an, die sich unter den Bedingungen des schrecklichen Krieges noch einigermaßen in ihrer gesellschaftlichen Stellung hatte behaupten können. Doch *Leibniz* verlor seine Eltern schon sehr früh; 1652 starb der Vater, 1664 die Mutter.

Die vorzügliche Bibliothek des Elternhauses bot die besten Studienmöglichkeiten für den aufgeweckten bildungshungrigen Jungen. Ohne Anleitung, nur mit Hilfe eines illustrierten, lateinisch geschriebenen Buches lernte der Achtjährige Latein. Mit zehn Jahren las er die lateinischen und griechischen Klassiker, insbesondere die römischen und griechischen Historiker, im Original. Mit dreizehn Jahren vermochte er mit erstaunlicher Geschwindigkeit lateinische Gedichte zu verfertigen, bis zu 300 Hexametern am Tage!

Als *Leibniz* mit fünfzehn Jahren die Universität seiner Vaterstadt bezog, war er bestens für das damalige Studium gerüstet. Bereits 1663 konnte er seine erste philosophische Prüfung mit einem Thema zur scholastischen Philosophie absolvieren, als 16jähriger hatte er seine erste philosophische Schrift publiziert, 1664 wurde er Magister.

Leibniz studierte die Rechte, hauptsächlich in Leipzig, zwischendurch für kurze Zeit aber auch in Jena und an der später erloschenen Universität Altdorf in der Nähe Nürnbergs. Neben seinem eigenen Fach fand er den geistigen Spielraum, sich intensiv mit Philosophie, Mathematik, Logik und Physik zu befassen.

Die Wissenschaften waren an deutschen Universitäten gegenüber denen in Westeuropa reichlich verstaubt und noch vielfältig vom mittelalterlichen Denken geprägt. *Leibniz* fand nur zwei akademische Lehrer von Format, die zugleich zu den führenden Vertretern der deutschen Frühaufklärung gehörten, in Jena den Mathematiker *E. Weigel* und in Leipzig den Philosophen *J. Thomasius*, den Vater des zu noch größerer Bedeutung gelangenden Rechtsphilosophen *Chr. Tomasius.* Insbesondere *Weigel* führte *Leibniz* in die Grundlagen der Mathematik, der neueren Naturwissenschaft und in die mechanistische Philosophie von *R. Descartes* ein. Und doch zeigt die erste von *Leibniz* verfaßte mathematische Abhandlung, eine Untersuchung über Kombinatorik,

Leipzig um 1617

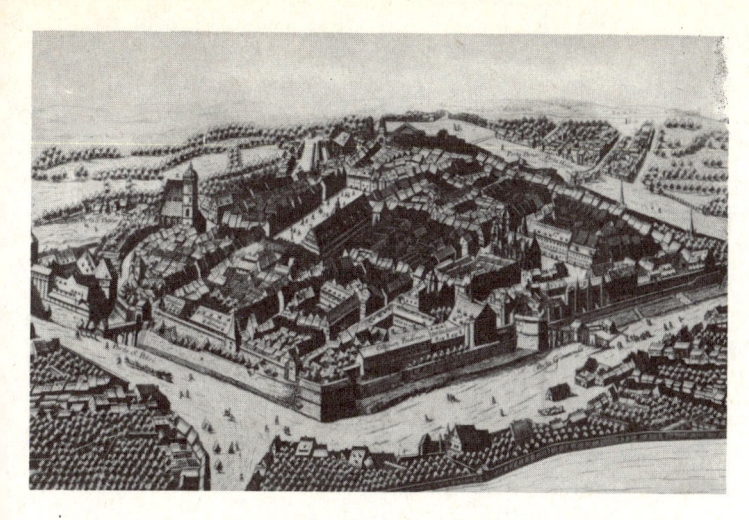

zwar das große mathematische Talent, zugleich aber im kritischen Vergleich mit entsprechenden westeuropäischen Abhandlungen die Tatsache, daß die Mathematik im kriegszerstörten Deutschland weit zurückgeblieben war.
In Leipzig wollte man *Leibniz*, angeblich seiner Jugend wegen, nicht zum Doktorat zulassen. So wandte er sich nach Altdorf und promovierte dort zum Doktor beider Rechte. Eine ihm angebotene außerordentliche Professur und damit eine akademische Laufbahn schlug er jedoch aus; seine Pläne griffen über die selbstgenügsame gelehrsame Tätigkeit an einer altmodischen deutschen Universität weit hinaus.
Leibniz war damals gerade erst 20 Jahre alt. Halb aus jugendlichem Übermut, halb aus Neugier und Wissensdurst trat er im benachbarten Nürnberg dem Geheimbund der Rosenkreuzer bei, deren aufs Mystische zielende Absichten mit alchimistischen Experimenten realisiert werden sollten. Durch eine geschickte Hochstapelei gelangte *Leibniz* auf den Posten des Sekretärs der Bruderschaft, hatte damit die Experimente protokollarisch zu beschreiben und alchimistische Autoren zu exzerpieren. *Leibniz* ging so weit, ein umfangreiches Werk des deutschen Alchimisten *Basilius Valentinus* vom Anfang des 15. Jahrhunderts in lateinische Verse zu übertragen.
Dieser Neigung zu alchimistisch-chemischen Studien blieb *Leibniz* — wie übrigens auch *Newton* — sein ganzes Leben treu. Während seines England-Aufenthaltes 1673 zum Beispiel war *Leibniz* häufiger Gast bei den chemischen Experimenten von *R. Boyle*. Später, in Hannover, bemühte er sich um den Entdecker des Phosphors, einen gewissen *H. Brand* aus Hamburg. Es läßt sich denken, daß der Phosphor mit seinen auffälligen Lichterscheinungen große Aufmerksamkeit auf sich zog. An den Fürstenhöfen belustigte man sich damit, die Kleider der Damen mit phosphorhaltigen Flüssigkeiten zu tränken und nächtens diese Glühwürmchen „fliegen" zu lassen.
Leibniz interessierte sich für die wissenschaftliche und ökonomische Seite der Entdeckung und nahm den wirklichen Entdecker gegen den angeblichen, den Chemiker *Kunkel von Löwenstern*, in Schutz. *Leibniz* zog *Brand* zweimal an den Hof nach Hannover und half mit, die Herstellung des kostbaren Phosphors nach den Rezepten *Brands* aus dem gesammelten Urin eines Regiments Soldaten zu organisieren. Und schließlich ist es — um noch ein drittes Beispiel anzuführen — interessant, daß *Leibniz*

Von Wilhelm Schickhardt
(1592 bis 1635)
erbaute Rechenmaschine

eine recht rege Korrespondenz mit dem Hallenser Medizinprofessor *F. Hoffmann* führte, u. a. über die Gründe für die Wirkung jener heilsamen Tinktur, die unter dem Namen ,,Hoffmanns Tropfen" noch jetzt in Apotheken zu haben ist.
Aber zurück zu dem jungen *Leibniz* in Nürnberg. Hier machte er die Bekanntschaft mit *J. Chr. von Boineburg*, dem früheren Kanzler des Kurfürsten von Mainz. *Boineburg* erkannte die hohe juristisch-diplomatische Begabung von *Leibniz* und erwirkte, daß ihn der Mainzer Kurfürst, *Johann Philipp von Schönborn*, in seine Dienste nahm.
Kurmainz war damals einer der stärksten Feudalstaaten innerhalb des — allerdings recht losen — Verbandes des ,,Heiligen Römischen Reiches Deutscher Nation" und von ausschlaggebender Bedeutung in der Politik gegenüber dem absolutistischen Frankreich, das unter dem ,,Sonnenkönig" *Ludwig XIV.* die Schwäche des deutschen Reiches zur räuberischen Aggression ausnutzte. Zugleich befand sich das deutsche Reich in schweren Rückzugskämpfen gegen die türkische Großmacht; 1683 wurde sogar die Hauptstadt Wien von den Türken belagert. Erst im Jahre 1699 sollte die schlimmste Türkengefahr beseitigt sein. Hieran hatte der kaiserliche Feldmarschall Prinz *Eugen von Savoyen* ein hervorragendes Verdienst, einer der wenigen einflußreichen Persönlichkeiten, der die Bedeutung von *Leibniz* erkannt hat und ihm bis zum Ende seines Lebens hilfreich verbunden blieb.
In den schweren 60er Jahren, als das deutsche Reich von zwei Seiten durch übermächtige Gegner bedroht war, suchte der Kurfürst von Mainz der drohenden Aggression *Ludwigs XIV.* zu begegnen und griff daher eine von *Leibniz* schon im Herbst oder im Winter 1667 konzipierte Idee auf. Der Kern bestand darin, Frankreichs Interessen von Deutschland weg auf ein anderes Objekt hinzulenken, auf die reichen Schätze des Orients, insbesondere Ägyptens. Unter Beratung durch *Boineburg* arbeitete *Leibniz* eine entsprechende großangelegte diplomatische Denkschrift aus; das ,,Consilium Aegyptiacum" war Anfang 1672 fertiggestellt.
Die Zeit drängte. Daher faßte der Kurfürst den Beschluß, *Leibniz* selbst in dieser diplomatischen Mission nach Paris zu senden. Am 19. März 1672 brach *Leibniz* auf. Angefüllt mit hochfliegenden politischen und wissenschaftlichen Plänen ließ er die

Die von Leibniz konstruierte Rechenmaschine

Enge der deutschen Kleinstaaterei und das vom Krieg gezeichnete Deutschland hinter sich. Ende März traf er in Paris ein, der Hauptstadt eines mächtigen Staates, dem glanzvollen Mittelpunkt von Mode, Kultur und Wissenschaft. (Vgl. dazu [6]) Die diplomatische Mission aber scheiterte. Der Krieg hatte schon begonnen, und es gelang *Leibniz* nicht, mit seinem Projekt zu den entscheidenden Ministern oder gar zum König vorzudringen. So sehr sich *Leibniz* einerseits in seinem ganzen weiteren Leben vom französischen Hof beeindruckt zeigte und Paris als seine geistige Heimat empfand, so sah er doch andererseits die unheilvollen Folgen der Politik *Ludwigs XIV.* Später, 1683 ließ *Leibniz* eine glänzende Flugschrift „Mars Christianissimus" erscheinen − natürlich anonym −, die in satirisch-ironischer Form *Ludwig XIV.* attackierte, der, wie jeder französische König mit dem offiziellen Titel „Allerchristlichster (christianissimus) König" ausgestattet als allerunchristlichster Kriegsgott (Mars) Deutschland und andere europäische Völker bedrängte.

Von März 1672 bis Herbst 1676 hielt sich *Leibniz*, von einigen Reisen abgesehen, in Paris auf. Diese Zeit war für seine Entwicklung zum universalen Gelehrten entscheidend. In reichlich vier Jahren wuchs er unter anderem zu einem der bedeutendsten Mathematiker heran.

Zunächst war ein großer Rückstand aufzuholen. Sein Hauptratgeber für die mathematische Lektüre war *Christiaan Huygens*, zweifellos der bedeutendste Physiker, Astronom und Mathematiker der älteren Generation vor *Leibniz* und *Newton*. *Huygens*, Nichtkatholik und Holländer, war durch das Religionsedikt von Nantes geschützt und stellte im katholischen Paris die Zierde der Königlichen Akademie der Wissenschaften dar.

In den Jahren 1672/73 standen die wirklichen mathematischen Fähigkeiten und Kenntnisse von *Leibniz* noch nicht im Einklang mit seiner Selbsteinschätzung. Charakteristisch für diese frühe Periode sind seine Untersuchungen über Summen unendlicher Reihen. Nach einigen Erfolgen behauptete *Leibniz* reichlich unvorsichtig, daß er *alle* unendlichen Reihen summieren könne! Man stellte ihn mit dem Problem der Summe der reziproken Dreieckszahlen auf die Probe − und *Leibniz* hatte Glück, er fand tatsächlich die Summe. Jede etwas schwerere Aufgabe aber hätte ihn in die größte

Verlegenheit stürzen müssen. Um die Schlußweise von *Leibniz* zu demonstrieren, sei hier aus diesem Problemkreis ein Beispiel angegeben.

Gesucht sei die Summe der Reihe A: $\frac{1}{1}+\frac{1}{3}+\frac{1}{6}+\frac{1}{10}+\cdots$

Die Reihe $\frac{1}{2}A$ lautet dann: $\frac{1}{2}+\frac{1}{6}+\frac{1}{12}+\frac{1}{20}+\cdots$

Diese Reihe vergleicht *Leibniz* mit der Reihe B: $\frac{1}{1}+\frac{1}{2}+\frac{1}{3}+\frac{1}{4}+\frac{1}{5}+\cdots$

oder $B-1$: $\frac{1}{2}+\frac{1}{3}+\frac{1}{4}+\frac{1}{5}+\frac{1}{6}+\cdots$

und addiert dazu die Reihe $\frac{1}{2}A$: $B-1+\frac{1}{2}A = 1+\frac{1}{2}+\frac{1}{3}+\frac{1}{4}+\cdots = B$

Daraus folgt, daß A die Summe 2 hat.

Das Ergebnis ist tatsächlich richtig, aber *Leibniz* hat Schlußweisen verwendet, die heute völlig unbefriedigend sind. Unter anderem ist die zum Vergleich herangezogene Reihe B divergent!

So hatte *Leibniz* in Paris die Probe glänzend bestanden. Anders erging es ihm aber bei seinem ersten Aufenthalt in London, vom 24. Januar bis 20. Februar 1673. Durch *H. Oldenburg*, den Sekretär der Royal Society, d. h. der Londoner Akademie, wurde *Leibniz* mit dem Mathematiker *J. Pell* bekanntgemacht. Dieser stellte, da er selbst auf dem Gebiet der Reihensummierung führend war, mit Leichtigkeit sowohl die hohe Begabung, aber auch die Großspurigkeit von *Leibniz* fest. *Pell* warf ein Problem auf, das weder er noch *Leibniz* lösen konnten, nämlich die Summation der Reihe der reziproken Potenzen.

$$\sum_{k=1}^{\infty}\frac{1}{k^n}, \quad n>0, \quad \text{ganz}.$$

Auch mit seiner Rechenmaschine erzielte *Leibniz* in London nicht den vollen von ihm so dringlich erhofften Erfolg. *Leibniz* hatte 1672 durch einen Pariser Mechaniker ein erstes rohes Modell anfertigen lassen. In einem Wettbewerb vor der Royal Society wurde es Mitte Februar 1673 mit einer konkurrierenden Maschine von *S. Morland*

John Wallis
(1616 bis 1703)

verglichen. Unstreitig war die Maschine von *Leibniz* dem Prinzipe nach die überlegene, da sie auch Multiplikationen und Divisionen ausführen konnte. Während aber die einfachere Maschine von *Morland* sicher funktionierte, versagte die von *Leibniz* wegen ihrer noch mangelhaften Ausführung. Gerechterweise räumte die Royal Society *Leibniz* noch eine Frist zur Behebung der Unzulänglichkeiten ein, doch *Leibniz* hatte die Schwierigkeiten unterschätzt, konnte seine Versprechungen nicht halten und reiste ziemlich unvermittelt ab. Verständlich, daß es deswegen in London einige Verstimmung gab.

Erst in Paris, 1674, machte *Leibniz* die entscheidende Entdeckung der Staffelwalze, mit der die Übertragung von Zahlenwerten in eine andere Dezimalstelle vorgenommen werden kann. *Leibniz* verdankte es dabei dem französischen Feinmechaniker *Olivier*, dessen Begeisterung und Geschicklichkeit, daß noch 1674 ein funktionierendes Exemplar vollendet werden konnte. Möglicherweise wurde auch noch ein zweites Exemplar der Maschine vollendet; ein Original jedenfalls befindet sich seit 1879 in Hannover.

Dank der Fürsprache *Oldenburgs* wurde *Leibniz*, obwohl er sich reichlich Blößen gegeben hatte, in die Royal Society aufgenommen. Doch hielten ihn die führenden Mitglieder – *Pell, Newton, R. Hooke, J. Collins* – für einen in Mathematik dilettierenden Anfänger, dem es an Literaturkenntnissen und Selbsteinschätzung fehle. Sie hatten Recht für den *Leibniz dieser* Jahre, sie hatten Unrecht für den seit 1674/75. In diesem ersten ungünstigen Eindruck, den *Leibniz* hinterlassen hatte, liegen Wurzeln des harten Urteils der Royal Society über ihn im späteren unglücklichen Prioritätsstreit.

Wieder in Paris, überkam *Leibniz* ein wahres mathematisches Fieber. Zunächst eignete er sich in einem Sturmlauf ohnegleichen die neueste Mathematik an, studierte *B. Pascal, H. Fabri, Gregorius a S. Vincentio, R. Descartes* und andere, drang in die Gedankenwelt der Mathematik der Indivisibeln ein, lernte die Ergebnisse der britischen Mathematiker – *J. Wallis, J. Gregory* – kennen und wurde nach und nach selbständig. Seine algebraischen Kenntnisse konnte *Leibniz* im Herbst 1675 in Diskussionen mit einem Landsmann vertiefen, dem Grafen *E. W. von Tschirnhaus*, der

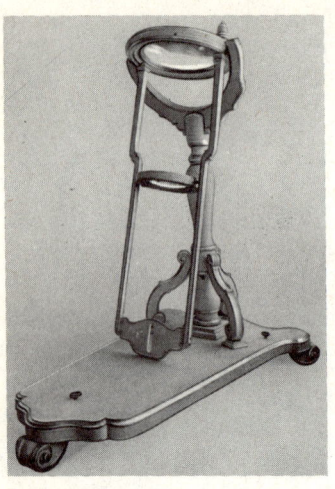

Doppelbrennlinsen-Gerät
von E. W. v. Tschirnhaus
(1686)

sich auf Reisen in England und Holland zu Recht den Ruf eines geschickten Algebraikers erworben hatte und auch weiterhin bei der Konstruktion großer Brennspiegel in Kontakt mit *Leibniz* blieb. Diese Spiegel sind erhalten geblieben, man kann sie im Mathematisch-Physikalischen Salon des Dresdener Zwingers bewundern.

Der für die Leibnizsche Mathematik entscheidende Oktober 1675 rückte heran. Seit seiner Studienzeit hatte *Leibniz* die Idee einer allgemeinen Begriffsschrift vorgeschwebt – er nennt sie „characteristica universalis". Mit ihrer Hilfe soll es – ähnlich wie es bereits der mittelalterliche Denker *Raimundus Lullus* vertreten hatte – durch eine Art Rechnen möglich sein, aus allen denkmöglichen Aussagen, welche durch Kombination der die Begriffe symbolisierenden Buchstaben gebildet werden können, die richtigen herauszufinden, d. h. die wahren Sachverhalte durch Rechnung aus den denkmöglichen auszusondern. Eine Utopie, gewiß – aber eine grandiose, die echte Elemente der heutigen mathematischen Logik enthält.

Das ist der Leitgedanke. Seine Anwendung auf die damalige umständliche und nicht einheitliche Mathematik der Flächenberechnungen usw. läßt *Leibniz* im Oktober 1675 seine spezifische Infinitesimalmathematik erfinden, eine geniale Verschmelzung tiefer Einsicht mit geschickter Wahl der Bezeichnungsweisen nach Art der algebraischen Symbolik. Unter der Bezeichnung „Calculus" ging sie in die Mathematikgeschichte ein; das Wort leitet sich her von lateinisch calculi (Rechensteine auf dem antiken Abakus), woraus französisch calculer, rechnen, geworden ist.

Wie sonst hat *Leibniz* auch hier alle Ideen notiert; als Gedankenstütze für geplante zusammenfassende Darstellungen. Am 29. Oktober 1675 hält er fest: „Es wird nützlich sein, statt der Gesamtheiten des Cavalieri: also statt ‚Summe aller *y*' von nun an $\int y\,dy$ zu schreiben. Hier zeigt sich endlich die neue Gattung des Kalküls, die der Addition und Multiplikation entspricht. Ist dagegen $\int y\,dy = \frac{y^2}{2}$ gegeben, so bietet sich sogleich das zweite auflösende Kalkül, das aus $d\left(\frac{y^2}{2}\right)$ wieder *y* macht. Wie nämlich das Zeichen $\int$ die Dimension vermehrt, so vermindert sie das d. Das Zeichen $\int$ aber bedeutet eine Summe, d eine Differenz." [5, S. 26] Auch das charakteristische

Dreieck beim Differenzenquotienten wird von *Leibniz* Ende Oktober 1675 der Idee nach skizziert. Das Zeichen $\int$ ist aus S hervorgegangen, dem Anfangsbuchstaben des lateinischen Wortes summatio, – Zusammenzählung, Summierung.
Das Jahr 1676 brachte für *Leibniz* auf der Grundlage des Calculus eine Fülle neuer Einsichten. Aber auch zur Reihenlehre findet er neue Ergebnisse, z. B. die nach ihm benannte Reihe für $\frac{\pi}{4}$. Sogar ein vorsichtiger, allerdings nur wenige Briefe umfassender Austausch von Ergebnissen mit *Newton* kam zustande; leider sollten auch hieraus wiederum Ansatzpunkte für Vorwürfe gegen *Leibniz* im späteren Prioritätsstreit entstehen. Doch darüber ist in der Biographie *Newtons* Näheres berichtet. Leider fand *Leibniz* keine Gelegenheit zur zusammenfassenden Darlegung seiner Ergebnisse und zum Ausbau seiner Ansätze. Schließlich hatte er ganz andere Sorgen: Nach dem plötzlichen Tod (1673) seines Gönners *Boineburg* und des Mainzer Kurfürsten war sein diplomatischer Aufstieg erloschen. Seine finanzielle Lage wurde unhaltbar. Alle seine Versuche aber, in Paris Fuß zu fassen, scheiterten. Weder gelang es ihm, ordentliches Mitglied der Pariser Akademie zu werden – das wäre mit einem guten Gehalt, einer sogenannten Pension, verbunden gewesen –, noch konnte er als unerwünschter Ausländer eine Professur an der Pariser Universität erhalten. *Leibniz* war schließlich noch froh, als Bibliothekar und juristischer Berater in den Dienst des Herzogs von Hannover treten zu können. Trotz dessen Drängen vermochte *Leibniz* seine Abreise von Paris hinauszuzögern, am 4. Oktober 1676 aber mußte er Paris endgültig verlassen. Seine Reise führte nicht direkt, sondern über London und die Niederlande nach Hannover. In London erhielt er, selbst im Besitz der Infinitesimalrechnung, Einsicht in hinterlegte mathematische Schriften von *Newton;* in der Hauptsache wird dies ihm später den (unberechtigten) Vorwurf des geistigen Diebstahls einbringen. In den Niederlanden suchte *Leibniz* den bedeutenden jüdischen Philosophen *Baruch Spinoza* auf, doch konnte er sich mit dessen Religionskritik nicht anfreunden.
Im Dezember 1676 traf *Leibniz* in Hannover ein. Anfangs ließ sich seine Tätigkeit dort gut an, da der Herzog die wissenschaftlichen Leistungen und Absichten von *Leibniz*

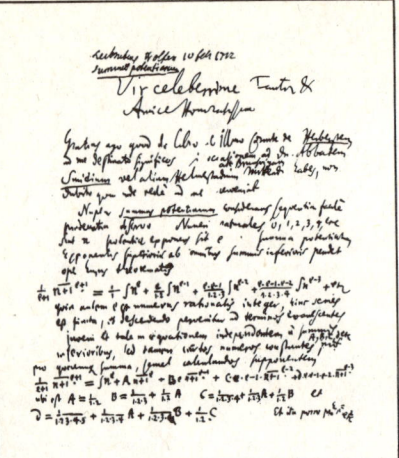

Seite
aus einem mathematischen Manuskript
von Leibniz

zu würdigen wußte. Doch änderten sich schon 1679, nach dem Tode des Herzogs, die Verhältnisse sehr zum Schlechten. Die Nachfolger, erst der Bruder und dann dessen Sohn, zeigten weit weniger Verständnis für die kühnen Pläne ihres Hofrates, sondern bedrängten ihn, seitdem dessen Verbesserungen an den Maschinerien der Harzer Bergwerke gescheitert waren, mit der Fortführung der Arbeiten an einer Geschichte des Herrschergeschlechtes der Welfen, dem sie angehörten. Nur mit der hannoverschen Prinzessin *Sophie Charlotte*, der späteren Königin von Preußen, fand er in freundschaftlicher Verbundenheit einen gebildeten, geistvollen Gesprächspartner. Ihr Weggang nach Berlin und erst recht ihr früher Tod, 1705, bedeuteten für *Leibniz* einschneidende unglückliche Veränderungen.

In den nahezu 40 Jahren, die *Leibniz* in Hannover verbrachte, ist er unermüdlich tätig gewesen.

Für eine Beschäftigung mit Mathematik fehlten in Hannover Zeit und auch die aufnahmebereite Atmosphäre. So blieben die Pläne und Vorstudien zu einer zusammenfassenden Darstellung der Infinitesimalmathematik liegen, die den Titel „Scientia infiniti" tragen sollte. An gleichwertigen Korrespondenten mangelt es *Leibniz* überdies: *Oldenburg*, sein Verbindungsmann zur Royal Society, war 1677 gestorben; der alternde *Huygens* konnte sich nicht mehr zum vollen Verständnis der Mathematik der unendlich kleinen Größen durchringen, die ihm — mit Recht — noch nicht die volle logische Strenge nach Art der antiken Mathematik aufwies; *Tschirnhaus* aber vermochte die volle Tragweite der infinitesimalen Methoden nicht zu erkennen. Selbst an eine Publikation der erzielten Teilergebnisse war im kriegszerstörten Deutschland anfangs nicht zu denken. Erst im Jahre 1682 konnte in Leipzig eine wissenschaftliche Zeitschrift gegründet werden, die „Acta eruditorum" (Berichte der Gelehrten), welche u. a. *Leibniz* als ständigen Mitarbeiter gewann.

In dieser monatlich erscheinenden Zeitschrift, die rasch eine führende Stellung erreichte, veröffentlichte *Leibniz* in ziemlich rascher Folge seine Ergebnisse, die, obgleich kein Ersatz für eine systematische Darlegung, dennoch die Differential- und Integralrechnung begründeten. Einige dieser Arbeiten seien im folgenden näher erläutert.

Schon 1682 veröffentlichte *Leibniz* die Reihe für $\frac{\pi}{4}$ und das nach ihm benannte Konvergenzkriterium für alternierende Reihen. Im Juniheft 1682 behandelte er das Brechungsgesetz der Optik – unter Bezug auf *Fermat* – als Extremwertproblem. Die Hefte der ,,Acta eruditorum" von 1684 enthielten die epochemachende, obgleich sehr knapp geschriebene erste Abhandlung zur Differentialrechnung, deren langer Titel ,,Nova methodus..." zu deutsch heißt: ,,Eine neue Methode für Maxima und Minima sowie für Tangenten, die durch gebrochene und irrationale Werte nicht beeinträchtigt wird, und eine beispiellose Art der Rechnung dafür". In dieser Arbeit findet sich zum erstenmal das Zeichen d im Druck. Weiterhin treten die Regeln des Differenzierens für Summe, Differenz, Produkt, Quotient, die Kettenregel, die zweite Ableitung, die Lösung einer Differentialgleichung durch Trennung der Variablen auf – freilich alles ohne Beweis. Ferner werden die Bedingungen $dv = 0$ für die Extremwerte und $ddv = 0$ für die Wendepunkte einer Funktion v aufgeführt. Das Wort ,,Funktion" allerdings wird von *Leibniz* erst 1692 verwendet.

Über die Tragweite seiner Methode äußert sich *Leibniz* so: ,,Kennt man... den obigen Algorithmus dieses Kalküls, den ich Differentialrechnung nenne, so lassen sich alle anderen Differentialgleichungen durch ein gemeinsames Rechnungsverfahren finden, es lassen sich die Maxima und Minima sowie die Tangenten erhalten..." [10, S. 8] An dieser Stelle tritt zum erstenmal in der Mathematikgeschichte das Wort ,,Differentialrechnung" auf; bis dahin hatte *Leibniz* noch von ,,methodus tangentium directa" (direkter Tangentenmethode) gesprochen.

Zwei Jahre nach der Grundlegung der Differentialrechnung, 1686, gab *Leibniz* bei Gelegenheit einer Buchrezension in einer Abhandlung ,,De geometria recondita..." (Die verborgene Geometrie...) die Grundregeln der Integralrechnung an. Das Integralzeichen $\int$ tritt hier zum erstenmal im Druck auf; auf den inversen Charakter der Operationen $\int$ und d wird hingewiesen sowie darauf, daß man beim Integrieren auch angeben müsse, nach welcher Variablen integriert werden solle. Ursprünglich gebrauchte *Leibniz* die Bezeichnung ,,methodus tangentium inversa" oder ,,calculus summatorius" (umgekehrte Tangentenmethode oder Summationsrechnung). *Jacob*

Bernoulli verwendete 1690 erstmals den Ausdruck ,,Integral" und *Leibniz* und *Johann Bernoulli* einigten sich 1698 auf die Bezeichnung ,,Calculus integralis", d. i. Integralrechnung. (Lateinisch integro heißt soviel wie ,,ich erneuere, ich stelle – den durch Differenzieren geänderten Zustand – wieder her".) Andererseits übernahmen die *Bernoullis* – und nach deren Vorbild die Mathematiker des Kontinentes – statt des von ihnen ursprünglich gebrauchten Buchstaben I zur Kennzeichnung der Integration das Leibnizsche Integralzeichen $\int$.

War das Integral bei *Leibniz* anfangs stets als bestimmtes Integral aufgetreten, so folgte schon 1694 eine Arbeit mit der Behandlung der additiven Konstanten des unbestimmten Integrierens, die man nicht vergessen dürfe, weil sie ,,wichtig für die Allgemeinheit der Lösungen ist".

Bald stieß *Leibniz* auf die Tatsache, daß das Integrieren auch von elementaren Funktionen und Differentialgleichungen auf neue Klassen transzendenter Funktionen führt und damit eigentlich der algorithmische Charakter seines Kalküls gestört wird. 1693 entwickelte er daher die Methode, eine unendliche Reihe anzusetzen und die Lösung durch gliedweise Integration zu ermitteln.

Andere Abhandlungen und Skizzen betreffen ferner einen kühnen Versuch zur Erweiterung des Differenzierens $\frac{d^n y}{d x^n}$ auch für beliebiges reelles n, das Differenzieren eines Integrals nach einem variablen Parameter, die Integration der rationalen Funktionen und einzelner Klassen von Differentialgleichungen, die Theorie der Berührung von Kurven, die Lehre von den Enveloppen und manches andere mehr.

Auch bei der Behandlung praktischer Probleme hat *Leibniz* als Pionier gewirkt. Schon 1684 hatte er den elastischen Widerstand eines beschwerten Balkens untersucht, 1689 folgte die Analyse der Fallbewegung im widerstrebenden Medium, seit 1686 griff *Leibniz* in den Streit um das zweckmäßigste Maß der (physikalischen) Kraft ein und stellte 1687 die Aufgabe zum Ermitteln derjenigen Kurve, auf der ein Körper im Schwerefeld der Erde mit konstanter Geschwindigkeit fällt (Leibnizsche Isochrone). *Huygens* konnte die Lösung finden, aber *Jacob Bernoulli* gab sie 1690 weitaus eleganter mit Hilfe der Leibnizschen Differentialrechnung. In derselben Abhandlung

stellte *Jacob Bernoulli* das Problem der Kettenlinie; *Leibniz* findet seinerseits sofort die Lösung ebenso wie *Jacobs* Bruder *Johann Bernoulli*. Die Überlegenheit, die große Tragfähigkeit der Leibnizschen Methoden wurden deutlich, der Siegeszug der Leibnizschen Infinitesimalrechnung auf dem Kontinent begann.
Als entscheidender Begleitumstand hat dabei zweifellos die geschickte Wahl der Bezeichnungen und Symbole mitgewirkt. Überhaupt gehört *Leibniz* — neben *Descartes* vor ihm und *Euler* nach ihm — zu den Hauptgestaltern der heutigen mathematischen Formelschreibweise. So stammen von *Leibniz* ferner die Erfindung der Indizes, die Überstreichung von Buchstaben, die Determinantenschreibweise, der Multiplikationspunkt, die Schreibweise einer Proportion $a : b = c : d$ mit Doppelpunkt und Gleichheitszeichen, die Verwendung der Potenzschreibweise a^x auch für variable Exponenten, u. a. m.
Die Konzeption des Differentials freilich ist bei *Leibniz* — aber auch noch während des gesamten 18. Jahrhunderts — unbestimmt, widersprüchlich, unexakt. *Leibniz* war sich dessen bewußt und hat sich heiß um eine Klärung insbesondere des Terminus „unendlich kleine Größe" bemüht. Doch gelang es ihm nicht, hier alle Ungereimtheiten zu beseitigen. Der mühsame Weg zur Grundlegung der Analysis sollte erst zu Anfang des 19. Jahrhunderts beendet werden können. Immerhin aber drang *Leibniz* in einem seiner verschiedenartigen, tiefliegenden Ansätze bis zur Konzeption des unendlich Kleinen als einer potentiell verschwindenden Größe vor, eine Idee, deren Fruchtbarkeit dann durch *A. Cauchy* überragend demonstriert werden konnte. In den Abhandlungen von *Leibniz* und im Nachlaß sind demnach wesentliche Grundbestandteile der Infinitesimalrechnung enthalten, die dann durch die *Bernoullis* und insbesondere durch *Euler* ausgebaut und systematisiert wurden.
Bei *Leibniz* finden sich auch gelegentlich Fehler. Unter seinen Arbeitsbedingungen hatte er weder Zeit und vom Charakter her wohl auch nicht die Geduld für die genaue Durcharbeitung des Details. Gelegentlich, in einem Brief, vergleicht er sich selbst mit „dem Tigerthier, von dem man sagt, was es nicht im ersten, andern oder dritten Sprung erreiche, das lasse es lauffen". (Zitiert nach [6, S. 11])
Alles in allem: Trotz des fragmentarischen Gesamtcharakters war die Tätigkeit von

Leibniz auf dem Felde der Mathematik überaus weitreichend und schöpferisch. Und doch war diese riesenhafte Arbeit nur ein winziger Ausschnitt aus einer unglaublich vielseitigen und ausgedehnten Wirksamkeit. Einige dieser anderen Aspekte seien wenigstens angedeutet, obgleich hier die Tätigkeit des Mathematikers *Leibniz* im Vordergrund stehen mußte.

Großen und zunehmend stärker werdenden Kummer hatte *Leibniz* mit der übernommenen Verpflichtung, die oben erwähnte Geschichte der Welfen zu schreiben, obwohl sich anfangs alles ganz glücklich anzulassen schien. Eine Reise – die *Leibniz* als Stammvater der auf die Quellen zurückgehenden Historiographie hervortreten läßt – führte ihn von 1687 bis 1690 in die Archive von Wien, Rom und Neapel. In Rom bot man ihm eine glänzende Stellung als Betreuer der vorzüglichen Bibliothek des Vatikans; doch mußte *Leibniz* als Nichtkatholik ablehnen.

Die Arbeiten am Ausbau und an der Systematisierung seiner neuartigen philosophischen Vorstellungen kamen voran, doch nur wenig Zusammenhängendes konnte zum Druck gelangen. Darunter befindet sich die auf Bitte von *Sophie Charlotte* niedergeschriebene ,,Theodicée'' (Rechtfertigung Gottes), die einen großen Einfluß auf die Entwicklung der Philosophie in Europa ausübte. Dort wird die existierende Welt optimistisch-euphoristisch als ,,die beste aller möglichen Welten'' dargestellt. Kein Wunder, daß der streitbare französische Aufklärer *Voltaire* später diese Seite von *Leibniz'* Ansichten in Anbetracht der Kriege, des Hungers, der Krankheiten, der Unterdrückung des Menschen durch den Menschen zum Gegenstand eines glänzend geschriebenen satirischen Romans machte. In ,,Candide oder der Optimismus'' (1759) läßt *Voltaire* den Hofhauslehrer *Pangloß* (d. i. Über – Alles – Reder) den Jüngling *Candide* folgendermaßen belehren: ,,Es ist erwiesen, daß die Dinge nicht anders sein können als sie sind, denn da alles zu einem bestimmten Zweck erschaffen worden ist, muß es notwendigerweise zum besten dienen. Bekanntlich sind die Nasen zum Brillentragen da – folglich haben wir auch Brillen; die Füße sind offensichtlich zum Tragen von Schuhen eingerichtet – also haben wir Schuhwerk; die Steine sind dazu da, um behauen und zum Bau von Schlössern verwendet zu werden, und infolgedessen hat unser gnädiger Herr ein wunderschönes Schloß.'' [12, S. 149]

Grab Leibniz' in der Neustädter Kirche in Hannover

Zum Kernstück der philosophischen Lehren von *Leibniz*, die folgenreich auf die weitere Entwicklung der europäischen Philosophie eingewirkt haben, gehören die Monadenlehre und die Theorie von der prästabilierten Harmonie.

Der Begriff „Monade" (griechisch monas, Einheit) stammt im philosophischen Sinne von dem materialistischen Philosophen *G. Bruno*, der im Jahre 1600 in Rom auf dem Scheiterhaufen hingerichtet worden war. Nach der Auffassung von *Leibniz* sind Monaden einfache körperliche oder geistige Substanzen. Die Monaden unterscheiden sich durch den verschiedenen Reifegrad ihrer Vorstellungen: Mineralien und Pflanzen sind gleichsam schlafende Monaden mit unbewußten Vorstellungen; Tiermonaden haben Empfindung und Gedächtnis; Menschenmonaden besitzen deutliche Vorstellungen, Gott ist die vollbewußte Monade. Zur Monadenlehre tritt die Auffassung, daß die Abläufe aller Vorgänge in den verschiedenen Bereichen der Welt nach der Konstruktion durch Gott sozusagen synchron ablaufen, „prästabiliert harmonisch" aufeinander abgestimmt sind. Beispielsweise sieht man deshalb einen Stein fallen, weil die Vorgänge des Sehens und Fallens synchron verlaufen. Auf diese Weise suchte *Leibniz* einen Beitrag zur Lösung des Leib-Seele-Problems zu leisten.

Trotz aller idealistisch-theologischen Konstruktionen enthält die Leibnizsche Philosophie viele positive Elemente, so die aktive Rolle des Bewußtseins, die Behandlung des Individuellen im Allgemeinen, eine, wie *W. I. Lenin* zu würdigen wußte, „sehr tiefgründige Logik".

Neben den Bemühungen um eine Versöhnung der reformierten christlichen Kirchen Deutschlands mit der katholischen Kirche, gedacht als Beitrag zur Herausbildung der deutschen Nation, widmete *Leibniz* einen Großteil seiner Kraft der Organisation der Wissenschaften. Durch Vermittlung von *Sophie Charlotte* hatte er in Berlin Erfolg: Im Jahre 1700 wurde die Berliner Societät der Wissenschaften gegründet; aus ihr ist schließlich die heutige Akademie der Wissenschaften der DDR hervorgegangen. Pläne zur Errichtung weiterer Akademien in Dresden und Wien zerschlugen sich; in Wien durch den Widerstand der Jesuiten. Auch auf diesem Tätigkeitsgebiet blieb *Leibniz* der letzte Erfolg versagt.

Nur die echte Anerkennung und Wertschätzung durch den weltoffenen russischen

Leibniz-Denkmal in Leipzig

Zaren *Peter den Ersten* war für *Leibniz* ein Lichtblick in den letzten Lebensjahren. Dreimal traf man sich zu längerem Gedankenaustausch, in Torgau, Karlsbad (Karlovy Vary) und Pyrmont. *Leibniz* arbeitete ausführliche Unterlagen für die wissenschaftliche Erforschung und Erschließung des riesigen russischen Reiches aus, *Peter* ernannte *Leibniz* zum russischen Justizrat mit einem ansehnlichen Gehalt, er sprach mit ihm über die in St. Petersburg ins Leben zu rufende Akademie. Diese wurde allerdings erst 1724 gegründet. Sie nahm auch für die Mathematik schon in ihrer ersten Periode mit *D. Bernoulli* und *L. Euler* eine glanzvolle Entwicklung.
Als *Leibniz* im 70. Lebensjahr starb, war er, von langjähriger Krankheit gezeichnet, kaum noch der geistvolle Mann von Welt. Er war einsam und stand in Ungnade bei seinem Fürsten. Sein Lebenswerk war unvollendet, das philosophische, das historische, das mathematische, das diplomatische, das wissenschaftsorganisatorische. Und doch: Auch das Unvollendete reiht *Leibniz* unter die bedeutendsten Gelehrten überhaupt ein.
Im Herbst 1966 ehrte man *Gottfried Wilhelm Leibniz* aus Anlaß seines 250. Todestages mit einer Fülle von Festveranstaltungen. Heute steht *Leibniz* vor uns als universaler Gelehrter, der als Denker und Handelnder tiefe Spuren in der kulturellen und wissenschaftlichen Entwicklung hinterlassen hat. Vieles ist historisches Ereignis geworden, Durchgangsstadium zum Höheren und Besseren. Vieles von *Leibniz'* Zeitgenossen noch Unverstandene oder von *Leibniz* selbst erst tastend Erahnte wird in seinem Ansatz und seiner Fruchtbarkeit erst heute verständlich und erschlossen. Unverrückbar aber reihen ihn seine Leistungen unter die Großen der Wissenschaftsorganisation und unter die bedeutendsten Mathematiker aller Zeiten ein.

Gotthold Ephraim Lessing
(1729 bis 1781)

Lebensdaten zu Gottfried Wilhelm Leibniz

G. E. *Lessing*, ein Hauptvertreter der deutschen Aufklärung, hat die ,,Chronologischen Umstände des Lebens von G. W. *Leibniz*" aufgezeichnet. Es ist dies eine Kostbarkeit der deutschsprachigen Literatur.
Im folgenden werden Auszüge mitgeteilt; eckige Klammern bezeichnen Ergänzungen, die des besseren Verständnisses wegen eingefügt werden.

1646	geboren
	Zu Leipzig profitierte er das meiste von Jakob Thomasio und in Jena von Erhard Weigeln.
1664	wurde er Magister Philosophiae zu Leipzig, nachdem er vorher ,,De principio individui" disputiert.
1666	disputierte er zu Leipzig pro facultate ,,De complexionibus", ...
1666	erschien auch seine ,,Ars combinatoria" ...
1666	ward er in Altdorf Doctor Juris, nachdem er in Leipzig Repuls [abschlägigen Bescheid] bekommen, und disputierte ,,De casibus perplexis in jure" [Über verworrene Rechtsfälle].
1666	ging er von da nach Nürnberg und schaffte sich ... Zutritt bei der alchimistischen Gesellschaft ...
	Zu Nürnberg lernte er auch Boineburgen kennen, ...
1670	ward er Hofrat des Kurfürsten von Mainz.
1671	kam er zuerst in die Bekanntschaft des Herzogs von Braunschweig-Lüneburg, Johann Friedrichs, Kalenbergischer Linie, und schrieb ... ,,Hypothesia physicam novam seu theoriam motus concreti ..." [Etwa: Gedrängte Vorstellungen zur neuen Physik oder zur Theorie der Bewegung]. Erst nachher erschien seine ,,Theoria motus abstracti" [Theorie der allgemeinen Bewegung], in welcher schon mancher Samen zu seiner ihm nachher eigenen Philosophie enthalten ist: ...
1672	schickte ihn Boineburg mit seinem Sohne nach Frankreich. Hier gab ihm die Bekanntschaft mit Huygens Anlaß, daß er sich erst recht auf die Mathematik legte ...
1673	ging er von Frankreich nach England, nachdem Boineburg gestorben

und man ihn vergebens in Frankreich zu behalten suchte, weil er die Religion nicht ändern wollte [sagt der protestantische Lessing]. Hier in England beschäftigte er sich schon mit seiner Rechenmaschine. Aber in ebendem Jahre starb der Kurfürst zu Mainz, und Leibniz kam außer Dienst und Pension. Er ging also wieder nach Paris zurück und begab sich von da aus in des Herzogs Johann Friedrichs Dienste, der ihn zu seinem Hofrat und Bibliothekar machte, mit Erlaubnis, so lange in Paris zu bleiben, bis er seine Rechenmaschine zustande gebracht.

1675	wurde er zu Paris auswärtiges Mitglied der Akademie der Wissenschaften.
1675	[Irrtum: 1676] ging er wieder nach England und von da
1676	nach Holland, wo er mit dem Bürgermeister Hudden – [Hudde war ein recht guter Mathematiker] – Bekanntschaft machte [und mit Spinoza zusammentraf].
1677	kam er nach Hannover. Die Bibliothek daselbst ward durch den Zukauf ... auf seinen Rat vermehrt. In diese Zeit fallen auch die Bemühungen, das Wasser aus den Bergwerken auf dem Harz zu bringen.
1677	überschrieb er an Newton zuerst etwas von seinem ,,Calculo differentiali'', nachdem ihm dieser vorher seinen ,,Calculum fluxionum'' nur in einem Rätsel übermacht hatte.
1679	starb sein Herzog Johann Friedrich, ... Ernst August aber, dessen Bruder, der ihm in der Regierung folgte, bestätigte ihn mit einer Pension von 600 Rthlr [Reichstaler] als Hofrat, ...
1681	und 1682 korrespondierte Leibniz mit Schelhammern über die Entstehung und Fortpflanzung des Schalls.
1683	machte Leibniz in den ,,Actis eruditorum'' seine Gedanken von der Interusurrechnung [Berechnung von Zwischenzinsen bei vorzeitiger Rückzahlung] bekannt.
1684	sein ,,Specimen...'' und geriet darüber mit Tschirnhaus und Graig in Streit, publizierte aber in diesem Jahre den ,,Methodum tangentium'' und den ,,de maximis et minimis''.
1686	schrieb Leibniz über die Gesetze der Bewegung ...
1690	fand Leibniz die Auflösung der Ketten- und Stricklinie.

1691	machte ihn Anton Ulrich, Herzog zu Braunschweig-Wolfenbüttel, auch zu seinem Hofrat und Bibliothekar in Wolfenbüttel.
1692	ward sein Herr Ernst August Kurfürst, ...
1695	erschien in den ,,Actis eruditorum" sein ,,Specimen dynamicum" [Dynamisches Probestück]. In ebendiesem Jahre machte er in dem ,,Journal des Savans" sein System von der harmonia praestabilita bekannt.
1696	ward er Geheimer Justizrat und Historiograph des Kurfürsten von Hannover.
1697	machte er seine ,,Dyadik" [über das duale Zahlensystem] bekannt ... Auch kamen in diesem Jahre seine ,,Novissima Sinica" [Allerneuestes über China] heraus.
1700	brachte er die Akademie der Wissenschaften zu Berlin zustande.
1703	war er einige Monate in Berlin krank.
1704	wollte er auch zu Dresden eine ähnliche Akademie anzulegen versuchen ...
1705	starb die Königin Sophie Charlotte.
1707	... brachte er auch seine ,,Theodicee" zustande.
1710	erschien ... die ,,Theodicee" zum ersten Male in Druck ...
1711	sprach er Peter den Großen zu Torgau, der ihn auch mit einer Pension von 1 000 Rthlr. zu seinem Justizrate ernannte. ...
1713	reisete er nach Wien und ward in der Unterhandlung des Utrechter Friedens gebraucht ... In Wien gab er sich auch viele Mühe, eine Akademie der Wissenschaften anzulegen. Er verließ es aber noch in diesem Jahre, weil die Pest da ausbrach und ihn sein Hof zurückforderte. Der Kurfürst von Hannover war König von England geworden, ... Um diese Zeit, weil sein Hof mit ihm nicht vergnügt war, daß er so oft an fremden Höfen sich aufhalte und das Geschäft der braunschweigischen Geschichte vernachlässige, wollte er nach Frankreich gehen, ...
1715	erschien sein Aufsatz ,,De origine Francorum" [Über den Ursprung der Franken].
1716	Er starb.

Literaturverzeichnis zu Gottfried Wilhelm Leibniz

[1] *Leibniz, Gottfried Wilhelm:* Sämtliche Schriften und Briefe. Herausgegeben von der Preußischen Akademie der Wissenschaften, Darmstadt, seit 1923. Zur Fortsetzung.
[2] *Leibniz, G. W.:* Mathematische Schriften, 7 Bände. Ed. C. J. Gerhardt, Berlin–Halle 1849 bis 1863.
[3] *Leibniz, G. W.:* Briefwechsel mit Mathematikern, Band 1. Ed. C. J. Gerhardt, Berlin 1899 (Neudruck 1962).
[4] *Leibniz, G. W.:* Über die Analysis des Unendlichen. Ed. G. Kowalewski, Ostwalds Klassiker der exakten Wissenschaften, Nr. 162, Leipzig 1908.
[5] *Lange, J. M.:* Gottfried Wilhelm Leibniz. Berlin/Leipzig 1947.
[6] *Hofmann, J. E.:* Die Entwicklungsgeschichte der Leibnizschen Mathematik während des Aufenthaltes in Paris (1672 bis 1676). München 1949.
[7] Von Cusanus bis Marx. Deutsche Philosophen aus fünf Jahrhunderten. Ed. R. O. Gropp und F. Fiedler, Leipzig 1965.
[8] Sonderheft von Wissenschaft und Fortschritt, Heft 11 (1966). Gewidmet G. W. Leibniz. Mit Beiträgen von K.-R. Biermann, K. Schröter, G. Schwarze, G. Bartsch, L. Knabe, E. Winter, A. Watzhauer.
[9] *Vennebusch, J.:* Gottfried Wilhelm Leibniz. Bad Godesberg 1966.
[10] *Juschkewitsch, A. P.:* Gottfried Wilhelm Leibniz und die Grundlagen der Infinitesimalrechnung. In: Akten des Internationalen Leibniz-Kongresses, Hannover, 14. bis 19. November 1966, Wiesbaden 1969, S. 1 bis 19.
[11] *Pogrebysskij, I. B.:* Gotfried Vil'gel'm Leibnic (russ.). Moskva 1971.
[12] *Voltaire:* Romane und Erzählungen. Leipzig 1947.
[13] *Huber, K.:* Leibniz, München 1951.
[14] *Mahnke, D.:* Neue Einblicke in die Entstehungsgeschichte der höheren Analysis. Abh. Pr. Akad. Wiss., Phys.-Math. Kl. Nr. 1, 1926.

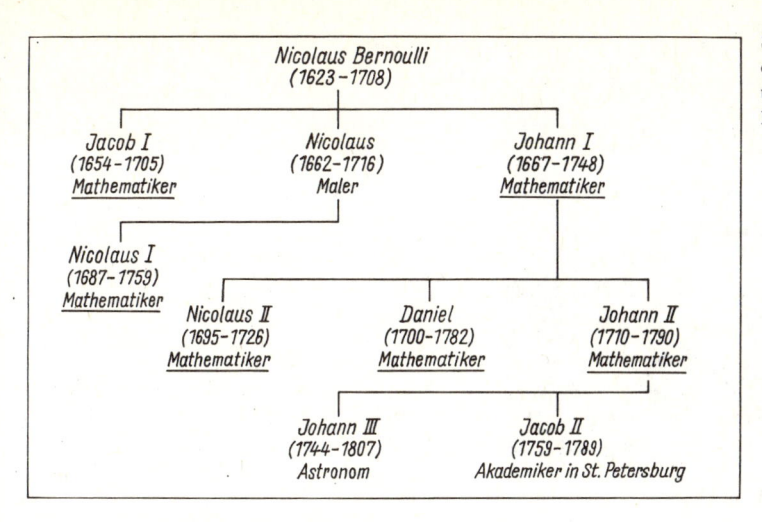

```
                        Nicolaus Bernoulli                              Stammbaum
                          (1623-1708)                                   der Mathema-
        ┌───────────────────┼───────────────────┐                       tikerfamilie
     Jacob I             Nicolaus            Johann I                   Bernoulli
    (1654-1705)         (1662-1716)         (1667-1748)
    Mathematiker           Maler            Mathematiker
        │                                        │
   Nicolaus I                                    │
   (1687-1759)                                   │
   Mathematiker     ┌──────────────┬─────────────┤
                 Nicolaus II      Daniel       Johann II
                 (1695-1726)    (1700-1782)   (1710-1790)
                 Mathematiker   Mathematiker  Mathematiker
                                    │             │
                              Johann III       Jacob II
                              (1744-1807)     (1759-1789)
                              Astronom     Akademiker in St. Petersburg
```

Die Mathematikerfamilie Bernoulli

Die Familie *Bernoulli* zählt zu den wenigen Familien der Geschichte, die über Generationen hinweg bedeutende Persönlichkeiten hervorgebracht haben. Acht Mitglieder dieser Familie waren Professoren der Mathematik, der Physik und anderer naturwissenschaftlicher Zweige; andere Familienmitglieder wandten sich mit Erfolg gesellschaftswissenschaftlichen oder künstlerischen Disziplinen zu. Der mathematische Lehrstuhl der Universität Basel war 105 Jahre lang von einem *Bernoulli* besetzt.

Die Brüder *Jakob* (1654 bis 1705) und *Johann Bernoulli* (1667 bis 1748) und einer der Söhne des letzteren, *Daniel* (1700 bis 1782), reihen sich unter die bedeutendsten Mathematiker aller Zeiten würdig ein. Um die beiden Brüder *Jakob* und *Johann Bernoulli* von anderen, gleichnamigen Mathematikern der Familie *Bernoulli* unterscheiden zu können, schreibt man gewöhnlich römische Zahlen zu dem Vornamen hinzu: *Jakob I Bernoulli*, *Johann I Bernoulli*, *Jakob II Bernoulli* usw. Auch bei den Mathematikern des Namens *Niklaus* verfährt man so.

Der beigegebene Stammbaum unterrichtet über die Verwandtschaftsverhältnisse. Im folgenden sollen insbesondere Leben und Leistung von *Jakob I*, *Johann I* und *Daniel Bernoulli* gewürdigt werden.

Die *Bernoulli*s stammen aus einer protestantischen Familie der Niederlande; im 15. Jahrhundert sind sie in Antwerpen ansässig gewesen. Während des Befreiungskampfes der Niederlande gegen die blutige Unterdrückung durch die katholischen Spanier unter Herzog *Alba* wanderte ein *Bernoulli* nach Frankfurt/Main aus. Einer seiner Enkel names *Jakob Bernoulli* siedelte nach Basel über, das fortan ständiger Wohnsitz der Familie *Bernoulli* wurde. Der 1623 geborene Sohn *Jakobs*, *Nikolaus Bernoulli*, war Ratsherr in Basel und wurde Stammvater der Gelehrtenfamilie *Bernoulli*. Aus seiner Ehe mit der Baseler Kaufmannstochter *Margareta Schoenauer* gingen unter anderen Geschwistern die Brüder *Jakob I* und *Johann I* hervor.

Jakob I (im weiteren einfach *Jakob* genannt) wurde am 27. Dezember 1654 in Basel geboren. Auf Wunsch seines Vaters studierte er in seiner Heimatstadt Theologie, doch fühlte er sich dazu nicht sonderlich hingezogen. Im Jahre 1676 erfolgten die Ab-

Jacob Bernoulli

schlußprüfungen. Sein großes Interesse galt der Mathematik, von der sich *Jakob* heimlich und auf autodidaktischem Wege bereits bedeutende Kenntnisse angeeignet hatte. Die Jahre von 1676 bis 1680 verbrachte er auf Reisen durch die Schweiz und Frankreich, wobei er seinen Lebensunterhalt als Privat- und Hauslehrer bestritt. Nach kurzem Aufenthalt in seiner Heimatstadt trat er im Frühjahr 1681 eine große Reise nach den Niederlanden und England an, auf der er eine Reihe bedeutender Naturforscher persönlich kennenlernte, u. a. *J. Hudde*, *R. Boyle* und *R. Hooke*. Er vervollständigte seine Sprachkenntnisse und hatte Gelegenheit, sich in die zeitgenössische physikalische und mathematische Literatur einzuarbeiten.

Im Oktober 1682 kehrte *Jakob Bernoulli* nach Basel zurück und hielt dort von 1683 an private Vorlesungen über Experimentalphysik, insbesondere über die Mechanik fester und flüssiger Körper, die großen Zuspruch fanden. Im Jahre 1687 übertrug man ihm den frei gewordenen Lehrstuhl für Mathematik an der Universität Basel, den er bis zu seinem Tode am 16. April 1705 innehatte. Aus der 1684 mit *Judith Stupan* geschlossenen Ehe sind zwei Kinder hervorgegangen, eine Tochter und ein Sohn, der sich einem künstlerischen Fach zuwandte.

Jakob Bernoulli zählt zu den Mathematikern ersten Ranges. Als Autodidakt drang er jedoch erst relativ spät zu den Grundproblemen der Mathematik seiner Zeit vor. Er hat 16 eigenständige und 87 Zeitschriftenpublikationen verfaßt, die zusammen mit weiteren 32 teilweise von anderen überarbeiteten Manuskripten als „Opera omnia" gesammelt im Jahre 1744 herausgegeben wurden.

Vom Jahre 1677 an führte *Jakob* ein wissenschaftliches Notizbuch, in das er alle wichtigen Entdeckungen im Entwurf eintrug und das der Nachwelt interessante Aufschlüsse über seinen wissenschaftlichen Werdegang und die Entstehung wichtiger mathematischer Ideen gibt.

Die ersten eigenen wissenschaftlichen Entdeckungen gelangen ihm auf astronomischem Gebiet und betrafen vornehmlich die Kometentheorie, über die 1681 eine erste Arbeit erschien. In diesem Werk vertrat *Jakob* entgegen damaligen Vorstellungen, nach denen die Kometen lediglich Lufterscheinungen seien, die Auffassung, daß sie periodische Gestirne oder Trabanten unentdeckter Planeten und damit Him-

Spira mirabilis

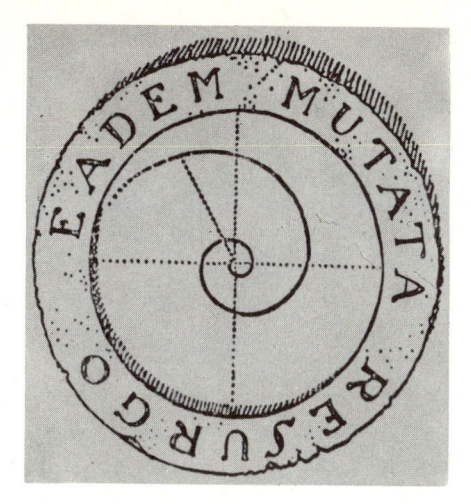

melskörper unseres Planetensystems sind. Ironisch-kritisch und ablehnend stand er den Kometenprophezeiungen der Astrologen gegenüber.
Im Zusammenhang mit seinen Vorlesungen über Experimentalphysik erschienen in den nächsten Jahren einige kleinere Mitteilungen zu physikalischen Problemen, z. B. dem des Schwingungsmittelpunktes, der Elastizität und Kompressibilität der Luft.
Entscheidende Anregung zur Beschäftigung mit mathematischen Grundfragen brachte ihm das eingehende Studium der Werke von *J. Wallis, I. Barrow*, einem der Lehrer und Vorgänger *Newtons*, sowie einiger Teile der ,,Geometrie" von *R. Descartes*. Unter ihrem Einfluß bemühte sich *Jakob* beispielsweise um die Konstruktion einer logarithmischen Spirale, wenn der Pol und zwei Punkte gegeben sind, oder um die Konstruktion einer Kurve innerhalb eines mit zwei rechten Winkeln versehenen Trapezes, wenn der laufende Kurvenpunkt einer komplizierten Flächenbedingung genügt. Die letzte Aufgabe führte nach langen, anstrengenden Rechnungen auf eine Parabel. Diese Untersuchungen erfolgten noch auf dem Boden der damals traditionellen Mathematik.
In kritischer Auseinandersetzung mit der in der Mathematik seinerzeit weit verbreiteten Methode der Induktion, insbesondere bei *J. Wallis*, gelang es *Jakob Bernoulli* schon in den Jahren 1685/86, das Wesen und die Methode der vollständigen Induktion zu erfassen und zu begründen.
Leibniz' erste Abhandlung von 1684 über einige grundlegende Probleme der Infinitesimalmathematik wurde von *Jakob* gemeinsam mit seinem jüngeren Bruder *Johann I Bernoulli*, den er selbst in die Mathematik eingeführt hatte, durchgearbeitet, jedoch noch nicht völlig verstanden. Aus diesem Grunde wandte sich *Jakob* Ende 1687 mit der Bitte um einige Erläuterungen an *Leibniz*, die dieser aber erst drei Jahre später geben konnte, da er sich auf einer Studienreise in Italien befand.
Zu diesem Zeitpunkt jedoch waren die Brüder *Bernoulli* selbständig zum Verständnis des neuen Kalküls und einer Reihe damit in Verbindung stehender Probleme vorgedrungen.
Im Jahre 1691 erschien in den ,,Acta eruditorum" in Leipzig die erste Abhandlung *Jakob Bernoulli*s, die sich der Infinitesimalmathematik bediente und in der u. a. die

Johann I Bernoulli

Quadratur und Rektifikation der parabolischen und logarithmischen Spirale behandelt werden. Diese Arbeit enthält erstmals die Bezeichnung „Integral". Wichtig war ferner die schon lange gestellte Aufgabe, die Kettenlinie zu untersuchen, wobei er zu Ansätzen für die Behandlung einer nichtausdehnbaren Kette mit veränderlicher Seildicke sowie einer dehnbaren Kette mit fester Seildicke gelangte.

In den folgenden Jahren und Jahrzehnten brachte der mit *Leibniz* brieflich geführte Gedankenaustausch den *Bernoullis* eine Reihe schöner und tiefgreifender Ergebnisse, die zum Teil noch heute in Lehrbüchern der Infinitesimalrechnung zu finden sind.

Johann I Bernoulli wurde am 27. Juli 1667 als zehntes Kind geboren. Der Vater bestimmte ihn zum Kaufmann und gab ihn nach Neuchâtel in die Lehre. Doch schon nach einem Jahr kehrte *Johann* nach Basel zurück und nahm, wiederum nur einem Wunsche des Vaters folgend, ein Medizinstudium auf. Nebenher arbeitete sich *Johann* unter strenger Anleitung und tatkräftiger Unterstützung seines um 13 Jahre älteren Bruders *Jakob* in die Mathematik, insbesondere in die Leibnizsche Infinitesimalrechnung, ein.

Mit einer umfangreichen medizinischen Arbeit erhielt *Johann* 1690 die Approbation. Anschließend führten ihn Reisen nach Genf und Paris; dort wirkte er als Privatlehrer des französischen Marquis *de l'Hospital* bei der Vermittlung der modernen Mathematik, insbesondere der Infinitesimalrechnung Leibnizscher Prägung.

Zweifellos war *de l'Hospital* schon zu Beginn seiner Bekanntschaft mit *Johann Bernoulli* ein geschickter und einfallsreicher Autodidakt auf mathematischem Gebiet. Die beiden schlossen unter dem Siegel der Verschwiegenheit ein Abkommen, wonach *Johann* gegen ansehnliche Geldzuwendungen dem vermögenden Feudalherrn seine neuesten mathematischen Entdeckungen mitteilen würde. Vieles ist zusammengefaßt in dem 1696 von *l'Hospital* veröffentlichten ersten Lehrbuch der Differentialrechnung „Analyse des infiniment petits" (Analysis der unendlich kleinen Größen). *Johann Bernoulli* hat später, nach dem Tode des Marquis (1704), Anspruch auf die von *l'Hospital* dort mitgeteilte und nach ihm benannte berühmte Regel zur Bestimmung von Grenzwerten gewisser Quotienten reeller Funktionen einer Variablen erhoben. Inzwischen hatte *Johann*, auf Empfehlung von *Chr. Huygens*, 1695 eine Berufung auf

Guillaume François Antoine de l'Hospital
(1661 bis 1704)

den mathematischen Lehrstuhl nach Groningen erhalten und siedelte dahin mit seiner Familie über, einem Kind und seiner Frau *Dorothea*, geb. *Falkner*, die einer Ratsfamilie von Basel entstammte. In Groningen lehrte *Johann* neben Mathematik auch mit großem Erfolg Experimentalphysik und befaßte sich mit medizinischen Fragen.

Auf Drängen seines Schwiegervaters ging *Johann Bernoulli* im Jahre 1705 nach Basel zurück und übernahm den durch den Tod seines Bruders *Jakob* freigewordenen Lehrstuhl der Mathematik. Er führte sich ein mit einer Rede über die Geschichte der neueren Analysis und höheren Geometrie.

Mehrere in den folgenden Jahren eintreffende ehrenvolle Berufungen an auswärtige Universitäten lehnte *Johann Bernoulli* aus familiären Gründen ab. Im Alter von 81 Jahren verstarb er am Neujahrstag des Jahres 1748.

Das persönliche Verhältnis der beiden Brüder *Jakob* und *Johann Bernoulli* war fast ständig gespannt. Sie haben sich brieflich und sogar in aller Öffentlichkeit – oft aus Anlaß der gleichzeitigen Arbeit an mathematischen Problemen – mit den schlimmsten Schimpfwörtern bedacht. Der streitsüchtigere der beiden Brüder war *Johann*; er war übermäßig ehrgeizig und rechthaberisch. Er überwarf sich sogar mit seinem Sohn *Daniel*, als dieser einen Preis der Pariser Akademie gewann, um den auch er sich beworben hatte.

Wenngleich das Lebenswerk der Brüder *Jakob* und *Johann* inhaltlich eng verflochten war, wahrte jeder der beiden sein eigenes, selbständiges, mathematisches Profil. Während *Johann* ein rascher, einfallsreicher Denker war, der elegante Lösungen zu finden wußte, pflegte der ältere Bruder tiefgründigere Überlegungen anzustellen, die mitunter auf ein wenig umständlicherem Wege zum Ziele führten. Jedoch scheint er derjenige gewesen zu sein, der in die rein mathematischen Sachverhalte und Zusammenhänge den tieferen Einblick besaß, während ihm *Johann* auf der kalkülbeherrschenden rechnerischen Seite überlegen war. Beide aber haben, jeder auf seine Weise, Bedeutendes zum Fortschritt der mathematischen Wissenschaften beigetragen.

Jakob Bernoulli begann seine Publikationstätigkeit auf mathematischem Gebiet 1689 mit einer Abhandlung über unendliche Reihen. Auf diesen Gegenstand ist er mehrfach zurückgekommen. Insgesamt hat er zwischen 1689 und 1704 fünf große Reihendis-

Tabula Combinatoria.
Exponentes Combinationum.

Tafel aus der „Ars Conjectandi" (1713)

I	II	III	IV	V	VI	VII	VIII	IX	X	XI	XII
1	1	1	1	1	1	1	1	1	1	1	1
1	2	3	4	5	6	7	8	9	10	11	12
1	3	6	10	15	21	28	36	45	55	66	78
1	4	10	20	35	56	84	120	165	220	286	364
1	5	15	35	70	126	210	330	495	715	1001	1365
1	6	21	56	126	252	462	792	1287	2002	3003	4368
1	7	28	84	210	462	924	1716	3003	5005	8008	12376
1	8	36	120	330	792	1716	3432	6435	11440	19448	31824
1	9	45	165	495	1287	3003	6435	12870	24310	43758	75582
1	10	55	220	715	2002	5005	11440	24310	48620	92378	167960

sertationen veröffentlicht. *Jakob Bernoulli* sah in der Reihenlehre das letzte, nie versagende Mittel, Integrationen auszuführen, indem man die Funktion in eine Reihe entwickelt und dann gliedweise integriert.
Im Anschluß an *N. Mercator, J. Gregory, I. Newton* und *G. W. Leibniz,* die *Jakob Bernoulli* selbst als Begründer der Reihenlehre bezeichnete, erweiterte er die Reihenlehre um wichtige Erkenntnisse. Er gab manche Beweise für Ergebnisse, die *Leibniz* mitgeteilt hatte, konnte – wie *Johann* auch – die Nichtkonvergenz der harmonischen Reihe beweisen und beschäftigte sich mit verschiedenen Zahlenreihen. Übrigens enthalten die Abhandlungen von *Jakob Bernoulli* auch die heute nach ihm benannte Bernoullische Ungleichung. Weitere Untersuchungen galten Reihentransformationen und zahlreichen Anwendungen von Potenzreihen auf Probleme der Quadratur und Rektifikation.
Viel Mühe bereitete *Jakob Bernoulli* die Summation der Reihe der reziproken Quadratzahlen.
Die Lösung gab erst *L. Euler*, angeregt durch *Johann Bernoullis* Sohn *Daniel. Euler* lieferte 1736 die Formel

$$\sum_{n=1}^{\infty} \frac{1}{n^2} = \frac{\pi^2}{6}.$$

Etwa von 1685 an beschäftigte sich *Jakob* mit Fragen der Wahrscheinlichkeitsrechnung. Er hinterließ ein Manuskript zu einem Buch über diesen Gegenstand, das von seinem Neffen *Niklaus I* im Jahre 1713 unter dem Titel „Ars conjectandi" (Kunst des Vermutens) aus dem Nachlaß herausgegeben wurde. Trotz seines bescheidenen Umfanges ist es als ein wichtiges Werk in die Geschichte der Mathematik eingegangen. Schon früher, zwischen 1650 und 1660, hatten sich Gelehrte mit Fragen der Wahrscheinlichkeit von Ereignissen besonders im Zusammenhang mit der Untersuchung von Gewinnchancen bei Glücksspielen beschäftigt, so z. B. der Italiener *G. Cardano* (1526), *P. Fermat, B. Pascal* und *Chr. Huygens* in Frankreich. Erste Anwendungen der Wahrscheinlichkeitsrechnung betrafen verschiedene Probleme der Bevölkerungsstatistik und Lebensversicherung. *J. Graunt* (1676) und die beiden Holländer *J. van Hudde* und *J. de Witt* (1671) erwarben sich hierbei Verdienste.

Die ,,Ars conjectandi" umfaßt vier Teile. Der erste Teil wurde von *Chr. Huygens* geschrieben und von *Jakob Bernoulli* mit wertvollen Anmerkungen versehen und handelt von Glücksspielen. Die Regeln der Kombinatorik sind mit Verweis auf *van Schooten, Leibniz, Wallis* und *Prestet* im zweiten Teil zusammengestellt, der wie die beiden letzten Teile von *Jakob Bernoulli* selbst verfaßt wurde. Der dritte Teil beschäftigt sich mit der Anwendung der Sätze der Kombinatorik auf verschiedene Glücks- und Würfelspiele. Hier findet sich die erste Formulierung und Benutzung der Bernoullischen Zahlen. Im vierten Teil wird eine Anwendung der in den vergangenen Abschnitten aufgestellten Sätze auf ,,bürgerliche, sittliche und wirtschaftliche Verhältnisse" versucht, womit der Geltungsbereich der Wahrscheinlichkeitsrechnung über die bislang untersuchten Spielprobleme hinaus bewußt erweitert wurde. Dieser Teil ist der wertvollste und beginnt mit Erörterungen über ,,Gewißheit, Wahrscheinlichkeit, Notwendigkeit und Zufälligkeit der Dinge". So heißt es z. B.: ,,Die Wahrscheinlichkeit ist nämlich ein Grad der Gewißheit und unterscheidet sich von ihr wie ein Teil vom Ganzen". [7, S. 72] Als besonders tragfähig erwies sich das in Teil Vier erstmals klar ausgesprochene Gesetz der großen Zahlen (Bezeichnung von *D. Poisson),* das ihm – nach eigenen Angaben – erst ,,nach zwanzigjährigem Nachdenken" zu beweisen gelang. Mit diesem Gesetz hat *Jakob* gezeigt, daß ,,durch Vermehrung der Beobachtung beständig auch die Wahrscheinlichkeit dafür wächst, daß die Zahl der günstigen zu der Zahl der ungünstigen Beobachtungen das wahre Verhältnis erreicht, und zwar in dem Maße, daß diese Wahrscheinlichkeit schließlich jeden beliebigen Grad der Gewißheit übertrifft...". [7, S. 90/91] Von nun an existierte für die Ermittlung unbekannter Wahrscheinlichkeiten aus beobachtbaren relativen Häufigkeiten eine mathematisch gesicherte Grundlage.

Das dritte Arbeitsgebiet von *Jakob Bernoulli* war die Analysis, speziell die Variationsrechnung, als deren eigentlichen Begründer man ihn anzusehen hat.

Im Juni 1696 stellte *Johann Bernoulli* in den Leipziger ,,Acta eruditorum" gemäß den Gepflogenheiten der Zeit öffentlich das berühmte Problem der Brachystochrone zur Lösung. Gefragt war nach derjenigen Kurve durch zwei feste, nicht in der gleichen Höhe und nicht übereinanderliegende Punkte A und B, längs der ein im Schwerefeld

Isoperimetrisches Problem

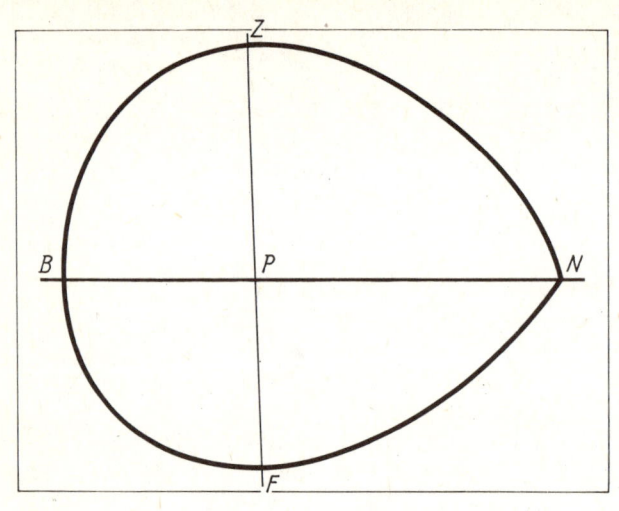

der Erde sich bewegender Körper in kürzester Zeit von A nach B gelangt. *Johann* fügte hinzu, daß die gesuchte Kurve keineswegs die Gerade sei, und forderte die Lösung noch für das Jahr 1696. Im Dezemberheft mußte man jedoch die Frist bis Ostern 1697 verlängern.

Das Maiheft 1697 der ,,Acta eruditorum" veröffentlichte die Lösungen des Brachystochronenproblems der beiden einander feindlich gesinnten Brüder; auch eine Notiz von *Leibniz* gab die richtige Lösung, die Zykloide, an. *Leibniz* betonte, daß man bei diesem Problem die Tragweite seines neuen Infinitesimalkalküls erkennen könne. *Johann*s Lösung war richtig, aber sie war ganz dem Spezialfall angepaßt. Demgegenüber gab *Jakob* eine Methode an, die sich verallgemeinern läßt und bereits wesentliche Grundelemente des Variationskalküls enthält. *Jakob* erkannte das Wesen der neuartigen Aufgabenstellung, daß es nämlich darauf ankomme, aus einer unendlichen Anzahl von Vergleichsfunktionen eine Extremale aufzufinden, ,,welche irgend eine Wirkung am besten hervorbringt".

Jakob hatte seine Abhandlung ,,Lösung der Aufgaben meines Bruders, dem ich zugleich dafür andere vorlege" genannt. Er forderte von *Johann* die Lösung des verallgemeinerten isoperimetrischen Problems. ,,Besonders aber möge er, wenn er Vergeltung üben will, folgendes allgemeine Problem zu lösen versuchen. Unter allen isoperimetrischen Figuren über der gemeinsamen Basis BN soll die Kurve BFN bestimmt werden, welche zwar nicht selbst den größten Flächeninhalt hat, aber bewirkt, daß es eine andere Kurve BZN tut, deren Ordinate PZ irgend einer Potenz oder Wurzel der Strecke PF oder des Bogens BF proportional ist ... Und da es unbillig ist, daß jemand für eine Arbeit nicht entschädigt wird, die er zugunsten eines anderen mit Aufwand seiner eigenen Zeit und zum Schaden seiner eigenen Angelegenheiten unternimmt, so will ein Mann, für den ich bürge, meinem Bruder, wenn er die Aufgabe lösen sollte, außer dem verdienten Lobe ein Honorar von fünfzig Dukaten unter der Bedingung zusichern, daß er binnen drei Monaten nach dieser Veröffentlichung verspricht, es zu versuchen, und bis Ende des Jahres die Lösung mittels Quadraturen, was möglich ist, vorlegt." [4, S. 19/20]

Johann ließ sich provozieren. Drei Tage nach Erhalt des Problems teilte er *Leibniz*

Brachistochronen-problem

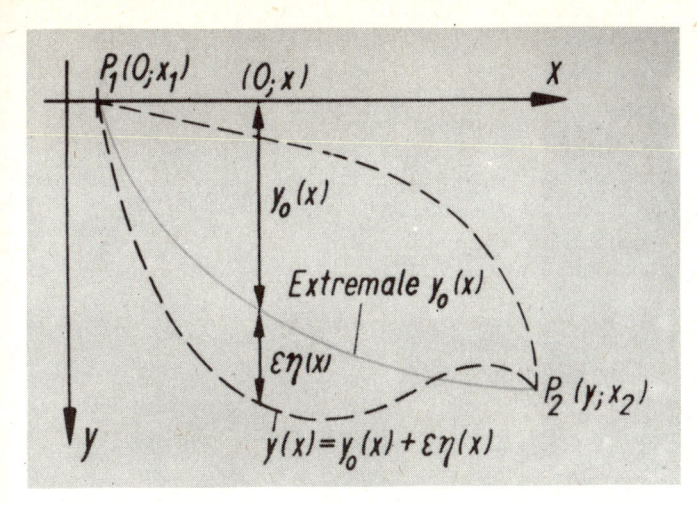

mit, daß er zur Lösung nur wenige Minuten benötigt habe. Doch die Lösung war falsch. Jakob fragte mehrfach bei *Johann* an, ob sich dieser seiner Lösung sicher sei. *Johann* bejahte stets. Doch dann unterzog *Jakob* die Lösung seines Bruders einer vernichtenden Kritik, wies die Fehlerhaftigkeit nach und fügte hinzu, er habe auch niemals angenommen, daß *Johann* imstande sein würde, diese schwierige Aufgabe zu lösen. Im Sommer 1700 teilte *Jakob* seine eigene, richtige und vollständige Lösung mit. Nach dem Tode des Bruders vermochte *Johann* dessen Methode zu vereinfachen und ein neues, tiefliegendes Variationsproblem zu formulieren, das Problem der geodätischen Linien: Gesucht sind auf einer gekrümmten Fläche die Linien kürzester Entfernung zwischen zwei festen Punkten. Diese Fragestellung erwies sich in der Folge als das fruchtbarste und anregendste Variationsproblem; *L. Euler* und noch später *J.-L. Lagrange* entwickelten davon ausgehend die Variationsrechnung zu einem weitreichenden Hilfsmittel der Analysis bei der Bewältigung vieler theoretisch-praktischer Probleme der Mechanik und Physik.

Trotz seiner Neigung zur Prahlsucht gehört *Johann Bernoulli* unbestreitbar zu den hervorragendsten Mathematikern seiner Zeit.

Zu seinen Verdiensten um die Variationsrechnung gesellten sich schon 1697 bedeutende Einsichten in die Integrationstheorie von Differentialgleichungen. So behandelte er die heute nach ihm benannte sogenannte Bernoullische Differentialgleichung

$$y' + p(x) \cdot y + q(x) \cdot y^n = 0$$

mit Hilfe des Ansatzes $y = mz$ und $z = y^{1-n}$ genau so, wie wir es heute noch nach seinem Vorbilde tun. Auf *Johann Bernoulli* geht auch die Interpretation einer gewöhnlichen Differentialgleichung als Richtungsfeld zurück.

Seit 1698 beschäftigte sich *Johann Bernoulli* mit Problemen der Rektifikation und wandte die Infinitesimalrechnung auf eine Vielzahl physikalischer und technischer Probleme an. Er widmete sich dem Prinzip der virtuellen Geschwindigkeiten und veröffentlichte 1742 eine umfangreiche Arbeit über Hydrodynamik.

Beachtlich war der Einfluß, den *Johann Bernoulli* als einer der Hauptstreiter für die

Daniel Bernoulli

Leibnizsche Form der Infinitesimalrechnung auf die künftige Entwicklung der Mathematik besonders auf dem europäischen Kontinent ausübte. *Johann* scharte eine große Anzahl begeisterter Schüler um sich, zu ihr gehörten u. a. *Leonhard Euler* und seine drei Söhne *Niklaus II, Daniel* und *Johann II Bernoulli. Leibniz* gab in einem Brief an *Johann* seiner Freude darüber Ausdruck, daß dessen Söhne ebenfalls „bernoullisierten".

Schließlich hat *Johann Bernoulli* eine nicht zu unterschätzende Bedeutung mit seinen zusammenfassenden Darstellungen der Differential- und Integralrechnung erlangt. In den Jahren 1691/92 verfaßte *Johann* die „Lectiones mathematicae de methodo integralium" (Mathematische Lektionen über die Integralmethode), die erste „Integralrechnung" überhaupt, die im Druck erschienen ist. Hier sind u. a. neue Ergebnisse über Hüllkurven, Epizycloiden und über die logarithmische Spirale, die Lieblingskurve seines Bruders *Jakob*, enthalten. Breiten Raum nehmen auch Untersuchungen über die in der Optik auftretenden Brennlinien (Katakaustiken) ein.

Man hat auf Grund dieser „Integralrechnung" und der Angriffe *Johann*s gegen den Marquis *de l'Hospital* vermutet, daß *Johann* auch noch eine „Differentialrechnung" geschrieben habe. Tatsächlich konnte das eigenhändige Original aus dem Jahre 1691/92 nach langem Suchen 1922 in der Baseler Universitätsbibliothek aufgefunden werden. Dabei zeigte sich auch die enge Anlehnung von *de l'Hospital* mit seinem Lehrbuch der Differentialrechnung an das Manuskript von *Johann Bernoulli*.

Johann I Bernoullis Sohn *Daniel* fand schon gelegentlich Erwähnung. *Daniel* wurde als zweiter Sohn *Johanns I* 1700 in Groningen geboren. In Basel verbrachte er seine Schulzeit. Der Vater bestimmte *Daniel*, obwohl dessen mathematische Fähigkeiten schon frühzeitig erkennbar waren, zum Kaufmann. Nachdem *Daniel* zweimal eigenmächtig die Lehre aufgegeben hatte, wurde ihm das Medizinstudium gestattet, anfangs in Basel, später in Straßburg (Strasbourg) und Heidelberg. Nach zwei vergeblichen Bewerbungen um eine Professur in Basel arbeitete er vorübergehend in Venedig als praktischer Arzt. Schließlich erhielt er, nach Überwindung einer ernsten Krankheit, im Jahre 1725 zusammen mit seinem um fünf Jahre älteren Bruder *Niklaus II* eine Berufung an die Akademie in St. Petersburg.

Veranschaulichung des Bernoullischen Prinzips

Die Berufung der beiden *Bernoullis* ging auf eine Empfehlung des Zahlentheoretikers *Chr. Goldbach* aus dem damaligen Königsberg zurück. Insbesondere hatte die von *Daniel* gegebene Integration einer Differentialgleichung (die später nach *Riccati* benannt wurde) großes Aufsehen erregt.
Nachdem auch *Leonhard Euler* bald darauf ebenfalls an die Petersburger Akademie gekommen war, schien sich zwischen den drei Mathematikern, die gemeinsam bei *Johann Bernoulli* in Basel studiert hatten, eine fruchtbare Zusammenarbeit anzubahnen. Leider aber erlag *Niklaus II* schon 1726 einem Krebsleiden. *Daniel* seinerseits vertrug das rauhe nördliche Klima schlecht, kehrte kränkelnd 1733 nach Basel zurück und übernahm den dortigen Lehrstuhl für Anatomie und Botanik. Trotz einer Reihe von Schwierigkeiten, die sich größtenteils aus der verspießerten Atmosphäre der Baseler Universität und dem unglücklichen Verhältnis zwischen Vater und Sohn ergab, und trotz des häufig ausgesprochenen Wunsches, die engen Verhältnisse Basels zu verlassen, schlug auch er alle, teilweise recht ehrenvollen Berufungen aus. Im Jahre 1750 übertrug man ihm den Lehrstuhl für Physik an der Universität seiner Vaterstadt. Die dort von ihm gehaltenen, erfolgreichen Vorlesungen über Experimentalphysik zählten zeitweise bis zu hundert Hörern.
Die letzten Jahrzehnte seines Lebens konnte sich *Daniel Bernoulli* – unverheiratet geblieben – frei von Sorgen seiner wissenschaftlichen Arbeit widmen. Er war bis zu seinem Ende am 17. März 1782 geistig regsam und tätig.
Die bedeutendste Leistung von *Daniel Bernoulli* stellt zweifellos sein umfangreiches Werk „Hydrodynamica sive de viribus et motibus fluidorum" (Hydrodynamik oder über die Kräfte und Bewegungen der Flüssigkeiten) dar, das größtenteils schon in St. Petersburg entstanden war und 1738 im Druck erschien.
Der zehnte Abschnitt dieses Buches enthält die Hypothese, nach der sich die kleinsten Teilchen eines Gases fortgesetzt und unabhängig voneinander in geradliniger Bewegung befinden und gegeneinander und an die Wandung des sie umschließenden Gefäßes wie elastische Kugeln stoßen. Der dabei erzeugte Druck sei dem Quadrat der Geschwindigkeiten der Teilchen proportional. Unter dieser Annahme gelangte *Daniel Bernoulli* zu einer Reihe von neuen und wichtigen Gesetzmäßigkeiten auf hydrodyna-

mischem Gebiet. Erst in der Mitte des 19. Jahrhunderts wurde hauptsächlich von *A. Krönig* und *R. Clausius* diese weittragende Hypothese wieder aufgegriffen und dem Aufbau der kinetischen Gastheorie zugrunde gelegt.

Zehnmal erhielt *Daniel* einen Preis der Pariser Akademie für die Lösung von Aufgaben, die die schwingende Saite, Fragen der Schiffahrt und damit im Zusammenhang der Gesetze der Meeresströmung, der Fortbewegung großer Schiffe, der Schiffsbewegung, der Gezeiten und anderes betrafen. Die Behandlung von Problemen der Wahrscheinlichkeitstheorie reichte zurück bis in die Petersburger Jahre; eines, das sogenannte Petersburger Paradoxon, konnte erst in den dreißiger Jahren unseres Jahrhunderts mit modernen Methoden bewältigt werden. Ferner beschäftigte sich *Daniel* mit Magnetismus und Elektrizitätslehre und deren therapeutischer Anwendung in der Medizin. Auf dem seiner ursprünglichen Ausbildung entsprechenden medizinischen Gebiet veröffentlichte *Daniel* vier größere Abhandlungen, unter denen eine über Atemphysiologie und eine über die Muskelbewegung hervorzuheben sind, die jedoch nicht der Bedeutung seiner physikalisch-mathematischen Entdeckungen gleichkommen.

Einige Bemerkungen über die anderen *Bernoulli*s mögen am Schluß stehen, um das Gesamtbild dieser berühmten Gelehrtenfamilie abzurunden.

Der jüngste Sohn *Johann I* Bernoullis, *Johann II*, lebte von 1710 bis 1790 und bekleidete eine Baseler Professur. Seine beiden Söhne hießen wiederum *Johann* und *Jakob*, *Johann III* (1744 bis 1807) wurde Direktor der Berliner Sternwarte; *Jakob II* (1759 bis 1789) wirkte als Professor in Basel, Verona und St. Petersburg, wo er beim Baden in der Newa einem Herzschlag erlag.

Den Leistungen der *Bernoulli*s wurde schon zu ihren Lebzeiten hohe Anerkennung gezollt. Sie waren sämtlich Mitglieder aller bedeutenden Akademien der Wissenschaften des damaligen Europa.

In würdiger Fortsetzung der Traditionen der Baseler Mathematikerfamilie *Bernoulli* übernahm der aus der gleichen Stadt stammende *Leonhard Euler* im 18. Jahrhundert die Führungsposition auf dem weiten Feld mathematischer Forschung und übertraf an Tiefe und Umfang des Geleisteten viele seiner Vorgänger.

Lebensdaten zu der Mathematikerfamilie Bernoulli

1654	Geburtsjahr von *Jakob I Bernoulli*
1671	Magister der Philosophie
1676	Beendigung der theologischen Studien
1670 bis 1682	Reisen nach Frankreich, England, Holland, Deutschland und durch die Schweiz
1677	Wissenschaftliches Tagebuch angefangen
1681	Erste wissenschaftliche Publikation
1683	Privatvorlesungen über Experimentalphysik
1684	Eheschließung mit *Judita Stupan*
1685/86	Methode der vollständigen Induktion begründet
1687	Übernahme des Lehrstuhls für Mathematik an der Universität Basel
1691	Erste Arbeiten zur Infinitesimalmathematik
1699	Auswärtiges Mitglied der Pariser Akademie der Wissenschaften
1700	Korrespondierendes Mitglied der Berliner Akademie
1705	Todesjahr *Jakob I Bernoullis*
1713	„Ars conjectandi" aus dem Nachlaß herausgegeben
1744	Herausgabe der „Opera omnia"
1667	Geburtsjahr von *Johann I Bernoulli*
1685	Magister der Philosophie
1689	Erste wissenschaftliche Publikation
1690	Abschluß des Medizinstudiums mit der Approbation
1691/92	Reise nach Frankreich
	Abfassung der „Lectiones mathematicae de methodo integralicum"
1694	Doktorexamen für Medizin
	Eheschließung mit *Dorothea Falkner*
1695	Professor für Mathematik in Groningen
1696	Brachystochronenproblem gestellt
1699	Auswärtiges Mitglied der Pariser Akademie
1700	Korrespondierendes Mitglied der Berliner Akademie
1705	Übernahme des Lehrstuhls für Mathematik an der Universität in Basel
1744	Erscheinen der „Opera omnia"

1748	Todesjahr *Johann I Bernoullis*
1700	Geburtsjahr von *Daniel Bernoulli*
1716	Magister der Philosophie
1718 bis 1721	Medizinstudium in Basel, Heidelberg und Strasbourg
1723	Reise nach Italien
1725	Berufung nach St. Petersburg
1733	Rückkehr nach Basel
	Professur für Anatomie und Botanik
1738	Erscheinen der ,,Hydrodynamica sive de viribus et motibus fluidorum"
1750	Übernahme des Lehrstuhls für Physik an der Universität Basel
	Mitglied der Royal Society
1747	Auswärtiges Mitglied der Berliner Akademie
1748	Auswärtiges Mitglied der Pariser Akademie
1782	Todesjahr *Daniel Bernoullis*
1710	Geburtsjahr *Johann II Bernoulli*
1790	Todesjahr *Johann II Bernoulli*
1744	Geburtsjahr *Johann III Bernoulli*
1807	Todesjahr *Johann III Bernoulli*
1759	Geburtsjahr *Jakob II Bernoulli*
1789	Todesjahr *Jakob II Bernoulli*

Literaturverzeichnis zur Mathematikerfamilie Bernoulli

[1] *Bernoulli, Jacob:* Opera omnia, 2 Bände. Lausanne 1744.
[2] *Bernoulli, Johann:* Opera omnia, 4 Bände. Lausanne 1742.
[3] *Bernoulli, Joh.:* Korrespondenz mit Leibniz, 2 Bände. Geneve und Lausanne 1742.
[4] Abhandlungen über Variationsrechnung, I. Teil. Abhandlungen von Joh. Bernoulli, Jac. Bernoulli, L. Euler, Ostwalds Klassiker der exakten Wissenschaften, Nr. 46, Leipzig 1914.
[5] *Bernoulli, Joh.:* Die Differentialrechnung aus dem Jahre 1691/92. Übersetzt u. ed. P. Schafheitlin, Ostwalds Klassiker der exakten Wissenschaften, Nr. 211, Leipzig 1924.
[6] *Bernoulli, Joh.:* Die erste Integralrechnung. Eine Auswahl aus J. Bernoullis mathematischen Vorlesungen über die Methode der Integrale und anderes, aufgeschrieben

zum Gebrauch des Herrn Marquis de l'Hospital in den Jahren 1691 und 1692, als der Verfasser sich in Paris aufhielt. Übersetzt u. ed. G. Kowalewski, Ostwalds Klassiker der exakten Wissenschaften, Nr. 194, Leipzig 1914.
[7] *Bernoulli, Jac.*: „Ars conjectandi". Übersetzt u. dtsch. ed. R. Haussner, Ostwalds Klassiker der exakten Wissenschaften Nr. 107/108, Leipzig 1899.
[8] *Bernoulli, Jac.*: Über unendliche Reihen. Übersetzt u. ed. G. Kowalewski, Ostwalds Klassiker der exakten Wissenschaften Nr. 171, Leipzig 1909.
[9] *Hofmann, J. E.*: Über Jacob Bernoullis Beiträge zur Infinitesimalmathematik. Genf 1956.
[10] *Spiess, O.*: Die Mathematiker Bernoulli. Basel 1948.
[11] *Speiser, A.*: Die Baseler Mathematiker. Basel 1939.
[12] *Merian, P.*: Die Mathematiker Bernoulli. Basel 1860.
[13] *Kowalewski, G.*: Jacob I und Johannes I Bernoulli. In: Große Mathematiker, 2. Auflage, Berlin 1939, S. 141 bis 158.
[14] *Huber, F.*: Daniel Bernoulli als Physiologe und Statistiker. Basel/Stuttgart 1959.
[15] *Wolf, R.*: Biographien zur Kulturgeschichte der Schweiz, Bd. 2. Zürich 1859.
[16] *Wolf, R.*: Biographien zur Kulturgeschichte der Schweiz, Bd. 3. Zürich 1860.

5 Die Mathematik des Aufklärungszeitalters

Überblick

Um 1740 bereits gehörte der erst reichlich dreißigjährige *Leonhard Euler* zu den Mathematikern von herausragender Bedeutung. Er wird in die Geschichte eingehen als der bisher produktivste Mathematiker, der fast alle damaligen Gebiete der Mathematik wesentlich vorangebracht hat.
Um das Jahr 1800 hatte der bereits alternde *Joseph Louis Lagrange* eine Fülle bedeutender Einzelabhandlungen und Monographien geschrieben; *Gaspard Monge* stand auf der Höhe seines Ruhmes, und *Pierre Simon Laplace* hatte eben mit der Publikation der ersten Bände seiner „Himmelsmechanik" begonnen.
Zwei Generationen von Mathematikern haben in dieser Periode von rund 60 Jahren Erstaunliches geleistet, das zum unverlierbaren Bestandteil der heutigen Mathematik geworden ist. Die Algebra wurde ausgedehnt und systematisiert, die Grundauffassungen der analytischen Geometrie erhielten eine allgemeine Formulierung, die Grundlagen der darstellenden Geometrie wurden gefunden, die Zahlentheorie als mathematische Disziplin wurde neu belebt, und die Wahrscheinlichkeitsrechnung begann sich als mathematische Disziplin zu formieren. Vor allem aber wurde die Analysis, wurden die infinitesimalen Methoden in einem wahren mathematischen Schaffensrausch ausgebaut, sei es die Differential- und Integralrechnung, die Theorie der Potenzreihen und der trigonometrischen Reihen, die Variationsrechnung und die Theorie der Differentialgleichungen, oder sei es die geradezu erstaunliche Fülle ihrer Anwendungen in Mechanik, Himmelsmechanik und Physik.
Und doch handelte es sich bei allem großartigen Fortschritt im Bereich der Mathematik eher um eine Durchbildung bereits vorhandener als um eine Entdeckung neuer mathematischer Methoden, eher um einen Ausbau in die Breite als in die Tiefe. Das Feld der von *Newton*, *Leibniz* und den *Bernoullis* abgesteckten mathematischen Bereiche und deren Anwendungen erwies sich noch bei weitem größer, als die Begründer der Infinitesimalmathematik zu hoffen gewagt hätten. Und doch schien es gegen Ende des Jahrhunderts, als nähere sich die Mathematik einem Zustand innerer Vollendung. Erst das neue, das 19. Jahrhundert, sollte zeigen, daß sich auch in der Mathematik des 18. Jahrhunderts Fragestellungen eröffnet hatten, die, den Mathematikern des 18. Jahrhunderts noch unerkennbar, aus inneren Gründen einen grundlegenden Fortschritt der

Brass Quadrant

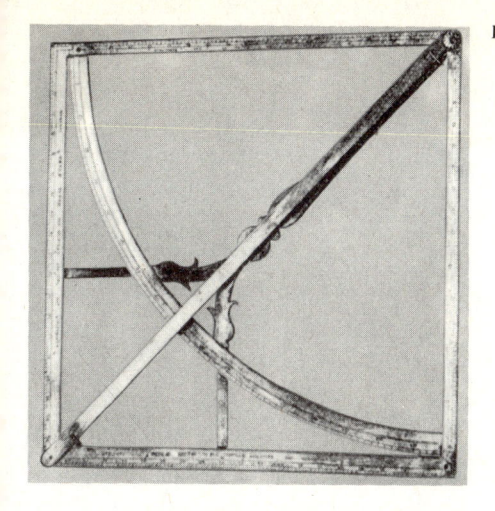

Mathematik erzwingen würden. Die entscheidende Triebkraft freilich wird sich zu Beginn des 19. Jahrhunderts aus ganz neuartigen gesellschaftlichen Bedingungen ergeben. Es wird letztlich die industrielle Revolution sein, die den gesellschaftlichen Anforderungen an die Mathematik einen gänzlich neuen Rahmen absteckt, sowohl nach ihrer inhaltlichen Seite wie nach den sie tragenden Organisationsformen. Im 18. Jahrhundert aber lagen die Zentren mathematischer Forschung an den Akademien der fortgeschrittenen Staaten. Neben der Royal Society in London waren es vor allem die Akademien in Paris, Berlin und St. Petersburg, an denen oder in deren Einflußbereich die führenden Mathematiker wirkten. Im allgemeinen ohne Lehrverpflichtungen, ohne Schüler und Mitarbeiter, empfingen sie ihre Verpflichtungen durch die absolutistische Zentralgewalt und wurden insbesondere zu wissenschaftlichen Gutachten über im Staatsinteresse liegende Probleme herangezogen. Die absolutistischen Herrscher ihrerseits bezogen ,,ihre" Akademiker, ,,ihre" Mathematiker als repräsentative Mitglieder in ihre Hofhaltung ein und schufen sich zu eigenem Ruhme den Nimbus eines Mäzens der Wissenschaften. So merkwürdig es erscheinen mag: Bei allem Wert, den die absolutistischen Herrscher dem Nutzen, der praktischen Wirksamkeit ihrer Mathematiker zumaßen, bei alledem galt es als ein Maß der ökonomischen und politischen Stärke eines Feudalstaates, wie viele und wie berühmte Gelehrte, darunter auch Mathematiker, an der jeweiligen Akademie tätig waren. Der preußische König *Friedrich II.* beispielsweise berief *Lagrange*, nachdem *Euler* wieder nach St. Petersburg gegangen war, mit der maßlosen Aufforderung nach Berlin, es sei ,,notwendig, daß der größte Mathematiker Europas in der Umgebung des größten Königs leben sollte".

Hinter allem verbarg sich natürlich die Wertschätzung des durch die Mathematiker und die Mathematik in praktischer und theoretischer Hinsicht Erreichten und Erreichbaren, wie überhaupt jene — gelegentlich sogar noch heute gebrauchte — Trennung zwischen sogenannter ,,reiner" und ,,angewandter" Mathematik jener Zeit noch völlig fremd war.

,,Nützliche" Mathematik, das waren Nautik und Geodäsie, Maß- und Gewichtswesen, Artilleriewesen, Schiffsbau, Technologie in Manufakturen und Bergwerken, Fe-

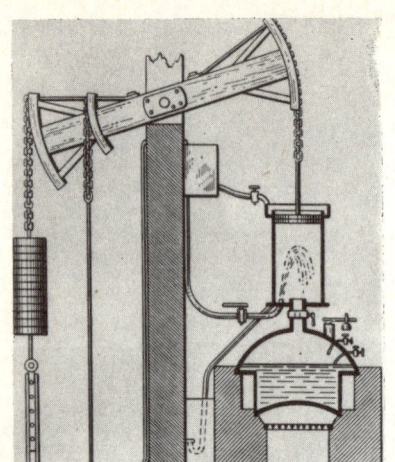

Schema
von Newcomens Dampfmaschine

stungsbau und vieles andere mehr. Die Zeit des Absolutismus brachte die Gründung einer Vielzahl von speziellen Fachschulen, wie wir heute sagen würden, militärischen und zivilen Charakters: Artillerieschulen, Bergwerksschulen, Seefahrtsschulen, Ingenieurschulen usw., an denen die Mathematik einen wesentlichen Teil der Ausbildung ausmachte. Aber auch die führenden Mathematiker dieser Zeit, zum Beispiel *Euler*, *Lagrange* und *Monge*, haben der praktischen Anwendung der Mathematik größte Aufmerksamkeit gezollt und auch dort Bedeutendes geleistet. Auch die neuesten Ergebnisse der Astronomie und Himmelsmechanik fanden ein bedeutendes öffentliches Echo, sogar an den Höfen und in den Salons, teils aus echtem Interesse, teils, weil es Mode war, sich über Planetenbewegung, Gravitation, Mondnutation, die Gestalt der Erde, Kosmogonie und die fragwürdige Existenz eines großen Weltbewegers geistreich-witzig und unter philosophischen Aspekten zu unterhalten. *Voltaire*, einer der führenden Köpfe der französischen Aufklärung, brachte im Anschluß an einen Aufenthalt in England die Newtonsche Gravitationstheorie nach Frankreich und trug zusammen mit der durch seine Freundin, *Madame du Châtelet*, besorgten Übersetzung von *Newtons* „Principia" wesentlich zum Sieg des Newtonismus über den Cartesianismus bei, zur Anerkennung der Gravitationstheorie gegenüber der Wirbeltheorie von *Descartes*.

Die Entscheidung fiel endgültig zugunsten von *Newton* und seiner Gravitationstheorie, nachdem der französische Geometer und Naturforscher *Pierre de Maupertuis* bei einer großangelegten Gradmessung in Lappland die Abplattung der Erde gemäß der Newtonschen Theorie an den Polen und nicht am Äquator, wie aus der Cartesischen Auffassung zu folgern war, 1736/37 einwandfrei bestätigt hatte. Der „große Abplatter", wie der nunmehr hochberühmte *Maupertuis* genannt wurde, wurde bald darauf Präsident der Berliner Akademie und konnte dort seinen Ruhm auskosten.

Diese und andere die Natur, die Welt, das Universum betreffende Fragen waren zu einer unauflöslichen Einheit mit jenen mathematischen Methoden verschmolzen, ohne die die naturwissenschaftlichen Ergebnisse nicht hätten gefunden werden können. Differentialgleichungen und Dreikörperproblem, Prinzip der kleinsten Wirkung und Prinzip der virtuellen Veränderungen, Reihensummation, Erdgestalt, Mondtheo-

Militärischer Drill
im Preußen des 18. Jh.

rie, das Wesen des Differentials, Theorie der schwingenden Saite und partielle Differentialgleichungen waren vertraute Gesprächsgegenstände auch in den Salons. Die Akademiker rechneten es sich zur Ehre an, wenn es ihnen gelang, die schwierigsten und neuesten Fragen der Himmelsmechanik einem Laienpublikum von Höflingen, Adligen und galanten Damen verständlich und ohne Verzicht auf Wissenschaftlichkeit darzulegen. Und war es nicht ein Triumph menschlichen Denkens und Forschens, daß der Mathematiker im stillen Kämmerlein den Lauf der Gestirne auf das Genaueste, auf Jahrhunderte und Jahrtausende, zurück- und vorausberechnen konnte? Krönung und Abschluß dieser ganzen historischen Entwicklung stellte die fünfbändige „Himmelsmechanik" von *Laplace* dar – sie sollte noch zur Mitte des 19. Jahrhunderts einen allerhöchsten Triumph erfahren, mit der Entdeckung eines neuen Planeten, des Neptun, ausschließlich auf Grund der mathematischen Analyse der Störungen des Planeten Uranus. *U. le Verrier*, Direktor der Pariser Sternwarte, hatte 1845/46 diese Berechnung durchgeführt; der Berliner Astronom *J. G. Galle* fand den neuen Planeten fast genau am vorausberechneten Ort des Himmels.

Die bestimmende geistige Bewegung des 18. Jahrhunderts war die Aufklärung als Ideologie der sich formierenden Bourgeoisie, die sich in den fortgeschrittenen europäischen Ländern sogar zum Sturz der absolutistischen Monarchien rüstete. Die Aufklärung unterzog die herrschenden philosophischen, religiösen, politischen, naturphilosophischen Anschauungen und die politischen und religiösen Institutionen einer schonungslosen Kritik; was deren vernünftigem, natürlichem Denken nicht standhielt, war nicht existenzberechtigt und hatte dem Fortschritt zu weichen.

Dabei war die Aufklärung in den verschiedenen europäischen Ländern durchaus von verschiedenem Charakter, je nach dem Grad der ökonomischen und politischen Emanzipation der Bourgeoisie. Ihre radikalste und politisch wirkungsvollste Ausprägung erfuhr die Aufklärung in Frankreich mit ihren bewußtesten Vertretern *P. Bayle, Ch. de Montesquieu, Voltaire, J. O. de Lamettrie, J. J. Rousseau* und *C.-A. Helvetius*.

Gerade die materialistische und rationalistische Grundhaltung der französischen Aufklärung verband sich mit den Ergebnissen und Forschungsrichtungen der Natur-

Bau eines Hauses, aus der „Enzyklopädie" von Diderot (1713 bis 1784)

wissenschaften und Mathematik des 18. Jahrhunderts auf das engste. Ihren hervorragenden literarischen Niederschlag fand die von den Naturwissenschaften geprägte französische Aufklärung in der großen „Encyklopédie", die in 28 Bänden von 1751 bis 1772 erschien. Bei den Arbeiten an der „Encyklopédie", die als umfassende Darstellung der Aufklärungsphilosophie angelegt war, formierte sich die geistige Opposition gegen den französischen Absolutismus.

Der Hauptherausgeber der „Encyklopédie" war *D. Diderot,* der selbst über nicht unbeträchtliche mathematische Kenntnisse verfügte. Eine Vielzahl mathematischer Beiträge wurde jedoch von *d'Alembert* verfaßt, einem der führenden französischen Mathematiker. *D'Alembert* leistete bedeutende Beiträge zur theoretischen Mechanik, zur Hydrodynamik und Aerodynamik. Zusammen mit *Daniel Bernoulli* legte er die Grundlagen für die Theorie der partiellen Differentialgleichungen. Von ihm stammt auch ein erster weitreichender Beweisversuch für den Fundamentalsatz der Algebra, wonach eine algebraische Gleichung des Grades n genau n Wurzeln besitzt. Unter den Beiträgen *d'Alemberts* für die „Encyklopédie" ragt die Behandlung des Stichwortes „Grenzwert" heraus, in dem eine völlig korrekte begriffliche Darlegung des Grenzüberganges gegeben wurde. Freilich dauerte es noch bis in die 30er Jahre des 19. Jahrhunderts, ehe die strenge Auffassung vom Grenzwert Allgemeingut der Mathematiker wurde.

Dieser Artikel ist geradezu typisch für die Ziele und Methoden der Aufklärung bei der Behandlung mathematisch-philosophischer Fragen. Die gedanklichen Schwierigkeiten des Umganges mit Grenzwerten, zum Beispiel beim Differentialquotienten, waren von Vertretern kirchlicher Kreise und von philosophischen Dunkelmännern zum Angriff gerade auf jene unter Verwendung mathematischer Methoden gefundenen naturwissenschaftlichen Ergebnisse mißbraucht worden, die die Existenz und das Eingreifen eines Gottes überflüssig werden ließen. Konnte, so hatte beispielsweise der englische Bischof *G. Berkeley* im „Ungläubigen Mathematiker" (gegen den bedeutenden Astronomen *E. Halley* gerichtet) argumentiert, irgendein Vertrauen in die Resultate der Himmelsmechanik gesetzt werden, die auf die ordnende Hand Gottes gänzlich verzichtete, solange ihre Grundlage in jener Mathematik bestand, die der-

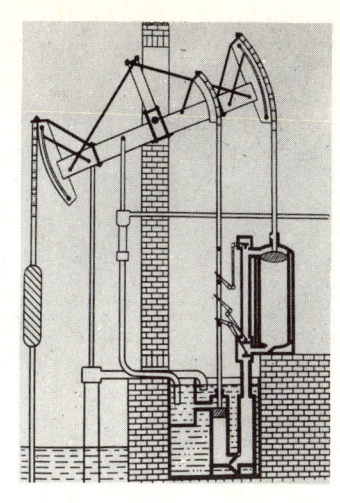

Schema der 1776 in die Praxis eingeführten Dampfmaschine von James Watt (1736 bis 1819)

artige innere Fehler aufwies? Und es gab genügend Versuche der philosophischen Reaktion, auf der fehlerhaften Interpretation des mathematischen Unendlich sogar mathematische „Gottesbeweise" aufzubauen.

Mit der strengen Darlegung des Wesens des Grenzüberganges, frei von jeder mystischen Beimengung leistete *d'Alembert* nicht nur einen bedeutenden Beitrag zur Weiterentwicklung der Mathematik, sondern zugleich eine wesentliche Hilfe bei der Herausbildung des mechanisch-materialistischen Weltbildes der Aufklärung.

Andere Wege zur Behebung der Schwierigkeiten beim Umgang mit Grenzwerten wiesen *Lagrange* und *Euler;* wieder andere Wege wurden von weiteren Mathematikern vorgeschlagen. Die endgültige, die strenge Grundlegung der Analysis mußte den nächsten Generationen von Mathematikern vorbehalten bleiben. Zur Zeit der industriellen Revolution werden gerade auf diesem Gebiet wesentliche Fortschritte erzielt werden.

Leonhard Euler (1707 bis 1783)

Leonhard Euler wurde am 15. April 1707 in Basel geboren, einer Stadt, die unter der Herrschaft einer an hoher wissenschaftlicher und künstlerischer Bildung interessierten Kaufmannschaft bereits seit dem 17. Jahrhundert mit ihrer Universität ein bedeutendes Zentrum wissenschaftlichen Lebens in Europa darstellte.

Seine Kindheit verbrachte *Euler* in einem Dörfchen in der Nähe der Stadt, in Riehen. Dort war sein Vater *Paul Euler* als Pfarrer tätig. Er war ein hochgebildeter Mann, der sich neben dem Theologiestudium auch mit Interesse der Mathematik gewidmet und bei dem berühmten *Jakob Bernoulli* studiert hatte. So konnte der Vater seinem Sohn den ersten Unterricht in Mathematik erteilen. Die Mutter, *Margarete* geb. *Bruckner,* entstammte einer alten Baseler Gelehrtenfamilie. Die Freundschaft mit bedeutenden Mathematikern, wie *Johann Bernoulli,* dem Bruder *Jakob Bernoullis,* und *J. Herrmann,* schuf im elterlichen Hause eine Atmosphäre, die den mathematischen Anlagen des jungen *Euler* sehr förderlich war. Als der Vater die Begabung und das Interesse

Leonhard Euler

seines Sohnes für die Mathematik erkannte, schickte er ihn zu *Johann Bernoulli*, der *Leonhard Euler* gemeinsam mit seinen eigenen Söhnen *Niklaus* und *Daniel* in Mathematik unterrichtete. Am 9. Oktober 1720 erfolgte *Eulers* Immatrikulation an der philosophischen und etwas später an der theologischen Fakultät der Universität Basel. Obwohl *Paul Euler* für seinen Sohn eine Theologielaufbahn vorgesehen hatte, war er einsichtig genug, *Leonhard* auf Grund dessen frühzeitiger mathematischer Erfolge zu erlauben, sich gänzlich der Mathematik und Physik zuzuwenden. 1724 erhielt *Euler* die philosophische Magisterwürde. Mit 19 Jahren bewarb er sich mit einer Dissertation über die Natur des Schalles um eine Professur für Physik an der Universität Basel, wurde aber seines jugendlichen Alters wegen abgelehnt. In der Zwischenzeit waren die beiden Studienfreunde *Eulers*, *Daniel* und *Niklaus Bernoulli*, einem Ruf an die Petersburger Akademie gefolgt, die Zar *Peter I.* 1724 gegründet hatte. Auf Grund eines Hinweises von *Daniel*, es werde voraussichtlich in Petersburg eine Professorenstelle für Physiologie und Anatomie frei, wandte sich *Euler* medizinischen Studien zu und reiste im Frühjahr 1727 über Hamburg und Lübeck auf dem Seewege nach Petersburg. Die Verhältnisse, die ihn dort erwarteten, gestalteten sich allerdings nicht sehr günstig, da die nach dem Tode der Zarin *Katharina* sich in rascher Folge ablösenden Regierungen der Akademie wenig geneigt waren. Doch hat sich *Euler* in seiner Forschungstätigkeit dadurch nicht aufhalten lassen. 1730 erhielt er die Physikprofessur des nach Basel zurückkehrenden *Jakob Herrmann*, 1733 die Mathematikprofessur des ebenfalls zurückkehrenden *Daniel Bernoulli*. Am 27. Dezember 1733, im Besitz einer Besoldung, heiratete *Euler* die gleichaltrige *Katharina Gsell*, Tochter des aus der Schweiz stammenden Malers *Georg Gsell*, der zu dieser Zeit Direktor der Petersburger Malakademie war. Aus dieser Ehe gingen dreizehn Kinder hervor, von denen aber nur fünf am Leben blieben, drei Söhne und zwei Töchter.

Mit der Übersiedelung nach Petersburg begann die erste fruchtbare Schaffensperiode *Leonhard Eulers*; sie umfaßte die Jahre von 1727 bis 1741. In dieser Zeit entwickelte sich *Euler* zu einer Forscherpersönlichkeit, die an Vielseitigkeit, Produktivität und Wirksamkeit aus der Geschichte der Wissenschaften herausragt. Seine Tätigkeit umfaßte neben der reinen Mathematik mit ihren weitverzweigten Bereichen auch eine

Petersburger Akademie der Wissenschaften

Vielzahl von Anwendungen der Mathematik auf die Astronomie, Mechanik, Optik und Kartographie sowie auf das Artilleriewesen, den Schiffsbau und viele technologische Probleme.

Noch in dieser ersten wissenschaftlichen Periode verfaßte *Euler* ein Buch über Schiffsbau und Schiffahrt, eine Musiktheorie, elementare Rechenbücher für die russischen Schulen, zahlreiche Gutachten als Mitglied der Kommission für Maß und Gewicht sowie zu weiteren angewandten Problemen eine Fülle von Aufsätzen, deren Zahl sich bis 1741 ungefähr auf 80 belief.

Das Geographische Departement gewann *Euler* 1735 als Mitarbeiter. In dieser Funktion hatte er an der kartographischen Auswertung der geographischen Forschung in den damals noch weitgehend unbekannten, riesigen Weiten Rußlands großen Anteil. Seine Tätigkeit auf diesem Gebiet war so intensiv, daß er sich 1735 beim Studium geographischer Karten vermutlich infolge Überanstrengung eine schwere Krankheit zuzog, die zum Verlust eines Auges führte. Seine Schaffenskraft wurde jedoch durch dieses Unglück nicht im mindesten verringert.

Schon im folgenden Jahr stellte *Euler* die zweibändige „Mechanica sive motus scientia analytice exposita" (Mechanik oder die Wissenschaft von der Bewegung analytisch vor Augen geführt) fertig, die für die Physik insofern bahnbrechend war, als in diesem Werke erstmals die Newtonsche Dynamik des Massenpunktes mit den neuen analytischen Methoden der Differential- und Integralrechnung in der Schreibweise von *Leibniz* verknüpft wurde. Bislang hatte man sich noch immer der aus der Antike überkommenen Methode der synthetischen Geometrie bedient. Nun zeigte *Euler*, daß alles viel einfacher wird, wenn man für ein bestimmtes Problem eine Differentialgleichung aufstellt und aus dieser mittels einer Anzahl von Regeln der Analysis die entsprechende unbekannte Funktion errechnet. Beispielsweise enthält das Buch die sogenannten Eulerschen Gleichungen für einen um einen Punkt rotierenden Körper.

Nach dem Tode der Zarin *Anna* 1740 folgte in Rußland und speziell an der Akademie eine Zeit tiefer innerer Unsicherheit. *Euler* wich möglichen Störungen seiner wissenschaftlichen Arbeit aus, indem er 1741 eine Berufung an die Berliner Akademie annahm, die nach den ehrgeizigen Plänen des eben zur Macht gelangten preußischen

Petropawlowsker Festung in Petersburg Mitte des 19. Jh.

Königs *Friedrich II.* eine glanzvolle Stätte der Wissenschaft und Kultur werden sollte. *Euler* wurde 1744 zum Direktor der mathematischen Klasse der Berliner Akademie ernannt. Sein persönliches Verhältnis zum König, der französischen Lebensstil und französische Gelehrte bevorzugte, blieb kühl. So rückte *Euler* nach dem Tode des aus Frankreich kommenden Präsidenten der Akademie, *P. L. M. de Maupertuis*, als dessen Stellvertreter nicht in das Amt des Präsidenten auf, obwohl *Euler* infolge der häufigen Abwesenheit *Maupertuis'* de facto die gesamte Arbeit der Akademie geleitet hatte. Er geriet darüber hinaus in tiefgreifende Meinungsverschiedenheiten mit *Friedrich II.* hinsichtlich der Finanzpolitik der Akademie.
Der König beschäftigte ihn u. a. mit der Nivellierung des Finow-Kanals, mit der Anlage der Wasserspiele zu Sanssouci, die freilich nie funktionierten, mit der Aufsicht über die Salzbergwerke in Schönebeck, mit der Begutachtung verschiedener Finanzangelegenheiten, wie der Entwicklung von Witwenkassen und Lotteriespielen. Für *Euler*s mathematische Forschungsarbeit brachte der König jedoch keinerlei tieferes Verständnis auf.
Die trotz der geschilderten Umstände ebenfalls außerordentlich fruchtbare zweite wissenschaftliche Schaffensperiode *Euler*s in Berlin umfaßte 26 Jahre und stand in ihrer Vielseitigkeit in keiner Weise hinter der Petersburger Zeit zurück. Neben die Bewältigung von Problemen der reinen und angewandten Mathematik traten in hohem Maße wissenschaftsorganisatorische Aufgaben. Davon zeugen u. a. die ,,Registres" der Akademie aus jenen Jahren.
In den Berliner Jahren entstanden viele jener Eulerschen Werke, die der Mathematik des 18. Jahrhunderts ihr Gepräge gaben. *Euler* lieferte auf fast allen Gebieten der Mathematik, die zu seiner Zeit existierten, wesentliche Beiträge, und zwar nicht nur als Einzeldarstellungen in Zeitschriften, sondern gesammelt und mit früheren Ergebnissen verknüpft in Form großer Lehrbücher. Im Jahre 1744 veröffentlichte er die erste geschlossene Übersicht über die damaligen Kenntnisse der Variationsrechnung in ,,Methodus inveniendi lineas curvas maximi minimive proprietate gaudentes". 1748 erschien seine ,,Introduction in analysin infinitorum" in zwei Bänden, 1755 folgten ,,Institutiones calculi differentialis" und 1768 bis 1770 drei Bände der ,,Insti-

Goldene Galerie
von Schloß Charlottenburg

tutiones calculi integralis", also eine Einführung in die Analysis der unendlich kleinen Größen, ein Lehrbuch der Differentialrechnung und eines der Integralrechnung. Die „Introductio" enthält algebraische Analysis sowie die Theorie der Zahlenreihen, die Potenzreihen, die rekurrenten Reihen und Kettenbrüche. Exponential- und logarithmische Reihe leitete *Euler* aus der binomischen Reihe ab; die trigonometrischen Funktionen erklärte er nicht mehr als Strecken, sondern als Streckenverhältnisse. Im 2. Band findet man die analytische Geometrie, Kurvendiskussionen und einen Überblick über algebraische und transzendente Kurven. Die beiden anderen Lehrbücher bringen die uns geläufige Differential- und Integralrechnung mit entsprechenden Regeln für rationale, irrationale und elementare transzendente Funktionen, ferner Lösungsmethoden für Differentialgleichungen erster und höherer Ordnung, die noch heute nach *Eulers* Vorbild u. a. als „lineare", „exakte" und „homogene" Gleichungen klassifiziert werden. Der Taylorsche Satz wird an verschiedenen Beispielen erläutert; Gamma- und Beta-Funktion werden als Eulersche Integrale dargestellt. In der „Introductio" definierte *Euler* ferner im Anschluß an *Jakob Bernoulli* und *Leibniz* den Begriff einer Funktion als eines analytischen Ausdruckes, der aus Variablen und Konstanten zusammengesetzt ist, und nannte eine Funktion je nach Art dieses Zusammenhanges algebraisch oder transzendent. Auch die Einteilung der Funktionen in ein- und mehrdeutige, in gerade und ungerade, in explizite und implizite sowie die Unterteilung der algebraischen Funktionen in rationale und irrationale hat *Euler* vorgenommen. Darüber hinaus führte er das Funktionssymbol „$f(x)$" und in anderen Arbeiten die Bezeichnungen „π", „$i = \sqrt{-1}$" und „e" ein. Durch seine hohe Anerkennung findenden Untersuchungen wurde überhaupt manche Unstimmigkeit in Bezeichnungsfragen besonders der Infinitesimalrechnung und Algebra beseitigt.

Viele weitere Arbeiten enthalten „mathematische Kostbarkeiten", wie den Eulerschen Polyedersatz, die Additionstheoreme für die elliptischen Integrale aller drei Gattungen oder das quadratische Reziprozitätsgesetz auf dem Gebiet der Zahlentheorie, die allein ausreichen würden, *Eulers* Namen unter die der berühmtesten Mathematiker aller Zeiten einzureihen.

Pierre Louis Moreau de Maupertuis
(1698 bis 1759)

Die von *Euler* geschriebenen zusammenfassenden Darstellungen begründeten erst eigentlich den Typ der mathematischen Lehrbücher. Nicht zuletzt durch sie und durch die von ihm demonstrierte Meisterschaft im Rechnen und die vorbildliche klare Gedankenführung wurde die Leibniz-Bernoullische Infinitesimalrechnung zum Gemeingut der Mathematiker und Physiker des europäischen Kontinents. Die analytische Mechanik offenbarte nunmehr deutlich die ihr innewohnenden großartigen Möglichkeiten der Anwendung.

Euler selbst hat auch hier entscheidende Pionierarbeit geleistet. Die Reihe der während der Berliner Zeit verfaßten Lehrbücher mit praktischer Zielstellung eröffnete er mit einer Übersetzung und Bearbeitung des von *B. Robin* stammenden Buches ,,New Principles of Gunnery" unter dem Titel ,,Neue Grundsätze der Artillerie" (1749). *Euler*s Bearbeitung stellte das erste wissenschaftliche durchgearbeitete Lehrbuch der Ballistik dar, nach dem noch *Napoleon I.* als Artillerieoffizier studierte.

Weitere zusammenfassende Darstellungen, die den Anwendungen gewidmet sind, ließ *Euler* bald folgen: 1756 erschien eine Theorie der Wasserturbinen, 1761 eine Theorie der achromatischen Linse.

In die Serie der Lehrbücher gehört weiter die 1744 erschienene ,,Theoria motuum planetarum et cometarum" (Theorie der Bewegungen der Planeten und Kometen), die bis ins 19. Jahrhundert für die rechnende Astronomie maßgeblich geblieben ist.

Bei *Euler*s Universalität ist es nur allzu verständlich, daß er für Philosophie zeit seines Lebens lebhaftes Interesse bezeugte, ohne sich jedoch für einen Philosophen zu halten. In den ,,Briefen an eine deutsche Prinzessin", die an eine Cousine des preußischen Königs gerichtet sind und in den Jahren 1760 bis 1762 entstanden, legte *Euler* neben einer populären Darstellung der Grundfragen der Physik des 18. Jahrhunderts seine Ansichten zu einer Reihe philosophischer Fragen dar.

Die wissenschaftliche Entwicklung *Leonhard Eulers* führte ihn zu einer kritischen Haltung gegenüber *Leibniz* und dessen Schüler und geistigen Nachfolger *Chr. Wolff*, der *Leibniz*' philosophische Ansichten zu einem rationalistisch akzentuierten System zusammengefaßt hatte. *Euler* griff das Kernstück der Leibniz-Wolffschen Philosophie an, die Monadenlehre. Er wandte sich scharf gegen die kraftbegabten, aus

Newski-Prospekt in St. Petersburg

sich heraus wirkenden Monaden, da er in seiner „Mechanik" zu der Überzeugung gekommen war, daß das Trägheitsgesetz in der Natur herrsche. Ferner hielt er die Realität der materiellen Welt für gänzlich zweifelsfrei. In der Mathematik sah er eines der wichtigsten Instrumente zur Erkenntnis eben dieser objektiven Welt. Die Mathematik ist nach *Euler* kein Hirngespinst, sondern sie betrachtet die wirkliche physikalische Welt von einem abstrakten Standpunkt aus. Dieser Einstellung entspringt auch seine Ablehnung der von *Chr. Wolff* vertretenen Auffassung von der unendlichen Teilbarkeit im Bereiche der Vorstellungen und der Unteilbarkeit in der Welt der „einfachen" Wesen.

Zu Beginn der fünfziger Jahre des 18. Jahrhunderts entspannen sich nicht ohne inneren Zusammenhang mit den Diskussionen um die Monadenlehre heftige, in weltanschauliche Auseinandersetzungen hinüberführende Streitigkeiten um das Prinzip der kleinsten Wirkung. *Maupertuis* war auf der Suche nach einem allgemeinen Prinzip, unter das die Gesetze des Universums subsummiert werden könnten, auf das „Prinzip der kleinsten Wirkung" — wie es damals hieß — gestoßen, auf das er einen Gottesbeweis aufbaute: In der Welt würden alle Vorgänge so ablaufen, daß die dabei notwendige „Aktion" so gering wie möglich sei, und dies beweise die Existenz und das Wirken eines Höheren Wesens. 1751 teilte der Schweizer Mathematiker *S. König* in einer Arbeit mit, daß bereits *Leibniz* im Besitz besagten Prinzips gewesen sei und es richtig dahin angegeben habe, daß die „Aktion" für manche Fälle ein Minimum, für andere dagegen ein Maximum annehme. Der eitle *Maupertuis* war zutiefst in seiner Ehre gekränkt. Obgleich *Euler* das fragliche Projekt schon mathematisch bewiesen hatte, unterstützte er *Maupertuis* und kritisierte *König*. Diese Haltung wurde durch seine religiösen Anschauungen bestimmt: so unbegreiflich es scheint, der Gottesbeweis war für den tief religiösen *Euler* das Entscheidende an der Sache und Veranlassung, wider alle Vernunft zu handeln.

Als *König* alle mit der Akademie ausgetauschten Briefe veröffentlichte, trat fast die gesamte wissenschaftliche Welt auf seine Seite, übrigens in besonderer Weise *Voltaire* mit seinem Spottgedicht vom Dr. Akakia (Maupertuis), in dem auch *Euler* ob seiner falschen philosophischen Position öffentlichem Gespött preisgegeben wurde.

Michail Wassiljewitsch Lomonossow
(1711 bis 1765)

Eine richtige erkenntnistheoretische Entscheidung traf *Euler* gegenüber der ihm brieflich von *Lomonossow* mitgeteilten Entdeckung des Gesetzes von der Erhaltung der Materie und Bewegung, die er uneingeschränkt anerkannte.
Euler und *Lomonossow* standen in freundschaftlichem Verhältnis zueinander, das begann, als die Petersburger Akademie *Euler* frühe Arbeiten *Lomonossows* zur Begutachtung vorgelegt hatte.
Mitte der sechziger Jahre begann *Euler* mit großer Energie, seine Entlassung aus Preußens Diensten zu betreiben. Charakterliche und weltanschauliche Unterschiede zwischen *Euler* und *Friedrich II.* erwiesen sich als unüberbrückbar, zeigten sich bei vielen Gelegenheiten und waren für *Euler* sehr belastend. So wünschte er einem Ruf *Katharinas II.* zu folgen und an die Petersburger Akademie zurückzukehren. *Friedrich II.* ließ *Euler* zwar sein Entlassungsgesuch dreimal schreiben, konnte ihn aber schließlich nicht in Berlin zurückhalten. 1766 kehrte *Euler* unter sehr günstigen Bedingungen für sich und seine Familie nach St. Petersburg an die Akademie zurück. In Rußland hatten sich seit der Thronbesteigung von *Katharina II.* im Jahre 1762 die inneren Verhältnisse wesentlich stabilisiert; zudem förderte die Herrscherin mit allen Kräften die Wissenschaften und Künste. *Euler* hatte auch während seines Berliner Aufenthaltes ständig enge Kontakte zur russischen Akademie gepflegt, dort weiterhin publiziert, russische Mathematiker in seinem Hause ausgebildet und für die Petersburger Akademie wissenschaftliche Gutachten angefertigt. So war sein Wunsch zur Rückkehr nach St. Petersburg dort auf freudige Bereitschaft gestoßen.
Zu Beginn seines zweiten Petersburger Aufenthaltes erlitt *Euler* zwei schwere Verluste. 1766 verlor er das Sehvermögen auch auf dem anderen Auge. Gestützt auf sein glänzendes Gedächtnis, auf die Mitarbeit seines Sohnes *Johann Albrecht*, seines späteren Schwiegerenkels *N. Fuss* und anderer Schüler konnte er nahezu ohne wesentliche Einbuße an Produktivität seine Arbeit fortsetzen. Ein gutes Drittel seines Lebenswerkes entstand noch unter diesen schwierigen Bedingungen.
Im Jahre 1773 verlor *Euler* seine Frau. In einer zweiten Ehe mit der Halbschwester der Verstorbenen, mit *Salome Abigail Gsell*, fand *Euler* die notwendige Fürsorge und Pflege im Alter.

Katharina II. von Rußland
(1729 bis 1796)

In dieser dritten und letzten Schaffensperiode verfaßte *Euler* ein Lehrbuch der Algebra in deutscher Sprache, das 1770 unter dem Titel ,,Vollständige Anleitung zur Algebra" erschien. Dieses Buch hat *Euler* einem seiner Mitarbeiter, einem ehemaligen Schneider, diktiert; er ließ den Text erst dann unverändert, wenn er sich davon überzeugt hatte, daß das Manuskript für diesen Mann klar und verständlich war. Zwischen 1769 und 1771 vollendete *Euler* seine dreibändige ,,Dioptrik". Er beschäftigte sich mit den später nach *Fourier* benannten Reihen, benutzte Doppelintegrale zur Berechnung bestimmter Integrale, untersuchte Normalschnitte an Flächen, behandelte abwikkelbare Flächen, rektifizierbare Kurven auf Rotationsflächen, kartographische Abbildungen u. v. a. m. Zugleich wurde *Euler* wesentlicher Mitbegründer der Hydrodynamik und der Kreiseltheorie; noch heute spricht man von Eulerschen Bewegungsgleichungen, Eulerschen Kreiselgleichungen und Eulerschen Winkeln.

Trotz der außerordentlichen Bereicherung, die die Mathematik durch das Wirken und Schaffen *Euler*s erfahren hat, darf nicht übersehen werden, daß seine Untersuchungen dank tiefdringender Einsichten in mathematische Zusammenhänge zwar keine größeren Fehler in den Resultaten enthalten, jedoch gewisse Schwächen und Unzulänglichkeiten aufweisen, die sich aus den damals noch bestehenden Mängeln in den Grundlagen der Analysis und der nicht exakten Behandlung unendlicher Reihen erklären. Diese Probleme spielten im ganzen 18. Jahrhundert eine große Rolle, und zwar nicht nur für die Mathematik, sondern auch in der Philosophie und sogar in der Theologie, die diese Schwierigkeiten für ihre Zwecke auszunutzen versucht. Zum Beispiel beschäftigte sich *Grandi*, Geistlicher und Professor in Pisa, mit der Reihe
$$1 - 1 + 1 - 1 + 1 - + \ldots,$$
die er mittels Klammern entweder zu
$$1 - (1 - 1) - (1 - 1) - \cdots$$
oder zu
$$(1 - 1) + (1 - 1) + \cdots$$
umordnete und je nachdem als Wert der Reihe 1 oder 0 erhielt und daher
$$\frac{1+0}{2} = \frac{1}{2}$$

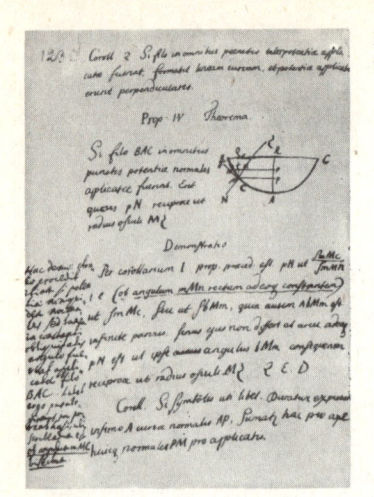

**Handschriftenprobe
von Leonhard Euler**

als wahren Wert für die Reihe erklärte. Daß eine unendliche Reihe sowohl den Wert Null als auch Eins haben könne, interpretierte *Grandi* als Beweis für die Möglichkeit der Erschaffung der Welt aus dem Nichts und das Ganze als mathematischen Beweis für die Existenz Gottes.

Euler schloß sich bei der Begründung seiner Differentialrechnung *Leibniz*' Prinzip der Vernachlässigung unendlich kleiner Größen an, indem er von der Vorstellung ausging, daß eine unendlich kleine Größe kleiner ist als jede vorgegebene, weshalb ihr Wert nicht angegeben werden kann und damit Null ist. Er hat wohl die Schwierigkeiten erkannt, die aus einem ungesicherten Umgang mit dem „unendlich Kleinen" entstehen können. Doch konnte er trotz scharfsinniger Ansätze die Lösung nicht mehr finden. Dies fiel als Aufgabe den Mathematikern Anfang des 19. Jahrhunderts zu. Als *Euler* 1783 starb, war *Gauß* sechs Jahre und *Bolzano* zwei Jahre alt. Sechs Jahre nach *Eulers* Tode wurde *Cauchy* geboren, weitere vier Jahre später *Lobatschewski*. Dem Wirken dieser und anderer Mathematiker ist es zu danken, daß die oben angedeuteten Schwierigkeiten, die *Euler* selbst hatte nicht überwinden können, im 19. Jahrhundert gemeistert und die von *Euler* erhaltenen Ergebnisse gerechtfertigt und exakter begründet werden konnten.

Lebensdaten zu Leonhard Euler

1707	15. April, *Leonhard Euler* in Basel geboren
1720	Immatrikulation an der philosophischen Fakultät der Universität Basel
1724	Gründung der Petersburger Akademie durch *Peter I.*
1727	Frühjahr, Reise und Übersiedlung nach St. Petersburg
1730	Professor für Physik
1733	Professor der Mathematik daselbst
1735	Mitarbeiter des geographischen Departements, Verlust der Sehkraft eines Auges
1741	Übersiedlung *Eulers* von St. Petersburg nach Berlin
1744	Direktor der mathematischen Klasse der Berliner Akademie. Erste zusammenfassende Darstellung der Variationsrechnung.

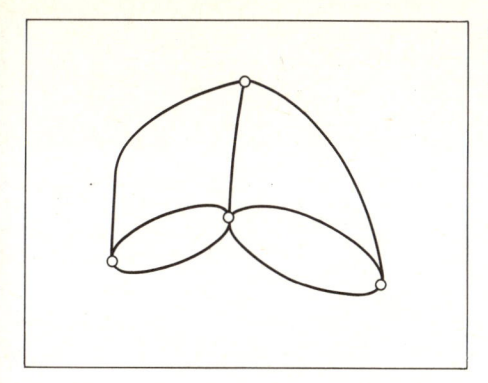

Graph zum Eulerschen Brückenproblem (die Kanten stellen die Brücken dar)

1748	Erscheinen der Einführung in die „Analysis des Unendlichen" (2 Bände)
1755	Erscheinen der „Differentialrechnung"
1756 bis 1763	Siebenjähriger Krieg. Separatfrieden Rußlands mit Preußen.
1766	Zweite Übersiedlung *Eulers* nach St. Petersburg, völlige Erblindung
1768	Erscheinen der „Integralrechnung" (3 Bände)
1770·	Erscheinen der „Vollständigen Anleitung zur Algebra"
1783	18. September, *L. Euler* in St. Petersburg gestorben

Literaturverzeichnis zu Leonhard Euler

[1] *Euler, Leonhard:* Opera omnia. Ser. I. Opera mathematica. Ed. F. Rudio u. a., Leipzig–Zürich seit 1911, Lausanne seit 1942.
[2] *Braunmühl, A. v.:* Leonhard Euler. In: Mitteilungen zur Geschichte der Medizin und Naturwissenschaften, Band VII (1908), S. 1 bis 14.
[3] *Eneström, G.:* Bibliographie. Leipzig 1910 bis 1913.
[4] *Spiess, O.:* Leonhard Euler. Frauenfeld–Leipzig 1929.
[5] *Fueter, R.:* Leonhard Euler. Beiheft Nr. 3 zur Zeitschrift „Elemente der Mathematik", Basel 1948.
[6] *Winter, E.:* Die Registres der Berliner Akademie der Wissenschaften 1746 bis 1766, Dokumente für das Wirken Leonhard Eulers in Berlin. Herausgegeben und eingeleitet v. E. Winter, Berlin 1957.
[7] Zahlreiche Einzelstudien über Leben und Werk von Leonhard Euler. In: Istorikomat. Issledovanija, Moskau 5 (1954), 10 (1957) (russ.).
[8] *Winter, E. u. a.:* Die Deutsch-Russische Begegnung und Leonhard Euler. Beiträge zu den Beziehungen zwischen der deutschen und der russischen Wissenschaft und Kultur im 18. Jahrhundert. Berlin 1958.
[9] Sammelband der zu Ehren des 250. Geburtstages Leonhard Eulers der Deutschen Akademie der Wissenschaften zu Berlin vorgelegten Abhandlungen. Berlin 1959.
[10] *Reidemeister, K.:* Über Leonhard Euler. MPhSB VI (1958), Heft 1/2, S. 4 bis 9.

Joseph Louis Lagrange

Joseph Louis Lagrange (1736 bis 1813)

Die Fortschritte in der Analysis und Mechanik einschließlich der Himmelsmechanik, die in der zweiten Hälfte des 18. Jahrhunderts und zu Beginn des 19. Jahrhunderts erzielt worden waren, hat der französische Physiker, Geodät und Astronom D. Arago im Jahre 1842 durch die Feststellung gekennzeichnet: ,,Fünf Mathematiker, Alexis Claude Clairaut, Leonhard Euler, Jean le Rond d'Alembert, Joseph Louis Lagrange und Pierre Simon Laplace teilten unter sich die Welt auf, deren Existenz Newton enthüllt hatte. Sie erklärten sie nach allen Richtungen, drangen in Gebiete ein, die für unzugänglich gehalten worden waren, wiesen auf zahllose Erscheinungen in diesen Gebieten hin, die von der Betrachtung noch nicht entdeckt worden waren, und schließlich brachten sie – und darin liegt ihr unvergänglicher Ruhm – alles, was höchst verwickelt und geheimnisvoll in den Bewegungen der Himmelskörper ist, unter die Herrschaft eines einzigen Prinzips, eines einheitlichen Gesetzes." [15, S. 153]
Soll nun das Lebenswerk von *Lagrange* gewürdigt werden, so hat man seinen Anteil an der ,,von Newton enthüllten Welt" zu bestimmen. *Lagranges* wertvollstes Werk, die ,,Mécanique analytique" (Analytische Mechanik) vom Jahre 1788, behandelt Fragen und Probleme, wie sie *I. Newton* in seinen ,,Principia" behandelt hatte. *Lagranges* oft zitierte Bücher über die analytischen Funktionen (,,Théorie des fonctions analytiques", 1797) versuchten, die Infinitesimalrechnung neu zu begründen. Die damaligen Vorstellungen über die Grundlagen der Infinitesimalrechnung und die sogenannten ,,unendlich kleinen Größen", von denen ein Zeitgenosse *Lagrange*s feststellte, daß sie ,,Größen gerade in dem Zustand betrachten, in dem sie aufhören, Größen zu sein", sagten *Lagrange* nicht zu, und er versuchte, die Schwierigkeiten auf ganz neuen Wegen zu beseitigen.
Fast die Hälfte der wissenschaftlichen Arbeiten von *Lagrange* befaßt sich mit Bewegungen der Himmelskörper, so mit der Bahn des Mondes und des Jupiters, mit der Parallaxe der Sonne, mit der Passage der Venus vor der Sonnenscheibe, mit der Berechnung der Sonnenfinsternisse oder mit der für astronomische Bahnbestimmungen so wichtigen Störungsrechnung. Seine Arbeit über die Schwankungen des Mondes

Karikatur auf die Offiziere, 1796

um seine mittlere Lage brachte ihm seine erste Auszeichnung im Jahre 1764 ein, den Preis der Pariser Akademie der Wissenschaften. Für die Arbeit über die Bewegungen der damals bekannten vier Jupitermonde wurde er im Jahre 1766 erneut mit dem Preis der Pariser Akademie ausgezeichnet. Es war nicht das Ziel seiner Untersuchungen, für jedes spezielle Problem eine für den augenblicklichen Zustand gültige Lösung zu finden, sondern er suchte allgemeine Prinzipien aufzudecken, die für gleichgelagerte Fälle und für lange Zeiträume Gültigkeit haben. Auch diese Arbeiten knüpfen an Untersuchungen *Newtons* an. *Lagrange* hat aber nicht nur die Arbeiten *Newtons* und anderer Gelehrter systematisiert und kommentiert, sondern sie durch tiefe neue Erkenntnisse bereichert, so daß noch heute die theoretische Astronomie ganz wesentlich auf seine Methoden und Entdeckungen zurückgreift.

Von der gewaltigen Arbeit, die *Lagrange* geleistet hat, zeugt sein in 14 umfangreichen Quartbänden zusammengestelltes Gesamtwerk, dessen erster Band 1867 erschien. Zwei Bände davon fassen den beträchtlichen wissenschaftlichen Briefwechsel zusammen, den *Lagrange* über mathematische Probleme und allgemeine wissenschaftliche Fragen geführt hat. Mehr als 170 Schreiben umfaßt allein die Korrespondenz mit *d'Alembert*, dem führenden Mathematiker unter den Enzyklopädisten und dem ständigen Sekretär der Pariser Akademie der Wissenschaften, der in dieser Stellung der einflußreichste Wissenschaftler des damaligen Frankreich war.

Bereits mit 16 Jahren begann *Lagrange* seine wissenschaftliche Laufbahn als Mathematiklehrer an der Artillerieschule in seiner Heimatstadt Turin in Oberitalien, die damals zum Königreich Savoyen gehörte. Bereits als Neunzehnjähriger wurde er zum Professor ernannt. Der junge Dozent war jünger als die meisten seiner Schüler, die angehende Offiziere waren.

Lagrange war zur Aufnahme der Lehrtätigkeit durch die wirtschaftliche Lage, in die seine Familie geraten war, veranlaßt worden. Er war am 25. Januar 1736 als ältestes von elf Kindern geboren worden. Sein Vater, ein begüterter Kriegsschatzmeister, verlor durch gewagte Spekulationen sein Vermögen, und deshalb konnte der Sohn nicht die Offizierslaufbahn wählen, wie es Tradition in der Familie war, sondern mußte eine weniger kostspielige Ausbildung durchmachen.

Dominique François Arago
(1786 bis 1853)

Natürlich sollte seine Tätigkeit auch der Stellung der Familie entsprechen. Die Stadt Turin bot solche Möglichkeiten. Sie hatte seit 1404 eine nicht unbedeutende Universität, und auch andere Bildungsstätten gab es in ihr. So beschloß die Familie, den begabten Jungen für den Anwaltsberuf oder für eine Lehrtätigkeit vorzubereiten. Das bedeutete allerdings für ihn eine Umstellung, da er sich vor allem für literarische Fragen interessiert hatte, der Vater aber an eine Beschäftigung an der Turiner Artillerieschule dachte. Dort wurden natürlich in erster Linie mathematisch-naturwissenschaftliche Kenntnisse vermittelt.

Die Umstellung auf diese Fachgebiete machten dem Heranwachsenden keine Schwierigkeiten. *Lagrange* hat später den Verlust des väterlichen Vermögens, der seinen Lebensweg bestimmte, für sich als ein Glück bezeichnet. Die Wahl befriedigte ihn vollauf, weil sie seinem Wunsche nach einem ruhigen und zurückgezogenen Leben entsprach. Er las die gerade im Druck zugänglich gewordenen Werke von *Johann* und *Jakob Bernoulli* und die Originalschriften und den Briefwechsel von *Leibniz*, *Newton* und *Euler*. *Lagrange* studierte in erster Linie Mathematik und erwarb sich solche Kenntnisse, daß er nicht nur seine Lehrtätigkeit in so frühem Alter beginnen konnte, sondern auch bald in der Lage war, eigene Untersuchungen in Angriff zu nehmen.

Mit 23 Jahren (1759) veröffentlichte er seine erste Arbeit ,,Recherches sur la méthode de maximis et minimis'' (Untersuchungen über Maxima und Minima) im ersten Band der Denkschrift der Turiner Akademie, die er mit begründet hatte und deren mathematisch-physikalische Sektion er leitete. Dieser erste Band enthält noch weitere Arbeiten *Lagrange*s, so eine Arbeit über die Integration einer partiellen Differentialgleichung und einen Teil seiner großen Arbeit über die Fortpflanzung des Schalles, wobei er das Ziel verfolgte – so schrieb er im Vorwort – ,,das Vorurteil derjenigen zu bekämpfen, die meinten, daß die Mathematik niemals zu wahren Erkenntnissen in der Physik einen Beitrag leisten könne''.

Seine Arbeit über Maxima und Minima hatte ihn zur Behandlung von Problemen der Variationsrechnung geführt, das heißt zum Aufsuchen einer Funktion, für die ein bestimmtes Integral einen größten oder kleinsten Wert annimmt. Mit Untersuchungen

Antoine Laurent Lavoisier
(1743 bis 1794)

über Variationsrechnung hatte sich vor allem *Euler* befaßt. Bei dem Studium der Eulerschen Schriften störte es *Lagrange*, daß nicht ausschließlich analytische Mittel verwendet wurden, sondern auch geometrische Überlegungen herangezogen waren. *Lagrange* führte einen rein analytischen Aufbau der Variationsrechnung durch. Dabei fand er auch eine Lösung für das isoperimetrische Problem und korrespondierte seit 1755 mit *Euler* über diese Lösung. *Euler*s Antwort an *Lagrange*, die vom 2. Oktober 1759 datiert ist, würdigt die große Leistung *Lagrange*s. Er schreibt: ,,Ihre Lösung des isoperimetrischen Problems läßt nichts zu wünschen übrig, und ich freue mich sehr, daß dieser Gegenstand, den ich fast allein seit den ersten Versuchen behandelt habe, gerade von Ihnen zum höchsten Grade der Vollendung gebracht wurde." [1, S. XV]
Diese Einschätzung *Euler*s, der damals die mathematische Klasse der Berliner Akademie der Wissenschaften leitete, war für den jungen *Lagrange* von großer Bedeutung. Auf *Euler*s Vorschlag wurde er zum korrespondierenden Mitglied der Berliner Akademie der Wissenschaften berufen.
In die Turiner Zeit fällt unter anderem auch die auf *Lagrange* zurückgehende berühmte Methode der Variation der Konstanten für die Integration der linearen Differentialgleichungen.
In Turin selbst fühlte sich *Lagrange* allerdings weniger beachtet, und insbesondere gab es keine Fachkollegen, mit denen er sich hätte austauschen können. So regte sich der Wunsch, andere Wissenschaftler aufzusuchen, um durch Gedankenaustausch Anregungen zu erhalten. Ein Freund machte ihm den Vorschlag, ihn nach London zu begleiten, wohin er als Diplomat an die Botschaft versetzt worden war.
Beim Aufenthalt in Paris erkrankte *Lagrange* allerdings und kehrte nach seiner Genesung nach Turin zurück.
Der Aufenthalt in Paris war für *Lagrange* sehr nutzbringend, da er bedeutende Wissenschaftler persönlich kennenlernte, insbesondere *d'Alembert*. Auch über die Aufnahme einer Tätigkeit in Paris wurde gesprochen.
Im Jahre 1766 trat eine für *Lagrange* neue Situation ein. *Euler* hatte sich entschlossen, Berlin zu verlassen und nach St. Petersburg zurückzukehren. *Euler* schlug als seinen Nachfolger *Lagrange* vor, und *Lagrange* nahm den an ihn gerichteten Ruf an.

Lagrange beeindruckte es natürlich, Nachfolger *Eulers* zu werden, und auch die günstigen Arbeitsbedingungen übten auf ihn Einfluß aus. So reiste er im November 1766 nach Berlin und blieb dort 20 Jahre, bis zum Tode von *Friedrich II*. Doch konnte er zu dem König nie ein inniges Verhältnis herstellen, trotz dessen Schwärmerei für alles Französische. Der König fand, daß *Lagrange* „ein Philosoph ohne Lärm" sei, d. h. seiner Meinung nach zu wenig hervortrete. *Lagrange* beteiligte sich auch nicht am Hofleben, sondern widmete seine Zeit der Wissenschaft. Auch fand er das Leben in Berlin nicht besonders anziehend. Zudem litt er unter dem gegenüber Italien rauhen Klima Berlins.

Lagrange wurde schon seit seinem 25. Lebensjahr häufig von Krankheiten geplagt. Er litt unter heftigen Gallenanfällen und schweren Depressionszuständen. Aber durch strenge Diät konnte *Lagrange* seine Arbeitsfähigkeit bewahren.

Um seiner Vereinsamung in Berlin entgegen zu wirken und um eine geregelte Pflege zu finden, ging *Lagrange* in Berlin mit einer Cousine aus Turin die Ehe ein. Doch vertrug auch sie Berlins Klima schlecht und starb bald darauf. *Lagrange* ging später in Paris, im Alter von 56 Jahren, eine zweite Ehe ein; seine zweite Frau hat *Lagrange* aufopfernd gepflegt und ihn dadurch noch lange der wissenschaftlichen Tätigkeit erhalten.

Lagrange hat in seiner Berliner Zeit eine Fülle von wertvollen Veröffentlichungen vorgenommen, obwohl er, zum Beispiel während der Zeit der Krankheit seiner Frau, auch Perioden der Unproduktivität gehabt hat. Diese Arbeiten hatten die Integrationstheorie der Differentialgleichungen zum Mittelpunkt, vorwiegend die der partiellen Differentialgleichungen.

Der Tod des Königs *Friedrich II.* im Jahre 1786 schuf in Berlin eine Reihe schwerwiegender Veränderungen. Der neue König *Friedrich Wilhelm II.* war bestrebt, den Einfluß der Ausländer zurückzudrängen, und widersprach dem Weggang von *Lagrange* im Jahre 1787 an die Pariser Akademie nicht. Die Übersiedelung nach Paris wurde dadurch erleichtert, daß *Lagrange* französischer Senator war und seit 15 Jahren korrespondierendes Mitglied der Pariser Akademie. Er wurde jetzt als Mitglied der Akademie eingestellt.

Sorbonne in Paris

Noch in Berlin hatte *Lagrange* das Manuskript seines bedeutendsten Werkes, der „Mécanique analytique" (Analytische Mechanik), vollendet. Doch gestaltete sich die Drucklegung überaus schwierig. Erst durch die energische Fürsprache von *A.-M. Legendre* ließ sich ein Verlag finden; als das Werk endlich erschien, ließ es *Lagrange* zwei Jahre ungeöffnet auf seinem Schreibtisch liegen!

Lagrange war bald nach seiner Ankunft in Paris (nicht zuletzt wegen der demütigenden Vorgänge um die Herausgabe der „Mécanique analytique") in einen Zustand des Desinteresses an der Mathematik verfallen. Statt dessen befaßte er sich mit religionswissenschaftlichen und philosophischen Studien und interessierte sich stark für Chemie. Mit dem hochberühmten Chemiker *A. L. Lavoisier*, dem Begründer der modernen Chemie, pflegte *Lagrange* engen persönlichen Umgang.

Dann aber stellte sich die große Bedeutung der „Mécanique analytique" für die weitere Entwicklung von Mechanik und Mathematik heraus, und *Lagrange* wandte dem Werk erneut seine Aufmerksamkeit zu.

Im Vorwort hatte *Lagrange* das Ziel seines Werkes folgendermaßen angegeben: „Die Theorie der Mechanik und der Kunst, die sich darauf beziehenden Probleme zu lösen, auf allgemeine Formeln zurückzuführen, deren einfache Entwicklung alle für die Lösung jedes Problems notwendigen Gleichungen ergibt." [4, S. 6]

Wie es für *Lagrange* typisch ist, hat er seine Mechanik rein analytisch aufgebaut. Im Vorwort zur ersten Ausgabe sagt er darüber: „Die Methoden, welche ich auseinandersetze, erfordern weder Konstruktionen noch geometrische oder mechanische Betrachtungen, sondern nur algebraische, einem regelmäßigen und gleichförmigen Gange unterworfene Operationen. Alle, welche die Analysis lieben, werden mit Vergnügen sehen, daß die Mechanik ein neuer Zweig derselben wird, und werden mir Dank wissen, daß ich die Herrschaft derselben in dieser Weise ausgedehnt habe." [4, S. 6]

Als Ausgangspunkt seiner Untersuchungen wählte er die physikalischen Erkenntnisse *Newtons*. *Newtons* Körperwelt ist mechanisch beschreibbar durch die Angabe der vier Größen Zeit, Raum, Masse und Kraft. Zeit und Raum werden als absolut betrachtet, als losgelöst und unabhängig von den Dingen, die sie erfüllen, und von den Ereignissen, die sich in ihnen vollziehen. Dabei sind Zeit und Raum streng voneinander

Petit Trianon, Lustschloß im Park von Versailles um 1770

getrennt. Einen Zusammenhang und eine Wechselwirkung gibt es nur zwischen den Massenpunkten und den Kräften. Die Naturvorgänge werden als gesetzmäßige Bewegung materieller Punkte in Raum und Zeit aufgefaßt, wobei man sich bemüht, allgemeine prinzipielle Sätze aufzufinden.

Man hatte eine Anzahl von Prinzipien gefunden, zum Beispiel den Satz vom Parallelogramm der Kräfte, das d'Alembertsche Prinzip, das Prinzip der kleinsten Wirkung, und es gelang auch, diese Prinzipien durch mathematische Formeln zu erfassen. Aber vergebens hatte man sich bemüht, für sämtliche mechanischen Probleme einen einzigen Satz zu finden, der alle Fälle der Wirkung von beliebig vielen Kräften in einem beliebigen System erfaßte. Das gelang erst *Lagrange*, und zwar dadurch, daß er das Prinzip der virtuellen Geschwindigkeiten mit dem d'Alembertschen Prinzip verband. So gelangte er zu allgemeinen Formeln der Dynamik für die Bewegung eines beliebigen Systems von Körpern; man nennt sie heute die Lagrangeschen Bewegungsgleichungen 1. und 2. Art.

*Lagrange*s Erkenntnisse haben sich auf vielen Gebieten der Physik bewährt, insbesondere auch in der Himmelsmechanik.

Das Werk „Mécanique analytique" ist deshalb so bedeutungsvoll, weil die Lagrangeschen Bewegungsgleichungen sehr allgemein sind und ihre Anwendungen sich nicht auf den dreidimensionalen Raum beschränken.

Nach der Wiederaufnahme seiner mathematischen Untersuchungen zu Beginn des Jahres 1789 erzielte *Lagrange* zunächst keine bedeutenden Ergebnisse, auch arbeitete er nur mit Unterbrechungen. Ihn beunruhigten die revolutionären Ereignisse, die das gesellschaftliche Leben Frankreichs von Grund auf erschütterten und veränderten. Die Vorgänge waren ihm völlig fremd, und er empfand sie als lästig. Seine Ablehnung und seine geringe Anteilnahme an den Umwälzungen stehen im Gegensatz zu der Haltung vieler seiner Fachkollegen. Die wenigen Äußerungen von *Lagrange* lassen erkennen, daß er die Bedeutung der Ereignisse nicht einzuschätzen wußte und sie nicht objektiv beurteilte.

Trotz seiner Vorbehalte gegen die Revolution gab *Lagrange* seine Inaktivität auf und kam zu neuer schöpferischer Leistung. Zunächst arbeitete er — nach der Auflösung

Titelblatt
zu „Theorie der analytischen Funktionen"

> # Theorie
> der
> ## analytischen Functionen.
> Enthaltend:
> die Hauptsätze der Differential-Rechnung, ohne die Vorstellung vom Unendlich-Kleinen, von verschwindenden Grössen, von Grenzen und Fluxionen, ganz nach Art der algebraischen Analysis endlicher Grössen vorgetragen
>
> von
>
> *J. L. Lagrange,*
>
> Mitgliede des Instituts der Künste und Wissenschaften, des Längen-Büreaux und des Senat-Conservateurs, Grosskreuze der Ehren-Legion und Reichsgrafen.
>
> Neue, vom Verfasser verbesserte und vermehrte Auflage.

der konterrevolutionär eingestellten Akademie – in einer von der Revolutionsregierung eingesetzten Kommission, die die Reform der Maße und Gewichte und die Einführung des metrischen Systems zur Aufgabe hatte, und ferner in der Kommission, die über Erfindungen und ihre Verwertung zu entscheiden hatte. Großes Interesse zeigte er für die Neuerungen im Bildungswesen, insbesondere für die Gründung der neuen Hochschulen, der Ecole Normale und der Ecole Polytechnique, einer nach modernsten Grundsätzen eingerichteten, republikanisch orientierten technischen Bildungsanstalt. Auch *Lagrange* war es vergönnt, an der Ecole Polytechnique tätig zu sein. Dort hat er über seine Theorie der analytischen Funktionen vorgetragen und seine früheren Erkenntnisse über dieses Gebiet als Buch herausgegeben.
Bereits im Jahre 1772 hatte er den Gedanken geäußert, die Theorie der Reihenentwicklung enthalte die wahren Prinzipien der Differential- und Integralrechnung. So wählte er jetzt als Ausgangspunkt für die Infinitesimalrechnung Funktionen, die durch Potenzreihen gegeben sind: er setzte
$$f(x + k) = f(x) + pk + qk^2 + rk^3 + \ldots,$$
worin die Koeffizienten p, q, r neue, von der Stammfunktion $f(x)$ abgeleitete und auch von k unabhängige Funktionen sind. Die Funktion $f(x + k)$ muß für $k = 0$ die Stammfunktion liefern. Das ist nur möglich, wenn die Differenz $f(x + k) - f(x) = kP$ ist, wobei P eine Funktion von x und k ist. *Lagrange* zerlegt dieses P in einen Bestandteil $Q = qk$, der für $k = 0$ verschwindet, und einen Rest p. So ergibt sich
$$f(x + k) = f(x) + kp + k^2 q.$$
Dieses Verfahren wird fortgesetzt und liefert die Bedeutung der Koeffizienten p, q, r, die sich als Ableitungen der Stammfunktion, die mit gewissen Koeffizienten versehen sind, erweisen und von *Lagrange* mit $f', f'', \ldots$ bezeichnet werden.
Die Frage nach der Konvergenz der Reihen wurde von ihm nicht gestellt; allerdings berechnet *Lagrange* den Wert der Glieder, auf deren Berücksichtigung er von einer gewissen Stelle an verzichtet und gibt diesen Wert in einer geschlossenen Form durch ein bestimmtes Integral an. Diese Form des Restgliedes der Reihe trägt seinen Namen.
Der Aufbau der Differential- und Integralrechnung wird von *Lagrange* in dieser Art durchgeführt. Dabei werden viele neue Erkenntnisse gewonnen, die sich als sehr

wesentlich herausgestellt haben. Aus der großen Zahl der neuen Erkenntnisse sei auf die Behandlung der Extremwertaufgaben mit Nebenbedingungen durch die Multiplikatorenmethode hingewiesen. Allerdings wird diese Entwicklung nicht allein *Lagrange* zugeschrieben, sondern *Euler* hat ebenfalls bedeutenden Anteil an ihr, und daher wird sie meist als die Euler-Lagrangesche Multiplikatorenmethode bezeichnet. Der Grundgedanke von *Lagrange* in der ,,Théorie des fonctions analytiques" besteht demnach darin, bei den damals noch nicht scharf gefaßten und widersprüchlichen Definitionen des Differentialquotienten und des Grenzwertbegriffes einen Weg zu finden, der einen logisch einwandfreien Zugang zur Infinitesimalrechnung eröffnet. *Lagrange* hat also die Infinitesimalrechnung auf dem Begriff der analytischen Funktion aufgebaut und in einer zusammenfassenden Darstellung niedergelegt. Sie erschien 1797 in Paris unter dem Titel ,,Théorie des fonctions analytiques" (Theorie der analytischen Funktionen). Der Untertitel enthält ein Programm: ,,Theorie der analytischen Funktionen, enthaltend die Prinzipien der Differentialrechnung, befreit von jeder Betrachtung unendlich kleiner Größen, der Verschwindenden und Fluxionen, und zurückgeführt auf die algebraische Analysis unendlicher Größen".
Doch brachte dieser Weg von *Lagrange*, der die Differentialquotienten einer Funktion als die sukzessiven Koeffizienten in der Taylorentwicklung der Funktion definiert, keine Lösung des Problems, da auch hier die Betrachtung von Grenzwerten unumgänglich wird, nämlich bei der Untersuchung der Reihenkonvergenz. Auch tritt die Frage auf, welche Funktionen Reihendarstellungen gestatten.
Dennoch hat *Lagranges* ,,Théorie des fonctions analytiques" eine starke, befruchtende Wirkung ausgelöst. A. L. *Cauchy* fand bei *Lagrange* Ansatzpunkte zur Überwindung der bestehenden Unzulänglichkeiten bei der Grundlegung der Analysis, und K. *Weierstraß* griff in der Mitte des 19. Jahrhunderts den Grundgedanken von *Lagrange* auf. Auf einer neuen sicheren Grundlage stellte er die analytischen, das heißt durch Reihendarstellung definierbaren Funktionen in den Mittelpunkt der Analysis. Die direkte, unmittelbare Bedeutung der ,,Théorie des fonctions analytiques" bestand darin, daß die Infinitesimalrechnung zum ersten Mal in einer geschlossenen Form ausgearbeitet wurde, wie es in vielen Gebieten der Mathematik in der Folgezeit mehr

und mehr erfolgte. Darüber hinaus haben Einzelerkenntnisse, wie der Mittelwertsatz, das Lagrangesche Restglied, die Euler-Lagrangesche Multiplikatorenmethode, einen dauernden Platz in unseren Lehrbüchern gefunden.
In Fortsetzung der ,,Théorie des fonctions analytiques" gab *Lagrange* im Jahre 1801 einen zweiten Teil heraus, in dem er gewöhnliche und partielle Differentialgleichungen und Probleme der Differentialgeometrie behandelt. Außer seinen bedeutenden Büchern und seinen zahlreichen Abhandlungen über Differentialrechnung und Mechanik hat sich *Lagrange* auch mit Fragen aus anderen Gebieten der Mathematik befaßt. So gab er in seiner Schrift ,,Sur la résolution des équations numériques" (Über die Auflösung numerischer Gleichungen) aus dem Jahre 1767 Methoden zur Trennung der reellen Wurzeln einer algebraischen Gleichung und zu ihrer Approximation durch Kettenbrüche an.
In einer zweiten, umfangreichen Arbeit ,,Réflexions sur la résolution algébrique des équations" (Betrachtungen über die algebraische Lösung von Gleichungen) vom Jahr 1770 behandelte er die fundamentale Frage, warum die Methoden zur Lösung der Gleichungen bis zum vierten Grade ohne Erfolg bleiben für Gleichungen höheren Grades. Bei diesen Untersuchungen wurde *Lagrange* auf rationale Funktionen der Wurzeln und ihr Verhalten bei Permutationen geführt. Diese Überlegung hat sich später als besonders wertvoll herausgestellt und zur Entdeckung der Gruppentheorie beigetragen.
Auch die Zahlentheorie verdankt *Lagrange* Fortschritte. So bewies er den Satz, daß jede ganze Zahl als Summe von höchstens vier Quadraten dargestellt werden kann. Ebenso wies er nach, daß die von seinem Landsmann *P. de Fermat* im Jahre 1657 in einem Gelehrtenstreit aufgestellte Gleichung $x^2 - Dy^2 = 1$, worin D eine positive nichtquadratische ganze Zahl ist, stets in ganzen Zahlen lösbar ist. Schließlich muß die nach ihm benannte Näherungsformel erwähnt werden, die es ermöglicht, eine Funktion, von der nicht das eigentliche Gesetz, sondern nur einzelne Werte – etwa durch Beobachtung gefunden – bekannt sind, angenähert durch eine ganze Funktion darzustellen. Diese Lagrangesche Interpolationsformel gewährt den Vorteil, daß man für die gesuchte Funktion sofort einen brauchbaren mathematischen Ausdruck er-

Pantheon in Paris

hält. *Lagranges* Arbeitskraft ließ im letzten Jahrzehnt seines Lebens erheblich nach. Die übermäßige Belastung durch seine große wissenschaftliche Tätigkeit während vieler Jahrzehnte hatte seinen Körper geschwächt. Ruhig wie sein Leben verlief auch die sehr kurze Krankheit, die ihn Anfang April 1813 ergriff und der er am 10. April erlag. Zwei Tage vor seinem Tode hatte ihn *G. Monge* besucht. Er schilderte ihm mit philosophischer Gelassenheit seine Stimmung und wie er sich fühle.
Lagrange wurde im Pantheon in Paris beigesetzt. *Laplace* hielt die Gedächtnisrede, in der er *Lagranges* Verdienste durch die Worte würdigte: ,,Unter denjenigen, die am wirksamsten die Grenzen unserer Wissenschaft erweitert haben, besaßen *Newton* und *Lagrange* in höchstem Maße jene glückliche Kunst, die allgemeinen Prinzipien zu entdecken, welche das eigentliche Wesen der Wissenschaft ausmachen. Diese Kunst, verbunden mit einer seltenen Eleganz in der Entwicklung der abstrakten Theorien, ist für Lagrange charakteristisch." [10, S. 210]

Lebensdaten zu Joseph Louis Lagrange

1736	25. Januar, *Joseph Louis Lagrange* in Turin geboren
1755	Professor der Mathematik an der Artillerieschule in Turin
1757	Korrespondierendes Mitglied der Berliner Akademie
1758	Gründung einer privaten Gelehrtengesellschaft in Turin unter maßgeblicher Beteiligung von *Lagrange*
1766	Berufung an die Berliner Akademie der Wissenschaften
1767	Erste Heirat
1772	Korrespondierendes Mitglied der Pariser Akademie
1787	Berufung an die Pariser Akademie der Wissenschaften
1788	Der erste Band der ,,Mécanique analytique" erscheint.
1792	Zweite Heirat
1795	Professor an der Ecole Normale
1797	Professor an der Ecole Polytechnique Publikation der ,,Théorie des fonctions analytiques"
1813	10. April, *Lagrange* in Paris gestorben

Literaturverzeichnis zu Joseph Louis Lagrange

[1] *Lagrange, Joseph-Louis:* Œuvres de Lagrange, 14 Bände. Publiées par les soins de M. J.-A. Serret, Paris 1867 bis 1892.
[2] *Lagrange, J.-L.:* Mécanique analytique. Paris 1788, deutsch Göttingen 1797.
[3] *Lagrange, J.-L.:* Théorie des fonctions analytiques. Paris 1797.
[4] *Lagrange, J.-L.:* Analytische Mechanik. Deutsch ed. von H. Servus, Berlin 1887.
[5] *Lagrange, J.-L.:* Abhandlungen zur Variationsrechnung. Ostwalds Klassiker der exakten Wissenschaften, Nr. 57, Leipzig 1894.
[6] *Lagrange, J.-L.:* Zusätze zu Eulers Elementen der Algebra. Ostwalds Klassiker der exakten Wissenschaften, Nr. 103, Leipzig 1898.
[7] Abhandlungen über die Prinzipien der Mechanik. Von J.-L. Lagrange, O. Rodrigues, C. G. J. Jacobi und C. F. Gauß. Ed. Ph. E. B. Jourdain, Ostwalds Klassiker der exakten Wissenschaften, Nr. 167, Leipzig 1908.
[8] *Lindenau, B. A. v.:* Verzeichnis sämtlicher Schriften von Lagrange. In: Zeitschrift für Astronomie und verwandte Wissenschaften 1 (1816), S. 484 bis 492.
[9] *Hamel, G.:* Joseph-Louis Lagrange. In: Die Naturwissenschaften 24 (1936), S. 51 bis 53.
[10] *Burzio, F.:* J.-L. Lagrange. Turin 1942.
[11] *Wussing, H.:* Bernard Bolzano und die Grundlegung der Infinitesimalrechnung. In: Zeitschrift für Geschichte der Naturwissenschaften, Technik und Medizin (NTM), 1. Jahrgang, Heft 3, S. 57 bis 73.
[12] *Biermann, K. R.:* Lagrange im Urteil und in der Erinnerung Alexander von Humboldts. In: Monatsberichte der Deutschen Akademie der Wissenschaften 5 (1963), S. 445 bis 450.
[13] *Herrmann, D. B.:* Joseph-Louis Lagrange. In: Mathematik in der Schule 7 (1969), S. 73 bis 77.
[14] *Struik, D. J.:* Abriß der Geschichte der Mathematik. Braunschweig 1967.

Gaspard Monge

Gaspard Monge (1746 bis 1818)

Gaspard Monge wurde am 10. Mai 1746 als Sohn eines Kleinhändlers und Messerschleifers in Beaune (nahe Dijon) geboren. Er wuchs also auf in der Zeit der Vorbereitung der Großen Französischen Revolution, die, neben dem wachsenden politischen Einfluß der sich entwickelnden Bourgeoisie, vor allem durch hervorragende Anstrengungen auf dem Gebiete der Wissenschaften, der Bildung und der materialistischen Philosophie gekennzeichnet ist. Der Geist der Aufklärung veranlaßte offenbar auch *Monges* Vater, seinen drei Söhnen eine gründliche Bildung zuteil werden zu lassen. Er ließ sie an dem in Beaune bestehenden Collegium des Ordens der Oratorianer studieren.

Gaspard erwies sich schon als Schüler als besonders erfolgreich; er gewann alle ersten Preise in den jährlichen Schülerwettbewerben. Als Vierzehnjähriger zeichnete er einen Plan seiner Heimatstadt auf der Grundlage eigener Vermessungen, die er mit selbstkonstruierten Instrumenten vornahm. Wegen seiner ausgezeichneten Leistungen schickten die Oratorianer *Monge* mit 16 Jahren als Physiklehrer an ihr Collegium in Lyon.

Als er während der Ferien wieder einmal in Beaune weilte, lernte er einen Oberstleutnant der Pioniertruppen kennen. Diesem zeigte er den von ihm gezeichneten Stadtplan. Der Ingenieur-Offizier war so begeistert, daß er *Monge* veranlaßte, als Schüler in die Militärschule von Mézières einzutreten, ohne ihm allerdings zunächst zu sagen, daß er wegen seiner sozialen Herkunft nicht Offizier werden könne.

Monge wurde nur zur Ausbildung als Bauaufseher im Befestigungswesen aufgenommen. Er zeichnete sich jedoch sehr bald durch hervorragende Fähigkeiten und gewissenhafte und saubere Arbeit aus. Man strich ihn darum aus der Liste der Schüler und stellte ihn 1765 als Repetitor für die adligen Militärschüler ein. Auch in dieser Aufgabe bewährte er sich sehr schnell und wurde bereits 1768 zum Professor für Mathematik und 1771 außerdem zum Professor für Physik ernannt.

Diesen schnellen Aufstieg verdankte *Monge* neben seinen insgesamt ausgezeichneten Leistungen vor allem der Tatsache, daß er in den im Militärwesen der damaligen Zeit

Skizze zur Zweitafelprojektion

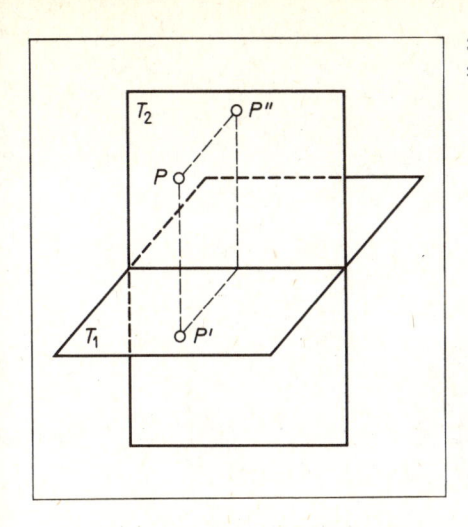

sehr wichtigen Arbeiten der Darstellung und des Entwurfs von Befestigungsanlagen allen anderen überlegen war. Er entwickelte hierfür neue Methoden, die die bis dahin notwendigen umfangreichen und komplizierten arithmetischen Berechnungen im wesentlichen zu vermeiden gestatteten. Diese Methoden erschienen den verantwortlichen Militärs so bedeutsam, daß sie *Monge* verpflichteten, nichts darüber zu veröffentlichen. Das wurde ihm erst 1794, nach der Revolution, ermöglicht, als er an der neugegründeten Ecole Normale in Paris Vorlesungen darüber hielt. Inzwischen hatte er diese Methoden zu einer neuen Disziplin der Mathematik ausgebaut, die er ,,Géométrie descriptive'' (beschreibende Geometrie) nannte. Bei der Mongeschen beschreibenden Geometrie handelt es sich um ein Verfahren, bei dem räumliche Gebilde durch zugeordnete Normalrisse in einer Ebene so dargestellt werden können, daß man daraus auf Aussehen, Lagebeziehungen und Größenverhältnisse der räumlichen Gebilde schließen kann. Wir bezeichnen diesen Komplex heute als ,,Darstellende Geometrie'' und das Verfahren, das *Monge* hauptsächlich entwickelte, als ,,senkrechte Zweitafelprojektion''. *Monge* hat die Darstellende Geometrie im wesentlichen ohne Vorgänger ausgearbeitet und gilt darum zu Recht als deren Begründer. Die Begründung der Darstellenden Geometrie ist nicht *Monges* einzige, aber hinsichtlich ihrer Bedeutung seine größte Leistung in der Mathematik.
Außer mit der Darstellenden Geometrie beschäftigte sich *Monge* bereits in Mézières mit einer Fülle weiterer Probleme der Mathematik und der Naturwissenschaften. Hier sind insbesondere seine Untersuchungen zur Theorie der Flächen und der doppelt gekrümmten Kurven und über Differenzen und Differentialgleichungen zu nennen. In den Naturwissenschaften befaßte er sich unter anderem mit Problemen der Zusammensetzung des Wassers und mit der Elektrizität.
Im Jahre 1780 berief man *Monge* als Professor für Hydrodynamik nach Paris; auch hier unterrichtete er an militärischen Bildungseinrichtungen. Noch im selben Jahr wurde er aber auch in die Pariser Akademie der Wissenschaften aufgenommen, zählte also schon zu den namhaftesten Wissenschaftlern Frankreichs.
Im Jahre 1783 wurde *Monge* Examinator der Marineschüler. Für sie verfaßte er den ,,Traité élémentaire de statique'' (Elementare Abhandlung der Statik) (1788), seine

Zentralfort und Hafendamm von Cherbourg

erste größere wissenschaftliche Veröffentlichung nach einer Anzahl kurzer Mitteilungen, die der Akademie eingereicht und später in wissenschaftlichen Zeitschriften veröffentlicht worden waren. Diese Monographie über die Statik zeichnete sich durch logische Klarheit und Einfachheit aus und bildete eine sehr gute Grundlage für das Studium der Militärschüler.

Monge war überhaupt ein guter Lehrer, nicht nur wegen seiner Fähigkeit, wissenschaftliche Erkenntnisse klar und einfach darzustellen, sondern vor allem auch wegen der engen Beziehungen, die ihn mit seinen Schülern verbanden. Trotz einer gewissen Linkischkeit und Neigung zum Stottern riß er seine Schüler mit sich fort. Einer urteilte später: ,,Andere wissen besser zu reden, aber niemand trägt so gut vor." [8, S. 365] Er vermittelte seinen Schülern ,,seinen Eifer und seinen Enthusiasmus und verwandelte Beobachtungen und Untersuchungen, die in der Abgeschlossenheit eines Lehrsaals und durch abstrakte Betrachtungen nur als mühsames Studium erschienen, in leidenschaftliche Vergnügen". [6, S. X]

Es fiel *Monge* jedoch in den ersten 20 Jahren seiner Lehrtätigkeit nicht immer leicht, dieses angestrebte gute Verhältnis zu allen Schülern herzustellen. Es gab nicht wenige Söhne des Hochadels, die die Privilegien ihres Standes auch während des Studiums beanspruchten, und denen es nicht um wissenschaftliche Erkenntnisse, sondern nur darum ging, der Form halber zu studieren, um einmal hohe militärische Posten besetzen zu können. *Monge* verachtete ihre Arroganz und wehrte sich dagegen, ihren Forderungen zu entsprechen. Er verlangte von ihnen die gleichen Leistungen wie von jedem anderen, mußte aber oftmals erleben, daß sie viel schneller aufstiegen als manch anderer, der klüger und fleißiger war, aber nur dem niederen Adel entstammte; ganz zu schweigen von den Söhnen des Bürgertums, denen wie *Monge* selbst die Offizierslaufbahn verschlossen war.

Die am 14. Juli 1789 mit dem Sturm auf die Bastille beginnende bürgerliche Revolution in Frankreich wurde darum von *Monge* mit Begeisterung begrüßt. Er widmete ihr sein ganzes Wissen und Können und all seinen Enthusiasmus. Bekanntlich hatten viele liberale Adlige die Revolution in ihrer Anfangsphase unterstützt und nahmen zum Teil führende Positionen ein. Diese verwendeten sie jetzt dazu zu verhindern, daß alle

Erstürmung der Bastille am 14. Juli 1789

Privilegien des Adels und der Kirche beseitigt wurden. Die durch die Partei der Girondisten vertretenen Angehörigen des Industrie- und Handelsbürgertums übernahmen darum am 10. August 1792 die Macht. Sie hatten *Monge* als entschiedenen Gegner der Privilegien des Adels, der Kirche und der Monarchie kennengelernt und ernannten ihn zum Minister für Marine und Kolonien. Damit gehörte er dem Provisorischen Exekutivkomitee an und wirkte bei der Absetzung und bei der Verurteilung des Königs maßgeblich mit, gehörte also zu den Begründern der ersten französischen Republik.

Die Tätigkeit als Minister stellte aber noch nicht den Platz dar, an dem *Monge* sein Können und Wissen, seine Begeisterung und seine unermüdliche Ausdauer am besten wirksam machen konnte. Er bat darum um Entlastung von dieser Funktion. Sie wurde ihm im April 1793 gewährt, zu einer Zeit, als nach ersten Erfolgen auch auf militärischem Gebiet die junge Republik durch den Verrat eines Generals in eine militärische Krise geriet. Das Vaterland *Monges* war in Gefahr, durch die Armeen der antifranzösischen Koalition geschlagen und seiner schwer erkämpften bürgerlichen Rechte beraubt zu werden. Die Armee der Republik war klein und zudem schlecht bewaffnet.

In dieser Situation wurde *Monge* zusammen mit anderen Wissenschaftlern vom Komitee für öffentliche Wohlfahrt, das der Mathematiker *L. N. M. Carnot* leitete, beauftragt, unverzüglich Waffen und Pulver für die Armee zu schaffen. *Monge* arbeitete vor allem mit *A. Vandermonde* und dem Chemiker *C. Berthollet* zusammen. *Monge* widmete sich vorrangig der Aufgabe, Stahl für Gewehre und Bronze für Kanonen zu gewinnen und Technologien zu entwickeln, die eine schnelle und materialsparende Produktion dieser Waffen ermöglichten. Hierbei bewährte sich neben seinen gediegenen naturwissenschaftlichen Kenntnissen *Monges* Fähigkeit, seinen Enthusiasmus auf andere zu übertragen. *Monge* erarbeitete nicht nur technische Anweisungen und war Mitverfasser von Aufrufen, sondern suchte täglich die Gießereien und Werkstätten persönlich auf, um die Arbeiten anzuleiten und die Arbeiter anzuspornen. So hatte er, indem er als Wissenschaftler und als Politiker handelte, Anteil an der „levée en masse", am Volksaufbruch, der die Republik rettete.

Die mit Hilfe von Wissenschaftlern wie *Monge* erzielten militärischen und politischen Erfolge schufen ihrerseits günstige Voraussetzungen für eine schnelle Weiterentwicklung der Wissenschaften. Auch hieran war *Monge* führend beteiligt. Im Jahre 1794 erfolgte unter seiner maßgeblichen Mitwirkung und unter Anwendung der von ihm in jahrzehntelanger Lehrtätigkeit gewonnenen Erfahrungen die Gründung der Ecole Polytechnique, jener Bildungsstätte, die für das folgende Jahrhundert zum Zentrum des Forschens und Lehrens vor allem der Naturwissenschaften und der Mathematik in Frankreich werden sollte.

Mit dem Einsetzen der industriellen Entwicklung in anderen europäischen Ländern und in Nordamerika begann die Ecole Polytechnique auch außerhalb Frankreichs zu wirken. Polytechnische Schulen wurden zu Anfang des 19. Jahrhunderts nach Pariser Vorbild unter anderem in Prag, Stuttgart, Kassel, Dresden, Zürich, Wien, Lissabon, Riga, Kopenhagen gegründet. Aus ihnen entwickelte sich der moderne Typ technischer Hoch- und Fachschulen, an denen sich die Ingenieur- und technischen Wissenschaften herausbildeten. „Ein auf Grundlage der großen Industrie naturwüchsig entwickeltes Moment dieses Umwälzungsprozesses sind polytechnische und agronomische Schulen …" [12, S. 512], so charakterisiert *Karl Marx* die Stellung der polytechnischen Schulen zur industriellen Entwicklung in der Periode des beginnenden Industriezeitalters. Noch während der Jakobinerdiktatur, März 1794, war auf Weisung des Wohlfahrtsausschusses und unter persönlicher Verantwortung zweier seiner Mitglieder, des Mathematikers *L. N. M. Carnot und des Chemikers A.-F. Fourcroy*, die Kommission eingesetzt worden, die die Gründung einer „Zentralschule für öffentliche Arbeiten" in die Wege leitete. Sie sollte zunächst die technischen Offiziere für die Revolutionsarmee sowie die Fachkräfte für Fortifikationsarbeiten, Hafenbau, Küstenverteidigung, für Landstraßen-, Kanal- und Brückenbau usw. fördern. Aus der „Zentralschule" ging die „Ecole Polytechnique" hervor.

Die Zeitumstände und die Härte des politischen Kampfes veranlaßten die Kommission zu schnellem Handeln: Man wählte im Palais Bourbon ein geeignetes Gebäude aus und baute es um. Physikalische und mineralogische Sammlungen, Modellsammlungen und die Bibliothek wurden aus den ehemaligen Königlichen Sammlungen

Antoine François de Fourcroy
(1755 bis 1809)

und dem eingezogenen Vermögen der landesflüchtigen Feudalherren zusammengestellt. Das Unterrichtsmaterial aus Mézières, die Bücher, Landkarten und Reliefs, die Schnittmodelle der Steine, die physikalischen Instrumente wurden nach Paris gebracht. Insbesondere gelangte so all das von *Monge* ausgearbeitete Lehrmaterial zur Darstellenden Geometrie an die Ecole Polytechnique.

Die Kommission hatte neben der Schaffung materieller Voraussetzungen aber auch eine wirksame innere Organisation aufzurichten und der Anstalt revolutionären, republikanischen Geist einzuhauchen. Schließlich gab *Fourcroy* einen zusammenfassenden Bericht und legte den entsprechenden Gesetzesentwurf vor. Dort heißt es über den Nutzen der Wissenschaften bei der Unterstützung des militärischen Existenzkampfes der Republik: „Und welchen Nutzen doch gewährten diese für die Soldaten der Republik? Sie lehrten Waffen, Salpeter und Pulver anfertigen, aus den Glocken Kanonen gießen, Luftballons aufschicken, um die Stellung der feindlichen Heere zu rekognoszieren, Telegraphen bauen, Leder für die Soldaten in acht Tagen machen, die Truppen zweckmäßiger verproviantieren, ja man würde ganz neue Verteidigungsmittel erfinden, um die Feinde der Republik abzuwehren." [9, S. 361]

Monge war bei der Organisation der Ecole Polytechnique in vorderster Reihe tätig. Er entwickelte für dieses Modell aller späteren Technischen Hochschulen den ersten Studienplan und schlug die wissenschaftlichen Methoden zu seiner Realisierung vor. *Monge* wurde als einer der ersten zum Professor an die Ecole Polytechnique berufen. Er hielt vor allem Vorlesungen über Darstellende Geometrie und über die Theorie der Flächen und Kurven, in denen er die Grundlagen der nach ihm hauptsächlich von *C. F. Gauß* entwickelten Differentialgeometrie schuf. Zur Unterstützung seiner Lehrtätigkeit gab er 1795 für den Gebrauch an der Ecole Polytechnique die „Feuilles d'analyse appliquée à la géométrie" (Blätter der auf die Geometrie angewendeten Analysis) heraus. Aus dieser Arbeit und einer weiteren, die er zusammen mit *J. Hachette* 1805 veröffentlichte, „Application de l'algèbre à la géométrie" (Anwendung der Algebra auf die Geometrie), schuf er schließlich sein 1807 und 1809 in zwei Teilen erstmals erschienenes Werk „Application de l'analyse à la géométrie des surfaces du 1^r et 2^d degré" (Anwendung der Analysis auf die Geometrie der Flächen 1. und 2. Grades).

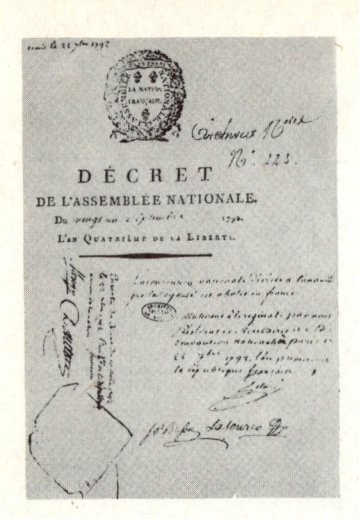

Dekret
über die Abschaffung der Monarchie
(21. September 1792)

Dieses Werk trug wesentlich dazu bei, daß nach dem Vorherrschen der Analysis in der mathematischen Forschung und Entwicklung während des 18. Jahrhunderts die Geometrie wieder an Bedeutung gewann und neue Entdeckungen und Weiterentwicklungen in der Geometrie eingeleitet wurden. Der Titel des Mongeschen Buches könnte den Anschein erwecken, als ginge es *Monge* darum, die Methoden der Analysis in der Geometrie durchzusetzen. Das ist aber nicht der Fall. *Monge* war ein ausgesprochener Geometer. Seine Betrachtungsweise und seine Beweisführung waren die der Geometrie, und er verwendete die Mittel der Analysis, um die geometrische Gedankenführung zu unterstützen, nicht aber, um sie zu ersetzen.

Einer der Schüler *Monges* an der Ecole Polytechnique, *V. Poncelet*, hat die geometrische Denkweise seines Lehrers am besten übernommen und weitergeführt. Er wurde später zum Begründer der Projektiven Geometrie, einer der bedeutendsten geometrischen Entwicklungen des 19. Jahrhunderts.

Die ebenfalls 1794 begonnenen Vorlesungen von *Monge* über Darstellende Geometrie an der Ecole Normale wurden bereits erwähnt. Es bleibt noch zu ergänzen, daß er auch diese Vorlesungen in einem Buch veröffentlichte, das 1798 zum erstenmal erschien und den Titel „Géométrie descriptive" (Darstellende Geometrie) trug. Von gewissen terminologischen Unterschieden und solchen hinsichtlich der verwendeten Symbole abgesehen enthält dieses Buch bereits alles Wesentliche, was auch heute noch zum Grundwissen auf dem Gebiete der Zweitafelprojektion gehört. Es unterscheidet sich von unseren heutigen Lehrbüchern der Darstellenden Geometrie allerdings in der Hinsicht, daß es verhältnismäßig wenig Abbildungen aufweist. Es soll darin vollkommen der Art entsprechen, in der *Monge* die Darstellende Geometrie – wie die Geometrie überhaupt – lehrte: er versuchte, bei seinen Schülern vor allem gedankliche Abbilder von den zu untersuchenden räumlichen Zusammenhängen zu erzeugen, und das soll ihm sehr gut gelungen sein. In *Monges* Buch wird nichts ausgesagt über die Theorie der Schatten und über die Perspektive, die er nach dem Zeugnis eines seiner Schüler, *B. Brisson*, während der Vorlesung auch behandelt hatte. Das geschah erst in späteren Auflagen durch Ergänzungen, die *Brisson* ausgearbeitet hatte.

Die Absichten dieses Buches wie überhaupt die Lehre der Darstellenden Geometrie

Hinrichtung Ludwigs XVI.

zielten darauf ab, unmittelbare Hilfe für die Entwicklung der Republik und des bürgerlichen Frankreichs zu leisten. ,,Dieser Unterricht ... würde in sicherster Weise zu der fortschreitenden Hebung der nationalen Industrie beitragen..." [15, S. 655]
Damit wird zugleich deutlich, daß die tiefere, die eigentliche Ursache für das Zustandekommen der Ecole Polytechnique in der Entwicklung der Produktivkräfte zu suchen ist.
Monge fühlte und empfand sich als Diener dieser durchgreifenden gesellschaftlichen Veränderungen. In einer Programmrede vom Januar 1795 über die Bedeutung der modernen mathematisch-naturwissenschaftlichen Ausbildung, insbesondere in Darstellender Geometrie, verdeutlichte er das Wesen der aufkommenden maschinenmäßigen Produktion. Allgemein seien die Ergebnisse der Naturforschung immer weiteren Kreisen bekannt zu machen, da diese für den Fortschritt der Industrie von Wichtigkeit seien und beitragen könnten, die nationale (französische) Industrie vom Ausland unabhängig zu machen. Kenntnis derjenigen Maschinen müsse vermittelt werden, welche Naturkräfte zu benutzen möglich machen oder dazu dienen können, Handarbeit zu vermindern und die Arbeitsprodukte gleichförmiger und genauer zu machen. Dazu sei also die Kenntnis der Darstellenden Geometrie, der für den Ingenieur unerläßlich notwendigen Sprache, von entscheidender Bedeutung.
Monge hielt Darstellende Geometrie für leichter lehrbar und schneller erlernbar als Analysis und Algebra. Darstellende Geometrie wird so zu einer Art mathematischem Ei des Columbus für Bau- und Befestigungswesen, Maschinenkonstruktion, Geodäsie, Malerei, Feldherrnkunst. Darum sind in dem Buch von *Monge*, der ,,Géométrie descriptive", Anwendungsbeispiele der unmittelbaren Praxis entnommen: Defilementebene bei der Fortifikation als Tangentialebene; Ein Ingenieur bereist ein Gebirgsland; Ein Feldherr, dem ein Fesselballon zur Verfügung steht, soll eine Karte des Geländes entwerfen, auf dem der Feind Aufstellung genommen hat; Anwendung der Evolventen und Evoluten in der Technik, zum Beispiel in den Hebedaumen von rotierenden Wellen, die in den Pochwerken, Stampfmühlen und Stampfbalken wirken, usw. usw.
Im Jahre 1796 erhielt *Monge* einen Brief des jungen Generals *Napoleon Bonaparte*,

Erwachen des dritten Standes (Ende des 18. Jh.)

der zu dieser Zeit die französische Armee in Italien befehligte. Dieser Brief war der Anlaß für die Übernahme weiterer Aufgaben im Dienste der Republik durch *Monge* und zugleich der Anfang einer engen persönlichen Freundschaft zwischen *Napoleon* und *Monge*. *Bonaparte* hatte unter anderem geschrieben: ,,Erlauben Sie, daß ich Ihnen für den wohlwollenden Empfang danke, den ein unbekannter und ein wenig in Ungunst stehender Artillerieoffizier vom Minister der Marine 1792 erfuhr; er hat sich die Erinnerung daran sehr genau bewahrt. Sie sehen heute diesen Offizier als General der Armee in Italien. Er ist glücklich, Ihnen eine dankbare und freundschaftliche Hand zu reichen." [17, S. 119]

Auf Empfehlung *Napoleons* wurde *Monge* noch 1796 vom Direktorium beauftragt, mit einer Kommission nach Italien zu reisen. Aufgabe dieser Kommission war es, Kunstschätze, die in Italien beschlagnahmt oder als Kriegsentschädigung eingetrieben worden waren, zu prüfen, einzuschätzen und ihre Überführung nach Frankreich zu sichern. Bei der Erfüllung dieser Aufgabe kam *Monge* erstmals mit der antiken Kultur in nähere Berührung, die ihn sehr beeindruckte. Er gewann hier auch die Überzeugung, daß die Alten bereits eine entwickelte Wissenschaft besessen haben mußten, und er hoffte, über die Kenntnis dieser Wissenschaft Antwort auf solche Fragen zu finden wie: Wie alt ist die Erde? Sind die Planeten bewohnt?

Diesem Ziele folgend beteiligte sich *Monge* gemeinsam mit anderen Wissenschaftlern 1798/99 am Feldzug *Napoleons* nach Ägypten. Dort gehörte er zu den Mitbegründern des ,,Institut d'Egypte". Dieses Institut war nach dem Vorbild des ,,Institut de France", der während der Revolution geschaffenen Vereinigung der naturwissenschaftlichen, geisteswissenschaftlichen und künstlerischen Akademien, gebildet worden und sollte zum wissenschaftlichen Zentrum der Erforschung der ägyptischen Kultur und Wissenschaft werden. Als *Napoleon* wegen der in Europa entstandenen innenpolitischen und außenpolitischen Schwierigkeiten im Herbst 1799 nach Paris zurückkehrte, begleitete ihn *Monge* und nahm seine Lehrtätigkeit an der Ecole Polytechnique wieder auf.

Während der gemeinsamen Rückkehr, die *Napoleon* mit der Absicht antrat, das Direktorium zu stürzen und die Macht an sich zu reißen, vermochte er es wahrschein-

Napoleons Flucht aus Rußland 1812

lich, in *Monge* den Gedanken zu wecken und zu festigen, daß die erneute Krise für die Republik aus der Schwäche des Direktoriums resultiere. Darum müsse es gestürzt und eine Regierung mit besonderen Vollmachten gebildet werden, an deren Spitze Männer wie *Napoleon* stehen müßten. Jedenfalls blieb *Monge* auch nach dem Staatsstreich am 18. Brumaire (9. November) 1799 *Napoleons* Vertrauter und Berater, obwohl dieser mit der Errichtung der Militärdiktatur, zunächst als Erster Konsul, später (1804) als Kaiser, die Ideale der Demokratie verriet, die *Monge* als eine der größten Errungenschaften der Revolution begrüßt hatte. Es gelang *Napoleon* immerhin, die Angriffe der Royalisten im Innern und der Koalition an den Grenzen zurückzuweisen und damit zu verhindern, daß die *Monge* verhaßten Zustände wiederhergestellt wurden.

Die Wandlung *Napoleons* zum Diktator und Kaiser hatte die Zöglinge und ein Teil des Lehrkörpers der republikanisch gesinnten Ecole Polytechnique nur widerstrebend mitgemacht. Als der zum Kaiser gewordene *Napoleon* einmal *Monge* ansprach: „Nun, Monge, Ihre Schüler machen fast sämtlich Rebellion gegen mich, sie erklären sich entschieden zu meinen Gegnern", antwortete *Monge*: „Sire, es hat uns genug Mühe gekostet, sie zu Republikanern zu machen...". [8, S. 412]

Monge hat *Napoleon* zwar bei vielen Einzelentscheidungen widersprochen und bestimmte Maßnahmen, die die Masse des Volkes zugunsten der Großbourgeoisie benachteiligten, mißbilligt, aber *Napoleons* Politik im großen hat er stets unterstützt. *Napoleon* hat *Monge* darum auch mit zahlreichen Ehrungen bedacht. Zum Beispiel ernannte er ihn zum Senator, machte ihn zum Grafen und verlieh ihm den Orden der Ehrenlegion.

Auf *Monges* wissenschaftliche Arbeit und seine Lehrtätigkeit an der Ecole Polytechnique, der er sich bis 1809 hauptsächlich widmete, hat sich die von *Napoleon* erfahrene Bevorzugung nicht nachteilig ausgewirkt. Er blieb weiterhin der leidenschaftliche Forscher und Lehrer und der Vertraute seiner Schüler. Er förderte diejenigen unter ihnen, deren Fähigkeiten und deren Hingabe an die Wissenschaft er erkannt hatte, wenn es notwendig war, auch in materieller Hinsicht auf seine Kosten.

Seine eigenen wissenschaftlichen Erkenntnisse trug er meist unmittelbar seinen Schü-

Schmiede im 18. Jh.

lern vor und ließ sie so Anteil nehmen am Fortschreiten der Wissenschaft. Davon zeugt auch, daß seine bedeutendsten Veröffentlichungen aus Vorlesungen hervorgegangen sind. *Monge* erwies sich damit in seinem Handeln als Humanist und Demokrat, für den Menschlichkeit und Menschenwürde bedeuten: Alle Menschen besitzen von Geburt an die gleichen Rechte, und zu diesen Grundrechten gehört vor allem auch das auf ungehinderte Entwicklung ihrer geistigen und körperlichen Fähigkeiten. Eine der vornehmsten Aufgaben der Gesellschaft ist es, die Wissenschaften zu fördern und die Ergebnisse wissenschaftlicher Arbeit möglichst vielen Bürgern, aber vor allem denjenigen zuteil werden zu lassen, die die besten Voraussetzungen für ihre Weiterentwicklung zum Wohle der gesamten Menschheit besitzen.

Diese *Monge* auszeichnende und ehrende Haltung ist sicherlich der entscheidende Grund dafür gewesen, daß die Bourbonen und ihre Günstlinge ihn im Gegensatz zu anderen Wissenschaftlern, die wie er *Napoleon* nahe gestanden hatten und von ihm geehrt wurden, besonders hart bestraften. *Berthollet* und *Laplace* zum Beispiel, auch Grafen von *Napoleons* Gnaden, verloren ihre Ämter und Lehrstühle nicht, sondern wurden sogar Pairs von Frankreich. *Monge* dagegen wurde 1816, nach der Restauration, der Wiedereinsetzung der Bourbonenkönige, aus der Ecole Polytechnique und aus der Akademie ausgeschlossen. Vereinsamt, verarmt und seelisch gebrochen verstarb er am 28. August 1818.

Die Schüler der Ecole Polytechnique hatten ihn als einen der bedeutendsten und geachtetsten Lehrer ihrer Schule jedoch nicht vergessen. Zwar wurde es ihnen verboten, an seiner Beerdigung teilzunehmen, aber am Tage darauf legten sie geschlossen einen Kranz an seinem Grabe nieder.

Lebensdaten zu Gaspard Monge

1746	10. Mai, *Gaspard Monge* in Beaune geboren
1762	Physiklehrer in Lyon
1768	Professor für Mathematik an der Militärschule Mézières
	Ausarbeitung der Grundlagen der Darstellenden Geometrie

1771	Professor für Physik in Mézières
1780	Professor für Hydrodynamik in Paris
	Mitglied der Akademie der Wissenschaften
1783	Examinator der Marineschüler
1788	Erscheinen des ,,Traité élémentaire de statique"
1792/93	Minister für Marine und Kolonien
1793	Verantwortlich für die verstärkte Herstellung von Gewehren und Kanonen und Schießpulver zum Schutze der Republik (,,levée en masse")
1794	Mitbegründer der Ecole Polytechnique
	Professor an der Ecole Polytechnique und an der Ecole Normale
	Vorlesungen zur Theorie der Flächen und Kurven und zur Darstellenden Geometrie
1796/97	Aufenthalt in Italien
1798/99	Teilnahme an *Napoleon Bonapartes* Ägypten-Expedition
1798	Erscheinen der ,,Géométrie descriptive"
1807 und 1809	Erscheinen der ,,Application de l'analyse à la géométrie"
1816	*Monge* wird aller Ämter und Würden enthoben
1818	18. August, *Monge* in Paris gestorben

Literaturverzeichnis zu Gaspard Monge

[1] *Monge, Gaspard:* Traité élémentaire de statique. Paris 1788.
[2] *Monge, G./Berthollet, C./Vandermonde, A.:* Description de l'art de fabriquer les canons. Paris 1793.
[3] *Monge, G./Berthollet, C./Vandermonde, A.:* Avis aux ouvriers en fer sur la fabrication de l'acier. Paris 1793.
[4] *Monge, G.:* Feuilles d'analyse appliquée à la géométrie. Paris 1795.
[5] *Monge, G.:* Application de l'analyse à la géométrie des surfaces du 1^r et 2^d degré. Paris 1807 bis 1809.
[6] *Monge, G.:* Géométrie descriptive. Leçons données aux Ecoles normales. Paris 1798. 5e edition, augmentée d'une théorie des ombres et de la perspective, extraite des papiers de l'auteur, par M. Brisson, Paris 1827.

[7] *Dupin, C.:* Essai historique sur les services et les travaux scientifiques de Gaspard Monge. Paris 1819.
[8] *Arago, F.:* Sämtliche Werke, Bd. II. Leipzig 1854.
[9] *Jacobi, C. G. J.:* Werke, Bd. 7. Berlin 1881 bis 1891.
[10] *Monge, G.:* Darstellende Geometrie. Ostwalds Klassiker der exakten Wissenschaften, Nr. 117, Leipzig 1900.
[11] *Taton, R.:* L'œuvre scientifique de Monge. Paris 1951.
[12] *Marx, K./F. Engels:* Werke, Band 23. Berlin 1962.
[13] *Durtain, L.:* Les grandes figures de la science française. Paris 1952.
[14] *Aubry, P.:* Monge, le savant ami de Napoléon Bonaparte. Paris 1954.
[15] *Wussing, H.:* Die Ecole Polytechnique – eine Errungenschaft der Französischen Revolution. In: Pädagogik, 13. Jg. (1958), Heft 9, S. 646 bis 662.
[16] *Bell, E. T.:* Die großen Mathematiker. Düsseldorf 1967, S. 187 bis 207.

Pierre Simon Laplace (1749 bis 1827)

Obgleich nach Lebensjahren schon zu einem guten Teil dem 19. Jahrhundert angehörend, war *Pierre Simon Laplace* den Gepflogenheiten seines Lebens und Wirkens entsprechend eher ein Gelehrter des 18. Jahrhunderts.
Das wissenschaftliche Leben jener Zeit konzentrierte sich an einigen großen Akademien, in gelehrten Gesellschaften und den Salons der Aristokratie. Demgegenüber stand die Lehr- und Forschungstätigkeit an den Universitäten noch im Hintergrund. Die großen Naturforscher jenes Jahrhunderts, zu denen zweifellos auch *Laplace* zu zählen ist, besaßen über ihre Fachdisziplinen hinaus zumeist universelle Bildung, die es ihnen erlaubte, auf verschiedensten Gebieten des menschlichen Wissens schöpferisch tätig zu sein und wissenschaftliche Werke von bedeutender Tiefe, Vollendung und Schönheit zu schaffen. Stellvertretend für viele sei hier die „Mécanique céleste" (Himmelsmechanik) von *Laplace* genannt.
Die Mathematiker – im Sprachgebrauch des 18. Jahrhunderts durchweg Geometer genannt – widmeten sich in der Hauptsache dem Ausbau der Infinitesimalrechnung,

Pierre Simon Laplace

die in der zweiten Hälfte des 17. Jahrhunderts in England und Deutschland entstanden war, und ihrer Anwendung in Mechanik und Astronomie. Man suchte die Grundprinzipien der Mechanik zu verallgemeinern und mit der neuen Mathematik vornehmlich in der Gestalt, die ihr *Leibniz* gab, zu verknüpfen. Die Resultate dieser Bestrebungen erwiesen sich als außerordentlich fruchtbar für die physikalisch-mathematischen Forschungen kommender Generationen.
Voltaire hatte die Newtonsche Mechanik, die er während seines Englandaufenthaltes kennengelernt hatte, nach Frankreich gebracht. Die führenden Vertreter der geistigen Bewegung jener Zeit erhoben die neuen naturwissenschaftlichen Auffassungen *Newtons* zum wissenschaftlichen, materialistisch orientierten Weltbild des 18. Jahrhunderts. Sie arbeiteten gleichzeitig an der Beseitigung der feudalen Gesellschaftsordnung und für die Überwindung der diese Ordnung stützenden Ideologie. So entstand die Aufgabe, das von *Newton* geprägte wissenschaftliche Weltbild zu erweitern, um die daraus ableitbare geistige Haltung mit den vor allem in der zweiten Hälfte des Jahrhunderts eintretenden, revolutionierenden politischen und ökonomischen Verhältnissen in Übereinstimmung zu bringen. Die Strömungen der Aufklärung, in denen Mathematik und Naturwissenschaften dank der Möglichkeiten, die sie für eine natürliche Erklärung der Welt boten, eine große Rolle spielten, erfaßten mehr und mehr ganz Europa.
Die wissenschaftlichen Leistungen von *Pierre Simon Laplace* sind, in diesem Licht gesehen, wesentlicher Bestandteil der französischen Aufklärung.
Pierre Simon Laplace wurde am 28. März 1749 in Beaumont-en-Auge in der Normandie geboren. Die Biographen geben unterschiedliche Auskünfte über seine soziale Herkunft; jedoch scheint soviel sicher, daß sein Vater – ebenso wie seine Vorfahren – Landwirtschaft betrieb und nebenbei noch mit Apfelwein handelte. Ab 1755 besuchte *Laplace* eine von den Benediktinern geführte Schule. Mit sechzehn Jahren trat er in das Jesuiten-Kolleg zu Cáen ein, um nach humanistischen Studien einen geistlichen Beruf zu ergreifen. Dort begegnete er zwei offenbar geschickten Mathematiklehrern, die das Interesse des begabten Schülers für ihr Fachgebiet weckten, so daß *Laplace* infolge rascher Fortschritte alsbald weniger ihr Schüler als vielmehr

Die Teilung der Welt, 1813

ihr Freund gewesen sein soll und rasch den Weg fand, der für ihn so erfolgreich werden sollte. Mit einem Empfehlungsbrief an *d'Alembert* schickten sie ihn schließlich 1768 nach Paris. Vermutlich schlechte Erfahrungen mit derartigen Empfehlungen veranlaßten *d'Alembert*, zunächst auch *Laplace* abzuweisen, bis sich dieser mit einer eigenen, die Prinzipien der Mechanik betreffenden Arbeit selbst die Anerkennung *d'Alemberts* errang und ein Lehramt für Mathematik an der Militär-Akademie in Paris erhielt. Von 1784 bis 1785 zählte dort unter anderen auch *Napoleon I.* zu seinen Schülern.

Die nun folgenden Jahre der Vorbereitung der bürgerlichen Revolution zählen zu den stürmischsten der französischen Geschichte, doch ist nicht bekannt, daß *Laplace* während dieser Zeit irgendwelche politischen Interessen verfolgt hat. Bereits 1773 wurde er bezahltes Mitglied der Pariser Akademie und hatte somit eine relativ sichere Stellung erworben. Aus der 1788 mit *Marie-Charlotte de Courty de Romagnes* geschlossenen Ehe gingen zwei Kinder, ein Mädchen und ein Junge, hervor. Auch während der Revolutionsjahre selbst scheint sich *Laplace* nicht politisch engagiert zu haben. Vermutlich hat er sich mit seiner jungen Familie aus Paris zurückgezogen und wissenschaftlichen Arbeiten gewidmet. Während des Direktoriums zeigte *Laplace* lebhafte Teilnahme an der Reorganisation des Systems der höheren Bildung in Frankreich.

Als 1794 die Ecole Polytechnique als erste technische Hochschule von der jakobinischen Regierung entsprechend den neuen, veränderten Klassenverhältnissen ins Leben gerufen wurde, übertrug man *Laplace* eine Professur für Mathematik, nachdem er sich bereits an der Planung der mathematischen Lehrveranstaltungen beteiligt hatte. Gleichzeitig war er Vorsitzender der Kommission für Maße und Gewichte und hatte damit wesentlichen Anteil an der Einführung des einheitlichen dezimalen Maß- und Gewichtssystems, das eine wichtige Voraussetzung für die rasche Entwicklung der Technik, des Handels und der Industrie darstellte und eine fruchtbare Vereinheitlichung zwischen wissenschaftlichen, ökonomischen und politischen Bestrebungen der aufsteigenden Klasse brachte.

Mit dieser Tätigkeit stellte sich *Laplace* unzweideutig auf die Seite der Revolution.

Jean Baptiste le Rond d'Alembert
(1717 bis 1783)

In der Folgezeit wechselte er dann erstaunlich rasch und oft seine politische Meinung. Binnen kurzem verwandelte er sich von einem tätigen Republikaner zu einem enthusiastischen Royalisten. Unter dem Konsulat wurde er 1799 von *Napoleon* zum Minister des Innern ernannt. Jedoch konnte er dieses Amt nur sechs Wochen ausüben, da sich zeigte, daß *Laplace* für diese Aufgabe unfähig, ,,den Geist des unendlichen Kleinen bis in die Verwaltung hineingetragen" habe. *Napoleon* enthob ihn seines Postens und berief ihn statt dessen in den Senat. Die unverminderte Verehrung für *Napoleon* brachte *Laplace* durch Widmung bedeutender Arbeiten zum Ausdruck, wofür ihn *Napoleon* seinerseits mit ehrenden Ernennungen belohnte. Nach der Machtergreifung des Bourbonen *Ludwig XVIII*. beeilte sich *Laplace*, diesem seine Dienste anzubieten. Dafür wurde er zum Marquis und Pair von Frankreich ernannt. Aus den unverkauften Exemplaren seiner *Napoleon* dargebrachten Werke ließ *Laplace* die Widmungen entfernen.
Diese politische Charakterlosigkeit ist von seinen Zeitgenossen und Landsleuten scharf verurteilt worden. Vielleicht glaubte *Laplace*, sich nur durch dieses prinzipienlose politische Taktieren die Möglichkeit ungestörter wissenschaftlicher Arbeit sichern zu können.
Am 5. März 1827 vollendete sich das Leben des großen Gelehrten *P. S. Laplace*. *Alexander von Humboldt* wohnte seinem Begräbnis auf dem Friedhof Père Lachaise in Paris bei.
Die ersten wissenschaftlichen Publikationen von *Laplace* erschienen zwischen 1766 und 1769 in den ,,Miscellanea Taurinensia" der Turiner Akademie, wobei es sich vermutlich um Abhandlungen handelte, die er bei der Akademie in Paris in größerer Zahl eingereicht, doch zurückerhalten hatte. Inhaltlich betrafen diese Arbeiten Probleme der Wahrscheinlichkeitsrechnung, die *Laplace* 1774 zusammengefaßt in seiner ersten Akademie-Veröffentlichung vorlegte. Dem gleichen Themenkomplex widmete *Laplace* in den folgenden Jahren eine ganze Reihe von Arbeiten, in denen er an die *Bernoulli*s, an *A. de Moivre*, *Th. Bayes* und insbesondere an *d'Alembert* anknüpfte, der ihn mit seiner Kritik an den Grundlagen der Wahrscheinlichkeitsrechnung möglicherweise überhaupt auf dieses Gebiet führte. Es war *Laplace'* großes Verdienst,

Denis Diderot
(1713 bis 1784)

die Wahrscheinlichkeitsrechnung um wichtige analytische Hilfsmittel wie die Theorie der erzeugenden Funktionen und die Methode der rekurrenten Reihen bereichert zu haben, wenngleich heute modernere Wege zur Verfügung stehen.

Als im Jahre 1812 die „Théorie analytique des probabilités" (Analytische Theorie der Wahrscheinlichkeiten) erschien, lag eine geschlossene Darstellung des gesamten damals bekannten Wissens um die Probleme der Wahrscheinlichkeit vor. Das Werk enthält eine ausführliche Darstellung der Theorie der Glücksspiele und der geometrischen Wahrscheinlichkeiten, das von *Jakob Bernoulli* entdeckte Gesetz der großen Zahlen, die auf *A. M. Legendre* und *C. F. Gauß* zurückgehende Methode der kleinsten Quadrate, die von *Laplace* selbst eingeführte, sogenannte Laplace-Transformation und andere wertvolle Resultate.

Die wesentlichsten Gedanken dieses Buches hat er in dem jeden Formelapparat vermeidenden „Essai philosophique sur les probabilités" (Philosophische Abhandlung über die Wahrscheinlichkeiten), einer nach seinen eigenen Worten „populärwissenschaftlichen Abhandlung", niedergelegt. Die Bedeutung dieses Bändchens beruht nicht zuletzt darauf, daß *Laplace* hier mit klaren Formulierungen das Grundprinzip des klassischen mechanischen Determinismus festlegt, der vieldiskutiert zu bestimmendem Einfluß gelangen sollte. Der mechanische Determinismus besagt, daß ausnahmslos alles Geschehen objektiv vorherbestimmt ist und daß die exakte Kenntnis der Anfangs- und Randbedingungen den Zustand des gegebenen Systems zu jedem beliebigen früheren oder späteren Zeitpunkt zu berechnen gestattet.

Laplace schrieb: „Eine Intelligenz, welche für einen gegebenen Augenblick alle in der Natur wirkenden Kräfte sowie die gegenseitige Lage der sie zusammensetzenden Elemente kennte, und überdies umfassend genug wäre, um diese gegebenen Größen der Analysis zu unterwerfen, würde in derselben Formel die Bewegungen der größten Weltkörper wie des leichtesten Atoms umschließen; nichts würde ihr ungewiß sein und Zukunft wie Vergangenheit würden ihr offen vor Augen liegen." [3, S. 1 f.]

Ein dieser Art angenommenes intelligentes Wesen ist oft als „Laplacescher Dämon" bezeichnet worden. Der Zufall lag also für *Laplace* im Unvermögen des menschlichen Geistes begründet, die Kompliziertheit vieler Vorgänge zu entwirren.

Napoleon I. Bonaparte
(1769 bis 1821)

Die berühmte klassische Definition der Wahrscheinlichkeit, nach der die gesuchte „Wahrscheinlichkeit eines Ereignisses durch Zurückführung aller Ereignisse derselben Art auf eine gewisse Anzahl gleichmöglicher Fälle, d. h. solcher, über deren Existenz wir in gleicher Weise unschlüssig sind und durch Bestimmung der dem Ereignis günstigen Fälle" [3, S. 4] gefunden wird, ist ebenfalls in dem „Essai philosophique" enthalten und wurde für fast ein Jahrhundert lang die Grundlage der Wahrscheinlichkeitstheorie und ihrer Anwendungen auf natur- und gesellschaftswissenschaftliche Probleme. Schon *Laplace* machte von seinen wahrscheinlichkeitstheoretischen Methoden vielfach Gebrauch.

Der Versuch einer Anwendung der Wahrscheinlichkeitsrechnung auf Zeugenaussagen und Gerichtsurteile widerspiegelt in eigentümlicher Weise die Ideale des aufstrebenden Bürgertums in der Epoche der Vorbereitung und Durchführung der französischen Revolution, die unter der Losung „Freiheit, Gleichheit, Brüderlichkeit" die Gleichheit aller Menschen vor dem Gesetz forderte und deshalb Möglichkeiten einer objektiven Urteilsfindung suchte. Jedoch mußten solche Bestrebungen am Klassencharakter der Justiz scheitern und waren Ausdruck utopischer Vorstellungen über das Wesen des bürgerlichen Staates, die *Laplace* und andere Gelehrte seiner Zeit besaßen.

Laplace' Anwendung der Wahrscheinlichkeitsrechnung auf naturwissenschaftliche Fragestellungen wie die Auswertung astronomischen Beobachtungsmaterials erwies sich als weitaus fruchtbarer.

Aus jahrzehntelangem Studium astronomischer Einzelprobleme, das 1773 mit einer ersten Veröffentlichung begann, entstand *Laplace*' bedeutendstes Werk, die „Mécanique céleste" (Himmelsmechanik), die in fünf Bänden zwischen 1799 und 1825 erschien. Dieses Werk ist von materialistischer Position aus geschrieben. Auf die Frage *Napoleons*, weshalb er darin Gott nicht einmal erwähne, soll *Laplace* geantwortet haben: „Je n'avais pas besoin de cette hypothèse" (Ich bedurfte dieser Hypothese nicht). Die „Mécanique céleste" stellt eine großartige Zusammenfassung verschiedenster, teils von *Laplace* selbst, teils von seinen Vorgängern *I. Newton, A. C. Clairaut, d'Alembert, L. Euler, J.-L. Lagrange* und anderen gefundener astronomischer Gesetzmäßigkeiten dar, die aus dem einheitlichen Prinzip der allgemeinen

Immanuel Kant
(1724 bis 1804)

Gravitation abgeleitet und erklärt werden. Hatte noch *Newton* geglaubt, daß Gott von Zeit zu Zeit ordnend in das Planetensystem eingreifen müsse, so bewies *Laplace* mathematisch die Stabilität unseres Sonnensystems und zeigte, daß es kleine periodische Schwankungen um einen bestimmten mittleren Zustand ausführt. Er unternahm es, aus dem Newtonschen Gravitationsgesetz die Wirkungen der Anziehungskräfte der Planeten untereinander, der sogenannten Pertubationen, zu berechnen. Ferner beschäftigte sich *Laplace* mit den Erscheinungen von Ebbe und Flut, mit der Rotation des Saturnringes, mit der Libration des Mondes und versuchte, eine Erklärung des Zodiakallichtes als einer sehr dünnen Nebelmasse zu geben.

Im Rahmen dieses gewaltigen Programms beschäftigte sich *Laplace* auch mit einer Reihe von wichtigen mathematischen Fragen. In der ,,Mécanique céleste" findet man Untersuchungen über Kugelfunktionen, über konfokale Flächen zweiter Ordnung, die Behandlung der bereits von *Euler* 1752 aufgestellten ,,Laplace-Gleichung" $\triangle v = 0$ und im Anschluß daran zur Potentialtheorie, die in der Folgezeit für die theoretische Physik ungeahnte Bedeutung erlangte. Darüber hinaus wird die Theorie der partiellen Differentialgleichungen um wichtige Ergebnisse bereichert.

Ebenso wie der ,,Wahrscheinlichkeitstheorie" stellte *Laplace* 1796 auch seinem astronomischen Hauptwerk eine leichter lesbare, ausführliche Zusammenfassung zur Seite, die ,,Exposition du système du monde" (Darstellung des Weltsystems). Diese Arbeit enthält unter anderem die berühmte Laplacesche Nebularhypothese. Auch der deutsche Philosoph *I. Kant* hatte in seiner ,,Allgemeinen Naturgeschichte und Theorie des Himmels" von 1755 eine geniale, naturwissenschaftlich-materialistisch begründete Hypothese von Entstehung der Himmelskörper ausgesprochen. Beide Hypothesen werden nicht selten als Kant-Laplace-Hypothese zusammengefaßt, unterscheiden sich aber von ihrem physikalischen Ausgangspunkt her wesentlich voneinander.

Nach *Laplace* bildete die Sonne den zentralen Kern eines an Größe alle Vorstellungen übertreffenden Nebels von sehr hoher Temperatur, der sich in Rotationsbewegung befand. Infolge von Abkühlung und des Wirkens der Zentrifugalkraft wurden von dieser Nebelmasse Ringe abgespalten, die von Zeit zu Zeit barsten. Bruchstücke der

Ringe führten ebenfalls Rotationsbewegungen aus und nahmen schließlich sphäroide Gestalt an. Auf diese Weise entstanden die Planeten und Monde. Wenngleich *Laplace'* Hypothese sehr bald kritischen Einwänden ausgesetzt war, beruhte ihre Bedeutung am Ende des 18. Jahrhunderts darin, daß sie die Welt, ihre Entdeckung und Entwicklung materialistisch aus allgemeinen physikalischen Gesetzmäßigkeiten erklärte (dies gilt auch für *Kant*) und auf jede göttliche Mithilfe oder Einwirkung von vornherein verzichtete. Damit erhielt die materialistisch-atheistische geistige Strömung jener Zeit von naturwissenschaftlicher Seite eine feste Stütze, und in diesem Sinne nimmt *Laplace'* „Exposition du système du monde" einen zentralen Platz im Rahmen der französischen Aufklärung und der weiteren Geschichte des materialistischen Denkens ein.

Im Gegensatz zu dem Mathematiker *Lagrange* war *Laplace* in weit höherem Maße Physiker, für den die Mathematik oft Mittel zum Zweck war. Zwar stellt die „Mécanique céleste" der äußeren Form nach ein mathematisches Werk dar, doch beinhaltet es im Grunde naturwissenschaftliche Fragestellungen, wobei *Laplace* meist mit einem flüchtigen „wie man leicht sieht" den oft äußerst schwierigen mathematischen Weg, auf dem er seine Resultate fand, als für ihn wenig interessant unterdrückte. Sein Ziel bestand darin, jede Naturerscheinung mit den strengen Regeln der Analysis erklärbar zu machen.

Laplace wandte sich verschiedenen physikalischen Gebieten zu. Vom Standpunkt einer materialistisch betriebenen Naturforschung gründete *Laplace* seine Kapillartheorie für Flüssigkeiten auf die Annahme, daß eine Flüssigkeit aus kleinsten Teilchen besteht, die sich gegenseitig auf Grund von Molekularkräften anziehen. Auch das Licht dachte sich *Laplace* ebenso wie *Newton* aus kleinsten materiellen Teilchen zusammengesetzt.

In den Jahren 1779 bis 1784 beschäftigte sich *Laplace* gemeinsam mit *A. L. Lavoisier* mit verschiedenen Problemen der Wärmelehre. 1809 wandte sich *Laplace* der Akustik zu und konnte im Ergebnis seiner Untersuchungen eine Formel für die Ausbreitungsgeschwindigkeit des Schalles in Luft angeben. Ferner gelang es ihm, die barometrische Höhenformel zu verbessern.

Einzug Napoleons in Berlin am 27. Oktober 1806

Man hat *Laplace* den Vorwurf nicht ersparen können, daß er oft Resultate seiner Vorgänger und Zeitgenossen ohne Quellenangabe in seine eigenen Werke aufnahm, wodurch er sich der Aneignung fremden geistigen Eigentums schuldig machte. Dieser makelbehaftete Charakterzug ist weder zu erklären noch zu rechtfertigen. Er hatte es nicht nötig, Fremdes für Eigenes auszugeben, und übertraf viele, von denen er nahm, an Reichtum und Tiefe der Gedanken und an der Wendigkeit in der Handhabung des mathematischen Apparates. *Laplace* besaß den Blick für weitreichende Zusammenhänge, denen er sein ganzes Können und alle seine Fähigkeiten widmete. Seine weitgreifenden Ergebnisse trugen wesentlich bei zur Ausbreitung der materialistisch orientierten Naturwissenschaften und bewirkten zugleich eine Stärkung der materialistischen Philosophie.

Lebensdaten zu Pierre Simon Laplace

1749	28. März, *P. S. Laplace* in Beaumont-en-Auge geboren
1755	Beginn des Schulbesuches
1765	Eintritt in ein Jesuiten-Kolleg zu Cáen
1768	Übersiedelung nach Paris
1771	Lehrer an der Militärakademie in Paris
1773	Mitglied der Pariser Akademie
1789 bis 1794	Große Französische Revolution
1794	Gründung der Ecole Polytechnique
	Berufung von *Laplace* zum Professor für Mathematik
	Laplace Vorsitzender der Kommission für Maße und Gewichte
1796	Erscheinen der zweibändigen „Exposition du système du monde"
1799 bis 1804	Militärdiktatur *Napoleons I.* (Konsulat)
1799 bis 1825	Veröffentlichung der fünf Bände der „Mécanique céleste"
1799	*Laplace* Minister des Innern, dann Senator
1804 bis 1815	Kaiserreich von *Napoleon I.*
1812	Erscheinen der „Théorie analytique des probabilités"
1814	Erscheinen des „Essai philosophique sur les probabilités"

Rückzug der „Großen Armee" aus Rußland

1814 bis 1824   Restauration der Bourbonen
Ernennung von *Laplace* zum Marquis und Pair von Frankreich
1827   5. März, *Laplace* in Paris gestorben

Literaturverzeichnis zu Pierre Simon Laplace

[1] *Laplace, Pierre Simon:* Œuvres, 7 Bände. Paris 1843 bis 1847.
[2] *Laplace, P. S.:* Œuvres, 14 Bände. 2. Auflage, Paris 1878 bis 1912.
[3] *Laplace, P. S.:* Philosophischer Versuch über die Wahrscheinlichkeit (1814). Ed. deutsch R. von Mises, Ostwalds Klassiker der exakten Wissenschaften, Nr. 233, Leipzig 1932.
[4] *Laplace, P. S./A. L. Lavoisier:* Zwei Abhandlungen über die Wärme (1780 und 1784). Ed. deutsch J. Rosenthal, Ostwalds Klassiker der exakten Wissenschaften, Nr. 40, Leipzig 1892.
[5] *Andoyer, H.:* P. S. Laplace. Paris 1922.
[6] *Woronzow-Weljaminow, W. A.:* Laplace. Moskau 1937.
[7] *David, F. N.:* Some Notes on Laplace. In: Bernoulli, Bayes, Laplace, Statistical Laboratory University of California, Berkeley 1963.
[8] *Whittacker, E.:* Laplace. Math. Gazette 33 (1949), S. 1 bis 12.

6 Die Mathematik des 19. Jahrhunderts

Überblick

In den rund 12 bis 13 Jahrzehnten von der Entfaltung der industriellen Revolution in den westeuropäischen Ländern bis zum Ausgang des 19. Jahrhunderts entwickelten sich die Produktivkräfte in einem bis dahin noch nicht gekannten Tempo. Schon um die Mitte dieser Periode, im Revolutionsjahr 1848, urteilten *Karl Marx* und *Friedrich Engels:* „Die Bourgeoisie hat in ihrer kaum hundertjährigen Klassenherrschaft massenhaftere und kolossalere Produktionskräfte geschaffen als alle vorangegangenen Generationen zusammen. Unterjochung der Naturkräfte, Maschinerie, Anwendung der Chemie auf Industrie und Ackerbau, Dampfschiffahrt, Eisenbahnen, elektrische Telegraphen, Urbarmachung ganzer Weltteile, Schiffbarmachung der Flüsse, ganze aus dem Boden hervorgestampfte Bevölkerungen – welch früheres Jahrhundert ahnte, daß solche Produktionskräfte im Schoß der gesellschaftlichen Arbeit schlummerten." [3, S. 467]

Am Ende der 50er Jahre beschrieb *Marx* den Charakter der Wissenschaft als einer sich entwickelnden unmittelbaren Produktivkraft; am Ende des Jahrhunderts trat dieser Charakter deutlich sichtbar hervor, und die Großindustrie bemächtigte sich der Naturwissenschaft als eines Mittels, die Produktion auf wissenschaftliche Grundlagen zu stellen und dadurch die Betriebe wesentlich rentabler zu machen.

Auch die Mathematik nahm im 19. Jahrhundert einen beispiellosen Aufschwung. Sie erhielt in Wechselwirkung mit der gesellschaftlichen Entwicklung nach Methode und Inhalt einen gänzlich neuen Charakter. Die gesellschaftliche Stellung der Mathematik, ihre Ausbildungsformen, das Berufsbild des Mathematikers – all das erfuhr durchgreifende Änderungen.

Die Gründung der Ecole Polytechnique in Paris (1794) während der Großen Französischen Revolution setzte gleich zu Anfang dieser Periode neue Maßstäbe für die Ausbildung des mathematisch-naturwissenschaftlichen Nachwuchses unter den neuen gesellschaftlichen Bedingungen der sich rasch entwickelnden industriellen Produktion. Die Pariser Polytechnische Schule erwies sich für die französische Bourgeoisie als außerordentlich wirksam für die Bereitstellung der dringend benötigten

Kampf in der Breiten Straße in Berlin

Militär- und Zivilingenieure während der napoleonischen Kriege und der industriellen Revolution.

Die Pariser Polytechnische Schule wuchs bald über ihre nationale Zielstellung hinaus. In den ersten vier Jahrzehnten ihres Bestehens galt sie mit Recht als das führende Forschungs- und Lehrzentrum der Erde für Mathematik und Naturwissenschaften. Eines der ,,Geheimnisse" ihres Erfolges bestand in der durch G. *Monge* und *J. L. Lagrange* geprägten Orientierung auf die fortgeschrittenste Mathematik und Naturwissenschaft dieser Zeit. An der Ecole Polytechnique wirkten unter anderem *G. Monge, J. L. Lagrange, P. S. Laplace, S. D. Poisson, A. L. Cauchy, L. Poinsot, J. V. Poncelet, A. M. Ampère, L. J. Gay-Lussac, E. L. Malus, A. Fresnel, P. L. Dulong, A. Petit, J. B. Dumas, C. Berthollet, L. N. Vauquelin, J. Thenard* – alles klangvolle Namen. Die Leistungen dieser Männer nehmen einen hervorragenden Platz in der Geschichte der Mathematik, Physik und Chemie ein.

Die Pariser Polytechnische Schule machte Schule. Hand in Hand mit der Ausbreitung der industriellen Revolution wurden in fast allen ökonomisch fortgeschrittenen europäischen Staaten und in den USA polytechnische Schulen eingerichtet, in Wien, Prag, Karlsruhe, München, Dresden, Stuttgart, Hannover, Kassel, Zürich, Lissabon, Kopenhagen, Riga und anderswo. ,,Ein auf Grundlage der großen Industrie naturwüchsig entwickeltes Moment dieses Umwälzungsprozesses (der industriellen Revolution) sind polytechnische und agronomische Schulen..." [2, S. 512], so schreibt *Marx* im ,,Kapital".

Die Darstellende Geometrie spielte insbesondere in den ersten Jahrzehnten des 19. Jahrhunderts durch die Initiative von *Monge* an der Pariser Polytechnischen Schule eine führende Rolle und breitete sich, da das Pariser Vorbild ausstrahlte, alsbald über ganz Europa aus. Prag und Wien wurden zu bedeutenden Pflegestätten der Darstellenden Geometrie. Insgesamt aber wurde dieses Fach in zunehmendem Maße auf die unmittelbaren Bedürfnisse des Lehrbetriebes für die Ingenieurausbildung zugeschnitten; es entwickelte sich das technische Zeichnen als spezifisch ingenieurwissenschaftliches Lehrfach.

In ähnlicher Weise wurden von der Mitte des Jahrhunderts an auch die anderen

Friedrich Engels an den Barrikaden in Elberfeld (1849)

mathematischen Fächer und die naturwissenschaftlichen Disziplinen (Mechanik, Hydraulik, Optik, Chemie, Mineralogie) stärker auf die Praxis der zukünftigen Ingenieure zugeschnitten; auf diese Weise entstanden, in Wechselwirkung mit dem raschen Fortschritt der Technik, ingenieurwissenschaftliche Disziplinen und die technischen Wissenschaften. Mathematik spielte aber weiterhin eine wichtige Rolle. Der ursprüngliche Typ der polytechnischen Schule gestaltete sich damit auch von der Stoffvermittlung her um. Aus vielen polytechnischen Schulen gingen um die Mitte des 19. Jahrhunderts technische Fach- und Hochschulen hervor, die einen neuen Typ wissenschaftlicher Ausbildung repräsentierten.
Auch in den Universitäten traten um die Mitte des Jahrhunderts Naturwissenschaft und Mathematik immer stärker auf den Plan; zudem wurden die zahlreichen Universitätsgründungen von vornherein unter Betonung der Naturwissenschaften und der Mathematik konzipiert. Gerade die Einheit von Lehre und Forschung, wie sie vorzugsweise an den deutschen Universitäten vom Lehrkörper gefordert wurde, wirkte sich unter den damaligen Bedingungen außerordentlich günstig aus und trug, neben dem wirtschaftlichen Aufschwung nach 1871, viel dazu bei, daß gegen Ende des Jahrhunderts Mathematiker gerade auch in Deutschland führend hervortraten.
Ähnlich wurden seit der Mitte des Jahrhunderts die Auswirkungen der industriellen Revolution auch an den Universitäten Italiens, Rußlands, der skandinavischen Länder und seit dem Ende des Jahrhunderts auch an den höheren Bildungsanstalten der USA deutlich.
Die Rückwirkungen auf die inhaltliche Seite der Entwicklung der Mathematik waren beträchtlich. Die Mathematik hatte, über die klassischen Disziplinen des 18. Jahrhunderts hinaus, neue Arbeitsgebiete in Angriff zu nehmen.
Natürlicherweise rückten in Anbetracht der auffälligen gesellschaftlichen Funktion der Darstellenden Geometrie geometrische Disziplinen zu einem zentralen Gegenstand in Forschung und Lehre auf. Einer der Schüler von *Monge, J. V. Poncelet*, geriet während des napoleonischen Feldzuges 1812 in russische Kriegsgefangenschaft und begründete dort, ganz auf sich allein gestellt, die Projektive Geometrie als selbständige mathematische Disziplin, die zu weitreichenden Ergebnissen führte. In

Das chemische Laboratorium Justus von Liebigs (1803 bis 1873)

Deutschland, insbesondere durch das Wirken des Schweizers *J. Steiner*, trat in den 30er Jahren die Synthetische Geometrie hervor, wurde jedoch durch die bequemer handhabbare analytische Richtung um die Mitte des Jahrhunderts zurückgedrängt. Durch *A. F. Möbius, J. Plücker* und andere wurde dabei der herkömmliche kartesische Koordinatenbegriff wesentlich erweitert.

Dies alles kann man verstehen als direkte oder indirekte Folge der zentralen Stellung der Geometrie an den Polytechnischen Schulen. Doch blieb die Entwicklung der Mathematik während des 19. Jahrhunderts keineswegs auf die Förderung der unmittelbar mit der Ausbildung und mit der Praxis verbundenen Richtungen beschränkt. Ganz im Gegenteil. Auf dem Hintergrunde des allgemeinen gesellschaftlichen Interesses an der Mathematik vermochten sich auch die anderen Teilgebiete zu entwickeln, orientiert durch die aus innerlogischer Entwicklung entspringenden Problemkreise. Künftige Jahrzehnte sollten zeigen, daß auch ihnen eine Anwendung in der Praxis beschieden sein wird.

Die schwierigen Fragen des Umganges mit dem „unendlich Kleinen" waren schon am Ende des 18. Jahrhunderts akut geworden. Die Verschärfung der Grundlagen der Analysis, das heißt die scharfe begriffliche Fassung der Grenzübergänge in der Differential- und Integralrechnung sowie beim Umgang mit unendlichen Reihen, ist teilweise direkt aus der Forderung nach Lehrbarkeit hervorgegangen und konnte schon im ersten Drittel des 19. Jahrhunderts weit vorangebracht werden. In dieser ersten Phase leisteten *A. L. Cauchy* an der Ecole Polytechnique, der böhmische Philosoph und Mathematiker *B. Bolzano, C. F. Gauß* in Göttingen, der Norweger *N. H. Abel* und der Russe *N. I. Lobatschewski* hervorragende Beiträge, die auch in eine Neubestimmung des Funktionsbegriffes einmündeten. In einer zweiten Phase setzten *M. W. Ostrogradski* in Rußland und die deutschen Mathematiker *P. G. Lejeune-Dirichlet, H. Hankel, K. Weierstraß* und *B. Riemann* diese Entwicklung fort. Unter bewußtem Verzicht auf die Anwendung konnten die Grundbegriffe der Analysis in der berühmten „$\delta - \varepsilon$ - Sprache" logisch einwandfrei fixiert werden. Der Begriff der gleichmäßigen Konvergenz wurde geprägt und in seiner Bedeutung herausgearbeitet. Auch wurde die Integralrechnung unabhängig von der Differentialrechnung begründet

Jakob Steiner
(1796 bis 1863)

und nicht mehr als deren bloße Umkehrung verstanden. Die dazu parallel entwickelte Mengen- und Maßtheorie gab dann die Voraussetzung zur Entwicklung abstrakterer Integralbegriffe als des Riemannschen durch *H. Lebesgue* und *T. J. Stieltjes*. Dies sind übrigens auch einige der Wurzeln der Funktionsanalysis des 20. Jahrhunderts. Schließlich verstand es *R. Dedekind* in den 60er Jahren, erstmals einen logisch einwandfreien Weg zur Begründung der Theorie der Irrationalzahlen darzulegen.

Mit der Klärung der Grundlagen der Analysis konnten auch die ausgedehnten Teildisziplinen der Analysis auf sichere Grundlagen gestellt werden. Zudem entwickelte sich deren Umfang rasch: Die Theorien der gewöhnlichen und partiellen Differentialgleichungen wurden ausgebaut. Die Potentialtheorie als neue mathematisch-physikalische Disziplin wurde begründet. Differentialgeometrie, Theorie der elliptischen Funktionen und der höheren Transzendenten machten während des 19. Jahrhunderts rasche Fortschritte. Einen breiten Raum nahmen schwierige Untersuchungen zu den Variationsprinzipien, zu Rand- und Eigenwertproblemen ein; hier erzielten *Jacobi, Hamilton, Gauß* und *Ostrogradski* hervorragende Ergebnisse.

Ähnlich wie die Analysis erweiterte sich auch die Geometrie nach Umfang und Inhalt während des 19. Jahrhunderts ganz außerordentlich, verbunden auch hier mit einer Besinnung auf die Grundlagen. Besonders die Entwicklung der nichteuklidischen Geometrie zeigt den entscheidenden Bruch mit der davorliegenden Mathematik. *Gauß* zog als erster aus den jahrtausendealten und gerade am Ende des 18. Jahrhunderts lebhaft diskutierten, aber stets vergeblich gebliebenen Versuchen, das fünfte Euklidische (Parallelen) Postulat zu beweisen, den Schluß, daß dieses Postulat von den anderen vier unabhängig ist und daß es daher möglich sein müsse, eine gänzlich andere Geometrie mit einem „Ersatzpostulat" aufzubauen. Doch scheute *Gauß* die Veröffentlichung, wohl mit dem Blick auf die festverwurzelte Vorherrschaft der Kantschen Philosophie, in deren System die euklidische Geometrie als schlechthin denknotwendig betrachtet wurde. *Lobatschewski* kam, unabhängig von *Gauß*, zum gleichen Ergebnis und tat 1829 den mutigen Schritt der ersten Publikation im Druck. Und auch der junge Ungar *P. Bolyai* hat 1832, ebenfalls ganz selbständig, die Grundzüge der nichteuklidischen Geometrie entdeckt. An diese Ergebnisse anknüpfend und

James Joseph Sylvester
(1814 bis 1897)

doch zugleich von einem ganz anderen gedanklichen Ansatzpunkt ausgehend, hat *Riemann* dann, rund zwei Jahrzehnte später, den Zusammenhang zwischen euklidischer Geometrie und den beiden verschiedenen Typen der nichteuklidischen Geometrie aufgedeckt. Die auf der Theorie der quadratischen Differentialformen aufgebaute Riemannsche Geometrie ist dann im 20. Jahrhundert in der Relativitätstheorie von *A. Einstein* zu außerordentlicher Bedeutung gelangt.
Um die Mitte des 19. Jahrhunderts drohte unter der Fülle der neu eröffneten geometrischen Richtungen der Überblick über deren gegenseitigen Zusammenhang verlorenzugehen. Das riesige Material erhielt mit dem berühmt gewordenen sogenannten Erlanger Programm (1872) durch *F. Klein* auf der Grundlage der inzwischen entwickelten gruppentheoretischen Denkweise eine klare, logisch durchsichtige Struktur: Jede spezielle Geometrie ist die Invariantentheorie einer besonderen Transformationsgruppe. In unmittelbarem Zusammenhang damit wurde durch den Norweger *S. Lie* die Theorie der stetigen Transformationsgruppen ausgearbeitet, die für die Integrationstheorie der partiellen Differentialgleichungen zu entscheidender Bedeutung gelangte. Sogar die damals sich erst herausbildende mengentheoretische Topologie konnte im Anschluß an das Erlanger Programm als Invariantentheorie der stetigen Punkttransformationen logisch eingeordnet werden. Die Topologie, deren Ansätze bis ins 18. Jahrhundert zurückreichen, ist gegen Ende des 19. Jahrhunderts unter anderen durch den auch auf vielen anderen Gebieten produktiven französischen Mathematiker *H. Poincaré* wesentlich gefördert worden.
An den Berührungsstellen zwischen der n-dimensionalen Geometrie und der Algebra entwickelten sich um die Mitte des Jahrhunderts einige selbständige mathematische Disziplinen. So lieferten der Ire *W. R. Hamilton* mit seiner Theorie der Quaternionen und der Deutsche *H. Graßmann* mit seiner allgemeinen Größenlehre Beiträge, die in die spätere Vektorrechnung und die Tensorrechnung eingegangen sind. Durch die britische algebraische Schule, der unter anderen *G. Boole, A. Cayley* und *J. J. Sylvester* angehörten, und durch *A. Clebsch* und *P. Gordan* in Deutschland und *F. Brioschi* in Italien wurde die Invariantentheorie stark ausgebaut. Italien brachte eine starke Schule der algebraischen Geometrie hervor; führende Mathematiker wie *L. Cremona*,

Maschinensaal des zentralen Elektrizitätswerkes in Berlin 1890

E. Betti und *E. Beltrami* beteiligten sich aktiv an der nationalen Bewegung, die zur politischen Einigung Italiens führte.
Auch und gerade in Zahlentheorie und Algebra begannen zu Beginn des 19. Jahrhunderts weitreichende Entwicklungsgänge; sie führten am Ende des Jahrhunderts zu einer gänzlichen Umgestaltung der algebraischen Denkweise und zur Herausbildung der ersten abstrakten algebraischen Strukturbegriffe Gruppe und Körper.
Gauß steht mit seiner ,,Disquisitiones arithmeticae'' von 1801 am Anfang dieser Entwicklung; dort wird auch die jahrtausendealte Frage nach allen mit Zirkel und Lineal konstruierbaren regelmäßigen n-Ecks endgültig gelöst. Eine andere, seit Jahrhunderten untersuchte Frage nach der Auflösbarkeit der allgemeinen Gleichung n-ten Grades in Radikalen entschied *Abel,* nach Vorarbeiten von *P. Ruffini,* für $n > 4$ endgültig negativ. Den tiefsten Einblick in die Struktur der Lösungsverhältnisse algebraischer Gleichungen erzielte um 1830 der junge französische Mathematiker *E. Galois,* indem er jeder Gleichung eine Permutationsgruppe zuordnete, aus deren Eigenschaften die Lösbarkeitsverhältnisse der Gleichung ablesbar sind. Diese Galoissche Theorie ist dann später unter anderen von dem Franzosen *C. Jordan* durchgebildet worden; nebenher ging ein intensives Studium der Permutationsgruppen.
Durch die Autorität von *Gauß* fanden nun auch die komplexen Zahlen ihre volle Anerkennung in der Mathematik. Im Anschluß an *Gauß* und den französischen Mathematiker *A. M. Legendre* wurde die Theorie der Potenzreste durchgebildet; *Lejeune Dirichlet* und *Riemann* in Deutschland und *P. L. Tschebyschew* in Rußland lieferten bedeutende Beiträge zur analytischen Zahlentheorie. Aus der Untersuchung der Primelemente in algebraischen Zahlkörpern erwuchs durch *E. E. Kummer* und *Dedekind* die Idealtheorie; *L. Kronecker* schuf die Grundlagen der Körpertheorie. Diese Arbeitsrichtungen mündeten dann gegen Ende des Jahrhunderts in tiefgreifende Untersuchungen zur abstrakten Körpertheorie ein, die unter anderen mit den Namen *D. Hilbert* und *E. Steinitz* verbunden sind.
Mit der Begründung der Mengenlehre durch *G. Cantor,* mit der Entwicklung von Grundlagen der formalen Logik, unter anderen durch *G. Boole* in England, durch *E. Schröder* und *G. Frege* in Deutschland und *B. Peirce* und *G. S. Peirce* in den USA,

Dampfschiff Ende des 19. Jh.

und schließlich mit der Herausarbeitung der axiomatischen Methode durch *G. Peano*, *M. Pasch* und *D. Hilbert* wurden noch im 19. Jahrhundert Entwicklungsgänge der Mathematik eingeleitet, deren volle Tragweite sich aber erst im 20. Jahrhundert auszuwirken begann.
Am Ende des 19. Jahrhunderts bot sich die Mathematik als eine in allen fortgeschrittenen Staaten der Erde hochentwickelte und hochgeschätzte wissenschaftliche Disziplin dar. Rasch war die Zahl der Mathematiker gestiegen; eine Vielzahl von Fachzeitschriften veröffentlichte eine ständig steigende Anzahl von Ergebnissen zur reinen und angewandten Mathematik. Es gab Gesellschaften und Vereinigungen von Mathematikern auf nationaler Ebene, und seit 1897 wurden internationale Mathematikerkongresse durchgeführt. Noch in den letzten Jahren des 19. Jahrhunderts begann die Herausgabe der großangelegten „Encyklopädie der mathematischen Wissenschaften"; einer ihrer Hauptinitiatoren war *Klein*. Ein internationales Autorenkollektiv stellte dort nicht nur die reine Mathematik dar, sondern auch deren Anwendungen auf Mechanik, Physik, Astronomie, Geodäsie und verschiedene Zweige der Technik.
Es wirkt fast wie ein historisches Symbol, daß *Hilbert* zur Jahrhundertwende, auf dem zweiten Internationalen Mathematikerkongreß in Paris im August des Jahres 1900, mit seinem berühmt gewordenen Vortrag „Mathematische Probleme" im Vollgefühl des Erreichten seinem Vertrauen in die Zukunft lebendigen Ausdruck gab und 23 mathematische Probleme zu formulieren imstande war, mit denen er, wie die weitere Entwicklung bestätigen sollte, fast durchgängig Zentralfragen der Mathematik des 20. Jahrhunderts getroffen hat. „Zu einer solchen Musterung (zukünftiger mathematischer Probleme) scheint mir der heutige Tag, der an der Jahrhundertwende liegt, wohl geeignet; denn die großen Zeitabschnitte fordern uns nicht bloß auf zu Rückblicken in die Vergangenheit, sondern sie lenken unsere Gedanken auch auf das unbekannte Bevorstehende.
Die hohe Bedeutung bestimmter Probleme für den Fortschritt der mathematischen Wissenschaft im allgemeinen und die wichtige Rolle, die sie bei der Arbeit des einzelnen Forschers spielen, ist unleugbar. Solange ein Wissenszweig Überfluß an Problemen

Panama-Kanal

bietet, ist er lebenskräftig; Mangel an Problemen bedeutet Absterben oder Aufhören der selbständigen Entwicklung." [6, S. 22/23] „Diese Überzeugung von der Lösbarkeit eines jeden mathematischen Problems ist uns ein kräftiger Ansporn während der Arbeit; wir hören in uns den steten Zuruf: Da ist das Problem, such die Lösung. Du kannst sie durch reines Denken finden, denn in der Mathematik gibt es kein Ignorabimus." [6, S. 34]

Literaturverzeichnis zum Überblick über die Mathematik des 19. Jahrhunderts

[1] *Klein, F.*: Vorlesungen über die Entwicklung der Mathematik im 19. Jahrhundert. Teil I, Berlin 1926, Teil II, Berlin 1927.
[2] *Marx, K./F. Engels*: Werke, Bd. 23. Berlin 1962.
[3] *Marx, K./F. Engels*: Werke, Bd. 4. Berlin 1959.
[4] *Wussing, H.*: Kurzer Abriß der Geschichte der Mathematik. In: Kleine Enzyklopädie Mathematik, Leipzig 1965, S. 790 bis 797.
[5] *Bernal, J. D.*: Wissenschaft (Science in History), 4 Bde. Rowohlt-Sachbuch 1970.
[6] Die Hilbertschen Probleme. Redaktion P. S. Alexander, Moskau 1969. Deutsche Ausgabe, ed. H. Wussing, Ostwalds Klassiker der exakten Wissenschaften, Bd. 252, Leipzig 1971.
[7] *Struik, D. J.*: Abriß der Geschichte der Mathematik. 5. erweiterte Auflage, Berlin 1972.
[8] *Kropp, G.*: Geschichte der Mathematik. Heidelberg 1969.

Carl Friedrich Gauß (1777 bis 1855)

Im letzten Viertel eines Jahrhunderts, in dem sich die Entwicklung der Mathematik weitgehend außerhalb von Deutschland vollzogen hatte, wuchs in Braunschweig *Carl Friedrich Gauß* zum größten Mathematiker seiner Zeit heran. Nach seinem Tode wurden auf Veranlassung des Königs von Hannover Münzen geprägt, auf denen *Gauß* als „Princeps mathematicorum" (Fürst der Mathematiker) bezeichnet wurde. Dieser Titel wurde allgemein anerkannt. Man kann *Gauß* als einen der größten Wissenschaftler überhaupt ansehen.

Porträt des jungen Gauß

Gauß kam aus ganz einfachen Verhältnissen. Sein Vater, *Gerhard Dietrich Gauß*, hat eine ganze Reihe von Berufen ausgeübt; so war er zum Beispiel Gärtner, „Weißbinder" und Kassierer einer Versicherung.
Gauß' Mutter *Dorothea* geb. *Benze* hatte vor ihrer Ehe, die die zweite ihres Mannes war, als Magd gearbeitet. *Carl Friedrich* war ihr einziges Kind. *Gauß* schilderte seinen Vater als rechtschaffenen und geachteten Mann und als guten Rechner, der allerdings zu Hause herrisch und rauh gewesen sei.
Die mathematische Begabung zeigte sich bei *Gauß* sehr früh. Er hat später einmal von sich behauptet, daß er eher rechnen als sprechen gelernt hätte. Von ihm wird erzählt, daß er mit drei Jahren beim Anhören einer Lohnabrechnung seines Vaters einen Fehler entdeckt und sofort das richtige Resultat angegeben habe. Als er auf der Volksschule mit etwa neun oder zehn Jahren in die Rechenklasse kam, löste er die Aufgabe, alle Zahlen von 1 bis 100 zusammenzuzählen, in wenigen Augenblicken folgendermaßen:
$$1 + 2 + \ldots + 100 = (1 + 100) + (2 + 99) + \ldots + (50 + 51) = 50 \cdot 101 = 5050,$$
das heißt, er entdeckte das Prinzip der Summenformel für die arithmetische Reihe. Seine Lehrer wurden bald auf ihn aufmerksam. Vor allem interessierte sich der Gehilfe des Lehrers *Büttner*, *D. M. Chr. Bartels*, der nur acht Jahre älter als *Gauß* und mathematisch sehr aktiv war, für ihn und unterstützte *Gauß* bei dessen mathematischer Entwicklung sehr tatkräftig. *Gauß* kam 1788 von der Volksschule auf das Gymnasium Catharineum. *Bartels*, der gleichzeitig eine Stelle im Collegium Carolinum, der späteren Technischen Hochschule, bekam und später Professor der Mathematik in Kasan und Dorpat wurde, machte *E. A. W. v. Zimmermann*, Professor der Mathematik an diesem Collegium, auf *Gauß* aufmerksam. *Gauß* fiel aber nicht nur durch seine mathematischen Leistungen, sondern auch durch seine schnellen Fortschritte in den Fremdsprachen auf und wurde 1791 durch *v. Zimmermann* dem Herzog von Braunschweig vorgestellt, der ihm Stipendien für den Besuch des Gymnasiums, später für das Studium in Göttingen und auch noch für die anschließende Zeit gewährte, bis *Gauß* im Jahre 1807 Professor der Astronomie und Direktor der Sternwarte in Göttingen wurde. Bis dahin hatte sich *Gauß* längst als überragender

Die Göttinger Sieben, 1837

Mathematiker ausgewiesen. 1791 beschäftigte er sich mit dem arithmetisch-geometrischen Mittel von zwei positiven reellen Zahlen α und β, das man erhält, wenn man zu $\frac{\alpha+\beta}{2}$ und $\sqrt{\alpha\beta}$ übergeht und diesen Prozeß unendlich oft wiederholt. 1792 vermutete er auf Grund von Abzählungen in Primzahltafeln den Primzahlsatz, nach dem die Anzahl der Primzahlen unterhalb von x asymptotisch gleich $\frac{x}{\ln x}$ ist, und der erst mehr als 100 Jahre später nach einer langen Entwicklung der Funktionentheorie bewiesen werden konnte. Außerdem beschäftigte er sich mit dem Parallelen-Axiom. Schon damals, also im Alter von 15 Jahren, untersuchte er, wie eine Geometrie aussehen müsse, in der das Parallelen-Axiom nicht gilt.
Im Jahre 1794 gelang *Gauß* die Entwicklung des arithmetisch-geometrischen Mittels in eine Potenzreihe vom Typus der heute sogenannten ϑ-Reihen, die in verschiedenen Anwendungsgebieten der Funktionentheorie, zum Beispiel in der Theorie der elliptischen Funktionen, eine entscheidende Rolle spielen. Außerdem wandte er bei Ausgleichsrechnungen von diesem Zeitpunkt an die heute allgemein bekannte Methode der kleinsten Quadrate an, die er für so selbstverständlich hielt, daß er es später für überflüssig hielt, sie zu publizieren.
Die damaligen Zahlentheoretiker (wie übrigens auch manche der heutigen wieder) gingen häufig so vor, daß sie sich ein großes Tabellenmaterial zusammenstellten und daraus Gesetzmäßigkeiten abzulesen versuchten. So fand *Gauß* selbständig, ähnlich wie vorher schon *L. Euler* und *A. M. Legendre*, einen der Höhepunkte der elementaren Zahlentheorie, das Reziprozitätsgesetz für die quadratischen Reste, konnte es aber noch nicht beweisen. Ebenso war es *Euler* ergangen, während *Legendre* einen Beweis fand, der allerdings einen noch viel schwerer zu beweisenden Satz als selbstverständlich voraussetzte, nämlich den Satz von der arithmetischen Progression. Dieser besagt, daß in der Folge $a + bn$, wobei a und b zueinander teilerfremde natürliche Zahlen sind und n alle natürlichen Zahlen durchläuft, unendlich viele Primzahlen auftreten. Der Satz wurde erst viel später von *P. G. Lejeune Dirichlet* zum ersten Mal streng bewiesen.

Die Universität in Göttingen, an der Gauß fast 50 Jahre wirkte

Von 1795 bis 1798 studierte *Gauß* in Göttingen, und zwar zunächst Mathematik und Philologie. Der Herzog hatte ihm das genehmigt, obwohl eigentlich die Landesuniversität Helmstedt und nicht die im Königreich Hannover liegende Universität Göttingen dafür in Frage gekommen wäre, weil Göttingen eine wesentlich bessere mathematische Bibliothek als Helmstedt besaß. Den endgültigen Entschluß, ausschließlich Mathematik zu studieren, faßte *Gauß* aber erst, als er 1796 erkannt hatte, welche regelmäßigen Vielecke mit Zirkel und Lineal konstruiert werden können. Er löste damit ein Problem, das seit der Antike keinen Schritt einer Lösung näher gebracht worden war. Damals, also vor reichlich 2000 Jahren, konnte man die regelmäßigen 3-, 4-, 5- und 15-Ecke konstruieren und alle weiteren, deren Eckenzahlen durch wiederholte Verdoppelung aus den genannten hervorgehen, und viele Geometer hatten sich inzwischen vergeblich bemüht, entsprechende Konstruktionen, zum Beispiel für das 7- oder 9-Eck, zu finden. Vor *Gauß* war natürlich schon bekannt, daß die Konstruktion des regelmäßigen n-Ecks gleichwertig ist mit der Lösung der Gleichung $x^n = 1$ in komplexen Zahlen. Am 30. März 1796 erkannte er nun („ehe ich aus dem Bette aufgestanden war") den Zusammenhang zwischen den Wurzeln von $\frac{x^p - 1}{x - 1} = 0$, wobei p eine Primzahl ist, so genau, daß er sofort die Anwendung auf die Konstruktion des 17-Ecks mit Zirkel und Lineal machen konnte.

Dabei handelte es sich, modern gesprochen, um die Bestimmung der Galoisschen Gruppe des p-ten Kreisteilungskörpers, die sich als isomorph zur Gruppe der primen Restklassen mod p erwies, von der *Gauß* schon wußte, daß sie zyklisch ist. *Gauß* war sich der Bedeutung seiner Entdeckung wohl bewußt, die weniger im Ergebnis, als vielmehr in der Methode und in der strukturellen Denkweise lag, und wir wissen ja heute, daß gerade diese Theorie von der Kreisteilung entscheidenden Einfluß auf die Entstehung der Galoisschen Theorie und damit auf die Entwicklung der Algebra überhaupt ausgeübt hat. – Die Ankündigung der Konstruktion des 17-Ecks war *Gauß*' erste wissenschaftliche Publikation, und von dem Tage der Entdeckung an führte er sein wissenschaftliches Tagebuch, in das er seine wichtigsten Ergebnisse viele Jahre lang eintrug.

Titelblatt der „Disquisitiones Arithmeticae"

Während *Gauß* in diesem Zusammenhang die komplexen Zahlen ohne Bedenken benützte, vermied er sie, da sie damals noch kein „Bürgerrecht" in der Mathematik hatten, in seiner Dissertation systematisch, in der er den ersten strengen Beweis für den Fundamentalsatz der klassischen Algebra gab und der in seiner „reellen" Formulierung besagt, daß sich jedes Polynom mit reellen Koeffizienten in ebensolche Polynome 1. und 2. Grades zerlegen läßt. Er promovierte damit Ende 1799 in Helmstedt, und zwar in Abwesenheit, wurde aber von dem dortigen Mathematiker *J. F. Pfaff* zu einem Aufenthalt für einige Monate eingeladen, der sehr harmonisch und fruchtbar verlief.

Inzwischen hatte *Gauß* eine Leistung vollbracht, die wohl einzigartig in der Geschichte der Mathematik dasteht: In den Jahren 1796 bis 1798, also im Alter von 19 bis 21 Jahren, schrieb er sein erstes Buch, die „Disquisitiones arithmeticae" (Arithmetische Abhandlungen). Bis dahin war die Zahlentheorie eine Sammlung von zahlreichen interessanten, schönen und großenteils auch recht tiefliegenden Einzelergebnissen gewesen, die aber kaum miteinander zusammenhingen. Die sehr inhaltsreiche und äußerst lebendig geschriebene „Vollständige Anleitung zur Algebra" von *L. Euler* bietet dafür ein Musterbeispiel. Durch die „Disquisitiones arithmeticae" aber wurde die Zahlentheorie mit einem Schlag zu einer einheitlichen und systematischen Wissenschaft; in der Theorie der Kongruenzen (1. Hauptteil) erhielt sie eine durchsichtige und tragfähige Grundlage, auf der sich die Theorie der quadratischen Formen (2. Hauptteil) und der Kreisteilung (3. Hauptteil) errichten ließ. Zwar befanden sich im 2. und 3. Hauptteil lange und komplizierte Rechnungen sowie schwierige rechnerische Ansätze, so daß es als Wunder erscheinen könnte, daß dabei überhaupt interessante Ergebnisse herauskamen. Studiert man aber das Werk gründlicher, so erkennt man, welch tiefes strukturelles Denken dahinter steckt, durch das die Fragestellungen und Ansätze erst motiviert und die Rechnungen durchsichtig werden.

Seinen Zeitgenossen ist die Lektüre dieses Buches noch sehr schwergefallen. So schreibt *A. M. Legendre* im Vorwort zu seinem Lehrbuch der Zahlentheorie, daß er die modernsten Ergebnisse mit aufnehmen würde mit Ausnahme der Gaußschen Theorie der quadratischen Formen, weil er dabei nur die Rolle eines Übersetzers spielen würde. Für die Verbreitung der Gaußschen Ideen hat sich später am meisten P. G. *Lejeune Dirichlet* eingesetzt, der im Jahre 1855 von Berlin nach Göttingen als Nachfolger von *Gauß* berufen wurde, dort aber bereits 1859 ebenfalls verstarb. Ein ganz zerlesenes Exemplar der ,,Disquisitiones arithmeticae" trug er auf seinen Reisen stets bei sich, und zu Hause lag es immer griffbereit auf seinem Schreibtisch. Die zahlentheoretischen Vorlesungen von *Dirichlet* wurden später von R. *Dedekind* herausgegeben und mit Supplementen versehen, die die Gaußschen Ideen mit modernen Denkweisen aufs innigste verbanden und deren Verallgemeinerung auf die Arithmetik beliebiger algebraischer Zahlkörper ermöglicht haben.

In der Theorie der quadratischen Formen kannte man vor *Gauß* deren Einteilung in Klassen:

Zwei Formen $ax^2 + bxy + cy^2$ und $a'x'^2 + b'x'y' + c'y'^2$ heißen äquivalent, wenn sie durch eine ganzzahlige lineare Substitution zwischen x,y und x',y' mit der Transformationsdeterminante $\Delta = \pm 1$ auseinander hervorgehen.

Auf Grund einer Reduktionstheorie beherrschte man die endliche Gesamtheit der Klassen mit gegebener Diskriminante, war aber von dem Hauptziel noch weit entfernt, nämlich zu entscheiden, welche Zahlen durch eine gegebene Form dargestellt werden können.

Zwei große Schritte machte nun Gauß über seine Vorgänger hinaus:

1. *Die Komposition der quadratischen Formen*

Zur Verallgemeinerung der Eulerschen Identität

$$(x^2 + y^2) \cdot (u^2 + v^2) = (xu + yv)^2 + (xv - yu)^2$$

definierte *Gauß* in recht komplizierter Weise eine aus zwei Klassen zusammengesetzte Klasse, und zwar tat er das zunächst mit Hilfe von geeigneten Repräsentanten und zeigte dann die Unabhängigkeit des Ergebnisses von deren spezieller Auswahl. Dann bewies er, daß diese Komposition den Gruppenaxiomen genügt, wie wir es heute nennen würden, die hier zum ersten Mal, für den Fall einer endlichen Abelschen Gruppe, explizit auftraten.

2. Die Theorie der Geschlechter

Hier untersucht *Gauß*, wie sich die Theorie der Kongruenzen auf die Klassen quadratischer Formen anwenden läßt. Es kristallisiert sich dabei eine Untergruppe der Gruppe aller Klassen heraus, das sogenannte Hauptgeschlecht, und die Nebenklassen werden als Geschlechter bezeichnet. Das Hauptergebnis ist dann ein Kriterium dafür, welche Zahlen sich durch eine geeignete Form aus einem gegebenen Geschlecht darstellen lassen. — Diese komplizierte, tiefsinnige Theorie muß als eine der genialsten mathematischen Leistungen angesehen werden. Später erschien sie bei *Dedekind* in durchsichtigerer und einfacherer Form wieder als Theorie der Idealklassen eines quadratischen Zahlkörpers.

Ein scheinbar zunächst nur äußeres Band sind die in jedem der drei Hauptteile der „Disquisitiones arithmeticae" befindlichen Beweise für das quadratische Reziprozitätsgesetz; doch entspricht das dem Gaußschen Prinzip, einen wichtigen Satz von möglichst verschiedenen Gesichtspunkten aus zu betrachten und so eventuellen Verallgemeinerungsmöglichkeiten auf die Spur zu kommen. (Diese Erwartung ist von der modernen algebraischen Zahlentheorie durch das Artinsche Reziprozitätsgesetz aufs glänzendste erfüllt worden.) Trotzdem war *Gauß* mit seinen neuen Resultaten noch nicht zufrieden: Er suchte selbst nach Verallgemeinerungen des Reziprozitätsgesetzes und stellte einen zweiten Band seiner „Disquisitiones arithmeticae" in Aussicht, zu dem er allerdings aus Zeitmangel nicht gekommen ist. Dafür hat er noch eine Reihe weiterer zahlentheoretischer Arbeiten publiziert, in denen er vor allem eine Erweiterung des Reziprozitätsgesetzes auf höhere Potenzreste anstrebte oder wenigstens auf die 4. Potenzreste eingehen wollte. Das gelang ihm zunächst mehrere Jahre hindurch nicht, bis er auf die Idee kam, die ganzen komplexen Zahlen $a + bi$ mit ganzzahligen a, b als Objekte einer neuen Zahlentheorie zu untersuchen. Das in diesem Rahmen nun verhältnismäßig leicht zu erledigende Reziprozitätsgesetz der 4. Potenzreste gab er ohne Beweise an; es wurde später von dem sehr jung verstorbenen *G. Eisenstein*, den Gauß besonders hoch schätzte, und von *C. G. J. Jacobi* bewiesen und auf die 3. Potenzreste erweitert. — Gelegentlich der Einführung der ganzen komplexen Zahlen gab *Gauß* die heute als Gaußsche Zahlenebene bekannte geometrische Dar-

Carl Friedrich Gauß
um 1840

stellung aller komplexen Zahlen, und seine Autorität hat wesentlich dazu beigetragen, daß diese nicht mehr als ,,verdächtige" Gebilde angesehen wurden.
Schließlich muß noch ein besonders tiefliegendes zahlentheoretisches Ergebnis von *Gauß* hervorgehoben werden, die Vorzeichenbestimmung der Gaußschen Summen, weil hier ein bezeichnendes Licht auf die Denkweise von *Gauß* fällt. Diese Summen traten in der Theorie der Kreisteilung im Zusammenhang mit den quadratischen Resten auf und sind, abgesehen vom Vorzeichen, relativ leicht zu bestimmen. *Gauß* schreibt nun in einem Brief an den Astronomen *H. W. M. Olbers* am 3. September 1805: ,,Die Bestimmung des Wurzelzeichens ist es gerade, was mich immer gequält hat. Dieser Mangel hat mir alles übrige, was ich fand, verleidet, und seit vier Jahren wird selten eine Woche vergangen sein, wo ich nicht den einen oder anderen vergeblichen Versuch, diesen Knoten zu lösen, gemacht hätte... Endlich, vor ein paar Tagen ist's gelungen – aber nicht meinem eigenen mühsamen Suchen, sondern bloß durch die Gnade GOTTES, möchte ich sagen. Wie der Blitz einschlägt, hat sich das Rätsel gelöst." [1, Bd. X/1, S. 24/25]
Während des Druckes der ,,Disquisitiones arithmeticae", der sich bis 1801 hinzog, beschäftigte sich Gauß damit, eine Theorie der elliptischen Funktionen, der ϑ-Reihen und der Modulfunktionen aufzubauen, ohne davon etwas zu veröffentlichen. Später waren dann Mathematiker wie *Abel* und *Jacobi* viele Jahre unabhängig von *Gauß* damit beschäftigt, die gleiche Theorie zu durchforschen. Die Zurückhaltung von *Gauß* ist vielleicht damit zu begründen, daß seine Theorie seinen Prinzipien ,,Pauca sed matura" (Weniges, aber Reifes), mathematische Strenge wie bei den alten Griechen, und ,,ut nihil amplius desiderandum relictum sit" (daß nichts mehr zu wünschen übrig bleibe) noch nicht genügte; wahrscheinlich vermißte er noch die Möglichkeit einer Einordnung in allgemeinere Gesetzmäßigkeiten.
Im Jahre 1801 wurde dann *Gauß* nach dem Erscheinen der ,,Disquisitiones arithmeticae" unter den Mathematikern weltberühmt, und die Petersburger Akademie wählte ihn zu ihrem korrespondierenden Mitglied.
Im gleichen Jahr begann aber auch seine Weltberühmtheit sich allgemein durchzusetzen. In der Neujahrsnacht zum 19. Jahrhundert, am 1. Januar 1801, war der erste

kleine Planet, die Ceres, durch den italienischen Astronomen *G. Piazzi* beobachtet worden, doch ging er zunächst nach 40tägiger Beobachtung wieder verloren. Den damaligen Astronomen war es nicht möglich, aus diesen wenigen Daten eine Bahn einigermaßen exakt zu bestimmen. *Gauß* wandte sich diesem Problem zu und entwickelte neue Methoden, um eine Keplerbahn aus nur drei Beobachtungen zu berechnen. Da aber mehr Beobachtungen vorlagen, hatte er die Möglichkeit, seine Prinzipien der Ausgleichungsrechnung anzuwenden, und bestimmte die Bahnelemente so genau, daß die Ceres von mehreren Astronomen Ende 1801 und Anfang 1802 wieder aufgefunden werden konnte. Seine Methoden arbeitete er immer weiter aus, bezog die Störungen durch die Planeten mit in die Berechnung ein und konnte sie im Fall eines weiteren kleinen Planeten, der Pallas, mit gleichem Erfolg anwenden. Schließlich faßte er seine Ergebnisse zu dem 1809 erschienenen Buch ,,Theoria motus corporum coelestium'' (Theorie der Bewegung der Himmelskörper) zusammen. Seine Mitteilung an den Verleger, dieses Buch werde noch nach Jahrhunderten studiert werden, war berechtigt; noch heute erfolgt die Bahnbestimmung nach den Gaußschen Methoden, wobei natürlich der Rechengang wegen des Einsatzes der elektronischen Rechenmaschinen modifiziert worden ist.

Astronomie und Zahlentheorie fesselten von nun an *Gauß* in gleichem Maße. Einerseits nannte er die Mathematik die Königin der Wissenschaften und die Zahlentheorie die Königin in der Mathematik, andererseits aber betrachtete er – wie er sich in einem Briefe an seinen Jugendfreund *W. Bolyai* vom 20. Juni 1803 ausdrückte – die reine Größenlehre (Zahlentheorie) und die Astronomie als die beiden Pole seiner wissenschaftlichen Wirksamkeit, ,,nach denen sich mein Geisteskompaß immer wendet''. Außerdem ergänzten sich beide Wissenschaften für ihn insofern, als er die geringe Anwendbarkeit der Zahlentheorie kannte und sich seinem Staat gegenüber für die Förderung seiner zahlentheoretischen Forschungen dadurch dankbar erweisen wollte, daß er sich auch Dingen mit aller Kraft zuwandte, die unmittelbaren praktischen Nutzen brachten.

Im Jahre 1803 lehnte er einen Ruf auf eine Professur in St. Petersburg ab, da ihm der Herzog von Braunschweig seine finanzielle Lage verbesserte und den Bau einer

Janos Bolyai
(1802 bis 1860)

eigenen Sternwarte in Aussicht stellte. Jedoch wurde der Herzog 1806 in der Schlacht gegen *Napoleon* bei Jena und Auerstedt tödlich verletzt. 1807 wurde *Gauß* Professor in Göttingen und blieb dort in dieser Stellung bis zu seinem Lebensende.
Seine erste Ehe schloß *Gauß* 1805 mit *Johanna Osthoff* aus Braunschweig. Sein erster Sohn, geboren 1806, wurde Artillerieoffizier und Oberbaurat an der Eisenbahndirektion in Hannover, und seine erste Tochter, geboren 1808, heiratete 1830 den Professor *G. H. A. Ewald,* einen bedeutenden Göttinger Philologen, der 1837 nach Tübingen ging, wo seine Frau indessen schon 1840 starb. *Ewald* war einer der „Göttinger Sieben", das heißt einer von sieben Göttinger Universitätsprofessoren, die 1837 dem König den Treueid verweigerten, als dieser die neue Verfassung außer Kraft setzte und auf die reaktionäre alte zurückgriff. Dieser Protest wurde vom König mit der Entlassung der sieben Professoren beantwortet.
Bald nach der Geburt des dritten Kindes, 1809, starb *Gauß'* Frau, und das Kind überlebte sie nur wenige Monate. Trotz dieses schweren Schlages heiratete *Gauß* der Kinder wegen bereits im Jahre 1810 *Wilhelmine Waldeck,* die Tochter eines Göttinger Professors der Rechte. Dieser Ehe entstammen drei Kinder. Der 1811 geborene Sohn wurde von seinem Vater als „Taugenichts" bezeichnet, wanderte 1830 nach Amerika aus und starb dort 1896 als wohlhabender Farmer. Die Tochter *Therese*, geboren 1816, blieb im Hause des Vaters und pflegte ihn bis zu dessen Tode; *Gauß'* zweite Frau starb schon 1831. *Therese* selbst überlebte ihren Vater nur neun Jahre. Zu erwähnen ist noch, daß *Gauß'* Mutter im Alter von 75 Jahren zu ihm in die Dienstwohnung der Sternwarte zog, wo sie noch 22 Jahre lebte.
Bald nach Erscheinen der „Theoria motus" wurde die „Disquisitio de elementis ellipticis Palladis" (Untersuchung der elliptischen (Bahn-) Elemente der Pallas) veröffentlicht. Abgeschlossen waren aber die Untersuchungen und Berechnungen zu diesem Thema noch nicht. *Gauß* hat immer wieder daran gearbeitet, aber geglaubt, daß diese Dinge, wie auch vieles andere, einst mit ihm untergehen werden. Diese Befürchtung hat sich nicht bestätigt, da alle seine Notizen im Nachlaß gefunden und veröffentlicht wurden.
Schon als Student war *Gauß* 1799 bei der trigonometrischen Vermessung von West-

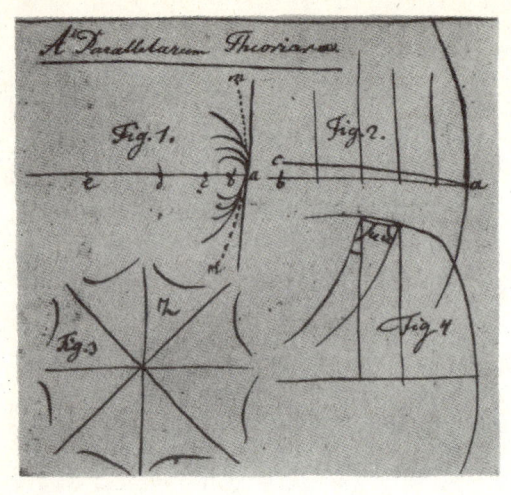

Handzeichnung
von Bolyai
zur nichteuklidischen Geometrie
(um 1820)

falen konsultiert worden. 1818 erhielt er den ministeriellen Auftrag, die Hannoversche Triangulierung durchzuführen. Hier bewies sich die Vielseitigkeit von *Gauß* aufs neue: In den ersten Jahren führte er die unangenehmen Vermessungsarbeiten im Gelände selbst aus, während er später ,,nur noch'' die Aufsicht führte und die enormen Rechnungen selbst bewältigte, wobei er wieder Gelegenheit hatte, seine Ausgleichsrechnung anzuwenden. Zur Erleichterung der Beobachtungen und zum Zweck der Erhöhung der Genauigkeit der Messungen entwickelte er ganz systematisch den Heliotrop, ein Vermessungsgerät, bei dem das Sonnenlicht für die Signale ausgenützt wurde, so daß über weite Entfernungen, wie etwa 160 km, auch bei ungünstigen Witterungsverhältnissen vermessen werden konnte.

Gauß begnügte sich aber nicht mit der Vermessung eines solchen relativ kleinen Gebietes, sondern war äußerst interessiert an der Bestimmung der Gestalt der Erde durch weltweite Vermessungen. Diese Bestrebungen waren für ihn der Anlaß zur Beschäftigung mit zwei wichtigen theoretischen Fragestellungen, nämlich zunächst die Frage nach den konformen Abbildungen einer Fläche des Raumes auf eine andere, und dann die Frage nach den Schlüssen, die man aus Ergebnissen von Messungen, die sich nur auf die Längen von Kurven auf einer gegebenen Fläche und den Winkeln zwischen ihnen beziehen, über die Gestalt der Fläche im Raum ziehen kann. Flächen, die ineinander ohne Dehnung verbogen werden können, unterscheiden sich in ihrer Metrik nicht; die neue Gaußsche ,,innere Geometrie'' einer Fläche beschäftigt sich also mit Biegungsinvarianten. Seine Ergebnisse legte *Gauß* in den ,,Disquisitiones generales circa superficies curvas'' (Allgemeine Untersuchungen über gekrümmte Flächen) 1827 nieder, die neue Begriffsbildungen und deren Eigenschaften enthielt. Die wichtigsten Ergebnisse daraus waren das ,,Theorema egregium'' (Der herausragende Satz), in dem die Biegungsinvarianz des Gaußschen Krümmungsmaßes (Produkt der beiden Hauptkrümmungen) sowie der Gauß-Bonnetsche Integralsatz, der das Krümmungsmaß der Fläche mit der ,,geodätischen Krümmung'', einer Verallgemeinerung der gewöhnlichen Kurvenkrümmung in der Ebene, in Zusammenhang brachte und das wichtigste Hilfsmittel der globalen Flächentheorie wurde. Diese Betrachtungen gaben später *B. Riemann* den Anlaß zu seiner n-dimensionalen Differentialgeometrie. Er trug sie in seinem Habilitationskolloquium in Göttingen 1854 vor, und *Gauß* soll sich dann auf dem Heimweg in einer bei ihm seltenen Erregung über die Tiefe der von *Riemann* vorgetragenen Gedanken befunden haben. *Riemann* hatte die Hoffnung ausgesprochen, mit seinen Betrachtungen bei der Ausarbeitung physikalischer Theorien behilflich sein zu können, und seine Erwartungen wurden etwa 60 Jahre später auf das glänzendste erfüllt, als *A. Einstein* die Riemannsche Geometrie als das mathematische Rüstzeug für seine allgemeine Relativitätstheorie verwenden konnte. – Als Zusammenfassung seiner theoretischen, rechnerischen und praktischen Erkenntnisse ließ *Gauß* dann 1844 und 1847 seine beiden Abhandlungen ,,Untersuchungen über Gegenstände der höheren Geodäsie" erscheinen.

Aufs engste mit *Gauß'* Interessen für Astronomie und Geodäsie hingen seine potentialtheoretischen Untersuchungen zusammen. Zunächst behandelte er 1813 ein spezielles Problem, nämlich die bis dahin nur unvollständig beantwortete Frage nach der Anziehung eines allgemeinen homogenen Ellipsoids, wobei er Integralsätze benutzte, die auch in seiner für die Potentialtheorie grundlegenden Abhandlung ,,Allgemeine Lehrsätze in Beziehung auf die im verkehrten Verhältnis des Quadrates der Entfernungen wirkenden Anziehungs- und Abstoßungskräfte" (1839) eine wichtige Rolle spielten. Hier tritt auch schon das später von *Riemann* nach *Dirichlet* benannte Prinzip zum ersten Mal auf. Es ist bekannt, daß bis zu einer strengen Begründung dieses Prinzips durch *D. Hilbert* noch ein halbes Jahrhundert nach *Gauß* verging. *Gauß* aber wandte es, wahrscheinlich wegen seiner suggestiven Anschaulichkeit, ohne Bedenken an, obwohl er auf verwandte Schwierigkeiten bei einem seiner Beweise des Fundamentalsatzes der Algebra hingewiesen und gezeigt hatte, wie man sie dort überwinden kann. – Damit zusammenhängende Untersuchungen bezogen sich auf die Kapillarität von Flüssigkeiten im Gleichgewicht, wobei er die mehrdimensionale Variationsrechnung förderte. Ein anderes – eindimensionales – Variationsproblem war bei *Gauß* übrigens schon in seiner inneren Flächentheorie bei der Bestimmung der geodätischen Linien aufgetreten, die die geodätische Krümmung Null haben und die Extremalen für die Aufgabe sind, auf einer gegebenen Fläche Kurven kürzester Länge zwischen zwei gegebenen Flächenpunkten zu finden.

Nadeltelegraph
von Gauß
und Weber, 1833

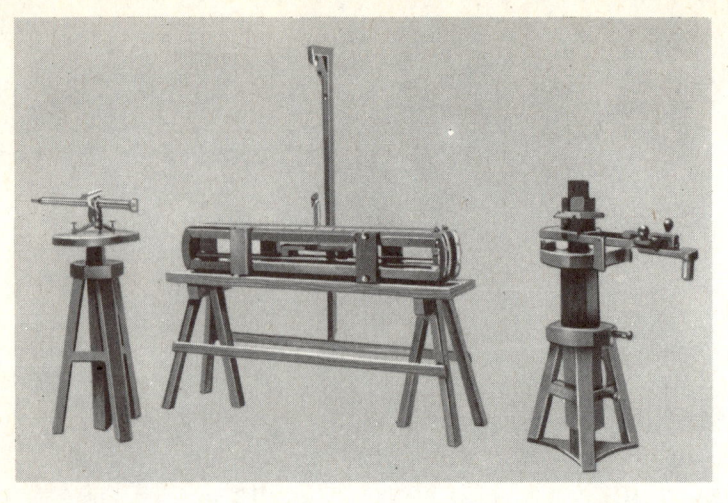

Aus der komplexen Funktionentheorie wurde schon die Gaußsche Theorie der elliptischen Funktionen und der Modulfunktionen erwähnt, die jedoch zunächst ohne Einfluß blieb, weil *Gauß* sie nicht publizierte. Im Gegensatz dazu veröffentlichte er im Jahre 1812 die „Disquisitiones generales circa seriem infinitam

$$1 + \frac{\alpha\beta}{1\cdot\gamma}x + \frac{\alpha(\alpha+1)\beta(\beta+1)}{1\cdot 2 \cdot \gamma(\gamma+1)}x^2 + \frac{\alpha(\alpha+1)(\alpha+2)\beta(\beta+1)(\beta+2)}{1\cdot 2 \cdot 3 \cdot \gamma(\gamma+1)(\gamma+2)}x^3 + \text{etc.}"$$

(Allgemeine Untersuchungen über die unendliche Reihe...),
also eine Abhandlung über eine scheinbar sehr spezielle, in Wirklichkeit aber die meisten der bekannten Funktionen als Sonderfall enthaltende Funktion, die er für komplexe Werte des Arguments betrachtete. Diese Reihe kommt schon bei *Euler* bei der Darstellung eines gewissen bestimmten Integrals durch eine Potenzreihe vor, wurde aber von *Gauß* nach völlig neuen Gesichtspunkten untersucht. Einmal entwickelt er im Zusammenhang mit dieser Reihe ein Konvergenzkriterium, beschäftigt sich also mit einer Problematik, die bis dahin von den Analytikern stark vernachlässigt worden war. Dann aber stellt er rein rechnerisch gewisse formal einfache Relationen zwischen mehreren solchen Reihen dar, die sich teils in den Parametern α, β, γ, teils im Argument x voneinander unterscheiden. Heute deuten wir die erste Art von Relationen als Umlaufsubstitutionen, die die Funktion beim Umlaufen von Windungspunkten der Riemannschen Fläche erfährt, die zweite Art dagegen als gewisse analytische Fortsetzungen, Begriffe, die heute zum Allgemeingut der Funktionentheorie gehören, bei *Gauß* aber eben nur in diesen Spezialfällen auftraten.
Wie es scheint, hat *Gauß* nur ein einziges Mal ein allgemeines funktionentheoretisches Prinzip aufgestellt, und zwar auch nur in einem Brief vom 18. Dezember 1811 an *Bessel*, in dem er das Integral einer regulären Funktion längs einer Kurve zwischen zwei Punkten definiert und auf dessen Unabhängigkeit von Deformationen des Integrationsweges hinweist, wenn man nur im Regularitätsbereich der Funktion bleibt. Das ist der Inhalt des von *A. L. Cauchy* 1825 aufgestellten Integralsatzes.
Ebenfalls auf *Gauß'* Arbeiten in der Astronomie und Geodäsie ist seine Beschäftigung mit der Wahrscheinlichkeitsrechnung und Statistik zurückzuführen. Seine Methode der kleinsten Quadrate wurde schon mehrfach erwähnt; es sei hier nur noch darauf

Saal des Göttinger Magnetischen Observatoriums

hingewiesen, daß er sich darüber vollkommen im klaren war, welches Maß von Willkür in diesem Prinzip steckt, daß er aber auch gute Gründe dafür hatte, sich gerade für dieses Prinzip zu entscheiden. Sonst hat sich *Gauß* nicht um die Weiterentwicklung der Wahrscheinlichkeitsrechnung gekümmert, abgesehen von der an dieses Prinzip sich fast zwangsläufig anschließenden Einführung der heute allgemein bekannten Gaußschen Fehlerfunktion. Ihn interessierte vor allem die Anwendung in der Ausgleichsrechnung, und die daraus resultierende Theorie der Beobachtungsfehler stellte er nebenbei in anderen Arbeiten dar, zum Beispiel in der ,,Disquisitio`` über die Pallas. 1816 erschien noch ein kurzer Aufsatz über die ,,Bestimmung der Genauigkeit der Beobachtungsfehler``. Im Nachlaß fand sich noch die Umkehrung der Fourier-Transformation, begründet mit Hilfe der heute sogenannten Poissonschen Summenformel. Zwei andere und zwar sehr praktische Anwendungen machte er von seinen wahrscheinlichkeitstheoretischen und statistischen Kenntnissen. Die regelmäßige Lektüre auswärtiger Zeitungen, die in einer Göttinger Lesestube auslagen, gab ihm die Möglichkeit, die Börsennachrichten systematisch auszuwerten und daraufhin sehr erfolgreiche Börsengeschäfte abzuschließen, so daß seine so gewonnenen Einnahmen sein Gehalt als Göttinger Professor wesentlich überstiegen. Andererseits hat er von 1845 bis 1850 sehr langwierige Untersuchungen und Berechnungen zur Reorganisation der Göttinger Professoren-Witwenkasse angestellt, die dadurch in Schwierigkeiten gekommen war, daß 1844 die Anzahl der Professorenwitwen stark angestiegen war und die vorgesehenen Pensionen nicht mehr gezahlt werden konnten.

Wie schon erwähnt, hat sich *Gauß* schon im Alter von 15 Jahren damit beschäftigt, die Eigenschaften einer Geometrie zu untersuchen, in der alle Axiome des *Euklid* mit Ausnahme des Parallelenaxioms gelten. Man hatte seit der Antike versucht, das Parallelenaxiom seiner besonderen Struktur wegen aus den anderen Axiomen herzuleiten. Alle vermeintlichen Beweise waren aber daran gescheitert, daß an irgendeiner unauffälligen Stelle eine scheinbare Selbstverständlichkeit benutzt wurde, zum Beispiel, daß es Dreiecke mit beliebig großem Flächeninhalt gibt, die aber in Wirklichkeit nur mit Hilfe des Parallelenaxioms zu beweisen war. *Gauß* hat eine ganze Reihe solcher Fehler aufgedeckt.

Vorderseite
der Gauß-Weber-Medaille

Da es nun bisher nicht gelungen war, die Abhängigkeit des Parallelenaxioms von den anderen euklidischen Axiomen direkt zu beweisen, konnte man versuchen, eine Geometrie aufzubauen, in der durch einen Punkt außerhalb einer Geraden mindestens zwei Geraden hindurchgehen, die die gegebene Gerade nicht schneiden, in der Hoffnung, dabei zu einem Widerspruch zu kommen. *Gauß* aber kam bei solchen Untersuchungen immer weiter vorwärts und erhielt so interessante und weitgehende Resultate, daß er immer mehr zu der Überzeugung kam, eine solche Geometrie könne in sich frei von Widersprüchen sein. Er hat aber darüber nichts veröffentlicht. Im Gegenteil: Einige vertraute Bekannte, denen er seine Ansichten darüber mitteilte, hat er gebeten, völliges Stillschweigen zu bewahren, da er das Geschrei der Böotier (ein altgriechischer Volksstamm, der als denkfaul, schwerfällig und unkultiviert galt) fürchtete. Er warnte sie, solche Ideen zu publizieren, da sie sonst – wie er sich in einem Brief an *Chr. L. Gerling* ausdrückte – ein Wespennest aufstören würden.

Gauß war sich also der erkenntnistheoretischen Bedeutung seiner Ansichten voll bewußt. Doch ist nicht bekannt, ob er seine Untersuchungen soweit vorangetrieben hat, daß sie, wie wir heute sagen würden, ein Modell für die nichteuklidische Geometrie geliefert hätten. Immerhin stellte er sich die Frage, ob die euklidische oder die nichteuklidische Geometrie die wahre, das heißt die in der realen Welt geltende Geometrie sei. Aus der Astronomie wußte er natürlich, daß die Annahme der euklidischen Geometrie nicht nur zu keinen astronomischen Fehlern außerhalb der Beobachtungsgenauigkeit geführt, sondern auch höchst diffizile Voraussagen ermöglicht hatte, die dann auch bestätigt worden sind, wie die Berechnung der Bahn eines noch unbekannten Planeten aus den beobachteten Störungen bereits bekannter Planetenbahnen. Nun gibt es unendlich viele, im wesentlichen gleichwertige nichteuklidische Geometrien, die sich voneinander nur in einer gewissen Länge unterscheiden, ähnlich wie die Geometrien auf Kugeln verschiedener Radien. *Gauß* weist nun darauf hin, daß es sich durch Messungen auf der Erde und am Himmel nicht unbedingt entscheiden lassen müßte, ob die euklidische Geometrie oder eine nichteuklidische die wahre ist, weil diese Länge so groß sein kann, daß Abweichungen zwischen beiden Geometrien sich nur in Effekten auswirken, die unterhalb der Beobachtungsgenauigkeit liegen.

Wilhelm Eduard Weber
(1804 bis 1891)

Häufig wird behauptet, daß *Gauß* die Winkelsumme, die bei der Vermessung des großen Dreiecks Hoher Hagen, Brocken und Inselsberg auftrat, nachgeprüft habe, um die Wahrheit der euklidischen Geometrie zu kontrollieren. Diese Behauptung ist zuerst bei *Sartorius von Waltershausen* zu lesen, der wohl ein guter Freund von *Gauß*, aber kein Mathematiker war, und läßt sich sonst durch nichts belegen. Das würde ja auch der Tatsache widersprechen, daß *Gauß* wußte, daß, wenn in astronomischen Maßstäben keine Abweichungen gefunden werden, erst recht keine in irdischen Maßstäben zu finden sind. Außerdem benutzte *Gauß* bei der Ausgleichung der Beobachtungsfehler von Triangulationen den Satz der Winkelsumme im Dreieck und zog dabei die euklidische Geometrie heran, um mit ihrer Hilfe aus den Vermessungen Auskunft über die Gestalt der Erde zu bekommen.

Zu Anfang des 19. Jahrhunderts arbeiteten unabhängig voneinander und etwa gleichzeitig zwei junge Mathematiker die nichteuklidische Geometrie aus und veröffentlichten sie. Ab 1829 erschien darüber in Kasan in Rußland eine Serie von Abhandlungen von N. I. *Lobatschewski*, und 1832 publizierte J. *Bolyai* in Ungarn seine Geometrie als Anhang eines Mathematikbuches seines Vaters W. *Bolyai*, der ein Studienfreund von *Gauß* war, von diesem die Schwierigkeiten der Bemühungen um das Parallelenaxiom kannte und seinen Sohn dringend beschworen hatte, von seinen Untersuchungen abzulassen, weil sie aussichtslos seien.

Gauß erfuhr zunächst von *Bolyai*s Resultaten. In einem Brief an *Chr. L. Gerling* bezeichnete er J. *Bolyai* als ein Genie erster Größe.

An den Vater *Bolyai*s aber schrieb er, er dürfe dessen Sohn nicht loben, da das hieße, sich selbst zu loben; denn der ganze Inhalt sei ihm, zum Teil schon seit fast 30 Jahren, aus eigenen Untersuchungen bekannt. Auf den jungen *Bolyai* wirkte dieser Brief natürlich niederschmetternd, und besonders in Ungarn hat man *Gauß*' Reaktion sehr übelgenommen.

Erst allmählich, etwa ab 1841, kamen die an deutschen Universitäten schwer zugänglichen, noch dazu russisch geschriebenen ersten Arbeiten von *Lobatschewski* zu *Gauß*' Kenntnis. *Gauß* begriff sofort die Bedeutung dieser Publikationen und begann, um sie genauer studieren zu können, mit bestem Erfolg russisch zu lernen, was er gleichzeitig

als Erprobung der Elastizität seines Geistes (er stand ja damals schon im 7. Jahrzehnt seines Lebens) ansah. Dem heutigen Beobachter erscheint es merkwürdig, daß *Gauß* seine nichteuklidische Geometrie nicht mit seiner Differentialgeometrie in Verbindung brachte. Er hätte als Modell für die nichteuklidische Geometrie eine Fläche konstanter negativer Gaußscher Krümmung, zum Beispiel auf die Pseudosphäre, die von der Traktrix erzeugte Rotationsfläche, nehmen können, wobei allerdings die nichteuklidische Ebene nicht in ihrer ganzen Erstreckung erfaßt worden wäre. Sicher aber hat *Gauß* erkannt, daß in dem oben erwähnten Habilitationsvortrag von *Riemann* 1854 ein Modell für die n-dimensionale nichteuklidische Geometrie als Spezialfall eines Riemannschen Raumes konstanter Krümmung enthalten war. Später hat man allerdings das Cayley-Hamiltonsche projektive Modell ebenso wie das Kleinsche funktionentheoretische ihrer unmittelbaren Anschaulichkeit wegen vorgezogen, zu dem noch die Kugel mit imaginärem Radius im pseudoeuklidischen dreidimensionalen Raum hinzukommt. Jedes dieser Modelle reduziert die Widerspruchslosigkeit der nichteuklidischen Geometrie, also die Unabhängigkeit des Parallelenaxioms von den anderen Axiomen *Euklids*, auf die Widerspruchslosigkeit der euklidischen Geometrie oder auf die der reellen Zahlen. – Es sei noch darauf hingewiesen, wie scharf *Gauß* die euklidische Geometrie durchmustert hat: Er bemerkt gelegentlich nebenbei, daß der Begriff ,,zwischen'' einer genauen Untersuchung bedürfe.
Im Jahre 1828 nahm *Gauß* als Gast von *A. v. Humboldt* an einer großen Naturforscherversammlung in Berlin teil und kam dort mit dem Physiker *W. E. Weber* in Kontakt, der sich nach *Webers* Berufung 1831 nach Göttingen zu einer engen Zusammenarbeit ausgestaltete. Ihr erstes gemeinsames Thema war der Erdmagnetismus. Zwar organisierten sie eine weltweite Beobachtung des Erdmagnetismus, aber für *Gauß* waren die theoretischen Eroberungen die Hauptsache. Trotzdem kümmerte sich *Gauß* aber auch um neue Beobachtungsmethoden, die eine wesentliche Erhöhung der Meßgenauigkeit mit sich brachten (Erfindung des Magnetometers). *Gauß* und *Weber* erfanden 1833 gemeinsam den elektromagnetischen Telegraphen, den sie gleich zu einem Nachrichtendienst zwischen dem Physikalischen Institut und der

Letzte Eintragung
im Tagebuch von Gauß

> *Observatio per inductionem facta gravissima theorema residuorum biquadra-*
> *ticorum cum fractionibus lemniscaticis elegantissime nectens. Puta si $a+bi$ est*
> *numerus primus $a-1+bi$ per $2+ii$ divisibilis, multitudo omnium solutionum*
> *congruentiae $1 = xx + yy + xxyy \pmod{a+bi}$, inclusis $x = \infty, y = \pm i$,*
> *$x = \pm i, y = \infty$ fit $= (a-1)^2 + bb$*
> *1814 Jul. 9*

Sternwarte benützten. *Gauß* erkannte die Bedeutung dieser Erfindung und schrieb an *H. Chr. Schumacher* am 6. August 1835, daß unter Verwendung genügend großer Finanzmittel die Telegraphie ,,zu einer Vollkommenheit und zu einem Maßstabe gebracht werden könnte, vor dem die Phantasie fast erschrickt".
Sonstige physikalische Arbeiten bezogen sich auf die Mechanik, wo *Gauß* das Prinzip des kleinsten Zwanges aufstellte, und auf die Optik, wo er die bisherigen Berechnungsmethoden für den Durchgang von Lichtstrahlen durch ein Linsensystem wesentlich verbesserte.
Die Zusammenarbeit mit *Weber* dauerte nur bis zum Jahre 1837, in dem *Weber* ebenfalls als einer der ,,Göttinger Sieben" entlassen wurde. Trotz der engen Beziehungen, die *Gauß* also zu zwei der ,,Göttinger Sieben" hatte, hielt er sich selbst von jeder politischen Aktivität fern. Er war politisch sehr konservativ, was sicherlich wesentlich durch die Unterstützung zu erklären ist, die er in jungen Jahren durch den Braunschweiger Herzog erhalten hatte. Er verlangte vom Staat nur, daß er ihm die Gelegenheit zur ungestörten Forschung gab, und beklagte sich sogar sehr über die politischen Ereignisse seiner Zeit, die er als Unruhe empfand und die die für eine fruchtbare Arbeit nötige ,,Heiterkeit des Geistes" nur beeinträchtigten.
Die Wirkung von *Gauß* auf die Mathematiker seiner Zeit erfolgte fast ausschließlich durch seine Publikationen. Gegen Vorlesungen hegte er einen großen Widerwillen, direkte Schüler in der Mathematik hatte er nicht, und die Korrespondenz mit mathematischen Kollegen war äußerst gering im Vergleich mit dem sehr umfangreichen Briefwechsel, den er mit seinen Bekannten und Freunden aus dem Bereich der Astronomie führte.
So waren zu seinem 50jährigen Doktorjubiläum 1849 nur zwei Mathematiker, *Dirichlet* und *Jacobi*, nach Göttingen gekommen. Bei dieser Gelegenheit erhielt er das Ehrenbürgerrecht der Stadt Göttingen, und darüber hat er sich mehr gefreut als über die vielen Ehrungen, die er etwa 50 Jahre lang in Gestalt von Berufungen an andere Universitäten – er blieb aber in Göttingen – und von Wahlen in wissenschaftliche Akademien und gelehrte Gesellschaften empfing. Im Wintersemester 1850/51 hielt er noch Vorlesungen über die Methode der kleinsten Quadrate;

Aufstand der Weber, 1844

unter den wenigen Hörern befand sich der damals 19jährige *Dedekind*, der von *Gauß'* Gesamtpersönlichkeit aufs tiefste beeindruckt wurde.
In den folgenden Jahren verschlechterte sich der Gesundheitszustand von *Gauß* immer mehr, bis sein Leben am 23. Februar 1855 erlosch.

Lebensdaten zu Carl Friedrich Gauß

1777	30. April, *Carl Friedrich Gauß* in Braunschweig geboren
1784	Besuch der Volksschule
1788	Eintritt ins Gymnasium Catharineum
1792	Aufnahme ins Collegium Carolinum
1795	Beginn des Studiums in Göttingen
1796	Mit der Entdeckung der Konstruktion des regulären 17-Ecks beginnt *Gauß*, sein wissenschaftliches Tagebuch zu führen.
1799	Promotion in Abwesenheit in Helmstedt; anschließend dort Aufenthalt bei *J. F. Pfaff* bis Ostern 1800
1801	Die ,,Disquisitiones arithmeticae" erscheinen. *Gauß* berechnet die Bahnelemente der Ceres.
1805	Heirat mit *Johanna Osthoff*
1807	*Gauß* wird Professor der Astronomie und Direktor der Sternwarte in Göttingen.
1809	,,Theoria motus corporum coelestium..." erscheint im Druck. Tod von Frau *Johanna* und des dritten Kindes
1810	*Gauß* schlägt eine Berufung nach Berlin aus. Heirat mit *Wilhelmine Waldeck*
1811	Ausbau der Göttinger Sternwarte beginnt.
1812	Studien zur Reihenlehre
1818	*Gauß* erhält den Auftrag zur Vermessung des Königreiches Hannover.
1820	*Gauß* erfindet den Heliotropen.
1821 bis 1825	*Gauß* leitet die geodätischen Arbeiten im Gelände.
1824	Endgültiges Scheitern der Berufungsverhandlungen nach Berlin

1827	Erscheinen der ,,Disquisitiones generales circa superficies curvas" im Druck
1828	Teilnahme an der Naturforscherversammlung in Berlin, zu Gast bei *Alexander von Humboldt*, Bekanntschaft mit *Wilhelm Weber*
1829	*Gauß* stellt das physikalische Prinzip des kleinsten Zwanges auf.
1831	Seine zweite Frau stirbt. *Wilhelm Weber* wird nach Göttingen berufen.
1832	*Gauß* und *Weber* stellen ein absolutes physikalisches Maßsystem auf. Erdmagnetische Untersuchungen
1839	*Gauß* stellt die Grundlagen einer allgemeinen Potentialtheorie dar.
1841	*Gauß* lernt die Arbeiten von *N. I. Lobatschewski* kennen und erlernt die russische Sprache.
1849	Feier des 50jährigen Doktorjubiläums von *Gauß* in Göttingen Die letzte Abhandlung
1855	23. Februar, Tod in Göttingen

Literaturverzeichnis zu Carl Friedrich Gauß

[1] *Gauß, Carl Friedrich:* Werke, 12 Bände. Herausgegeben von der Gesellschaft der Wissenschaften zu Göttingen, 1863 bis 1933.
[2] *v. Waltershausen:* Gauß zum Gedächtnis. Leipzig 1856.
[3] Briefwechsel zwischen C. F. Gauß und H. C. Schumacher, 6 Bände. Ed. C. A. F. Peters, Altona 1860 bis 1865.
[4] Briefwechsel zwischen Gauß und Bessel. Ed. A. Auwers, Leipzig 1880.
[5] Briefwechsel zwischen C. F. Gauß und W. Bolyai. Ed. F. Schmidt und P. Stäckel, Leipzig 1899.
[6] Briefwechsel zwischen C. F. Gauß und C. L. Gerling. Ed. C. Schaefer, Berlin 1927.
[7] *Mack, H.:* C. F. Gauß und die Seinen. Textschrift zu seinem 150. Geburtstage. Braunschweig 1927.
[8] *Worbs, E.:* Carl Friedrich Gauß. Ein Lebensbild. Leipzig 1955.
[9] *Dunnington, G. W.:* Carl Friedrich Gauß, Titan of Science. New York 1955.
[10] Karl Friedrich Gauß. Sammelband zu Anlaß seines 100. Todestages. Moskau 1956 (russ.).

Bernard Bolzano

[11] Gedenkband anläßlich des 100. Todestages von C. F. Gauß. Ed. H. Reichardt. Mit Beiträgen von W. Blaschke, H. Falkenhagen, B. W. Gnedenko, E. Kähler, W. Klingenberg, R. Kochendörffer, A. I. Markuschewitsch, G. J. Rieger, H. Salié, K. Schröder, O. Volk. Leipzig 1957.
[12] *Hofmann, J. E.:* Carl Friedrich Gauß. MNU 8 (1955/56), S. 49 bis 60.
[13] *Hall, T.:* Carl Friedrich Gauß. Cambridge/London 1970.
[14] *Wussing, H.:* Carl Friedrich Gauß. Leipzig 1974.

Bernard Bolzano (1781 bis 1848)

In der Geschichte der Wissenschaften ist es im allgemeinen eine häufige Erscheinung, daß ein revolutionäres Ergebnis — mag es eine ganze Theorie, eine Methode oder eine neue Idee sein — sehr lange heranreift, um dann fast gleichzeitig und doch unabhängig voneinander bei verschiedenen Wissenschaftlern aufzutreten. Ein bekanntes Beispiel ist etwa die Formulierung der Ideen der nichteuklidischen Geometrie durch *C. F. Gauß, J. Bolyai* und *N. I. Lobatschewski.*
Ähnlich entstanden in den ersten Jahrzehnten des 19. Jahrhunderts umwälzende mathematische Ideen auch auf dem Gebiet der Grundlagen der mathematischen Analysis und wiederum unabhängig voneinander in den Gedanken zweier räumlich und geistig weit voneinander entfernter Mathematiker, bei *Augustin Louis Cauchy* und *Bernard Bolzano.*
Bernard Bolzano wurde am 5. Oktober 1781 in der Familie eines Prager Kaufmannes geboren, der aus Norditalien nach Böhmen gekommen war; *Bolzano*s Mutter entstammte einer Prager Kaufmannsfamilie. Schwerlich kann man von einem intellektuellen Niveau und einer Einflußnahme der Familie auf den heranreifenden Mathematiker *Bolzano* sprechen. Sein Vater war zwar belesen, hatte seine Lieblingsdichter und war eifriger Verfechter der Ideen der Aufklärung, doch wirkte die Familie wahrscheinlich am stärksten durch ihre religiöse Gebundenheit auf den jungen *Bernard* ein.

F. J. Gerstner,
der Lehrer Bernard
Bolzanos

In *Bolzano* verband sich von Kindheit an eine schwache physische Konstitution mit dem festen Willen, der alle Hindernisse zu überwinden bereit war. Er äußerte sich vor allem in einem systematischen und weitreichenden Studium. Die Schule hatte anfänglich beträchtlichen Einfluß auf die Bildung *Bolzano*s, später das Gymnasium und seit dem Jahre 1796 die philosophische Fakultät der Prager (Karls-) Universität. Abgesehen von den Schulpflichten, die *Bolzano* leicht erfüllen konnte, studierte er seit seiner Jugend intensiv verschiedenartige Literatur, angefangen von der Poesie bis zu wissenschaftlichen Abhandlungen, ferner politische Berichte, Philosophie und auch Theologie. Er suchte auf verschiedenen Gebieten nach einer Antwort auf die Fragen, was das Gemeinwohl sei und wie man dazu beitragen könne. Mit diesem ethischen Problem verschmolzen für *Bolzano* die Ideen der österreichischen Form der Aufklärung, der Josefinismus, die Streitigkeiten um die Wahrheit und Mission der Religion und die Lösung philosophischer Fragen und fanden darin ihren Niederschlag. Aber bald entwickelte sich ein charakteristischer Grundzug in der Denkart *Bolzano*s: er verließ sich konsequent auf die Vernunft und auf die Vertiefung und Verfeinerung logischer Instrumente. Die Mathematik übernimmt dabei für *Bolzano* eine bestimmende Rolle.

An der Universität unterwies ihn in Mathematik St. *Vydra*, ein Priester und tschechischer Patriot, aber ein schwacher Mathematiker. Seine Vorlesungen konnten *Bolzano* weder beeindrucken noch zufriedenstellen. Aber damals gerieten ihm, wie er selbst in seiner Autobiographie schilderte, die Bücher von *A. C. Kästner* in die Hände. An ihnen fesselte ihn das Streben, Lehrsätze zu beweisen und aus den Grundprinzipien abzuleiten. So kam *Bolzano* in der Mathematik mit einem wissenschaftlichen Gebiet in Berührung, das sein Bedürfnis nach begrifflicher Strenge und nach Präzision der Beweise befriedigen konnte. Dieses Postulat wurde für *Bolzano* mehr als eine mathematische Forderung; es wurde ihm eine Grundlage für wahrhaftige Philosophie, und die Mathematik beeindruckte ihn, wie er selbst zu sagen pflegte, gerade wegen ihres philosophischen Aspektes.

Der zweite Mathematikprofessor an der Prager Universität war damals *F. J. Gerstner*, der Vorlesungen über die sogenannte höhere Mathematik hielt. Er war ein vorzüglicher

Carolinum

Mathematiker mit großem Weitblick, hatte sich mit Astronomie und praktischer Mathematik befaßt und war Gründer der ersten modernen technischen Hochschule in Mitteleuropa, die nach dem Vorbild der Pariser Polytechnischen Schule im Jahre 1806 in Prag ins Leben gerufen wurde. Wahrscheinlich war *Gerstner* der Einzige in Prag, der die mathematische Begabung *Bolzano*s einschätzen konnte und dies auch wirklich tat, ohne sie jedoch fruchtbringend beeinflussen zu können. Beide, *Gerstner* und *Bolzano*, bezogen gegenüber der Mathematik, ihrem Sinn und damit ihrer Struktur völlig voneinander abweichende Positionen. *Gerstner* erblickte in der Mathematik vor allem ein Instrument zur Lösung von Problemen anderer Wissenschaften oder praktischer Rechenaufgaben; dieses Instrument erschien ihm vollkommen genug, und er brauchte nichts hinzuzufügen. *Bolzano* hingegen interessierten die mathematischen Erwägungen nicht unter dem Aspekt ihrer Verwertbarkeit, sondern wegen des erwähnten philosophischen Aspekts. Er betrachtete die Mathematik stets nur unter diesem einen Gesichtswinkel, und der auf praktische Probleme orientierte *Gerstner* vermochte ihn nicht von der Notwendigkeit auch des anderen Aspektes zu überzeugen. So wurde der spätere Charakter der mathematischen Arbeiten *Bolzano*s bestimmt: *Bolzano* sah nicht die Wichtigkeit der angewandten und der numerischen Mathematik. Nach Absolvierung der philosophischen Fakultät im Jahre 1799 stand *Bolzano* vor einer grundsätzlichen Entscheidung. Sein Vater wollte, daß er sich dem Handel widmete. Die Mutter wollte ihn als Priester sehen. Er selbst hatte Neigung zum Studium der der Philosophie nahestehenden Mathematik. Der Vater gab ihm ein Jahr Bedenkzeit. Es war dies gewiß ein von intensiver Arbeit ausgefülltes Jahr, schwerlich kann aber gesagt werden, welche Impulse ihn zur endgültigen Entscheidung bestimmten, Theologie zu studieren.

Die zurückgebliebenen gesellschaftlichen Verhältnisse in Österreich führten dazu, daß die Tendenzen der Aufklärung nicht über einen Reformkatholizismus hinausgingen. Der Widerhall der französischen Revolution stand im Schatten der napoleonischen Siege. Die Furcht der Regierungskreise vor der Revolution verband sich mit dem patriotischen Widerstand der Bürger gegen die napoleonische Fremdherrschaft. So ist es verständlich, daß *Bolzano* in dieser Situation die Lösung im Streben nach einem

Innenhof des Carolinums

abstrakt aufgefaßten Gemeinwohl erblickte, dem er als Priester zu seinem Recht verhelfen wollte. Durch die Entscheidung für die Theologie waren aber die tiefgehenden Zweifel *Bolzano*s hinsichtlich des katholischen Glaubens nicht beseitigt. Immer wieder kam er auf sie zurück. Schließlich eignete er sich die Auffassung an, wonach in Glaubenssachen mehr die erzielte Wirkung als die eigene Überzeugung des Glaubens entscheidet.

Bolzano studierte an der Universität allerdings nicht nur Theologie, sondern blieb seinem weitreichenden Interesse und seiner Neigung für die Mathematik treu. Ein entscheidender Wendepunkt im Leben *Bolzano*s trat im Jahre 1804 ein. Damals sollten an der Prager Universität zwei Lehrstühle zur Besetzung gelangen: der durch das Ableben von *Vydra* freigewordene Lehrstuhl für Elementarmathematik und der gerade neu errichtete Lehrstuhl der Religionswissenschaft. Im Rahmen der damaligen politischen Situation hatte die Errichtung dieses Lehrstuhls besonderen Sinn. Die österreichische Regierung und insbesondere eine bestimmte Gruppe um Kaiser *Franz* begann Kräfte zu mobilisieren, die alle fortschrittlichen Tendenzen im Lande ersticken sollten. Trägerin des ideologischen Kampfes auch gegen die von der französischen Revolution ausgehenden fortschrittlichen Ideen war die katholische Kirche, deren Hierarchie sich den Interessen der Regierung unterzuordnen bereit war. Im Rahmen dieser Intentionen wurde dann der neue Lehrstuhl gegründet. Für die eingeführten Pflichtvorlesungen schrieb der Wiener Hofprediger *Frint* ein Lehrbuch.

Bolzano bewarb sich nach reiflicher Überlegung um beide Lehrstühle, und *Gerstner* empfahl ihn nachdrücklich für den mathematischen Lehrstuhl. Durch ein bisher nicht völlig geklärtes Zusammentreffen von Umständen wurde in Wien entschieden, den Lehrstuhl für Mathematik einem anderen Bewerber, *L. Jandera*, zu übertragen, der nie eine eigenständige mathematische Arbeit geschrieben hatte.

Bolzano erhielt den Lehrstuhl für Religionswissenschaft. Damit war die Laufbahn *Bolzano*s weitgehend festgelegt.

Er ließ sich zum Priester weihen und übernahm die ihm zugewiesene Aufgabe. Die Studenten betrachteten anfangs mißtrauisch die neuen Vorlesungen. *Bolzano* vermochte aber bald seine Hörer für sich zu gewinnen. Seine Vorlesungen und Predigten

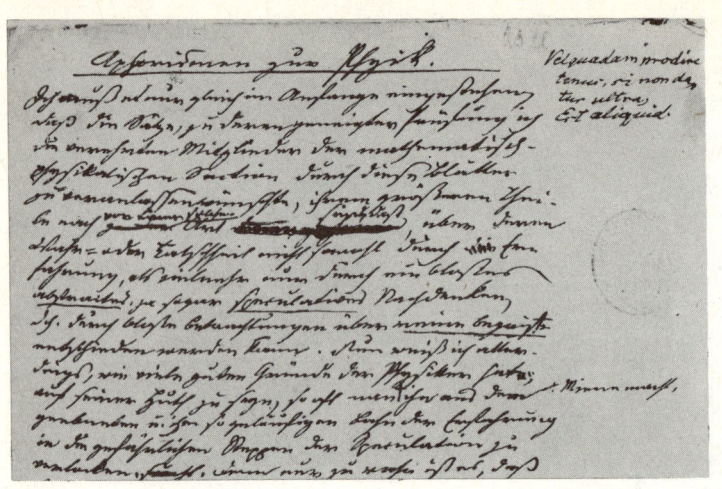

Auszug aus Bolzanos „Aphorismen der Physik"

waren stark besucht, zumal sie religiöse Unterweisung und Interpretationen mit Kritik an gesellschaftlichen Zuständen verbanden, die gelegentlich sogar antimonarchischen und utopisch-sozialistischen Charakter hatten.

Da Wesenszüge der Darlegungen *Bolzanos* an der Universität bereits zu Beginn seiner Tätigkeit deutlich hervortraten, gab es bald auch Stimmen, die seine Abberufung verlangten. Zugleich aber fand er auch Gönner und Beschützer, die die ersten Angriffe abschlugen. So konnte *Bolzano* im großen und ganzen bis zum Jahre 1819 unbelästigt an der Universität wirken. Besonders in den von den Studenten obligatorisch besuchten Sonntagsexhorten brachte *Bolzano* seine politischen und sozialen Ansichten zum Ausdruck. Er wagte sich mit der Behauptung hervor, es werde eine Zeit kommen, da alle Unterschiede in der Stellung der Menschen fallen würden. Er behauptete auch, die Untertanen dürften der Obrigkeit den Gehorsam verweigern usw. Diese politischen Ansichten, die auch außerhalb der Universität beifällige Aufnahme fanden, bildeten zusammen mit einigen nicht in den Rahmen kirchlicher Orthodoxie passenden Behauptungen schließlich die Grundlage dafür, daß *Bolzano* die Professur entzogen und gegen ihn eine Untersuchung eingeleitet wurde, die bis zum Jahre 1825 andauerte und in deren Verlauf die Gefahr bestand, daß er inhaftiert werden würde.

Die Zeit seines Wirkens an der Universität war nicht nur eine Periode, in der sich seine gesellschaftlichen Ansichten herausbildeten, parallel dazu befaßte er sich sehr intensiv auch mit Mathematik. Er publizierte einige nicht allzu umfangreiche mathematische Studien, die aber mehr waren als vorbereitende Arbeiten. Es waren Arbeiten, die die genaue Kenntnis der Werke *Euklids* und der geometrischen Bücher des Kästnerschen Lehrbuches verrieten, die sich gegenüber der elementar-geometrischen Problematik kritisch verhielten und bereits die Tiefe der von *Bolzano* durchdachten Probleme andeuten. Ferner waren es Versuche mit dem Ziel, neue Ansichten hinsichtlich des Charakters und der Methode der Mathematik zum Ausdruck zu bringen und diese anhand einiger ausgewählter mathematischer Themen anzuwenden. Im wesentlichen formulierte *Bolzano* bereits damals die Grundsätze für seine umfassende mathematische Arbeit, die er allerdings nicht vollenden konnte und die im Manuskript liegen blieb. Seine Vorstellung vom Wesen und von der Methode der Mathematik brachte *Bolzano*

Ehemaliger Marienplatz in Prag mit dem Wohnhaus von Bolzano

in seiner Arbeit „Beyträge zu einer begründeteren Darstellung der Mathematik" aus dem Jahre 1810 zum Ausdruck. Er gelangte hier zur – ideologisch-philosophischen – Schlußfolgerung, die Mathematik sei eine Wissenschaft von jenen allgemeinen Gesetzen (Formen), nach denen sich die Dinge bei ihrer Existenz richten müssen. Seine Ansichten, die im Bann der philosophischen Tradition und einer auf die Logik gestützten objektiv-idealistischen Philosophie standen, lockten ihn wie in dieser Arbeit vielfach auch sonst bei mathematischen Erwägungen auf Abwege. Allgemein gilt die Feststellung, daß *Bolzano* dort, wo er mit einer hervorragenden logischen Kraft zum mathematischen Wesen des Problems gelangte, bedeutende schöpferische Ergebnisse erzielte. Dort aber, wo philosophische Vorstellungen sich unter seine Erwägungen mischten, verfiel er in Mittelmäßigkeit und Irrtum. Dies läßt sich mehrfach dokumentieren. Im Jahre 1817 z. B. gab er eine Arbeit heraus, die den bekannten, von *Gauß* einigemal bearbeiteten Satz von der Existenz der Wurzeln der algebraischen Gleichung beweisen sollte.
Bolzano gelangte hier zu einer Präzisierung der Ausgangsbegriffe der mathematischen Analysis, z. B. zum Begriff der Stetigkeit und formulierte ein allgemeines Konvergenzkriterium. Er gelangte zu diesen Ergebnissen einige Jahre vor *Cauchy*. In anderen Arbeiten aber, dort, wo er versuchte, den axiomatischen Aufbau der Geometrie zu präzisieren, bemüht er sich etwa nachzuweisen, daß die einzig mögliche Form des Raumes der dreidimensionale Raum ist, dies alles zu einem Zeitpunkt, da die Arbeiten der Schöpfer der nichteuklidischen Geometrien heranreiften.
Als *Bolzano* im Jahre 1819 die Theologieprofessur verlor, akzeptierte er dies, wie er später selbst erzählte, mit stoischer Ruhe und hörte im Augenblick, da er davon vernahm, auf, an der Vorbereitung einer weiteren Vorlesung zu arbeiten, und begann, sich sofort mit wissenschaftlichen Fragen zu befassen. Dies läßt sich gewiß nur als momentane Gefühlsregung verstehen, denn *Bolzano* stand ein langjähriger Kampf um seine persönliche Freiheit bevor. Er wurde rasch von seinen Freunden isoliert und verkehrte nur mit einem kleinen Freundeskreis. Der Kaiser selbst hatte entschieden, man dürfe *Bolzano* keine öffentliche Tätigkeit bewilligen; er durfte nicht einmal Adjunkt beim astronomischen Observatorium werden. Als zu Beginn der zwanziger

Clementinum mit Sankt-Salvators-Kirche in Prag

Jahre *Gerstner* die Professur für höhere Mathematik an der Prager Universität zugunsten *Bolzanos* aufgab, wurde durch höchstes Eingreifen *Bolzano* nicht in Erwägung gezogen.

So verbrachte *Bolzano* die folgenden Jahre in Zurückgezogenheit, viele Jahre bei Freunden außerhalb Prags und siedelte sich erst an seinem Lebensabend im Jahre 1842 wiederum in Prag an. Das bedeutet allerdings nicht, daß er sein Interesse an theologischen Streitigkeiten, an politischen und gesellschaftlichen Problemen aufgegeben hätte. Er schrieb vielmehr ausführlich über alle diese Fragen und bemühte sich, den orthodoxen Charakter seiner Ansichten nachzuweisen. Am bedeutendsten ist aber wahrscheinlich seine Arbeit ,,Von dem besten Staate''. Hier formulierte *Bolzano* seine utopistisch-sozialistischen Ansichten von einer ,,gerechten'' Gesellschaft, die das genaue Gegenteil jener Gesellschaft ist, die er vor sich sah und deren Übel er kritisiert. Viele Gedanken hatte er bereits früher in seinen Predigten an der Universität ausgedrückt. Nunmehr durchdachte er ein abgeschlossenes System, gewissermaßen ein Ziel für die Gesellschaft, das diese nicht durch Revolution, sondern – wie er glaubte – durch mühselige Entwicklung erreichen wird. Im ,,besten Staate'' *Bolzanos* werden alle Menschen untereinander gleich sein, die Mittel zum Lebensunterhalt werden ihnen gerecht zugeteilt und eine demokratische Regierung wird den Staat lenken, Gerechtigkeit für jeden walten lassen und auch die Wirtschaft leiten. Abschriften dieser Arbeit kursierten allerdings nur innerhalb eines kleinen Interessenkreises, und die Arbeit selbst wurde erst in diesem Jahrhundert publiziert. Das realpolitische Wirken *Bolzanos* schwächte sich im Laufe der Jahre, während seiner Isolierung von der Entwicklung der tschechischen Nation, ab. Sein Name war im Grunde nur ein Symbol dieser Bestrebungen um Gesellschaftsreform.

Trotz allem Streben in der Theologie, Philosophie, Ästhetik usw. und auch trotz der Versuche, einige Fragen der Fundamente der Physik zu erfassen, konnte *Bolzano* der Mathematik und Logik eine systematischere Aufmerksamkeit widmen. Er schrieb vor allem in den zwanziger Jahren das umfassende Werk der ,,Wissenschaftslehre'' in vier Bänden (1837), das seine Bestrebungen nach der Darlegung einer eigenen Wissenschaftstheorie enthielt. *Bolzano* erweist sich hier vor allem als einer der Begründer

"Bibliotheca Academiae Viennensis"

der mathematischen Logik, der ohne spezielle Symbolik und hauptsächlich ohne den Versuch eines speziellen logischen Algorithmus zahlreiche Lehrsätze und Begriffe formulierte. Er rang sich zu den modernen Begriffen der Aussage und der Aussagefunktion durch, verwies auf die Tragfähigkeit der Implikation usw. Andererseits führen seine Erwägungen vom „Satz an sich", von „Wahrheit an sich" usw. zur Betonung der Existenz dieser Entitäten im Sinne eines objektiven Idealismus. Das ganze Werk, das unmittelbar zu seiner Zeit beinahe unbeachtet geblieben war, fesselte erst am Ende des Jahrhunderts vor allem durch seine philosophischen Kontexte und erreichte auch in diesem Jahrhundert einige Editionen.

Daneben nahm sich *Bolzano* ungefähr schon zu Beginn der dreißiger Jahre vor, wesentliche Partien der Mathematik unter der Bezeichnung „Größenlehre" zu einem logisch abgeschlossenen System zusammenzufassen. Dieses beabsichtigte Werk wurde nicht beendet; nur einige Teile wurden in druckreifer Form fertiggestellt. Leider war die Umgebung *Bolzanos* nicht fähig, den wissenschaftlichen Inhalt der in Skizzen enthaltenen wissenschaftlichen Ergebnisse zu begreifen, und so wurden die Manuskripte eigentlich erst in diesem Jahrhundert richtig eingeschätzt, als sie nur noch historischen Wert hatten.

Noch heute warten die umfangreichsten Teile dieses hauptsächlich in der Wiener Nationalbibliothek aufbewahrten mathematischen Werkes *Bolzanos* auf ihre wissenschaftliche Würdigung. Dennoch aber reicht das, was aus seinem mathematischen Werk bekannt ist, vollauf dazu aus, *Bolzano* zu den größten Mathematikern der ersten Hälfte des 19. Jahrhunderts zu zählen. Damals setzten in der Mathematik Bestrebungen nach einer Revision der Begriffe, nach ihrer Bereinigung und nach dem Aufbau präziser Fundamente der mathematischen Disziplinen ein.

In dieser progressiven Strömung spielte die Analysis eine wichtige Rolle. Beim Umbau ihrer Fundamente haben *N. H. Abel, C. F. Gauß, N. I. Lobatschewski* mitgewirkt, eine führende Stellung sollte *A. L. Cauchy* einnehmen. Ihren Höhepunkt erreichten diese Bestrebungen in den siebziger Jahren bei *B. Riemann* und *K. Weierstraß*.

Bolzano trat im zweiten Jahrzehnt des Jahrhunderts mit einschlägigen Veröffentlichungen hervor. Besonders wertvoll sind Teile der „Größenlehre"; einige von ihnen

Wiener Kongreß 1814/15

sind unter dem Titel „Functionenlehre" und „Zahlentheorie" in unserem Jahrhundert herausgegeben worden.

Im folgenden sollen einige Beispiele von der modernen Auffassung *Bolzanos* über die Grundbegriffe der Analysis – über Stetigkeit, Ableitung, Funktionsbegriff, Existenz eines Häufungspunktes – geboten werden.

In der Abhandlung „Der binomische Lehrsatz..." polemisiert *Bolzano* gegen den Mißbrauch des Umganges mit den sogenannten unendlich kleinen Größen, die zu den größten logischen Komplikationen geführt hatten. Man müsse sich dieser Größen enthalten, „wie ich denn auch statt der so genannten unendlich kleinen Größen mich durchgängig mit demselben Erfolge des Begriffes solcher Größen bediene, die kleiner als jede gegebene werden können, oder (wie ich sie zur Vermeidung der Eintönigkeit zuweilen gleichfalls nenne,...) der Größen, welche so klein werden können, als man nur immer will. Hoffentlich wird man den Unterschied zwischen den Größen dieser Art und dem, was man sich sonst unter dem Namen des unendlich Kleinen denkt, nicht verkennen". [3, S. IV-V] Auf diese Weise bewältigte *Bolzano* Grenzübergänge ganz allgemein, speziell den vom Differenzenquotienten zum Differentialquotienten in völlig exakter Weise.

Ganz entsprechend gab er eine – zeitlich vor *Cauchy* – exakte Definition der Stetigkeit einer Funktion. Er definierte, wie es heute jedem Mathematiker selbstverständlich scheint, „daß eine Funktion $f(x)$ für alle Werthe von x, die innerhalb oder außerhalb gewisser Grenzen liegen, nach dem Gesetz der Stetigkeit sich...., daß, wenn x irgend ein solcher Werth ist, der Unterschied $f(x+\omega) - f(x)$ kleiner als jede gegebene Größe gemacht werden könne, wenn man ω so klein, als man nur immer will, annehmen kann". [4, S. 11/12]

Trotz eines nur verkappten Gebrauchs von Partialsummen läuft das von *Bolzano* angegebene notwendige und hinreichende Konvergenzkriterium für Folgen inhaltlich auf das spätere Cauchysche Konvergenzprinzip hinaus. „Wenn eine Reihe von Größen $F_1(x), F_2(x), F_3(x), \ldots, F_n(x), \ldots, F_{n+r}(x)$, von der Beschaffenheit ist, daß der Unterschied zwischen ihrem n-ten Glied $F_n(x)$ und jedem späteren $F_{n+r}(x)$, sey dieses von jenem auch noch so weit entfernt, kleiner als jede gegebene Größe verbleibt,

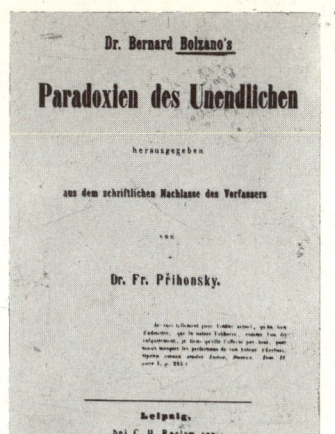

Titelblatt
zu ,,Paradoxien des Unendlichen''

wenn man n groß genug angenommen hat: so gibt es jedesmahl eine gewisse beständige Größe, und zwar nur eine, der sich die Glieder dieser Reihe immer mehr nähern, und der sie so nahe kommen können, als man nur will, wenn man die Reihe weit genug fortsetzt." [4, S. 35]

Im Jahre 1930 lieferte *K. Rychlik* mit der Herausgabe des Teiles ,,Functionenlehre'' aus dem Nachlaß eine mathematisch-historische Sensation. Es zeigte sich, daß *Bolzano* – zeitlich weit vor *K. Weierstraß* und *B. Riemann* – als erster eine in einem ganzen Intervall stetige, aber dort nirgends differenzierbare Funktion konstruiert hat. Diese ,,Funktion von *Bolzano*'' läßt sich kurz so beschreiben:

,,Sei (vgl. Abbildung [14, S. 66]) die Verbindungsstrecke AB, die nicht parallel zur x-Achse liegt, das Bild der Funktion y_1. AB wird in C halbiert, ferner werden die Punkte D und E mit den Koordinaten

$$\left(a + \tfrac{3}{8}(b-a)/\alpha + \tfrac{5}{8}(\beta - \alpha)\right) \quad \text{bzw.} \quad \left(a + \tfrac{7}{8}(b-a)/\beta + \tfrac{1}{8}(\beta - \alpha)\right)$$

konstruiert. Der Streckenzug $ADCEB$ sei das Bild der Funktion y_2. Auf eine ähnliche Weise, wie wir die Funktion y_2 soeben aus y_1 hergeleitet, können wir aus der y_2 abermals eine dritte Funktion y_3 herleiten, indem wir mit jedem der vier Stücke, in welche der Abstand $b-a$ nach dem vorigen Verfahren zerlegt worden ist, das vornehmen, was wir vorhin mit dem ganzen Abstande thaten, dh. auch jedes dieser Stücke in vier andere zerlegen...". [7, S. 67]

Der Grenzwert $\lim_{n \to \infty} y_n$ stellt die Funktion von *Bolzano* dar.

Bolzano selbst wies nach, daß es im abgeschlossenen Intervall [a, b] kein Teilintervall gibt, in dem sie monoton stetig ist. Dagegen ist diese Funktion im ganzen Intervall stetig und, wie *Bolzano* korrekt beweist, in einer im Intervall liegenden dichten Punktmenge nicht differenzierbar. *Rychlik* konnte 1930 sogar zeigen, daß diese Funktion in keinem Punkte des Intervalls differenzierbar ist.

Auch als Wegbereiter der Mengenlehre hat *Bolzano*, weit vor *G. Cantor*, Erstaunliches geleistet. *Cantor* hat es später aus historischer Sicht entsprechend gewürdigt. Aus den ,,Paradoxien des Unendlichen'' interessiert besonders jene Stelle, an der er zeigt, –

Bolzanos Freund
Christian Doppler

wie wir uns heute in der Sprechweise von *Cantor* ausdrücken –, daß ein echter Teil einer unendlichen Menge mit der ganzen Menge gleichmächtig ist. „Uebergehen wir nun zur Betrachtung einer höchst merkwürdigen Eigenheit, die in dem Verhältnisse zweier Mengen, wenn beide unendlich sind, vorkommen kann, ja eigentlich immer vorkommt, die man aber bisher zum Nachtheil für die Erkenntnis mancher wichtigen Wahrheiten der Metaphysik sowohl als Physik und Mathematik übersehen hat, und die man wohl auch jetzt, indem ich sie aussprechen werde, in einem solchen Grade paradox finden wird, daß es sehr nöthig sein dürfte, bei ihrer Betrachtung uns etwas länger zu verweilen. Ich behaupte nämlich: Zwei Mengen, die beide unendlich sind, können in einem solchen Verhältnisse zueinander stehen, daß es einerseits möglich ist, jedes der einen Menge gehörige Ding mit einem anderen zu einem Paare zu verbinden mit dem Erfolge, daß kein einziges Ding in beiden Mengen ohne Verbindung zu einem Paare bleibt, und auch kein einziges in zwei oder mehr Paaren vorkommt; und dabei ist es doch andererseits möglich, daß die eine dieser Mengen die andere als einen bloßen Theil in sich faßt, so daß die Vielheiten, welche sie vorstellen, wenn wir die Dinge derselben alle als gleich d. h. als Einheiten betrachten, die mannigfachsten Verhältnisse zueinander haben." [6, S. 28/29]

Im Leben und Werk *Bolzanos* gibt es viele tragische und paradoxe Wesenszüge. Dieser Mann wurde nach vielen Zweifeln Priester, wollte den Menschen helfen, hinderte aber durch seine Entscheidung und seine Unterstützung des religiösen Glaubens objektiv die Ausprägung einer progressiven österreichischen Aufklärung und den gesellschaftlichen Fortschritt. Er trennte sich in seinen Auffassungen von den orthodoxen Vertretern der Kirche, verteidigte sich aber gleichzeitig aufrichtig gegen die Anschuldigung, unorthodoxe Ansichten zu vertreten. Er gelangte zu fortschrittlichen gesellschaftlichen und politischen Ansichten, arbeitete eine soziale Utopie aus, aber seine Zeitgenossen erblickten in diesen Ansichten kein Vorbild und zollten ihnen keine Anerkennung. Schließlich wurde er von der politischen und gesellschaftlichen Entwicklung überholt und stand im Revolutionsjahr 1848 außerhalb des realen Geschehens, das er wahrscheinlich nicht mehr verstand. Er stirbt am 18. Dezember.

Das größte Unglück für das Geschick von *Bolzano* lag aber anderswo. Niemals konnte er in entsprechender Weise jene Ideen zur Geltung bringen, die die größte Aussicht auf eine dauernde Beeinflussung der Entwicklung gehabt hätten, nämlich seine wissenschaftlichen und hauptsächlich mathematischen Ergebnisse. Die publizierten Arbeiten fanden während seines Lebens keinen Widerhall in der wissenschaftlichen Welt, seine revolutionären Ergebnisse blieben Manuskript. In seiner Umgebung fand er keinen Menschen, der das Wesen seines mathematischen Werkes begriffen hätte. Schuld daran waren gewiß auch die Lebensbedingungen und das Milieu Prags, wo das wissenschaftliche Leben erst langsam neu erwachte.

Aus historischem Abstand vermögen wir heute in *Bernard Bolzano* einen Vorläufer der logischen Wissenschaften und vor allem einen der scharfsinnigsten Mathematiker des 19. Jahrhunderts zu erkennen.

Lebensdaten zu Bernard Bolzano

1781	5. Oktober, *Bernard Bolzano* in Prag geboren
1795	Beginn des Studiums an der philosophischen Fakultät der Prager Universität
1800	*Bolzano* beendet das Studium an der philosophischen Fakultät.
1801	*Bolzano* tritt in die theologische Fakultät ein.
1805	*Bolzano* absolviert die theologische Fakultät, wird zum Doktor der Philosophie promoviert und zum Priester geweiht. Beginn der Vorlesungstätigkeit am 7. Juni Bereits im Juli wird ein Dekret über seine Amtsenthebung erlassen, doch bald darauf zurückgezogen.
1806	*Bolzano* wird zum ,,Professor der Religionslehre" ernannt.
1815	*Bolzano* wird Mitglied der Kgl. Böhmischen Gesellschaft der Wissenschaften.
1816	*Bolzano* wird angezeigt.
1818	*Bolzano* wird Direktor der naturwissenschaftlichen Abteilung der Kgl. Böhmischen Gesellschaft der Wissenschaften. *Bolzano* wird erneut in Wien und beim Vatikan angezeigt.

Bolzanos Grabstein
auf dem Prager
Friedhof Olšany

1819	24. Dezember, Amtsenthebung durch Kaiser *Franz*
1819 bis 1823	*Bolzano* lebt in Radič bei Prag.
1819	*M. Fesl*, ein Schüler *Bolzanos*, wird verhaftet.
1820	*Bolzano* wird der Universität verwiesen und unter Polizeiaufsicht gestellt. Er darf weder publizieren noch journalistisch auftreten noch im Staatsdienst arbeiten.
1821	Verhör durch den Erzbischof
1822	Erneutes Verhör
1823	*Bolzano* siedelt nach Těchobuz in Südböhmen auf das Landgut seines Freundes *J. Hoffmann* über.
1824	*Bolzano* weigert sich, seine Ansichten zu widerrufen.
1825	Einstellung des Prozesses gegen *Bolzano*
1842	Tod der Gönnerin *Bolzanos, Anna Hoffmann* Übersiedelung *Bolzanos* zu seinem Bruder nach Prag
1848	Herbst, Erkrankung *Bolzanos* Tod am 18. Dezember

Literaturverzeichnis zu Bernard Bolzano

[1] *Bolzano, Bernard:* Betrachtungen über einige Gegenstände der Elementargeometrie. Prag 1804. Neu ediert Prag 1948.

[2] *Bolzano, B.:* Beyträge zu einer begründeteren Darstellung der Mathematik. 1. Lieferung, Prag 1810. Neu ediert Paderborn 1920.

[3] *Bolzano, B.:* Der binomische Lehrsatz und als Folgerung aus ihm der polynomische und die Reihen, die zur Berechnung der Logarithmen und Exponentialgrößen dienen, genauer als bisher erwiesen. Prag 1816.

[4] *Bolzano, B.:* Rein analytischer Beweis des Lehrsatzes, daß zwischen je zwey Werthen, die ein entgegengesetztes Resultat gewähren, wenigstens eine reelle Wurzel der Gleichung liege. In: Abhandlungen der Kgl. Böhmischen Gesellschaft der Wissenschaften. 3. Folge, Bd. 5, 1. Abt. Prag 1817. Neuausgabe: Ostwalds Klassiker der exakten Wissenschaften, Nr. 153, Leipzig 1905.

[5] *Bolzano, B.:* Die drey Probleme der Rectification, der Complanation und der Cubirung,

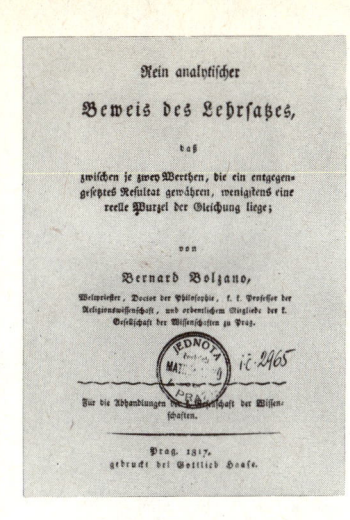

Titelblatt zu
„Rein analytischer Beweis..."
von Bolzano

Rein analytischer Beweis des Lehrsatzes,

daß zwischen je zwey Werthen, die ein entgegengesetztes Resultat gewähren, wenigstens eine reelle Wurzel der Gleichung liege;

von

Bernard Bolzano,

Weltpriester, Doctor der Philosophie, k. k. Professor der Religionswissenschaft, und ordentlichem Mitgliede der k. Gesellschaft der Wissenschaften zu Prag.

Für die Abhandlungen der k. Gesellschaft der Wissenschaften.

Prag. 1817.
gedruckt bei Gottlieb Haase.

ohne Betrachtung des unendlich Kleinen, ohne die Annahmen des Archimedes und ohne irgend eine nicht streng erweisliche Voraussetzung gelöst; zugleich als Probe einer gänzlichen Umgestaltung der Raumwissenschaft, allen Mathematikern zur Prüfung vorgelegt. Leipzig 1817. Neuausgabe Prag 1948.

[6] *Bolzano, B.:* Paradoxien des Unendlichen. Herausgegeben aus dem schriftlichen Nachlasse des Verfassers von Dr. Fr. Přihonský, Leipzig 1851. Neudruck deutsch, Leipzig 1920, englisch 1950.

[7] *Bolzano, B.:* Functionenlehre. Herausgegeben und mit Anmerkungen versehen von K. Rychlik. In: Bernard Bolzanos Schriften. Herausgegeben von der Kgl. Böhmischen Gesellschaft der Wissenschaften, Bd. 1. Prag 1830.

[8] *Bolzano, B.:* Zahlentheorie. Herausgegeben und mit Anmerkungen versehen von K. Rychlik. In: Bernard Bolzanos Schriften. Herausgegeben von der Kgl. Böhmischen Gesellschaft der Wissenschaften, Bd. 2. Prag 1831.

[9] *Rychlik, K.:* Theorie der reellen Zahlen in Bolzanos handschriftlichem Nachlasse. Prag 1962.

[10] Selbstbiographie Dr. B. Bolzanos. Mit Einleitung, Anmerkungen und einigen kleineren ungedruckten Schriften Bolzanos. Herausgegeben von M. Fesl. Neue Ausgabe Wien 1875.

[11] Lebensbeschreibung des Dr. Bernard Bolzano mit einigen seiner ungedruckten Aufsätze und dem Bildnisse des Verfassers, eingeleitet und erläutert von dem Herausgeber M. Fesl. Sulzbach 1836.

[12] *Winter, E.:* Leben und geistige Entwicklung des Sozialethikers und Mathematikers B. Bolzano 1781 bis 1848. In: Hallische Monographien, Nr. 14, Halle (Saale) 1949.

[13] *Winter, E.:* Der böhmische Vormärz in Briefen B. Bolzanos an F. Přihonský 1824 bis 1848. Berlin 1956.

[14] *Wussing, H.:* Bernard Bolzano und die Grundlegung der Infinitesimalrechnung. In: Zeitschrift für Geschichte der Naturwissenschaften, Technik und Medizin, 1. Jg. (1961), Heft 3, S. 57 bis 73.

[15] *Struik, R.:* Cauchy and Bolzano in Prague. Isis 11 (1928), S. 364 bis 366.

[16] *Winter, E.:* Bernard Bolzano. Ein Denker und Erzieher im österreichischen Vormärz. Wien 1967.

[17] *Folta, J.:* Bernard Bolzano and the Foundations of Geometry. In: Acta historiae rerum naturalium necnon technicarum, Special issue 2., Prag 1966.

Augustin Louis Cauchy (1789 bis 1857)

Cauchy wurde in Paris am 21. August 1789 geboren, also inmitten revolutionärer Geschehnisse, wenige Wochen nach dem Sturm auf die Bastille. Die Revolutionsjahre, in denen er seine früheste Kindheit verlebte, bestimmten tiefgreifend nicht nur seine Umwelt und damit auch seine Erziehung, sondern in gewissen Beziehungen sein ganzes Leben.
Sein Vater war Jurist und hoher Beamter in der vorrevolutionären Bürokratie; er war auch als Polizeibeamter tätig. Darum floh er mit seiner Familie aus dem revolutionären Paris in das Dörfchen Arcueil. Hier schloß sich die ganze Familie von der Umwelt ab. Der Vater übernahm die Erziehung selbst, da er klassische Sprachen und Literatur studiert hatte und vorzüglich beherrschte. *Cauchy* wurde sich später dessen bewußt, die Grundlage aller Bildung und seiner fachlichen Tätigkeit seinem Vater zu verdanken. Die Familie *Cauchy* war tiefgläubig und wollte trotz der revolutionären Ereignisse ihren katholischen Glauben nicht aufgeben. Die Religion bedeutete für sie nicht nur einen Komplex ethischer Prinzipien, sondern auch die Zugehörigkeit zur Kirche mit allen reaktionären politischen Konsequenzen.
Aber schon in diesem Familienmilieu begann sich die Besonderheit der Begabung des jungen *Cauchy* zu zeigen. Seine Wißbegierde konzentrierte sich in immer größerem Maße auf die Mathematik; diese Neigung konnte sich aber aus vielen Gründen erst später entfalten.
Der Vater *Cauchys* unterhielt ständige Kontakte mit seinen Freunden, die sich bereits am Ende des 18. Jahrhunderts *Napoleon* anschlossen. Möglicherweise war einer von ihnen auch *P. S. Laplace*, der *Cauchy* angeblich bereits im Dorf Arcueil besucht, die mathematische Begabung *Augustins* erkannt haben und vor einer Überlastung des schwächlichen Jungen durch allzu große intellektuelle Anstrengungen gewarnt haben soll. Jedenfalls halfen die persönlichen Kontakte dabei, als zu Beginn des Jahres 1800 *Cauchys* Vater zum Sekretär des Senates gewählt wurde; er blieb dann während seines ganzen Lebens in Verbindung mit dem legislativen Spitzenorgan.
Mit der Rückkehr nach Paris änderte sich auch das Leben und die Erziehungsart des

Augustin Louis Cauchy

jungen *Augustin*. Auf den Rat einiger Mathematiker, zu denen außer *Laplace* auch der Professor der Ecole Polytechnique, *J. L. Lagrange*, gehörte, war seine weitere Bildung vorwiegend traditionell humanistisch orientiert, und die Mathematik spielte darin nur eine untergeordnete Rolle. Erst im Jahre 1805 gelangte *Augustin* an die Ecole Polytechnique, wo er bei der Prüfung den zweiten Platz im Aufnahme-Wettbewerb belegte. Als einer der besten Schüler absolvierte er nach zwei Studienjahren der grundlegenden Disziplinen – worunter sich auch vor allem die Mathematik und die Mechanik befanden – schriftlich das Fachgebiet des Zivilingenieurwesens (die berühmte Ecole des Ponts et Chaussées) und wurde bereits mit nicht ganz 21 Jahren Ingenieur. Zunächst arbeitete er als Hilfskraft bei verschiedenen Zivilbauten, begab sich aber im März 1810 zum Bau des Hafens nach Cherbourg. Mehr als drei Jahre lang widmete er sich dem Aufbau des Hafens, dessen Bedeutung mit den gegen Großbritannien gerichteten militärischen Absichten *Napoleons* zunahm.
In Cherbourg zeigte der physisch schwächliche und ziemlich in sich gekehrte *Cauchy*, der zum ersten Mal von seiner Familie dauernd getrennt war, vollauf seine Fähigkeiten als Ingenieur und Organisator. Die Überlieferung berichtete, *Cauchy* habe bei Beginn seiner Abreise nach Cherbourg unter anderem die „Himmelsmechanik" von *Laplace* und die „Abhandlung über analytische Funktionen" von *Lagrange* bei sich getragen. Obwohl dort die Bedingungen *Cauchys* für eine theoretische, schöpferische Arbeit nicht allzu günstig waren, studierte er jedenfalls in Cherbourg systematisch Mathematik und gelangte auch zu den ersten Entdeckungen. Bereits bei Beginn seines Aufenthalts in Cherbourg schrieb er eine Arbeit über die Theorie der Steinbrücken. Er sandte sie nach Paris an *Prony*, der sie beurteilen sollte, sie aber verlor. Auf Anregung von *Lagrange* befaßte er sich mit der Theorie der Polyeder, hierüber publizierte er auch eine seiner ersten Arbeiten. Zur gleichen Zeit verfolgte er aktiv auch die Entwicklung anderer, ziemlich weit voneinander entfernter Gebiete der Mathematik: Er veröffentlichte eine Arbeit über die Zahl der positiven und negativen Wurzeln algebraischer Gleichungen und unterbreitete zugleich der Pariser Akademie eine Abhandlung, die einen bestimmten Satz *Fermats* über die figurierten Zahlen generalisierte. Schon diesen Angaben ist zu entnehmen, daß *Cauchy* – wie nur sehr

Suezkanal, 1869 eröffnet

wenige Mathematiker des 19. Jahrhunderts – gleich seit Beginn seiner wissenschaftlichen Laufbahn die Beherrschung eines weiten Gebietes der ganzen Mathematik einschließlich einiger Gebiete der Anwendung der Mathematik erstrebte. Es ist dabei verständlich, daß *Cauchy* in die einzelnen Gebiete der Mathematik mit unterschiedlicher Intensität und mit Ergebnissen von verschiedener wissenschaftlicher Tragweite eingriff. *Cauchy* war einer der produktivsten Mathematiker, die je gelebt haben. Er publizierte sieben Bücher und mehr als 800 wissenschaftliche Abhandlungen. Im Jahre 1813 kehrte *Cauchy* nach Paris zurück. Es ist nicht völlig klar, warum *Cauchy* seinen Ingenieurberuf in Cherbourg aufgab. Anscheinend war seine Familie der Meinung, es sei für ihn zweckmäßiger, sich in Paris aufzuhalten, seine Kräfte nicht zu verschleudern und sich voll der Wissenschaft zu widmen.

In den folgenden Jahren konnte sich *Cauchy* systematisch mit mathematischen Problemen befassen. Es war der Zeitraum der erfolgreichsten wissenschaftlichen Tätigkeit *Cauchys*, in dem er, sei es auch nur im Keime, seine bedeutsamsten wissenschaftlichen Ergebnisse erzielte. Dieser Zeitraum dauerte bis zur Julirevolution 1830. *Cauchy* mußte zunächst danach streben, irgendeine offizielle wissenschaftliche Funktion entweder an der Akademie oder an einer Hochschule zu erlangen. Obwohl ihn führende französische Mathematiker gewiß unterstützten – gleichgültig, ob bereits auf Grund der Bedeutung seiner publizierten Arbeiten oder wegen der persönlichen Kontakte mit der Familie *Cauchy* – blieben alle Bestrebungen erfolglos. Auf dem Umweg über den politischen Einfluß seiner bedeutsamen Amtsstellung intervenierte auch *Cauchys* Vater, aber vergeblich. So wurde *Cauchy* zum Beispiel in den Jahren 1813 und 1814 als Mitglied der Akademie für damals frei gewordene Plätze vorgeschlagen. Trotz Anerkennung seiner wissenschaftlichen Verdienste wurden aber Wissenschaftler gewählt, die im höheren Lebensalter standen.

Erst nach der Wiederherstellung der Monarchie öffneten sich dem antirepublikanisch gesinnten *Cauchy* die Tore aller Institutionen, und er fand öffentliche Anerkennung. Nach dem Fall *Napoleons* wurde im Jahre 1816 die Struktur der Pariser wissenschaftlichen Institutionen ,,reorganisiert", und man ging gegen revolutionär gesinnte und während der Revolution engagierte Wissenschaftler vor. In dieser Situation wurden

Blick auf den Hafen von Cherbourg

zum Beispiel die Mathematiker *L. N. M. Carnot* und *G. Monge*, deren wissenschaftliche Verdienste außer Zweifel standen, gezwungen, die wissenschaftlichen Institutionen zu verlassen. Auf einen der freigewordenen Plätze wurde *Cauchy* in die Akademie berufen, aber nicht gewählt. *Cauchy* selbst geriet jedoch keinesfalls in Verlegenheit wegen der Richtigkeit und Berechtigung seiner Ernennung. Offensichtlich waren bei ihm zwei Aspekte vorherrschend: einerseits die Überzeugung, er hätte schon früher gewählt werden müssen, und andererseits – und dieses Gefühl war wahrscheinlich entscheidend – der Glaube, diese Ehrung aus ,,berechtigten Händen'' entgegenzunehmen. Die Familie *Cauchy* betrachtete trotz aller Dienste für die Regierung *Napoleons* die Bourbonen noch immer als rechtmäßige Herrscher Frankreichs. Für *Cauchy* selbst verband sich der religiöse Glaube mit Hoffnungen auf diese katholische Dynastie.

Alsbald stellen sich weitere Ehrungen ein. *Cauchy* wurde Professor an der Ecole Polytechnique, an der Sorbonne usw. Im Jahre 1818 heiratete er, und seine Familie war von den gleichen politischen und religiösen Auffassungen durchdrungen wie die Familie seines Vaters. In einer ruhigen häuslichen Atmosphäre entfaltete *Cauchy* seine wissenschaftliche und pädagogische Tätigkeit. Beide Momente überlagern sich bei ihm. Aus seinen Vorlesungen an der Ecole Polytechnique entstand auf Anregung von *Laplace* und *Poisson* eines der bedeutsamsten Werke mit dem Titel ,,Cours d'Analyse de l'Ecole Polytechnique'' (Lehrgang der Analysis an der polytechnischen Schule) (1821). Es ist dies im wesentlichen eine Einführung in die Infinitesimalrechnung, die bereits seit den Zeiten der *Bernoullis* und *Eulers* einigemal dargestellt worden war. Aus der Feder *Cauchys* ging aber ein Werk hervor, das in seiner Art eine neue Etappe in der Entwicklung dieser Disziplin einleitete.

Die Infinitesimalrechnung, die sich seit *I. Newton* und *G. W. Leibniz* so sprunghaft entwickelt hatte, daß sie zur führenden mathematischen Disziplin geworden war und sowohl das Niveau als auch die Reichweite der mathematischen Anwendungen bestimmte, hatte sich bis zum Beginn des 19. Jahrhunderts auf ungenau definierte, nur intuitiv erfaßte Begriffe gestützt, aus denen sich einige Unklarheiten und Schwierigkeiten, ja sogar Widersprüche ergaben. Zahlreiche Mathematiker empfanden diese

Schwierigkeiten, und einige von ihnen bemühten sich, diese zu beseitigen. Zu diesen Mathematikern gehörten schon vor *Cauchy* vor allem *J. L. Lagrange, C. F. Gauß* und *B. Bolzano*.
Cauchy versuchte im Unterschied zu seinen Vorgängern die Darstellung einer geschlossenen Erläuterung der Fundamente der Infinitesimalrechnung. Seine Stellung im Hochschulwesen und seine persönliche wissenschaftliche Autorität förderten die Verbreitung dieses Buches. So gelangten seine neuen Ideen ins breitere Bewußtsein, so konnte dieses Buch einen deutlichen Anfang für den Wiederbelebungsprozeß des Umbaues der Fundamente der Analysis bilden. Dieser Prozeß dauerte ungefähr fünfzig Jahre und erreichte in seiner klassischen Phase den Höhepunkt im Werke *Riemann*s und vor allem bei *Weierstraß*.
Cauchy geht in seinem Buch „Cours d'analyse" – und dies ist eines der bedeutsamsten Ergebnisse – von einem präzis gefaßten Begriff des unendlich Kleinen aus, wobei dieser Begriff von Intuition und Widersprüchen frei ist. Um diesen Begriff definieren zu können, formulierte er den bis dahin geometrisch und intuitiv erfaßten Begriff des Limes im wesentlichen mit denselben Worten und denselben arithmetischen Mitteln, die auch bis auf den heutigen Tag verwendet werden. Dann konnte er leicht und präzis den Begriff der Folge und darauf auch die Begriffe der Ableitung und des Integrals definieren. Analog kann gesagt werden, daß er Ordnung in die Reihentheorie brachte, den Begriff der Konvergenz definierte und dafür auch die erforderlichen Kriterien lieferte.
Die angeführten Ergebnisse deuten, wenngleich wir sie durchweg bereits einige Jahre früher in den zunächst in Vergessenheit geratenen Arbeiten *B. Bolzano*s vorfinden, doch den Reichtum und die Bedeutung des ganzen Buches an, das auch in formaler Beziehung hervorragend ist. *Cauchy* arbeitete diese seine Gedanken weiter detailliert aus und verwertete sie in seinem späteren Werk „Leçons sur le calcul infinitésimal" (Vorlesungen über den Infinitesimalkalkül) (1823) und in einer großen Zahl von Abhandlungen.
Mit dem wesentlichen Beitrag für das Gebiet der grundlegenden Probleme der mathematischen Analysis erschöpfte sich aber bei weitem nicht der Hauptinhalt der

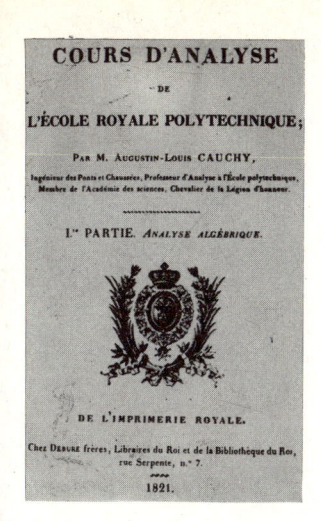

Titelblatt des ,,Cours d'Analyse"

Tätigkeit *Cauchy*s aus diesen Jahren. Wie dies bei den meisten hervorragenden Mathematikern der Fall ist, umriß *Cauchy* in dieser seiner schöpferischen Hauptperiode alle wichtigsten Richtungen seiner wissenschaftlichen Arbeit, auch wenn es ihm danach nicht mehr gelang, ihnen eine geschlossene Form zu geben. Hier seien nur die vier wichtigsten Richtungen der mathematischen Arbeiten *Cauchy*s erwähnt: eine von ihnen ist eine detaillierte Ausarbeitung der Theorie der Differentialgleichungen. Auch hier erwarb sich *Cauchy* Verdienste dadurch, daß er Ordnung und Genauigkeit in dieses System brachte, dies vor allem durch seine Beweise für die Existenz der Lösung. Das zweite Gebiet, das hier zu besprechen ist und das er in diesem Zeitraum nur andeutete und später auch nur teilweise bearbeitete, ist die Theorie der Funktionen komplexer Veränderlicher. Das Studium dieser Funktionen erwies sich in der damaligen Mathematik aus vielen Gründen als äußerst dringlich. Es erforderte aber abstraktere und in einigen Fällen daher ungewohntere Arten in den Überlegungen, zum Beispiel hinsichtlich der Vieldeutigkeit der Funktionen, hinsichtlich der Eigenschaften ihrer Integrale usw. Hier erarbeitete *Cauchy* vielfach mit sehr auf die Intuition gestützten Mitteln zahlreiche Ergebnisse und Sätze, die noch heute seinen Namen tragen – und darin können wir sowohl seine Schwäche, wie auch seine Größe erblicken. Die Arbeiten *Cauchy*s wurden zum Ausgangspunkt für eine systematisierte Theorie der Funktionen der komplexen Veränderlichen; dieses Studium führte zur Schaffung einer nicht nur theoretisch, sondern auch durch ihre Anwendung bedeutsamen mathematischen Disziplin.

Schließlich darf auch der Einfluß *Cauchy*s auf die Entwicklung der Algebra nicht übergangen werden. Mit den vielen konkreten Ergebnissen, die er publizierte, schaltete er sich in jenen Prozeß ein, der zur Entstehung der modernen Algebra führte. Die frühere Entwicklung der Algebra hinterließ dem 19. Jahrhundert das Problem der Lösung algebraischer Gleichungen höheren als des vierten Grades. Auf die Bestrebungen zum Nachweis der allgemeinen algebraischen Unlösbarkeit dieses Problems reagierte *Cauchy* bereits mit einer Arbeit im Jahre 1815, womit er maßgeblich zum späteren genauen Beweis beitrug, den *Abel* in den Jahren 1824 bis 1826 erbrachte. In der erwähnten Arbeit befaßte sich *Cauchy* mit den Eigenschaften der Funktionen

$F(x_1, x_2, \ldots, x_n)$ von n Variablen, insbesondere im Zusammenhang der Untersuchung der Werte, die sie bei den Permutationen der Veränderlichen annehmen. Diese Problematik hing in seinen Arbeiten mit dem Aufbau einer Lehre von den Determinanten zusammen; sie wurde aber hauptsächlich zum Ausgangspunkt zahlreicher Arbeiten, in denen *Cauchy* zum Aufbau der modernen abstrakten Gruppentheorie wesentlich beitrug.

Cauchy befaßte sich aber nicht nur mit Mathematik. Darüber hinaus unternahm er den Versuch, in zahlreichen Arbeiten Fragen der theoretischen Physik detailliert zu bearbeiten. Besonders interessierten ihn die Fragen der Lichtausbreitung, wie sie die damals erneuerte Wellentheorie mit sich brachte. Ihre mathematische Bearbeitung war bei *Cauchy* mit der Vorstellung einer gewissen Elastizität eines aus Molekülen bestehenden Milieus verbunden, wobei sich diese Moleküle gegenseitig anzogen und abstießen. *Cauchy* gelangte zu physikalischen Vorstellungen der Längs- und Querwellen; diese Vorstellungen erwiesen sich aber später im wesentlichen als irrig. Allerdings zeigte sich auch an dieser, in der damaligen Zeit äußerst lebhaft diskutierten Thematik die große Erfindungsgabe *Cauchy*s bei der Wahl mathematischer Mittel, die sich zur Lösung von Problemen außerhalb der Mathematik eignen sollten. In diesem Fall kann man übrigens mit vollem Recht behaupten, daß es gerade *Cauchy* war, der die moderne Lichtwellentheorie mit den erforderlichen und für die Anfangsphase in der Entwicklung ausreichenden mathematischen Apparat ausstattete.

Eine ausführliche Analyse der von *Cauchy* erzielten Ergebnisse würde hier zu weit führen. Es spricht für seine Leistung und für seine historische Wirkung, wenn man sich überlegt, wie viele Sätze und Begriffe der Mathematik und theoretischen Physik nach *Cauchy* benannt sind: Cauchysche Abschätzungsformel, Cauchysches Anfangswertproblem, Cauchysche Determinante, Cauchysche Grenzwertsätze, Cauchysche Integralformeln, Cauchyscher Integralsatz, Existenzsatz von *Cauchy*, Cauchy-Riemannsche partielle Differentialgleichungen, Cauchysches Quotientenkriterium, Cauchysches Wurzelkriterium und manches andere mehr.

Ein Teil dieser wissenschaftlichen Ergebnisse gehört jedoch bereits den späteren Lebensetappen von *Cauchy* an.

Billys
politisches Spielzeug,
1796

Sein Leben änderte sich mit dem Jahre 1830 von Grund auf. Ebenso wie der Sturz *Napoleons* ihn auf führende Plätze in der französischen wissenschaftlichen und pädagogischen Welt emporgehoben hatte, so führte die Revolution im Jahr 1830 zum freiwilligen Rückzug ins Exil. Mit dieser Tat dokumentierte *Cauchy* seine politische Überzeugung und seine Verbundenheit mit dem gestürzten Bourbonenkönig *Karl X.*, der die Aufrichtung einer reaktionären absolutistischen Regierung angestrebt hatte. Er gab seine erfolgreiche pädagogische Tätigkeit auf und übersiedelte zunächst in die Schweiz. Hier stellte er Erwägungen über ein Projekt einer von den Staaten unabhängigen wissenschaftlichen Institution an. Vergeblich waren die Wünsche seiner Familie, die nicht in ihrer Stellung und in ihrem Vermögen betroffen wurde, er möge zurückkehren. *Cauchy* akzeptierte vielmehr das Angebot einer besonders für ihn errichteten Lehrmöglichkeit für höhere Mathematik in Turin, wo er in den Jahren 1831 bis 1833 arbeitete. Der vertriebene König *Karl X.* hatte sich mit seinem Hof nach Prag begeben. Er forderte *Cauchy* auf, einer der Erzieher des Thronfolgers zu werden. So schloß sich *Cauchy* wirklich dem königlichen Hof an und verbrachte fast fünf Jahre in der zeitraubenden Funktion eines Erziehers.
Dessenungeachtet festigten sich aber bereits damals die Beziehungen *Cauchys* zu den französischen wissenschaftlichen Institutionen, die er übrigens niemals ganz abgebrochen hatte. Als im Jahre 1835 die sogenannten „Comptes Rendues" der Pariser Akademie zu erscheinen begannen, belieferte er sie regelmäßig mit vielen ausgedehnten Abhandlungen, was später sogar zu der Entscheidung führte, die eingesandten Abhandlungen auf höchstens vier Seiten zu begrenzen. *Cauchy* zögerte dabei nicht, unfertige Skizzen mit ein und derselben Problematik als unterschiedliche Arbeiten zu veröffentlichen, manchmal sogar, ohne zu einem abschließenden Ergebnis gelangt zu sein. Damals aber würdigte man die Arbeiten *Cauchys* auch wegen ihrer ungewöhnlich großen Zahl. Sie trugen dazu bei, die Rückkehr *Cauchys* nach Frankreich vorzubereiten, wozu es Ende des Jahres 1838 kam. Nach seiner Rückkehr lebte *Cauchy* in Paris anfangs als Privatmann. Da er es abgelehnt hatte, der neuen Regierung den Treueeid zu leisten, konnte er kein Lehramt an einer Hochschule oder Universität erhalten. Doch existierte in Paris unter der Bezeichnung „Bureau des Longitudes"

(Längenbüro) ein besonderes Amt für Maße und Gewichte, dessen Mitglieder besoldet wurden. Im Jahr 1839 wurde *Cauchy* von den Mitgliedern des Längenbüros in eine frei gewordene Stelle gewählt. Zwar wurde er von der Regierung nicht ausdrücklich in seinem Amte bestätigt, aber auch nicht wieder entfernt, so daß er in einer Art halblegalem Verhältnis an einer Einrichtung des französischen Staates arbeitete. Paradox ist auch die Tatsache, daß ausgerechnet die Revolution von 1848 durch ihre Toleranz – auch gegenüber der Kirche – und zwar hauptsächlich durch die Aufhebung des Treueeides *Cauchy* die Bahn zur pädagogischen Tätigkeit an der Ecole Polytechnique sowie an der Sorbonne freigab. Dieser Zustand änderte sich auch nicht nach der Aufrichtung des Kaisertums durch *Napoleon III.*, der zwar wiederum den Treueeid einführte, zugleich aber für *Cauchy* eine Ausnahme erteilte. So konnte *Cauchy* noch bis zu seinem Lebensende in vollem Umfang in den französischen Institutionen wirken.

In das politische Geschehen griff *Cauchy* zwar nicht direkt ein, aber seine Tätigkeit und seine Ansichten hatten für ihn deutlich politische Konsequenzen. Die kirchlichen Vertreter, die die Ergebenheit und Folgerichtigkeit *Cauchy*s zu schätzen wußten, benutzten ihn für ihre Ziele: *Cauchy* als einer der bedeutsamsten Wissenschaftler des nachrevolutionären Frankreichs war in ihren Augen und in ihrer Propaganda ein Beispiel für die Verknüpfung von Glauben und Wissenschaft, von Kirche und wissenschaftlichen Institutionen, ein ,,Beweis'' für die ,,vernunftsmäßige'' Bestätigung der Richtigkeit der kirchlichen Politik.

Cauchy liefert in der Tat durch sein Verhalten genügend Gründe für eine solche Interpretation. Abgesehen von karitativen Taten, wie es zum Beispiel die Aktion zugunsten der Pariser unehelichen Kinder war, zauderte er sogar nicht, sich als einer der wenigen Wissenschaftler für den Jesuitenorden einzusetzen. Nach seiner Rückkehr nach Frankreich wurde er einer der aktiven Begründer des sogenannten Institut Catholique, das ein Zentrum und Instrument der katholischen Jugend, hauptsächlich der Hochschüler, sein sollte. Es bedarf keines besonderen Hinweises auf die Rolle, die *Cauchy*s wissenschaftliche Autorität für eine solche Institution spielte.

Solche Beispiele für *Cauchy*s extreme Haltung zugunsten des politischen Klerikalis-

mus ließen sich vermehren. Bekannt ist auch die betroffene Feststellung des jungen *Abel* während seines Pariser Aufenthaltes: ,,Cauchy ist extrem katholisch und bigott. Das ist eine sehr seltsame Sache bei einem Mathematiker". (Brief *Abels* vom 24. 10. 1826)
Als *Cauchy* im Mai 1857 erkrankte, versammelten sich um ihn Vertreter der Kirche, Jesuiten kamen herbeigeeilt, und der Pariser Kardinal erteilte ihm die letzte Ölung. *Augustin Cauchy* starb am 23. Mai 1857.
Die weitere Entwicklung der Wissenschaft und der Gesellschaft trennte die bleibende Bedeutung *Cauchy*s von seinen zeitbedingten Intentionen. Als vergänglich erwiesen sich die politischen Zusammenhänge seiner Tätigkeit. Sein mathematisches Werk aber, das vor allem durch die Revision der Fundamente der mathematischen Analysis wesentlich zur Entstehung der modernen Mathematik beitrug, bleibt für immer bestehen als sein eigentliches Vermächtnis.

Lebensdaten zu Augustin Louis Cauchy

1789	21. August, *Augustin Louis Cauchy* in Paris geboren
1805	Eintritt in die Ecole Polytechnique
1807	Eintritt in die Ecole des Ponts et Chaussées
1809	Ende der Ingenieurausbildung, Aufnahme praktischer Tätigkeiten in Nordfrankreich, unter anderem 1810 im Hafen von Cherbourg
1811	Erste mathematische Publikationen
1813	Rückkehr nach Paris
1815	Professor an der Ecole Polytechnique
1816	Bei der Restauration der Bourbonenherrschaft wird *Cauchy* als Nachfolger für den gemaßregelten *Monge* zum Mitglied der Pariser Akademie ernannt, aber nicht gewählt.
1816	Heirat mit *Aloise de Bure*; aus der Ehe gingen zwei Töchter hervor.
1830	Nach der Julirevolution und dem Sturz des letzten Bourbonenkönigs *Karl X.* verweigert *Cauchy* den Untertaneneid auf den ,,Bürgerkönig" *Louis-Philippe* und emigriert, zunächst in die Schweiz, später tritt er eine Professur in Turin an.

1833 bis 1838	Aufenthalt in Prag am Exilhof von *Karl X.*
1838	Rückkehr nach Paris
1839	Beginn der Tätigkeit am Längenbüro
1848	Die Revolution schafft den Amtseid ab, *Cauchy* tritt eine Professur an der Sorbonne an.
1857	23. Mai, *Cauchy* stirbt in Sceaux bei Paris.

Literaturverzeichnis zu Augustin Louis Cauchy

[1] *Cauchy, Augustin Louis:* Œuvres complétes, 1. Reihe 12 Bände, 2. Reihe 15 Bände. Paris 1882 bis 1970.
[2] *Cauchy, A. L.:* Abhandlung über bestimmte Integrale zwischen imaginären Grenzen. Dtsch. ed. P. Stäckel, Ostwalds Klassiker der exakten Wissenschaften, Nr. 112, Leipzig 1900.
[3] *Valson, C. A.:* La vie et les travaux de baron Cauchy, 2 Bände. Paris 1868.
[4] *Wussing, H.:* Bernard Bolzano und die Grundlegung der Infinitesimalrechnung. In: Zeitschrift für Geschichte der Naturwissenschaften, Technik und Medizin (NTM), 1. Jg., Heft 3, S. 57 bis 73.

August Ferdinand Möbius (1790 bis 1868)

Zu Anfang des 19. Jahrhunderts war das Niveau mathematischer Forschung und Lehre in Deutschland vergleichsweise noch niedrig gegenüber England und Frankreich, wenn man von Göttingen absieht, wo der überragende *C. F. Gauß* wirkte. Das Interesse an höherer Mathematik und mathematischer Forschung wurde in Deutschland damals in der Hauptsache von Astronomen wachgehalten, deren Beschäftigung mit der Himmelsmechanik den mathematischen Apparat der Systeme von Differentialgleichungen erforderte.
Erst während des Übergreifens der industriellen Revolution von England und

August Ferdinand Möbius

Frankreich nach Deutschland nahm auch hier das Interesse an Naturwissenschaften und Mathematik rasch zu. Neben dem Ausbau von Mathematik und Naturwissenschaften an den schon bestehenden deutschen Universitäten kam es besonders bei den zahlreichen Universitätsneugründungen des ersten und zweiten Drittels des 19. Jahrhunderts zu einer starken naturwissenschaftlich-mathematischen Orientierung. Dazu trat wie in ganz Europa auch in Deutschland die Errichtung von polytechnischen Schulen und Institutionen nach Pariser Vorbild. An diesen Keimstätten der späteren Technischen Hochschulen erlangte die Mathematik eine führende Stellung im Ausbildungsprogramm.

Jener ersten Generation deutscher Mathematiker des 19. Jahrhunderts, die die weitere Entwicklung der Mathematik in Deutschland wesentlich bestimmt haben, gehört auch *August Ferdinand Möbius* an, zusammen mit *C. G. J. Jacobi, H. Graßmann* und *J. Plücker.*

Das Leben von *Möbius* ist ohne äußere Dramatik verlaufen. Er wurde am 17. November 1790 in Schulpforta geboren, wo sein Vater Tanzlehrer an der dortigen altberühmten sogenannten Fürstenschule war. Schon 1793 verlor er seinen Vater. Die Mutter verzog nach Naumburg und konnte dem Sohn nur mit größter Mühe den Schulbesuch in Schulpforta von 1803 bis 1809 und das anschließende Universitätsstudium in Leipzig ermöglichen. Ursprünglich als Student der Rechte immatrikuliert, wechselte *Möbius* aber bereits im zweiten Semester auf Grund seiner Neigungen zum Studium der mathematischen Wissenschaften über. Seine hauptsächlichen akademischen Lehrer waren der Physiker *L. W. Gilbert* und der Mathematiker und Astronom *K. B. Mollweide,* mit dem *Möbius* schon während seiner Studienzeit enge wissenschaftliche Kontakte auf dem Gebiet der rechnerischen Astronomie fand. Der begabte, aber unbemittelte Student *Möbius* konnte aus den Mitteln einer wissenschaftlichen Stiftung vom Frühjahr 1813 bis Ende 1814, in der Zeit der Befreiungskriege gegen die napoleonische Fremdherrschaft, wissenschaftliche Studienreisen unternehmen, die ihn zu *Gauß* nach Göttingen und zu *Pfaff* nach Halle führten. Neben der Vervollkommnung seiner theoretisch-astronomischen Kenntnisse und der Fertigstellung einiger kleiner Arbeiten mathematisch-astronomischen Inhalts brachte ihm die Reise

Pleißenburg in Leipzig

vor allem einen bleibenden wissenschaftlichen Kontakt zu *Gauß* ein. Seiner Empfehlung verdankte *Möbius* nach vollzogener Habilitation auch den Ruf nach Leipzig an die Sternwarte.

Diese Berufung war an die Bedingung gebunden, vor Übernahme der Dienstgeschäfte zunächst eine Studienreise zur Vervollkommnung seiner praktisch-astronomischen Kenntnisse zu unternehmen. Zwischen Mai und Herbst 1816 besuchte *Möbius* die Sternwarten von Gotha, Tübingen, München und Wien und konnte weitere wissenschaftliche Verbindungen knüpfen.

Nach seiner Rückkehr nahm *Möbius* seine Amtsgeschäfte in Leipzig als außerordentlicher Professor der Astronomie und als Observator auf. Er bezog seine Dienstwohnung in der Pleißenburg, einem Teil des heutigen Neuen Rathauses. Dort waren damals neben den chemischen Laboratorien auch die Sternwarte und ein Hörsaal für die Studenten der Astronomie untergebracht. Doch gestalteten sich die Arbeitsbedingungen für *Möbius'* Tätigkeit als Astronom wenig günstig, da sich die Sternwarte in einem vernachlässigten Zustand befand. Zwischen 1817 und 1821 wurden zwar ihre Räumlichkeiten einigermaßen modernisiert. Aber erst in den dreißiger und vierziger Jahren konnten auf Drängen von *Möbius* einige neuere und leistungsfähigere astronomische Instrumente angeschafft werden, darunter 1830 ein kleinerer Refraktor aus der berühmten Werkstatt von *J. Fraunhofer*.

Diesen Umständen gemäß hielten sich die astronomischen Beiträge von *Möbius* in relativ bescheidenen Grenzen. Neben Arbeiten über Polhöhenbestimmungen, Sternbedeckungen, Kometenbestimmungen und deren rechnerischer Auswertung sind vor allem seine systematischen Untersuchungen über das Magnetfeld der Erde bemerkenswert, eine Arbeitsrichtung, mit der sich *Möbius* an eine von *A. v. Humboldt* und *Gauß* organisierte weltumgreifende geophysikalische Tätigkeit anschloß. In diesem Zusammenhang entstanden eine Anzahl einschlägiger Abhandlungen und schließlich zwei sich an ,,Freunde der Astronomie und der Naturwissenschaft" wendende populärwissenschaftliche Darstellungen der Astronomie, die 1836 beziehungsweise 1843 erschienen und sich Mitte des vergangenen Jahrhunderts großer Beliebtheit erfreuten. Sie bildeten eine Art Parallele zum ,,Kosmos" von *A. v. Humboldt*. Wie dieser hat

Joseph von Fraunhofer
(1787 bis 1826)

auch *Möbius* mit großem Erfolg öffentliche Vorlesungen über naturwissenschaftlich-astronomische Themen gehalten, ein sicheres Zeichen für das um die Mitte des Jahrhunderts auch in Deutschland erwachte breite öffentliche Interesse an den Naturwissenschaften.

Möbius begann seine Vorlesungstätigkeit an der Universität hauptsächlich mit Vorlesungen zur Astronomie; so las er beispielsweise über sphärische Astronomie, Einrichtung und Gebrauch astronomischer Instrumente, Theorie der Finsternisse und Sternbedeckungen, Berechnungen der Kometenbahnen, Störungstheorie. Später dehnte er seine Vorlesungstätigkeit auch auf die Mathematik aus; sie umfaßte Stereometrie, Kegelschnitte, analytische Geometrie, ebene und sphärische Trigonometrie, Elemente der Zahlentheorie und der Differential- und Integralrechnung. Anfangs hatte er, entsprechend der vergleichsweise geringen Anzahl der Studierenden der naturwissenschaftlichen Fächer, nur wenig Hörer, gelegentlich waren es nur vier bis acht. Eine Wandlung trat hier erst in den fünfziger Jahren ein, als sich im Gefolge der industriellen Revolution auch in Deutschland die naturwissenschaftliche Ausbildung rasch verstärkte. Die Gymnasiallehrer der Mathematik im damaligen Königreich Sachsen haben während der Zeit von *Möbius'* Tätigkeit fast alle bei ihm studiert. Unter seinen Schülern, die für die Entwicklung der Mathematik selbst eine bedeutende Rolle gespielt haben, finden wir den leider früh verstorbenen bedeutenden Mathematiker H. Hankel sowie J. A. Hülsse, den späteren Direktor der polytechnischen Schule in Dresden, aus der die heutige Technische Universität hervorgegangen ist.

Im Jahre 1844 wurde *Möbius* zum ordentlichen Professor der Astronomie und höheren Mathematik befördert. Bis zu seinem Tode am 26. September 1868, also mehr als ein halbes Jahrhundert, hat *Möbius* an der Leipziger Universität gewirkt. Ehrenvolle Berufungen nach Greifswald, Dorpat (Tartu) und Jena hat *Möbius* aus Anhänglichkeit an seine engere Heimat Sachsen und wohl auch aus einer gewissen Scheu vor tiefgreifendem Milieuwechsel abgelehnt.

Fleiß und gewissenhafte Erfüllung seiner Vorlesungsverpflichtungen kennzeichneten *Möbius* ebenso wie der gesellige Kontakt mit einem größeren Freundeskreis, dem unter anderem der Anatom und Physiologe *E. H. Weber* und der Physiker *G. Th.*

Hermann Hankel
(1839 bis 1873)

Fechner und deren Familien angehörten. *Möbius* selbst hatte 1820 geheiratet. Einer seiner Söhne wurde Universitätsprofessor für nordische Sprachen, der andere Lehrer an der Thomasschule in Leipzig. Die Tochter verheiratete sich mit einem seiner Mitarbeiter, dem späteren Professor der Astronomie in Kopenhagen, *d'Arrest*.
Möbius hat jahrzehntelang produktiv wissenschaftlich gearbeitet, vor allem auf dem Gebiet der Geometrie. Seine „Gesammelten Abhandlungen" sind in vier Bänden von 1885 bis 1887 erschienen und umfassen — ohne die populärwissenschaftlichen Schriften — mehr als 2500 Druckseiten.
Sein Name ist verbunden mit der in der Zahlentheorie verwendeten Möbiusschen Funktion. In der Geometrie spricht man vom Möbiusschen Band, dem historisch frühesten Fall einer nur einseitigen Fläche, deren Entdeckung *Möbius* im Jahre 1858 gelungen war. *Möbius* wurde in Anerkennung seiner Verdienste in der Mathematik zum Mitglied vieler gelehrter Gesellschaften berufen, darunter der Berliner Akademie und der Göttinger Gesellschaft der Wissenschaften. Und dennoch: Die volle Bedeutung seines Wirkens für die Entwicklung der Mathematik ist erst nach seinem Tode erkannt worden, hauptsächlich deswegen, weil seine vornehmlich der Geometrie gewidmeten Untersuchungen in eine Richtung zielten, deren durchgreifende Bedeutung erst erkennbar wurde, als in den siebziger Jahren durch *F. Klein* und *S. Lie* von einem anderen Ausgangspunkt her die schon *Möbius* vorschwebende Klassifizierung der Geometrie mit Erfolg geleistet worden war.
Im Anfang des 19. Jahrhunderts war auf dem Gebiet der Geometrie eine völlig neue Lage entstanden. Nicht zuletzt unter dem nachhaltigen Einfluß der von *G. Monge* ausgehenden Wirkungen geriet die jahrtausendealte euklidische Tradition ins Wanken. Dabei handelte es sich nicht um die bloße Abfolge einer Entwicklungsrichtung, sondern um die Entfaltung einzelner, der Geometrie innewohnender, selbständig werdender Tendenzen in scheinbar divergierenden Richtungen. Fundamentale Grundbegriffe in und über Geometrie hörten auf, durch Gewohnheitsrecht bestimmt zu sein: Begriffe wie „Koordinate", „Länge", „Parallele" und „Entfernung", die Denkgewohnheit vom Punkt als Ausgangselement aller Geometrie, ja, die ganze Auffassung von Geometrie als Meßkunst erschienen nun verallgemeinerungsfähig

Altes Theater in Leipzig, 1943 zerstört

beziehungsweise kritikbedürftig. An die Stelle der scheinbar festgefügten Einheit ,,Geometrie" trat als Folge der diesem Vorstellungsinhalt innewohnenden begriffsdialektischen Widersprüche eine Vielzahl von ,,Geometrien". So entstand die ,,nichteuklidische" Geometrie, geschaffen durch *C. F. Gauß, N. I. Lobatschewski* und *J. Bolyai*. Insbesondere durch den deutschen Mathematiker *H. Graßmann* und den Engländer *A. Cayley* wurde die n-dimensionale Geometrie entwickelt. Der Koordinatenbegriff wurde über den der traditionellen kartesischen Parallelkoordinaten hinaus erweitert. Durch das großartige ,,Lehrbuch über die projektiven Eigenschaften der Figuren" (1822) des französischen Geometers *J.-V. Poncelet* und die dadurch ausgelöste Entwicklung der projektiven Geometrie wurde die scheinbar unabdingbare Kopplung von Geometrie und Metrik aufgehoben.

Alles in allem bot sich den Geometern der ersten Hälfte des 19. Jahrhunderts das Bild einer sich stürmisch entwickelnden Geometrie, wobei die ehemals vorhandene innere Geschlossenheit der Geometrie mehr und mehr zerfiel. Liest man bei den Geometern der Mitte des 19. Jahrhunderts nach, so erkennt man deutlich das damals herrschende Gefühl einer gewissen Ratlosigkeit über den inneren Zusammenhang der einzelnen ,,Geometrien" und der geometrischen Methoden. Die Aufgabe dieser Zeit bestand darin, jeder ,,Geometrie" einen logisch bestimmbaren Platz im Gesamtgebäude geometrischer Methoden zuzuweisen. Nach vielerlei tastenden Versuchen gelang die Klassifizierung der ,,Geometrien" schließlich zu Anfang der 70er Jahre mit Hilfe gruppentheoretischer Methoden; dies ist der wesentliche Inhalt des sogenannten Erlanger Programms von *Felix Klein* aus dem Jahre 1872.

In diesem geistigen Spannungsfeld bewegte sich die geometrische Forschungsarbeit von *Möbius*, sein für die Folgezeit wichtigster Beitrag zur Entwicklung der Wissenschaften. Vor diesem Hintergrunde erst ist die Leistung des Geometers *Möbius* mit ihrer Fülle tiefgreifender Gedanken voll zu verstehen.

Zwei Momente seien besonders hervorgehoben: *Möbius* hat einen bedeutenden Beitrag zur Erweiterung des damals traditionellen, engen Koordinatenbegriffes geleistet und hat mit seinen Studien über geometrische Verwandtschaften die spätere gruppentheoretische Klassifizierung der Geometrie vorgezeichnet.

Beide Momente treten bereits in seiner ersten größeren Arbeit, dem umfangreichen Werk ,,Der barycentrische Calcul" von 1827, deutlich hervor.
Dort definiert er die ,,barycentrischen" Koordinaten. Diese beziehen sich auf den Schwerpunkt ebener oder räumlicher geometrischer Gebilde und waren, wie auch *Möbius* selbst erkannte, gänzlich neu im Vergleich zu den damals fast ausschließlich verwendeten kartesischen Parallelkoordinaten. Es handelt sich bei den von *Möbius* eingeführten Koordinaten um einen Spezialfall der heute in der analytischen Geometrie allgemein benutzten homogenen Koordinaten. *Möbius* gehört damit neben zwei anderen deutschen Mathematikern, *J. Plücker* und *O. Hesse,* zu den Wegbereitern der Verwendung homogener Punkt- und Ebenenkoordinaten, mit deren Hilfe sich eine bedeutende Übersichtlichkeit und Eleganz des Formelapparates der analytischen Geometrie erzielen ließ.
Im ,,Barycentrischen Calcul" bereits entwickelte *Möbius* das Programm einer Klassifizierung der ,,geometrischen Verwandtschaften", das heißt derjenigen Transformationen, die den Übergang von einer geometrischen Figur zur anderen vermitteln. Waren bisher nur Gleichheit und Ähnlichkeit untersucht worden, so nahm *Möbius* die von *Euler* entdeckte, aber wieder verworfene Beziehung der Affinität und schließlich noch die der Kollineation in sein Programm auf und stellte ihre gegenseitigen Verhältnisse dar: Gleichheit und Ähnlichkeit, so sagt er, unterscheiden sich nicht wesentlich – diese Feststellung entspricht den Eigenschaften der Hauptgruppe des Erlanger Programms. Allgemeiner sind die Affinitäten, die speziell die Gleichheiten und Ähnlichkeiten in sich enthalten – dies entspricht dem gegenseitigen Verhältnis von affiner Gruppe zur äquiformen (oder Haupt-) Gruppe. Noch allgemeiner schließlich sind die Verwandtschaften der Kollineation – auch hier wieder nimmt *Möbius* die Aussage vorweg, daß die affine Geometrie in der projektiven Geometrie enthalten ist. Mit Recht stellt *Möbius* von der Lehre von den geometrischen Verwandtschaften fest, daß sie ,,. . .die Grundlage der ganzen Geometrie in sich faßt, die aber auch eine der schwierigsten sein möchte, wenn sie in voller Allgemeinheit und erschöpfend vorgetragen werden soll". [1, Band 1, S. 9]
Auf dieses in großen Zügen bereits 1827 bezeichnete Programm ist *Möbius* in den

Das Möbiussche Band

folgenden Jahrzehnten seiner wissenschaftlich-produktiven Tätigkeit in einer Fülle weiterer Arbeiten zurückgekommen. Schon im hohen Alter stehend, ging er im Jahre 1858 sogar noch zur Betrachtung sogenannter ,,Elementarverwandtschaften" über, die ebenfalls Punkttransformationen darstellen und noch allgemeiner als Kollineationen sind und die wir heute zum Gegenstandsbereich der Topologie rechnen. Auch damit befand sich *Möbius* im Vorgriff auf eine kommende fruchtbare Entwicklung: Die Topologie wurde gegen Ende des 19. Jahrhunderts in Verbindung mit der Mengenlehre zu einer selbständigen und grundlegenden mathematischen Disziplin.

Das Programm der Systematisierung der geometrischen Verwandtschaften verband *Möbius* aufs engste mit der Hauptentwicklungsrichtung der Geometrie des 19. Jahrhunderts: Die Klassifizierung der geometrischen Transformationen war ein entscheidendes Durchgangsstadium auf dem Weg zur Klassifizierung der Geometrie, durch die schließlich die logische Einheit und Geschlossenheit der Geometrie wieder hergestellt werden konnte. Dennoch hat *Möbius* das großangelegte Programm der Klassifizierung der Verwandtschaften nicht durchführen können. Es mangelte ihm an tieferen algebraischen Mitteln, insbesondere, wie man später erkennen konnte, an dem entscheidenden Begriff der Transformationsgruppe.

So beruhte die *Möbius* zu Lebzeiten zuteil gewordene Anerkennung stärker auf seinen Beiträgen zur angewandten Mathematik, die ebenfalls einen wesentlichen Teil seiner wissenschaftlichen Tätigkeit darstellen. Er behandelte Probleme der Linsensysteme, der Mechanik, der Himmelsmechanik und der Kristallsysteme. Aus seinen Untersuchungen über das Gleichgewicht von Kräften ist das ,,Lehrbuch der Statik" von 1837 hervorgegangen.

Alle diese praxisbezogenen Interessen führten ihn zur Fragestellung nach der Zusammensetzung oder Hintereinanderausführung geometrisch-physikalischer Transformationen. Mit einer Reihe von Abhandlungen über spezielle Zusammensetzungsvorschriften befand sich *Möbius* ebenfalls im Felde einer zentralen mathematischen Problemstellung, die über die begriffliche Bewältigung der ,,Addition von Strecken" schließlich durch *H. Graßmann* und *W. R. Hamilton* zur Herausbildung des für praktische Anwendungen sehr geeigneten Kalküls der Vektorrechnung geführt hat.

Bescheiden im persönlichen Auftreten und im Stile seiner Publikationen, zu den führenden Zentren mathematischer Forschung nur im indirekten Kontakt stehend, hat August Ferdinand Möbius zu seinen Lebzeiten nicht die volle Anerkennung erfahren können, die seiner Bedeutung angemessen gewesen wäre. Erst aus retrospektiver Sicht ist die Bedeutung von *Möbius* erkannt worden, gerade auch durch *F. Klein*, der mit seiner gruppentheoretischen Klassifikation der Geometrie im ,,Erlanger Programm" von 1872 das *Möbius* vorschwebende Ziel erfüllen konnte. Mit Recht würdigen wir heute *August Ferdinand Möbius* als einen der wegweisenden Geometer des 19. Jahrhunderts, dessen Wirken die Entwicklung der Mathematik noch bis in unsere Zeit hinein beeinflußt hat.

Lebensdaten zu August Ferdinand Möbius

1790	17. November, Geburt von *August Ferdinand Möbius* in Schulpforta
1793	Tod des Vaters
1803 bis 1809	Besuch der sogenannten Fürstenschule in Schulpforta
1809	Immatrikulation an der Universität Leipzig
1813/14	Wissenschaftliche Studienreise nach Göttingen und Halle
1815	Promotion
1816	Berufung als Observator und außerordentlicher Professor der Astronomie an die Universität Leipzig
	Studienreise nach Gotha, Tübingen, München und Wien
1827	*Möbius* publiziert sein Buch ,,Der barycentrische Calcul, ein neues Hilfsmittel zur analytischen Behandlung der Geometrie...".
1830	Ein Refraktor von *J. Fraunhofer* wird an der Leipziger Universitätssternwarte aufgestellt.
1844	*Möbius* wird ordentlicher Professor der Astronomie und höheren Mechanik
1868	26. September, *Möbius* stirbt in Leipzig.

Literaturverzeichnis zu August Ferdinand Möbius

[1] *Möbius, August Ferdinand:* Gesammelte Werke. Band I, Leipzig 1885, Band II, Leipzig 1886, Band III, Leipzig 1886, Band IV, Leipzig 1887.
[2] *Baltzer, R.:* Biographische Bemerkungen zu Möbius. In: Möbius, A. F.: Gesammelte Werke, Band I, S. V bis XX.
[3] *Bruhns, C.:* Die Astronomen auf der Pleißenburg. Leipzig 1877/78, S. 24 bis 84.
[4] *Reinhardt, C.:* Über die Entstehungszeit und den Zusammenhang der wichtigsten Schriften von Möbius. In: Möbius, A. F.: Gesammelte Werke, Band IV, S. 699 bis 728.
[5] *Wussing, H.:* August Ferdinand Möbius. In: Bedeutende Gelehrte in Leipzig, Band II, Leipzig 1965, ed. G. Harig, S. 1 bis 12.
[6] *Wussing, H.:* Die Genesis des abstrakten Gruppenbegriffes. Berlin 1969.

Nikolai Iwanowitsch Lobatschewski (1792 bis 1856)

Nikolai Iwanowitsch Lobatschewski wurde am 20. November (1. Dezember) 1792 in Nishni-Nowgorod (dem heutigen Gorki) als Sohn eines kleinen Beamten geboren.
Im selben Jahr hatte nach eigenem Zeugnis *C. F. Gauß* zum ersten Mal darüber nachgedacht, ob die seit *Euklid,* also seit mehr als 2 000 Jahren, als widerspruchsfrei und allgemeingültig angesehenen Grundlagen der Geometrie nicht doch zu ergänzen oder zu korrigieren oder hinsichtlich ihrer Gültigkeit einzuschränken seien.
Im Jahre 1781, also wenige Jahre vor *Lobatschewskis* Geburt, hatte auch ein bedeutender Philosoph, *I. Kant,* insofern zu den Fragen der Grundlagen der Geometrie Stellung genommen, als er sich dazu äußerte, ob die Kategorien Raum und Zeit Eigenschaften der Materie, der unabhängig vom Bewußtsein existierenden objektiven Realität, seien oder aber dem menschlichen Denken vor jeder Erfahrung, mit anderen Worten: a priori, eigene Wesenheiten, mittels derer wir unsere an sich ungeordneten Sinneseindrücke räumlich und zeitlich ordnen. *Kant* hatte sich für die letztere Auffassung entschieden und damit indirekt ausgesagt, daß die von *Euklid* formulierten

Nikolai Iwanowitsch Lobatschewski

Grundlagen der Geometrie als Ausdruck dieser Apriorität unserer räumlichen Vorstellung unanfechtbar seien.
Euklid hatte bekanntlich die Grundlagen der Geometrie und damit nach der damaligen Auffassung die Mathematik überhaupt in Definitionen, Postulaten (Forderungen) und Axiomen (Grundsätzen) dargestellt, und seine Darstellung wurde noch Ende des 18., Anfang des 19. Jahrhunderts im wesentlichen unverändert verwendet. Ihre Allgemeingültigkeit wurde nicht bezweifelt, und die Kantschen Aussagen bestärkten solche Auffassungen. Zweifel gab es jedoch bereits seit dem Altertum immer wieder daran, ob alle von *Euklid* formulierten Grundaussagen Postulate oder Axiome seien, oder ob nicht die eine oder andere Grundaussage bereits aus den übrigen folge, also ein beweisbarer Satz sei. Diese Zweifel konzentrierten sich besonders auf das fünfte Postulat *Euklid*s, durch das gefordert wird, ,,daß, wenn eine gerade Linie beim Schnitt mit zwei geraden Linien bewirkt, daß innen auf derselben Seite entstehende Winkel zusammen kleiner als zwei Rechte werden, dann die zwei geraden Linien bei Verlängerung ins Unendliche sich treffen auf der Seite, auf der die zwei Winkel liegen, die zusammen kleiner als zwei Rechte sind." [6, S. 3]
Seit der Antike sind nicht wenige Versuche angestellt worden, diese Aussage zu beweisen. In den meisten Fällen verwendeten die Autoren solcher Beweise zusätzlich zu den von *Euklid* angegebenen Postulaten und Axiomen Voraussetzungen, die dem im fünften Postulat ausgedrückten Sachverhalt logisch äquivalent sind, z. B.:
— Die Summe der Innenwinkel eines ebenen Dreiecks beträgt genau zwei Rechte.
— In der Ebene gibt es zu einer Geraden in einem nicht auf ihr liegenden Punkt genau eine Gerade, die die erstere nicht schneidet, mit anderen Worten: genau eine Parallele.
Wegen dieser zuletzt angegebenen Formulierung nennt man das fünfte euklidische Postulat Parallelenpostulat. Das positive Ergebnis der Versuche, dieses Parallelenpostulat zu beweisen, besteht gerade in dem Nachweis der Äquivalenz der genannten Aussagen. Ihr eigentliches Anliegen, der Beweis des Parallelenpostulates selbst, gelang aber nicht. Damit lag die Vermutung nahe, daß es in der Tat unbeweisbar sei, wie *Kant* ja mit philosophischen Mitteln nachgewiesen zu haben meinte.

Aufstand der Dekabristen 1825 in Petersburg

Diesen Stand hatten die Untersuchungen der Grundlagen der Geometrie zu Beginn des 19. Jahrhunderts erreicht, und es hatten sich somit im wesentlichen drei mögliche Positionen zum Parallelenpostulat herausgebildet:
1. Die über zwei Jahrtausende anhaltenden ergebnislosen Bemühungen um einen Beweis des Parallelenpostulats bestätigen die Richtigkeit der Kantschen Auffassung von der Apriorität unserer Raumvorstellungen, deren Ausdruck *Euklids* Grundlagen sind. Das fünfte Postulat muß demnach als nicht beweisbar angesehen werden.
2. Mag *Kant* recht haben oder nicht, man soll sich in der Mathematik nicht mit solchen philosophischen ,,Beweisen'' zufriedengeben, sondern weiterhin nach einem mathematischen Beweis suchen.
3. Im Rahmen des euklidischen Aufbaus der Geometrie ist das Parallelenpostulat offenbar in der Tat nicht beweisbar, aber muß dieser Aufbau der einzige für die Geometrie mögliche sein?

Die Mehrheit der Mathematiker — und auch der Philosophen, selbst, wenn sie sonst auch nicht mit *Kant* übereinstimmten — nahm den ersten Standpunkt ein. Eine kleinere Gruppe hielt nach wie vor am zweiten Standpunkt fest. Einige wenige nur drangen bis zum dritten Standpunkt vor. Zu diesen wenigen zählte *F. C. Gauß*. Er erkannte aber auch, daß sich ihm auf dem Wege zu dem sich aus dieser Position ergebenden Ziel viele Hindernisse entgegenstellen könnten und daß kaum einer der Mathematiker, die ihn auf vielen anderen Gebieten als höchste Autorität anerkannten, ihm dorthin folgen würde.

Auch andere Mathematiker versuchten am Ende des 18. und zu Beginn des 19. Jahrhunderts das Parallelenproblem zu lösen. Es seien hier *F. K. Schweikert, F. A. Taurinus* und *J. Bolyai* genannt. Die beiden erstgenannten fanden zwar den richtigen Lösungsansatz, führten ihn aber nicht konsequent zu Ende. *J. Bolyai* vermochte eine vollständige Lösung anzugeben, über die sich *Gauß* anerkennend äußerte. Als *Bolyai* jedoch feststellen mußte, daß ihm nicht die Priorität gehörte, gab er es auf, sich weiter mit diesem Problem, ja überhaupt mit Mathematik zu beschäftigen. Nur einer brachte neben der Kühnheit auch die einen Revolutionär auszeichnende Beharrlichkeit auf,

Generalstabsgebäude in Leningrad

nach Erreichen des Zieles die geschaffene Position weiter zu festigen und zu versuchen, andere davon zu überzeugen, daß sie auf festen Grundlagen ruht: *Lobatschewski*. Freilich mußte er auch das Schicksal manches Revolutionärs teilen, zu Lebzeiten kaum verstanden zu werden. Um so mehr sollte uns sein Leben und Schaffen wert sein, gekannt und gewürdigt zu werden.

Als *Lobatschewski* fünf Jahre alt war, kehrte seine Mutter mit ihren Kindern zu ihren Eltern zurück, weil der Vater die Familie verlassen hatte und sie auch nicht finanziell unterstützte. Später erwirkte sie eine staatliche Unterstützung für die Ausbildung ihrer Kinder. *Nikolai* konnte daraufhin von 1802 bis 1807 das Gymnasium und anschließend die 1805 gegründete Universität von Kasan besuchen. Er beendete sein Studium 1811 mit dem akademischen Grad eines Magisters. Die Magisterprüfung bestand er mit Auszeichnung.

Die Leitung der Kasaner Universität schlug ihm daraufhin vor, als Lehrer an der Universität zu verbleiben. Er begann als Adjunkt (so bezeichnete man in dem damaligen Rußland die unterste Stufe der akademischen Lehrerlaufbahn) und wurde 1816 zum außerordentlichen Professor berufen.

Aus dem ersten Jahr seiner Tätigkeit als Professor, also aus dem Studienjahr 1816/17, ist uns das Manuskript seiner Vorlesungen über Geometrie erhalten geblieben und damit ein wichtiges Zeugnis über den Werdegang seiner bahnbrechenden Ideen. Das Manuskript enthält einen angeblichen Beweis des euklidischen Parallelenpostulats. *Lobatschewskis* Auseinandersetzung mit den Grundlagen der Geometrie begann also auf derselben Stufe wie die Kritik an *Euklids* Aufbau im allgemeinen: bei der Analyse des fünften Postulats von *Euklid*, das eine Sonderstellung einzunehmen schien. Diese Sonderstellung räumt *Lobatschewski* dem fünften Postulat ganz deutlich in einem 1823 fertiggestellten, aber erst 1898 wieder aufgefundenen Manuskript ein. Es handelt sich bei diesem um das Manuskript für ein Lehrbuch der Geometrie. Es zeichnet sich durch eine für die damalige Zeit ungewöhnliche Anordnung der Lehrsätze aus. Es folgt in dieser Anordnung nicht dem Beispiel der „Elemente" des *Euklid*, dem sich alle Geometer im wesentlichen angeschlossen hatten, sondern zeigt eine auffällige Zweiteilung. Im ersten Teil (1. bis 5. Kapitel) werden alle Aussagen

Kasaner Kathedrale in Leningrad

zusammengefaßt, die ohne Verwendung des Parallelenpostulats bewiesen werden können. Erst im 6. Kapitel werden die Aussagen behandelt, zu deren Beweis es des Parallelenpostulats bedarf. Das sind in der Hauptsache Aussagen, die mit der Messung des Flächeninhalts ebener Figuren zusammenhängen.

Mit dem hier kurz skizzierten Aufbau seines Geometrie-Manuskripts läßt *Lobatschewski* erkennen, daß er die hervorragende Rolle des Parallelenpostulats für die Charakterisierung der euklidischen Geometrie erkannt hatte und daß die Ausnahmestellung dieses Postulats nicht allein daraus resultiert, daß seine Formulierung weniger grundlegend erscheint als die der anderen Postulate, sondern daß es sich auch inhaltlich von ihnen abhebt. Er hatte inzwischen auch erkannt, daß alle bisherigen Versuche (sein eigener damit eingeschlossen), es zu beweisen, nicht gelangen. Zwar kommt darin noch zum Ausdruck, daß er einen exakten Beweis für möglich hält, man kann aber schon vermuten, daß ein solcher Beweis zu einem ganz anderen Ergebnis führen könnte, als die bisherigen Versuche zum Ziel hatten.

Diejenigen, die *Lobatschewski*s Arbeit wegen der beabsichtigten Veröffentlichung begutachteten, erkannten offenbar nicht die sich mit ihr anbahnende Revolution in der Geometrie, wenngleich die Arbeit ihnen vom Geist einer Revolution gezeichnet zu sein schien, nämlich dem der französischen Revolution von 1789. Sie schlußfolgerten das aus der Forderung *Lobatschewski*s, das Meter auch in Rußland als Längenmaß einzuführen. Jedenfalls wurde *Lobatschewski* aufgefordert, das Manuskript zu überarbeiten. Er tat es nicht, und so verschwand es in den Archiven der Kasaner Schulbehörde.

Die Lobatschewskische Arbeit erfuhr diese Behandlung, obwohl sich *Lobatschewski* bis zum Jahre 1823 bereits große Anerkennung an der Universität und im Kasaner Schulbezirk erworben hatte. Seit 1818 hielt er neben seiner Tätigkeit an der Universität wissenschaftliche Vorträge vor Lehrern und Beamten. Seine Arbeit an der Universität beschränkte sich nicht auf die Lehrtätigkeit in der Mathematik und der Astronomie, sondern umfaßte von Jahr zu Jahr immer mehr Bereiche der Wissenschaftsorganisation und -leitung.

Die erste große Aufgabe auf diesem Gebiet wurde *Lobatschewski* 1819 mit dem

Universität in Kasan um 1830

Auftrag, die Universitätsbibliothek zu reorganisieren und ihre Wirksamkeit zu erhöhen, übertragen. Er löste sie so vorbildlich, daß man ihn bereits ein Jahr später, also als er erst 27 Jahre alt war, für die Amtsperiode 1820/21 zum Dekan der Physikomathematischen Fakultät wählte. 1822 wurde er zum ordentlichen Professor ernannt und 1823 erneut zum Dekan gewählt.
In dieser Funktion, die er bis 1825 innehatte, setzte sich *Lobatschewski* mit viel Fleiß und gutem Organisationsgeschick für den weiteren Aufbau der Universität ein. Dabei richtete er sein Hauptaugenmerk außer auf die Bibliothek vor allem auf den Bau und die Einrichtung physikalischer und astronomischer Kabinette und Laboratorien. Er erwarb sich das für sachkundige Entscheidungen in diesen Fragen notwendige Fachwissen und förderte den Fortgang der Arbeiten unter anderem auch dadurch, daß er viele seiner Entscheidungen an Ort und Stelle und nicht von seinem Büro aus traf. Er hielt es auch nicht für unter seiner Würde, notfalls selbst Hand anzulegen.
Diese großen Verdienste förderten die Anerkennung und das Vertrauen aller Universitätsangehörigen *Lobatschewski* gegenüber, was sich 1825 in der Wahl zum Leiter der Universitätsbibliothek und 1827 in der Wahl zum Rektor der Universität äußerte. Als Rektor setzte *Lobatschewski* das in den bisherigen Funktionen begonnene Werk, die Universität zu einer in ganz Rußland und über seine Grenzen hinaus geachteten Bildungs- und Forschungsstätte zu entwickeln, mit großem Erfolg fort und wurde darum bis zu seiner Emeritierung im Jahre 1846 immer wieder in dieses hohe Amt gewählt. *Lobatschewski* prägte damit maßgeblich die Entwicklung der Kasaner Universität im ersten halben Jahrhundert ihres Bestehens, und wenn an ihrer Fünfzigjahrfeier auch ausländische Wissenschaftler teilnahmen, dann findet in dieser Würdigung der Erfolg von *Lobatschewski*s Wirken ein beredtes Zeugnis.
*Lobatschewski*s Verdienste um die Universität erschöpften sich nicht in den bereits genannten Leistungen als Wissenschaftsorganisator, er war auch ein hervorragender Lehrer und Erzieher der studentischen Jugend. Neben anderen Zeugnissen seiner Tätigkeit und seiner Auffassung ist uns eine Rede überliefert, die er 1828 zur Immatrikulationsfeier zum Thema „Über wichtige Fragen der Erziehung" hielt. Diese Rede spiegelt *Lobatschewski*s Hochachtung vor der menschlichen Persönlichkeit und

sein großes Verantwortungsbewußtsein der Jugend gegenüber wider und läßt erkennen, daß er sich zu den Ideen der materialistischen Philosophie großer Denker und Wissenschaftler des 18. Jahrhunderts bekannte. *Lobatschewski* forderte von allen Hochschullehrern, sich darum zu bemühen, daß „die Jugend nicht leere Worte ohne Sinn hören" müsse, sondern das gelehrt werde, „was in der Tat auch existiert". [8, S. 323] Mit Leidenschaft verlangte er, daß diejenigen, die sich der Wissenschaft widmen, sich der Verantwortung bewußt werden, die sie der Gesellschaft, dem Volke gegenüber übernehmen. Die Arbeit des Wissenschaftlers und Erziehers setze Hingabe und Ehrgefühl voraus, müsse dem Finden der Wahrheit dienen und dürfe sich nicht von Privilegien leiten lassen.
Lobatschewskis gesamtes Schaffen — als Forscher, Hochschullehrer und Rektor — wurde von dieser fortschrittlichen philosophischen und ethischen Haltung bestimmt. „Sein materialistisches Herangehen an die wesentlichsten Begriffe der Wissenschaft war eine der wichtigsten Voraussetzungen für die Entdeckung der nichteuklidischen Geometrie". [12, S. 149] Seine Hochachtung vor der menschlichen Persönlichkeit, sein Pflicht- und Ehrgefühl ließen ihn auch als Rektor neue Wege gehen und mit Überlieferungen brechen, die dieser Haltung nicht entsprachen.
Er nahm für sich keine Privilegien in Anspruch und wünschte sie auch nicht für andere, er forderte und förderte lebhafte wissenschaftliche Streitgespräche und Gedankenaustausche — weswegen er z. B. eine wissenschaftliche Zeitschrift der Universität, die „Kasaner Gelehrten Schriften", gründete und lange Jahre selbst leitete —, und er entwickelte die Räte der Abteilungen und den Rat der Universität zu maßgeblichen Gremien des gesamten wissenschaftlichen Lebens und der Leitung der Universität.
Er schuf damit ein Beispiel für die Leitung einer Universität, das weit über sein unmittelbares Wirken hinaus von Bedeutung war. Er erwarb sich das ihm über so viele Jahre immer wieder ausgesprochene Vertrauen als Rektor vor allem damit, daß er nicht selbstherrlich leitete, sondern die Unterstützung der Mehrheit der Universitätsangehörigen für seine großen Aufgaben suchte und nutzte.
Lobatschewski erfuhr aber nicht nur Vertrauen und Hochachtung, ihm wurden auch wenigstens zwei bittere Enttäuschungen bereitet — von Privilegierten der Feudal-

Alexander
Sergejewitsch Puschkin
(1799 bis 1837)

gesellschaft und der Wissenschaft. Die eine dieser Enttäuschungen mußte er im Jahre 1846 erleben; sie betraf sein Wirken als Hochschullehrer und Rektor. Die andere entstand aus dem bereits erwähnten Unverständnis, das die Fachwelt seinem wissenschaftlichen Lebenswerk gegenüber zeigte, und erstreckte sich über Jahrzehnte. 1846 beendete *Lobatschewski* sein 30. Dienstjahr als Professor. Den damals in Rußland geltenden Bestimmungen zufolge mußte er danach von seinem Lehrstuhl abberufen werden und aus der Universität ausscheiden. *Lobatschewski* scł ursprünglichen Sinn dieser Bestimmung, nämlich daß alte Hochschullehrer jüngere, leistungsfähigere nicht in ihrer Entwicklung hemmen sollten, anerkannt zu haben. Jedenfalls hat er selbst einen seiner Schüler als seinen Nachfolger auf seinem Lehrstuhl vorgeschlagen. *Lobatschewski* war aber erst 53 Jahre alt und fühlte sich seinen Aufgaben noch gewachsen. Er hoffte darum auch, daß das Ministerium dem Antrag des Rates der Universität entsprechen und ihn für weitere fünf Jahre im Amt des Rektors belassen würde, unabhängig davon, ob er den Lehrstuhl behielt oder nicht. Dieser Antrag wurde abgelehnt. Dem Anschein nach trugen die verantwortlichen Mitarbeiter des Ministeriums der hohen Meinung des Rates über *Lobatschewski* Rechnung, er wurde in eine formal höhere Funktion, zum Stellvertreter des Kurators des Kasaner Schulbezirks berufen. In der Tat war diese Funktion aber so nebensächlich, daß *Lobatschewski* es ablehnte, sie tatsächlich auszuüben, und sich enttäuscht zurückzog. Seine Enttäuschung wäre sicherlich weniger groß gewesen, wenn er hätte hoffen können, daß ihm die Beschäftigung mit seinem engeren wissenschaftlichen Werk den mit dem Ausscheiden aus der Universität verlorengegangenen Lebensinhalt ganz ersetzen könnte. Aber das war nicht zu erwarten, denn er hatte die wichtigsten Ergebnisse seiner Untersuchungen bereits 20 Jahre zuvor, bis zum Jahre 1826, ausgearbeitet und sie in den folgenden Jahren ergänzt und nach verschiedenen Seiten hin abgesichert. Eine Weiterentwicklung der Lobatschewskischen Arbeiten über die Grundlage der Geometrie hätte eines regen Gedankenaustausches mit Wissenschaftlern bedurft, die zumindest von dem Wert der Lobatschewskischen Überlegungen überzeugt waren, wenn sie ihnen schon nicht zustimmen konnten oder wollten. Aber *Lobatschewski* fand offenbar schon an dem Tage, da er seine Überlegungen erstmals

Michail Iwanowitsch Glinka (1804 bis 1857)

der Öffentlichkeit bekanntgab, keinen bedeutenden Mathematiker, der bereit oder in der Lage gewesen wäre, wissenschaftlich mit ihm oder gegen ihn zu streiten. Dieser erste Tag war der 11. (23.) Februar 1826, als *Lobatschewski* in der Physikomathematischen Abteilung der Kasaner Universität seine wenige Tage zuvor eingereichte, in französischer Sprache geschriebene Abhandlung ,,Kurze Darlegung der Grundlagen der Geometrie mit einem strengen Beweis des Parallelentheorems" zur Diskussion stellte. Wir kennen diese Arbeit nicht – sie wurde nicht gedruckt und ging verloren –, wir wissen aber aus späteren Veröffentlichungen *Lobatschewski*s, in denen er sich auf sie bezog, was sie beinhaltete.

Lobatschewski behauptete in dieser Arbeit, daß das fünfte euklidische Postulat nicht im mathematisch-logischen Sinne bewiesen werden könne, sondern als durch die Erfahrung bewiesen angesehen werden müsse. Es sei wie noch andere grundlegende mathematische Aussagen vom Charakter zum Beispiel physikalischer Gesetze und müßte wie diese durch Experimente, etwa astronomische Beobachtungen, bestätigt werden. ,,Die Annahme der gewöhnlichen Geometrie muß also streng bewiesen betrachtet werden; aber zugleich muß man auch davon überzeugt sein, daß man unabhängig von der Erfahrung vergebens einen Beweis dieser Wahrheit suchen würde, die an und für sich nicht in unserer Vorstellung von den Körpern enthalten ist." [2, S. 11] Die Tatsache der logischen Unabhängigkeit des Parallelenpostulats von den übrigen euklidischen Postulaten und Axiomen folge daraus, daß es möglich sei, es bei Beibehaltung der übrigen Grundaussagen *Euklid*s durch eine andere Aussage zu ersetzen und auf dieser Grundlage eine von der euklidischen verschiedene Geometrie widerspruchsfrei aufzubauen.

Zum Beweis seiner Behauptung legte *Lobatschewski* die Grundgedanken seiner Geometrie dar, die statt vom fünften Postulat von der folgenden Aussage ausgehen: In der Ebene existieren zu einer Geraden in einem nicht auf ihr liegenden Punkt wenigstens zwei die erstere nicht schneidende Geraden.

Mit dem Ergebnis seiner Untersuchungen wurde *Lobatschewski*s Auffassung von den Grundbegriffen und Grundaussagen der Mathematik als aus der Erfahrung zu gewinnende oder durch sie zu bestätigende Abstraktionen bestärkt. Gleichzeitig ist seine

Arbeit ein deutlicher Beweis dafür, daß *Lobatschewski* nicht Anhänger eines beschränkten Empirismus war: ,,Oberflächen und Linien existieren nicht in der Natur, sondern nur in der Einbildungskraft. Sie setzen folglich die Eigenschaft von Körpern voraus, deren Erkenntnis in uns den Begriff von Oberflächen und Linien hervorbringen muß." [8, S. 171]

Die von ihm begründete neue Geometrie nannte *Lobatschewski* zunächst – weil sie im Gegensatz zur euklidischen noch nicht als durch die Erfahrung bestätigt gelten konnte – ,,vorgestellte", ,,imaginäre" Geometrie, später ,,Pangeometrie". Wir nennen sie heute Lobatschewskische oder hyperbolische Geometrie und wissen, daß sie nicht nur eine Vorstellung ist, sondern eine der möglichen und unter bestimmten Bedingungen wirklichen räumlichen Strukturen der Materie.

Lobatschewski konnte das noch nicht wissen, war aber von dem wissenschaftlichen Nutzen seiner Arbeit überzeugt: ,,Wie das auch sein mag, die neue Geometrie, für die nunmehr der Grund gelegt ist, kann, wenn sie auch in der Natur nicht besteht, nichtsdestoweniger in unserer Vorstellung bestehen, und wenn sie auch bei wirklichen Messungen außer Gebrauch bleibt, so eröffnet sie doch ein neues weites Feld für die Anwendungen der Geometrie und Analysis aufeinander." [1, S. 83]

Zwei der den Unterschied zur euklidischen besonders deutlich machenden Aussagen der Lobatschewskischen Geometrie sind die folgenden:
- Die Summe der Innenwinkel eines ebenen Dreiecks ist kleiner als zwei Rechte.
- Ebene Dreiecke mit gleichen Winkeln sind kongruent.

(Damit entfällt hier die Relation der Ähnlichkeit von Dreiecken.)

Weiterhin gilt, daß die euklidische Geometrie als Grenzfall der Lobatschewskischen Geometrie angesehen werden kann, was die Bezeichnung ,,Pangeometrie" (allgemeine Geometrie) rechtfertigt.

Uns fehlen Mitteilungen darüber, wie *Lobatschewskis* Vortrag am 23. Februar 1826 von seinen Kollegen aufgenommen wurde, wir können aber aus der Tatsache, daß die vorgelegte Arbeit nicht gedruckt wurde, schlußfolgern, daß sie nicht die volle Anerkennung fand.

Die ersten in russischer Sprache gedruckten Veröffentlichungen der Lobatschewskischen Untersuchungen der Grundlagen der Geometrie erschienen erst in den Jahren 1829/30 in mehreren Beiträgen im ,,Kasaner Boten" unter dem Titel ,,Über die Anfangsgründe der Geometrie" [1, S. 1–66]. Ihnen folgten 1835 die Monographie ,,Imaginäre Geometrie" [2, S. 3–50] und in den Jahren 1836 bis 1838 in den ,,Kasaner Gelehrten Schriften" mehrere Beiträge unter dem Titel ,,Neue Anfangsgründe der Geometrie, mit einer vollständigen Theorie der Parallellinien" [1, S. 67–235] sowie 1836 die ,,Anwendungen der imaginären Geometrie auf einige Integrale" [2, S. 51–130].

Außerhalb Rußlands veröffentlichte *Lobatschewski* die Ergebnisse seiner Untersuchungen zum erstenmal 1837 in französischer Sprache in *Crelle*s Journal [3], ebenfalls unter dem Titel ,,Géométrie imaginaire". 1840 lag schließlich auch die erste in deutscher Sprache verfaßte Arbeit *Lobatschewski*s vor [4].

Diese letztere Arbeit und eine weitere in russischer Sprache (wahrscheinlich die ,,Imaginäre Geometrie" – Kf.) kannte *Gauß*, und er hat sich sehr anerkennend darüber geäußert. Durch sie sei er ,,recht begierig geworden, mehr von diesem scharfsinnigen Mathematiker zu lesen" [7, Bd. VIII, S. 232]. *Gauß* setzte sich dann auch dafür ein, daß *Lobatschewski* 1842 zum Korrespondierenden Mitglied der Göttinger Gelehrten Gesellschaft berufen wurde. Aber von der durch *Gauß* geäußerten Wertschätzung gerade seiner Arbeiten zu den Grundlagen der Geometrie erfuhr *Lobatschewski* wohl nichts und sah sich darum weiterhin ohne Kampfgefährten, allein auf sich gestellt. Er gab den Kampf dennoch nicht auf und diktierte, obwohl bereits erblindet, in seinen letzten Lebensjahren eine vollständige Darstellung der von ihm begründeten Geometrie, die 1855 unter dem Titel ,,Pangeometrie" [5] in russischer und französischer Sprache erschien.

Am 12. (24.) Februar 1856, also fast auf den Tag genau 30 Jahre nach der von ihm herbeigeführten ,,Geburtsstunde der nichteuklidischen Geometrie", schloß *Lobatschewski* für immer die Augen. Er hinterließ neben den hier gewürdigten Arbeiten noch eine Anzahl weiterer auch über andere Probleme der Mathematik und der Astronomie.

Auch dort bewies er oftmals tiefgehende Einsicht in die Grundfragen der Mathematik

und vorwärtsweisende Gedanken. Das trifft zum Beispiel auf seine Aussagen über den Funktionsbegriff zu. In der 1834 geschriebenen Arbeit „Über das Verschwinden trigonometrischer Reihen" bringt er zum Ausdruck, daß man den Funktionsbegriff nur richtig fassen könne, wenn man die Tatsache, daß jedem x eine Zahl entspricht, zu seiner wesentlichen Grundlage nehme, nicht aber den analytischen Ausdruck, durch den diese Entsprechung möglicherweise ausgedrückt wird. Dieser sei zweitrangig, da die Zuordnungsvorschrift auch in anderer Form gegeben sein könne. Es könne sogar eine solche Zuordnung existieren, ihre genaue Formulierung aber noch unbekannt sein. Diese Lobatschewskischen Gedanken bereiteten der Auffassung von der Funktion als Abbildung, die sich später durchsetzte und bewährte, den Weg.
Nur wenige Jahre nach seinem Tod erfuhr *Lobatschewski*s neue Geometrie die Aufmerksamkeit und Anerkennung, auf die er gewartet hatte. Man gab ihm den Ehrentitel „Copernicus der Geometrie". Er hat ihn wenigstens in zweierlei Hinsicht verdient. Einmal, weil er sich wie *Copernicus* nicht scheute, gegen die herrschende Geisteshaltung seiner Zeit, die er als veraltet und mit der Entwicklung der Wissenschaft nicht mehr in Übereinstimmung befindlich erkannte, anzukämpfen, zum zweiten darum, weil er wie *Copernicus* die Aufgabe der Wissenschaft darin sah, die objektive Welt zum Wohle und zum Ruhme der Menschheit zu erforschen und nicht irgendwelche geistigen Systeme zu schaffen, deren Beziehung zur Realität nicht von Interesse sein sollte. Diese ihn als wahren Wissenschaftler charakterisierende materialistische Grundhaltung hatte *Lobatschewski* geholfen, eines der schwierigsten Probleme der Mathematik zu lösen; seine Lösung des Problems war ihrerseits ein Sieg des Materialismus und der Wissenschaft über Agnostizismus und wissenschaftsfeindliches Festhalten an überholten Denkgewohnheiten. Darin liegt die große Bedeutung des Lebens und Schaffens *Lobatschewski*s weit über den Rahmen der Mathematik hinaus begründet.

Lebensdaten zu Nikolai Iwanowitsch Lobatschewski

1792	20. November (1. Dezember), in Nishni-Nowgorod (Gorki) geboren
1802 bis 1807	Besuch des Gymnasiums in Kasan
1807	Beginn des Studiums der Mathematik und der Naturwissenschaften an der Universität Kasan
1811	Magisterexamen mit Auszeichnung bestanden Beginn der Lehrtätigkeit an der Universität Kasan
1816	Berufung zum außerordentlichen Professor
1819	Mit der Reorganisation der Universitätsbibliothek beauftragt
1820/21	Dekan der Physiko-mathematischen Fakultät
1822	Ernennung zum ordentlichen Professor
1823 bis 1825	Dekan der Physiko-mathematischen Fakultät
1825 bis 1835	Direktor der Universitätsbibliothek
1826	11. (23.) Februar, Vortrag über ,,Grundlagen der Geometrie mit einem strengen Beweis des Parallelentheorems'' – Geburtsstunde der nichteuklidischen Geometrie
1827 bis 1846	Rektor der Universität Kasan
1829 bis 1840	Zahlreiche Veröffentlichungen zur von ihm begründeten nichteuklidischen Geometrie
1842	Berufung zum Korrespondierenden Mitglied der Göttinger Gelehrten Gesellschaft
1846	Emeritierung
1846 bis 1853	Stellvertreter des Kurators des Kasaner Schulbezirks
1855	Fertigstellung der ,,Pangeometrie''
1858	12. (23.) Februar, *Lobatschewski* verstorben

Literaturverzeichnis zu Nikolai Iwanowitsch Lobatschewski

[1] Lobatschewski, Nikolai Iwanowitsch: Zwei geometrische Abhandlungen. Aus dem Russischen übersetzt mit Anmerkungen und einer Biographie des Verfassers von F. Engel, Leipzig 1899.

[2] *Lobatschewski, N. I.:* Imaginäre Geometrie und Anwendung der Imaginären Geometrie auf einige Integrale. Aus dem Russischen übersetzt und mit Anmerkungen versehen von G. Liebmann, Leipzig 1904.
[3] *Lobatschewski, N. I.:* Géométrie imaginaire. In: Crelles Journal für die reine und angewandte Mathematik, 17 (1857), S. 295 bis 320.
[4] *Lobatschewski, N. I.:* Geometrische Untersuchungen zur Theorie der Parallellinien. Berlin 1840.
[5] *Lobatschewski, N. I.:* Pangeometrie. Deutsch ed. von H. Liebmann, Ostwalds Klassiker der exakten Wissenschaften, Nr. 130, Leipzig 1902.
[6] *Bonola, R.:* Die nichteuklidische Geometrie. 2. Auflage, Leipzig/Berlin 1919.
[7] *Gauß, C. F.:* Werke, 12 Bände. Leipzig, Berlin, usw. 1863 bis 1933.
[8] *Modsalevskij, I. B.:* Materialy k biografii N. I. Lobačevskomu. Moskva-Leningrad 1948.
[9] *Kolman, E.:* Velikii russkii myslitel' N. I. Lobačevskij. 2. Auflage, Moskva 1956.
[10] *Lobačevskij, N. I.:* Tri cočinenija geometrii. Ed. P. I. Norden und V. F. Kagan, Moskva 1956.
[11] Istoriko – matematičeskie issledovanija, Bd. IX. (1956). (Sammelband von Arbeiten über Leben und Wirken von N. I. Lobatschewski). Moskva 1956.
[12] *Kolosow, A. A.:* Kreuz und quer durch die Mathematik. Berlin 1963.

Niels Henrik Abel (1802 bis 1829)

Abseits der führenden mathematischen Zentren Europas zu Anfang des 19. Jahrhunderts bahnte sich der junge Norweger *Abel*, als völliger Autodidakt, den Weg zu zentralen Fragen mathematischer Forschung der damaligen Zeit. Wenige Jahre mathematischer Produktivität nur waren ihm beschieden; die Ergebnisse reihen *Niels Henrik Abel* unter die bedeutendsten Mathematiker der Erde ein.

Niels Henrik Abel stammte aus einer Familie von Landpastoren. Als zweites Kind von sieben Kindern wurde er am 5. August 1802 auf der Insel Finnöy an der Südwestküste Norwegens geboren. Sein Vater, *Sören Georg Abel*, entfaltete dort und später in Gjerstad als Pfarrer eine über seine Berufspflichten weit hinausgehende Tätigkeit

Einziges authentisches Porträt
von Niels Henrik Abel

in einer für Norwegens politische und ökonomische Entwicklung entscheidenden Periode zu Anfang des 19. Jahrhunderts.

Die Zeiten waren schwer. *Napoleon*, der auf der Höhe seiner Macht stand, zwang die politische Union zwischen Dänemark und Norwegen in eine Koalition mit Frankreich hinein. Dies führte zur Beschießung Kopenhagens durch die englische Flotte, zur Blockade der norwegischen Küste durch die Engländer und zu militärischen Auseinandersetzungen mit Schweden. Schließlich wurde 1814 die Union Norwegens mit Dänemark auch formal gelöst; dafür aber wurde Norwegen gezwungen, die Personalunion mit Schweden anzuerkennen. Im Lande herrschten Hunger und Teuerung. Pastor *Abel* gehörte zu den rührigsten Mitgliedern einer ,,Gesellschaft für das Wohl Norwegens", die beispielsweise den Anbau der Kartoffeln und die Erschließung örtlicher Produktionsreserven förderte. Auf die Initiative dieser Gesellschaft, die im Lande eine außerordentliche erfolgreiche Geldsammlung organisierte, ging schließlich auch die Gründung und Eröffnung der ersten norwegischen Universität in Kristiania, dem heutigen Oslo, im Jahre 1811 zurück.

Trotz Anerkennungen und Auszeichnungen vermochte *Abel*s Vater die schwierige finanzielle Lage seiner Familie nicht zu beheben. *N. H. Abel* wurde anfangs vom Vater, einem schwierigen Charakter, unterrichtet. Schließlich gelang es, *Niels Henrik Abel* im Alter von 13 Jahren zusammen mit seinem älteren Bruder an der schon seit dem Mittelalter bestehenden Domschule in Oslo unterzubringen. Die Brüder *Abel* erhielten sogar eine finanzielle Unterstützung; die Disziplin freilich und die Lebensbedingungen waren hart und fast barbarisch streng. Alte Sprachen, Religion und Geschichte standen im Vordergrund. *Niels Henrik Abel* war in diesen Fächern ein mittelmäßiger Schüler und litt sehr unter dem Leben an der Schule. Erst das Jahr 1817 brachte eine Wende. Ein Mitschüler *Abel*s war an den Folgen der Mißhandlungen durch einen Lehrer gestorben, desselben Lehrers, der auch *Abel* in ganz besonderem Maße tyrannisiert und gedemütigt hatte. Der Nachfolger, *Bernt Michael Holmboe*, war ein junger, liberal denkender und in Mathematik vorzüglich ausgebildeter Lehrer. Zu seiner Überraschung fand er unter seinen Schülern eine mathematische Begabung allererster Größe, förderte und ermutigte das Talent, gab ihm *Poisson*, *Gauß*, *Newton*,

Alte Universität in Kristiania (heute Oslo)

Lalande, d'Alembert, Lagrange und andere mathematische Autoren von Rang zu lesen und schirmte den sehr sensiblen, körperlich schwächlichen und anfälligen *Niels Henrik* vor den schlimmsten Übergriffen der Lehrer und Mitschüler ab.

Abel seinerseits machte sich in unglaublich kurzer Zeit die mathematischen Ergebnisse seiner Zeit zu eigen und fing bereits an, eigene Untersuchungen anzustellen. Er glaubte vorübergehend sogar, die seit Jahrhunderten vergeblich gesuchte Auflösung der allgemeinen algebraischen Gleichung fünften Grades in Radikalen gefunden zu haben; seine Lehrer und sogar die besten Mathematiker Norwegens vermochten nicht, über die Richtigkeit seiner Ansätze zu entscheiden. Diese öffentlich diskutierte Affäre trug *Abel* ein solches Ansehen und solche Empfehlungen ein, daß er 1821 an der Universität Oslo immatrikuliert werden konnte. Seine persönlichen Verhältnisse waren indes fast verzweifelt: Er war völlig mittellos, sein Elternhaus familiär zerrüttet und verschuldet, der Vater war am Scheitern seiner politischen und volksbildnerischen Reformpläne innerlich zerbrochen und schon 1820 verstorben, der ältere Bruder durch Krankheit erwerbsunfähig.

Um „das seltene Talent Abels der Wissenschaft zu erhalten", so hieß es in einem Antrag *Holmboes* an die Universitätsverwaltung, wurden *Abel* ausnahmsweise freie Unterkunft in der Universität sowie eine Art Taschengeld gewährt; auch für seinen in Oslo zur Schule gehenden jüngeren Bruder war noch aufzukommen. Freunde unter den Studenten, entferntere Verwandte und Fürsprecher unter den Professoren – im Hinblick auf die zu erwartenden wissenschaftlichen Leistungen – sicherten eine wenn auch kümmerliche Existenz; freundschaftlichen Rat und Familienanschluß fand er bei dem Osloer Professor *Chr. Hansteen*, der sich erfolgreich mit Erdmagnetismus beschäftigte und einigen Einfluß auf die Universitätsverwaltung besaß.

Über die wissenschaftliche Arbeit *Abels* während der Studienzeit ist verhältnismäßig wenig bekannt. Man weiß, daß er sich mit den Wortführern einer Gruppe von jungen Enthusiasten der Naturwissenschaften anfreundete, mit dem später berühmten Zoologen *Chr. P. Boeck* und dem bedeutenden Geologen *B. M. Keilhau*. Im Jahre 1823 konnte in Norwegen, wo ein geregeltes wissenschaftliches Leben auf naturwissenschaftlichem Gebiet erst in Gang gesetzt werden mußte, eine erste wissen-

Adrien Marie Legendre
(1752 bis 1833)

schaftliche Zeitschrift, das „Magazin for Naturvidenskaben", herausgegeben werden; einer der Herausgeber war *Hansteen*. *Abel* hat dort verschiedene kürzere Arbeiten publiziert, die typische Züge eines Autodidakten und zugleich auch die des reifenden Genies tragen. Beispielsweise tritt hier die erste explizite Problemstellung einer Integralgleichung auf. Notwendig war der Kontakt mit den Zentren der mathematischen Forschung. Durch eine private Zuwendung konnte *Abel* im Sommer 1823 eine Reise nach Kopenhagen unternehmen. Er kehrte mit den Erinnerungen an einen glücklichen und hochinteressanten Aufenthalt zurück; echte Hilfe und Anleitung aber für seine sich auf höchstem Niveau bewegenden mathematischen Problemstellungen hatte er auch dort nicht erhalten können.

Im Vordergrund seines Interesses standen schon damals die Theorie der elliptischen Funktionen und die Auflösungstheorie algebraischer Gleichungen; auf diesen beiden Gebieten wird er in den wenigen Jahren, die ihm noch vergönnt sein sollten, als einer der bedeutendsten Mathematiker in die Geschichte eingehen. Ende 1823 schon gelangte *Abel* zu der Einsicht, daß die Auflösung der allgemeinen Gleichung des Grades fünf in Radikalen unmöglich ist: *Abel* hatte seine erste bedeutende mathematische Entdeckung gemacht. Er mußte übersehen, aus Mangel an Verbindungen zur wissenschaftlichen Welt, daß ihm hier schon ein anderer zuvorgekommen war, der Italiener *P. Ruffini*, der rund zweieinhalb Jahrzehnte vorher eben diese Entdeckung publiziert und einen in wesentlichen Teilen vollständigen Beweis dieser überraschenden Tatsache geliefert hatte. Erst später erfuhr *Abel* von *Ruffini*.

Die Universitätsbehörden in Oslo taten ihr Möglichstes, um *Abel* zu fördern. Unmöglich konnte *Abel*, ein so vielversprechendes Talent, weiterhin nur durch private Zuwendungen in die Lage versetzt sein, zu studieren und zu forschen. Auf Grund dringender und wohlüberlegter Vorstellungen, insbesondere durch Professor *Hansteen*, wurden *Abel* ein bescheidenes, aber ausreichendes Stipendium gewährt sowie die finanziellen Mittel bereitgestellt, die es ihm ermöglichen sollten, auf einer Reise durch den europäischen Kontinent wichtige mathematische Zentren zu besuchen und insbesondere in Paris persönlichen Kontakt mit den führenden Mathematikern zu pflegen. Dort lebte *A. M. Legendre*, der beste Kenner der elliptischen

Studentenwohnhaus in Oslo

Funktionen; dort wirkte *A. L. Cauchy*, einer der schärfsten Denker auf dem Gebiet der Analysis.

Alles schien sich zum besten zu fügen. *Abel* ließ auf eigene Kosten seine Abhandlung über die Unmöglichkeit der Auflösung der Gleichung fünften Grades drucken, bereitete sich durch Sprachenstudium auf seine Reise vor und feierte im Kreise seiner Freunde Verlobung mit einem sehr netten Mädchen. Hochzeit sollte nach seiner Rückkehr sein, dann, wenn ihm als einem anerkannten Mathematiker von Rang eine Anstellung an der Universität Oslo zufallen würde. Dann, so hoffte er, würde er auch seinen Geschwistern helfen können.

Im Sommer 1825 reiste *Abel* ab; in Kopenhagen traf er sich mit seinem Freund *Boeck* und zwei weiteren Osloer Studenten, die gleich ihm zu Studienzwecken ins Ausland geschickt wurden. Im ,,Magazin'' schrieb Professor *Hansteen*: ,,Diese jungen Männer repräsentieren die Hoffnung auf unsere Zukunft.''

Die Reise führte *Abel* von Kopenhagen zunächst nach Altona bei Hamburg, zu dem mit *Gauß* befreundeten berühmten Astronomen *H. Chr. Schumacher*. Den Winter verbrachte *Abel* in Berlin, herzlich aufgenommen insbesondere von dem Oberbaurat *A. L. Crelle*. *Crelle* war ein bedeutender und einflußreicher Ingenieur, auf den zum Beispiel die Projektierung der preußischen Staatsstraßen und der ersten preußischen Eisenbahn zwischen Berlin und Potsdam zurückgehen. Leidenschaftlich förderte er, selbst Autor mathematischer Abhandlungen, die Entwicklung der Mathematik in Preußen und rief gerade um diese Zeit die später in Deutschland führende mathematische Zeitschrift ,,Journal für die reine und angewandte Mathematik'' ins Leben.

Crelle ermunterte *Abel*, seine Ergebnisse in druckfertigen Abhandlungen niederzulegen. *Abel* arbeitete in knapp vier Monaten sechs Abhandlungen aus, die in Band 1 des Crelleschen Journals aufgenommen wurden. Mindestens zwei davon gehören zu den Marksteinen in der Geschichte der Mathematik. Die Abhandlung ,,Beweis der Unmöglichkeit der algebraischen Auflösbarkeit der allgemeinen Gleichungen, welche den vierten Grad übersteigen'', beantwortete ein jahrhundertelang diskutiertes Problem, ging weit über *Ruffini* hinaus und gehört noch heute zu den klassischen Bestandteilen der Mathematik. Die Abhandlung ,,Über die binomische Reihe'' trug wesentlich

August Leopold Crelle
(1780 bis 1855)

zur Verschärfung der Grundlagen der Analysis bei, indem sie die Konvergenztheorie unendlicher Reihen präzisierte. Diesen Sachverhalt bezeichnet man heute als Abelschen Stetigkeitssatz. Alles in allem gehörten die Monate in Berlin zu der glücklichsten Periode in *Abels* Leben. *Crelle* blieb fortan für *Abel* ein echter väterlicher Freund und bemühte sich nach Kräften um dessen wissenschaftliche und berufliche Karriere. *Abels* Reise führte weiter über Freiberg, Dresden, Wien, über einen längeren Abstecher nach Venedig schließlich im Juli 1826 nach Paris. Dort blieb er bis Jahresschluß. Indes, *Abels* hochgesteckte Erwartungen sollten sich nicht erfüllen. Zu selbstbewußt war der Kreis der – unbestreitbar führenden – französischen Mathematiker, als daß ein fast Unbekannter dort hätte ohne weiteres Fuß fassen können. Insbesondere erwies sich die Annäherung an *Cauchy* als unmöglich, der, selbst in einem wahren Schaffensrausch mathematischer Untersuchungen begriffen, Arbeiten anderer Mathematiker nicht die gebührende Aufmerksamkeit entgegenbringen konnte und wollte. In einem Brief an *Holmboe* urteilt *Abel*: ,,*Cauchy* ist ,närrisch', und es gibt keinen Weg, mit ihm zurechtzukommen, obgleich er gegenwärtig der Mathematiker ist, der am besten weiß, wie Mathematik gemacht werden sollte." (Zitiert nach [4, S. 147])

Am 30. Oktober 1826 überreichte *Abel* der Pariser Akademie seine großangelegte ,,Untersuchung über eine allgemeine Eigenschaft einer sehr verbreiteten Klasse transzendenter Funktionen", die das sogenannte ,,Abelsche Theorem" enthält. Grob gesprochen, handelt es sich um eine außerordentliche Verallgemeinerung des Additionstheorems der elliptischen Integrale.

Dieses Manuskript betrachtete *Abel* als Schlüssel, der ihm den Eintritt in den exklusiven Kreis der französischen Gelehrten eröffnen sollte. Er wußte, mit Recht, daß seine Ergebnisse bedeutend waren. *Cauchy* war von der Akademie beauftragt, das Gutachten anzufertigen. *Cauchy* aber – leider ist *Abels* Fall nicht der einzige geblieben – schreckte vor der Länge und Schwierigkeit des Manuskriptes zurück, weil es ihm zuviel Zeitverlust bei der Ausarbeitung seiner Ergebnisse gekostet hätte, und verlegte das Manuskript. Erst weit nach *Abels* Tode konnte durch eine offizielle diplomatische Aktion der norwegischen Regierung das Abelsche Manuskript wiedergefunden und zum Druck befördert werden.

Aus einem Brief von Abel an Legendre

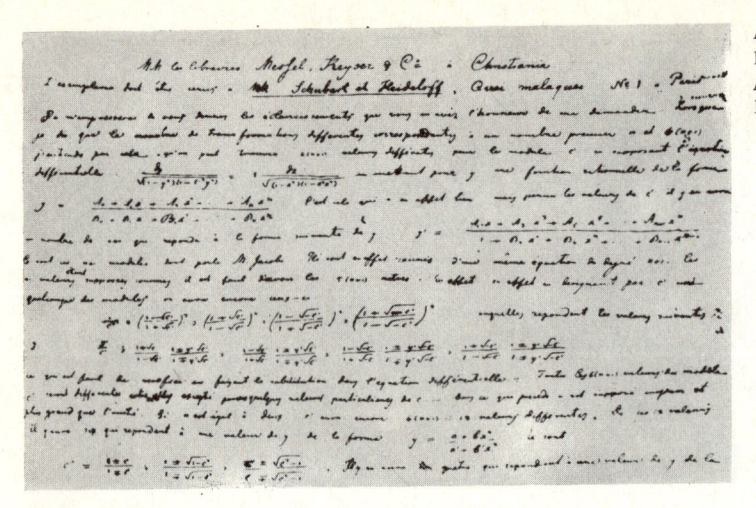

Während *Abel* geduldig zunächst und dann resignierend auf Antwort von der Akademie wartete – er sollte sie nie erhalten –, stieß er zu neuen tiefen Einsichten vor. Der jahrhundertelang diskutierten Frage nach der Auflösbarkeit in Radikalen bei den Gleichungen höheren als vierten Grades gewann er die neue Fragestellung ab, alle diejenigen Gleichungen aufzustellen, die in Radikalen, also in Wurzelzeichen, auflösbar sind. Nach der Rückkher nach Norwegen wird *Abel* bis zur Einsicht in die fundamentale Rolle der nach ihm benannten Abelschen Gruppen vorstoßen.

In Paris erhielt *Abel* zugleich wesentliche Anregungen für neue Wege zur Behandlung des zweiten ihn besonders interessierenden Gebietes, der Theorie der elliptischen Integrale. *Legendre* hatte in seinem dreibändigen Werk über die Integralrechnung auch die elliptischen Integrale behandelt und bereitete in den Jahren von *Abels* Pariser Aufenthalt eine Neuauflage vor. *Abel* aber faßte diese Probleme von einem prinzipiell neuen Gesichtspunkt an und eröffnete damit ein außerordentlich ergiebiges neues Feld mathematischer Forschung. Statt, wie *Legendre*, das elliptische Integral erster Gattung

$$y = \int \frac{dx}{\sqrt{(1-a^2x^2)(1+b^2x^2)}}$$

nach seiner Darstellbarkeit durch bekanntere analytische Funktionen zu untersuchen, betrachtete *Abel* dieses Integral als eine Funktion x von y, als „elliptische Funktion". Die so gewonnene Umkehrfunktion $x = f(y)$ stellte sich als doppelt periodisch heraus und ließ sich als Quotient zweier unendlicher Produkte darstellen. Die ersten, aber schon weitgreifenden Resultate der „Untersuchungen über elliptische Funktionen" erschienen 1827 und 1828 in *Crelles* Journal.

Viele Briefe *Abels* aus seiner Pariser Zeit zeugen von seiner hohen Wertschätzung für das Leistungsvermögen der französischen Mathematiker, insbesondere *Cauchys*, zugleich aber von seiner Enttäuschung über deren reservierte Haltung.

Mit reichem wissenschaftlichen Gewinn, aber ohne die erhoffte – und wie sich bald zeigen sollte, dringend benötigte – offizielle Anerkennung verließ *Abel* in niedergedrückter Stimmung Ende 1826 Paris. Über Berlin, wo sich *Crelle* wieder herzlich

Abels Sterbehaus in Froland

seiner annahm, ohne ihm jedoch eine halbwegs vernünftige feste Anstellung bieten zu können, kehrte *Abel* 1827 nach Norwegen zurück. Einen Besuch bei *Gauß* in Göttingen hat *Abel* offensichtlich gescheut, wohl, weil er durch *Legendre* übertriebene Vorstellungen von dessen Unnahbarkeit hatte.

Zu Hause, in Oslo, gestalteten sich *Abel*s Verhältnisse keineswegs so, wie er bei seiner Abreise hatte erwarten dürfen. Sein Freund und Förderer, Professor *Hansteen*, befand sich auf einer langdauernden wissenschaftlichen Expedition in Sibirien. Die erhoffte Anstellung an der Osloer Universität war nicht möglich; er fand nur eine Lehramtsstellung an einer neugegründeten Militärakademie und vorübergehend eine Aushilfsstellung an der Universität. Die Bindungen zu seiner Verlobten hatten sich gelockert. Die Familienverhältnisse, insbesondere die Lage seiner Geschwister, waren noch immer völlig verzweifelt. Das Schlimmste aber stellte sich nach der Rückkehr in das rauhe norwegische Klima heraus: er litt an Lungentuberkulose. All das verstärkte die ohnedies vorhandene Labilität in *Abel*s psychischer Konstitution.

Einzig die Mathematik, seine fast spielerisch gewonnenen und dabei sehr tiefliegenden Einsichten, gewährten ihm Ausgleich für alle Kümmernisse. *Abel* befand sich mit dem aus einer Potsdamer Bankiersfamilie stammenden *C. G. J. Jacobi*, der unter besten sozialen Bedingungen sich die Mathematik hatte aneignen können, in einem mathematischen Wettlauf, der in der Geschichte der Mathematik seinesgleichen sucht. Von Sorgen um seine Zukunft niedergedrückt, grenzt es fast ans Wunderbare, wie er seinem schwächer werdenden Körper noch diese großartigen Ergebnisse hatte abringen können.

Ebenfalls im Anschluß an *Legendre* hatte *Jacobi* im September 1827 ein erstes allgemeines Theorem publiziert, wonach das elliptische Integral allgemeine rationale Transformationen gestattet. Gegen Ende des Jahres fand auch *Jacobi* den Inversionsgedanken und machte von der doppelten Periodizität der elliptischen Funktionen Gebrauch. *Abel* seinerseits verallgemeinerte im Mai 1828 die Jacobische Transformationstheorie wesentlich. *Jacobi*, ein gerechter Beurteiler der Abelschen Leistung, war der Bewunderung voll und lobte dessen Leistung in einem überschwenglichen Brief an *Legendre*.

Abels Grab,
Froland Kirkgård

Jacobi wiederum antwortete mit der Veröffentlichung der von ihm neu gefundenen Ergebnisse, ohne Beweis allerdings, in *Crelles* Journal und ließ 1829 ein selbständiges und für die ganze Theorie der transzendenten Funktionen grundlegendes Werk ,,Fundamenta nova theoriae functionum ellipticarum" (Neue Grundlagen einer Theorie der elliptischen Funktion) erscheinen.

Zur Antwort ist *Abel* nicht mehr gekommen. Ende 1828, Anfang 1829 verschlechterte sich *Abels* Gesundheitszustand sehr rasch. Auch die Pflege bei Freunden in Froland, nahe Arendal, vermochte ihn nicht zu retten. Er starb am 6. April 1829.

Das Lebensende von *Abel* besitzt tragische Züge. Während *Abel* in den Jahren 1828 und 1829 zunehmend körperlich verfiel, setzte sich seine Anerkennung als hochbegabter Mathematiker in Europa durch. Vielerorts suchte man ihm eine angemessene Berufung an eine Universität zu verschaffen. *Schumacher* setzte sich ein, *Jacobi* und *Legendre* korrespondierten darüber, *Gauß* drückte seine hohe Anerkennung für *Abel* aus, und gegen Ende 1828 stand sein energischer Fürsprecher, *Crelle*, mit der Berliner Universität in ernsten Berufungsverhandlungen für *Abel*. Zwei Tage nach *Abels* Tode, von dem *Crelle* der damals noch schlechten Postverbindung wegen nichts wissen konnte, erhielt *Crelle* die Zusage, daß eine Berufung für *Abel* nach Berlin ergehen werde. Sie kam zu spät, um Jahre zu spät für die gesicherte Zukunft eines der bedeutendsten mathematischen Genies.

Lebensdaten zu Niels Henrik Abel

1802	5. August, Geburt auf Finnöy in Südwestnorwegen
1811	Gründung einer Universität in Kristiania, dem heutigen Oslo
1818	*Abel* erhält an der Domschule zu Oslo einen verständnisvollen Mathetiklehrer, *B. M. Holmboe*.
1821	Immatrikulation an der Universität Oslo
1823	Reise nach Kopenhagen: selbständige Entdeckung, daß die Auflösung der Gleichung fünften Grades in Radikalen unmöglich ist
1824	Publikation seiner ersten Abhandlung

1825	Abreise von Oslo zu einer Studienreise durch Europa
1825/26	Aufenthalt in Berlin: Bekanntschaft mit dem Oberbaurat A. L. Crelle
1826	Die erste Nummer des von Crelle herausgegebenen Journals für die neue angewandte Mathematik erscheint: sie enthält zwei bedeutende Abhandlungen von Abel
1826	Juli bis Jahresende, Aufenthalt in Paris; am 30. Oktober überreicht er der dortigen Akademie eine bedeutende Abhandlung.
1827	Rückkehr nach Oslo, Existenzsorgen und Erkrankung
1827/28	Abel publiziert bedeutende Arbeiten über elliptische Funktionen, Wettstreit mit C. G. J. Jacobi
1829	6. April, Tod in Froland

Literaturverzeichnis zu Niels Henrik Abel

[1] Abel, Niels Henrik: Œuvres complètes, 2 Bände. Kristiania 1881.
[2] Abel, N. H. und E. Galois: Abhandlungen über die Algebraischen Auflösungen von Gleichungen. Deutsch ed. H. Maser, Berlin 1889.
[3] N. H. Abel. Memorial publié à l'occasion du centenaire de sa naissance. Kristiania 1902.
[4] Ore, O.: Niels Henrik Abel, Mathematician Extraordinary. University of Minnesota Press, Minneapolis 1957. Russische Ausgabe: Moskau 1961.
[5] Ore, O.: Niels Henrik Abel. Kurze Mathematiker-Biographien, Beihefte zur Zeitschrift „Elemente der Mathematik", Nr. 8, Basel 1950.

Carl Gustav Jacob Jacobi (1804 bis 1851)

Es gibt keinen unanfechtbaren Maßstab zum Vergleich mathematischer Leistungen, aber unbestritten galt *Carl Gustav Jacob Jacobi* etwa ab 1830 bis zu seinem Tode als der nächst *C. F. Gauß* bedeutendste deutsche Mathematiker. Ebenso wie *Gauß* hat auch *Jacobi* zunächst geschwankt, ob er die klassische Philologie oder die Mathematik zum Lebensberuf erwählen sollte.

Carl Gustav Jacob Jacobi

Jacobi, als zweiter Sohn eines jüdischen Bankiers am 10. Dezember 1804 in Potsdam geboren, begann 1821 in Berlin seine Studien zu einer Zeit, als an der dortigen Universität die Pflege der griechisch-römischen Altertumskunde in hoher Blüte stand, während es um Mathematik und Naturwissenschaften noch recht schlecht bestellt war. Einem Brief des Neunzehnjährigen an einen Onkel können wir entnehmen, wie ihn die Mathematik für immer an sich fesselte: ,,Indem ich so doch einige Zeit mich ernstlich mit der Philologie beschäftigte, gelang es mir, einen Blick wenigstens zu tun in die innere Herrlichkeit des alten hellenischen Lebens, so daß ich wenigstens nicht ohne Kampf dessen weitere Erforschung aufgeben konnte. Denn aufgeben muß ich sie für jetzt ganz. Der ungeheure Koloß, den die Arbeiten eines Euler, Lagrange, Laplace hervorgerufen haben, erfordert die ungeheuerste Kraft und Anstrengung des Nachdenkens, wenn man in seine innere Natur eindringen will, und nicht bloß äußerlich daran herumkramen. Über diesen Meister zu werden, daß man nicht jeden Augenblick fürchten muß, von ihm erdrückt zu werden, treibt ein Drang, der nicht rasten und ruhen läßt, bis man oben steht und das ganze Werk übersehen kann. Dann ist es auch erst möglich, mit Ruhe an der Vervollkommnung seiner einzelnen Teile recht zu arbeiten und das ganze große Werk nach Kräften weiterzuführen, wenn man seinen Geist erfaßt hat." [1, Band 1, S. 5]

Jacobi war in erster Linie auf das Selbststudium angewiesen. Die mathematischen Vorlesungen konnten ihm, der sich schon am Potsdamer Gymnasium um die numerische Auflösung von Gleichungen 5. Grades bemüht hatte, nichts mehr bieten: Er habe wissenschaftliche Anleitung in der Mathematik ganz entbehren müssen, sagte *Jacobi* später in Erinnerung an seine Berliner Studienjahre 1821/25 [8, S. 48]. Daß auch einem Menschen mit so hervorragenden Anlagen wie *Jacobi* nichts in den Schoß gefallen ist, darüber belehrt uns ein brieflicher Ausspruch von ihm aus dem Jahre 1824: ,,Es ist eine saure Arbeit, die ich getan habe, und eine saure Arbeit, in der ich begriffen bin. Nicht Fleiß und Gedächtnis sind es, die hier zum Ziele führen; sie sind hier die untergeordneten Diener des sich bewegenden reinen Gedankens. Aber hartnäckiges, hirnzersprengendes Nachdenken erheischt mehr Kraft als der ausdauerndste Fleiß. Wenn ich daher durch stete Übung dieses Nachdenkens einige Kraft darin gewonnen

Brandenburger Tor in Potsdam

habe, so glaube man nicht, es sei mir leicht geworden, durch irgend eine glückliche Naturgabe etwa. Saure, saure Arbeit habe ich zu bestehen, und die Angst des Nachdenkens hat oft mächtig an meiner Gesundheit gerüttelt. Das Bewußtsein freilich der erlangten Kraft gibt den schönsten Lohn der Arbeit sowie die Ermutigung, fortzufahren und nicht zu erschlaffen." [1, Band 1, S. 23 f.] Weiter heißt es an der gleichen Stelle: ,,Jeder, der die Idee einer Wissenschaft in sich trägt, kann nicht anders, als die Dinge danach abzuschätzen, wie sich der menschliche Geist in ihnen offenbart: Nach diesem großen Maßstab muß ihm daher manches als geringfügig vorkommen, was den anderen ziemlich preiswürdig erscheinen kann. So hat man auch mir oft Anmaßung vorgeworfen, oder, wie man mich am schönsten gelobt hat, indem man einen Tadel auszusprechen meinte, ich sei stolz gegen alles Niedere und nur demütig gegen das Höhere. Aber jener unendliche Maßstab, den man an die Welt in sich und außer sich legt, hindert vor aller Überschätzung seiner selbst, indem man immer das unendliche Ziel im Auge hat und seine beschränkte Kraft. In jenem Stolze und jener Demut will ich immer zu beharren streben, ja immer stolzer und immer demütiger werden." [1, Band 1, S. 24]

Diese sehr aufschlußreichen Worte des noch nicht zwanzigjährigen Studenten beweisen, daß ihr Verfasser bereits eine völlig ausgereifte Persönlichkeit von hohen ethischen Grundsätzen war. Allerdings hat er es nicht vermocht, der schon früh sich zeigenden und von ihm bald erkannten Gefahr auszuweichen: *Jacobi* ist immer wieder, und zwar auch von ihm geistig ebenbürtigen Zeitgenossen, für überheblich gehalten worden. Nur die, die ihm sehr nahe standen, *P. G. Lejeune Dirichlet* zum Beispiel, wußten es besser. Ein Hang zu bisweilen überspitzten, sarkastischen Äußerungen, eine scharfe Zunge und ein brillanter Witz haben oft dazu beigetragen, daß er verkannt wurde; man achtete ,,*C. G. J.*", aber man liebte ihn nicht. Hinzu kam eine gewisse Inkonsequenz in seinem Handeln, von der noch die Rede sein wird. Der Biograph darf an solchen Dingen nicht vorübergehen, will er nicht in den Fehler verfallen, den schon 1884 der Schriftsteller *Theodor Fontane* an den deutschen Lebensschilderungen gerügt hat, nämlich die Neigung zum ,,beautifying for ever".

Nachdem *Jacobi*, wie damals noch allgemein üblich, das Staatsexamen für Lehrer an

Nikolai-Kirche in Potsdam

höheren Schulen abgelegt hatte – zuvor war er, den Vorurteilen der Zeit Rechnung tragend, zum christlichen Glauben übergetreten –, promovierte er 1825 unter gleichzeitiger Habilitation. In seiner Dissertation bewies *Jacobi* die von *J. L. Lagrange* über die Zerlegung algebraischer Brüche ohne Beweis aufgestellten Formeln, gab eine neue Art der Zerlegung an und benutzte ein von ihm selbst gefundenes, später mehrfach wieder angewendetes Prinzip der Umformung der Reihen. Die Gutachter bescheinigten ihm eine ,,mehr als gewöhnliche Selbsttätigkeit" sowie ,,eine gewisse Originalität der Behandlung". [14, S. 20] Daß die Berliner Lehrstuhlinhaber für die *Jacobi* eigene Eleganz des Formalen und sein auf algebraische Durchdringung gerichtetes Streben kein Verständnis aufzubringen vermochten, bewiesen sie übrigens ein weiteres Mal bei der Beurteilung der im November des gleichen Jahres der Berliner Akademie eingereichten Arbeit *Jacobi*s über ,,die wiederholten Funktionen"; sie wurde erst 1961 publiziert. [13]

Eine von *Jacobi* bei der Promotion verteidigte These verdient wegen ihrer Aktualität besondere Erwähnung: ,,Der Begriff der Mathematik ist der Begriff der Wissenschaft überhaupt. Alle Wissenschaften müssen daher streben, ,Mathematik' zu werden." [14, S. 20]

Nach seiner Habilitierung hielt der junge ,,Privatdozent" im Wintersemester 1825/26 in Berlin eine Vorlesung über die Anwendung der höheren Analysis auf die Theorie der Oberflächen und Kurven doppelter Krümmung. *E. E. Kummer* hat später diese Vorlesung, die erste differentialgeometrische Vorlesung an einer deutschen Universität, als Beginn der allgemeinen Neugestaltung des mathematischen Universitätsunterrichts bezeichnet. [14, S. 20]

Schon im April 1826 wurde *Jacobi* eine besoldete Dozentenstelle in Königsberg (heute Kaliningrad) angeboten, und im Mai siedelte er dorthin über. Zu *F. W. Bessel*, dem großen Astronomen, fand er rasch ein gutes Verhältnis; andere Professoren waren weniger mit ihm einverstanden. *Bessel* unterrichtete *Gauß* am 12. Dezember 1826 darüber folgendermaßen: ,,Er ist gewiß sehr talentvoll, allein er hat sich hier fast alle zu Feinden gemacht, weil er, als er hier ankam, jedem etwas unangenehmes sagte: den geborenen Königsbergern versicherte er, daß er seinen hiesigen Aufenthaltsort als ein

Aus einer Handschrift von Jacobi über wiederholte Funktionen

Exil betrachte, den Philosophen lobte er Hegel, den Philologen Boeckh, alles auf eine Art, die man ihm nicht verzeihen will. Doch hoffe ich, daß solche kleinen Albernheiten bald nicht mehr werden erwähnt werden. Mir ist er immer als ein artiger junger Mann erschienen." [3, S. 469]

Gauß, dem *Jacobi* Ende Oktober Ergebnisse seiner Untersuchungen über Potenzreste vorgelegt und der sich daraufhin bei *Bessel* über den Autor erkundigt hatte, empfahl am 27. Januar 1827 *Jacobi* an *Alexander von Humboldt*. Hierdurch und durch seine Mitarbeit am neugegründeten ,,Journal für die reine und angewandte Mathematik" von *A. L. Crelle* sowie an den ,,Astronomischen Nachrichten" von *H. Chr. Schumacher* − die damals auch rein mathematische Beiträge brachten − waren die maßgeblichen Männer auf *Jacobi* aufmerksam geworden. Der Erfolg ließ nicht auf sich warten; am 28. Dezember 1827 wurde er außerordentlicher und am 8. März 1829 ordentlicher Professor. Die ,,Nostrifizierung", das heißt die Aufnahme in die Fakultät, die damals nötig war, um alle, mit der Ernennung nicht automatisch verbundenen, Rechte eines Ordinarius wahrnehmen zu können, erfolgte jedoch erst am 7. Juli 1832 durch eine öffentliche Disputation.

Daß diese Verteidigung so lange aufgeschoben wurde, erklärt sich daraus, daß *Jacobi* in der Zwischenzeit in einen wahren Schaffensrausch geraten und alle Kraft neben seinen Vorlesungen für die Forschung benötigt hatte: In einem geistigen Wettkampf, wie ihn die Geschichte der Mathematik selten kennt, hatten der geniale junge Norweger *N. H. Abel* und *Jacobi* unabhängig voneinander am Aufbau einer umfassenden Theorie der elliptischen Funktionen gearbeitet. Freilich hatte *Gauß* schon lange vor ihnen erkannt, daß die Umkehrung der elliptischen Integrale zu eindeutigen, doppeltperiodischen Funktionen führt; aber das schmälert keineswegs das Verdienst der beiden fairen Konkurrenten. *A. M. Legendre,* selbst seit mehr als 40 Jahren mit dieser Materie befaßt, verkündete denn auch in aller Öffentlichkeit das Lob der beiden Sterne, die da so plötzlich am Himmel der Mathematik aufgegangen waren. Im April 1829 erschienen *Jacobi*s ,,Fundamenta nova functionum Ellipticarum". *Abel* starb am 6. April, noch ehe ihn der Ruf nach Berlin erreichte. *Jacobi,* gerade 24 Jahre alt, war auf einen Schlag zum zweiten Mathematiker Deutschlands geworden.

Universität in Königsberg (Kaliningrad)

In diesem Wettlauf hatte *Jacobi* seinen Ruhm auf Kosten seines körperlichen und geistigen Wohlbefindens erstritten. Die starke Anspannung hatte an seinen Kräften gezehrt, und er bedurfte zunächst einer Pause. Im Sommer 1829 lernte er auf einer Reise nach Thüringen den nahezu gleichaltrigen *Dirichlet* kennen, der ihm an Genialität kaum nachstand und mit dem ihn bis zum Tode eine enge Freundschaft verband. Ende August reiste *Jacobi* nach Paris, wo er bis Mitte Oktober blieb und die persönliche Bekanntschaft von *Legendre* und anderen hervorragenden Mathematikern wie *J. Fourier* und *S.-D. Poisson* machte. Noch im Dezember des gleichen Jahres wurde er korrespondierendes Mitglied der Berliner Akademie und im Februar 1830 der Pariser Akademie. Im September des folgenden Jahres heiratete *Jacobi* die Königsbergerin *Marie Schwinck*, mit der er eine sehr harmonische Ehe führte. Fünf Söhne und drei Töchter gingen aus dieser Verbindung hervor.

Das Glück *Jacobis* schien vollkommen. Bedeutende mathematische Entdeckungen, internationale Anerkennung, eine geachtete soziale Stellung, ein glückliches Familienleben – alles war ihm zuteil geworden. Die Gedanken strömten ihm in einer Fülle zu, daß er ihrer kaum Herr zu werden vermochte. Er fühlte die Kraft in sich, „eine wahre Sündfluth" von mathematischen Arbeiten zu produzieren. [6, S. 77] Kaum ein Gebiet der Mathematik gab es, das er nicht schöpferisch bearbeitet hätte. In seinem Arbeitsstil hatte *Jacobi* manches mit *L. Euler* gemeinsam, mehr als mit *Gauß*. Umfassende Vielseitigkeit, fast unglaubliche Fruchtbarkeit, phänomenales Gedächtnis, eingehende Literaturkenntnis – das alles finden wir bei *Euler* wie bei *Jacobi*, aber auch die bisweilen mangelnde Strenge ist ihnen gemeinsam. *Jacobi* selbst sprach sich einmal so darüber aus: „Wenn *Gauß* sagt, er habe etwas bewiesen, ist es mir sehr wahrscheinlich, wenn *Cauchy* es sagt, ist ebensoviel pro als contra zu wetten, wenn *Dirichlet* es sagt, ist es gewiß; ich lasse mich auf diese Delikatessen lieber gar nicht ein." [12, S. 93] Gewiß, diese Äußerung ist nicht gar so genau zu nehmen, aber die später sprichwörtlich gewordene Weierstraßsche Strenge war *Jacobi* ebenso fremd wie die Gaußschen Anforderungen an „innere Vollkommenheit". Dafür wurden aber seine Ergebnisse auch publik und wirksam, während die von *Gauß* vielfach erst lange nach dem Zeitpunkt der Entdeckung oder nach seinem Tode bekannt wurden.

Friedrich Wilhelm Bessel
(1784 bis 1846)

Es gibt kaum ein Gebiet der Mathematik, auf dem *Jacobi* nicht produktiv tätig gewesen wäre, wenn auch seine bedeutendste Leistung die Erforschung der elliptischen Funktionen und der Ausbau ihrer Theorie ist. Eine auch nur summarische Aufzählung der Fülle seiner Resultate würde mehr Platz erfordern, als hier der ganzen Lebensbeschreibung eingeräumt werden kann. Es muß daher bei einigen Andeutungen sein Bewenden haben.
Da ist zunächst die bahnbrechende Einführung der Thetafunktionen, elliptischer Funktionen 3. Art, zu nennen. Die Variationsrechnung, die Theorie der Variation einfacher Integrale, wurde von ihm weit über das von *Lagrange* Erreichte hinaus gefördert. *Jacobi* befruchtete die Theorie der totalen und partiellen Differentialgleichungen und lieferte im Zusammenhang damit durch seine allgemeine Integrationstheorie der dynamischen Differentialgleichungen weittragende Arbeiten in der analytischen Mechanik. Himmelsmechanische Störungsuntersuchungen gaben neue Impulse einer seit *Laplace* für vollendet gehaltenen Disziplin. In der Entwicklung der Lehre von den Determinanten leistete er Pionierarbeit. Seine Sätze über die Theorie der Kreisteilung und die Reziprozitätsgesetze für kubische Reste bereicherten die Zahlentheorie. Schließlich seien seine algebraische Eliminationstheorie und seine Beiträge zur analytischen Geometrie nicht vergessen. *Jacobi* war ausgesprochener Algorithmiker: Das Zeichen stand ihm, ebenso wie später *L. Kronecker*, über dem Begriff; den umgekehrten Standpunkt nahmen bekanntlich *Gauß* und nach ihm *R. Dedekind* ein. Für *Jacobi* war die ökonomische Bedeutung des Algorithmus (Einsparung an Denkarbeit und Zeit) entscheidend – die Wissenschaft begann für ihn nicht bei dem Gedanken, sondern mit dem Symbol. Was immer er auch dem Kalkül unterwarf, *Jacobi* gelangte zu Resultaten, die über die Ergebnisse seiner Vorgänger hinausgingen und in die Zukunft wiesen.
Jedoch reifte nicht alles, was begonnen wurde. Häufig begegnen wir in *Jacobi*s Briefen der Klage, daß ihm die nötige Freude zum Schaffen oder zum Vollenden fehle. Analoge Erscheinungen kennen wir aus schriftlichen Äußerungen von *Gauß*. Waren es aber bei *Gauß* vornehmlich familiäre Gründe, die zeitweise die Lust am Produzieren minderten, so sollte sich bei *Jacobi* herausstellen, daß ein Leiden die Ursache war für

Jean Baptiste Joseph de Fourier
(1768 bis 1830)

Mattigkeit und Schwäche, deren Ausmaß zunahm. Erst im Februar 1843 wurde die Krankheit richtig diagnostiziert: Diabetes mellitus. Er selbst führte die Erkrankung auf die Aufregungen zurück, die ihm 1841 anläßlich des wirtschaftlichen Zusammenbruchs des von einem Bruder geleiteten väterlichen Unternehmens erwachsen waren. Aber schon 1839 hatte er eine Periode nervöser Erschöpfung erlebt und Erholung in Marienbad (Mariánské Lázně) suchen müssen. Zwar machte er damals im Anschluß eine größere Reise durch Österreich, Süd- und Westdeutschland, wobei er auch *Gauß* in Göttingen einen Besuch abstattete, aber die Besserung hielt nicht an. Als er im Sommer 1842 mit *Bessel* an einer britischen Naturforscherversammlung teilnahm, dabei auch in Paris wieder verweilend und hier wie dort mit großer Auszeichnung aufgenommen, sah er nur in der gerade herrschenden Hitze den Grund für Beeinträchtigung von Tatkraft und Unternehmenslust. Bald nach der Rückkehr nahmen die Symptome beängstigende Formen an. Heute läßt sich nicht mehr sagen, ob es sich bei den früheren Intervallen zwischen schöpferischen Leistungsspitzen um natürliche Folgen der Überarbeitung oder um das sich bereits abzeichnende Leiden gehandelt hat. Schon 1835 hatte *Jacobi* um Versetzung nach Bonn, 1841 nach Berlin, beide Male vergeblich, gebeten. Nun stand sein Entschluß fest, Königsberg zu verlassen. Eine durch Vermittlung *Humboldt*s erhaltene Unterstützung setzte ihn in die Lage, im Spätsommer 1843 in Italien Wiederherstellung seiner Gesundheit zu suchen. Er unternahm die Reise unter zeitweiliger Begleitung des Ehepaares *Dirichlet*, seines Schülers *C. W. Borchardt*, des ihm befreundeten Geometers *J. Steiner* und des Schweizer Mathematikers *L. Schläfli*. Nach der Rückkehr im Juni 1844 wurde ihm gestattet, bis zur Wiederherstellung seiner Gesundheit seinen Wohnsitz in Berlin ohne Verpflichtung zu Vorlesungen zu nehmen. Mitte September verließ *Jacobi* Königsberg für immer.

In den 18 Jahren seines Lebens in Königsberg hat *Jacobi* nicht etwa nur durch seine Veröffentlichungen gewirkt. Zwar sind viele seiner Ergebnisse in die Schatzkammer mathematischen Wissens für immer eingegangen, aber manche der speziellen Funktionen, deren Theorie er begründet und erweitert hat, haben heute weitgehend an Interesse verloren. Mindestens ebenbürtig den wissenschaftlichen Ergebnissen Ja-

Peter Gustav Lejeune Dirichlet
(1805 bis 1859)

*cobi*s ist sein anregender und fördernder Einfluß, der von großer Nachhaltigkeit gewesen ist. Das 1834 eröffnete Königsberger mathematisch-physikalische Seminar, dessen mathematische Abteilung *Jacobi* leitete, hat wesentlichen Einfluß auf die Gestaltung des mathematischen Universitätsunterrichts in Deutschland genommen und wurde zum Vorbild für spätere Seminarbildungen und Institutsgründungen an anderen Orten. Da *Gauß* dem Halten von Vorlesungen keinen Reiz abzugewinnen vermochte, wandten sich viele talentierte junge Studenten nach Königsberg. So wurde *Jacobi* zum Urheber und Haupt einer Schule, deren Schüler vielerorts Lehrstühle besetzten. Genannt seien neben dem schon erwähnten *Borchardt* nur *F. Richelot, E. Heine, O. Hesse, J. G. Rosenhain, F. Joachimsthal, L. Seidel*. Von Mathematikern, die nach *Jacobi*s Weggang aus der ,,Königsberger Schule" hervorgingen, sind *C. Neumann* und *A. Clebsch* zu erwähnen. Im Ausland zeigten sich vor allem *J. Liouville, Ch. Hermite* und *A. Cayley* als von *Jacobi* beeinflußt.

Dirichlet hat in seiner Gedächtnisrede auf *Jacobi* dessen Lehrerfolg so gekennzeichnet: ,,Es war nicht seine Sache, Fertiges und Überliefertes von neuem zu überliefern; seine Vorlesungen bewegten sich sämtlich außerhalb des Gebietes der Lehrbücher und umfaßten nur diejenigen Teile der Wissenschaft, in denen er selbst schaffend aufgetreten war, und das hieß bei ihm, sie boten die reichste Fülle der Abwechslung. Seine Vorträge zeichneten sich nicht durch diejenige Deutlichkeit aus, welche auch der geistigen Armut oft zuteil wird, sondern durch eine Klarheit höherer Art. Er suchte vor allem die leitenden Gedanken, welche jeder Theorie zugrundeliegen, darzustellen, und indem er alles, was den Schein der Künstlichkeit an sich trug, entfernte, entwickelte sich die Lösung der Probleme so naturgemäß vor seinen Zuhörern, daß diese ähnliches schaffen zu können die Hoffnung fassen konnten." [1, Band 1, S. 21 f.] Das, was *Dirichlet* hier als Grund für *Jacobis* Anziehungskraft als Hochschullehrer schildert, ist das Rezept, nach dem er selbst in seinen Vorlesungen verfahren ist, und ganz das Gleiche, was später den Lehrerfolg etwa von *Weierstraß* oder von *Kronecker* ausmachte. Schon *Dirichlet* hob auch hervor, daß ,,selten ein aufkeimendes Talent Jacobis Aufmerksamkeit entgangen" [1, Band 1, S. 22] sei; dabei ist insbesondere *Kummers* zu gedenken. In Berlin hat *Jacobi* von seinem Recht als

Alexander von Humboldt
(1769 bis 1859)
Denkmal vor der
Humboldt-Universität Berlin

Akademiemitglied Gebrauch gemacht und wiederum Vorlesungen gehalten. Gemeinsam mit *Dirichlet, Steiner* und *Eisenstein* sorgte er dafür, daß die dortige Universität in Deutschland auf mathematischem Felde für lange Zeit die führende Rolle übernahm. Er arbeitete auch unermüdlich wissenschaftlich weiter, aber die alte Energie kehrte doch nicht mehr in vollem Umfange zurück. Anders ist es nicht zu erklären, daß es damals nicht zu dem Versuch einer Seminargründung kam, die erst 1861 von *Kummer* und *Weierstraß* vollzogen wurde.

Jacobi gehört zu den wenigen Mathematikern, die die Geschichte ihres Faches nicht nur passiv interessiert hat, sondern die sie auch aktiv erforscht haben. Er verschmähte es nicht, selber Archivstudien, zum Beispiel im Zusammenhang mit der in Petersburg (heute Leningrad) vorbereiteten Herausgabe der Werke *Eulers*, zu betreiben. Auch mit demotischen Bruchnamen, das heißt Bruchbenennungen in der späten Form des Ägyptischen, und der Leibnizschen Urheberschaft des Zeichens $\int$ hat er sich befaßt. 1846 beschäftigte er sich auf Veranlassung *A. von Humboldts* sehr intensiv mit der Geschichte der griechischen Mathematik. *Humboldt* hat in seinem ,,Kosmos'' vielfach auf den ihm von *Jacobi* mitgeteilten Ausführungen gefußt. Freilich konnte er das nicht in dem Maße, wie er es gewünscht hätte, denn *Jacobi* ging doch sehr in die Einzelheiten, während der populärwissenschaftliche Charakter des Werks die Klarstellung größerer Zusammenhänge erforderte. Auch mit *R. Descartes* hat sich *Jacobi* eingehend befaßt und über sein Leben und seine Methode vorgetragen. Er hob hervor, daß *Descartes* ,,schon damals darauf ausging, durch Vervollkommnung der Mechanik den Effekt der menschlichen Arbeitskräfte zu erhöhen'' [1, Band 7, S. 314]; *Jacobi* erblickte darin eine Anwendung, welche ,,auch auf Verbesserung des materiellen Wohles der Menschheit'' [1, Band 7, S. 314] abziele, und nannte die Erhöhung der Arbeitseffektivität ,,eine die Welt umgestaltende Wirklichkeit''. [1, Band 7, S. 314] Er hat den Nutzen der Darstellenden Geometrie hervorgehoben und ein tiefes Verständnis für den Gedanken höherer polytechnischer Schulen bewiesen, indem er die mathematische Vorbildung, wie sie die Ecole polytechnique vermittelte, als beispielhaft pries; er fügte hinzu: ,,Die hier erworbene Einsicht durchdringt die Fabriken und alle Gewerbezweige des Handwerkers.'' [1, Band 7, S. 356]

Angriff der Kavallerie auf das unbewaffnete Volk (Berlin 1848)

Solche klaren Äußerungen sind indessen bei *Jacobi* Ausnahmen. Meist vertrat er mit Nachdruck den neuhumanistischen Standpunkt einer „reinen" Wissenschaft als Selbstzweck. Zwar war er lange Zeit von dem „astronomischen Dämon" [6, S. 77], der Himmelsmechanik, beherrscht, aber er sah doch auch in der Anwendung der Mathematik auf astronomische Probleme etwas, was schon dem eigentlichen Sinn „reiner" Mathematik zuwiderlaufe. *Jacobi* meinte, „die Ehre der Wissenschaft" bestünde darin, „keinen Nutzen zu haben" [6, S. 90], und er formulierte: „Das Höchste in der Wissenschaft wie in der Kunst ist immer unpraktisch!" [6, S. 115] Es ist richtig, *Jacobi* neigte zu überspitzten Sentenzen, die Widerspruch herausforderten, er hatte Freude an scharfen, herausfordernden Bemerkungen, aber seine Äußerungen, in denen er die Wechselwirkung von Theorie und Praxis leugnete, überwiegen doch in einem Maße, daß man hierin seine Grundeinstellung erblicken darf.
Ebenso widerspruchsvoll wie seine Stellung zu den Anwendungen der Mathematik war auch *Jacobis* politische Haltung.
Jacobi gehörte wie die meisten Mathematiker seiner Zeit zu den Wissenschaftlern, die 1848 in den Bann der Berliner Märzrevolution gezogen wurden. Er hat in einer vielbeachteten Rede in einem Klub in Berlin ausgeführt, daß auch „bei dem Namen einer Republik" ihn „keine Gänsehaut" [7, S. 13] überliefe, aber er vermied es, sich ausdrücklich als Republikaner zu erklären, ja er sprach sich gegen das gleiche Wahlrecht aller Bürger aus. Er mußte sich früher an den Tag gelegte Servilität, Mangel an Konsequenz und politischem Charakter vorwerfen lassen. Seine wenig folgerichtige Haltung zog auch den Spott *Humboldts* mehrfach auf sich. Und in der Tat: Lesen wir die Widmung, mit der *Jacobi* 1846 den ersten Band seiner „Opuscula mathematica" dem preußischen König *Friedrich Wilhelm IV.* zueignete [1, Band 7, S. 374], so finden wir darin nicht nur das damals übliche Maß professoraler Untertänigkeit überschreitende Wendungen, sondern auch extrem nationalistische Bilder und Gedanken.
Immerhin, für die Ultras war *Jacobi* durch sein Auftreten nach den Märzereignissen als „links" abgestempelt, und er mußte durch Verlust seiner Bezüge schwer dafür büßen. Weder sein internationales Ansehen, durch die Mitgliedschaft in den bedeutendsten Akademien manifestiert, noch die Tatsache, daß ihm die Friedensklasse

des Ordens Pour le mérite – ebenso wie *Gauß* – 1842 bei der Stiftung dieser Auszeichnung auf Vorschlag *Humboldt*s verliehen worden war, vermochten ihn hiervor zu bewahren.
Es blieb *Jacobi* nichts anderes übrig, als seine Familie nach Gotha zu bringen, wo der ihm befreundete bedeutende Astronom *P. A. Hansen* wohnte und wo die Lebenskosten erheblich niedriger als in Berlin waren. Er selbst quartierte sich in einem Berliner Hotel ein. Die Trennung von seiner Familie traf *Jacobi* um so härter, als er einen ausgesprochenen Familiensinn besaß, wovon nicht zuletzt sein Briefwechsel mit seinem Bruder *M. H. Jacobi,* dem in Petersburg lebenden berühmten Physiker und Ingenieur, Erfinder der Galvanoplastik, Zeugnis ablegt.
Als ihn daher Ende 1849 ein Ruf der österreichischen Regierung erreichte, war er bereit, diesen anzunehmen. Es bedurfte großer Anstrengungen *Humboldt*s, die Erfüllung der Gehaltsforderungen *Jacobi*s durchzusetzen und ihn in Berlin zu halten. Zu seiner Familie konnte *Jacobi* nur an Feiertagen fahren; ihre Rückkehr nach Berlin erlebte er nicht mehr. Am 11. Februar 1851 erkrankte er an den Blattern; am 18. Februar verstarb er. Seine Frau konnte nicht mehr rechtzeitig eintreffen.
Mit *Jacobi* ging einer der Großen der Mathematik, eine außergewöhnliche Persönlichkeit, dahin. Umfassend gebildet, mit einem hervorragenden Auffassungsvermögen begabt, vermochte er auch ihm ferner liegende Gebiete zu überschauen und die Wichtigkeit neuer Erkenntnisse sofort zu begreifen. Es wird berichtet, daß *Jacobi* der einzige Berliner Gelehrte gewesen sei, der – als noch alle anderen Physiker und Mathematiker sich ablehnend gegen *H. Helmholtz*' ,,Erhaltung der Kraft" wandten – die ganze Tragweite dieser Arbeit erkannt habe. Andererseits war er im Umgang nicht immer bequem; sein Handeln war nicht frei von Widersprüchen und Inkonsequenzen. Es spricht für *Gauß*, der ebenso wie *Eisenstein* zu denen gehörte, über die sich *Jacobi* nicht immer freundlich geäußert hat, daß er nach dessen Tode an *Humboldt* schrieb: ,,Ich habe Jacobis Stellung in der Wissenschaft stets für eine sehr hohe gehalten." [10, S. 318] Dieses Werturteil ist auch unser heutiges.

Lebensdaten zu Carl Gustav Jacob Jacobi

1804	10. Dezember, Geburt *Jacobis* in Potsdam
1821	Beginn des Studiums an der Berliner Universität
1824	Erteilung der Lehrbefähigung an Gymnasien
1825	Promotion, zugleich Habilitation
1825	Erste Vorlesungen in Berlin
1826	Übersiedlung als Dozent nach Königsberg
1827	Berufung zum außerordentlichen Professor an der Universität Königsberg
1829	Desgleichen zum ordentlichen Professor ebenda
1829	Publikation der ,,Fundamenta nova functionum Ellipticarum''
1829	Ende August bis Mitte Oktober, Reise nach Paris
1829	Korrespondierendes Mitglied der Berliner Akademie
1830	Korrespondierendes Mitglied der Pariser Akademie
1833	Mitglied der Royal Society in London
1836	Auswärtiges Mitglied der Berliner Akademie
1839	7monatige Reise nach Marienbad (Kur), Prag, Wien, München, Bad Pyrmont (Naturforscher-Versammlung), Göttingen (*Gauß*)
1842	Anfang Juni bis 12. September, Reise nach England (Tagung der British Association in Manchester; London) und Paris
1843/44	Juli bis Juni, Erholungsreise nach Italien (Florenz, Rom, Neapel)
1844	Ende September, Übersiedlung nach Berlin ohne Lehrverpflichtung, aber mit dem Recht, Vorlesungen zu halten
1844	Ordentliches Mitglied der Berliner Akademie
1846	Auswärtiges Mitglied der Pariser Akademie
1848	Frühjahr, Teilnahme am fortschrittlichen politischen Leben nach der Berliner Märzrevolution
1849	Juli, Teilnahme an *Gauß'* 50jährigem Doktor-Jubiläum in Göttingen
1849	August, Beginn finanzieller Repressalien wegen der fortschrittlichen Aktivität im Vorjahr
1849	September, Übersiedlung von Frau und Kindern nach Gotha
1850	5. März, Erfüllung der Gehaltsforderungen
1851	18. Februar, Tod *Jacobis* in Berlin

Literaturverzeichnis zu Carl Gustav Jacob Jacobi

[1] C. G. J. Jacobi's Gesammelte Werke. Herausgegeben von Carl Wilhelm Borchardt und Karl Weierstraß, Bände 1 bis 7 und Suppl., Berlin 1881 bis 1891.
[2] *Dirichlet, P. G. L.:* Gedächtnisrede auf C. G. J. Jacobi. In: Abhh. der Kgl. Preußischen Akad. d. Wiss. Berlin (1852), 27 Seiten. Auch abgedruckt in [1], Band 1, S. 3 bis 28.
[3] Briefwechsel zwischen Gauß und Bessel. Herausgegeben von A. Auwers, Leipzig 1880.
[4] *Koenigsberger, L.:* C. G. J. Jacobi. Leipzig 1904.
[5] *Cantor, M.:* C. G. J. Jacobi. In: Allgemeine Deutsche Biographie, 50 (1905), S. 596 bis 602.
[6] *Ahrens, W.:* Briefwechsel zwischen C. G. J. Jacobi und M. H. Jacobi. Leipzig 1907.
[7] *Ahrens, W.:* C. G. J. Jacobi als Politiker. Ein Beitrag zu seiner Biographie. Leipzig 1907.
[8] *Lorey, W.:* Das Studium der Mathematik an den deutschen Universitäten seit Anfang des 19. Jahrhunderts. In: Abhh. über den mathematischen Unterricht in Deutschland, 3(1916), Heft 9.
[9] *Klein, F.:* Vorlesungen über die Entwicklung der Mathematik im 19. Jahrhundert, Teile 1 und 2. Berlin 1926/27.
[10] *Gauss, C. F.:* Werke, Band 12. Berlin 1929.
[11] *Hofmann, J. E.:* Alexander von Humboldt in seiner Stellung zur reinen Mathematik und ihrer Geschichte. In: Alexander von Humboldt, Gedenkschrift, Berlin 1959, S. 237 bis 287, insbes. S. 265 bis 274.
[12] *Biermann, K.-R.:* Über die Förderung deutscher Mathematiker durch Alexander von Humboldt. In: Alexander von Humboldt, Gedenkschrift, Berlin 1959, S. 83 bis 159, insbes. S, 94 bis 96.
[13] *Biermann, K.-R.:* Eine unveröffentlichte Jugendarbeit C. G. J. Jacobi's über wiederholte Funktionen. In: Journal für die reine und angewandte Mathematik, 207 (1961), S. 96 bis 112.
[14] *Biermann, K.-R.:* Die Mathematik und ihre Dozenten an der Berliner Universität, 1810 bis 1920. Berlin 1973.

Evariste Galois,
gezeichnet von seinem Bruder Alfred

Evariste Galois (1811 bis 1832)

Schönheit und Tiefe der nach *Galois* benannten mathematischen Theorie der Auflösbarkeit algebraischer Gleichungen, das Eintreten von *Galois* für den gesellschaftlichen Fortschritt sowie sein tragisches persönliches Schicksal haben *Galois* zu einer der auffälligsten und anziehendsten Persönlichkeiten in der Geschichte der Mathematik werden lassen.

Felix Klein, ein bedeutender deutscher Mathematiker an der Wende vom 19. zum 20. Jahrhundert, findet in seinen ,,Vorlesungen über die Entwicklung der Mathematik im 19. Jahrhundert" folgenden schönen Vergleich für die ganz außerordentlich kurze, aber unerhört produktive Zeit von knapp drei Jahren, die *Galois* für mathematische Forschung beschieden war. ,,Um 1830 leuchtete ein neuer Stern von ungeahntem Glanz am Himmel der reinen Mathematik auf, um freilich, einem Meteor gleich, sehr bald zu verlöschen." [3, S. 88]

Das historische Urteil *F. Kleins* über die Bedeutung von *Galois* ist im 20. Jahrhundert voll bestätigt, sogar noch bekräftigt worden, vor allem im Hinblick auf die starke Betonung moderner mathematischer Forschungsrichtungen, die auf das Studium mathematischer Strukturen abzielen. *Galois* selbst stand am Beginn der bewußten Erforschung algebraischer Strukturen und damit am Beginn einer durchgreifenden inhaltlichen und methodischen Wandlung der Mathematik.

Evariste Galois wurde am 25. Oktober 1811 in der kleinen französischen Stadt Bourgla-Reine als ältester Sohn eines liberalen, antiklerikal eingestellten Direktors eines Internates geboren. Später wurde der Vater Bürgermeister. Als *Galois* 18 Jahre alt war, beging der Vater Selbstmord, um den von kirchlichen Kreisen aus politischen Gründen gegen ihn gesponnenen schweren Intrigen zu entgehen und zugleich durch seinen Freitod ein Zeichen zum Kampf für Gewissensfreiheit zu geben.

Tatsächlich war diese Zeit, Ende der zwanziger Jahre des vergangenen Jahrhunderts, für Frankreich eine bewegte Zeit, eine Zeit des Umbruches und schwerer sozialer Auseinandersetzungen. Die Klassengegensätze spitzten sich nach dem Ende der napoleonischen Herrschaft und der Restauration der durch die französische Re-

Louis Philippe
als Gefängniswärter

volution gestürzten Dynastie der Bourbonen erneut zu. Das Großbürgertum stieß bei dem Versuch, seine politische Macht weiter auszubauen, auf den erbitterten Widerstand feudaler Kräfte, der Royalisten und der mit ihnen verbündeten klerikalen Kreise.

Als Nachfolger des 1824 verstorbenen *Ludwig XVIII.* war dessen Bruder, *Karl X.*, ein Vertreter der Ultrarechten, auf den Thron gekommen. Am 27. Juli 1830 aber ging das Volk von Paris auf die Barrikaden und fegte die verhaßte Dynastie der Bourbonen weg. Nach der Julirevolution von 1830 bestieg im Kompromiß zwischen den feudalen Kräften und der Großbourgeoisie *Louis-Philippe* aus dem Hause Orléans als sogenannter „Bürgerkönig" den Thron. Er regierte mit einem riesigen Heer von Polizei und Geheimagenten.

In dieser politisch höchst gespannten Zeit wuchs *Galois* heran. Von seinem Vater zum glühenden Verfechter der Freiheit und des republikanischen Gedankens erzogen, ergriff *Galois* schon als Schüler und später als Student leidenschaftlich Partei für den gesellschaftlichen Fortschritt. Als Schüler des Collège Louis-le-Grand, an dem das Regime mit Gewalt republikanisches Denken ausrotten wollte, weil hier der Nachwuchs für den höheren Staatsdienst ausgebildet werden sollte, beteiligte sich *Galois* an einer Schüler-Revolte gegen den Meinungsterror. Als Student an der „Vorbereitungsschule", der Ecole normale superieure, einer Art Pädagogischen Hochschule, erlebte er die Julirevolution, konnte sich aber an den Kämpfen nicht beteiligen, da die Studenten mit Gewalt am Verlassen des Studenteninternats gehindert worden waren. In einer republikanischen Zeitung entlarvte *Galois* das opportunistische Verhalten des Direktors der Ecole normale, der, nach dem Sieg der Revolution, vom Anhänger der Bourbonen plötzlich zum Republikaner geworden war. Daraufhin wurde *Galois* der Schule verwiesen.

Galois wurde danach Mitglied der Nationalgarde, und zwar der Artillerie, um zusammen mit seinen republikanischen Freunden und Kampfgefährten einen wesentlichen Teil der Armee republikanisch zu unterwandern. Auf einem Festbankett brachte *Galois* einen Toast auf den Bürgerkönig aus, indem er *Louis-Philippe* mit der Ermordung bedrohte, falls er seinen Verpflichtungen gegen das Volk nicht nachkommen

Flugblatt von den Kämpfen der Patrioten (Paris 1830)

würde. Die Folge waren ein Prozeß, eine Verurteilung zu einer Gefängnisstrafe von neun Monaten und das besondere Interesse der Geheimpolizei an dem hochgefährlichen jungen Mann. Die Berichte der Polizeispitzel sind erhalten. Wir wissen aber auch, wie geschickt und schwer beweisbar *Galois* seine illegale Tätigkeit zugunsten der republikanischen Idee aufnahm. Kurze Zeit nach seiner Entlassung aus dem Gefängnis wurde *Galois* durch die Polizei in einen sogenannten ,,Ehrenhandel" wegen einer Dirne verwickelt und starb an den in einem provozierten Duell erlittenen Verletzungen am 31. Mai 1832. Am Vorabend des Duells, am 29. Mai, schrieb *Galois* – neben seinem wissenschaftlichen Testament – einen ,,Brief an alle Republikaner". Dort heißt es: ,,Ich bitte meine Freunde, die Patrioten, es mir nicht nachzutragen, daß ich sterbe, aber nicht für mein Land sterbe. Ich sterbe als Opfer einer niederträchtigen Kokotte. Mein Leben wird durch eine klägliche Intrige ausgelöscht ... Ich rufe den Himmel zum Zeugen an, daß ich nur durch Nötigung und Gewalt dazu gebracht wurde, einer Herausforderung nachzugeben, die ich mit allen Mitteln abzuwenden versucht habe ... Adieu! Ich hätte gern mein Leben dem öffentlichen Wohl gewidmet. Behaltet mich im Gedächtnis, da das Schicksal mir ein Leben versagt hat, das meinen Namen dem Vaterland bekanntgemacht hätte." [6, S. 295]

Die zweite Leidenschaft von *Galois* galt der Mathematik. Doch muß man die beiden von ihm mit aller Hingabe betriebenen Tätigkeitsbereiche durchaus als ein einheitliches Anliegen begreifen: Befreiung der Menschen von allen historisch entstandenen politischen Fesseln und Beseitigung politischer Verräter auf der einen Seite, Entlastung der Mathematik von allen alten Zöpfen und von unfähigen, in alten Denkschablonen befangenen Mathematikern auf der anderen Seite.

Im Gefängnis Sainte-Pélagie erhielt er von der Akademie die Nachricht, ein von ihm eingereichtes Manuskript über die Auflösungstheorie algebraischer Gleichungen sei ,,nicht genügend klar" und ,,nicht genügend durchgeführt" und werde ihm deswegen mit der Bitte um nähere Erklärungen und ausführliche Darstellungen zurückgegeben. Die Antwort der Akademie war verständlich, besonders im Hinblick auf den extrem knappen, beinahe aphoristischen Stil von *Galois* und in Anbetracht des außerordentlich schwierigen, noch völlig unbekannten mathematischen Gegenstandes. Jedoch

Siméon Denis Poisson
(1781 bis 1840)

waren zwei andere, früher von *Galois* eingereichte Manuskripte in der Akademie verlorengegangen, und *Galois* sah mit Recht darin Überheblichkeit und gedankliche Trägheit, ja sogar Absicht und Methode. Darum bricht er, noch verstärkt durch die Gefängnisatmosphäre, in die bitteren Worte aus ,,Ich schwöre, daß ich den Männern, die im Staat und in der Wissenschaft prominent sind, alles eher als Dank schulde. ... Ich verdanke den Prominenten des Staates, daß ich dies alles im Gefängnis geschrieben habe, einem Aufenthalt, der schlecht zur Meditation taugt ... Aber ich muß berichten, wie häufig Manuskripte in den Portofolios der Herren von der Akademie verlorengehen, obwohl ich es kaum fassen kann, wie diejenigen so zerstreut sein können, die bereits den Tod Abels auf dem Gewissen haben." [6, S. 241] Nachdem *Galois* über den Verlust eines ersten, der Akademie eingereichten Manuskriptes Klage geführt hat, fährt er fort:
,,Ein Auszug einer anderen Arbeit wurde 1831 bei der Akademie eingereicht und Monsieur Poisson zur Begutachtung übergeben; er erklärte, daß er nichts davon verstanden habe. Nach meiner arroganten Meinung ist dies einfach ein Beweis dafür, daß Monsieur Poisson meine Arbeit nicht verstehen wollte oder nicht verstehen konnte. Doch in den Augen der Öffentlichkeit wird es gewiß als Beweis erscheinen, daß meine Arbeit sinnlos ist.
Darum habe ich guten Grund zu glauben, daß die wissenschaftliche Welt meine Arbeit ... mit einem Lächeln des Mitleids begrüßen wird; daß die Nachsichtigsten mich des Irrtums zeihen werden; daß man mich eine Zeitlang mit jenen unermüdlichen Männern vergleichen wird, die alljährlich von neuem die Quadratur des Zirkels finden. Insbesondere werde ich dem dröhnenden Gelächter der Examinatoren der Polytechnischen Schule ausgesetzt sein, die ein Monopol auf die Veröffentlichung mathematischer Lehrbücher zu haben meinen und die Augenbrauen hochziehen werden, weil ein junger Mann, den sie zweimal durchfallen ließen, die Überheblichkeit aufbringt, nicht etwa ein Lehrbuch, aber eine Abhandlung zu schreiben." [6, S. 242] *Galois* schließt mit dem Appell und der Hoffnung, daß eines Tages ,,der Konkurrenzkampf — das heißt die Selbstsucht — in der Wissenschaft nicht mehr herrschen wird" und ,,sich die Menschen zusammentun werden, um gemeinsam zu forschen." [6, S. 243]

Trotz der kühnen Vision auf eine zukünftige, befreite Wissenschaft stand er natürlich auch hinsichtlich seiner mathematischen Forschung in einer Tradition. Schon im Collège Louis-le-Grand war *Galois*, beinahe zufällig durch Teilnahme an einem Schülerzirkel, mit dem damals weitverbreiteten vorzüglichen Lehrbuch der Geometrie ,,Eléments de géométrie" von *A. M. Legendre* bekannt geworden. Bei der Lektüre entdeckte er erst seine Begabung für Mathematik. Innerhalb weniger Wochen hatte er Inhalt und Methode des sehr anspruchsvollen Buches vollständig begriffen und fing an, von einem verständnisvollen Lehrer beraten, mathematische Originalliteratur zu studieren. Er las unter anderem *J. L. Lagrange* und *C. F. Gauß*. Mit den Ergebnissen von *N. H. Abel* zur Auflösungstheorie algebraischer Gleichungen wurde er bekannt, als er selbst erste Schritte ins noch Unbekannte getan hatte.
Begreiflicherweise strebte *Galois* dahin, nach Absolvierung des Collège Louis-le-Grand sein Studium an der berühmten Ecole polytechnique aufzunehmen, die damals unbestreitbar das mathematische Zentrum Europas und zugleich eine Hochburg republikanischer Gesinnung war. Unglücklicherweise mißlang dieser Plan. Zweimal fiel *Galois* bei der Aufnahmeprüfung durch, das erste Mal zu Recht, das zweite Mal völlig ungerechtfertigt. Beim ersten Mal zeigten sich beträchtliche Lücken im herkömmlichen Schulstoff, die durch die autodidaktische Studienweise von *Galois* an dem nur wenig Mathematik bietenden Lehrgang in Louis-le-Grand verursacht worden waren. Beim zweiten Mal aber scheiterte *Galois* am Unverstand und dem geringen Einfühlungsvermögen des Prüfers, der *Galois* zu leichte, von *Galois* als albern empfundene Fragen stellte, die *Galois* mit zwei Sätzen nur beantwortete. Als der Prüfer auf der Erläuterung von Elementarkenntnissen bestand, hat *Galois* die Antwort verweigert. Die Legende berichtet, er habe dem Prüfenden daraufhin sogar einen nassen Schwamm an den Kopf geworfen. Und wenn dies auch nicht stimmen sollte, so ist diese Anekdote jedenfalls gut ausgedacht; sie paßt zum Charakter und der Gemütsverfassung des jungen *Galois*.
So bezog *Galois* lediglich die sogenannte Vorbereitungsschule, hervorgegangen aus der während der großen französischen Revolution 1795 gegründeten Ecole Normale, die die Ausbildung der Gymnasiallehrer zum Ziele hatte. Dort, während seiner nur

kurzen Studentenzeit, nach dem Ausschluß aus der Ecole Normale und während seines unruhigen, von revolutionärer republikanischer Leidenschaft erfüllten Lebens begannen seine durchgreifenden Ideen Gestalt anzunehmen und formten sich seine tiefliegenden Gedanken zur Auflösungstheorie algebraischer Gleichungen aus. Durch *Gauß* und *Abel* waren Klassen algebraischer Gleichungen angegeben worden, die sich durch Wurzelzeichen, in Radikalen also, auflösen lassen. *Galois* ging noch weiter: Er suchte die notwendigen und hinreichenden Bedingungen der Auflösbarkeit in Radikalen für eine beliebige algebraische Gleichung

$$a_0 x^n + a_1 x^{n-1} + a_2 x^{n-2} + \ldots + a_{n-1} x + a_n = 0,$$

wo die Koeffizienten a_i beliebige, reelle oder komplexe Zahlen bedeuten. Für die Grade $n = 1, 2, 3,$ und 4 ist die Gleichung stets in Radikalen lösbar. Sie ist für $n > 4$ nie in Radikalen lösbar, wenn man die allgemeine Gleichung betrachtet, das heißt über die Koeffizienten keine Voraussetzungen macht. Dieses Ergebnis war von *P. Ruffini* und *N. H. Abel* gefunden und von *Abel* erstmals in aller Strenge bewiesen worden.

Schon im Jahre 1830, kurz nach seinem Eintritt in die Vorbereitungsschule, erschienen drei Arbeiten von *Galois* im Druck, Arbeiten allerdings, die gegenüber seinen späteren, umwälzenden Untersuchungen relativ unbedeutend waren. Das Echo war gleich Null. Eine weitere an die Akademie eingereichte Arbeit ging dort verloren, vermutlich durch Nachlässigkeit von *A. L. Cauchy,* und teilte damit das Schicksal einer bedeutenden Arbeit von *N. H. Abel.*

Anfang des Jahres 1831 scheint *Galois* zu wesentlichen neuen Einsichten vorgestoßen zu sein; er schreibt neuerlich eine Arbeit ,,Über die Bedingungen der Lösbarkeit von Gleichungen durch Wurzelgrößen" und reicht sie ebenfalls der Akademie ein. In der Einleitung nimmt *Galois* sein Hauptergebnis vorweg: ,,Man wird hier die allgemeine Bedingung finden, der jede durch Wurzelgrößen lösbare Gleichung genügen muß und die umgekehrt über deren Lösbarkeit Gewißheit gibt. Ihre Anwendung wird nur auf die Gleichungen gemacht, deren Grad eine Primzahl ist. Nachstehend gebe ich den Satz an, der durch meine Untersuchung geliefert wird:
Damit eine Gleichung von einem Primzahlgrade, welche keinen rationalen Teiler hat,

Arc de Triomphe auf der Place de l'Etoile in Paris

durch Wurzelgrößen teilbar sei, ist notwendig und hinreichend, daß sämtliche Wurzeln rationale Funktionen irgend zweier dieser Wurzeln seien." [2, S. 183]
Die Sprechweise „keinen rationalen Teiler" würden wir heute durch „irreduzible Gleichung" ersetzen.
Am 31. März 1831 wendet sich *Galois*, der noch immer nichts vom Schicksal seines Manuskriptes gehört hat, an den Präsidenten der Akademie: Er habe gehört, daß *Lacroix* und *Poisson* – seinerzeit berühmte Mathematiker – mit der Anfertigung eines Gutachtens beauftragt worden seien: „Die Ergebnisse, die in dieser Abhandlung enthalten sind, sind Teile einer Arbeit, die ich im vorigen Jahr beim Wettbewerb für den Großen Mathematikpreis einreichte und in der ich die Regeln angab, nach denen in jedem Fall erkannt werden kann, ob eine Gleichung durch Wurzelgrößen lösbar ist oder nicht. Da diese Aufgabe bisher den Mathematikern wenn nicht unmöglich, so doch äußerst schwierig erschien, hat die Kommission a priori angenommen, daß ich diese Aufgabe nicht gelöst haben könne; in erster Linie deshalb, weil ich Galois heiße, und außerdem, weil ich Student war. Und man sagte mir, daß mein Manuskript verlorengegangen sei.
Diese Lektion hätte mir genügen sollen. Dennoch habe ich, dem Rat eines ehrenwerten Mitgliedes der Akademie folgend, meine Arbeit auszugsweise neu geschrieben und Ihnen eingereicht.
Ich bitte Sie, Herr Präsident, mich von meiner Unruhe zu befreien, indem Sie Messieurs Poisson und Lacroix fragen, ob sie vielleicht meine Abhandlung verlegt haben oder ob sie beabsichtigen, der Akademie einen Bericht darüber vorzulegen." [6, S. 189]
Die Antwort erreicht *Galois* erst im Oktober 1831 im Gefängnis von Sainte-Pélagie. Er erhält sein Manuskript mit dem Bemerken zurück, seine Arbeit sei „weder genügend klar noch genügend ausgearbeitet, um ... ein Urteil über ihre Schlüssigkeit zu ermöglichen ... Man kann daher warten, bis der Autor eine vollständige Fassung seiner Arbeit veröffentlicht, ehe man sich eine endgültige Meinung bildet." [6, S. 238]
Diese Antwort – so berechtigt sie in bezug auf *Galois'* Stil war, so verständlich sie im

Einnahme des Pariser Rathauses

Hinblick auf die großen Schwierigkeiten beim Verständnis der Galoisschen Ergebnisse war, so unverständlich war die schleppende und kühle Behandlung eines hochwichtigen Ergebnisses durch die französische Akademie – löste *Galois'* scharfe Reaktion aus, aus der oben zitiert wurde.

Doch *Galois* fand weder Lust, Zeit und Gelegenheit zur erwarteten ausführlichen, Beweise liefernden Darlegung seiner Ergebnisse. Ende April 1832 wurde er aus dem Gefängnis entlassen, am 30. Mai fand das für *Galois* verhängnisvolle Duell statt. Am Vorabend schrieb *Galois* an seinen Freund *Auguste Chevalier* einen Brief, der eine Art wissenschaftliches Testament darstellt und – sehr knapp, gelegentlich nur andeutungsweise – die schärfsten von *Galois* gefundenen Ergebnisse enthält, sowohl über die Auflösungstheorie algebraischer Gleichungen wie über schwierige Fragen aus der Theorie der elliptischen Funktionen. Am Ende des Briefes beschwört *Galois* seinen Freund: „Richte an Jacobi oder Gauß die öffentliche Bitte, ihr Urteil abzugeben – nicht über die Wahrheit, sondern über die Wichtigkeit dieser Theoreme." [6, S. 297]

Der entscheidende Grundgedanke von *Galois* bestand in folgender genialer Idee: sie ermöglichte die Einsicht in die Struktur der Lösungen einer algebraischen Gleichung und gestattete es, eine vollständige Auflösungstheorie algebraischer Gleichungen zu konzipieren.

Galois ordnete jeder algebraischen Gleichung eine eindeutig bestimmte Permutationsgruppe zu. An ihr konnte man wie in einem Spiegel die Haupteigenschaften der Gleichung ablesen, insbesondere die, ob eine Gleichung in Radikalen lösbar ist. Dazu mußte man besondere, ausgezeichnete Untergruppen – heute im allgemeinen als Normalteiler bezeichnet – der Gruppe der Gleichung kennen. Falls also die Struktur der Gruppe der Gleichung hinsichtlich ihrer ausgezeichneten Untergruppen bekannt ist, so ist auch die Lösungsstruktur der Gleichungswurzeln bekannt.

So hat beispielsweise die allgemeine algebraische Gleichung des Grades n als Galoissche Gruppe die symmetrische Gruppe $\mathfrak{S}_n$ der Ordnung $n!$. Die Untersuchung ihrer Normalteiler zeigt dann, daß für $n > 4$ diese Gleichung nicht mehr in Radikalen auflösbar ist.

Damit hatte *Galois* die Lösung eines jahrhundertealten Problems gefunden, freilich

Sophus Lie
(1842 bis 1899)

mit Methoden und Überlegungen, die der Mehrzahl der damaligen Mathematiker unerwartet, ja geradezu fremdartig vorkommen mußten. Der einzige, der seine faszinierenden Vorstellungen wohl sofort hätte verstehen und würdigen können – *Niels Henrik Abel* – war wenige Jahre zuvor ebenfalls unter tragischen Begleitumständen verstorben.

Wohl konnte der Bruder von *Galois, Alfred*, noch den Brief an *Chevalier* zum Druck bringen. Aber die erste nachweisbare Reaktion der mathematischen Fachwelt auf die tiefgreifenden Ergebnisse von *Galois* erfolgte erst, nachdem der einflußreiche französische Mathematiker *J. Liouville* im Jahre 1846 die wichtigsten mathematischen Papiere von *Galois* aus dem Nachlaß herausgegeben hatte. Doch erst die nächste Generation der Mathematiker vermochte die von *Galois* im wesentlichen nur skizzierten Ergebnisse in allen Einzelheiten durchzuführen und zum vollen Verständnis der Galoisschen Theorie der Auflösbarkeit algebraischer Gleichungen vorzudringen und zu der Einsicht zu gelangen, daß hier der Weg zu einer gänzlich neuartigen, außerordentlich fruchtbaren Mathematik eröffnet worden war, die wir heute als Mathematik der Strukturen bezeichnen.

Knapp 40 Jahre nach dem Tode von *Galois*, im Jahre 1870, veröffentlichte der französische Mathematiker *C. Jordan* ein umfangreiches Lehrbuch über die Theorie der Substitutionen, in dem die Theorie von *Galois* zusammenhängend dargestellt und weiterentwickelt wird. Im Vorwort würdigt *Jordan* die Verdienste von *Galois*. Es heißt dort: „Galois war dazu ausersehen, die Theorie der Gleichungen auf ein sicheres Fundament zu stellen... Das Problem der Auflösung, das früher der einzige Zweck der Theorie der Gleichungen zu sein schien, erscheint nun als das erste Glied einer langen Kette von Fragen, die sich auf die Transformation irrationaler Zahlen und auf ihre Einteilung beziehen. Indem Galois seine allgemeinen Methoden auf diese besondere Aufgabe anwandte, fand er ohne Schwierigkeiten die charakteristische Eigenschaft der Gruppen von Gleichungen, die durch Wurzelgrößen lösbar sind. Doch in der Hast der Formulierung ließ er mehrere grundlegende Lehrsätze ohne ausreichende Beweise... Es gibt drei grundlegende Begriffe...: den der Primitivität, auf den schon in den Werken von Gauß und Abel hingewiesen wurde; den der Transitivität, der bei

Cauchy auftaucht; und schließlich die Unterscheidung zwischen einfachen und zusammengesetzen Gruppen. Der letztere Begriff, der wichtigste von den dreien, ist Galois zu danken." [6, S. 325f.]

Im Jahre 1895 feierte die Ecole Normale in Paris ihr 100jähriges Bestehen, jene Anstalt, deren Student *Galois* einst gewesen war und die ihn wegen Tätigkeit zugunsten des gesellschaftlichen Fortschritts ausgestoßen hatte. Es hätte keine schönere Würdigung der wissenschaftlichen Leistung von *Galois* geben können als den Beitrag „Einfluß von Galois auf die Entwicklung der Mathematik", verfaßt von dem bedeutenden norwegischen Mathematiker *Sophus Lie*, der selbst, im Anschluß an das Grundsätzliche bei *Galois*, hervorragende Ergebnisse im Bereich der Theorie der Diffentialgleichungen hatte erzielen können. Die Aufzählung und lebendige Schilderung aller jener Gebiete der Mathematik, die durch die Ideen von *Galois* so durchgreifend befruchtet worden waren, ist wohl das schönste und würdigste Denkmal, das dem genialen Mathematiker und glühenden Patrioten *Galois* gesetzt worden ist.

Lebensdaten zu Evariste Galois

1811	18. Oktober, Geburt von *Evariste Galois* in Bourg-la-Reine
1823	*Galois* besteht die Aufnahmeprüfung im Collège Louis-le-Grand und tritt in die vierte Klasse ein.
1827	*Galois* trifft auf ein Lehrbuch von *A. M. Legendre* und begeistert sich für Mathematik.
1828	Der erste Versuch der Zulassung zur polytechnischen Schule schlägt fehl, da *Galois* nur unsystematisch vorgebildet ist.
1829	*Galois* veröffentlicht eine erste mathematische Abhandlung. Selbstmord des Vaters *Galois* absolviert Louis-le-Grand und besteht wegen der Unzulänglichkeit des Examinators ein zweites Mal die Aufnahmeprüfung an der Polytechnischen Schule nicht.
1830	Aufnahme in der sogenannten Vorbereitungsschule (Ecole Normale Superieure)

	Galois publiziert drei Abhandlungen. Juli, Revolution in Paris *Galois* nimmt als Student auf der Seite der Republikaner teil und wird dabei im Dezember von der Vorbereitungsschule ausgeschlossen. Er tritt in die Nationalgarde (Artillerie) ein.
1831	*Galois* hält Algebrakurse und reicht ein bedeutendes Manuskript bei der Französischen Akademie ein. 9. Mai, Revolutionärer ,,Trinkspruch'' auf den Bürgerkönig *Louis Philippe* 10. Mai, *Galois* wird verhaftet. 15. Juni, er wird auf Grund geschickter Verteidigung freigelassen. 14. Juli, er wird von der Geheimpolizei erneut verhaftet. Oktober, im Gefängnis Sainte-Pélagie schreibt er zwei mathematische Abhandlungen. Ende Oktober, *Galois* wird wegen Waffenbesitzes und Tragens der Uniform der inzwischen verbotenen republikanischen Gardeartillerie zu sechs Monaten Gefängnis verurteilt.
1832	April, *Galois* wird aus dem Gefängnis entlassen. 29. Mai, er wird zum Duell gefordert. Am Abend schreibt *Galois* sein wissenschaftliches Testament. 30. Mai, das Duell findet statt; *Galois* wird schwer verwundet. 31. Mai, *Galois* stirbt.

Literaturverzeichnis zu Evariste Galois

[1] Ecrits et mémoires mathématiques d'Evariste Galois. Edition critique intégrale de ses manuskrits et publications par R. Bourgne et J.-P. Azra. Paris 1962.
[2] *Galois, Evariste*: Mémoire sur les conditions de résolubilité des équations par radicaux. Deutsche Übersetzung in: L. Infeld: Wen die Götter lieben. Wien 1954.
[3] *Klein, F.*: Vorlesungen über die Entwicklung der Mathematik im 19. Jahrhundert, Band 1. Berlin 1926.
[4] *Lie, S.*: Influence de Galois sur le développement des mathématiques. In: Le centenaire de l'Ecole Normale 1795 bis 1895. Paris 1895. S. 481 bis 489.

[5] *Kollros, L.*: Evariste Galois. In: Elemente der Mathematik, Beiheft 7, Basel 1949.
[6] *Infeld, L.*: Wen die Götter lieben (nach der englischen Ausgabe). Wien 1954.
[7] *Dalmas, A.*: Evariste Galois, révolutionaire et géometre. Paris 1956.
[8] *Wussing, H.*: Die Genesis des abstrakten Gruppenbegriffes. Berlin 1969.

Karl Weierstraß (1815 bis 1897)

Am Ende des 18. Jahrhunderts setzte in einigen Ländern Europas die industrielle Revolution ein. Diese gesellschaftliche Veränderung blieb nicht ohne Folgen für die Entwicklung der Mathematik. Neue technische Verfahren und das sprunghafte Anwachsen der Produktion bewirkten, daß verschiedene Gebiete der Mathematik, insbesondere der höheren Mathematik, zu notwendigen Bestandteilen einer für den Produktionsprozeß erforderlichen Ausbildung wurden. Die sich hieraus ergebenden Forderungen an die Mathematik führten zur Erforschung von mathematischen Grundlagen und zur Anwendung mathematischer Gesetzmäßigkeiten in vielen Gebieten der Physik. In dem führenden mathematischen Zentrum zu Beginn des 19. Jahrhunderts, der Ecole Polytechnique in Paris, verbanden sich daher hohe Forderungen an mathematische Strenge mit dem Ziel der Ausbildung – der Schaffung militärischer und technischer Führungskräfte.
In Deutschland setzte die industrielle Revolution erst in den dreißiger Jahren des 19. Jahrhunderts ein. Infolge der besonderen politischen und gesellschaftlichen Verhältnisse entwickelte sie sich hier zunächst nur langsam. Die Mathematik blieb vorerst noch immer weitgehend von der unmittelbaren Praxis entfernt. Die große Mehrheit der Mathematiker in den deutschen Staaten beschäftigte sich mit Problemen der reinen Mathematik. Das Hauptziel des Studiums der Mathematik an deutschen Universitäten war, Lehrer für die höheren Schulen auszubilden. Diese Hauptaufgabe führte an allen Universitäten zu regelmäßig wiederholten Vorlesungszyklen, deren Niveau durch die führenden Mathematiker dieser Zeit ständig angehoben wurde. Es ist deshalb nicht verwunderlich, daß die meisten der bedeutenden Mathematiker des

Karl Theodor Wilhelm Weierstraß

19. Jahrhunderts in Deutschland die Prüfung als Gymnasiallehrer abgelegt und teilweise jahrelang Unterricht an höheren Schulen erteilt haben. In der Mitte des 19. Jahrhunderts erreichten Forschung und Ausbildung in Mathematik an einigen Universitäten Deutschlands einen hohen Stand.
Zu Beginn der zweiten Hälfte des 19. Jahrhunderts wurde die erst 1810 gegründete Berliner Universität zum Zentrum der mathematischen Forschung und Ausbildung in Deutschland. Hier lehrten viele der bekanntesten Mathematiker, unter anderen *P. G. Lejeune Dirichlet, E. E. Kummer, L. Kronecker, K. W. Borchardt* und auch *Karl Theodor Wilhelm Weierstraß*.
Weierstraß wurde am 31. Oktober 1815 in Ostenfelde, Kreis Warendorf (Westfalen), geboren. Sein Vater war damals dort Sekretär des Bürgermeisters. Später trat er in den preußischen Steuerdienst, wurde mehrmals versetzt und arbeitete schließlich als Verwalter der Saline von Westernkotten bei Lippstadt. Die Mutter von *K. Weierstraß* starb bereits im Jahre 1826.
Um den vier Kindern seiner ersten Ehe wieder eine Mutter zu geben, heiratete der Vater 1828 ein zweites Mal. Aus dieser Ehe scheinen keine Kinder hervorgegangen zu sein. Obwohl die Einkünfte des Vaters immer gering waren, tat er alles, um seinen zwei Söhnen eine gute Erziehung zukommen zu lassen. Er selbst war ein kluger, gebildeter Mann mit umfangreichen Kenntnissen, der den Wert einer umfassenden Bildung richtig einzuschätzen wußte.
Bedingt durch die Versetzungen seines Vaters besuchte *Weierstraß* verschiedene Elementarschulen, bis er 1829 an das Paderborner Gymnasium kam. Hier zeichnete er sich von Anfang an als ganz vorzüglicher Schüler aus, der auf vielen Gebieten eine große Begabung zeigte. Es war an diesem Gymnasium üblich, daß die Schüler, die in einem Fach die besten Leistungen zeigten, am Schuljahresende Preise erhielten. *Weierstraß* gehörte stets zu diesen Schülern. Mehrmals wurde er in sechs Fächern, einmal sogar in sieben Fächern ausgezeichnet. Immer erhielt er den Preis in Deutsch, häufig in Latein, Mathematik und Griechisch. Wegen seiner guten Leistungen konnte er eine Klasse des Gymnasiums überspringen, so daß er bereits 1834, nach fünfeinhalb Jahren, das Abitur mit glänzendem Zeugnis als „Primus omnium" („Als erster von

Die Universität in Berlin um 1810

allen") ablegte. Die erste nähere Bekanntschaft mit „Mathematik" soll der 15jährige *Weierstraß* dadurch gehabt haben, daß er einer Kaufmannsfrau die Bücher führte, um so zu seinem Unterhalt beizutragen. Er hat sich aber während seiner Schulzeit auch bereits mit Integralrechnung beschäftigt sowie das in der Schulbibliothek vorhandene „Journal für reine und angewandte Mathematik" eifrig studiert.

Das glänzende Abitur erweckte in der Familie von *Weierstraß* die höchsten Erwartungen für seine spätere Laufbahn. Der Vater entschloß sich, ihn an der Universität Bonn Kameralistik studieren zu lassen. Dieses Studium vermittelte die juristischen, verwaltungstechnischen und ökonomischen Kenntnisse, die in Preußen von einem höheren Staatsbeamten gefordert wurden. *Weierstraß* gehorchte aus Pflichtgefühl, nicht aus Neigung. Später sagte er einmal im Rückblick auf diese Zeit, wenn er sich sein Studienfach hätte frei wählen können, so hätte er sofort Mathematik oder eine verwandte Wissenschaft studiert. Es ist daher nicht verwunderlich, daß er den Vorlesungen seines Studiengebietes nur geringe Aufmerksamkeit schenkte, noch dazu, da er bald merkte, daß das Niveau dieser Veranstaltungen oft sehr niedrig war. Der Zwiespalt zwischen seinem Studium und seinen Neigungen erzeugte in ihm körperliche und seelische Leiden. Daß er sein eigentliches Studium aber nicht gänzlich vernachlässigte, zeigte er als Opponent bei der Verteidigung der juristischen Dissertation eines seiner Freunde, bei der er gute Kenntnisse offenbarte.

Daneben beschäftigte sich *Weierstraß* in dieser Zeit mit dem intensiven Selbststudium einiger grundlegender mathematischer Werke. Dabei stieß er auf die „Fundamenta nova theoriae functionum ellipticarum", in welchem der Autor, *C. G. J. Jacobi*, eine ganz neue Art von Funktionen, die elliptischen Funktionen, behandelte. Das Studium dieses Buches bereitete *Weierstraß* große Schwierigkeiten, da *Jacobi* vieles voraussetzte, was bereits von anderen Mathematikern auf diesem Gebiet erarbeitet worden war.

Durch Zufall erhielt er von einem Freund, der vorher in Münster studiert hatte, die Vorlesungsnachschrift des dortigen Professors für Mathematik, *C. Gudermann*, der nach *Jacobi* der erste war, der über elliptische Funktionen eine Vorlesung hielt. Nun hatte *Weierstraß* eine verständliche Darstellung der Theorie der elliptischen Funk-

Die Humboldt-Universität in Berlin 1970

tionen in der Hand; er begriff nicht nur die gesamte Problemstellung, sondern begann selbst mit eigenen Forschungen. Damit war die Entscheidung für ihn gefallen; von nun an wollte er die Mathematik zu seinem Lebensinhalt machen. Nach acht Semestern brach er sein Studium in Bonn ohne Examen ab und kehrte nach Hause zurück. Die Verzweiflung seiner Familie über seine Heimkehr war groß. Es muß zu schlimmen Auftritten gekommen sein. *Weierstraß* konnte seiner Familie wohl nur schwer klarmachen, daß das Studium der Mathematik für ihn zu einer Lebensaufgabe geworden war. Noch einmal ein Studium von vorn anzufangen, erlaubte aber die wirtschaftliche Lage der Familie nicht. Nachdem so ein halbes Jahr vergangen war, überredete ein Freund den Vater, *Weierstraß* auf die Akademie in Münster zu schicken, wo er in kürzerer Zeit als an einer Universität das Staatsexamen als Lehrer ablegen konnte, allerdings ohne zu promovieren. So ließ sich *Weierstraß* 1839 in Münster immatrikulieren, bereits nach einem halben Jahr meldete er sich zum Staatsexamen. Mathematische Vorlesungen hörte er in Münster bei *Gudermann*, dessen Manuskript über elliptische Funktionen er bereits studiert hatte. *Gudermann* war damit der einzige Lehrer, bei dem *Weierstraß* Mathematik studierte. Dieser stellte ihm auch die Themen für die mathematischen Prüfungsarbeiten, deren erste über elliptische Funktionen zu schreiben war. Dieses Thema hatte *Weierstraß* nur auf ausdrücklichen Wunsch erhalten, da es nach der Aussage seines Lehrers für eine derartige Prüfung im allgemeinen zu schwierig war. *Gudermann* erkannte die vielen wertvollen Ideen und neuen Wege bei der Erforschung der elliptischen Funktionen in dieser Arbeit seines Schülers, und er schrieb in der Beurteilung unter anderem: ,,Der Kandidat tritt ... [mit dieser Arbeit, K. R.] ebenbürtig in die Reihe der ruhmgekrönten Erfinder." [6, S. 21] Er wünschte, daß *Weierstraß* nicht Lehrer werde, sondern als akademischer Dozent und Forscher arbeiten möge. Diese Beurteilung wurde auf dem Zeugnis von *Weierstraß* nur sehr gekürzt wiedergegeben, die zitierte Passage fehlte beispielsweise ganz. *Weierstraß* hat diese Arbeit und noch einige weitere, die er im folgenden Jahr in Münster schrieb, erst 54 Jahre später veröffentlicht. Alle diese Arbeiten zeigen, daß er bereits damals im Besitz vieler Ideen war, die ihn zu seinen großartigen Enddeckungen führten.

Nach einem Probejahr in Münster erhielt *Weierstraß* 1842 eine Stelle als Lehrer am Progymnasium im ehemaligen Deutsch-Krone (Westpreußen); einer Anstalt, die bis zur mittleren Reife führte. 1848 wurde er an das Gymnasium im damaligen Braunsberg (Ostpreußen) versetzt, wo er bis 1855 blieb.
Neben Mathematik und Physik hat *Weierstraß* in den Fächern Deutsch, Botanik, Geographie, Geschichte, Turnen und Schönschreiben unterrichtet. Zum Teil mußte er 30 Stunden Unterricht wöchentlich geben. Er hat später in Briefen dieser ,,Misere" als Lehrer gedacht, die vor allem darin bestanden habe, daß er keine mathematische Bibliothek zur Verfügung hatte, daß er nie einen Partner zu wissenschaftlichen Diskussionen fand und ein wissenschaftlicher Briefwechsel für ihn aus finanziellen Gründen nicht möglich war. Er schrieb: ,,Das war eine schlimme Zeit, deren unendliche Öde und Langeweile unerträglich gewesen wäre ohne harte Arbeit." [8; S. 209] Und gearbeitet hat *Weierstraß*! Die Gedanken an seine Forschungen verließen ihn nie. Angestrengt arbeitete er an der Lösung der selbstgestellten Aufgabe, das Jacobische Umkehrproblem allgemein zu lösen, das auf die sogenannten Abelschen Funktionen führte.
Der Direktor seiner Schule erzählte, wie er eines Tages bemerkte, daß die Klasse von *Weierstraß* ohne Lehrer war. Als er *Weierstraß* in seinem Zimmer suchte, fand er ihn bei herabgebrannter Kerze und zugezogenen Vorhängen völlig vertieft über mathematischen Formeln. Er hatte die ganze Nacht durchgearbeitet und gar nicht bemerkt, daß der Tag längst angebrochen war. Auch wird erzählt, daß *Weierstraß* des öfteren seiner Klasse eine schriftliche Aufgabe stellte, in der Zeit der Lösung beschäftigte er sich mit seinen eigenen Problemen. Es ist verständlich, daß für *Weierstraß*, der so intensiv seinen Forschungen nachging, der Unterricht eine schwere Last gewesen sein muß. Die ständige Überbeanspruchung führte dann auch zu einem Leiden, das sich in stundenlangen Schwindelanfällen äußerte und ihn oft lange von geistiger Arbeit fernhielt.
Als er 1853 in den Sommerferien bei seinen Eltern weilte, erfuhr er die vollständige Beurteilung seiner Staatsexamensarbeiten. Durch diese in seinem Selbstgefühl gestärkt, entwarf er einen Artikel über seine Forschungen ,,Zur Theorie der Abelschen

Funktionen", der 1854 im „Journal für die reine und angewandte Mathematik" veröffentlicht wurde. Hier gab er die Lösung des Jacobischen Umkehrproblems bekannt. Diese Lösung, gefunden in einem der neuesten Forschungsbereiche der Mathematik, war eine der größten Errungenschaften der Analysis, wie *D. Hilbert* noch 50 Jahre nach dem Erscheinen dieses Artikels sagte. Die Wirkung dieses Aufsatzes war gewaltig; er fand begeisterte Aufnahme bei vielen bekannten Mathematikern seiner Zeit. Bei *W. Killing* lesen wir: „Die überraschende Wahrnehmung, daß ein Lehrer am Gymnasium zu Braunsberg viele Jahre lang ganz in der Stille mit diesen abstrakten Untersuchungen sich beschäftigen, jeden Anlaß zur Publikation der einzelnen Fortschritte vermeiden und erst dann damit hervortreten konnte... als das Ganze zu einer Abrundung sich hinneigte, das erforderte die höchste Bewunderung, ja rief in der gesamten mathematischen Welt ein Erstaunen hervor, das in der Geschichte unserer Wissenschaft fast einzig dasteht." [2, S. 717] Das Ergebnis war auch rein äußerlich von einschneidender Bedeutung für *Weierstraß*. Die Universität im damaligen Königsberg verlieh ihm den Ehrendoktor, bald darauf wurde er zum Oberlehrer befördert und erhielt auf seinen Antrag hin für das Schuljahr 1855/56 Urlaub zur Fortsetzung seiner Forschungen in Berlin. Auf Betreiben von *A. von Humboldt* und *L. Crelle* wurde er, ohne nach Braunsberg zurückzukehren, 1856 zum Professor am Berliner Gewerbeinstitut ernannt. Kurze Zeit später wurde er nebenamtlich außerordentlicher Professor an der Berliner Universität und Mitglied der Berliner Akademie der Wissenschaften.

Die ersten Jahre in Berlin waren für *Weierstraß* äußerst fruchtbar, aber auch sehr anstrengend. Er hatte wöchentlich zwölf Stunden Vorlesung am Gewerbeinstitut zu halten, dazu kamen mehrere Vorlesungen an der Universität. Der Verkehr mit anderen Mathematikern regte ihn ungemein an und gab ihm zusätzliche Impulse zu neuen Arbeiten. So kam es bald zu einer Überreizung der Nerven und zu einem völligen Zusammenbruch. In einer Vorlesung im Jahre 1861 überfielen ihn heftige Gleichgewichtsstörungen, so daß er nur mit Mühe nach Hause gebracht werden konnte. Häufig traten dann wieder Schwindelanfälle auf, die ihn für lange Zeit arbeitsunfähig machten. Erst im Winter 1862 konnte er langsam wieder beginnen zu arbeiten, die

Schlacht bei Metz am 18. August 1870

Krankheit hat ihn aber nie wieder gänzlich verlassen. So konnte er keine Vorlesung mehr stehend an der Tafel halten, er mußte beim Vortrag sitzen. Ein Student mußte nach seinem Diktat an der Tafel schreiben. Im Jahre 1864 wurde für ihn ein neues Ordinariat an der Berliner Universität eingerichtet. Als ordentlicher Professor lebte er nun in Berlin bis zu seinem Tode, obwohl es verschiedene Versuche gab, ihn an andere Universitäten zu berufen. Damit hatte er endlich, fast 50 Jahre alt, den ihm angemessenen Platz erreicht.

Weierstraß arbeitete während dieser Zeit unermüdlich weiter. Seine Schwester — *Weierstraß* blieb unverheiratet und lebte in Berlin mit seinen beiden ebenfalls unverheirateten Schwestern zusammen — erzählte, daß er oft von früh bis spät ohne Erholungspause arbeitete. Selbst beim Essen sitze er da und schreibe mit dem Finger Formeln in die andere Handfläche. Trotzdem hat er in der folgenden Zeit nur wenige Abhandlungen veröffentlicht, die Ergebnisse seiner Arbeiten trug er meist in seinen Vorlesungen vor.

Durch die Fülle der neuen Ideen, die er hier bekanntmachte, zog er eine ständig wachsende Schar von Hörern an. Weil er so viel vortrug, was in keinem Lehrbuch stand und nur bei ihm gehört werden konnte, strömten immer mehr Studenten zu seinen Vorlesungen. Es war nicht selten, daß mehr als 200 Studenten seine Lehrveranstaltungen besuchten, eine für die damalige Zeit sehr große Zahl. Von vielen anderen Universitäten weiß man, daß im allgemeinen weniger als zehn Hörer an einer mathematischen Vorlesung teilnahmen.

So erreichte *Weierstraß* in den Berliner Jahren den Gipfelpunkt seiner Wirksamkeit. Er wurde der unbestrittene „Herrscher des ganzen Betriebes". [10, S. 207] Er stellte und beurteilte Preisaufgaben an der Akademie und in der Universität. Er nahm bestimmenden Einfluß auf die Zuwahlen von Mathematikern in die Berliner Akademie und auf die Besetzung aller mathematischen Lehrstühle in Preußen sowie vielfach auch in andern deutschen Ländern und im Ausland. Zahlreiche Ehrungen wurden ihm zuteil. Er wurde Dekan der philosophischen Fakultät und schließlich 1873/74 Rektor der Berliner Universität. Man ernannte ihn zum Mitglied zahlreicher Akademien des In- und Auslandes. Unter anderem erhielt er die Helmholtz-Medaille der Berliner Akade-

Porträt des alten Weierstraß

mie und die höchste Auszeichnung der Royal Society, die Copley-Medaille. Zu seinem 70. Geburtstag wurde eine Gedenkmünze zu seinen Ehren geprägt; zum 80. Geburtstag wurde sein Bildnis in der Nationalgalerie feierlich enthüllt.

Die Vorlesungen von *Weierstraß* wurden immer wieder wegen seiner Krankheit unterbrochen, oft mußte er sie vorzeitig beenden. Er suchte durch längere Ferienaufenthalte seine Gesundheit wieder zu festigen. Seine letzte Vorlesung hielt er im Wintersemester 1889/90. Die letzten Lebensjahre waren ganz von seiner Krankheit überschattet. Er war bald völlig an den Rollstuhl gefesselt und kaum noch zu längerer geistiger Arbeit fähig. Am 19. Februar 1897 beendete eine Lungenentzündung sein Leiden.

Weierstraß blieb trotz seiner großen Erfolge stets ein bescheidener Mensch. Das häufig vorkommende Streben der Professoren nach Titeln und Orden war ihm fremd. So lehnte er es ab, den Titel Geheimrat, der ihm verliehen werden sollte, anzunehmen. Philosophisch gesehen war er, wie ein Großteil der damaligen Mathematiker und Naturwissenschaftler, ein Anhänger *Kants*. Aus vielen seiner Briefe und Handlungen geht hervor, daß er keinerlei religiöse Vorurteile hatte und Phrasen jeder Art verabscheute. So hat er sich sehr scharf gegen einen ehemaligen Studienfreund gewandt, den er als „argen Frömmler und politischen Reaktionär" [10; S. 198] charakterisierte. Wenn er auch ein stark ausgeprägtes Nationalbewußtsein besaß, zeigte er doch nicht die nationalistischen Tendenzen, die besonders mit und nach dem Deutsch-Französischen Krieg von 1870/71 in Deutschland aufkamen. Charakteristisch ist seine Haltung im Revolutionsjahr 1848, das er noch als Lehrer in Deutsch-Krone erlebte. Er hatte nebenbei die Aufgabe, als Zensor für den unterhaltenden Teil des dortigen Lokalblattes zu fungieren. In dieser Eigenschaft war er maßgeblich beteiligt am Abdruck vieler Gedichte und Freiheitslieder von *G. Herwegh* und anderer Dichter. Diese Gedichte trugen in vielen Teilen Deutschlands zur Vorbereitung der Revolution bei. Sie wurden durch den Einfluß von *Weierstraß* auch in dem abgelegenen Teil des damaligen Westpreußens bekannt.

Es ist sehr schwer, die mathematische Leistung von *Weierstraß* in wenigen Worten zu würdigen. So erklärte *L. Kronecker* im Kreise seiner Schüler: „Manche Probleme der Mathematik sind uralt und jedermann verständlich... Das Problem aber, an dessen

Auszug
aus dem Sozialistengesetz
vom
21. Oktober 1878

Lösung Weierstraß seine Lebensarbeit setzte, ist von ihm größtenteils erst formuliert, daher weder allgemein bekannt, noch auch mit wenigen Worten auszusprechen." [12, S. 721] *Weierstraß* selbst hat anläßlich der akademischen Antrittsrede seine mathematischen Absichten so charakterisiert: „Ein verhältnismäßig noch junger Zweig der mathematischen Analysis, die Theorie der elliptischen Funktionen, hatte ... eine mächtige Anziehungskraft auf mich geübt, die auf den ganzen Gang meiner mathematischen Ausbildung von bestimmendem Einfluß geblieben ist." [1, Bd. 1, S. 223/224]

Die elliptischen Funktionen waren im wesentlichen von *N. H. Abel* und *C. G. J. Jacobi* entdeckt worden; beide hatten Eigenschaften solcher Funktionen untersucht. *C. F. Gauß* hatte sich zwar ebenfalls mit der Theorie der elliptischen Funktionen beschäftigt, jedoch seine Ergebnisse nicht veröffentlicht. Dabei ergab sich bald, daß es zur Charakterisierung dieser Funktionen notwendig war, nicht nur reelle, sondern beliebige komplexe Zahlen als Variable zuzulassen. Es wurde daher notwendig, die Theorie der Funktionen mit komplexen Veränderlichen, die Funktionentheorie, auszubauen.

In Erweiterung der ursprünglichen Fragestellung bei elliptischen Integralen versuchte *Abel* auch solche Integrale zu untersuchen, in deren Integranden eine Quadratwurzel aus einem Polynom höheren als 4. Grades vorkommt, das heißt, er betrachtete Integrale der Form

$$\int_a^x R(z, \sqrt{P(z)}) \, dz \quad \text{mit} \quad P(z) = a_n z^n + a_{n-1} z^{n-1} + \cdots + a_0, \quad n > 4$$

und $R(z, \sqrt{P(z)})$ eine rationale Funktion von z und $\sqrt{P(z)}$.

Solche Integrale nennt man hyperelliptische Integrale.

Abel stellte einige fundamentale Sätze über solche hyperelliptische Integrale auf, die für die weitere Entwicklung ihrer Theorie sehr wichtig waren. *Jacobi* fragte sich nun, ob zu diesen Integralen Umkehrfunktionen existieren.

Das ist eine ganz analoge Frage, wie sie bei den elliptischen Funktionen in einfacherer Form auftrat. Eine Lösung dieses Umkehrproblems war *Jacobi* nicht gelungen. Erst zehn Jahre später konnte sie für zwei spezielle Fälle fast gleichzeitig von den beiden deutschen Mathematikern *A. Göpel* und *G. Rosenhain* angegeben werden. Die von

Gösta Mittag-Leffler
(1846 bis 1927)

ihnen angewendete Methode war aber nicht verallgemeinerungsfähig. Inzwischen war das Problem noch erweitert worden durch die Forderung, die Umkehrfunktionen auch dann zu bestimmen, wenn im Integranden eine rationale Funktion der komplexen Veränderlichen z und w vorkommt, in der z als unabhängige, w als abhängige Variable betrachtet wird.

Solche Integrale nennt man Abelsche Integrale, ihre Umkehrfunktionen Abelsche Funktionen. *Weierstraß* sagte über diese Funktionen in seiner akademischen Antrittsrede nun weiter: „Diese Größen einer ganz neuen Art, für welche die Analysis noch kein Beispiel hatte, wirklich darzustellen und ihre Eigenschaften näher zu ergründen, ward von nun an eine der Hauptaufgaben der Mathematik, an der auch ich mich zu versuchen entschlossen war." [1, Bd. 1, S. 224] Im Jahre 1853 konnte er nun die allgemeine Lösung des Jacobischen Umkehrproblems bekanntgeben. Die allgemeine Theorie der Abelschen Integrale und der Abelschen Funktionen zu finden, die Theorie der elliptischen und der Abelschen Funktionen erschöpfend auszuarbeiten und damit diesem Gebiet der Analysis einen Abschluß zu geben, das wurde die Lebensaufgabe von *Weierstraß*. Neben ihm hat auch *B. Riemann* über den gleichen Problemkreis gearbeitet.

Zunächst vereinfachte *Weierstraß* die Theorie der elliptischen Funktionen ganz wesentlich durch Einführung neuer Funktionen. Im Sommer 1857 hatte er dann eine erste Bearbeitung der Theorie der Abelschen Funktionen fertiggestellt. Er zog aber die Arbeit, die sich bereits im Druck befand, wieder zurück, da zur gleichen Zeit eine Arbeit von *Riemann* zur gleichen Problematik erschienen war, die auf ganz anderen Grundlagen als seine Arbeit beruhte. Er wollte erst nachprüfen, ob seine Ergebnisse mit denen *Riemanns* übereinstimmten, und sagte dazu selbst: „Der Nachweis hierfür erforderte einige Untersuchungen hauptsächlich algebraischer Natur, deren Durchführung mir nicht ganz leicht wurde und viel Zeit in Anspruch nahm." [6, S. 54] Diese Untersuchungen und die dabei gewonnenen Erkenntnisse machten eine mehrmalige vollständige Umänderung der gesamten Theorie der Abelschen Funktionen notwendig. Mit einer zusammenfassenden Veröffentlichung hat *Weierstraß* immer wieder gezögert, weil er hoffte, alle Fragen, die sich bei Abelschen Funktionen ergaben, zu lösen. Nur wenn ihm das gelingen würde, würde er befriedigt feststellen können, daß seine Lebensaufgabe erfüllt war, ein ganzes Kapitel der Mathematik zu einem wirklichen Abschluß zu bringen. Erst im Sommer 1888, mit 73 Jahren, fand er während eines Ferienaufenthaltes im Harz den Schlüssel zur Lösung aller Probleme. Die Lösung war derart, daß die ganze Theorie von Grund auf umgestaltet werden mußte und so vereinfacht werden konnte, wie es *Weierstraß* selbst nicht zu hoffen gewagt hatte. Da seine Krankheit indessen immer weiter fortschritt, war er nicht mehr in der Lage, die neue Theorie in ihrem ganzen Umfang darzustellen, obwohl er große Anstrengungen dazu machte.

Um aber die gewaltige Arbeit zur Lösung dieser Probleme zu vollbringen, hatte sich *Weierstraß* zunächst sozusagen das Handwerkszeug zurechtlegen müssen. Er sagte dazu in seinem Akademievortrag: ,,Freilich wäre es thöricht gewesen, wenn ich an die Lösung eines solchen Problems auch nur hätte denken wollen, ohne mich durch ein gründliches Studium der vorhandenen Hilfsmittel und durch Beschäftigung mit minder schweren Aufgaben dazu vorbereitet zu haben." [1, Bd. 1, S. 224] Er kam bei seinen Arbeiten bald zu der Erkenntnis, daß die Grundlagen, auf denen sowohl die reelle als auch die komplexe Analysis aufbauten, sehr verbesserungsbedürftig waren. Es fehlten vielfach klare Begriffe, die Beweisführungen waren oft lückenhaft. In seinen Vorlesungen sagte er darüber: ,,Die Hauptschwierigkeiten der höheren Analysis haben nämlich ihren Grund gerade in einer unscharfen und nicht hinreichend umfassenden Darstellung der arithmetischen Grundbegriffe und Operationen." [9, S. 78] Deshalb mußte die gesamte Analysis neu durchdacht und auf feste Grundlagen gegründet werden. Er begann damit, die Zahlen nicht als gegeben vorauszusetzen, sondern konstruierte mit Hilfe von endlichen Summen und Reihen aus den natürlichen Zahlen erst die rationalen, dann die reellen Zahlen und gab damit einen exakten Aufbau der Zahlenbereiche. Der Begriff einer Funktion wurde durch ihn klar gefaßt, Stetigkeit und Differenzierbarkeit von Funktionen wurden genau untersucht, die strenge Beweisführung mit Hilfe der $\delta-\varepsilon$-Symbolik eingeführt. Alle diese Begriffe sind heute noch die Grundlage vieler Beweise der Analysis. *Weierstraß* zeigte an einem Beispiel, daß es Funktionen gibt, die zwar in einem ganzen Intervall stetig, aber an keiner Stelle

Hermann Amandus Schwarz
(1843 bis 1921)

dieses Intervalls differenzierbar sind. (Daß *B. Bolzano* lange vor *Weierstraß* ebenfalls eine solche Funktion konstruiert hatte, war damals unbekannt.) Damit trug *Weierstraß* wesentlich zur klaren Unterscheidung dieser Begriffe bei, denn lange Zeit wurde angenommen, daß jede stetige Funktion zumindest stückweise differenzierbar sein müsse. Auch den Begriff der gleichmäßigen Konvergenz, der zum Beweis vieler Gesetzmäßigkeiten der Analysis wichtig ist, verwendete er als erster konsequent in seinen Überlegungen. Viele Sätze aus allen Teilen der Analysis tragen seinen Namen, da er sie entdeckte oder als erster einen vollständigen und exakten Beweis dieser Sätze gab. Durch diese Überlegungen wurde *Weierstraß* zum hervorragendsten Begründer der Grundlagen der Analysis und einer exakten Beweisform ihrer Sätze. Man sprach oft geradezu von der ,,Weierstraßschen Strenge" eines Beweises.

Neben seinen Untersuchungen über reelle Funktionen mußte *Weierstraß* zur Lösung seiner Probleme Funktionen mit komplexen Veränderlichen studieren. Er wandte sich dabei gegen den sogenannten Cauchy-Riemannschen Aufbau der Funktionentheorie, weil dort geometrische Betrachtungen und die Integration der Funktionen zur Erklärung herangezogen werden; dies schien ihm für den systematischen Aufbau einer Theorie der Funktionen mit komplexen Veränderlichen eine unbefriedigende Methode zu sein. *Weierstraß* ging einen anderen Weg. An die Spitze seiner Überlegungen stellte er die Potenzreihe

$$\sum_{n=0}^{\infty} a_n (z - z_0)^n.$$

Konvergente Potenzreihen definieren dann Funktionen. Mit Hilfe solcher Potenzreihen gelang es ihm, die allgemeine Theorie der analytischen Funktionen einer komplexen Variablen weit auszubauen und viele neue Sätze zu finden und zu beweisen. Auf der gleichen Grundlage von Potenzreihen entwickelte er auch die Theorie der analytischen Funktionen mehrerer komplexer Variabler.

Grundlegend waren weiterhin seine Arbeiten und Vorlesungen über Variationsrechnung. Hier legte er mit scharfer Kritik die Schwächen der bisherigen Methoden bloß und behandelte in seiner Theorie Probleme der Variationsrechnung in Parameterform. In der Differentialgeometrie wandte er sich besonders der Theorie der Minimalflächen und den geodätischen Linien zu. Von fundamentaler Bedeutung für verschiedene Gebiete der Mathematik war auch der von ihm in die lineare Algebra eingeführte Begriff des Elementarteilers.

Wir sehen so *Weierstraß* auf verschiedenen Gebieten der Mathematik Bleibendes schaffen, allerdings fast ausschließlich auf Gebieten der reinen Mathematik. Mit Anwendungen der Mathematik beschäftigte er sich kaum. Seine Einstellung zu den Anwendungen war aber wesentlich positiver als die vieler seiner Fachkollegen in Deutschland. Anläßlich seiner akademischen Antrittsrede sagte er, er schätze die Mathematik deshalb so hoch, ,,weil durch sie allein ein wahrhaft befriedigendes Verständnis der Naturwissenschaften vermittelt wird." [1, Bd. 1 S. 225] Allerdings solle man nicht nur Dienste von einer Wissenschaft verlangen, sondern sich ihr in Liebe und Hingabe widmen.

Weierstraß hat an der Berliner Universität fast 25 Jahre lang Vorlesungen gehalten. Allmählich entwickelte sich dabei ein bestimmter Zyklus seiner Vorlesungen, in denen er fast ausschließlich Themen aus seinen Forschungsrichtungen behandelte. In diesem Zyklus baute *Weierstraß*, wie einer seiner Schüler sagte, ,,das ganze Gebäude der Mathematik lückenlos von unten auf, ohne etwas vorauszusetzen, was er nicht selbst bewiesen hatte". [10, S. 205] Ein anderer berichtete über *Weierstraß'* Vorlesungen: ,,Die Strenge in der Beweisführung und die Systematik der Anwendung, wie er sie verlangte, ließ ihn weniger geeignet erscheinen, um dem Anfänger das Eindringen in die höhere Mathematik zu erleichtern. Er verlangte Zuhörer, die bereits tüchtige Kenntnisse besaßen, die wußten, daß es ohne saure Arbeit auch dem Begabtesten nicht möglich ist, in die Tiefe der Wissenschaft einzudringen... Bei jedem, der *Weierstraß* hörte, mußte sich steter häuslicher Fleiß mit regelmäßigem Besuch der Vorlesung vereinigen." [2, S. 719]

Im Jahre 1864 gründete *Weierstraß* zusammen mit *E. E. Kummer* in Berlin nach Überwindung großer Widerstände durch die zuständigen Ministerien das erste rein mathematische Seminar an einer Universität. Dieses Seminar hatte den Zweck, begabte und fortgeschrittene Studenten weiter zu fördern. Zunächst wurden in diesem Seminar nur Aufgaben gelöst, bald aber wurde es immer mehr zu einer Einrichtung,

Georg Frobenius
(1849 bis 1917)

in der die Studenten die von ihnen gefundenen Forschungsergebnisse vortrugen und Kritik und neue Hinweise für ihre weitere Arbeit erhielten. Auch die Leiter der Seminare ergriffen oft selbst das Wort. *Weierstraß* hat hier noch mehr als in seinen Vorlesungen über seine neuesten Entdeckungen und Gedankengänge berichtet. Er vermittelte dabei den Studenten einen Einblick in seine geistige Werkstatt, getreu seiner eigenen Forderung, daß ein Dozent ,,auch einen tieferen Einblick in den Gang seiner eigenen Forschungen'' [10, S. 206] geben und auch seine Irrtümer und getäuschten Hoffnungen nicht verschweigen solle. Zu diesem Seminar drängten sich die talentiertesten Mathematiker aus vielen Ländern, darunter nicht wenige, die ihre Abschlußprüfungen längst gemacht hatten.

Neben dem Seminar stand *Weierstraß* seinen Studenten stets zu persönlichen Gesprächen zur Verfügung. Er war immer bereit, ihren Vorstellungen aufmerksam zuzuhören und Ratschläge für die weitere Arbeit zu geben. Die Fülle seiner Ideen, die er in den Vorlesungen und im Seminar austeilte, regte manchen seiner Hörer zu ganzen Abhandlungen an. Viele seiner bahnbrechenden Ergebnisse sind durch Arbeiten anderer bekannt geworden. Dabei fiel es ihm nie ein, seine Überlegungen als sein geistiges Eigentum zu betrachten. Einer seiner Schüler hat von ihm gesagt, *Weierstraß* freue sich über jeden Gedanken, der ihm gestohlen werde, wenn er denselben bei dem Entwender wiederfinde. Er konnte aber auch harte Kritik üben, wenn die Darstellung nicht seinen hohen Ansprüchen an Exaktheit entsprach.

Bei dieser fruchtbaren und ausstrahlenden Lehr- und Forschungstätigkeit von *Weierstraß* ist es nicht verwunderlich, daß fast alle bekannten deutschen Mathematiker der folgenden Generation bei *Weierstraß* Vorlesungen gehört haben. Zu seinen bekanntesten Schülern zählen *G. Cantor*, der Entdecker der Mengenlehre, *G. Mittag-Leffler* und *H. A. Schwarz*, die besonders die Forschungen von *Weierstraß* auf dem Gebiet der analytischen Funktionen weiterführten, *G. Frobenius*, der richtungsweisende Arbeiten zur Theorie der Gruppen verfaßte, und *L. Fuchs*, der wichtige Ergebnisse der Theorie der Differentialgleichungen im Komplexen fand. Auch *F. Klein*, der Verfasser des ,,Erlanger Programms'', hat am Weierstraßschen Seminar teilgenommen und wurde für einen Vortrag mit einem Preis ausgezeichnet.

Ein besonders enges Verhältnis hatte *Weierstraß* zu der russischen Mathematikerin *S. Kowalewskaja.* Als sie als Studentin nach Deutschland kam, erkannte *Weierstraß* ihre Begabung für Mathematik. Da ihr als Frau damals die Erlaubnis zum Studium an der Berliner Universität nicht erteilt wurde, gab er ihr Privatunterricht, der bald in enge Freundschaft und wissenschaftliche Zusammenarbeit überging. Er erreichte, daß sie in Göttingen in Abwesenheit promovieren konnte. Sehr schwer hat es ihn getroffen, daß man später *S. Kowalewskaja* unterstellte, sie habe nur die Ideen ihres Lehrers ausgearbeitet. Mit Erbitterung mußte *Weierstraß* sogar feststellen, ,,daß sein Verhältnis zu Sonja (Kowalewskaja) mißdeutet wurde, daß seine Protektion als eine ‚Schwäche des großen Mannes' und ihre Begabung als ‚eitel Humbug' hingestellt wurden". [10, S. 209] Doch hat er es mit großer Freude erlebt, daß *S. Kowalewskaja* im Jahre 1884 als erste Frau eine mathematische Professur an der Universität Stockholm erhielt; aber er mußte auch 1891 ihren frühen Tod betrauern.

In den achtziger Jahren entstanden zwischen *Weierstraß* und einigen seiner Kollegen schwerwiegende fachliche Meinungsverschiedenheiten. Wortführer der gegen die Grundlagen der Analysis gerichteten Angriffe war *L. Kronecker,* mit dem ihn seit zwanzig Jahren eine enge Freundschaft verbunden hatte. Es kam zu offenen und versteckten Anfeindungen nicht nur im Rahmen der Universität, sondern auch in der weiteren Öffentlichkeit. Diese Angriffe erschütterten *Weierstraß* ebenfalls sehr. Gegen Ende seines Lebens erfaßte ihn die Furcht, nach seinem Tode könne alles, wofür er mit größter Anspannung sein ganzes Leben lang gearbeitet hatte, in Vergessenheit geraten. Die leitenden Grundzüge seiner Methoden waren unpubliziert, seine Theorien meist nur durch die Vorlesungen bekannt. Aus diesem Grunde entschloß er sich, noch zu seinen Lebzeiten seine ,,Gesammelten Werke" herauszugeben. Jedoch auch hier setzte ihm bald seine Krankheit unüberwindbare Grenzen. Die von ihm selbst mit der weiteren Herausgabe der Werke betrauten Mathematiker erwiesen sich zum Teil dieser Aufgabe nicht gewachsen. Es fehlte den Darlegungen oft die Klarheit, in der *Weierstraß* die Probleme durchdacht hatte. Dazu kam, daß große Teile der Theorien nur in Form von Vorlesungsnachschriften vorhanden waren, die naturgemäß nicht die Strenge des Meisters erreichten. So verzögerte sich die Herausgabe der einzelnen

Lazarus Fuchs
(1833 bis 1902)

Bände sehr; im Jahre 1927 wurde der 7. Band herausgegeben. Obwohl noch weitere Bände geplant waren, ist bis heute kein weiterer Band erschienen. So ist die Kenntnis über das ganze Ausmaß der Entdeckungen und Bestrebungen von *Weierstraß* unvollständig geblieben.

Heute gilt uns *Weierstraß* als einer der bedeutendsten Mathematiker des vergangenen Jahrhunderts. Dabei würdigen wir seine Arbeiten über elliptische und Abelsche Funktionen, aber weit bedeutungsvoller ist uns heute das Gerüst, das er errichtete, um zu Ergebnissen über diese Funktionen zu kommen, sein strenger, exakter Aufbau der Analysis und seine Entdeckungen in der Theorie der reellen und komplexen Funktionen.

Lebensdaten zu Karl Weierstraß

1815	31. Oktober, *K. Weierstraß* in Ostenfelde (Westfalen) geboren
1829	Eintritt ins Gymnasium in Paderborn
1834	Ablegung des Abiturs
1834 bis 1838	Studium der Kameralistik in Bonn
1839 bis 1840	Studium der Mathematik an der Akademie Münster, Ablegung des Staatsexamens als Lehrer
1842 bis 1848	Lehrer am Progymnasium in Deutsch-Krone (Wałcz)
1848 bis 1855	Lehrer am Gymnasium in Braunsberg (Braniewo)
1854	Erscheinen der Arbeit von *Weierstraß* über Abelsche Funktionen im „Journal für die reine und angewandte Mathematik", daraufhin Verleihung des Doktortitels durch die Universität Königsberg (heute Kaliningrad)
1856	Berufung als Professor an das Gewerbeinstitut Berlin
1857	Nebenamtlich außerordentlicher Professor an der Universität Berlin
1864	Ordentlicher Professor an der Universität Berlin
1873/74	Rektor der Universität Berlin
1890	Beendigung der Vorlesungstätigkeit an der Universität
1897	19. Februar, *K. Weierstraß* in Berlin gestorben

Literaturverzeichnis zu Karl Weierstraß

[1] *Weierstraß, Karl:* Mathematische Werke, Band I bis VII. Berlin 1894 bis 1927.
[2] *Killing, W.:* Karl Weierstraß. In: Natur und Offenbarung, 43(1897), S. 705 bis 725.
[3] *Lampe, E.:* Karl Weierstraß. In: Jahresbericht der DMV, Band 6 (1899), S. 27 bis 44.
[4] *Kratzer, A.:* Zur Geschichte des Umkehrproblems der Integrale. In: Jahresbericht der DMV, Band 18 (1909), S. 44 bis 75.
[5] *Lorey, W.:* Das Studium der Mathematik an den deutschen Universitäten seit Anfang des 19. Jahrhunderts, IMUK-Abhandlungen, Band 3, Heft 9, Leipzig 1916.
[6] *Mittag-Leffler, G.:* Die ersten 40 Jahre des Lebens von Weierstraß. In: Acta Mathematica, Band 39 (1923), S. 1 bis 57.
[7] *Mittag-Leffler, G.:* Weierstraß et Sonja Kowalewsky. In: Acta Mathematica, Band 39 (1923), S. 133 bis 198.
[8] *Weierstraß, K.:* Briefe an Paul Du Bois-Reymond. In: Acta Mathematica, Band 39 (1923), S. 199 bis 225..
[9] Festschrift zur Gedächtnisfeier für Karl Weierstraß. Herausgegeben von H. Behnke und K. Kopfermann, Köln und Opladen, 1966.
[10] *Biermann, K.-R.:* Karl Weierstraß, Ausgewählte Aspekte seiner Biographie. In: Journal für die reine und angewandte Mathematik, Band 223 (1966), S. 191 bis 220.

Pafnuti Lwowitsch Tschebyschew (1821 bis 1894)

Während in der ersten Hälfte des 19. Jahrhunderts die Entwicklung der Mathematik in Rußland von den fundamentalen geometrischen Entdeckungen *N. I. Lobatschewski*s und denen von *M. W. Ostrogradski* zur mathematischen Physik und der Variations- und Integralrechnung bestimmt wurde und damit nur relativ schmale Problemkreise erfaßte, änderte sich diese Situation in der zweiten Hälfte des Jahrhunderts, wobei die auch in Rußland voranschreitende wirtschaftliche Entwicklung und die beginnende Industrialisierung fördernd wirkten.

Nach dem Krimkrieg von 1853 bis 1856, der die Rückständigkeit des zaristischen Systems offenbart hatte, setzte eine breite Volksbewegung ein, die den Zarismus

Pafnuti Lwowitsch Tschebyschew

zwang, eine Reihe von Reformen durchzuführen. Die Aufhebung der Leibeigenschaft der Bauern erfolgte 1861. Weitere Reformen, unter anderem im Gerichts-, Finanz- und Schulwesen, schlossen sich in den sechziger und siebziger Jahren an. Große industrielle Zentren mit ausgedehnten Fabrikanlagen und Laboratorien entstanden; das Eisenbahnnetz wurde ausgebaut, und auch entfernte Gebiete wie der Pamir und Mittelasien wurden in die wirtschaftliche Entwicklung einbezogen. Freilich bremsten der Mangel an eigenem und die Abhängigkeit von ausländischem Kapital sowie die Trägheit des zaristischen Staatsapparates den technischen Fortschritt nicht unerheblich.

P. L. Tschebyschew stammte aus adliger Familie und wurde am 4. (16.) Mai 1821 in dem Dorf Okatovo im Kreis Boronsk des Gouvernements Kaluga geboren.
Als Kind soll *Tschebyschew* großes Vergnügen am Erfinden mechanischen Spielzeugs gezeigt haben. Den ersten Unterricht erteilten seine Mutter in Lesen und Schreiben und seine Cousine in Arithmetik und Französisch. Im Jahre 1832 verzog die Familie *Tschebyschew* nach Moskau, um ihren Söhnen die Vorbereitung auf das Studium und den Besuch der Universität zu erleichtern. Mit 16 Jahren ließ sich *P. L. Tschebyschew* an der physikalisch-mathematischen Fakultät der Moskauer Universität immatrikulieren und schloß das Studium 1841 mit einer Arbeit über die numerische Auflösung algebraischer Gleichungen höheren Grades ab, die mit einer Medaille prämiiert wurde. Die Universitätsjahre waren von großem Einfluß auf *Tschebyschew,* da er nicht nur solide Kenntnisse erwarb, sondern gleichzeitig von hervorragenden Lehrern wie *N. D. Braschman* und *O. I. Somow* wichtige Impulse und Anregungen für seine eigene Arbeit erhielt. 1846 verteidigte er seine Magisterdissertation zum Thema ,,Versuch einer elementaren Darstellung der Wahrscheinlichkeitstheorie". Bereits ein Jahr später erwarb er die Venia Legendi mit einer ersten Arbeit über die Integration mit Hilfe von Logarithmen an der Universität in St. Petersburg, die nunmehr für viele Jahre seine Wirkungsstätte bleiben sollte. Noch im gleichen Jahr erhielt er eine Dozentur für Algebra und Zahlentheorie. Nach Erwerb des Doktorgrades (Habilitation) mit einer Dissertation über die Theorie der Kongruenzen wurde *Tschebyschew* 1850 Professor an der Petersburger Universität.

Kreml in Moskau

Bereits diese Arbeiten, die zum Teil im Journal von *Liouville* und in *Crelle*s Journal erschienen, reihten *Tschebyschew* unter die ersten Mathematiker Europas ein. Im Jahre 1856 wurde er außerordentliches und 1859 ordentliches Mitglied der Petersburger Akademie der Wissenschaften, an der er sich nach Verlassen der Universität im Jahre 1882 völlig seinen wissenschaftlichen Arbeiten widmete.

Zahlreiche Reisen ins Ausland und rege Teilnahme an Kongressen brachten *Tschebyschew* die Bekanntschaft und Freundschaft bedeutender Fachkollegen, wie *Ch. Hermite, J. Bertrand, L. Kronecker, E. Ch. Catalan* und andere, ein. Während einer Auslandsreise 1852 besuchte *Tschebyschew* zur Vertiefung seiner Kenntnisse in angewandter Mechanik, über die er damals Vorlesungen zu halten hatte, das Conservatoire des Arts et Métiers in Paris, eine Reihe von Industriezentren, die Berg- und Hüttenwerke in Lothringen, die Papierfabriken von Angouléme mit ihren Turbinen, Windmühlen von Lille sowie Waffenfabriken in Châtellerault, Besonders interessierten ihn im Zusammenhang mit seinen Untersuchungen zur Theorie der Wattschen Parallelogramme die von *Watt* selbst gebaute Maschinen, die er in England besichtigen konnte. Die Sommermonate verbrachte er ebenfalls häufig im Ausland; besonders gern besuchte er Paris. In St. Petersburg führte er − unverheiratet − ein ganz der Wissenschaft gewidmetes Leben, aus dem ihn am 26. November (8. Dezember) 1894 unvermutet der Tod riß.

Seine wissenschaftlichen Leistungen wurden bereits zu Lebzeiten in und außerhalb Rußlands voll anerkannt; 1871 wurde er Mitglied der Berliner Akademie, 1873 der Akademie zu Bologna, ein Jahr später Mitglied der Royal Society und nach 1893 Mitglied der Schwedischen Akademie der Wissenschaften. Ferner war er wissenschaftlicher Mitarbeiter verschiedener Kommissionen bei mehreren russischen Ministerien.

Eine bedeutende Rolle spielte *Tschebyschew* als Begründer der Petersburger mathematischen Schule.

Schon in der ersten Hälfte des 19. Jahrhunderts stieg im Gefolge der technischen und industriellen Revolution, die in Rußland in den dreißiger Jahren eingesetzt hatte, das Bedürfnis an wissenschaftlich ausgebildeten Fachleuten. In diesem Zusammenhang

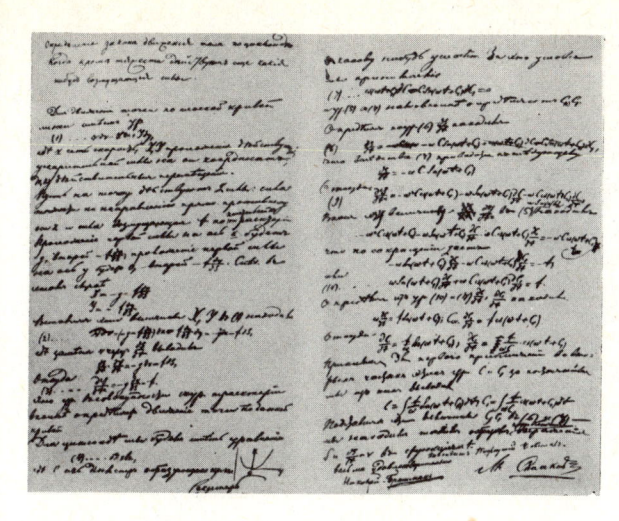

Zwei Seiten aus der Arbeit zum Magister-Examen von Tschebyschew

verlagerte sich der Schwerpunkt des wissenschaftlichen Lebens im Laufe des Jahrhunderts von der Akademie an die Universität und andere höhere Bildungseinrichtungen, die an Zahl rasch zunahmen. In St. Petersburg hatten *M. W. Ostrogradski* und *W. J. Bunjakowski* mit ihrer Tätigkeit günstige Voraussetzungen für die Entstehung einer mathematischen Schule geschaffen. Doch der geistige Vater jener bedeutenden Gelehrten, die in der zweiten Hälfte des 19. Jahrhunderts die Petersburger Universität verließen, war ohne Zweifel *Tschebyschew*. Somit erwies sich seine pädagogische und wissenschaftliche Tätigkeit von großem Einfluß auf die Entwicklung der Mathematik in Rußland.

In seine mitreißend und spannend vorgetragenen Vorlesungen flocht er nicht selten historische Bemerkungen zu diesem oder jenem mathematischen Problem ein. *Tschebyschew* half den Studenten mit wertvollen Ratschlägen über manche Schwierigkeiten hinweg, stellte ihnen Aufgaben für das Selbststudium, die wichtige und interessante Lösungen versprachen, und beurteilte studentische Wettbewerbsarbeiten und Dissertationen. Einmal in der Woche empfing er in seinem Haus alle jene Studenten und jungen Wissenschaftler, die einen Rat in mathematischen Fragen suchten. *Tschebyschew* besaß die seltene Fähigkeit, jungen Menschen verlockende und an Varianten reiche Aufgaben aufzuzeigen, die diese für ihr Studium und die Mathematik immer aufs Neue begeisterten. Einige seiner bedeutendsten Schüler, die z. T. auch sein wissenschaftliches Erbe mit der Weiterführung seiner Ideen antraten, waren *A. N. Korkin, E. I. Solotarew, A. A. Markow, A. M. Ljapunow, I. L. Ptaschizki, I. I. Iwanow, A. W. Wassiljew* und viele andere.

Die produktive wissenschaftliche Tätigkeit *P. L. Tschebyschews* begann Ende der vierziger Jahre und spiegelte in der Folgezeit den Umfang und die interessante Vielfalt in der mathematischen Forschung Rußlands der zweiten Hälfte des 19. Jahrhunderts wider. Seine Forschungstätigkeit reichte von zahlentheoretischen Untersuchungen bis zu ballistischen Aufgaben und konzentrierte sich wesentlich auf folgende vier Gebiete: Zahlentheorie, Wahrscheinlichkeitsrechnung, Theorie der Näherungen im Zusammenhang mit der Theorie der Polynome und Integrationstheorie.

Unabhängig vom speziellen Forschungsgegenstand war für *Tschebyschews* wissen-

Blick in einen Maschinensaal (Ende des 19. Jh.)

schaftliche Arbeiten ein spontan-materialistisches Herangehen ebenso charakteristisch wie seine Art, aus praktischen oder sogar technischen Problemstellungen tiefgehende mathematische Theorien zu entwickeln. In diesem Sinne bilden in *Tschebyschew*s Arbeiten Theorie und Praxis eine Einheit. Gleichzeitig bemühte er sich um Einfachheit des benutzten mathematischen Apparates, wobei er Funktionen mit reellen Variablen und insbesondere Methoden der Algebra (Kettenbrüche) bevorzugte. Man hat *Tschebyschew* in gewisser Weise als Nachfolger *Leonhard Euler*s bezeichnet. Beide Mathematiker waren in ihrer wissenschaftlichen Tätigkeit äußerst vielseitig, beide verstanden theoretische und angewandte Fragen in enger Wechselwirkung miteinander zu bearbeiten, beide suchten stets Lösungen zu finden, die für die Praxis möglichst effektiv und zweckmäßig sind. Nicht zuletzt gibt es eine Reihe inhaltlicher Problemstellungen, bei denen *Tschebyschew* unmittelbar an *Euler* anknüpfte. Zeitlich stehen *Tschebyschew*s Arbeiten zur Zahlentheorie am Anfang seiner wissenschaftlichen Laufbahn. Die Grundlagen der modernen Zahlentheorie waren bekanntlich von *L. Euler* geschaffen worden, der von der Untersuchung spezieller Probleme zu einem allgemeinen Aufbau der Zahlentheorie gelangte. Nach *Euler* fanden *J. L. Lagrange* und insbesondere *C. F. Gauß* wichtige Erkenntnisse, die wesentlich die Theorie der quadratischen Formen und der Kongruenzen betreffen.

Eines der zentralen zahlentheoretischen Probleme war seit der Antike das Studium der Primzahlverteilung. Schon *Euklid* hatte in den ,,Elementen'' bewiesen, daß es unendlich viele Primzahlen gibt. Einen grundlegend neuen Beweis fand *Euler* aus der Identität

$$\prod_{\text{über alle Primzahlen}}^{\infty} \frac{1}{1+\frac{1}{p^s}} = \sum_{n=1}^{\infty} \frac{1}{n^s} = \zeta(s),$$

wobei n natürliche Zahlen und p Primzahlen bedeuten.

Da die Summe $\sum_{n=1}^{\infty} \frac{1}{n^s}$ für $s \to 1$ mit $s > 1$ unbegrenzt wächst, folgt, daß das Produkt eine unendlich große Anzahl von Faktoren hat. Die Funktion $\zeta(s)$ war im 19. Jahr-

Erste und letzte Seite eines Briefes an Sophia Wassiljewna Kowalewskaja

hundert eines der wichtigsten Hilfsmittel bei zahlentheoretischen Untersuchungen. Das Interesse *Tschebyschew*s an der Zahlentheorie hatte Akademiemitglied *Bunjakowski* zu wecken gewußt, als er den jungen Mathematiker für die Abfassung von Erläuterungen und zur Herausgabe der Eulerschen zahlentheoretischen Arbeiten heranzog. *Tschebyschew* knüpfte bei seinen eigenen Forschungen an zahlentheoretische Arbeiten von *A. M. Legendre* an, der auf Grund empirischer Überlegungen zu dem Schluß gekommen war, daß die Zahl der Primzahlen im Intervall $\langle 2, x \rangle$ näherungsweise durch die Formel

$$\pi(x) = \frac{x}{\ln x - 1{,}08366}$$

ausgedrückt werden kann. *Tschebyschew* zeigte durch das Studium der Eigenschaften der Zetafunktion $\zeta(s)$, daß sich die Funktion $\pi(x)$ näherungsweise verhält wie $\int_2^\infty \frac{dx}{\ln x}$, wenn $\pi(x)$ die Zahl der Primzahlen angibt, die eine Zahl x nicht übertreffen.

In einer späteren Arbeit gelang *Tschebyschew* ein strenger Beweis des Satzes von *Bertrand*, nachdem zwischen den Zahlen n und $2n - 2$ mit $n > 3$ stets mindestens eine Primzahl liegt. Andere Probleme bestanden in Konvergenzuntersuchungen von Reihen, deren Glieder Funktionen von Primzahlen sind, in der Behandlung interessanter Sätze aus der Theorie der quadratischen Formen. Die Tschebyschewschen Gedankengänge wurden in der Folgezeit von namhaften Mathematikern ganz Europas aufgegriffen und weiterentwickelt.

Von großer Bedeutung waren die Arbeiten *Tschebyschew*s und seiner Schüler auf dem Gebiet der Wahrscheinlichkeitsrechnung. Diese Theorie entsprang im 17. Jahrhundert glücksspieltheoretischen Untersuchungen und stand zunächst am Rande des mathematischen Interesses. Im Laufe des 18. Jahrhunderts wurde die Wahrscheinlichkeitsrechnung um viele Einzelerkenntnisse bereichert. *P. S. Laplace* hatte zu Anfang des 19. Jahrhunderts in seinem „Traité analytique des probabilités" der Wahrscheinlichkeitsrechnung eine zusammenfassende Darstellung gegeben. Die erste russische Monographie der Wahrscheinlichkeitsrechnung (1847) ist *Bunjakowski* zu

Michail Wassiljewitsch Ostrogradski
(1801 bis 1862)

danken, der sich unter anderem das Ziel stellte, die Beweise vieler bereits bekannter Sätze der Wahrscheinlichkeitsrechnung zu vereinfachen und vor allem eine geeignete Terminologie wahrscheinlichkeitstheoretischer Begriffe in der russischen Sprache zu entwickeln.

Tschebyschew stand mit seinen wahrscheinlichkeitstheoretischen Arbeiten zusammen mit *Bunjakowski* am Anfang der russischen Schule der Wahrscheinlichkeitsrechnung. Auf diesem Gebiet veröffentlichte *Tschebyschew* insgesamt vier Arbeiten, deren Einfluß auf die weitere Entwicklung dieser Disziplin der mathematischen Wissenschaften sehr groß war.

Schon in seiner Magisterdissertation hatte er zu den grundlegenden Problemen der Wahrscheinlichkeitsrechnung Stellung genommen und sich dabei das Ziel gestellt, die Wahrscheinlichkeitsrechnung so aufzubauen, daß nur in sehr geringem Maße von analytischen Methoden Gebrauch gemacht wird. Zu diesem Zweck ersetzte er den Grenzübergang durch ein System von Ungleichungen.

In der Folgezeit traten dann wahrscheinlichkeitstheoretische Probleme in den Hintergrund, doch wandte er sich Untersuchungen zu, die ihm für spätere wahrscheinlichkeitstheoretische Arbeiten gleichzeitig die mathematischen Hilfsmittel lieferten, zum Beispiel der Theorie der Kettenbrüche, der Zerlegung einer Funktion in Reihen nach orthogonalen Polynomen und der Momentenmethode.

Das Interesse *Tschebyschew*s an wahrscheinlichkeitstheoretischen Fragen erwachte aufs neue, als er 1860 als Nachfolger *Bunjakowski*s die Vorlesungen auf diesem Gebiet an der Petersburger Universität begann. Seine Untersuchungen der damals zwar bereits benutzten, doch in ihrer Bedeutung nicht voll erkannten Begriffe einer Zufallsgröße und der mathematischen Erwartung einer Zufallsgröße erwiesen sich für die spätere Entwicklung der Wahrscheinlichkeitsrechnung als sehr wichtig.

Eine größere Gruppe von Arbeiten hat *Tschebyschew* der Approximationstheorie gewidmet; mit Recht gilt er als einer der Begründer des von *S. N. Bernschtein* „konstruktive Funktionstheorie" genannten Zweiges der Analysis, die sich mit der angenäherten Darstellung beliebiger Funktionen durch einfachste analytische Mittel, wie algebraische oder trigonometrische Polynome, beschäftigt. Diese Arbeiten verdanken

Alexander Michailowitsch Ljapunow
(1857 bis 1918)

ihre Entstehung unmittelbar praktischer Anregung, wie folgendes Beispiel zeigen soll. Im Maschinenbau spielen unter den verschiedenen Gelenkmechanismen die sogenannten Wattschen Parallelogramme eine besondere Rolle. Sie dienen der Verwandlung einer rotierenden Bewegung einer Kugel in geradlinige Bewegungen eines Kolbens und umgekehrt. Da aber keine völlige Geradlinigkeit der Kolbenbewegungen zu erreichen ist, treten seitliche Drücke auf, für die sich *Tschebyschew* interessierte. Mathematisch verifiziert, stellte er das Problem so:
Unter allen Polynomen vorgegebenen Grades ist dasjenige P(x) aufzufinden, dessen größte Abweichung von einer vorgegebenen stetigen Funktion f(x) in einem vorgegebenen Intervall $a \leq x \leq b$ möglichst klein wird, das heißt,

$$\max_{a \leq x \leq b} |f(x) - P(x)| = R(x)$$

soll so klein wie möglich werden. Über die Integration einer Differentialgleichung erhielt er für den Fall $f(x) = x^{n+1}$

$$P(x) = x^{n+1} - \frac{1}{2^n} T_{n+1}(x) \quad \text{mit}$$

$$T_{n+1}(x) = \frac{1}{2}[(x + \sqrt{x^2 - 1})^{n+1} + (x - \sqrt{x^2 - 1})^{n+1}].$$

Ein weiteres wichtiges Ergebnis bestand im Auffinden eines Polynoms n-ten Grades mit vorgegebenem Koeffizienten a_0 für x^n, das sich im Intervall $\langle -1, +1 \rangle$ nur beliebig wenig von Null unterscheidet:

$$P(x) = \frac{a_0}{2^{n-1}} T(x).$$

Diese Polynome tragen *Tschebyschews* Namen.
Die Bestimmung des Näherungswertes einer Funktion in der oben skizzierten Problematik war gleichzeitig ein Ausgangspunkt für *Tschebyschews* Untersuchungen auf dem Gebiet der Integralrechnung, wobei er vor allem an die Arbeiten von N. H. Abel anknüpfte. Beispielsweise gelang es *Tschebyschew*, Methoden anzugeben, die unter bestimmten Bedingungen alle algebraischen und logarithmischen Glieder des Integrals

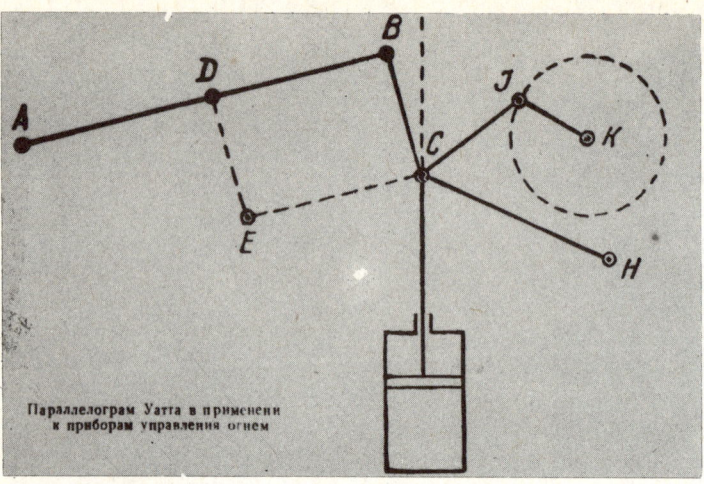

Skizze des Wattschen Parallelogramms

Параллелограм Уатта в применении к приборам управления огнем

$$\int \frac{f(x)\,dx}{F(x)\sqrt[m]{\vartheta(x)}}$$

aufzufinden gestatten [$f(x)$, $F(x)$, $\vartheta(x)$ ganze rationale Funktionen, $m > 0$ ganz]. Später zeigte er, daß unter den bereits bekannten analytischen Bedingungen die logarithmischen Bestandteile auch für den Fall auffindbar sind, daß das Integral die Quadratwurzel aus einem Polynom dritten oder vierten Grades enthält.

Im Anschluß an *Newton*, den Zahlentheoretiker *Goldbach* und *Euler* gelangte er mit der Frage nach den Bedingungen der Integrierbarkeit des Ausdruckes $x^m(a + bx^n)^p$ zu der Feststellung, daß das Integral $\int x^m(a + bx^n)^p dx$ mit rationellen m, n und p durch eine transzendente Funktion dargestellt wird und nicht mit Hilfe von elementaren Funktionen ausgedrückt werden kann.

Auch für die Integration elliptischer Integrale erwarb sich *Tschebyschew* bleibende Verdienste. So untersuchte er zum Beispiel

$$\int \frac{(x + A)\,dx}{\sqrt{x^4 + \alpha x^3 + \beta x^2 + \gamma x + \delta}}$$

für den Fall, daß α, β, γ, δ rational sind, durch Entwicklung einer über *Abel* hinausgehenden Theorie. *Abel* hatte bei diesem Problem auf die Theorie der Kettenbrüche zurückgegriffen, die *Tschebyschew* seinerseits zu interessanten Forschungen und zur Anwendung auf ballistische Aufgaben anregte, die ihm das wissenschaftliche Komitee der Verwaltung der russischen Artillerie stellte.

Eine Reihe von Arbeiten widmete *Tschebyschew* der Interpolationstheorie, die ebenfalls eng mit Fragen der Anwendung zusammenhängen. Ferner leistete er interessante Beiträge zur Anwendung der Mathematik in der Astronomie.

Für die geographisch-kartographische Erforschung des großen Rußland erarbeitete er im Anschluß an *Euler*, der die Koeffizienten einer konischen Projektion so bestimmte, daß sich eine Ellipse nur sehr wenig von einem Kreis unterscheidet, Methoden zur Konstruktion geographischer Karten. Es gelang ihm, unter allen Projektionen, „die die Ähnlichkeit der unendlich kleinen Elemente bewahren", diejenigen auszuwählen, für die sich die Änderung des Vergrößerungsverhältnisses in der

Tschebyschew
in späteren Jahren

ganzen Karte auf ein Minimum reduziert. Angeregt durch Mängel an einer angeblich selbsttätig arbeitenden Rechenmaschine für die Addition und Subtraktion von Zahlen stellte *Tschebyschew* 1878 ein eigenes Modell einer Rechenmaschine vor. *Tschebyschew* hat im ausgewogenen Wechselverhältnis von Grundlagenuntersuchungen und deren Anwendungen Großes geleistet. Sein Lebenswerk umfaßt eine Vielzahl tiefgreifender theoretischer Ergebnisse verschiedenster mathematischer Teilgebiete, die solche für die Praxis wichtigen Anliegen wie die näherungsweise Darstellung bestimmter Funktionen einschließen.

Lebensdaten zu Pafnuti Lwowitsch Tschebyschew

1821	4. (16.) Mai, *P. L. Tschebyschew* geboren
1832	Übersiedlung der Familie *Tschebyschew* nach Moskau
1837	Studienbeginn an der Universität Moskau
1841	Studienabschluß mit einer ersten wissenschaftlichen Arbeit
1846	Verteidigung der Magisterdissertation
1847	Übersiedlung nach St. Petersburg, Habilitation, Ernennung zum Dozenten
1850	Professor an der Petersburger Universität
1853 bis 1856	Krimkrieg, das zaristische Rußland unterliegt Großbritannien, Frankreich, der Türkei und Sardinien.
1856	Außerordentliches Mitglied der Petersburger Akademie der Wissenschaften
1859	Ordentliches Mitglied der Petersburger Akademie
1861	Aufhebung der Leibeigenschaft in Rußland
1871	Mitglied der Akademie der Wissenschaften zu Berlin
1873	Mitglied der Akademie der Wissenschaften zu Bologna
1874	Mitglied der Pariser Akademie
1877	Mitglied der Royal Society
1893	Mitglied der Schwedischen Akademie der Wissenschaften
1894	26. November (8. Dezember), Todestag von *P. L. Tschebyschew*

Literaturverzeichnis zu Pafnuti Lwowitsch Tschebyschew

[1] *Tschebyschew, Pafnuti Lwowitsch:* Œuvres de P. L. Tschebyschef (Französisch). Ed. A. Markoff und N. Sonin, St. Petersburg 1899 bis 1907, 2 Bände. Nachdruck Bronx/N. Y. 1962.
[2] *Tschebyschew, P. L.:* Polnoe Sobranie Sotschinenij, 5. Bd. Moskau-Leningrad 1944 bis 1951 (russ.).
[3] *Wassilief, A./N. Delaunay:* P. L. Tschebyschef. Leipzig 1900.
[4] *Prudnikow, B. E.:* P. L. Tschebyschew als Gelehrter und Lehrer. Moskau 1951 (russ.).
[5] Istorija estestvoznanija v Rossii. Moskau 1960, Band 2, S. 57 bis 70, 87 bis 94, 106 bis 113.
[6] *Gnedenko, B. W.:* Pafnuti Lwowitsch Tschebyschew. In: Ljudi russkoj nauki, Moskau 1961, S. 129 bis 140.
[7] *Kiro, S. N.:* Twortschestwo P. L. Tschebyschew. In: Istorija otetschestwennoj Matematiki, Band 2, Kiew 1967, Kapitel 5, S. 184 bis 238.
[8] *Juschkewitsch, A. P.:* Geschichte der Mathematik in Rußland. Moskau 1968 (russ.).

Leopold Kronecker (1823 bis 1891)

Jeder Mathematikstudent lernt schon zu Anfang seines Studiums über das bekannte Symbol δ_{ik} den Namen *Leopold Kronecker* kennen. Seine eigentlichen Leistungen sind jedoch relativ wenig bekannt.

Leopold Kronecker wurde am 7. 12. 1823 in der kleinen Stadt Liegnitz (heute Legnica, Volksrepublik Polen) geboren. Der Vater, Kaufmann in Liegnitz, war ein gebildeter Mann. Er sorgte für eine gute Erziehung und Ausbildung seines Sohnes. Zunächst wurde der junge *Kronecker* von einem Hauslehrer unterrichtet, ging dann in eine Vorschule und bezog schließlich das städtische Gymnasium zu Liegnitz. In allen Fächern zeigte er Fleiß und Begabung, sein besonderes Interesse aber galt der Mathematik. Am Liegnitzer Gymnasium unterrichtete damals *E. E. Kummer*, der spätere hervorragende Mathematiker und Kollege *Kronecker*s in Berlin. *Kummer* war dem Gymnasiasten *Kronecker* ein verständnisvoller Lehrer und väterlicher Freund. Wie

Leopold Kronecker

hoch *Kronecker* später diese frühe Förderung einschätzte, geht aus der Vorrede hervor, die seine dem alten Freunde *Kummer* zu dessen 50jährigem Doktorjubiläum (1881) gewidmete Festschrift einleitet: „..., ich verdanke Dir in der Wissenschaft, der Du mich früh zugewendet, wie in der Freundschaft, die Du mir früh entgegengebracht hast, einen wesentlichen Theil des Glückes meines Lebens." [1, Band 2, S. 241] *Kummer* seinerseits nahm nicht nur im Unterricht Einfluß auf seinen talentierten Schüler. In der Beurteilung von *Kronecker*s Abiturarbeit schrieb er unter anderem: „... da er schon in den unteren Klassen für Mathematik ein lebhaftes Interesse und besonders gute Anlagen zeigte, so kam er häufig zu mir, sich über mathematische Gegenstände näher zu unterrichten. Durch mündliche Belehrung, die er mit staunenswerter Leichtigkeit auffaßte, sowie durch mathematische Schriften, die ich ihm gab, vorzüglich aber durch eigenes angestrengtes Studium hat er sich diese in einem so jungen Menschen ungewöhnlich weitreichenden und zugleich sehr gründlichen Kenntnisse erworben." [8, S. 217]

Im Frühjahr 1841 begann *Kronecker* das Studium an der Berliner Universität. Er hörte vor allem bei *P. G. Lejeune Dirichlet*, bei *C. G. J. Jacobi* und *J. Steiner*. *Dirichlet* hat ihn besonders nachhaltig beeinflußt. Hatte *Kummer* ihn an arithmetisch-algebraische Untersuchungen herangeführt, so hat *Dirichlet* ihn besonders für die Anwendung analytischer Methoden auf zahlentheoretische Probleme interessiert.

Neben der Mathematik widmete sich *Kronecker* auch philosophischen Studien. Er hörte Vorlesungen bei *F. J. W. Schelling* und arbeitete auch Werke von *G. W. F. Hegel* durch. Seine aus der Gymnasialzeit herrührende Liebe zu den alten Sprachen pflegte er weiter in der „Graeca", der Griechischen Gesellschaft zu Berlin.

Im Jahre 1843 ging er für ein Semester nach Bonn. Hier nahm er rege am studentischen Leben teil und gehörte zu den Mitbegründern einer fortschrittlichen Burschenschaft unter den Farben „Schwarz-Rot-Gold". Nach seinem Bonner Aufenthalt, an den er sich später gern erinnerte, bezog er für ein Jahr die Universität im damaligen Breslau, wohin sein Freund und Lehrer *Kummer* mittlerweile als Professor berufen worden war. 1844 kehrte er nach Berlin zurück.

Während seiner Studienzeit war *Kronecker* mit *G. Eisenstein* befreundet, einem

hochbegabten, aber leider früh verstorbenen jungen Mathematiker. *Kronecker* erzählte später oft, daß sie sich manchmal mitten in der Nacht besucht hätten, um sich eine neue Entdeckung mitzuteilen.
Noch als Student konnte *Kronecker* im Jahre 1845 seine erste Arbeit publizieren, und zwar in dem damals schon weltberühmten Crelleschen „Journal für die reine und angewandte Mathematik". *Kronecker* gab dort einen einfachen Beweis für die Irreduzibilität der Kreisteilungsgleichungen vom Primzahlgrad. Er beendete seine Studienzeit mit der Promotion, die 1845 mit Auszeichnung erfolgte. Das Thema der auszugsweise in *Crelles* Journal veröffentlichten Doktorarbeit lautete: „De unitatibus complexis" (Über komplexe Einheiten).
Vor *C. F. Gauß* war das Interesse der Mathematiker auf den rationalen Zahlkörper beschränkt gewesen beziehungsweise auf dessen Integritätsbereich, den Ring der ganzen rationalen Zahlen. In einer Abhandlung von 1832 führte *Gauß* die ganzen komplexen Zahlen ein und zeigte, daß in diesem Bereich die gewöhnlichen arithmetischen Gesetze, zum Beispiel die eindeutige Zerlegbarkeit in Primelemente, weiter gelten.
Gauß hatte damit den zur Gleichung $z^2 + 1 = 0$ gehörigen Erweiterungskörper $R(i)$ des rationalen Zahlkörpers R eingeführt und den Bereich seiner ganzen Größen untersucht. Damit war die Aufgabe gestellt, der auch *Kronecker* einen beträchtlichen Teil seiner Lebensarbeit widmete, allgemein eine arithmetische Theorie für algebraische Erweiterungskörper $R(\vartheta)$ von R, wo ϑ einer beliebigen irreduziblen Gleichung $\vartheta^n + a_1\vartheta^{n-1} + \ldots + a_n = 0$ mit Koeffizienten aus R genügt, aufzustellen, das heißt eine Theorie der algebraischen Zahlenkörper. Eine wichtige Teilfrage ist die Darstellung der Einheitengruppe eines solchen Körpers durch endlich viele sogenannte Grundeinheiten. Die Dissertation *Kronecker*s erledigte diese Frage für die Kreisteilungskörper. Sie fand bei *Kummer* und *Dirichlet* höchste Anerkennung.
Das Jahr 1845 brachte Ereignisse, die *Kronecker* zunächst daran hinderten, die akademische Laufbahn weiter zu verfolgen. Er verwaltete auf Wunsch seines Vaters zehn Jahre lang mit großem Geschick ein Gut, das die Familie *Kronecker* in Schlesien besaß. Das beträchtliche Vermögen, das *Kronecker* teils durch Erbschaft zufiel, teils aus dem

Großgrundbesitz resultierte, ermöglichte es ihm, später in Berlin viele Jahre als Privatmann ohne jedes Amt ausschließlich seinen mathematischen Neigungen zu leben.
Im Jahre 1848 heiratete er seine Kousine *Fanny Prausnitzer*. Sie war eine liebenswerte und gebildete Frau, die an seinen geistigen Interessen regen Anteil nahm. Mit ihr lebte er 43 Jahre glücklich zusammen. Aus der Ehe gingen 6 Kinder hervor, auf deren Erziehung *Kronecker* viel Liebe und Mühe verwandte.
Kronecker publizierte von 1846 bis 1852 nichts. Doch hat er in dieser Zeit mathematisch gearbeitet, wie sein Briefwechsel mit *Kummer* beweist. Ja, es ist anzunehmen, daß gerade in dieser Zeit viele seiner großen Ideen geboren wurden, die er dann später ausführen und zur Reife bringen konnte. Im Jahre 1853 erschien in den Sitzungsberichten der Berliner Akademie seine erste Arbeit nach der Dissertation. Sie war von *Dirichlet* vorgelegt worden und lautete ,,Über die algebraisch auflösbaren Gleichungen''. Mit einem Schlage wurde *Kronecker* damit berühmt. Bereits 1854 übernahm der französische Mathematiker *A. Serret* eine französische Übersetzung der Kroneckerschen Abhandlung in sein Lehrbuch der Algebra, das damals wegen seiner Güte eine weite Verbreitung an allen mathematischen Zentren der Erde fand.
Kronecker entwickelte in dieser schrittmachenden Untersuchung explizite Ausdrücke für die Wurzeln auflösbarer Gleichungen eines beliebigen Primzahlgrades. Formeln dieser Art waren schon vorher von *N. H. Abel* für den Grad 5, allerdings ohne Beweis, angegeben worden. *Kronecker* sprach darüber hinaus den berühmt gewordenen tiefliegenden Satz aus, daß alle Abelschen Gleichungen über dem rationalen Zahlkörper durch die Kreisteilungsgleichungen und ihre rationalen Resolventen erschöpft werden. Anders ausgedrückt: Jeder absolut-abelsche Körper ist Teilkörper eines Kreiskörpers. *Kronecker* deutete ferner ein noch tieferliegendes Ergebnis dieser Art an, das sich auf die Abelschen Gleichungen über einem imaginärquadratischen Zahlkörper bezieht. Diese Vermutung hat *Kronecker* später als seinen ,,liebsten Jugendtraum'' bezeichnet. [1, Band 5, S. 455]
Im Jahre 1855 konnte *Kronecker* seine geschäftlichen Tätigkeiten beenden. Er hatte jetzt das Bedürfnis, sich ganz der Mathematik zu widmen und in engerem Kontakt mit seinen Fachgenossen zu stehen. Aus diesem Grund kaufte er 1855 in Berlin eine Villa

und siedelte dorthin über. Kurz darauf wurde *Kummer* nach Berlin berufen, der *Dirichlet*s Stelle nach dessen Weggang nach Göttingen einnahm. Schließlich kam 1856 noch *K. Weierstraß* nach Berlin. Durch das Wirken dieser drei Männer wurde Berlin in der zweiten Hälfte des 19. Jahrhunderts eine bedeutende mathematische Lehr- und Forschungsstätte.
Es ist sicher, daß viele der wichtigen Entdeckungen *Kronecker*s in die folgenden Jahre fallen. Darüber finden sich Andeutungen in seinem Briefwechsel mit *Dirichlet*. Es war aber *Kronecker*s Art, sehr lange mit der Publikation seiner Ergebnisse zu zögern; und wenn er publizierte, so oft in knapper Form und ohne Beweis. So teilte er in einem Brief an *Dirichlet* vom 3. März 1856 mit, daß er manche Dinge, die er letzten Winter und früher gemacht habe, erst später ausarbeiten wolle, „... weil ich sie noch nicht für reif genug halte, – denn ich habe bei meinen Arbeiten über die auflösbaren Gleichungen die Erfahrung gemacht, daß ich die Dinge erst eine lange Zeit wärmen muß, ehe sie die für die Publication erforderliche Reife erhalten." [1, Band 5, S. 414] Aus demselben Brief geht hervor, daß *Kronecker* bereits 1856 begann, den Körperbegriff herauszuarbeiten. Die vollständige Veröffentlichung dieser Gedanken erfolgte aber erst 1881 in der schon erwähnten Kummer-Festschrift.
Das Jahr 1861 brachte für *Kronecker* die Wahl in die Berliner Akademie. Sein Vermögen erlaubte es ihm, ohne Belastung durch ein Amt weiterhin ganz seinen mathematischen Forschungen zu leben, deren Ergebnisse er nun zumeist in den Monatsberichten der Akademie niederlegte. Jährlich unternahm er ausgedehnte Reisen, die ihn in mehrere Länder Europas führten und auf denen er mit vielen Mathematikern Beziehungen anknüpfte.
1868 wurde er zum Mitglied der Pariser Akademie gewählt. Im selben Jahre erhielt er eine Berufung nach Göttingen, der er aber nicht gefolgt ist, weil er sich zu sehr mit seinem Berliner Freundeskreis – *C. W. Borchardt, E. E. Kummer, K. Weierstraß* – verbunden fühlte. Erst 1883, als *Kummer* aus Altersgründen zurückgetreten war, wurde *Kronecker* ordentlicher Professor an der Berliner Universität. Mit der Wahl in die Akademie im Jahre 1861 war das Recht verbunden, an der Universität Vorlesungen zu halten. Von diesem Recht machte *Kronecker* in wachsendem Maße

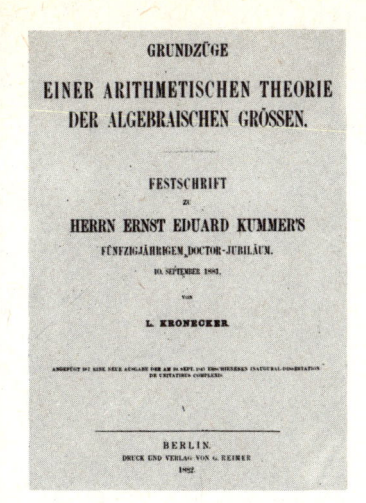

> GRUNDZÜGE
> EINER ARITHMETISCHEN THEORIE
> DER ALGEBRAISCHEN GRÖSSEN.
>
> FESTSCHRIFT
> zu
> HERRN ERNST EDUARD KUMMER'S
> FÜNFZIGJÄHRIGEM DOCTOR-JUBILÄUM.
> 10. SEPTEMBER 1881.
> von
> L. KRONECKER.
>
> BERLIN.
> DRUCK UND VERLAG VON G. REIMER
> 1882.

Titelblatt der Festschrift zu Kummers 50jährigem Doktor-Jubiläum

Gebrauch; mit der Berufung 1883 wurde diese Tätigkeit noch umfangreicher. *Kronecker* las in der Hauptsache über Zahlentheorie, algebraische Gleichungen, Determinantentheorie und bestimmte Integrale. Doch lag es ihm nicht, bekannte und abgeschlossene Theorien Schritt für Schritt seinen Hörern vorzutragen; er bemühte sich vielmehr, ihnen seine neuesten Erkenntnisse nahezubringen. Des öfteren trug er früh Resultate vor, die er sich nach seinen eigenen Worten erst in der Nacht zuvor erarbeitet hatte. Dies Verfahren brachte es natürlich mit sich, daß nur wenige sehr gut vorgebildete und sehr interessierte Schüler die Vorlesungen verstanden. In jedem Semester verringerte sich daher die anfängliche Hörerzahl sehr rasch. *Kronecker* trug diese Erscheinung mit heiterer Gelassenheit. Den relativ wenigen (etwa im Vergleich zu *Weierstraß*) verständnisvollen und interessierten Schülern aber brachte er großes Interesse entgegen. Mit ihnen diskutierte er oft, und es wird berichtet, daß er, mit seinen Zuhörern auf der Straße debattierend, nicht selten ein Verkehrshindernis gebildet habe.

In diesem Zusammenhang ist erwähnenswert, daß *Kronecker* ein sehr gastliches Haus führte. Oft lud er Freunde und junge Studenten und Privatdozenten zu geselligen Abenden in sein Haus. An diesen Abenden wurde nicht nur über Mathematik gesprochen, sondern auch über Kunst, Philosophie und andere Dinge; oft wurde musiziert. *Kronecker* selbst spielte gut Klavier; in seiner Jugend hatte er sich sogar an eigenen Kompositionen versucht. *G. Frobenius,* ein in Berlin groß gewordener Mathematiker, nennt in seinem Nachruf *Kronecker*s Haus Bellevuestraße 13 „einen sichtbaren Vereinigungspunkt der gesamten mathematischen Welt". [4, S. 21] In der Tat gingen neben den deutschen auch viele ausländische Mathematiker in *Kronecker*s Haus ein und aus und genossen seine Gastfreundschaft.

Bereits an der Schwelle seines sechsten Lebensjahrzehnts stehend, absolvierte *Kronecker* ein beachtliches Arbeitspensum. Ab 1881 übernahm er zusammen mit *Weierstraß*, später allein, die Redaktion des Crelleschen Journals. Dieser Aufgabe entledigte er sich mit größter Gewissenhaftigkeit. Über die wachsenden Lehrverpflichtungen an der Universität wurde schon gesprochen. Dabei schien seine Produktivität noch zu wachsen. Im letzten Jahrzehnt seines Lebens ab 1881 erschienen

über die Hälfte seiner 139 Arbeiten, wie das Publikationsverzeichnis im Band V der gesammelten Werke ausweist. Die neuen Resultate, die er in diesen Jahren veröffentlichte, stammten natürlich zum Teil aus früherer Zeit, ja sogar aus seiner Jugend, aber ohne Zweifel ist er in dieser Periode noch sehr produktiv gewesen.
Am 23. August 1891 traf ihn ein schwerer Schlag, der seinen Lebensmut und seine körperliche Spannkraft gebrochen hat: der Tod seiner geliebten Frau. Bereits am 29. Dezember desselben Jahres starb er selbst an Bronchitis.

*Kronecker*s Hauptarbeitsgebiete waren Algebra, Zahlentheorie und Theorie der elliptischen Funktionen. In allen diesen Gebieten hat er bedeutende Beiträge geleistet. *Frobenius* kommt in seinem Nachruf zu dem Schluß, daß seine bedeutendste Leistung, in der er von niemand übertroffen wird, darin besteht, diese drei Gebiete verbunden zu haben und mit großem Erfolg versucht zu haben, ihren inneren Zusammenhang und ihre Wechselbeziehungen aufzudecken und fruchtbar zu machen. Diesem Ziel hat er schon früh ganz bewußt nachgestrebt. Bereits 1861, in der Antrittsrede vor der Akademie, sagte er: ,,Die Verknüpfung dieser drei Zweige der Mathematik erhöhte den Reiz und die Fruchtbarkeit der Untersuchung; denn ähnlich wie bei den Beziehungen verschiedener Wissenschaften zu einander wird da, wo verschiedene Disziplinen einer Wissenschaft in einander greifen, die eine durch die andre gefördert und die Forschung in naturgemäße Wege geleitet." [1, Band 5, S. 388 f.]

Wenn man in den drei genannten großen Gebieten mehr ins Einzelne geht, so findet man folgende Themenkreise, zu denen *Kronecker* wesentliche Beiträge geleistet hat: Quadratische Reste, algebraische Gleichungen, algebraische Zahl- und Funktionenkörper, quadratische und bilineare Formenscharen, Eliminationstheorie, komplexe Multiplikation der elliptischen Funktionen. Aus dieser Fülle sollen zwei Themenkreise herausgehoben werden.

Seit der Gaußschen Arbeit von 1832 bestand das Problem, die algebraischen Zahlkörper zu untersuchen. Hier zeigten sich bald eigentümliche Schwierigkeiten. Hatten die unzerlegbaren Elemente in dem Gaußschen Beispiel noch die klassische Primzahleigenschaft, in einem Produkt nur aufzugehen, wenn sie in mindestens einem der Faktoren aufgehen, so fand man bald algebraische Zahlkörper, etwa $R(i\sqrt{5})$, in denen

das nicht mehr gilt. Dies hat zur Folge, daß die Sätze der elementaren Zahlentheorie ihre Gültigkeit verlieren, insbesondere der Satz von der eindeutigen Zerlegbarkeit in Primelemente und die Folgerungen daraus, etwa der Satz über die Existenz des größten gemeinsamen Teilers. Um hier Fortschritte zu erzielen, muß man den Begriff der Teilbarkeit geeignet erweitern. *Kummer* hatte bereits 1846 für Kreisteilungskörper durch Einführung der ,,idealen Zahlen" die Schwierigkeiten überwunden. Drei Mathematiker teilen sich die Ehre, eine entsprechende allgemeine Theorie geschaffen zu haben: *R. Dedekind, L. Kronecker* und der russische Mathematiker *M. G. Solotarew*. Bereits seit ungefähr 1856 hat *Kronecker* seine Theorie in Briefen erwähnt und später mündlich und auch in Vorlesungen mitgeteilt. Geschlossen hat er sie in der Kummer-Festschrift von 1881 (im Druck erschienen 1882) dargestellt.
Dedekind veröffentlichte seine Theorie 1871 als Supplement zur 2. Auflage von *Dirichlet*s Zahlentheorie, deren Herausgabe er besorgte.
Zunächst entwickelte *Kronecker* in seiner Festschrift den grundlegenden Begriff des Körpers, wofür er den Namen ,,Rationalitätsbereich" verwendete (die Bezeichnung ,,Körper" stammt von *Dedekind*). Für die algebraischen Erweiterungskörper, die er dann einführte, benutzte er die Bezeichnung ,,Gattungsbereich". Es folgen in einem ersten Teil grundlegende Sätze über Körper, zum Beispiel der Satz vom primitiven Element, Sätze über die Diskriminanten, über die Darstellbarkeit der ganzen Größen des Körpers durch eine Ganzheitsbasis und andere. Den Hauptsatz, dessen Beweis und Folgesätzen der zweite Teil der Festschrift gewidmet ist und der in moderner Formulierung besagt, daß die ganzen Größen eines endlichen algebraischen Erweiterungskörpers von R oder $R(x_1, \ldots, x_n)$ einen ZPI-Ring bilden, beweist *Kronecker* über die algebraischen Formen. Das, was bei *Dedekind* das Ideal ist, ist bei *Kronecker* eine Klasse ,,äquivalenter" algebraischer Formen irgendwelcher Variabler mit Koeffizienten aus dem betrachteten Körper.
Es läßt sich zeigen, daß die Dedekindsche und die Kroneckersche Theorie ihrem Inhalt nach äquivalent sind. Und doch steht die Theorie von *Dedekind* der Entwicklung der modernen Algebra als Lehre von den algebraischen Strukturen wesentlich näher als die Kroneckersche Theorie. *Dedekind*s Supplement liest sich fast wie ein modernes

Lehrbuch, während das Studium der Kroneckerschen Arbeit für einen Mathematiker der heutigen Generation recht mühevoll ist. Man kann sagen, daß die Entwicklung der modernen Algebra, die mit Namen wie *E. Noether, E. Artin, O. Schreier, B. L. van der Waerden* verknüpft ist, sich weitgehend an *Dedekind* angeschlossen hat. *Van der Waerden* berichtet im Vorwort zum Neudruck [2] des XI. Supplements, daß *Emmy Noether* bei jeder Gelegenheit zu sagen pflegte: ,,Es steht schon bei Dedekind." Er selbst fügte hinzu: ,,Evariste Galois und Richard Dedekind sind es, die der modernen Algebra ihre Struktur gegeben haben. Das tragende Skelett dieser Struktur stammt von ihnen." ([2], Einleitung) Damit ist jedoch keineswegs gesagt, daß *Kronecker*s Arbeit für den weiteren Gang der mathematischen Entwicklung ohne Einfluß gewesen wäre. Sie war im Gegenteil der Beginn der divisorentheoretischen Begründungsweise der algebraischen Zahlentheorie, die hauptsächlich von *Hensel* und seinen Schülern entwickelt und ausgebaut wurde. Ein modernes Standardwerk der Zahlentheorie auf bewertungstheoretischer Grundlage, das die Fruchtbarkeit der von *Kronecker* ausgegangenen Ideen zeigt, ist *H. Hasse*s ,,Zahlentheorie" von 1969.

Kronecker hatte schon sehr früh herausgefühlt – die bereits erwähnte Arbeit von 1853 enthält solche Andeutungen –, daß neben den Abelschen Gleichungen über dem Körper der rationalen Zahlen die aus der komplexen Multiplikation der elliptischen Funktionen stammenden Gleichungen von großer Bedeutung sind. Er wandte sich diesem Gebiet zu und erzielte wesentliche Fortschritte. Die Krönung dieser Forschungen ist zweifellos sein ,,Jugendtraumtheorem". In einem Brief an *Dedekind* vom 15. März 1880 hat er das Theorem folgendermaßen ausgesprochen: ,,Es handelt sich um meinen liebsten Jugendtraum, nämlich um den Nachweis, daß die Abel'schen Gleichungen mit Quadratwurzeln rationaler Zahlen durch die Transformationsgleichungen elliptischer Funktionen mit singulären Modeln grade so erschöpft werden, wie die ganzzahligen Abel'schen Gleichungen durch die Kreistheilungsgleichungen. Dieser Nachweis ist mir, wie ich glaube, nun vollständig gelungen, und ich hoffe, daß sich bei der Ausarbeitung, auf die ich nun allen Fleiß verwenden will, keine neuen Schwierigkeiten zeigen werden." [1, Band 5, S. 455] *Kronecker* hat jedoch einen Beweis für sein ,,Jugendtraumtheorem" nicht veröffentlicht. Auch ist die gegebene Formulierung

Karl Wilhelm Borchardt
(1817 bis 1880)

nicht eindeutig und läßt verschiedene Auslegungen zu, darunter eine solche, die zu einer falschen Behauptung führt. *Hasse* hat in den Anmerkungen zu *Kronecker*s Werken [1, Band 5, S. 510 bis 515] die Frage der Auslegung der eben zitierten Sätze ausführlich diskutiert. Er hat dort die Vermutung sehr nahe gelegt, daß *Kronecker* die richtige Formulierung des Jugendtraumtheorems vor Augen gehabt habe und daß die große Serie von Arbeiten über elliptische Funktionen so angelegt gewesen sei, daß sie im Beweis des Jugendtraumtheorems gipfeln sollte. So aber hat der Tod *Kronecker*s diese Serie unterbrochen; erst 1920 wurde ein Beweis des Jugendtraumtheorems von dem japanischen Mathematiker *T. Takagi* veröffentlicht. *Kronecker*s Ansätze waren zu dieser Zeit bereits in den breiten Strom der Klassenkörpertheorie eingemündet, die für beliebige algebraische Zahlkörper relativ-abelsche unverzweigte Oberkörper untersucht, deren Relativgruppe mit der Idealklassengruppe des Grundkörpers isomorph ist.

Das Bild *Kronecker*s wäre sehr unvollständig, wenn seine philosophischen und weltanschaulichen Ansichten und seine Vorstellungen über die Grundlegung und den allgemein anzustrebenden Aufbau der Mathematik keine Erwähnung fänden. *Kronecker* war schon seit seiner Gymnasialzeit sehr an Philosophie interessiert; diese Neigung hielt über seine Studienzeit hinaus weiter an. Der Sohn hat berichtet [8, S. 218 f.], daß sein Vater später sehr gründlich *R. Descartes* und *B. Spinoza* studiert hat, auch *G. W. Leibniz, I. Kant* und besonders *G. F. W. Hegel*. Die in späteren Jahren sich ausbreitenden Modephilosophien eines *A. Schopenhauer* und *E. von Hartmann* lehnte *Kronecker* ab. In seinen religiösen Bindungen schwankte *Kronecker*. Er stammte aus jüdischem Hause, ließ jedoch seine Kinder im christlichen Glauben erziehen. Ein Jahr vor seinem Tode trat er selbst zum Christentum über. Politisch war *Kronecker* in den Auffassungen befangen, die die meisten Angehörigen der gehobenen Schichten des deutschen Bürgertums vertraten. In seinen jungen Jahren war er noch liberal eingestellt, doch wandelte er sich nach der Errichtung des deutschen Kaiserreiches zu einem überzeugten Anhänger *O. von Bismarcks*.

Kronecker war sich dessen bewußt, daß echte innere Gesetzmäßigkeiten in der Entwicklung der Mathematik wirksam sind. Er schätzte sich glücklich, einige Teile zu dem großen Bauwerk beitragen zu können. In einem Brief vom 17. Mai 1857 an *Dirichlet* schreibt er (nachdem er berichtet hat, welche Wege ihn seine Untersuchungen geführt haben): ,,Denn ich habe so manche sehr interessante Sache gefunden, und da ich mich zumeist dadurch so unabhängig fühle, daß mich keine Spur irgendwelchen Ehrgeizes quält, da ich vielmehr einzig und allein meine Freude in der Erkenntnis des Wahren habe, so kommt es mir wenig darauf an, wozu ich grade meine Zeit verwende, wenn ich sie nur überhaupt gut benutze." [1, Band 5, S. 419] Für *Kronecker* war die Entwicklung der Mathematik ein wesentlicher Teil der Entwicklung und Selbstentfaltung der absoluten Idee im Hegelschen Sinne. Wir wissen heute, daß *Hegel* gerade in diesem Punkte, wie *Karl Marx* es treffend ausgedrückt hat, vom Kopf auf die Füße gestellt werden mußte.

Die Ansichten, die *Kronecker* über den Aufbau und die Grundlegung der Mathematik vertrat, spiegeln sich an vielen Stellen in seinen Werken wider. Öffentlich hat er sie, besonders in seinen späteren Jahren, durch – seinem lebhaften Temperament entsprechend – oft sehr drastische Aussprüche verbreitet. Ferner legte er sie in dem Aufsatz ,,Über den Zahlbegriff" dar, der 1887 in einer Sammlung philosophischer Aufsätze und, etwas überarbeitet, in Band 101 des Crelleschen Journals erschien. *Kroneckers* höchstes Ziel war es, die gesamte Mathematik zu arithmetisieren, das heißt, auf die ganzen Zahlen und die sich daraus unmittelbar ergebenden Begriffe und Gesetzmäßigkeiten zurückzuführen. In dem Aufsatz ,,Über den Zahlbegriff" hat *Kronecker* diese Bestrebungen folgendermaßen umrissen: ,,Und ich glaube auch, daß es dereinst gelingen wird, den gesamten Inhalt aller dieser mathematischen Disciplinen (Algebra, Analysis, Zahlentheorie, W. P.) zu »arithmetisiren«, das heißt einzig und allein auf den im engsten Sinne genommenen Zahlbegriff zu gründen, also die Modificationen und Erweiterungen dieses Begriffs (in einer Fußnote setzt er hier hinzu: ,,Ich meine hier namentlich die Hinzunahme der irrationalen sowie der continuirlichen Größen") wieder abzustreifen, welche zumeist durch die Anwendungen auf die Geometrie und Mechanik veranlaßt worden sind." [1, Band 3/1, S. 253] Er zeigt dann in diesem Aufsatz, wie man etwa den Begriff der gebrochenen Zahl vermeiden kann, indem man mit Kongruenzen nach Moduln, die ganze ganzzahlige Funktionen von

Unbestimmten sind, rechnet. Sein bekanntester Ausspruch zu dieser Frage ist wohl der, den er 1886 vor der Berliner Naturforscher-Versammlung tat: ,,Die ganzen Zahlen hat der liebe Gott gemacht, alles andere ist Menschenwerk." (Zitiert nach [15], S. 23) Ein anderer charakteristischer Zug *Kronecker*s, der mit den Bestrebungen nach Arithmetisierung in engem Zusammenhang steht, ist die Ablehnung der transfiniten Methoden. Für *Kronecker* hat keine Definition beziehungsweise kein Satz Existenzberechtigung in der Mathematik, solange man nicht mit endlich vielen Schritten in jedem konkreten Fall prüfen kann, ob das in der Definition festgelegte oder in dem Satz behauptete Verhalten zutrifft oder nicht. Beispielsweise definiert er eine irreduzible Funktion folgendermaßen: ,,In diesem Sinne soll nun stets eine ganze Function ... schlechthin als »irreductibel« oder »unzerlegbar« bezeichnet werden, wenn sie keine ebensolche ganze Function, ... als Factor enthält." [1, Band 2, S. 250 f.] Diese Definition wird von der heutigen Mathematik als völlig ausreichend angesehen; nicht aber von *Kronecker*. Einige Seiten weiter schreibt er: ,,Die in Art. 1 aufgestellte Definition der Irreductibilität entbehrt so lange einer sicheren Grundlage, als nicht eine Methode angegeben ist, mittels deren bei einer bestimmten, vorgelegten Function entschieden werden kann, ob dieselbe der aufgestellten Definition gemäß irreductibel ist oder nicht." [1, Band 2, S. 256 f.] Hier fügt er in einer Fußnote noch hinzu: ,,Das analoge Bedürfnis, welches freilich häufig unbeachtet geblieben ist, zeigt sich auch in vielen anderen Fällen, bei Definitionen wie bei Beweisführungen, und ich werde bei einer anderen Gelegenheit in allgemeiner und eingehender Weise darauf zurückkommen." [1, Band 2, S. 257] *Kronecker* forderte also, daß Begriffe, bei deren Definition der Beweis der Entscheidbarkeit fehlt, zu verwerfen sind. (Vgl. [11], S. 229) Diese Denkweise blieb nicht ohne Einfluß auf die damalige Mathematik. *Hilbert* schildert später diese Situation eindrucksvoll: ,,Damals haben wir jungen Mathematiker, Privatdozenten und Studierende, den Sport getrieben, auf transfinitem Wege geführte Beweise nach Kroneckers Muster ins Finite zu übertragen. Kronecker machte nur den Fehler, die transfinite Schlußweise für unzulässig zu erklären." [6, S. 487] Notwendigerweise geriet *Kronecker* mit dieser Haltung in Widerspruch zu *Weierstraß* und dessen Bemühungen, die Analysis auf eine strenge Grundlage zu stellen. Erst recht konnten daher auch die sich entwickelnde Mengenlehre und ihr Begründer, *G. Cantor*, nicht auf die Anerkennung *Kroneckers* hoffen. Im Gegensatz zwischen *Kronecker* und *Cantor* kann man sogar den Keim der Kontroverse erblicken, der zu Beginn unseres Jahrhunderts zwischen den mathematisch-philosophischen Richtungen des Intuitionismus und des Formalismus geführt wurde. (Vgl. [14], S. 171) Im allgemeinen aber nahmen die damaligen Mathematiker die ganz strenge, die übertriebene Auffassung *Kroneckers* nicht buchstäblich als absolutes „Verbot" des Nicht-Finiten, in letzter Konsequenz nicht einmal er selbst, denn seine Arbeiten über elliptische Funktionen zum Beispiel bedienen sich in umfangreicher Weise der traditionellen Analysis. Der bedeutende, auch philosophisch sehr interessierte französische Mathematiker *H. Poincaré* äußerte sogar gelegentlich [12, S. 17], daß *Kronecker* nur deshalb so Großes in der Mathematik habe leisten können, weil er seine eigenen philosophischen Maximen zeitweilig vergessen habe. Der empfindsame *K. Weierstraß* allerdings fühlte sich durch *Kroneckers* Angriffe auf die von ihm verwendeten Schlußweisen der Analysis, die durchaus nicht-finiter Art waren, ganz außerordentlich verletzt. In einem Brief an die mit ihm befreundete russische Mathematikerin *Sonja Kowalewskaja* beklagt er sich bitter: „Wenn aber Kronecker den Ausspruch tut, den ich wörtlich wiederhole: ‚Wenn mir noch Jahre und Kräfte genug bleiben, werde ich selber der mathematischen Welt noch zeigen, daß nicht nur die Geometrie, sondern auch die Arithmetik der Analysis die Wege weisen kann, und sicher die strengeren. Kann ich es nicht mehr tun, so werdens die tun, die nach mir kommen, und sie werden auch die Unrichtigkeit aller jener Schlüsse erkennen, mit denen jetzt die sogenannte Analysis arbeitet', so ist ein solcher Ausspruch von einem Manne, dessen hohe Begabung für mathematische Forschung und eminente Leistungen von mir sicher ebenso aufrichtig und freudig bewundert werden wie von allen seinen Fachgenossen, nicht nur beschämend für diejenigen, denen zugemutet wird, daß sie als Irrtum anerkennen und abschwören sollen, was den Inhalt ihres unablässigen Denkens und Strebens ausgemacht hat, sondern es ist auch ein direkter Appell an die jüngere Generation, ihre bisherigen Führer zu verlassen und um ihn als Jünger einer neuen Lehre, die freilich erst begründet werden soll, sich zu scha-

ren." [10, S. 194 f.] Durchaus zutreffend hob hier *Weierstraß* das „soll" hervor; an keiner Stelle hat *Kronecker* dargelegt, wie er sich den Aufbau der Analysis auf finitem Wege konkret vorgestellt hat.
Heute ist die Weierstraßsche Analysis unangefochten, und die Mengenlehre ist das Fundament der gesamten Mathematik. Die Forderungen *Kronecker*s an Grundlegung und Aufbau der Mathematik haben sich als nicht durchführbar beziehungsweise als zu eng erwiesen. Die Mathematik geht heute immer mehr von der Erfassung des Quantitativen, dessen letzte Grundlage allerdings die natürliche Zahl ist, zur Erfassung des Qualitativen über.
Unangefochten aber bleiben Werk und Leistung des Mathematikers *Leopold Kronecker*. *H. Weber*, ein führender Mathematiker der nächsten Generation, kleidete die hohe Wertschätzung *Kronecker*s in die Worte: „Sein Name aber wird in der Wissenschaft fortleben und unter den besten mit Ehren genannt werden." [15, S. 25]

Lebensdaten zu Leopold Kronecker

1823	7. Dezember, Geburt in Liegnitz (Legnica)
1841	Beginn des Studiums in Berlin
1843/44	Studienaufenthalte in Bonn und Breslau (Wrocław)
1844	Rückkehr nach Berlin
1845	Erste wissenschaftliche Publikation. Promotion. Übernahme der Verwaltung eines der Familie gehörenden landwirtschaftlichen Großbetriebes
1848	Heirat mit *Fanny Prausnitzer*
1853	Wiederaufnahme seiner mathematischen Publikationstätigkeit
1855	Ende seiner Geschäftstätigkeit, Übersiedlung nach Berlin
1861	Mitglied der Berliner Akademie
1868	Mitglied der Pariser Akademie
1881	Redakteur des Crelleschen Journals
1883	Berufung zum ordentlichen Professor an der Berliner Universität
1891	23. August, Tod seiner Frau
1891	29. Dezember, Tod in Berlin

Literaturverzeichnis zu Leopold Kronecker

[1] *Kronecker, Leopold:* Werke, Bände 1 bis 5. Leipzig/Berlin 1895 bis 1930.
[2] *Dedekind, R.:* Über die Theorie der ganzen algebraischen Zahlen. Neudruck des XI. Supplements von Dirichlets Vorlesungen über Zahlentheorie, besorgt von B. L. van der Waerden, Berlin 1964.
[3] *Fine, H.B.:* Kronecker and His Arithmetical Theory of the Algebraic Equation. In: Bulletin of the New York Math. Soc., Vol. I (Oktober 1891 bis Juli 1892), S. 173 bis 184.
[4] *Frobenius, G.:* Gedächtnisrede auf Leopold Kronecker. In: Abhh. der Preußischen Akademie der Wissenschaften zu Berlin 1893, Separatum S. 1 bis 22.
[5] *Hermite, Ch.:* Note sur M. Kronecker. In: Compt. rend. CXIV (1892), S. 19 bis 21.
[6] *Hilbert, D.:* Die Grundlegung der elementaren Zahlentheorie. In: Mathematische Annalen, Band 104 (1931), S. 485 bis 494.
[7] *Klein, F.:* Vorlesungen über die Entwicklung der Mathematik im 19. Jahrhundert, Band 1. Berlin 1926.
[8] *Kneser, A.:* Leopold Kronecker, Rede, gehalten bei der Hundertjahrfeier seines Geburtstages in der Berliner Mathematischen Gesellschaft am 19. 12. 1923. In: Jahresbericht der DMV, Band 33 (1925), S. 210 bis 228.
[9] *Lampe, E.:* Nachruf an Leopold Kronecker. In: Verhandlungen der physikalischen Gesellschaft zu Berlin, Sitzung vom 29. 1. 1892, S. 1 bis 7.
[10] *Mittag-Leffler, G.:* Weierstraß et Sonja Kowalewsky. In: Acta mathematica, Band 39 (1923), S. 133 bis 198.
[11] *Pasch, M.:* Die Forderung der Entscheidbarkeit. Jahresbericht der DMV, Band 27 (1918), S. 228 bis 232.
[12] *Poincaré, H.:* L'œuvre mathématique de Weierstraß. In: Acta mathematica, Band 22 (1899), S. 1 bis 18.
[13] *Prasad, G.:* Some Great Mathematicians of the 19. Century. Their Lives and Their Works. Band 2. Leipzig − Benares City 1934.
[14] *Struik, D. J.:* Abriß der Geschichte der Mathematik. Berlin 1967.
[15] *Weber, H.:* Leopold Kronecker. In: Mathematische Annalen, Band 43 (1893), S. 1 bis 25.

Bernhard Riemann

Bernhard Riemann (1826 bis 1866)

Obgleich *Bernhard Riemann* noch nicht einmal vierzig Jahre alt geworden ist, gehört er zu den großen Mathematikern des 19. Jahrhunderts. Seine Arbeiten sind für die verschiedensten Gebiete der Mathematik von grundlegender Bedeutung.

Bernhard Riemann wurde als das zweite von sechs Kindern in Breselenz, einem Dorfe in der Nähe von Hannover, geboren. Er zeigte schon als Kind große Begabung im Rechnen und in der Geometrie, so daß sein Vater, der Pfarrer in Breselenz, und der Dorflehrer, die ihn bis zu seinem 13. Lebensjahr unterrichteten, nicht immer seinen mathematischen Einfällen zu folgen vermochten.

Von 1840 bis 1842 lebte *Riemann* in Hannover im Hause seiner Großmutter und besuchte das dortige Gymnasium. Aus dieser Zeit sind viele Briefe an seine Geschwister und seine Eltern, denen er mit großer Liebe zugetan war, erhalten geblieben. Nach dem Tode der Großmutter wurde *Riemann* Schüler am Johanneum in Lüneburg; dort blieb er bis zur Ablegung des Abiturs im Jahre 1846. Da es ihm schwer fiel, sich fremden Menschen anzuschließen, zog es ihn immer wieder nach Hause. In den Ferien legte er den Weg zu den Eltern wegen seiner Geldknappheit größtenteils zu Fuß zurück. *Riemann* mutete dabei seiner recht schwachen Gesundheit mehrmals ein Übermaß an Anstrengungen zu.

Der Direktor des Lüneburger Gymnasiums erkannte *Riemann*s mathematische Begabung und lieh ihm Mathematikbücher zum Selbststudium, beispielsweise Werke von *L. Euler* und *A. M. Legendre*. Auf diese Weise drang *Riemann* bereits in Lüneburg weit über den Schulstoff hinaus in die höhere Analysis ein.

Mit Rücksicht auf die geringen finanziellen Mittel seiner Eltern ließ sich *Riemann* Ostern 1846 an der Universität Göttingen als Student der Philosophie und Theologie immatrikulieren. Er hoffte, so am ehesten finanzielle Unabhängigkeit zu erreichen. Doch führte *Riemann*s übergroße Neigung zur Mathematik bald dazu, daß sein Vater ihm die Erlaubnis zum Mathematikstudium gab. *Riemann* hörte unter anderem die Vorlesung von *C. F. Gauß* über die Methode der kleinsten Quadrate.

Weil ihn die wenigen Vorlesungen, die *Gauß* hielt, nicht ausfüllten, entschloß sich

Unter den Linden in Berlin (um 1870)

Riemann, nach Berlin überzusiedeln, um dort die anregenden Vorlesungen von *C. G. J. Jacobi, P. G. Lejeune Dirichlet, J. Steiner* und *G. Eisenstein* besuchen zu können. So hörte er insbesondere bei *Lejeune Dirichlet* die Vorlesungen über Zahlentheorie, bestimmte Integrale und partielle Differentialgleichungen, bei *Jacobi* über höhere Algebra und analytische Mechanik und bei *Eisenstein* über elliptische Funktionen. Die Vorlesung von *Eisenstein* beruhte auf dem formalen Rechnen mit komplexen Zahlen. *Riemann* vertrat in freundschaftlichem Umgang mit *Eisenstein* eine andere Auffassung. Er faßte schon zu dieser Zeit den Vorsatz, die Theorie der Funktionen komplexer Veränderlicher auf die der partiellen Differentialgleichungen zu gründen. Wenn nämlich $w(z)$ mit $w = u + iv$ und $z = x + iy$ eine differenzierbare komplexe Funktion ist, dann gelten für den Real- und Imaginärteil $u(x,y)$ und $v(x,y)$ die heute nach ihren Entdeckern benannten Cauchy-Riemannschen Differentialgleichungen

$$\frac{\partial u}{\partial x} = \frac{\partial v}{\partial y} \quad \text{und} \quad \frac{\partial u}{\partial y} = -\frac{\partial v}{\partial x}.$$

Die Gültigkeit dieser Differentialgleichungen ist eine notwendige Bedingung dafür, daß die Funktion $w(z)$ nach z differenzierbar ist. Bei Stetigkeit der 2. partiellen Ableitungen erfüllen der Realteil u und der Imaginärteil v die Laplacesche Differentialgleichung, das heißt, es gelten die Differentialgleichungen

$$\frac{\partial^2 u}{\partial x^2} + \frac{\partial^2 u}{\partial y^2} = 0 \quad \text{und} \quad \frac{\partial^2 v}{\partial x^2} + \frac{\partial^2 v}{\partial y^2} = 0.$$

Diese Formeln stellen zentrale und weitreichende Zusammenhänge zwischen der Theorie der Funktionen komplexer Veränderlicher, der Potentialtheorie und der Theorie der partiellen Differentialgleichungen sowie deren Anwendungen in Naturwissenschaft und Technik dar.

Aus *Riemanns* persönlichem Leben während der Berliner Zeit ist relativ wenig bekannt. Er erlebte dort das Revolutionsjahr 1848, stand aber auf Grund seiner religiösen Erziehung, die keinen Widerstand gegen die Obrigkeit duldete, auf der Seite der Konservativen. Er hat sogar als Mitglied einer Studentengruppe in den Tagen der Märzrevolution das Königliche Schloß bewacht. Seine Briefe geben nicht mehr als die Tatsache wieder. Sie machen nur deutlich, daß seine studentische Ausbildung und

seine privaten Beziehungen ihm keinen Zugang zu einer revolutionären politischen Haltung eröffnet hatten.
Im Frühjahr 1849 kehrte *Riemann* nach Göttingen zurück und widmete sein Interesse nunmehr vorwiegend den hervorragenden Vorlesungen des Experimentalphysikers *W. Weber*, mit dem ihn später eine enge Freundschaft verband. Als Mitglied des pädagogischen Seminars beschäftigte sich *Riemann* mit naturphilosophischen Fragen und legte im November 1850 in einem Aufsatz seine Gedanken über eine einheitliche mathematisch-physikalische Naturauffassung dar. Er forderte „eine vollkommen in sich abgeschlossene mathematische Theorie..., welche von den für die einzelnen Punkte geltenden Elementargesetzen bis zu den Vorgängen in dem uns wirklich gegebenen continuierlich erfüllten Raume fortschreitet, ohne zu scheiden, ob sich es um die Schwerkraft, oder die Electricität, oder den Magnetismus, oder das Gleichgewicht der Wärme handelt". [1, S. 545] Diese Überlegungen von *Riemann* sind in eine weitgreifende mathematisch-physikalische Arbeitsrichtung einzuordnen, die im 19. Jahrhundert durch *J. Cl. Maxwell*, *H. v. Helmholtz* und durch *H. Hertz* schließlich im 20. Jahrhundert zum Versuch einer allgemeinen Feldtheorie von *A. Einstein* führte.
Nach jahrelanger sorgfältiger Vorbereitung konnte *Riemann* im Dezember 1851 seine Doktordissertation „Grundlagen für eine allgemeine Theorie der Funktionen einer veränderlichen komplexen Größe" abschließen und öffentlich verteidigen. *Riemann* stellte dort mit aller Klarheit die Besonderheiten der analytischen Funktionen im Komplexen heraus, und zwar im Anschluß an die Vorstellungen, die er sich in Berlin hatte bilden können. Zugleich bahnten sich in dieser Arbeit erste Überlegungen zur Herausarbeitung eines neuen Funktionsbegriffes an. Ein Ergebnis seiner Doktordissertation, die auch durch *Gauß* hohe Anerkennung erfuhr, war der berühmte, nach *Riemann* benannte Abbildungssatz. Im Jahre 1853 wurde *Riemann* der Assistent von *W. Weber* im mathematisch-physikalischen Seminar. Wiederum nach sehr gründlichen Studien habilitierte sich *Riemann* im Jahre 1854. Seine Habilitationsschrift „Über die Darstellbarkeit einer Funktion durch willkürliche Funktionen" wurde durch die Begegnung mit *Lejeune Dirichlet*, der sich im Herbst 1852 in Göttingen

Universitätsgebäude in Göttingen

aufgehalten hatte, sehr gefördert. *Riemann* geht in einem ersten Teil seiner Arbeit zunächst auf die Geschichte der Auffassungen ein, die die Frage betreffen, ob sich eine „willkürliche" Funktion durch eine Fourierreihe oder trigonometrische Reihe

$$\sum_{\nu=0}^{\infty} (a_\nu \sin \nu x + b_\nu \cos \nu x)$$

darstellen lasse. *Riemann* analysiert darin die einschlägigen Arbeiten von *d'Alembert, L. Euler, D. Bernoulli, B. Taylor, J. L. Lagrange, J. Fourier* und die seines Lehrers *Lejeune Dirichlet* und stellt dann im Hauptteil Sätze über die Darstellbarkeit durch solche trigonometrische Reihen auf. Die Berechnung der Koeffizienten a_γ und b_γ erfolgt durch bestimmte Integrale. In einem Einschub befaßte sich *Riemann* daher mit der Definition bestimmter Integrale. Damit schuf er einen neuen Zugang zur Integrationstheorie. Das nach ihm benannte Riemannsche Integral stellt heute einen der zentralen Begriffe der höheren Analysis dar.

Wie üblich gab auch *Riemann* für seinen Habilitationsvortrag der Göttinger Fakultät drei Themen zur Wahl an. Entgegen aller Tradition wählte *Gauß* das dritte, das letzte, offenbar, weil ihn die darin aufgeworfenen Fragen schon seit langem beschäftigten. Die Probevorlesung „Über die Hypothesen, welche der Geometrie zu Grunde liegen" fand im Juni 1854 statt; sie gehört zu den bedeutendsten Leistungen im Bereich der Mathematik, obwohl sie fast frei von Formeln ist.

Die Einleitung beginnt mit den Worten: „Ich habe mir ... die Aufgabe gestellt, den Begriff einer mehrfach ausgedehnten Grösse aus allgemeinen Grössenbegriffen zu construiren. Es wird daraus hervorgehen, dass eine mehrfach ausgedehnte Grösse verschiedener Massverhältnisse fähig ist und der Raum also nur einen besonderen Fall einer dreifach ausgedehnten Grösse bildet. Hiervon aber ist eine notwendige Folge, dass die Sätze der Geometrie sich nicht aus allgemeinen Grössenbegriffen ableiten lassen, sondern dass diejenigen Eigenschaften, durch welche sich der Raum von anderen denkbaren dreifach ausgedehnten Grössen unterscheidet, nur aus der Erfahrung entnommen werden können." [1, S. 272f.] *Riemann* führt den Raum als topologische Mannigfaltigkeit von n Dimensionen ein und definiert darin eine Metrik mittels einer quadratischen Differentialform.

Heinrich Rudolph Hertz
(1857 bis 1894)

Wir schreiben heute dafür $\quad ds^2 = \sum\limits_{i,k}^{1...n} g_{ik} dx_i dx_k.$

Auf diese Weise gewann *Riemann* ein Prinzip, um die bekannten Typen von Geometrien zu klassifizieren und neue Raumtypen aufzustellen. So erhielt er die elliptische und die hyperbolische Geometrie als Sonderfälle der nichteuklidischen Geometrie – neben der „normalen" euklidischen oder parabolischen Geometrie.

Bemerkenswert ist auch der Umstand, daß *Riemann* zwischen Unbegrenztheit und Unendlichkeit eines Raumes unterscheidet: „Jene gehört zu den Ausdehnungsverhältnissen, diese zu den Maßverhältnissen". Er stellt fest: „Die Unbegrenztheit des Raumes besitzt eine größere empirische Gewißheit als irgend eine andere äußere Erfahrung. Hieraus folgt aber die Unendlichkeit keineswegs; vielmehr würde der Raum, wenn man ... ihm ein konstantes Krümmungsmaß zuschreibt, notwendig endlich sein, ..." [1, S. 284]

*Riemann*s Überlegungen zum Raumproblem sind beispielgebend für mathematisch-naturwissenschaftlich-philosophische Forschungen. So gelang es ihm mit dieser Arbeit, unabhängig von religiösen und scholastischen Vorurteilen und der belastenden Tradition der Kantschen Philosophie, eine selbständige philosophische Haltung zu erringen, die es ihm erlaubte, die objektiv realen Verhältnisse als solche zu sehen und wesentliche Prinzipien ihres Aufbaues und deren Erkenntnismöglichkeit richtig einzuschätzen.

Die Erkenntnisse, die *Riemann* in seinem Habilitationsvortrag zum Ausdruck brachte, sichern ihm einen bleibenden Platz nicht nur unter den Mathematikern, sondern zugleich unter den Wegbereitern der wissenschaftlichen Weltanschauung. *Riemann*s Bemerkung über das Vorhandensein von Ursachen für die objektiv realen Maßverhältnisse und seine Forderung, die physikalische Forschung in diese Richtung zu orientieren, wird als eine der genialsten naturwissenschaftlichen Leistungen des 19. Jahrhunderts anerkannt. Bereits *Gauß* würdigte die Tiefe der vorgetragenen Gedanken und äußerte sich nach dem Vortrag mit größter Anerkennung über *Riemann*. Die Gedanken von *Riemann* gaben *H. Hertz* Anregungen zur Neubesinnung auf die Grundlagen der Elektrodynamik und der Mechanik. *Riemann*s physikalisch-mathematische Überlegungen gingen schließlich bei *A. Einstein* in die Grundlagen der allgemeinen Relativitätstheorie ein; die Riemannsche n-dimensionale Differentialgeometrie bildet deren mathematisches Rüstzeug. Es erwies sich, daß sich die kosmische Massenverteilung und die raumzeitliche, 4-dimensionale Maßbestimmung in einem untrennbaren Zusammenhang befinden.

Im Jahre 1854 konnte *Riemann* mit großer Freude über seine erste Vorlesung berichten, in der sich überraschend viele – nämlich acht – Studenten eingefunden hatten. Diese Bemerkung erhellt die Situation der Mathematik und der Naturwissenschaften zur damaligen Zeit; diese Fächer wurden nur von wenigen Studenten gewählt, da sich zu geringe Berufschancen boten.

Riemann trug in seinen Vorlesungen über die Theorie der partiellen Differentialgleichungen und ihre Anwendung auf physikalische Probleme vor. Rasche Auffassungsgabe und überragende Denkfähigkeit sowie geringe Lehrerfahrung verleiteten *Riemann* jedoch zu einer Darstellungsweise, der seine Zuhörer nicht folgen konnten. Diese Schwierigkeiten wurden von *Riemann* erst nach längerer Zeit überwunden, obwohl er sich stets sehr sorgfältig auf seine Vorlesungen vorbereitete. Zu dieser Zeit erhielt er zum ersten Mal ein Jahreshonorar von 200 Talern zugebilligt.

*Riemann*s weitere wissenschaftliche Forschungen betrafen die Theorie der Abelschen Funktionen und die hypergeometrische Reihe. *Riemann* fand Anerkennung; er wurde als Assessor in die mathematische Klasse der Göttinger Gesellschaft der Wissenschaften aufgenommen. Aber seine ohnedies schon schwächliche Gesundheit hatte unter den übermäßigen geistigen Anstrengungen derart gelitten, daß eine Erholungsreise notwendig wurde. Nach der Rückkehr wurde *Riemann* zum außerordentlichen Professor mit einem Jahresgehalt von 300 Talern ernannt. Fast gleichzeitig übernahm er – nach dem Tode seiner Eltern und seines ältesten Bruders – die Sorge für seine beiden Schwestern. Als *Lejeune Dirichlet*, der als Nachfolger von *Gauß* 1855 nach Göttingen berufen worden war, bereits 1859 verstarb, erhielt *Riemann* als dessen Nachfolger die Berufung zum ordentlichen Professor. Wenige Tage danach wurde er von der Berliner Akademie der Wissenschaften zum korrespondierenden Mitglied in der physikalisch-mathematischen Klasse gewählt.

Brooke Taylor
(1685 bis 1731)

Aus dem Kontakt mit den Berliner Mathematikern — mit *E. E. Kummer, L. Kronecker, K. Weierstraß, R. Dedekind* und *K. W. Borchardt* — ging *Riemann*s Abhandlung „Über die Anzahl der Primzahlen unter einer gegebenen Größe" hervor, die er der Berliner Akademie einreichte. Diese Arbeit wurde berühmt, weil in ihr eine Vermutung über die Nullstellen der Zetafunktion

$$\zeta(s) = \sum_{n=1}^{\infty} \frac{1}{n^s}, \quad s = \sigma + i\tau$$

enthalten ist. Diese nach *Riemann* benannte Zetafunktion ist nach einem Satz von *L. Euler* identisch mit

$$\zeta(s) = \prod_{\substack{\text{über alle} \\ \text{Primzahlen}}} \frac{1}{1 - \frac{1}{p^s}}.$$

Riemann vermutete, daß die unendlich vielen nichttrivialen Nullstellen dieser Funktion sämtlich den Realteil $\frac{1}{2}$ haben, also auf der Geraden $\sigma = \frac{1}{2}$ liegen. Die Bedeutung dieser Aussage beruht darauf, daß aus ihr weitreichende Schlüsse über die Verteilung der Primzahlen gezogen werden können. Trotz großer Anstrengungen ist die Riemannsche Vermutung bis heute noch unbewiesen. Als der hervorragende deutsche Mathematiker *D. Hilbert* gefragt wurde, wonach er sich zuerst erkundigen würde, wenn er 100 Jahre nach seinem Tode noch einmal mit Mathematikern zusammenkommen könne, soll er geantwortet haben: „Danach, ob die Riemannsche Vermutung bewiesen ist."

*Riemann*s bisher genannte Arbeiten und weitere Abhandlungen, darunter „Über die Fortpflanzung ebener Luftwellen von endlicher Schwingungsweite" und „Untersuchungen über die Bewegung eines flüssigen, gleichartigen Ellipsoides", gaben Anlaß zu Ehrungen durch die Pariser Akademie und die Londoner Royal Society.

Im Jahre 1862 befand sich *Riemann* auf dem Höhepunkt seines wissenschaftlichen Schaffens. In diesem, für ihn in vieler Hinsicht glücklichen Jahr — im Alter von 35 Jahren — heiratete er *Elise Koch*, eine Freundin seiner Schwester.

Doch wurde das Glück bald getrübt. *Riemann* zog sich eine Brustfellentzündung zu,

die – trotz einer Italienreise – nicht richtig ausheilte. Er verbrachte den Winter mit seiner Frau in Messina. Auf der Rückreise besuchten sie die Kunstschätze von Neapel, Rom, Livorno, Pisa, Florenz, Bologna und Milano. *Riemann* lernte dabei die bedeutendsten Gelehrten Italiens kennen. Insbesondere schloß er enge Freundschaft mit dem bedeutenden Mathematiker *E. Betti*, den er schon 1858 in Göttingen kennengelernt hatte.
Optimistisch verließ *Riemann* das ihm liebgewordene Italien. Unglücklicherweise zog er sich beim Übergang über die Alpen eine erneute schwere Erkältung zu und war gezwungen, im Sommer 1863 eine zweite Italienreise anzutreten. Seine italienischen Freunde verschafften ihm eine Berufung nach Pisa, doch *Riemann* lehnte ab, weil er fürchten mußte, wegen seiner angegriffenen Gesundheit die beruflichen Verpflichtungen nicht erfüllen zu können. Er blieb jedoch bis zum Frühjahr 1865 in Pisa, in freundschaftlichem Verkehr mit *E. Betti* und *E. Beltrami*. Er arbeitete zu dieser Zeit an der Untersuchung der Nullstellen der Theta-Funktionen.
Im Mai und Juni 1865 verschlechterte sich das Befinden von *Riemann* weiter. Dennoch kehrte er im Herbst nach Göttingen zurück. Immerhin konnte er während des Winters bei einigermaßen leidlichem Gesundheitszustand wenigstens einige Stunden täglich arbeiten. Er vollendete noch die Abhandlung über die Theta-Funktionen; andere Studien aber, über Minimalflächen und die Mechanik des Ohres, mußten abgebrochen werden.
Noch einmal suchte *Riemann* in Italien Heilung zu finden. Trotz des Krieges zwischen Österreich und Preußen, der die Reise beschwerlich machte, begab er sich im Juni 1866 auf seine dritte Italienreise, die seine letzte wurde. Sein Befinden verschlechterte sich sehr rasch. Schon wenige Wochen nach seiner Ankunft am Lago Maggiore verstarb er am 20. Juli, in voller Gewißheit seines unmittelbar bevorstehenden Todes bis zum letzten Tage an seinen mathematischen Untersuchungen arbeitend.
Die Zahl der von *Riemann* zu Lebzeiten publizierten und aus dem Nachlaß herausgegebenen Arbeiten ist relativ klein. Und doch haben sie durch die Reichweite und Ideenfülle die Entwicklung der modernen Mathematik in vielfältiger Weise gefördert. Auf *Riemann* geht die Vorstellung von der heute nach ihm benannten Riemannschen

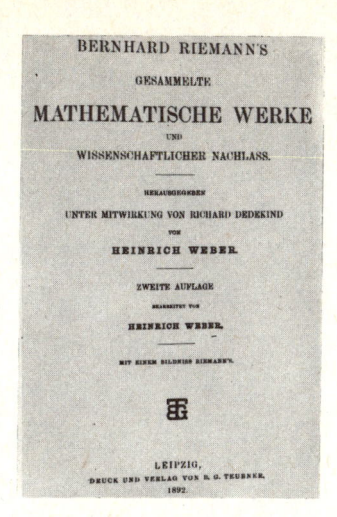

Titelblatt zu Riemanns „Gesammelte mathematische Werke" (1892)

Fläche zurück, die zur Fundierung der geometrischen Funktionentheorie unentbehrlich geworden ist. Nach *Riemann* ist auch die Zahlenkugel benannt, die eine anschauliche Darstellung der komplexen Zahlenebene und der Abbildungen komplexer Funktionen aufeinander ermöglicht. Durch *Riemann* wurden – mit dem Begriff Geschlecht einer Fläche – topologische Invarianten zur Klassifizierung der Abelschen Funktionen gefunden. Überhaupt vermochte *Riemann* mit der ihm eigenen Fähigkeit zur Aufdeckung tiefliegender innerer mathematischer Zusammenhänge differentialgeometrisches und topologisches Denken zu vereinen und in gegenseitiger Wechselwirkung fruchtbar zu machen.

Mit seinen Untersuchungen über die Darstellbarkeit von Funktionen durch Fourierreihen leistete *Riemann* – zusammen mit *Lejeune Dirichlet* – wesentliche Beiträge zur Überwindung des inzwischen überholten Eulerschen Funktionsbegriffes. *Riemann* gab – vor *Weierstraß*, aber später als *B. Bolzano* – ein Beispiel für eine überall stetige, nirgends differenzierbare Funktion und trug damit zur Untersuchung der „pathologischen" Funktionen bei, die für die moderne Physik des 20. Jahrhunderts außerordentlich bedeutungsvoll werden sollten. Der Begriff der Integrierbarkeit nach *Riemann* stellte die Integrationstheorie auf eine neue Grundlage; so wurde der Weg für andere, allgemeineren Zwecken dienende, mengentheoretisch begründete Integralbegriffe freigelegt, wie sie unter anderen von *H. Lebesgue* und *Th. J. Stieltjes* definiert wurden. Für *Riemann*s wissenschaftliches Denken war die enge Verbindung von Mathematik und Physik charakteristisch. Lokale physikalische Eigenschaften interpretierte er durch mathematische Modelle; mathematische Ideen suchte er durch physikalische Modelle zu realisieren. So stand zum Beispiel seine Vorstellung von einer Funktion komplexer Veränderlicher in engem Zusammenhang mit der Hydrodynamik.

*Riemann*s Theorie der geometrischen Räume – gegründet auf das Studium quadratischer Differentialformen – war die erste klare Verteidigung und Rechtfertigung der nichteuklidischen Geometrie, die, behindert durch die Vorherrschaft der Kantschen Philosophie, kaum hatte Anerkennung finden können. Insbesondere vermochte *Riemann* ein überzeugendes, widerspruchsfreies Modell einer elliptischen Geometrie anzugeben.

Durch *Riemanns* Habilitationsvortrag wurde die von *H. Graßmann* und *A. Cayley* gleichzeitig eingeführte n-dimensionale Geometrie anerkannt, obgleich ihre Anwendung im breiten Umfange erst gegen Ende des 19. Jahrhunderts einsetzte. *Riemanns* Untersuchungen gaben, auf dem Hindergrunde der sich entwickelnden Gruppentheorie, für *F. Klein* und *S. Lie* Impulse zum Studium diskontinuierlicher und kontinuierlicher Transformationsgruppen und zur Entwicklung der Invariantentheorie stetiger Punkttransformationen.

Lebensdaten zu Bernhard Riemann

1826	17. September, *Riemann* in Breselenz bei Dannenberg geboren
1840 bis 1842	Schüler des Gymnasiums in Hannover
1842 bis 1846	Schüler des Johanneums in Lüneburg
1846	März, Abitur in Lüneburg
1846	25. April, Immatrikulation an der Universität Göttingen
1846/47	April bis März, Student an der Universität Göttingen
1847 bis 1849	April bis März (1849), Student an der Universität Berlin
1849	April, Fortsetzung des Studiums an der Universität Göttingen
1851	16. Dezember, Promotion
1853	Dezember, Einreichung der Habilitationsschrift
1854	10. Juni, Vortrag im Habilitationskolloquium
1854	9. Oktober, Erste Vorlesung
1857	Ernennung zum außerordentlichen Professor
1859	Ernennung zum ordentlichen Professor
1859	Wahl zum ordentlichen Mitglied der Gesellschaft der Wissenschaften
1862	3. Juni, Heirat
1862/63	November bis Juni, erste Reise nach Italien
1863	Geburt einer Tochter
1863 bis 1865	August bis Oktober (1865), zweite Reise nach Italien
1866	Juni, dritte Reise nach Italien
1866	20. Juli, *Riemann* in Selasca am Lago Maggiore gestorben

Literaturverzeichnis zu Bernhard Riemann

[1] *Riemann, Bernhard:* Gesammelte mathematische Werke und wissenschaftlicher Nachlaß. Herausgegeben unter Mitwirkung von Richard Dedekind und Heinrich Weber, Zweite Auflage, Leipzig 1892.
[2] *Riemann, B.:* Gesammelte Werke. Nachträge. Herausgegeben von M. Noether und W. Wirtinger, Leipzig 1902.
[3] *Burkhardt, H.:* Bernhard Riemann. Vortrag zur 25. Wiederkehr seines Todestages, Göttingen 1892.
[4] *Courant, R.:* Bernhard Riemann und die Mathematik der letzten hundert Jahre. In: Die Naturwissenschaften, Band 14 (1926), S. 813 bis 818.
[5] *Bieberbach, L.:* Über den Einfluß von Hilberts Pariser Vortrag über ,,Mathematische Probleme" auf die Entwicklung der Mathematik in den letzten dreißig Jahren. In: Die Naturwissenschaften, Band 18 (1936), S. 1101 bis 1111.
[6] *Becker, O.:* Grundlagen der Mathematik in geschichtlicher Darstellung. Freiburg/München 1954.
[7] *Struik, D. J.:* Abriß der Geschichte der Mathematik. Braunschweig 1967.
[8] *Hilbert, D.:* Die Hilbertschen Probleme. Vortrag ,,Mathematische Probleme" von D. Hilbert, gehalten auf dem 2. Internationalen Mathematikerkongreß, Paris 1900, erläutert von einem Autorenkollektiv unter der Redaktion von P. S. Alexandrow. Herausgegeben in deutscher Sprache von H. Wussing, Ostwalds Klassiker der exakten Wissenschaften, Nr. 252, Leipzig 1971.

Georg Cantor (1845 bis 1918)

In einer Periode sich rasch verstärkender Intensität der mathematischen Forschung, zu Beginn der siebziger Jahre des 19. Jahrhunderts, erschienen die Abhandlungen von Georg Cantor. Durch sie wurde eine neue Disziplin der Mathematik begründet, die Mengenlehre. Diese gab für die weitere Entwicklung der Mathematik starke Impulse, sie führte die auseinanderstrebenden Disziplinen der Mathematik wieder zusammen und gab wesentliche Anstöße zum Überdenken der Grundlagen der Mathematik.

Georg Cantor
in jungen Jahren

Einzelne Ergebnisse der Mengenlehre sind vor und neben *Cantor* auch von anderen Forschern teilweise angedeutet oder ausgesprochen worden, aber die entscheidenden Ideen in ihrer umfassenden Bedeutung hat *Cantor* erkannt, in rastloser Arbeit erforscht und gegen alle Vorbehalte konsequent verteidigt. In einer ganzen Reihe von Abhandlungen legte er seine Entdeckungen über die Mengenlehre dar, deren ganze Bedeutung und Tragweite erst bei weiteren Forschungen klar wurde.

Georg Ferdinand Ludwig Philipp Cantor wurde am 3. März (19. Februar alter Rechnung) 1845 in St. Petersburg (heute Leningrad) geboren. Sein Vater, *Woldemar Cantor*, der in Kopenhagen geboren war, eröffnete schon als junger Mann in Petersburg ein Maklergeschäft, das ihn zu bedeutendem Wohlstand führte. Er war aber nicht nur ein erfolgreicher Kaufmann, sondern auch ein vielseitig gebildeter Mann. Die Mutter *Cantor*s stammte aus einer künstlerisch und wissenschaftlich hochveranlagten Familie, scheint aber nur wenig auf *Cantor*s Entwicklung Einfluß genommen zu haben. In Petersburg besuchte *Cantor* die Elementarschule. Im Jahre 1856 übersiedelte die Familie infolge einer Krankheit des Vaters nach Frankfurt am Main.

Cantor hatte schon frühzeitig den Wunsch, Mathematik zu studieren. Aber der Vater forderte, daß er einen einträglicheren Beruf, den eines Ingenieurs, ergreifen sollte. So besuchte *Cantor* von 1860 bis 1862 die Höhere Gewerbeschule in Darmstadt, absolvierte dort die allgemeine Abteilung und legte die Reifeprüfung ab, die zum Studium einer Naturwissenschaft berechtigte. Seine Zensuren waren in allen Fächern gut; besonders in den mathematischen Disziplinen bekam er eine vorzügliche Beurteilung. Deshalb äußerte *Cantor* erneut seinen Wunsch, Mathematik studieren zu dürfen. Nach längerem Zögern gab der Vater nach und erlaubte seinem Sohn, sich in Zürich als Student immatrikulieren zu lassen. Als der Vater bald darauf starb, ging *Cantor* 1863 an die Universität Berlin, da hier sehr günstige Bedingungen für ein Studium der Mathematik bestanden. Von seinen Lehrern hat besonders *K. Weierstraß* einen bestimmenden Einfluß auf seine wissenschaftliche Entwicklung ausgeübt. Im Jahre 1867 promovierte er in Berlin mit einer Arbeit über Zahlentheorie. Bei der Verteidigung seiner Promotion stellte er eine These auf, die für sein ganzes späteres wissenschaftliches Forschen richtungsweisend geworden ist: „In der Mathematik ist die Kunst des

Georg Cantor

Fragestellens wichtiger als die des Lösens." In der Tat lag die großartige Leistung *Cantor*s darin, daß er durch völlig neue Fragestellungen zu ganz neuen Problemen in der Mathematik gelangte.

Im Jahre 1868 legte er dann die Staatsprüfung als Lehrer für das höhere Lehramt ab und unterrichtete als Probekandidat einige Monate in der Prima eines Berliner Gymnasiums. Jedoch war er von Anfang an entschlossen, die Universitätslaufbahn einzuschlagen, obwohl dieser Weg zunächst mit finanziellen Opfern verbunden war. Da er aber durch das Erbe seines Vaters materieller Sorgen enthoben war, konnte er diesen Weg ohne Zögern wählen. Er habilitierte sich bereits 1869 an der Universität Halle, wieder mit einer zahlentheoretischen Arbeit, und wurde hier durch Förderung von *H. A. Schwarz* bald außerordentlicher Professor. Im Jahre 1874 heiratete er eine Freundin seiner Schwester, *Vally Guttmann*, die er in Berlin kennengelernt hatte. Aus dieser Ehe gingen sechs Kinder hervor.

Auf Grund seiner Forschungsergebnisse und seiner Erfolge als Hochschullehrer wurden ihm bald erste Ehrungen zuteil. Er wurde Mitglied der Naturforschenden Gesellschaft in Halle und 1878 Korrespondierendes Mitglied der Göttinger Gesellschaft der Wissenschaften. Schließlich wurde er in für damalige Verhältnisse relativ kurzer Zeit 1879 zum Ordinarius für Mathematik an der Universität Halle befördert. Durch einen seiner Fachkollegen, *E. Heine*, wurde *Cantor* am Anfang seiner Tätigkeit in Halle angeregt, sich mit der Theorie der trigonometrischen Reihen zu beschäftigen. Bald fand er auf diesem Gebiet eine Reihe wesentlicher Ergebnisse. Seine Forschungen führten ihn dabei zur Untersuchung von Eigenschaften bestimmter Punktmengen. Durch Verallgemeinerung der gefundenen Sätze kam er zu ersten Ergebnissen der Mengenlehre. Diese Ergebnisse und die sich aus ihnen ergebenden weiteren Fragestellungen wurden von nun an das ausschließliche Forschungsgebiet *Cantor*s. In angestrengtester Arbeit gelang es ihm, viele Fragen, die sich weit über bisher in der Mathematik als feste Maximen geltende Ansichten heraushoben, zu stellen und zu lösen. Seine erste Abhandlung über Fragen der Mengenlehre erschien 1874. Die Aufnahme seiner Entdeckungen in der mathematischen Welt war unterschiedlich, vor allem erkannten nur sehr wenige die Bedeutung der gefundenen Ergebnisse. So wurde

Universität in Halle

seine Arbeit „Ein Beitrag zur Mannigfaltigkeitslehre" 1878 erst nach persönlicher Intervention von *Weierstraß* veröffentlicht; eine andere Arbeit wurde später mit der Bemerkung, „sie käme 100 Jahre zu früh", nicht gedruckt. Schließlich aber fand *Cantor* in den „Mathematischen Annalen" eine Zeitschrift, die seine nun in rascher Folge erscheinenden Abhandlungen aufnahm. Das Echo darauf blieb jedoch gering. Das rührte daher, daß für viele die Ansichten *Cantors* völlig neu und ungewohnt waren; zum anderen fanden sich auch Gegner seiner Theorie.

Sein Lehrer *Weierstraß* erkannte sehr rasch die Fruchtbarkeit einiger Ideen seines Schülers und verwendete schon 1874 Überlegungen von *Cantor* beim Beweis von Sätzen über reelle Funktionen. Später jedoch war auch sein Verhalten zu *Cantor* wechselnd, wenn er sich auch schließlich für die Mengenlehre *Cantors* warm einsetzte. In den Jahren der intensiven Forschung war die Zusammenarbeit von *Cantor* mit dem Mathematiker *R. Dedekind* besonders eng, dessen Forschungen mit den seinen eng verbunden waren. In regem Briefwechsel tauschten sie die Ergebnisse ihrer Überlegungen aus; *Dedekind* hat auf die Vorstellungen und Beweisführungen *Cantors* sehr befruchtend gewirkt. Beiden Forschern gelang es dabei auch, jeweils einen mathematisch exakten Weg zum Aufbau der reellen Zahlen anzugeben.

In dem sehr einflußreichen Berliner Mathematiker *L. Kronecker* erwuchs *Cantor* ein erbitterter Gegner. Zwar trat dieser in wissenschaftlichen Publikationen nicht direkt gegen *Cantor* auf und nannte auch nicht die Sätze und Grundbegriffe *Cantors*, die er für falsch oder unzulässig hielt, aber er griff *Cantor* mit kritischen Bemerkungen vor anderen Mathematikern heftig an und machte in seinen Vorlesungen abfällige Bemerkungen über die Mengenlehre. *Kronecker* soll sogar so weit gegangen sein, daß er *Cantor* als „Verderber der Jugend" brandmarkte. Mit dieser Einstellung beeinflußte *Kronecker* einen Teil der Mathematiker gegen die neuartigen, ungewohnten Überlegungen der Mengenlehre. Letzten Endes scheiterten dadurch auch alle Bemühungen von *Cantor*, an eine größere Universität, eventuell sogar nach Berlin, berufen zu werden.

Bei der Herausarbeitung seiner Theorie hatte *Cantor* das sogenannte Kontinuumproblem gefunden, dessen Lösung er zwar zu ahnen glaubte, dessen Beweis ihm aber trotz

Zeichensaal der Universität Halle

großer Anstrengungen nicht gelingen wollte. Durch ein Zusammentreffen von persönlichen und fachlichen Schwierigkeiten beeinflußt, durch die intensive subtile Forschung mehrerer Jahre erschöpft, erlitt *Cantor* im Jahre 1884 einen schweren geistigen Zusammenbruch. Die letzten Ursachen dieser Krankheit sind höchstwahrscheinlich in der Veranlagung von *Cantor* zu suchen, jedoch trugen die äußeren Umstände sicher zum Ausbruch der Krankheit bei. Er hatte nach seiner Genesung zunächst die Absicht, sich ganz aus der mathematischen Forschung zurückzuziehen und sich philosophischen Fragen zu widmen. Auch beschäftigte er sich intensiv mit literarischen Studien über die Persönlichkeit W. *Shakespeares*. Jedoch mit zunehmender Erholung setzte er sowohl seine mathematischen Vorlesungen als auch seine Forschungen fort. Allerdings sollte ihn seine Krankheit nie wieder verlassen, sie trat mit Unterbrechungen immer wieder auf.

Am Ende der 80er Jahre des vorigen Jahrhunderts begannen sich *Cantors* mathematische Ideen in der Fachwelt durchzusetzen. Der Schwede G. *Mittag-Leffler*, der seit längerer Zeit mit *Cantor* befreundet war, verwendete Sätze der Mengenlehre zum Beweis funktionentheoretischer Theoreme und machte damit die Brauchbarkeit der Cantorschen Begriffsbildungen augenscheinlich. Er tat aber noch mehr. In der von ihm herausgegebenen mathematischen Zeitschrift veröffentlichte er Originalarbeiten von *Cantor* und Übersetzungen früherer Arbeiten *Cantors* ins Französische. Allen Gedankengängen *Cantors* vermochte aber auch er nicht zu folgen. Durch diese Veröffentlichungen wurden viele ausländische Mathematiker auf *Cantors* Arbeiten aufmerksam. Zunächst waren es auch in der Hauptsache französische und englische Mathematiker, die immer mehr die Bedeutung der Mengenlehre erkannten, sie weiterverbreiteten und in den verschiedenen Disziplinen anwandten.

Cantor hatte bereits während seines Studiums in Berlin die Fruchtbarkeit eines wissenschaftlichen Gedankenaustausches kennengelernt. Er war dort Mitglied des mathematischen Vereins und zeitweilig auch dessen Vorsitzender. Um so mehr mußte er daher in Halle, wo nur wenige Fachkollegen waren, den Mangel solcher fachlicher Gespräche empfinden. Mit allen, die seinen Ideen nahestanden, konnte er nur brieflich verkehren. Es ist daher nicht verwunderlich, daß *Cantor* die Idee aufgriff, die Zusam-

Ehemaliges Lesezimmer des mathematischen Seminars

menarbeit der Mathematiker durch die Schaffung einer geeigneten Organisation zu verstärken. Der Wunsch nach einem Zusammenschluß bestand unter den deutschen Mathematikern seit langem, jedoch hatten erste Ansätze zu keinem Erfolg geführt. *Cantor* verfolgte seinen Plan mit der ihm eigenen Beharrlichkeit. Während der 80er Jahre setzte er sich schriftlich und mündlich unermüdlich für die Verwirklichung seiner Vorstellungen ein. Es ist ihm im hohen Maße zu verdanken, daß auf dem 1890 in Bremen stattfindenden Kongreß der ,,Versammlung deutscher Naturforscher und Ärzte" die ,,Vereinigung deutscher Mathematiker" gegründet wurde. Der Zweck dieser Vereinigung war es, die mathematische Wissenschaft zu fördern und auszubauen, die Stellung der Mathematiker im geistigen Leben in Deutschland zu heben und den Mathematikern Gelegenheit zu geben, sich gegenseitig kennenzulernen und ihre Ideen, Erfahrungen und Wünsche auszutauschen. *Cantor* wurde zum Vorsitzenden dieser Vereinigung gewählt, mußte aber dieses Amt nach einiger Zeit wegen seiner Krankheit aufgeben.

Cantor versuchte darüber hinaus, einen Zusammenschluß der Mathematiker auf internationaler Ebene zu erreichen. Wenn dies auch nicht gelang, so gehört er doch mit zu den Initiatoren der internationalen Mathematikerkongresse, deren erster im Jahre 1897 in Zürich stattfand. Auf diesem Kongreß hielt *A. Hurwitz* einen Vortrag, in welchem er darlegte, wie die Mengenlehre zu einer neuen Befruchtung der Funktionentheorie führen kann. Auch auf den folgenden Kongressen standen Probleme der Mengenlehre oft im Brennpunkt des Interesses. Damit trugen diese Kongresse mit dazu bei, daß die große Bedeutung der Mengenlehre für viele Gebiete der Mathematik immer besser erkannt und gewürdigt wurde. Englische, russische, italienische wissenschaftliche Gesellschaften ernannten *Cantor* zu ihrem Ehrenmitglied, er wurde Ehrendoktor der Universitäten von Kristiania (Norwegen) und St. Andrews (Schottland). Durch solche Ereignisse ermutigt, veröffentlichte *Cantor* auch wieder mathematische Arbeiten, wenn diese sich auch hauptsächlich mit der Darlegung und Verteidigung der bisher gewonnenen Erkenntnisse beschäftigten. So erschienen in den Jahren 1895 bis 1897 seine ,,Beiträge zur Mengenlehre", die die Ergebnisse seiner allgemeinen Mengenlehre in systematischem Zusammenhang darstellten. Bei der Weiterführung seiner

Alter Hörsaal des mathematischen Seminars

Forschungen fand er, daß bei der Mengenbildung Antinomien, widersprüchliche Aussagen, auftreten können. Er erkannte sie zwar und beschrieb sie auch, konnte sie aber nicht vermeiden. Vielleicht ist das eine der Ursachen dafür, daß er ab 1897 keine Arbeit mehr veröffentlichte, obwohl er an verschiedenen mathematischen Fragen arbeitete und große Pläne für weitere Veröffentlichungen hegte. Eine andere Ursache liegt zweifellos in seinen immer wieder auftretenden Nervenerkrankungen begründet, die nicht nur seine Forschertätigkeit weitgehend lahmlegten, sondern ihn auch in wachsendem Maße hinderten, seinen Pflichten als Hochschullehrer nachzukommen. Bereits im Jahre 1902 stellte er einen Antrag auf Pensionierung, der jedoch abgelehnt wurde. Er mußte aber in den folgenden Jahren sehr häufig seine Vorlesungen wegen Krankheit ausfallen lassen, so daß er 1913 endgültig von der Vorlesungstätigkeit befreit wurde. Anläßlich seines 70. Geburtstages im Jahre 1915 war eine große internationale Feier geplant, die jedoch infolge des 1. Weltkrieges nicht zustande kam. Trotzdem versammelten sich an diesem Tage viele deutsche Mathematiker in Halle, um *Cantor* zu ehren. Äußerer Ausdruck dieser Verehrung war die Stiftung einer Marmorbüste von *Cantor*, die heute im Hauptgebäude der Universität Halle aufgestellt ist. Damit erlebte *Cantor* am Ausgang seines Lebens, daß sein Werk nun auch in Deutschland Beachtung und Anerkennung gefunden hatte.
Sein Gesundheitszustand verschlechterte sich in der Folgezeit immer mehr. *Cantor* verstarb am 6. Januar 1918 und wurde in Halle beigesetzt.
Cantor war eine große, imponierende Erscheinung. Er besaß eine umfassende Bildung, wobei besonders seine Kenntnisse in philosophischen und allen damit zusammenhängenden Fragen hervorragten. In Gesprächen und Briefen äußerte er seine Ideen originell und lebhaft, neigte allerdings leicht zu temperamentvollen Ausbrüchen, bei denen er dann kein Blatt vor den Mund nahm. Neben seiner großartigen schöpferischen Phantasie war für ihn das beharrliche Festhalten an einmal als richtig erkannten Gedanken, die er gegen jeden Widerstand verteidigte, besonders charakteristisch. So war er sich von Anfang an der großen Bedeutung der von ihm geschaffenen Mengenlehre bewußt. Seine Überzeugung von der Richtigkeit und Wichtigkeit seiner Ideen hat ihn aber weder überheblich noch eitel werden lassen.

Richard Dedekind
(1831 bis 1916)

In seiner mehr als dreißigjährigen Tätigkeit als Hochschullehrer an der Universität Halle hat er über viele mathematische Disziplinen gelesen. Über seine mengentheoretischen Untersuchungen hat er dabei nur sehr selten im mathematischen Seminar vorgetragen. Obwohl er oft nur wenige Hörer hatte — bedingt durch die geringe Anzahl von Mathematikstudenten an der Universität Halle —, hat er doch im Laufe der Jahre eine beträchtliche Anzahl Studenten, meist Lehramtskandidaten, ausgebildet. Eigentliche Schüler hat er kaum gehabt. Das kann unter anderem damit zusammenhängen, daß die Probleme, die ihn beschäftigten, ihn selbst so stark gefangennahmen, daß er alles versuchte, um sie selbst zu lösen. Auch war das allgemeine Interesse für solche Fragen noch zu gering.

Cantor wurde durch bestimmte Fragen der Analysis zu ersten Überlegungen über die Mengenlehre angeregt. Damit griff er ein Problem auf, das bereits seit langer Zeit Mathematiker und Philosophen gleichermaßen beschäftigte, das Problem des Unendlichen. Durch das Wirken von *A. L. Cauchy, K. Weierstraß* und anderen Mathematikern war zwar in der Mitte des 19. Jahrhunderts mit der strengen Definition des Grenzwertes eine bestimmte Klärung dieser Fragen für die Mathematik erreicht worden, aber damit wurde die seit *Aristoteles* vorherrschende Auffassung, daß das Unendliche nur als sogenanntes „potentielles Unendlich" existiere, nochmals bekräftigt. Diese Auffassung besagt, daß man sich zwar zu jeder gegebenen Größe eine noch größere denken könne, diese Größen aber immer endlich bleiben und der Prozeß des Größerwerdens nie aufhöre, das heißt, daß es keine unendlich großen Größen gibt. *C. F. Gauß* hatte diese Auffassung in einem Brief so ausgedrückt „. . . so protestiere ich . . . gegen den Gebrauch einer unendlichen Größe als einer vollendeten, welcher in der Mathematik niemals erlaubt ist. Das Unendliche ist nur eine façon de parler (Redensart, K. R.), in dem man eigentlich von Grenzen spricht, denen gewisse Verhältnisse so nahe kommen als man will, während anderen ohne Einschränkung zu wachsen verstattet sind." [4, S. 1] Diese Ansichten über das Unendliche in der Mathematik waren das Allgemeingut aller Mathematiker dieser Zeit. Um so mehr müssen wir die Genialität und die geistige Kühnheit *Cantors* bewundern, der mit seinen Ergebnissen weit über diese Anschauung hinausging. Er konnte zeigen, daß es keineswegs denknotwendig war, bei der Erkenntnis stehenzubleiben, daß man z. B. zu jeder gegebenen natürlichen Zahl eine größere angeben könne, sondern daß es durchaus möglich ist, sich die Menge aller natürlichen Zahlen vorzustellen und darüber hinaus weitere Mengen mit unendlich vielen Elementen. Er selbst sagte im Vorwort einer seiner Abhandlungen: ,,Die bisherige Darstellung meiner Untersuchungen in der Mannigfaltigkeitslehre (Mengenlehre, K. R.) ist an einen Punkt gelangt, wo ihre Fortführung von einer Erweiterung des realen ganzen Zahlbegriffs über die bisherigen Grenzen hinaus abhängig wird, und zwar fällt diese Erweiterung in eine Richtung, in welcher sie meines Wissens bisher von niemanden gesucht worden ist." [1, S. 165] Daß ihm diese Erweiterung nicht leichtgefallen ist, lesen wir an einer anderen Stelle: ,,Zu dem Gedanken, das Unendlichgroße nicht bloß in der Form des unbegrenzt Wachsenden ... zu betrachten, sondern es auch in der bestimmten Form des Vollendet-unendlichen mathematisch durch Zahlen zu fixieren, bin ich fast wider meinen Willen, weil im Gegensatz zu mir wertgewordenen Traditionen, durch den Verlauf vieljähriger wissenschaftlicher Bemühungen und Versuche logisch gezwungen worden, und ich glaube daher auch nicht, daß Gründe sich dagegen werden geltend machen lassen, denen ich nicht zu begegnen wüßte." [1, S. 175] Aus dieser Erkenntnis heraus und von ihr fest überzeugt hat *Cantor* seine Theorie der Mengen aufgebaut.

Cantor hat erst verhältnismäßig spät allgemein formuliert, was er unter einer Menge verstand. Er schrieb in seiner Abhandlung ,,Beiträge zur Begründung der transfiniten Mengenlehre", die im Jahre 1895 erschien: ,,Unter einer Menge verstehen wir jede Zusammenfassung M von bestimmten wohlunterschiedenen Objekten m unserer Anschauung oder unseres Denkens (welche die ,,Elemente" von M genannt werden) zu einem Ganzen." [1, S. 282] *Cantor* befaßte sich zunächst mit Zahlenmengen, zum Beispiel der Menge aller natürlichen Zahlen, der Menge aller ganzen Zahlen, der Menge aller rationalen Zahlen usw. Um solche Mengen miteinander vergleichen zu können, verwendete er Begriffe, die sich als äußerst fruchtbar in seinen weiteren Überlegungen erwiesen — den Begriff der Abbildung und den Begriff der Mächtigkeit einer Menge. Sind zwei Mengen gegeben, so soll untersucht werden, ob jedem Element der einen Menge ein einziges Element der anderen Menge zugeordnet werden kann und umgekehrt. Kann eine solche Zuordnung, eine umkehrbar-eindeutige Abbildung, gefunden werden, so sollen die beiden vorgegebenen Mengen von gleicher Mächtigkeit genannt werden.

Mit Hilfe dieser Festsetzungen stellte *Cantor* fest, daß beispielsweise die Menge der natürlichen Zahlen gleichmächtig der Menge aller ganzen Zahlen ist, das heißt, daß beide Mengen ,,gleichviel'' Elemente enthalten. Ebenso sah er bald, daß die Menge der ganzen Zahlen, die Menge der rationalen Zahlen, die Menge der algebraischen Zahlen alle die gleiche Mächtigkeit wie die Menge der natürlichen Zahlen haben. Statt ,,Mächtigkeit'' verwendete *Cantor* oft gleichbedeutend den Namen ,,Kardinalzahl'', und er setzte fest, alle oben genannten Mengen haben die Kardinalzahl $\aleph_0$ (Aleph Null – Aleph ist der erste Buchstabe des hebräischen Alphabets). Zunächst glaubte er, auch die Menge der reellen Zahlen habe dieselbe Mächtigkeit; da gelang ihm 1873 der Beweis, daß die Menge der reellen Zahlen eine andere Kardinalzahl haben müsse, die er $\aleph$ nannte.

Dieser Beweis kann als die Geburtsstunde der Mengenlehre angesehen werden, denn nun stand fest, daß Untersuchungen von unendlichen Mengen sinnvoll sind, daß mindestens zwei voneinander verschiedene unendliche Kardinalzahlen existieren. Mit diesem Beweis zeigte sich aber auch schon die Bedeutung der Mengenlehre für andere Disziplinen der Mathematik. Aus der Tatsache nämlich, daß die Menge der algebraischen Zahlen eine andere Mächtigkeit als die Menge der reellen Zahlen hat, folgt unmittelbar, daß es transzendente Zahlen geben muß; ein Ergebnis, dessen Beweismittel um so mehr Beachtung hätte finden müssen, da damals nur wenige transzendente Zahlen bekannt waren. Im gleichen Jahr, 1873, gelang zum Beispiel dem französischen Mathematiker *Ch. Hermite* der Nachweis, daß die Zahl *e* transzendent ist.

Überträgt man diese ersten Ergebnisse *Cantors* auf die Geometrie, so kann man sagen: Jeder reellen Zahl entspricht ein Punkt auf der Zahlengeraden. Also hat die Menge aller Punkte auf einer Geraden die gleiche Kardinalzahl wie die Menge der reellen Zahlen.

Marmorbüste
Georg Cantors

Cantor fand nun das überraschende und zunächst äußerst paradox klingende Ergebnis, daß die Menge aller Punkte der Ebene gleichmächtig der Menge aller Punkte auf einer Geraden ist. Leger gesprochen heißt das, es gibt ‚genau so viel' Punkte in einer Ebene wie auf einer Geraden. Er verallgemeinerte dies noch in dem Satz, daß zwei stetige Mengen, von denen die eine m, die andere n Dimensionen hat, gleichmächtig sind. Über dieses Ergebnis schrieb *Cantor* selbst an *Dedekind*: ,,Ich sehe es, aber ich glaube es nicht." Da beide in dem Beweis aber keine Fehler fanden, veröffentliche *Cantor* schließlich diesen Satz. Er führte später zu einer Klärung des Dimensionsbegriffs unter neuen Gesichtspunkten.

Ausgehend von und im Zusammenhang mit diesen Ergebnissen begann *Cantor*, die Theorie der unendlichen Mengen zu erforschen. Er entdeckte Mengen mit weiteren unendlichen Kardinalzahlen. Er konnte sogar zeigen, daß es zu jeder solchen vorgegebenen unendlichen Kardinalzahl noch eine größere gibt. Damit wurde es sinnvoll, nach Rechengesetzen mit unendlichen Kardinalzahlen zu fragen und diese zu untersuchen. Zwei gleichmächtige Mengen können aber doch noch Verschiedenheiten aufweisen. Zum Beispiel kann die Aufeinanderfolge der Elemente verschieden sein. Deshalb wird versucht, in der vorgegebenen Menge eine Ordnungsrelation zu definieren. Die einzelnen Elemente der Menge können dadurch in gewisser Weise angeordnet werden. Betrachtet man nun Mengen, in denen eine solche Ordnung definiert ist, so spricht man von geordneten Mengen. *Cantor* erkannte sehr früh die Bedeutung solcher geordneter Mengen und untersuchte die Gesetzmäßigkeiten, die hierbei auftreten. Die Ergebnisse seiner Untersuchungen wandte er auch bei der Betrachtung von Punktmengen an.

Zu den weittragendsten und folgenreichsten Entdeckungen *Cantor*s zählte, daß er neben den geordneten Mengen sogenannte ,,wohlgeordnete" Mengen definierte und untersuchte. Solche wohlgeordneten Mengen gestatten es, den Zählprozeß zu präzisieren und ins Unendliche fortzusetzen; jeder wohlgeordneten Menge entspricht dabei eindeutig eine Ordnungszahl. *Cantor* gelang es nun, zwischen den Ordnungszahlen und den Kardinalzahen Beziehungen herzustellen. Die von *Cantor* so geschaffene Theorie der Ordnungs- und Kardinalzahlen bezeichnete *D. Hilbert* als ,,die bewundernswerteste Blüte mathematischen Geistes und überhaupt eine der höchsten Leistungen rein verstandesmäßiger menschlicher Tätigkeit." [4, S. 194]

Cantor vermutete nun, daß die Kardinalzahl der reellen Zahlen ($\aleph$), die Kardinalzahl des sogenannten ‚Kontinuums', gleich einer Kardinalzahl sei, die er aus den Ordnungszahlen gewonnen hatte. Dies ist die Kontinuumshypothese, deren Bestätigung *Cantor* trotz vieler Bemühungen nicht gelang. Auch später hielt diese Hypothese allen Lösungsversuchen stand, bis 1964 von dem Amerikaner *P. Cohen* nachgewiesen wurde, daß man ihre Gültigkeit zwar annehmen kann, aber nicht notwendigerweise annehmen muß.

Cantor erkannte, daß seine Überlegungen über das Unendliche auch philosophische Fragen berührten. Im Vorwort seiner Schrift ‚Grundlagen einer allgemeinen Mannichfaltigkeitslehre', 1883, schrieb er, er habe diese Abhandlung für zwei Leserkreise geschaffen, „für Philosophen, welche der Entwicklung der Mathematik bis in die neueste Zeit gefolgt, und für Mathematiker, die mit den wichtigsten älteren und neueren Erscheinungen der Philosophie vertraut sind." [5, S. 222] Für *Cantor* war die Philosophie nicht ein Gebiet, mit dem er sich für seine mathematischen Zwecke auseinanderzusetzen hatte, sondern für ihn bestand ein innerer Zusammenhang zwischen beiden Wissenschaften. Er wollte aus den Gesetzen der Mathematik auch philosophische Erkenntnisse gewinnen. In seinen Abhandlungen ging er an vielen Stellen auf philosophische Werke ein, deren Texte er zur Begründung oder Gegenargumentation heranzog. Die philosophische Form einiger seiner Arbeiten war mit ein Grund, daß seine Überlegungen von manchen Mathematikern zunächst nicht gewürdigt wurden. Aber bei den Philosophen seiner Zeit fand *Cantor* anfangs auch keinen Widerhall. Erst im Laufe der Zeit fanden sich auch hier Männer, die seine Ideen aufgriffen.

Er hat seinen Standpunkt zu den Fragen der Realität der Mathematik und ihren Einbau in sein Weltbild in einer seiner Abhandlungen selbst dargestellt. Er sagte dort, daß der Mathematik zwei Realitäten innewohnen. Einmal existieren mathematische Größen als freie Erzeugnisse unseres Denkens, zum anderen als Abbilder von Vorgängen der Außenwelt. Diese zweite Realität brauche die Mathematik aber nur wenig zu be-

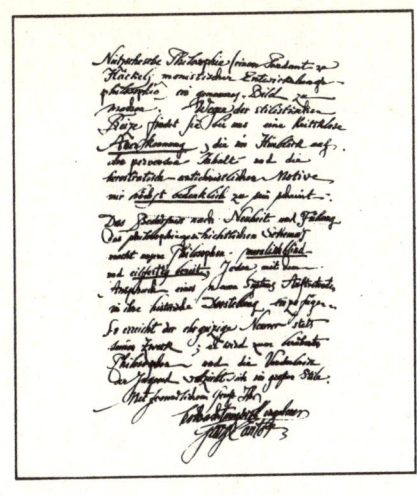

Die zweite Seite
eines Briefes
an Friedrich Loofs
(1858 bis 1928)

rücksichtigen, sondern könne sich ihre Begriffe frei schaffen. Der Zusammenhang beider Realitäten ergebe sich aus der ,,Einheit des Alls, zu welchem wir selbst mitgehören". [1, S. 182]
Diesen Standpunkt bezeichnete *Cantor* selbst als realistische, aber zugleich nicht weniger idealistische Grundlage seiner Betrachtungen. Nun ist die Freiheit der Begriffsbildung in der Mathematik zwar tatsächlich relativ groß, aber im Gegensatz zu *Cantor*s Annahme nicht absolut. Es zeigt sich aber, daß diese Grundhaltung *Cantor*s seinen Blick für eine zweckmäßige Erweiterung des mathematischen Wissens nicht trüben konnte. Wie sich herausstellte, sind die von *Cantor* in ,gedanklicher Freiheit' geschaffenen Begriffe auch für die Anwendung der Mathematik wertvoll geworden. Damit wird offensichtlich, daß die Mängel der Cantorschen Grundhaltung von ihren Vorteilen mehr als aufgehoben werden. Diese Vorteile liegen in der Betonung des Denkens im Erkenntnisprozeß durch *Cantor* sowie in seinem Erkenntnisoptimismus. Sie führten ihn von ,,erfahrungsgesicherten Grundlagen ausgehend auf theoretischem Wege, das heißt ohne ständigen Rückgriff auf die Erfahrung ... zu neuen Erkenntnissen." [7, S. 34] Erst das fertige theoretische System wurde dann an praxiserprobten Systemen überprüft und für richtig befunden.
Obwohl es *Cantor* zunächst in der Mengenlehre auf die Erforschung der Eigenschaften der Kardinal- und Ordnungszahlen ankam, zeigten sich bald vielfältige Anwendungsmöglichkeiten der Mengenlehre in anderen Disziplinen der Mathematik. So wurde nicht nur die Mengenlehre als neue mathematische Disziplin geschaffen, sondern auf ihrer Grundlage entstand beispielsweise auch die allgemeine Topologie, ein neuer Zweig der Geometrie. Schon bestehende Gebiete der Mathematik wie die Analysis, die Arithmetik, die Funktionentheorie konnten nun vielfach weiterentwickelt und exakter begründet werden. Durch das Auftreten von Antinomien wurde eine heftige Diskussion über die Grundlagen der Mathematik entfacht, die heute noch nicht abgeschlossen ist. Antinomien traten deshalb auf, weil man sich bei der Mengenbildung nach der von *Cantor* gegebenen Definition keinerlei Beschränkungen auferlegte. Man darf aber nicht vollkommen voraussetzungslos beliebige Dinge der Anschauung oder des Denkens zusammenfassen. Dadurch können, das besagen ja gerade die Anti-

nomien, Widersprüche auftreten. *Cantor* versuchte, durch zusätzliche Forderungen bei der Definition einer Menge Widersprüche auszuschalten, konnte aber die Probleme damit nicht lösen. Die Mathematiker waren sich nun zwar einig, daß diese Widersprüche beseitigt werden mußten, aber über die Wege zur Beseitigung herrschte lange Zeit keine Klarheit. Man sprach in diesem Zusammenhang sogar von einer ‚Grundlagenkrise' der Mathematik. Von Mathematikern, die an der Behebung dieser Widersprüche arbeiteten, seien besonders hervorgehoben *B. Russell*, *E. Zermelo*, *A. Fraenkel* und *L. Brouwer*.

Die Mengenlehre führte zu einem weiteren Abstrahierungsprozeß in der Mathematik, der die Voraussetzungen für die modernen Strukturtheorien schuf. Diese wurden in Verbindung mit der mathematischen Logik richtungsweisend für die heutige Entwicklung der Mathematik. Durch die höhere Abstraktion wurden aber auch die Anwendungsmöglichkeiten der Mathematik in vielen anderen Wissenschaften wesentlich erhöht oder sogar erst möglich.

Schlägt man heute ein modernes Lehrbuch der Mathematik auf, so findet man darin fast immer Betrachtungen über Mengen. In einem modernen Lehrbuch der Mengenlehre lesen wir sogar, daß die Mengenlehre „... in ihrer heutigen Form die zentrale mathematische Disziplin bildet in demjenigen umfassendsten Sinne, daß sich alle derzeitigen mathematischen Begriffe als mengentheoretische Begriffe erklären lassen und man damit jedes derzeitige Teilgebiet der Mathematik als Teilgebiet der Mengenlehre ansehen darf. Die Wissenschaft Mathematik ... fällt also beim heutigen Entwicklungsstand von Mathematik und Mengenlehre mit der Mengenlehre zusammen." [6, Einleitung]

Heute ist es deutlich geworden, daß die Schaffung der Mengenlehre durch *Cantor* zu den großartigsten Leistungen des menschlichen Denkens gehört. Sie bewirkte eine der umfassendsten Umwälzungen in der Geschichte der Mathematik.

Lebensdaten zu Georg Cantor

1845	3. März, *G. Cantor* in St. Petersburg (heute Leningrad) geboren
1856	Übersiedlung der Familie *Cantors* nach Deutschland
1860 bis 1862	Besuch der höheren Gewerbeschule in Darmstadt
1862 bis 1867	Studium der Mathematik in Zürich und Berlin
1867	Promotion an der Universität Berlin
1868	Ablegung der Staatsprüfung als Lehrer in Berlin
1869	Habilitation in Halle/S., Privatdozent an der dortigen Universität
1872	Außerordentlicher Professor an der Universität Halle
1874	Heirat mit *Vally Guttmann*
1874	Erste Abhandlung über Fragen der Mengenlehre
1874 bis 1884	Erscheinen zahlreicher Abhandlungen über Mengenlehre
1879	Ernennung zum ordentlichen Professor an der Universität Halle
1884	Geistiger Zusammenbruch *Cantors*
1890	Gründung der „Deutschen Mathematiker-Vereinigung", *Cantor* maßgeblich daran beteiligt
1895 bis 1897	Letzte Veröffentlichungen über Mengenlehre; zusammenfassende Darstellung gefundener Resultate
1913	Entbindung von der Vorlesungstätigkeit an der Universität
1918	6. Januar, *G. Cantor* in Halle gestorben

Literaturverzeichnis zu Georg Cantor

[1] *Cantor, Georg:* Gesammelte Abhandlungen. Herausgegeben von E. Zermelo, Berlin 1932.
[2] Personalakte Cantors aus dem Archiv der Martin-Luther-Universität Halle-Wittenberg.
[3] *Schoenflies, A.:* Die Krisis in Cantors mathematischem Schaffen. In: Acta Mathematica, 50 (1927), S. 1 bis 23.
[4] *Fraenkel, A.:* Einleitung in die Mengenlehre, 3. Auflage, Berlin 1928.
[5] *Fraenkel, A.:* Georg Cantor. In: Jahresbericht der Deutschen Mathematiker-Vereinigung, Band 39 (1930), S. 189 bis 266.

[6] *Klaua, D.:* Allgemeine Mengenlehre. Berlin 1964.
[7] *Kasdorf, G.:* Abstraktion und objektive Realität. Dissertation Humboldt-Universität, Berlin 1966.
[8] *Meschkowski, H.:* Probleme des Unendlichen. Werk und Leben Georg Cantors. Braunschweig 1967.
[9] *Grattan-Guinness, I.:* Some Remarks on Cantor's Published and Unpublished Work on Set Theory. In: NTM, Heft 1/1971, S. 1 bis 8.
[10] *Meschkowski, H.:* Hundert Jahre Mengenlehre. München 1973.

Felix Klein (1849 bis 1925)

Das Wirken von *Felix Klein* war für lange Zeit mit der Göttinger Universität verbunden. Er hat wesentlich dazu beigetragen, diese Bildungs- und Forschungsstätte für das letzte Jahrzehnt des vorigen und die drei ersten Jahrzehnte unseres Jahrhunderts zu einem Weltzentrum der Mathematik und Naturwissenschaften zu machen. In seiner Gedächtnisrede für den am 22. Juni 1925 verstorbenen *Felix Klein* führte sein berühmter Kollege *R. Courant* aus: „Klein war die beherrschende Figur dieser Epoche, berufen, auf breiter Bahn zu führen und die Bahnen der Entwicklung zu bestimmen." [14, S. 765] „Von überall her aus der ganzen Welt strömten ihm ... die Hörer zu", um in seinen „formvollendeten Vorlesungen ... die unerhörte Fülle fruchtbarster Gedanken" [14, S. 769] aufzunehmen.
Auch der später als Mitbegründer der Kybernetik weltberühmt gewordene *N. Wiener* zählte zu diesen aus aller Welt nach Göttingen strebenden jungen Mathematikern. Er erlebte *Klein* zwar nicht mehr in seinen Vorlesungen, wurde von ihm aber noch wenige Monate vor dessen Tode empfangen. Seinen Eindruck von dieser Zusammenkunft gibt er in seiner Autobiographie mit folgenden Worten wieder: „Er sprach mit edler Herablassung, wie ein König, und wenn er die großen Namen der Vergangenheit aussprach, hörten sie auf, bloß wesenlose Autoren wissenschaftlicher Abhandlungen zu sein, und wurden echte Lebewesen. Er strahlte eine Zeitlosigkeit aus, wie sie einem Manne, für den die Zeit keine Bedeutung mehr hatte, wohl anstand." [17, S. 82]

Felix Klein

Felix Klein wurde am 25. April 1849 in Düsseldorf geboren. Die Nacht, in der er zur Welt kam, war — wie er in seiner Selbstbiographie schreibt — von Kanonendonner erfüllt, der die Niederschlagung der im rheinisch-westfälischen Industriegebiet hauptsächlich aus Arbeitern bestehenden revolutionären Truppen durch preußisches Militär begleitete.

Kleins Vater, der Sohn eines westfälischen Schmiedes, war zu dieser Zeit persönlicher Sekretär des Regierungspräsidenten, später Landrentmeister, also ein höherer Beamter. Er hielt während der Revolutionszeit zu den preußischen Truppen, wie überhaupt die Beamtenschaft eine der stärksten Stützen des preußischen und später preußisch-deutschen Staates bildete.

Auch *Felix Klein* hat während seines ganzen Lebens dieselbe loyale Haltung wie sein Vater zu diesem Staat eingenommen. Wenn er für Veränderungen, für Neues eintrat, so geschah es im Rahmen dieses Staates, zu dessen ,,Verbesserung'', nicht zu dessen Überwindung.

Felix Klein wurde anfangs von seiner Mutter, die ,,ausgeprägte pädagogische und spekulativ-wissenschaftliche Interessen'' (nach [11]) besessen haben soll, unterrichtet. Er besuchte danach für zweieinhalb Jahre eine private Elementarschule und trat Ostern 1857 in das humanistische Gymnasium seiner Heimatstadt ein, das er acht Jahre lang, bis zum Abitur, besuchte. Dem Charakter solcher Gymnasien entsprechend spielten Mathematik und Naturwissenschaften eine untergeordnete Rolle, so daß er nicht viel Kenntnisse auf diesen Gebieten im Unterricht selbst erwarb. Doch meinte *Klein* später, dort wissenschaftlich arbeiten gelernt zu haben. Kenntnisse auf naturwissenschaftlichen und technischen Gebieten sammelte er im Selbststudium, bei Naturbeobachtungen und bei Besuchen von Industriebetrieben, die ihm durch die Stellung seines Vaters ermöglicht wurden.

Nach mit sehr gutem Ergebnis bestandener Reifeprüfung ging *Klein* als 16jähriger 1865 zum Studium an die Universität Bonn. Er wollte Mathematik und Naturwissenschaften studieren. Anfangs belegte er nur wenige mathematische oder physikalische Vorlesungen, sondern stattdessen hauptsächlich solche in Botanik. Schon Ostern 1866 wurde er Vorlesungsassistent bei dem Mathematiker und Physiker *J. Plücker* und hatte

Norbert Wiener
(1894 bis 1964)

die Vorbereitung und Durchführung der Experimente für dessen Physik-Vorlesungen zu gewährleisten.

Durch die notwendige Zusammenarbeit mit *Plücker*, den „Arbeitsunterricht", wie es *Klein* ausdrückte, wurde er auch mit dessen geometrischen Arbeiten bekannt, insbesondere mit den Untersuchungen auf dem Gebiete der Liniengeometrie, die *Plücker* für sein Buch „Neue Geometrie des Raumes" gerade zusammenstellte, ergänzte und überarbeitete. Unter „Liniengeometrie" ist dabei eine Geometrie zu verstehen, die von geraden Linien als Raumelementen ausgeht und ihre analytische Darstellung mittels geeigneter Koordinaten, der Linienkoordinaten, gewinnt.

Klein drang sehr schnell so tief in dieses Gebiet ein, daß man ihm als nicht einmal 20jährigem nach *Plücker*s plötzlichem Tod 1868 die Herausgabe des zweiten, unvollendeten Teils des obengenannten Buches übertrug. Mit einem selbstgewählten Thema aus diesem Gebiet, „Über die Transformation der allgemeinen Gleichung des zweiten Grades zwischen Linienkoordinaten auf eine kanonische Form", promovierte *Klein* dann auch am 12. Dezember 1868 bei *R. Lipschitz* zum Dr. phil.

Die Herausgabe des Plückerschen Buches glaubte *Klein* ohne den Rat und die ideelle Unterstützung erfahrener Geometer nicht bewältigen zu können, hatte er doch bisher nur einen verhältnismäßig engen, wenn auch recht tiefen Einblick in die Mathematik gewonnen. So hatte er zum Beispiel bis zu seiner Promotion noch nie eine Vorlesung über Integralrechnung gehört. [10, S. 15] *Klein* verließ darum Bonn und ging Anfang 1869 nach Göttingen, wo der zwar noch junge, aber schon bedeutende Mathematiker *A. Clebsch* lehrte, der soeben (1868) die bald zu großer Bedeutung gelangenden „Mathematischen Annalen" begründet hatte.

Clebsch war nach *Klein*s Worten „einer jener gottbegnadeten Lehrer, der junge Talente heranzuziehen und zu selbständigen Forschern zu machen verstand.... indem er es nämlich erreichte, uns neben tiefem wissenschaftlichem Interesse Vertrauen in die eigene Kraft einzuflößen." [9, Teil 1, S. 297] Wenngleich *Klein* zunächst nur bis zum Herbst 1869 bei *Clebsch* in Göttingen blieb, so hat er nach eigener Einschätzung doch dessen „Anregungen aufgenommen und verarbeitet." [9, Teil 1, S. 297]

Im Winter 1869/70 hielt sich *Klein* in Berlin auf. Er besuchte hier wenige Vorlesungen, arbeitete aber mit verschiedenen jungen Mathematikern zusammen. Die Zusammenarbeit mit zwei von ihnen hat sich außerordentlich fruchtbar auf *Kleins* spätere wissenschaftliche Arbeit ausgewirkt. Es waren dies der Österreicher *O. Stolz* und der Norweger *S. Lie.* Durch *Stolz,* der, obwohl bereits Privatdozent, noch einmal zum Studium nach Berlin gekommen war, wurde *Klein* mit der sogenannten nichteuklidischen Geometrie, also im wesentlichen mit den Arbeiten von *N. Lobatschewski* und *J. Bolyai* bekannt. Obwohl er, wie er selbst sagt [9, Teil 1, S. 151], damals zunächst noch nicht viel verstanden hatte, glaubte er einen Zusammenhang mit der Cayleyschen Maßbestimmung entdeckt zu haben, derzufolge ,,jede metrische Geometrie ... die Invariantentheorie des durch Hinzunahme einer Fläche zweiten Grades erweiterten Systems der vorgelegten Gebilde" [9, Teil 1, S. 149] ist. Er trug diesen Gedanken in einem Seminar bei *K. Weierstraß* vor, stieß aber auf Ablehnung. *Klein* stellte den Gedanken darum erst einmal zurück, um ihn im Sommer 1871, als *Stolz* längere Zeit bei ihm in Göttingen verbrachte, wieder aufzugreifen.

In Berlin arbeitete *Klein* zunächst mehr mit *Lie* zusammen. Sie beschäftigten sich mit infinitesimalen Transformationen und deren Verbindung zur Invariantentheorie. Zur Vertiefung ihrer Kenntnisse gingen beide im Frühjahr 1870 nach Paris, wo sie mit *C. Jordans* soeben erschienenem Buch ,,Traité des substitutions et des équations algébriques" (Abhandlung über Substitutionen und algebraische Gleichungen) vertraut wurden, in dem die von *E. Galois* entwickelte Gruppentheorie und deren Bedeutung für die Theorie der Auflösung von Gleichungen durch Radikale zusammenhängend dargestellt wurde. Beide erkannten die große Bedeutung des Gruppenbegriffes nicht nur für die Gleichungslehre, sondern auch für die gesamte Mathematik und ihren Zusammenhang mit der Invariantentheorie.

Das erste Ergebnis ihres gemeinsamen Eindringens in die Gruppentheorie waren Veröffentlichungen über sogenannte W-Kurven, das heißt solche Kurven, die durch lineare Substitution in sich übergehen.

Der im Juli 1870 beginnende Deutsch-Französische Krieg unterbrach die gemeinsame Arbeit zwischen *Klein* und *Lie; Klein* kehrte nach Göttingen zurück. Hier habilitierte er sich im Januar 1871. Wegen seiner bereits vorliegenden bedeutenden wissenschaft-

Hauptgebäude der Universität in Bonn

lichen Veröffentlichungen wurde ihm die Anfertigung einer Habilitationsschrift erlassen; er hielt nur eine Probevorlesung über Modelle von Komplexflächen, die durch *Clebsch* außerordentlich gut bewertet wurde. Anschließend war *Klein* als Privatdozent in Göttingen tätig und hielt Vorlesungen in Physik und Mathematik. Wie schon in Bonn war er auch jetzt noch geneigt, sich in seiner Lehrtätigkeit eher mit der Physik als mit der Mathematik zu befassen; in seinen wissenschaftlichen Arbeiten hatte er sich jedoch bislang nur mit mathematischen Themen beschäftigt.

Noch im Jahre 1871 erschien in den ,,Mathematischen Annalen" nach einer vorläufigen Mitteilung in den ,,Göttinger Nachrichten" die erste seiner Arbeiten, die ihn weltberühmt machten. Sie trug den Titel ,,Über die sogenannte Nichteuklidische Geometrie" und war eine ,,Frucht der erneuten gemeinsamen Arbeit mit Stolz". [9, Teil 1, S. 152] 1873 und 1874 folgten zwei weitere Veröffentlichungen zum selben Gegenstand.

Diese Kleinschen Arbeiten sind später (1919) so beurteilt worden, daß durch sie ,,nichteuklidisches Denken wissenschaftliches Gemeingut der Forschung geworden" sei; ,,weiten Gebieten des Schaffens und Fortschreitens hat er (Klein) dadurch neues Blut und neues Leben eingeflößt." [13, S. 290] In diesen Arbeiten wies *Klein* nun endgültig nach, daß sein erster Gedanke über den Zusammenhang zwischen nichteuklidischer Geometrie und Cayleyscher Maßbestimmung entgegen den damaligen Einwänden richtig war. Allerdings lösten die Kleinschen Gedanken, wie er selbst berichtet [9, Teil I, S. 151], auch damals noch heftige Widersprüche aus, ehe sie sich endgültig durchsetzten.

Klein gründete seine Überlegungen auf die insbesondere von *Chr. von Staudt* durch den Beweis der Eindeutigkeit der Konstruktion einer projektiven Skala unabhängig von einer Metrik vollendete Projektive Geometrie und auf die schon erwähnte Cayleysche Maßbestimmung. Er zeigt, daß es mit Hilfe der von *A. Cayley* eingeführten Maßbestimmung durch transformationsinvariante Fundamentalgebilde nicht nur möglich ist, verschiedene Metriken in den projektiven Raum einzuführen, sondern daß man auf diese Weise zu Modellen gelangt, in denen entweder die Euklidischen oder die Lobatschewskischen oder die Riemannschen Axiome der Geo-

metrie gelten, die also Modelle der euklidischen oder der beiden nichteuklidischen Geometrien sind.
Nun hatte sich *Klein* endgültig als Mathematiker ausgewiesen und erhielt auf Vorschlag von *Clebsch* im Jahre 1872 die Berufung zum ordentlichen Professor für Mathematik an die Universität Erlangen. Damit wurde die Frage, ob er einmal Hochschullehrer für Physik oder für Mathematik sein werde, mehr durch ,,äußere" Umstände als durch ,,inneren" Entschluß zugunsten der Mathematik entschieden, wenngleich er auch später der Physik, vor allem der Mechanik, nie ganz entsagte.
An der Universität Erlangen war es damals üblich, daß ein neu berufener Professor bei seinem Eintritt in die Fakultät und in den Senat eine Programmschrift seiner beabsichtigten wissenschaftlichen Tätigkeit vorlegte und in einer Antrittsrede die Ziele seiner Lehrtätigkeit erläuterte. *Klein*s Programmschrift mit dem Titel ,,Vergleichende Betrachtungen über neuere geometrische Forschungen", noch heute als ,,Erlanger Programm" weltbekannt, erwies sich nach den Beiträgen zur nichteuklidischen Geometrie als seine zweite bahnbrechende Arbeit. [12, S. 18] Hier zeigte *Klein*, daß er zu den wenigen Mathematikern dieser Zeit gehörte, die die Bedeutung und Tragweite des Gruppenbegriffes für die Geometrie schon voll erfaßt hatten [19]. Es war *Klein* nicht nur gelungen, die in den vorhergegangenen Jahrzehnten scheinbar ziemlich auseinanderstrebenden verschiedenen geometrischen Theorien mit dem Begriff der Transformationsgruppe wieder zusammenzuführen, sondern er hatte auch ,,zum ersten Male die Frage ,Was ist eine Geometrie?' zugleich gestellt und beantwortet." [12, S. 298] ,,Eine Geometrie entsteht erst, wenn man neben der räumlich ausgedehnten Mannigfaltigkeit noch eine Gruppe von Transformationen dieser Mannigfaltigkeit in sich vorgibt, und jeder Gruppe entspricht eine besondere Geometrie." [12, S. 299] Mit den Arbeiten zur nichteuklidischen Geometrie und dem Erlanger Programm offenbarte *Klein* eine ,,Art des Forschens, das Zusammenschmelzen und Kombinieren scheinbar auseinanderliegenden Gebiete", die ,,immer typisch für Kleins Denkart geblieben" [14, S. 765] ist.
Auch in seiner Antrittsrede legte *Klein* viele neue Gedanken dar, diesmal nicht das System der Mathematik und die Erforschung dieses Systems betreffend, sondern die

Arthur Cayley
(1821 bis 1895)

Lehre der Mathematik. Hier betonte er in für die damalige Zeit bemerkenswerter Weise die Einheit von sogenanter reiner und angewandter Mathematik und deren Zusammenhang mit angrenzenden Wissensgebieten wie Physik und Technik. Er forderte die Einrichtung eines mathematischen Lesezimmers und einer Modellsammlung sowie die Aufnahme der Ausbildung in Darstellender Geometrie, da er die Auffassung vertrat, daß zum Verständnis der Mathematik die Schulung nicht nur des logischen Denkens, sondern auch des anschaulichen Vorstellungsvermögens notwendig sei. Diese Grundsätze, die sein eigenes Studieren und Forschen kennzeichneten, hat er auch in seiner vierzigjährigen Lehrtätigkeit mit Erfolg angewendet und bei seinen Mitarbeitern wie bei der Leitung der jeweiligen Universität oder Hochschule durchzusetzen verstanden.

Unter seinen Schülern im engeren und weiteren Sinne waren nicht nur solche, die später als Wissenschaftler zur Weiterentwicklung der Mathematik beitrugen, sondern auch viele Mathematiklehrer. Auch für das Gebiet der Lehrerbildung, auf dem er sich im Laufe seiner Tätigkeit ebenfalls große Verdienste erwarb, äußerte er in seiner Antrittsrede erste grundlegende Gedanken. So forderte er, daß die sogenannten Lehramtskandidaten ebenfalls in Darstellender Geometrie und in angewandter Mathematik auszubilden seien, weil sie nur so ihren künftigen Schülern das Verständnis für die große Bedeutung der Mathematik und die Fähigkeit, ihr gerecht zu werden, vermitteln könnten.

Zunächst schien es jedoch noch nicht so, als ob *Klein* einen großen Schülerkreis um sich scharen könne. In seine erste Vorlesung kamen nur zwei Hörer, von denen der eine niemals wieder erschien, und *Klein* hatte auch während der drei Jahre, die er in Erlangen lehrte, niemals mehr als zehn Hörer in einer allgemeinen Vorlesung. Er besaß jedoch bald eine größere Zahl von sogenannten Spezialschülern, Studenten, die er in Seminaren oder durch persönliche Aussprachen zum Studium spezieller Probleme anleitete und zu eigener Forschungstätigkeit führte.

Bereits 1872 starb *Clebsch* an Diphtherie. Die Mehrzahl seiner Spezialschüler erkannte in *Klein* denjenigen, der imstande sein würde, die von *Clebsch* begonnene Betreuung fortzusetzen, und folgte *Klein* nach Erlangen. Sie hatten sich nicht getäuscht. Bis 1875

führte *Klein* sechs von ihnen zur Promotion. Das war wiederum eine außergewöhnliche Leistung, die darauf hinweist, daß *Klein*s Art, Mathematik zu betreiben, sie „anschaulich" zu erfassen und zu überschauen, jedenfalls vorzüglich geeignet war, in Zusammenhänge einzudringen.
Nach dem bisher Gesagten mag es erscheinen, daß *Klein* einen sehr leichten, von Schwierigkeiten freien Start als Wissenschaftler und Hochschullehrer hatte. Das trifft insofern zu, als er das Glück hatte, gute Lehrer und Freunde zu finden, die sein Talent, seine Fähigkeit und seinen Arbeitswillen bald erkannten und förderten. *Klein* verdankt seinen frühen Erfolg aber nicht nur diesen glücklichen Umständen, sondern vor allem auch großen persönlichen Anstrengungen. Er arbeitete sehr viel und ging ganz in der Wissenschaft auf. Nach dem Zeugnis von *Courant* tat „er nie etwas für sich selbst, stets alles für seine Ziele". Deshalb wirkte er auf diejenigen, die ihn nur wenig kannten, „manchmal hart", „sehr einseitig auf Wissenschaft ausgerichtet" und gönnte sich nicht „die Freuden des gewöhnlichen Menschen". [14, S. 771] Diese Eigenschaften kennzeichneten ihn schon in jungen Jahren und ließen ihn frühzeitig in der Wissenschaft Ziele erreichen, die andere sich nicht einmal für das ganze Leben stellen, allerdings auf Kosten einer allseitigen Entwicklung seiner Persönlichkeit.
Im Jahre 1875 folgte *Klein* einer Berufung an die Technische Hochschule München; 1880 wurde er Professor für Geometrie an der Universität Leipzig. In den Münchener Jahren schuf er die Voraussetzungen für eine Reihe weiterer bedeutender Arbeiten, mit denen er zu Anfang seiner Leipziger Zeit an die Öffentlichkeit trat. Es handelt sich um Arbeiten auf dem Gebiete der besonders von *B. Riemann* entwickelten geometrischen Funktionentheorie und der Theorie der automorphen Funktionen. Mit diesen Arbeiten erreichte *Klein* nach *Courant*s Meinung den Gipfel seiner eigenen produktiven Tätigkeit und wurde „der leidenschaftlichste und erfolgreichste Apostel des Riemannschen Geistes". [14, S. 767]
Die entscheidenden Erkenntnisse in der Theorie der automorphen Funktionen, das heißt derjenigen Funktionen, die bei linearen Transformationen wieder auf sich selbst abgebildet werden, gewann *Klein* im Wettstreit mit dem französischen Mathematiker *H. Poincaré*. Lassen wir *Klein* selbst über den Verlauf und das Ergebnis dieses

Henri Poincaré
(1854 bis 1912)

Wettstreites berichten: „Die Abhandlungen aus diesen Gebieten bilden so ziemlich den Anfang von Poincarés Veröffentlichungen ... 1880 reichte er eine Preisarbeit bei der Akademie ein, die sich schon auf automorphe Funktionen bezieht. Zunächst folgte dann eine stürmische Publikationsserie in den Comptes Rendus von 1881 ...; in dem einen Jahr hat Poincaré nicht weniger als 13 Nummern veröffentlicht, deren Ergebnis er dann in Math. Ann. Bd. 19 zusammengefaßt hat. (Im Juni 1881 trat Klein in Briefwechsel mit Poincaré, Kf.) Ich war damals, 1881, damit beschäftigt, den Grundgedanken der Riemannschen Theorie der algebraischen Funktionen und ihrer Integrale ... herauszuarbeiten ... (Hierüber veröffentlichte Klein zwei Noten in den Math. Ann. Bd. 19 und Bd. 20, Kf.) Ich will hier nicht (auf die erste Note) eingehen, sondern gleich von der zweiten ... erzählen, in der ich jenes Fundamentaltheorem des Grenzkreisfalles publizierte, das ich ... seiner besonderen Einfachheit wegen das Zentraltheorem (Grenzkreistheorem) genannt habe, daß man nämlich jede Riemannsche Fläche mit $p \leq 2$ ohne alle Verzweigungspunkte durch automorphe Funktionen mit Grenzkreis auf eine und im wesentlichen nur eine Weise uniformisieren kann ... Mit dem Beweis lag es ... sehr schwierig ... ich stieß überall auf Unfertigkeiten meiner funktionentheoretischen Kenntnisse bzw. der Funktionentheorie überhaupt ... Dies konnte mich nicht abhalten, im Sommer 1882 noch allgemeinere Fundamentaltheoreme aufzustellen ... In den Herbstferien 1882 ... ist dann die Abhandlung des Bandes 21 (der Math. Ann., Kf.) entstanden und am 6. Oktober 1882 abgeschlossen worden. So unvollkommen und unerledigt dort auch manches ist, die Konstruktion des Gedankenganges im großen ist geblieben und auch durch die zunächst folgenden Abhandlungen Poincarés in den Bänden 1, 3, 4, 5 der eben damals gegründeten „Acta Mathematica" nicht verschoben worden. In der Tat gelang es mir wieder, Poincaré um ein kleines zuvorzukommen ... Der Preis, den ich für meine Arbeit habe bezahlen müssen, war allerdings außerordentlich hoch, er war, daß meine Gesundheit vollends zusammenbrach ... Meine eigentliche produktive Tätigkeit auf dem Gebiet der theoretischen Mathematik ist 1882 zugrunde gegangen. Alles, was folgt, betrifft, soweit es sich nicht um Ausarbeitungen handelt, nur noch Einzelheiten. So hatte Poincaré freies Feld und veröffentlichte bis 1884 in den Acta Mathematica

Starres
Zeppelin-Luftschiff Z 1,
1900

seine fünf großen Abhandlungen über die neuen Funktionen." [9, Teil I, S. 376 ff.] Die durch Überarbeitung hervorgerufene gesundheitliche Krise vermochte den Arbeitswillen des 33jährigen jedoch nicht zu zerstören. Die nunmehr folgenden „Ausarbeitungen" waren immerhin noch recht bedeutende Arbeiten; wir nennen hier nur die Veröffentlichungen über das Ikosaeder und die Auflösung der Gleichungen 5. Grades [2], zur Funktionentheorie ([4], [7]) sowie über die Theorie des Kreisels [6]. Außerdem nahm *Klein* von nun ab eine neue wissenschaftliche Arbeitsweise an, die er selbst so kennzeichnet: „Ich beschränkte mich auf Ideen und Richtlinien und überließ die genaue Durchführung und weitere Ausgestaltung den jüngeren Kräften, die mir helfend zur Seite standen." [10, S. 21] Diese neue Arbeitsweise begann vor allem nach 1886 wirksam zu werden, als *Klein* nach Göttingen berufen wurde, wo er bis zu seiner Emeritierung und darüber hinaus bis zu seinem Tode blieb. *Klein*s Berufung nach Göttingen wurde unter anderem dadurch unterstützt, daß bis zu dieser Zeit, also bis zu *Klein*s 36. Lebensjahr, aus der Reihe der von ihm betreuten Studenten und jungen Wissenschaftler bereits vier ordentliche und drei außerordentliche Professoren, sechs Privatdozenten und fünfzehn Lehrkräfte an ausländischen Hochschulen hervorgegangen waren. [16, S. 59] Andererseits zeigt sich an diesen Zahlen auch ein außerordentlich rascher Aufschwung der Mathematik an deutschen Universitäten.

Ein wichtiges Ergebnis der neuen Arbeitsweise *Klein*s sind vor allem Dissertationen, gemeinsame Veröffentlichungen mit jüngeren Wissenschaftlern und „autographierte Vorlesungshefte", die meist von Assistenten überarbeitet wurden. Unter den 48 von *Klein* betreuten Dissertationen befindet sich auch die der Engländerin *Grace Young* geb. *Chisholm*, der ersten Frau, die an einer preußischen Universität in einem ordentlichen Verfahren promovierte.

Von den autographierten Vorlesungsheften, die anfangs im Fotodruckverfahren, bei späteren Auflagen im normalen Satzdruckverfahren vervielfältigt wurden, sind die über „Nichteuklidische Geometrie", über „Elementarmathematik vom höheren Standpunkt aus" sowie die erst nach seinem Tode veröffentlichten „Vorlesungen über die Entwicklung der Mathematik im 19. Jahrhundert" die bekanntesten. Die letztgenannten Vorlesungen hielt *Klein* nicht öffentlich, sondern bereits als Emeritus, der er seit 1913 war, vor einem kleinen Kreis in seiner Wohnung. Sie stellen eine sehr wertvolle Quelle für das Studium der Entwicklung wichtiger Zweige der neueren Mathematik dar.

Neben diesen bedeutenden Leistungen als Hochschullehrer sind *Kleins* Göttinger Jahre vor allem durch eine hervorragende wissenschaftsorganisatorische Arbeit auf verschiedenen Gebieten und durch seine zum großen Teil erfolgreichen Bemühungen um eine Reform des mathematisch-naturwissenschaftlichen Unterrichts und um die Lehrerbildung gekennzeichnet.

Einige Stichworte mögen hier *Kleins* Leistungen auf diesem Gebiet bezeichnen: Leitung der ,,Mathematischen Annalen"; Herausgabe und Leitung der ,,Enzyklopädie der mathematischen Wissenschaften", an der mehr als 200 Wissenschaftler mitwirkten; verantwortliche Redaktion des Bandes ,,Mechanik" dieser Enzyklopädie; Bildung und Leitung der Unterrichtskommission der Gesellschaft deutscher Naturforscher und Ärzte, die später (1907) in den ,,Deutschen Ausschuß für den mathematischen und naturwissenschaftlichen Unterricht" (DAMNU) überging; maßgebliche Mitwirkung an der Gründung der ,,Internationalen mathematischen Unterrichtskommission" (IMUK), deren erster Präsident *Klein* von 1908 bis 1910 war und in deren Auftrag er die fünf Bände der ,,Abhandlungen über den mathematischen Unterricht in Deutschland" herausgab. Die Arbeit in der Unterrichtskommission führte unter anderem 1905 zu den ,,Meraner Vorschlägen" über den Mathematikunterricht, in denen die wahlweise Behandlung der Infinitesimalrechnung im Mathematikunterricht der Oberschulen vorgeschlagen wird.

Klein gehörte von 1907 bis 1918 auch dem Preußischen Herrenhaus als Vertreter der Universität Göttingen an. Er wurde in dieses Gremium hauptsächlich wegen seiner führenden Rolle bei der Gründung und Leitung der sogenannten ,,Göttinger Vereinigung zur Förderung der Angewandten Physik und Mathematik" berufen. Diese Vereinigung hatte eine Förderung der Zusammenarbeit der Universitäten und der Großindustrie zum Ziel.

Im Zusammenhang mit diesen Aufgaben nahm *Klein* an vielen nationalen und inter-

Tafelgesellschaft bei Felix Klein

nationalen Kongressen teil, hielt Vorträge und Vorlesungen auch außerhalb der Göttinger Universität, führte Beratungen durch und unternahm Studienreisen. Eine solche Reise führte ihn 1893 als ,,Kommissar" des Preußischen Kultusministers in die USA, wo er als Vertreter der deutschen Mathematiker auf dem aus Anlaß der Chicagoer Weltausstellung stattfindenden Kongreß über den damaligen Stand der Mathematik referierte. Hier gewann er viele Anregungen, unter anderem über die Bindung der Universitäten und Hochschulen an die Großindustrie.

Klein meinte, diese Arbeiten vor allem zum Wohle der Entwicklung der Mathematik zu leisten. Er leistete sie aber auch im Interesse und in Übereinstimmung mit den Zielen des preußisch-deutschen Staates, als dessen Beauftragter er sich immer fühlte. Sein großes Wissen und seine vielseitige Erfahrung haben ihm dennoch nicht geholfen, diesen Staat als reaktionär und menschenfeindlich – und damit ja auch als letztlich wissenschaftsfeindlich – zu erkennen. Er stand wie viele andere Wissenschaftler 1914 bei Beginn des ersten Weltkrieges auf der Seite der ,,Hurra-Patrioten", aber auch noch 1918, als manch anderer den Charakter dieses Staates schon besser erkannt hatte.

Bei der Einschätzung tieferer gesellschaftlicher Zusammenhänge hat *Klein,* der doch sonst oft Weitblick bewies, versagt.

Wir verdanken *Felix Klein* nicht nur eine Reihe bedeutender Erkenntnisse in der Mathematik, sondern auch wertvolle Einsichten in deren Wesen. Er hat sie uns als eine lebendige Wissenschaft dargestellt, die es zu ,,erleben" und nicht nur formal zu begreifen gilt und die man ständig anwenden und aus der Anwendung heraus bereichern soll.

Lebensdaten zu Felix Klein

1849	25. April, *Felix Klein* in Düsseldorf geboren
1865	Beginn des Studiums der Mathematik und der Naturwissenschaften in Bonn
1866	Vorlesungsassistent bei *J. Plücker*
1868	Dezember, Promotion zum Dr. phil. bei *R. Lipschitz* in Bonn
1869	Studium bei *A. Clebsch* in Göttingen
1870	Studienaufenthalt in Paris, gemeinsam mit *S. Lie*
1871	Januar, Habilitation bei *A. Clebsch* in Göttingen
	Veröffentlichung der ersten seiner berühmten Arbeiten über nichteuklidische Geometrie
1872	Berufung zum ordentlichen Professor für Mathematik an die Universität Erlangen
	Veröffentlichung des ,,Erlanger Programms''
1875	Berufung zum Professor für Mathematik an die Technische Hochschule München
1876	Übernahme der Hauptredaktion der ,,Mathematischen Annalen''
1880	Berufung zum Professor für Geometrie an die Universität Leipzig
1881 bis 1882	Im Wettstreit mit *H. Poincaré* Veröffentlichung bedeutender Arbeiten zur Theorie der automorphen Funktionen
1882	Schwere Krankheit, die seine Tätigkeit als Forscher im wesentlichen beendete
1886	Berufung an die Universität Göttingen
1893	Reise in die USA
	Teilnahme am Mathematiker-Kongreß, der anläßlich der Weltausstellung in Chicago stattfand
1898	Gründung der ,,Göttinger Vereinigung zur Förderung der Angewandten Physik und Mathematik''
1908 bis 1910	Erster Präsident der ,,Internationalen mathematischen Unterrichtskommission'' (IMUK)
1913	Emeritierung
1925	22. Juni, *Klein* in Göttingen gestorben

Literaturverzeichnis zu Felix Klein

[1] *Klein, Felix:* Gesammelte mathematische Abhandlungen. Band 1, Berlin 1921; Band 2, Berlin 1922; Band 3, Berlin 1923.
[2] *Klein, F.:* Vorlesungen über das Ikosaeder und die Auflösung der Gleichungen vom fünften Grade. Leipzig 1884.
[3] *Klein, F.:* Nicht-Euklidische Geometrie. Zwei Teile, ausgearbeitet von F. Schilling, Leipzig 1890.
[4] *Klein, F.:* Vorlesungen über die Theorie der elliptischen Modulfunktionen. Ausgearbeitet und vervollständigt von R. Fricke, Band 1, Leipzig 1890; Band 2, Leipzig 1892.
[5] *Klein, F.; A. Sommerfeld:* Über die Theorie des Kreisels, 4 Hefte. Leipzig 1897 bis 1910.
[6] *Klein, F.; R. Fricke:* Vorlesungen über die Theorie der automorphen Funktionen, 2 Bände. Leipzig 1897 bis 1912.
[7] *Klein, F.:* Elementarmathematik vom höheren Standpunkt, Zwei Teile. Leipzig 1908 und 1909. Nachdruck mit Zusätzen, Leipzig 1911 und 1913
[8] *Klein, F.:* Festrede zum 20. Stiftungstage der Göttinger Vereinigung zur Förderung der Angewandten Physik und Mathematik. In: Jahresberichte der Deutschen Mathematiker-Vereinigung, 27 (1918), S. 217 bis 228.
[9] *Klein, F.:* Vorlesungen über die Entwicklung der Mathematik im 19. Jahrhundert. Teil I, Berlin 1926; Teil II, Berlin 1927.
[10] *Klein, F.:* Selbstbiographie. Mitteilungen des Göttinger Universitätsbundes, 5. Jg. (1923).
[11] *Fricke, R.:* Felix Klein zum 25. April 1919. In: Die Naturwissenschaften, 7. Jg. (1919), S. 275 bis 280.
[12] *Caratheodory, C.:* Die Bedeutung des Erlanger Programms. In: Die Naturwissenschaften, 7. Jg. (1919), S. 297 bis 300.
[13] *Schoenflies, A.:* F. Klein und die nichteuklidische Geometrie. In: Die Naturwissenschaften, 7. Jg. (1919), S. 288 bis 297.
[14] *Courant, R.:* Gedächtnisrede für Felix Klein, gehalten am 31. 7. 1925 in Göttingen. In: Die Naturwissenschaften, 13. Jg. (1925), S. 765 bis 772.
[15] *Hamel, G.:* Felix Klein als Mathematiker. In: Sitzungsberichte der Berliner Mathematischen Gesellschaft, 25. Jg. (1926), S. 69 bis 80.
[16] *Lorey, W.:* Felix Kleins Persönlichkeit und seine Bedeutung für den mathematischen Unterricht. In: Sitzungsberichte der Berliner Mathematischen Gesellschaft, 25. Jg. (1926).

[17] *Wiener, N.:* Mathematik – mein Leben. Frankfurt/M. und Hamburg 1965.
[18] *Wussing, H.:* Zur Entstehungsgeschichte des Erlanger Programms. In: Mitteilungen der Mathematischen Gesellschaft der DDR, Heft 1 (1968), S. 23 bis 40.
[19] *Wussing, H.:* Die Genesis des abstrakten Gruppenbegriffes. Berlin 1969.
[20] *Behnke, H.:* Felix Klein und die heutige Mathematik. MPhSB 7 (1961), S. 129 bis 144.
[21] F. Klein. Das Erlanger Programm. Ed. H. Wussing, Ostwalds Klassiker der exakten Wissenschaften, Bd. 253, Leipzig 1974.

Sophia Wassiljewna Kowalewskaja (1850 bis 1891)

Unter der großen Zahl der Mathematiker, die in einer langen Entwicklung den stolzen und gewaltigen Bau der Mathematik geschaffen haben, gibt es bis zum beginnenden 20. Jahrhundert einschließlich nur wenige Frauen. Bekannt sind als Mathematikerinnen die Griechin *Hypatia*, die Kommentare zur klassischen Mathematik schrieb, die Französin *Emilie Marquise du Châtelet*, die *Leibniz*' und *Newtons* Schriften kommentierte, die Italienerin *Maria Gaetana Agnesi*, die an der Universität Bologna lehrte, die Französin *Sophie Germain*, der der große Preis der Pariser Akademie der Wissenschaften verliehen wurde, die russische Mathematikerin *Sophia Wassiljewna Kowalewskaja*, die als erste Frau in Europa zum Professor berufen wurde, und die deutsche Mathematikerin *Emmy Noether*, die in Göttingen wirkte.

Ursache für diese Lage sind Entwicklungsvorgänge in der Gesellschaft, die durch die wirtschaftliche Lage, den Erkenntnisstand, religiöse Vorurteile und Festlegungen, Staatsverfassung und Regierungsform wesentlich mitbestimmt worden sind. Die ideologischen Auswirkungen dieser gesellschaftlichen Prozesse gipfeln in dem auch heute noch weit verbreiteten Vorurteil, die Frau sei besonders in Mathematik und Naturwissenschaften weniger bildungsfähig als der Mann, vor allen Dingen aber weniger produktiv. Die von der bürgerlichen Weltanschauung solcherart geprägte Einschätzung der geistigen Fähigkeiten der Frauen hat sich in der Vergangenheit besonders bei ihrer Zulassung bzw. Nichtzulassung zum Studium ausgewirkt. Es

Sophia Wassiljewna Kowalewskaja

blieben ihnen in Deutschland bis in die zweite Hälfte des vorigen Jahrhunderts die Pforten der meisten Universitäten und gleichartiger Bildungsstätten verschlossen. Erst ab 1870 wurden sie als Hospitantinnen an einer größeren Zahl von Universitäten und Hochschulen zugelassen und ab 1890 als Vollstudenten immatrikuliert. Aber noch im Jahre 1902 lehnte der Senat der Berliner Universität ihre Immatrikulation ab, und erst 1908 wurde ihre Zulassung in Preußen durch Gesetz geregelt, wobei der Abschnitt aufgenommen wurde, der dem Erziehungsminister das Recht einräumte, zu bestimmten Vorlesungen den Frauen den Zutritt zu untersagen.

Zu der kleinen Schar der Frauen, die von der Studienmöglichkeit Gebrauch machten, gehörte *Sophie* – oder wie sie sich selbst lieber nannte, *Sonja* – *Wassiljewna Kowalewskaja*. Sie wurde am 3. Januar 1850 als jüngstes Kind des zaristischen Generals der Artillerie *Wassiljewitsch Korwin-Krukowsky* in Moskau geboren. Der General verfügte über bedeutenden Landbesitz, der es ihm ermöglichte, nach Ausscheiden aus der Armee das Leben eines reichen Gutsbesitzers zu führen. Der Sitte gemäß wurden *Sonja* und ihre um wenige Jahre ältere Schwester auf dem väterlichen Gute von Erzieherinnen unterrichtet. Beide Mädchen zeigten ein reges Interesse für geistige Betätigung, *Sonja* insbesondere für Mathematik, ihre Schwester für die Literatur.

Die aufgeweckte *Sonja* war zu mathematischen Studien durch einen Onkel angeregt worden, der sich einige mathematische Kenntnisse angeeignet hatte und diese *Sonja* bei seinen längeren Besuchen auf dem einsamen Gute zu seiner eigenen Zerstreuung vermittelte. *Sonja* fand Gefallen an Problemen über die Quadratur des Kreises und ähnliche Fragen, wenn sie auch nicht alles erfaßte, was der Onkel mit lauter Stimme vorzutragen liebte. Einmal in dieser Richtung angeregt, entdeckte sie, daß in dem Kinderzimmer, dessen Wände längere Zeit nur mit Makulatur beklebt waren, weil die Tapeten aus Moskau nicht schnell beschafft werden konnten, sich lithographierte Blätter mit mathematischen Berechnungen befanden. Es handelte sich um Aufzeichnungen einer Vorlesung über Differentialrechnung, die der Onkel einmal gehört hatte. *Sonja* studierte sie eifrig, und als sie einige Zeit später bei einem Winteraufenthalt in St. Petersburg mathematischen Unterricht erhielt, wunderte sich der Lehrer, wie schnell sie manches auffaßte und wie sie auch manches nicht Durchgenommene

Emilie Marquise du Châtelet
(1706 bis 1749)

einstreute. Durch diese Erfolge angeregt, beschloß sie, ihre mathematischen Studien weiter zu verfolgen. Aber der Vater war keineswegs geneigt, seinen Töchtern eine gediegene Bildung zuteil werden zu lassen oder ihnen ein Studium zu ermöglichen. Er teilte die Ansicht seiner Standesgenossen, daß Mädchen nur so viel zu lernen brauchten, um sich in der Gesellschaft bewegen zu können, und daß es im übrigen ihr Ziel sei, als Mutter und Hausfrau für Mann und Kinder zu sorgen.

In den Jahren, in denen *Sonja* heranwuchs, machten sich unter der Jugend des Bürgertums und eines Teils des Adels in Rußland Bestrebungen nach freierer Entfaltung bemerkbar, und insbesondere drängten sich junge Mädchen nach einer selbständigen geistigen Betätigung. Da das Studium in Rußland nicht möglich war, strebten sie danach, ins Ausland zu kommen. Auch das war für die Töchter begüterter Familien nicht einfach, da es als unschicklich galt, allein zu reisen und in einer fremden Stadt in einem möblierten Zimmer oder in einem Pensionat zu leben. Um ihr Ziel zu erreichen, gingen damals junge Mädchen Scheinehen ein.

Da auch die 17jährige *Sonja* keinen anderen Weg sah, machte sie zusammen mit ihrer Schwester und einer Freundin einem ihnen befreundeten Studenten, der später durch seine wissenschaftlichen Leistungen bekannt wurde, *Wladimir Onufrijewitsch Kowalewsky*, den Vorschlag, eine von ihnen zu heiraten. Er wählte *Sonja*. Nach erheblichen Schwierigkeiten mit ihren Eltern konnte die 18jährige *Sonja* den damals 19jährigen Studenten der Geologie *Kowalewsky* heiraten. Das junge Paar lebte ein halbes Jahr in St. Petersburg, wo es Anschluß an politische Kreise fand, und ging dann nach Heidelberg zum Studium. Die *Kowalewsky*s lebten in Heidelberg zurückgezogen, hatten wenig Bekannte und nahmen am studentischen Leben der Universität nicht teil. Während ihres Studiums in Heidelberg knüpfte *Sonja* keine politischen Beziehungen an. Gegen Ende des Jahres 1870 verließ sie die Universitätsstadt Heidelberg und siedelte nach Berlin über, während ihr Mann seine Studien in Jena und München fortsetzte. Diese Trennung ist ungewöhnlich. Aber die unter eigentümlichen Verhältnissen geschlossene Ehe verlief nicht unproblematisch. Trotz gegenseitiger Achtung und Zuneigung kam es bei ihrem Zusammensein zu Meinungsverschiedenheiten. Überhaupt war *Kowalewsky* selbst eine äußerst unruhige Natur, immer voller neuer

Pläne und Ideen. Diese allzu große Übereinstimmung ihrer Charaktereigenschaften führte zu Auseinandersetzungen, die die *Kowalewskaja* durch längere Trennung zu überbrücken suchte.

Bei ihrer Ankunft in Berlin hatte *Sonja* eine große Enttäuschung. Ihr wurde der Zugang zu allen Universitätsveranstaltungen untersagt. Sie wandte sich daraufhin an den Mathematikprofessor *K. Weierstraß*, dessen Untersuchungen auf dem Gebiete der Differentialgleichungen sie zur Übersiedelung nach Berlin veranlaßt hatten. *Weierstraß* vergewisserte sich von ihrem Können und war so von ihren Kenntnissen beeindruckt, daß er, der ein entschiedener Gegner der Zulassung von Frauen zu Universitätsstudien war, sich bereit erklärte, sie zweimal wöchentlich zur Konsultation zu empfangen, um ihr die Fortsetzung ihres Studiums zu ermöglichen.

Ihre Studien in Berlin wurden gleich unterbrochen durch zwei Reisen nach Paris zu ihrer Schwester *Anjuta*, die dort mit einem Führer des Kommuneaufstandes bekannt geworden war. Der junge Kommunarde fiel nach dem Sturz der Kommune in die Hände der Konterrevolutionäre und wurde zum Tode verurteilt. Es gelang ihm allerdings später zu fliehen.

Sonja unternahm die erste Reise im Frühjahr 1871, da sie sich um die Schwester sorgte, – zumal sie ihr geholfen hatte, den Aufenthalt in Paris vor den Eltern zu verheimlichen. Auf dieser Reise war sie gezwungen, längs des Seineufers mit ihrem Mann zu Fuß zu wandern und die Seine zu überqueren, um in das von deutschen Truppen eingekesselte Paris zu kommen. Zu ihrem Glück entdeckten sie auf ihrer Wanderung ein Boot, das ans Ufer gezogen war. Sie nahmen Besitz davon und ruderten über den Fluß. Sie wurden dabei von einem Wachtposten beobachtet; aber sie waren außer seiner Schußweite und gelangten so unbehelligt an das rettende Ufer. Sie weilten nur kürzere Zeit in Paris und kehrten dann an ihre Studienorte wieder zurück. Ein zweites Mal, ebenfalls im Jahre 1871, reiste sie nach Paris, da die Schwester, über die Verhaftung und Verurteilung ihres Freundes verzweifelt, sie um Rat und Unterstützung bat. *Sonja* schrieb auch ihrem Vater, und er kam von Moskau nach Paris, um zu sehen, was seinen Töchtern zugestoßen sei. *Sonja* versuchte, ihn in Gesprächen von den edlen Motiven des Kommunarden zu überzeugen und ihn zur Unterstützung der Flucht ihres späteren

Schwagers zu veranlassen. Sie schreibt später in Rückerinnerung an diese Zeit: ,,Wir waren von all diesen neuen Ideen so begeistert, so überzeugt, daß die jetzt herrschende Gesellschaftsordnung nicht mehr lange bestehen könne. Wir sahen die herrliche Zeit der Freiheit und der allgemeinen Aufklärung, träumten, daß sie ganz nahe, ganz sicher bevorstände." [1, Teil 2, S. 6]

In ihren Studien spezialisierte sich *Sonja* von Anfang an stark und behandelte Verfahren und Probleme, wie sie ihr Lehrer *Weierstraß* bearbeitete. Sie erwarb sich in kurzer Zeit dabei solche Kenntnisse, daß sie mit eigenen Untersuchungen hervortreten konnte. Sie schrieb drei stark beachtete Abhandlungen, und zwar eine Arbeit zur Theorie der partiellen Differentialgleichungen, in der sie den Nachweis erbrachte, daß eine lineare partielle Differentialgleichung mit algebraischen Koeffizienten stets eine Lösung hat, die für einen speziellen Wert der einen unabhängigen Variablen sich auf eine beliebig vorgegebene Funktion der übrigen Variablen reduziert, das heißt, im Falle von zwei unabhängigen Variablen kann man also verlangen, daß (für $x = x_1) z = \varphi(y)$ wird. Geometrisch heißt das, daß die Integralfläche durch eine ebene Kurve hindurchgeht. Durch diesen von ihr gefundenen Existenzsatz fanden einige bisher offene Fragen Beantwortung. Zum Beispiel läßt sich die Anzahl der in einer Lösung einer partiellen Differentialgleichung vorkommenden willkürlichen Funktionen bestimmen. Die zweite Arbeit behandelte die ,,Gestalt des Saturnringes". In der dritten Arbeit ermittelte sie die Bedingungen, die eine algebraische Funktion $\varphi(x)$ erfüllen muß, damit das Integral $\int F(x, \varphi(x))dx$, in dem F eine rationale Funktion von x und $\varphi(x)$ ist, sich durch Integrale darstellen läßt, die nur Quadratwurzeln aus Polynomen dritten und vierten Grades der Variablen enthalten, wobei die Nullstellen der Polynome unterschiedliche Werte haben (elliptische Integrale).

Dabei ist es charakteristisch für *Sonja Kowalewskaja*, daß sie in ihren Arbeiten auf Skizzen verzichtet, die man sicher bei der Arbeit über die Gestalt des Saturnringes erwartet. Über diese Arbeiten urteilt *Weierstraß* so: ,,Daß er kein Bedenken habe, jede der genannten Arbeiten als Doktordissertation anzunehmen", und er fügt hinzu, ,,da es aber das erste Mal ist, daß eine Frau auf Grund mathematischer Arbeiten promoviert zu werden wünscht, so hat nicht nur die Fakultät alle Veranlassung, strenge For-

Moskau im 19. Jh.

derungen zu stellen, sondern es liegt auch im Interesse der Aspirantin sowohl als in meinem" ... ,,Was aber den Stand der mathematischen Bildung der Frau v. Kowalewsky überhaupt angeht, so kann ich versichern, daß ich nur wenige Schüler gehabt habe, die sich, was Auffassungsgabe, Urteil, Eifer und Begeisterung für die Wissenschaft angeht, mit ihr vergleichen ließen." [8, S. 92]
Die Arbeit über partielle Differentialgleichungen wurde als Dissertation von der Philosophischen Fakultät der Universität Göttingen angenommen. Vom Rigorosum wurde sie auf Grund eines Antrages an den Dekan befreit. Das Schreiben zeigt, daß sie selbst im Denken ihrer Zeit, was die Stellung der Frau anbetrifft, befangen war. Sie schreibt: ,,Daß die ungewohnte Lage, in der ich genötigt würde, persönlich unbekannten Männern Antwort zu stehen, peinlich und verwirrend auf mich wirken würde." Als weiteren Grund gibt sie an, ,,daß ich die deutsche Sprache nur sehr unvollkommen beherrsche, wenn es gilt, mich mündlich auszudrücken, obwohl ich daran gewöhnt bin, sie beim mathematischen Denken und Schreiben anzuwenden... Meine Gewohnheit, wenig deutsch zu sprechen, ist daher entstanden, daß ich erst vor ungefähr fünf Jahren anfing, deutsch zu lernen, von denen ich vier in Berlin zugebracht habe, wo ich ganz zurückgezogen lebte." [1, Teil 2, S. 27] So wurde ihr, in Abwesenheit, im Jahre 1874 der Doktortitel zuerkannt. Ihre wissenschaftliche Arbeit wurde in den nächsten Jahren durch familiäre Verhältnisse wie durch den Tod ihres Vaters, den sie sehr liebte, die Geburt ihrer Tochter, den Selbstmord ihres Mannes und durch eine längere Krankheit stark beeinträchtigt. Besonders hart traf sie der Tod ihres Vaters, den die Haltung und Entwicklung der Töchter in seinem Denken und Handeln umgestimmt hatten. Er war ein gütiger und verständnisvoller Vater geworden, frei von der Strenge und dem Despotismus, den er einmal gezeigt hatte. Erst das Angebot einer Dozentur durch die schwedische Universität in Stockholm im Jahre 1881 gab ihr neuen Auftrieb.
Sie arbeitete über die ,,Brechung des Lichtes in kristallinischen Mitteln", über die Gestalt des Saturnringes und über bestimmte Klassen von Integralen (,,Abelsche Integrale"). In einem beträchtlichen Teil ihrer Untersuchungen behandelte *Sonja* bereits formulierte physikalische Aufgaben. Es ist dabei zunächst nicht ihr Ziel, durch

neue Entdeckungen die physikalische Wissenschaft zu bereichern oder zu neuen mathematischen Ideenbildungen anzuregen, sondern sie will bereits gewonnene Erkenntnisse mathematisch streng beweisen. Dabei wird natürlich Neues aufgedeckt und vor allen Dingen ein sicherer Ausgangspunkt für neue Erkenntnisse geschaffen.
Auch ihre Vorlesungen, die sie nach Übernahme der Dozentur hielt, sind in gleicher Weise aufgebaut und interessierten vornehmlich Studierende, die sich spezialisiert hatten. Die Übernahme der Dozentur verzögerte sich, und erst im Jahre 1883 siedelte sie nach Stockholm über, wo sie kurz darauf zum Professor ernannt wurde. Sie schrieb damals an den Rektor der Hochschule: ,,Ich bin der Stockholmer Hochschule so dankbar, die allein von allen Universitäten Europas ihre Pforten für mich öffnete." [1, Teil 2, S. 39]
Was die Berufung bedeutete, mag man ermessen, wenn man weiß, daß sie es auch jetzt nicht erreichen konnte, als Zuhörerin zu Vorlesungen in Berlin bei Besuchen zugelassen zu werden. In Stockholm widmete sie sich mit großem Eifer wissenschaftlichen Untersuchungen und brachte eine Reihe von Publikationen heraus. Für ihre Arbeit ,,Über die Rotation eines schweren Körpers um einen festen Punkt" erhielt sie den Prix Bordin der Pariser Akademie der Wissenschaften. Das war die höchste wissenschaftliche Auszeichnung, die bis zu diesem Zeitpunkt einer Frau zuteil wurde. Am Weihnachtsabend 1888 konnte sie in feierlicher Sitzung im Beisein vieler berühmter Gelehrter den Preis entgegennehmen.
Die Bedeutung der Arbeit ,,Über die Rotation eines schweren Körpers..." liegt vor allem in der völlig neuen und allgemeinen Aufgabenstellung und auch in der Verwendung der Mittel, die zu ihrer Bewältigung verwandt wurden. Sie faßte die Zeit t als komplexe Veränderliche auf; dadurch gelang es ihr, bei bestimmten sehr allgemeinen Festlegungen für t, alle für diese Bedingungen möglichen Fälle aufzudecken. Als Spezialfälle ergaben sich die bereits bekannten.
Während ihrer Reisen hatte *Sonja* auch viele interessante Begegnungen. Paris hat *Sonja* wiederholt besucht und nicht nur Fachkollegen getroffen, sondern auch Begegnungen mit Künstlern gehabt und auch Bekanntschaften mit russischen und polnischen Emigranten geknüpft, an deren Schicksal sie starken Anteil nahm.

Universität in Moskau im 18. Jh.

Außer der Ehrung mit dem Prix Bordin wurde sie durch die Petersburger Akademie der Wissenschaften im Jahre 1890 zum korrespondierenden Mitglied ernannt.
Neben ihrer wissenschaftlichen Arbeit betätigte sich *Sonja Kowalewskaja* auch schriftstellerisch. Sie schrieb ihre Kindheitserinnerungen. Das Buch wurde ins Schwedische, Norwegische, Deutsche und Französische übersetzt. Sie vollendete einen Roman, „Der Privatdozent"; sie schrieb Zeitungsartikel und Gedichte. Dabei hat sie soziale Fragen aufgegriffen und sich mit Begeisterung unter Einsatz ihrer ganzen Person am Kampf der Frau für die Gleichberechtigung beteiligt. Sie sagt von sich: „In Stockholm behandelt man mich als Vorkämpferin der Frauenbewegung." [1, Teil 2, S. 58] Ähnlich äußert sich *F. Klein* in seinen Vorlesungen „Über die Entwicklung der Mathematik im 19. Jahrhundert" über sie. Er schreibt: „Sie stand schließlich im Mittelpunkt des Interesses der Frauenemanzipation [10, S. 294]. Es ist zu bewundern, daß sie trotz ihrer vielen Interessen auf anders gearteten Gebieten, trotz ihres wechselvollen Lebens so viel in der Mathematik geleistet hat." [10, S. 295]
Trotz dieser großen Inanspruchnahme durch ihre vielfältigen Interessen nahm sie auch in Stockholm am geselligen Leben teil. So sah man sie einen Winter täglich auf der Eisbahn, gelegentlich wanderte sie und versuchte sich im Reitsport. Mitten in ihrem Schaffen und voller Pläne zog sie sich auf der Rückreise von Italien nach Stockholm im Januar 1891 während der Eisenbahnfahrt eine schwere Erkältung zu. Sie beachtete diese zu Anfang kaum. Ihr Zustand verschlimmerte sich so, daß sie nach zweitägigem Krankenlager am 29. Januar im Alter von nur 41 Jahren starb. „Wohl selten hat ein Todesfall eine so große allgemeine Teilnahme erweckt wie der ihre" [1, Teil 2, S. 117], so berichtete *Charlotte Mittag-Leffler*, die *Sonja Kowalewskaja*s „Kindheitserinnerungen" durch einen zweiten Teil ergänzt hat. Zeitungen und Zeitschriften brachten Nachrufe und würdigten ihre wissenschaftliche Bedeutung und ihr soziales Wirken.
Wagenlasten von Blumen bedeckten den dunklen Boden des Stockholmer Friedhofs, wo sie beigesetzt wurde.
In ihrem Nachlaß fand man in Angriff genommene mathematische Untersuchungen, deren Beendigung ihr allzu früher Tod verhinderte.

Lebensdaten zu Sophia Wassiljewna Kowalewskaja

1850	3. Januar (15. Januar), *Sophia* als Tochter des Generals der Artillerie *Wassiljewitsch Korwin-Krukowsky* in Moskau geboren
1868	Oktober, Heirat mit dem Studenten der Geologie Wladimir *Onufrijewitsch Kowalewsky*
1869	Frühjahr, Beginn des Mathematikstudiums in Heidelberg
1870 bis 1874	Fortsetzung des Studiums in Berlin bei *Karl Weierstraß*
1874	Promotion an der Universität Göttingen zum Doktor der Philosophie
1878	5. Oktober (17. Oktober), Geburt ihrer Tochter *Sophia*
1883	15. April (27. April), Tod ihres Mannes
1884	Berufung als Dozent an die Universität in Stockholm für fünf Jahre
1888	Weihnachten, Verleihung des „Prix Bordin" durch die Pariser Akademie der Wissenschaften
1889	Berufung zum Professor durch die Stockholmer Universität
1890	Ernennung zum Korrespondierenden Mitglied der Petersburger Akademie der Wissenschaften
1891	10. Februar, *S. Kowalewskaja* in Stockholm gestorben

Literaturverzeichnis zu Sophia Wassiljewna Kowalewskaja

[1] Sonja Kowalewsky. I. Teil: Kindheitserinnerungen. Deutsch von M. Kurella. II. Teil: Was ich mit ihr zusammen erlebt habe und was sie mir von sich erzählt hat. Von Charlotte Leffler, deutsch von L. Wolf. Halle a. d. Saale 1892.
[2] *Kowalewsky, S.:* Erinnerungen an meine Kindheit. Deutsche Ausgabe Weimar 1960. Mit Nachwort von L. Hartmann.
[3] *Kowalewsky, S.:* Zur Theorie der partiellen Differentialgleichungen. In: Journal für die reine und angewandte Mathematik, Bd. 80 (1875), S. 1 bis 32.
[4] *Kowalewsky, S.:* Sur le problème de la rotation d'un corps solide autour d'un point fixe. In: Acta mathematica, Bd. 12 (1889), S. 177 bis 232.
[5] *Kronecker, L.:* Sophie von Kowalewsky. In: Journal für die reine und angewandte Mathematik, Bd. 108 (1891), S. 88.

David Hilbert

Hilbert

[6] *Mittag-Leffler, G.*: Sophie Kowalewsky. Notice biographique. In: Acta mathematica, Bd. 16 (1892/93), S. 385 bis 390.
[7] *Kowalewsky, S.*: Sur un théoreme de M. Bruns. In: Acta mathematica, Bd. 15 (1891), S. 45 bis 57.
[8] *Wentscher, M.*: Weierstraß und Sonja von Kowalewsky. In: Jahresbericht der deutschen Mathematiker-Vereinigung, Bd. 18 (1909), S. 89 bis 93.
[9] *Mittag-Leffler, G.*: K. Weierstraß und Sonja Kowalewsky. In: Acta mathematica, Bd. 39 (1923), S. 133 bis 198.
[10] *Klein, F.*: Über die Entwicklung der Mathematik im 19. Jahrhundert, Teil I. Berlin 1926.
[11] Kowalewsky, S.: Wissenschaftliche Abhandlungen. Moskau-Leningrad 1948 (russ.).
[12] *Polubarinowa-Kotschina, P.*: Zur Biographie von S. W. Kowalewsky. In: Ist.-mat. issl., Bd. 7 (1954), S. 666 bis 709 (russ.).

David Hilbert (1862 bis 1943)

Am 14. Februar 1943 starb *David Hilbert* in Göttingen. In seinem letzten Lebensjahrzehnt war es einsam geworden um ihn, ein großes Leben war still zu Ende gegangen. Einst aber, in den 20er Jahren, als Göttingen ein glanzvolles Zentrum für Mathematik und Physik gewesen war, stellte *Hilbert* unbestritten eine der bestimmenden Persönlichkeiten der mathematischen Wissenschaften dar, hochgeehrt im Kreise in- und ausländischer Schüler, Freunde, Mitarbeiter und Kollegen.
Dann aber war die Nazipartei in Deutschland zur Macht gekommen und hatte viele der besten Göttinger Mathematiker und Physiker vertrieben: *E. Noether, E. Artin, H. Weyl, R. Courant, P. Bernays, M. Born* und andere. *Hilbert*s enger Freund, der Mathematiker *O. Blumenthal,* war nach Holland emigriert; später, 1944, wurde er in Theresienstadt (Terezín) umgebracht. Der Zahlentheoretiker *E. Landau* und der Nobelpreisträger für Physik, *J. Franck,* waren ihres Amtes enthoben worden. Seit 1939 tobte ein furchtbarer Krieg, der nun schrecklich auf das nazistische Deutschland zurückschlug. Am 2. Februar 1943 hatten die Reste der bei Stalingrad (jetzt Wolgograd) an der Wolga von der sowjetischen Armee eingeschlossenen faschistischen Truppen

Heinrich Weber
(1843 bis 1913)

kapituliert. Nur ein knappes Dutzend Personen geleitete *David Hilbert* zur letzten Ruhe, darunter seine fast erblindete Frau *Käthe*. Von allen seinen Freunden aus glücklichen Tagen hatte nur der Physiker *A. Sommerfeld* aus München kommen können. Am Sarge stehend resümierte er *Hilberts* Lebenswerk, das ihn unstreitig als bedeutendsten Mathematiker zu Beginn des 20. Jahrhunderts auswies. Was war, so fragte *Sommerfeld, Hilberts* größte Leistung? Lag sie auf dem Gebiet der Invarianten, der Zahlentheorie, der Axiomatisierung der Geometrie, oder war es seine Beweistheorie überhaupt? Oder wurde das alles noch übertroffen durch seine Beiträge zur Analysis, zur Grundlegung der Funktionentheorie und durch seine Theorie der Integralgleichungen? Und wie sind seine Arbeiten zur theoretischen Physik einzuschätzen, zur Gastheorie und zur allgemeinen Relativitätstheorie? Liegt dort seine bedeutendste Leistung?

Darüber ist ein letztes Wort noch nicht gesprochen. Die Geschichte wird urteilen, an *Hilbert*s Namen und Leistung wird sie nicht vorübergehen.

David Hilbert wurde am 23. Januar 1862 in Königsberg (heute Kaliningrad) geboren und entstammte einer preußischen Beamtenfamilie. Die Mutter war eine ungewöhnlich gebildete, zumal an Philosophie, Astronomie und Mathematik interessierte Frau. Während seiner Gymnasialzeit in Königsberg hat *Hilbert* unter dem vorherrschenden Zwang bloßen Auswendiglernens sehr gelitten. Als man ihn – viel später – einmal gefragt hat, ob er sich schon auf der Schule mit Mathematik befaßt habe, gab er zur Antwort: „Ich habe mich auf der Schule nicht besonders mit Mathematik beschäftigt, denn ich wußte ja, daß ich das später tun würde." [6, S. 38]

Diese Haltung charakterisiert *D. Hilbert* schon für seine Schulzeit als eine eigenwillige, starke und entschlossene Persönlichkeit.

Dem Abitur im Jahre 1880 folgte das Studium der Mathematik, fast ausschließlich in Königsberg. Als akademische Lehrer hatte er dort unter anderen *H. Weber, F. Lindemann* und den nur wenig älteren *A. Hurwitz. Weber*, ein ausgezeichneter Algebraiker, führte ihn in die Invariantentheorie ein. *Lindemann* stand damals auf der Höhe seines Ruhmes, hatte er doch 1882 die Transzendenz von π und damit die Unmöglichkeit der Lösung eines jahrtausendealten Problems, das der Quadratur des

Adolf Hurwitz
(1859 bis 1919)

Kreises, bewiesen. *Hurwitz*, an den sich *Hilbert* auch persönlich eng anschloß, besaß einen außergewöhnlichen Überblick über die Mathematik als Ganzes und führte *Hilbert* vor allem in die Funktionentheorie ein.

Auf den Anfang der 80er Jahre geht auch *Hilbert*s enge Bindung an den hochbegabten und bedeutenden Mathematiker *H. Minkowski* zurück, der als 19jähriger schon einen großen Preis der Pariser Akademie errungen hatte für die Lösung der allgemeinen Aufgabe, eine beliebige Zahl in fünf Quadrate zu zerlegen. *Minkowski* stammte aus Alexotas bei Kowno (dem heutigen Kaunas); seine Familie war ebenfalls in Königsberg ansässig geworden. *Minkowski* hatte in Berlin studiert; durch ihn wurde *Hilbert* mit den hervorragenden algebraischen und analytischen Ergebnissen von *E. E. Kummer, L. Kronecker* und *K. Weierstraß* bekannt.

*Hilbert*s Promotion erfolgte Anfang 1885 in Königsberg. Im Winter 1885/86 hielt er sich zu einem Studienaufenthalt in Leipzig auf und machte dabei die für seine spätere Entwicklung folgenreiche Bekanntschaft mit *F. Klein*. Es schloß sich eine Studienreise nach Paris an, die ihn besonders mit dem einflußreichen *Ch. Hermite* in Berührung brachte.

Im Jahre 1886 schon habilitierte sich *Hilbert*, wiederum in Königsberg, und wurde damit Privatdozent. Die dortige Situation schilderte *Hilbert* selbstironisch in einem Brief an *Minkowski*, indem er von ,,11 Dozenten, die auf etwa ebenso viele Studenten angewiesen sind" [6, S. 393] berichtete. Unter *Hilbert*s Schülern befand sich damals auch *Sommerfeld*.

Als *Hurwitz* 1892 nach Zürich berufen wurde, erhielt *Hilbert* als dessen Nachfolger ein Extra-Ordinariat in Königsberg. Damit besserte sich seine finanzielle Lage so, daß er an die Gründung einer Familie denken konnte. In demselben Jahre 1892 noch verheiratete sich *Hilbert* mit *Käthe Jerosch*, der Tochter einer Königsberger Kaufmannsfamilie, einer jungen Dame von beträchtlicher geistiger Selbständigkeit und Reife. Übrigens rührte aus der Königsberger Zeit auch eine sehr enge Jugendfreundschaft mit *Käthe Kollwitz* her. *Hilbert* hat Zeit seines Lebens die fortschrittliche Künstlerin sehr verehrt und sie gegen Angriffe reaktionärer Kräfte in Schutz genommen.

Hermann Minkowski
(1864 bis 1909)

Diese erste, Königsberger, Periode *Hilbert*s gehörte von der wissenschaftlichen Seite her ganz der Invariantentheorie, einer damals sehr im Vordergrund stehenden mathematischen Disziplin. Ohne hier auf Einzelheiten eingehen zu können, sei kurz gesagt, daß *Hilbert* 1890 den fundamentalen Satz beweisen konnte, wonach jedes System algebraischer Formen ein endliches Basissystem besitzt. Der von *Hilbert* gegebene Beweis war ein reiner Existenzbeweis und nicht konstruktiv. Damit stellte sich *Hilbert* in Gegensatz zu der Auffassung *Kroneckers*, daß jeder Existenzbeweis konstruktiv sein, das heißt in endlich vielen Schritten zur Angabe des gesuchten Elementes führen müsse. Der führende Invariantentheoretiker der Zeit vor *Hilbert*, der deutsche Mathematiker *P. Gordan*, der „König der Invarianten", äußerte sich zunächst mißbilligend über den Hilbertschen Beweis: „Das ist keine Mathematik. Das ist Theologie." (Zitiert bei [6, S. 394]) Später jedoch hob gerade *Gordan* das Verdienstvolle der sich bei *Hilbert* dokumentierenden neuen mathematischen Methode hervor.

Eine entscheidende Wende in *Hilbert*s Leben trat 1895 ein, mit der Berufung nach Göttingen auf Grund einer Initiative von *F. Klein*. Als man *Klein* vorwarf, er habe es sich recht leicht gemacht, einen so jungen Mann nach Göttingen zu ziehen, hat *Klein* dies bestritten und entgegnet: „Ich berufe mir den aller unbequemsten." (Zitiert bei [6, S. 399])

Jedenfalls rechtfertigte sich die Berufung *Hilbert*s nach Göttingen auf das glänzendste: Göttingen erhielt einen überaus tiefgründigen und produktiven Forscher und einen hervorragenden, humanistisch gesinnten akademischen Lehrer, der wesentlich zur Entwicklung dieses führenden naturwissenschaftlichen Lehr- und Forschungszentrums beitrug und dessen Schüler dann eine große Tradition in alle Welt weitergetragen haben.

Hilbert blieb, trotz vieler ehrenvoller Angebote durch andere Hochschulen und Akademien, Göttingen treu. Seine Emeritierung erfolgte 1930, Vorlesungen hielt er sogar noch bis 1934.

Mitte der zwanziger Jahre erkrankte *Hilbert* an Anämie, einer damals unheilbaren Krankheit. *Hilbert* war sich seines Zustandes sehr genau bewußt, setzte aber, soweit

Der Pregel
in Königsberg
(Kaliningrad)

es die zum Krankheitsbild gehörende dauernde Müdigkeit zuließ, unbeirrt seine Arbeit fort. Zur rechten Zeit, 1927, wurde durch die medizinische Wissenschaft ein Leberpräparat entwickelt. *Hilbert* erhielt es als einer der ersten Patienten und konnte gerettet werden.

Den äußeren Lebensumständen nach gibt es alles in allem bei *Hilbert* kaum tiefgreifende Zäsuren. Desto deutlicher aber ist sein wissenschaftliches Lebenswerk in recht scharf gegliederte Abschnitte geschieden.

Einer ersten, der Invariantentheorie gewidmeten Periode folgte zwischen 1893 bis 1898 die vorzugsweise Hinwendung zur Theorie der algebraischen Zahlkörper; bis etwa 1902 schloß sich eine Untersuchung der Grundlagen der Geometrie an. Zwischen 1902 und 1912 widmete sich *Hilbert* hauptsächlich den Integralgleichungen, um sich bis etwa 1922 der mathematischen Physik zu verschreiben. Eine letzte aktive Forschungsperiode war bis ungefähr 1930 den allgemeinen logischen Grundlagen der Mathematik gewidmet.

Das 1893 von *Hilbert* in Angriff genommene Forschungsgebiet der Theorie der algebraischen Zahlkörper führte ihn zu enger gemeinsamer Arbeit mit *Minkowski*, der auf Initiative von *Hilbert* 1902 ebenfalls nach Göttingen berufen wurde. Den Höhepunkt dieser zweiten Tätigkeitsperiode *Hilbert*s stellte der 1897 erschienene berühmte sogenannte ,,Zahlbericht" dar, also ein Bericht an die Deutsche Mathematiker-Vereinigung über den Stand der Theorie der algebraischen Zahlkörper. Übrigens war *Hilbert* neben *G. Cantor* selbst führend an der Gründung der Deutschen Mathematiker-Vereinigung beteiligt gewesen.

Der ,,Zahlbericht" übertraf die höchsten Erwartungen und hatte eine ungewöhnlich anregende Wirkung auf eine ganze Mathematikergeneration. Der ,,Zahlbericht" war allerdings mehr als ein bloßer Bericht über den damaligen Stand der Körpertheorie; er führte auf neuer, verallgemeinerter Grundlage unter anderem zur Klassenkörpertheorie. Von *Hilbert*s Begeisterung an der Zahlentheorie, die ihn um diese Zeit ähnlich wie den jungen *Gauß* völlig gefangennahm, zeugt die Einleitung zum ,,Zahlbericht". Dort heißt es beispielsweise: ,,Die Theorie der Zahlkörper ist wie ein Bauwerk von wunderbarer Schönheit und Harmonie... In diesem Wissensgebiete liegt

Aus einem Brief an Adolf Hurwitz

noch eine Fülle der kostbarsten Schätze verborgen, winkend als reicher Lohn dem Forscher, der den Wert solcher Schätze kennt und die Kunst, sie zu gewinnen, mit Liebe betreibt." [1, Band 2, S. 67]

Hilbert ist nach 1902 nicht wieder auf die algebraischen Zahlkörper zurückgekommen. Doch hat er sich noch einmal mit einem Problem der additiven Zahlentheorie befaßt, und zwar mit einem von dem englischen Mathematiker *E. Waring* bereits im 18. Jahrhundert gestellten Problem. *Hilbert* hat dieses Problem über die Darstellbarkeit der ganzen Zahlen durch eine feste Anzahl n-ter Potenzen positiv entschieden: Zu jeder natürlichen Zahl N gibt es eine nur von n abhängige natürliche Zahl $Z(n)$, so daß sich N als Summe von höchstens $Z(n)$ n-ten Potenzen darstellen läßt. Diese Abhandlung vom Jahre 1909 hat *Hilbert* seinem viel zu früh verstorbenen Freund *H. Minkowski* gewidmet. Ein elementarer, aber keineswegs einfacher Beweis dieses tiefliegenden Satzes ist erst 1942 durch den sowjetischen Mathematiker *J. W. Linnik* erbracht worden.

Indes überließ *Hilbert* die Weiterführung seiner körpertheoretischen Pionierarbeit Schülern und Kollegen; er hatte sich mittlerweile den Grundlagen der Geometrie zugewandt. Hier sah er die reale Möglichkeit, auf einem weiteren mathematischen Gebiet – nicht nur dem der Lehre von den ganzen Zahlen – einen lückenlosen, exakten Aufbau einer Theorie durchzuführen.

Im Wintersemester 1898/99 hielt *Hilbert* eine grundlegende Vorlesung zu diesem Thema; im Jahre 1899 erschienen seine berühmt gewordenen „Grundlagen der Geometrie". Dieses Buch ist seitdem, im wesentlichen ungeändert, in vielen Nachauflagen und Sprachen immer wieder aufgelegt worden.

Im gewissen Sinne stellten die „Grundlagen der Geometrie" den Abschluß einer glanzvollen Entwicklung der Geometrie während des 19. Jahrhunderts dar, – und sie bildeten den Ausgangspunkt einer grundsätzlich neuen Orientierung der Geometrie. Auch die schon auf die Antike zurückgehende Methode des Aufbaues einer Disziplin auf Postulaten (Axiomen) wurde hier auf eine ganz neue Grundlage gestellt.

Endgültig vollzogen wurde bei *Hilbert* die Trennung des Mathematisch-Logischen vom Sinnlich-Anschaulichen. Nach *Hilbert*s Forderung sollen und dürfen bei geo-

David Hilbert
mit Hermann Weyl

metrischen Beweisen, Begriffsbildungen und Axiomen keinerlei sinnlich-räumliche Vorstellungen benutzt werden. Den Grundelementen der Geometrie – Punkt, Gerade, Ebene – und den Grundbeziehungen zwischen geometrischen Grundelementen – liegt auf, liegt zwischen, parallel, kongruent – kommt zunächst keinerlei konkrete Bedeutung bei der Beschreibung des Raumes zu. Verlangt wird nur, daß die in den Axiomen fixierten Beziehungen gelten – eine ganz andere Frage ist die, wieweit sich eine solche Theorie zur Beschreibung der objektiven Realität eignet. Die Anpassung an die Realität erfolgt durch Auswahl „passender" Axiome.
Anders ausgedrückt: Wenn für drei Grunddinge deren gegenseitige Beziehungen so beschaffen sind, daß dabei alle Axiome der Geometrie erfüllt sind, so gelten für diese Grunddinge alle Lehrsätze der Geometrie. In den Worten von *Hilbert:* „Wenn ich unter meinen Punkten irgendwelche Systeme von Dingen, z. B. das System Liebe, Gesetz, Schornsteinfeger... denke und dann nur meine sämtlichen Axiome als Beziehungen zwischen diesen Dingen annehme, so gelten meine Sätze, z. B. der Pythagoras, auch von diesen Dingen." [4] Oder noch drastischer: „Man muß jederzeit an Stelle von ‚Punkten', ‚Geraden', ‚Ebenen', ‚Tische', ‚Stühle', ‚Bierseidel' sagen können." [6, S. 403]
Freilich wurden mit dieser radikalen Auffassung tiefliegende mathematisch-erkenntnistheoretische Fragen aufgeworfen, deren umfassende Beantwortung *Hilbert* in den 20er Jahren in Angriff nahm. Wir werden noch darauf zurückkommen.
Um die Jahrhundertwende besaß *Hilbert* bereits einen weltweiten Ruf als einer der leistungsfähigsten lebenden Mathematiker. Er befand sich wahrscheinlich damals auf der Höhe seiner Schaffenskraft. Man übertrug ihm auf dem Internationalen Mathematikerkongreß des Jahres 1900 in Paris ein Hauptreferat. In seinem Vortrag „Mathematische Probleme", gehalten am 8. August, vermochte *Hilbert* dreiundzwanzig mathematische Probleme herauszuarbeiten und zu formulieren, denen, als Kernproblemen der damals bestimmenden Zweige der Mathematik, besondere Aufmerksamkeit zu widmen sei. Die weitere Entwicklung hat *Hilbert* in wesentlichen Teilen bestätigt, zugleich hat *Hilbert*s Vortrag in beträchtlichem Maße die weitere Entwicklung der Mathematik des 20. Jahrhunderts geformt.

Pierre Curie
(1855 bis 1906)
mit Marie Sklodowska Curie
(1867 bis 1934)

In Anbetracht dieser hervorragenden, außergewöhnlichen Leistung ist es nicht verwunderlich, daß *Hilberts* Pariser Vortrag seither ständige Aufmerksamkeit auf sich gezogen hat und daß man diesen Vortrag als ein geradezu klassisches Beispiel einer wissenschaftlichen Prognose anführt. (Vgl. [12])

Unter den von *Hilbert* herausgehobenen Problemen befinden sich das Kontinuumsproblem, das Problem der Widerspruchslosigkeit der arithmetischen Axiome, die mathematische Behandlung der Axiome der Physik, Irrationalität und Transzendenz bestimmter Zahlen, Primzahlprobleme mit Einschluß der Riemannschen Vermutung, allgemeines Randwertproblem, Methoden der Variationsrechnung.

Am Ende seines Pariser Vortrages betonte *Hilbert* die organische Einheit der Mathematik: „... die mathematische Wissenschaft ist meiner Ansicht nach ein unteilbares Ganzes, ein Organismus, dessen Lebensfähigkeit durch den Zusammenhang seiner Teile bedingt wird. Denn bei aller Verschiedenheit des mathematischen Wissensstoffes im einzelnen gewahren wir doch sehr deutlich die Gleichheit der logischen Hilfsmittel, die Verwandtschaft der Ideenbildung in der ganzen Mathematik und die zahlreichen Analogien in ihren verschiedenen Wissensgebieten... Der einheitliche Charakter der Mathematik liegt im inneren Wesen dieser Wissenschaft begründet; denn die Mathematik ist die Grundlage alles exakten naturwissenschaftlichen Erkennens. Damit sie diese hohe Bestimmung vollkommen erfülle, mögen ihr im neuen Jahrhundert geniale Meister erstehen und zahlreiche in edlem Eifer erglühende Jünger!" [1, Band 3, S. 329]

Die Schlußsätze seines berühmten Pariser Vortrages klingen wie ein Hinweis auf *Hilberts* kommende Forschungsperioden, auf seine Hinwendung zur Analysis und mathematischen Physik. Die Gründe dafür liegen zweifellos in der stürmischen, geradezu aufregenden Entwicklung der Naturwissenschaften, insbesondere der Physik, zu Anfang des 20. Jahrhunderts. Man denke nur an *M. Planck* und die Quantentheorie, an *A. Einstein* und die Relativitätstheorie, an *W. C. Röntgen, W. Nernst, E. Rutherford, P.* und *M. Curie, M. von Laue* und *P. Debye*.

Zunächst konnte *Hilbert* den strengen Beweis des sogenannten Dirichletschen Prinzips erbringen, das während des 19. Jahrhunderts der Behandlung der Randwert-

David Hilbert
mit
Käthe Jerosch

aufgaben in der Potentialtheorie zugrunde gelegt, aber durch berechtigte kritische Einwände von *K. Weierstraß* erschüttert worden war. Der Hilbertsche Beweis sowie die sich anschließenden Untersuchungen beseitigten eine bedeutende innere Unsicherheit der höheren Analysis, trugen unmittelbar zum Ausbau der Methoden der Variationsrechnung bei und lieferten wesentliche Impulse zur Entstehung einer ganz modernen neuen mathematischen Disziplin, der Funktionalanalysis.
In derselben Richtung haben auch *Hilbert*s fundamentale Untersuchungen zur Theorie der Integralgleichungen gewirkt, die ihrerseits aufs engste mit Problemen der mathematischen Physik verbunden war und durch den schwedischen Mathematiker *E. J. Fredholm* um 1900 eine systematische Behandlung erfahren hatte. *Hilbert* faßte seine weitreichenden und in die Zukunft weisenden Ergebnisse in der auch heute noch aktuellen Monographie ,,Grundzüge einer allgemeinen Theorie der linearen Integralgleichungen" (1912) zusammen. Schließlich erschien im Jahre 1924 die erste Auflage der von *R. Courant* und *D. Hilbert* gemeinsam verfaßten ,,Methoden der mathematischen Physik", in denen die durchgebildeten Methoden und Ergebnisse sowie diejenigen seiner Schüler und Mitarbeiter systematisch dargelegt wurden. Aus diesem zweibändigen Werk, das auch heute noch ein vorzügliches Lehrbuch darstellt, haben in den 20er und 30er Jahren viele theoretische Physiker ihr mathematisches Rüstzeug erworben.
Im einzelnen wandte sich *Hilbert*, auch auf Verdeutlichung der Tragweite seiner Theorie bedacht, speziellen Randwertproblemen von gewöhnlichen Differentialgleichungen und Eigenwertproblemen partieller Differentialgleichungen zu. Er vermochte unter anderem ein schwieriges, schon von *B. Riemann* formuliertes Problem vollständig zu lösen, das der Existenz einer linearen Differentialgleichung mit vorgeschriebener Monodromiegruppe. Es ist dies das Problem Nr. XXI seines Pariser Vortrages.
Auch in der theoretischen Physik suchte *Hilbert* direkte Anwendungen seiner Methoden. So beschäftigte er sich, wiederum unter Rückgriff auf axiomatische Festlegungen, ausführlich mit kinetischer Gastheorie. Weitere Untersuchungen galten dem Kirchhoffschen Gesetz der Proportionalität zwischen Emission und Absorption der

Eingang zum Mathematischen Institut der Universität Göttingen

Strahlung sowie schließlich dem Hamiltonschen Prinzip in der allgemeinen Relativitätstheorie. An diese Arbeiten haben später Atomphysiker angeknüpft, unter ihnen *P. Debye* und *M. Born*.
Anfang der 20er Jahre nahm *Hilbert* verstärkt seine Untersuchungen über die Grundlagen der Mathematik wieder auf, allerdings in einem viel allgemeineren Sinne und mit weitreichenderen Absichten als rund 20 Jahre vorher. Das Kernproblem bestand in einer präziseren Bestimmung der axiomatischen Methode und ihrer Reichweite. Genau genommen ging es ihm um den Aufbau einer Beweistheorie: Das mathematische Beweisen selbst müsse zum Gegenstand der Untersuchung gemacht werden.
An ein Axiomensystem zum Aufbau einer Theorie ist neben den Forderungen der Unabhängigkeit und Vollständigkeit insbesondere die Forderung nach Widerspruchsfreiheit der Axiome zu stellen. *Hilbert* hatte erkannt, daß im Hinblick auf eine umfassende Axiomatik der Nachweis der inhaltlichen Widerspruchsfreiheit nur relativ sein kann, also nur entschieden werden kann durch die Konstruktion eines Modells. Da aber die Elemente dieses Modells ihrerseits mathematischer Art sind, reduziert sich die Widerspruchsfreiheit einer Theorie auf die einer anderen. *Hilbert* ersetzte darum — um diesem circulus vitiosus zu entgehen — die inhaltliche Widerspruchsfreiheit durch eine formale Widerspruchsfreiheit: Ein Axiomensystem ist nach *Hilbert* genau dann widerspruchsfrei, wenn es unmöglich ist, aus diesem Axiomensystem durch logische Schlüsse eine Aussage und deren Negation abzuleiten.
Als notwendige, sinngemäße Ergänzung der Untersuchungen über die Axiomatik entwickelte *Hilbert* den Logikkalkül weiter im Anschluß an *G. Peano*, *G. Frege*, *E. Schröder*, *B. Russell* und andere. Inhaltliches Schließen wurde bei *Hilbert* durch eine Kette rein formaler Handlungen, das heißt durch Rechnen mit Zeichen nach festen Regeln ersetzt. Für *Hilbert* ist damit die Mathematik zur allgemeinen Lehre von den Formalismen geworden. Zusammen mit seinem Schüler *W. Ackermann* hat übrigens *Hilbert* im Jahre 1928 das Lehrbuch „Grundzüge der theoretischen Logik" veröffentlicht; es stellt auch heute noch eine sehr wertvolle Einführung in die mathematische Logik dar.
Über den Zusammenhang seiner formalen Methode mit der Axiomatik hat sich *Hilbert*

Das „mathematische Kränzchen" in Göttingen 1902

des öfteren – auch gegen andere philosophische Strömungen innerhalb der Mathematik argumentierend – geäußert: So heißt es zum Beispiel 1928 in einer Arbeit „Die Grundlagen der Mathematik": „... in meiner Theorie wird das inhaltliche Schließen durch ein äußeres Handeln nach Regeln ersetzt; damit erreicht die axiomatische Methode diejenige Sicherheit und Vollendung, deren sie fähig ist und deren sie auch bedarf, wenn sie zum Grundmittel aller theoretischen Forschung werden soll." [3, S. 68]

Die weitere Entwicklung auf dem Gebiet der Grundlagen der Mathematik hat *Hilbert* nicht in allen Punkten Recht gegeben. So wissen wir heute seit den Ergebnissen des polnischen Mathematikers *A. Tarski* aus dem Jahre 1936, daß die formale Widerspruchsfähigkeit einer Theorie nicht garantiert, daß diese Theorie auch ein Modell besitzt. Anders ausgedrückt: Aus der formalen Widerspruchsfreiheit folgt im allgemeinen nicht die inhaltliche Widerspruchsfreiheit.

Auf dem internationalen Mathematikerkongreß in Bologna 1928 hatte *Hilbert* die Fragen nach der Vollständigkeit der Logik einerseits und andererseits der elementaren Zahlentheorie gestellt. Das erste Problem wurde 1930 von dem aus dem damaligen Brünn stammenden jungen Mathematiker *K. Gödel* positiv entschieden, das zweite ein Jahr später dagegen negativ beantwortet. Diese Unvollständigkeit ist nun eben nicht ein Mangel, eine Unzulänglichkeit des von *Hilbert* aufgestellten Axiomensystems, welche etwa durch Hinzunahme weiterer Axiome zu beheben wäre. *Gödel* bewies vielmehr, daß es grundsätzlich unmöglich ist, ein „übersehbares" Axiomensystem für die elementare Zahlentheorie aufzustellen, das sowohl widerspruchsfrei als auch vollständig ist. Übrigens gilt dies, wie *Gödel* noch weiterhin zeigen konnte, für alle einigermaßen ausdrucksfähigen, das heißt nicht inhaltslosen mathematischen Theorien: Der Nachweis der Widerspruchsfreiheit einer axiomatisch aufgebauten Theorie erfordert stets komplizierte Methoden, als aus der zu untersuchenden Theorie gefolgert werden können.

Die Ergebnisse von *Tarski*, *Gödel* und die des nordamerikanischen Mathematikers *P. J. Cohen* aus dem Jahre 1964 über die Kontinuumshypothese beweisen, daß bei aller Anerkennung der hervorragenden Rolle der Axiomatik als Methode mathema-

Gasangriff bei Ypern 1915

tischer Forschung diese nicht zur einzigen mathematischen Forschungsmethode erhoben werden kann. Es hat sich gezeigt, daß die axiomatische Methode die Mathematik nicht aus sich selbst heraus begründen kann und daß die Mathematik demnach nicht eine, wie *Hilbert* meinte, ,,voraussetzungslose Wissenschaft" ist. Vielmehr gehen in die Bedingungen, unter denen Mathematik als Wissenschaft betrieben werden kann, in dieser oder jener Weise Formen der Widerspiegelung der objektiven Realität und aus gesellschaftlichen Bedürfnissen abgeleitete Fragestellungen ein. Aus den unendlich vielen denkmöglichen, axiomatisch aufgebauten Theorien werden durch gesellschaftlich-historische Rückkopplung mit der menschlichen Umwelt diejenigen ausgesondert, deren Gesamtheit wir als mathematische Wissenschaft bezeichnen. Und es hatten und haben – wie die Geschichte der Mathematik beweist – nur solche Theorien Bestand und sind lebendig und fruchtbar geblieben, die sich in irgendeiner Form an Problemen der objektiven Realität orientieren.

Daher gehört es zu den schönsten und dankbarsten Aufgaben eines Mathematikers, dort mitzuwirken, wo neue Erkenntnisse über die objektive Realität gewonnen werden, die die Möglichkeit ihrer Umgestaltung im Interesse der Menschheit eröffnen. *David Hilbert* ist sich dieses eigentlichen, des humanistischen Grundanliegens aller Wissenschaft ständig bewußt gewesen und hat diese Überzeugung während seines ganzen Lebens vertreten.

Als einer der ganz wenigen deutschen Gelehrten hat *Hilbert* die Unterschrift unter das berüchtigte chauvinistische Dokument vom Anfang des ersten Weltkrieges verweigert, mit dem die Kriegsschuld des deutschen Kaiserreiches verschleiert werden sollte. Das Wesen des Faschismus hat *Hilbert* in seiner vollen gesellschaftlichen Tragweite nicht mehr zu erkennen vermocht; hier halfen keine Denkschriften und Appelle unter Berufung auf die Weimarer Verfassung und den Beamtenstatus eines Hochschullehrers, um die Entlassung und Vertreibung seiner Kollegen rückgängig zu machen. Sich selbst aber blieb *Hilbert* treu. Als der nazistische Unterrichtsminister ihn fragte, wie die Mathematik in Göttingen gedeihe, nun, nachdem sie vom jüdischen Einfluß befreit sei, hat *Hilbert* mutig geantwortet: ,,Die Mathematik in Göttingen, die gibt es nicht mehr." (Zitiert bei [11, S. 205])

Richard Courant
(geb. 1888)

Unbegrenzt war *Hilberts* Vertrauen in die Kraft menschlichen Denkens und menschlicher Erkenntnisfähigkeit. Jenem von *E. du Bois-Reymond*, einem einflußreichen deutschen Physiologen, am Ende des 19. Jahrhunderts formulierten erkenntnistheoretischen Pessimismus, den dieser in die Formel ,,Ignoramus. Ignorabimus." (Wir wissen nicht. Wir werden nicht wissen.) gekleidet hatte, setzte *Hilbert* im Jahre 1900 auf dem Pariser Mathematikerkongreß seine Überzeugung entgegen: ,,Da ist das Problem, suche die Lösung. Du kannst sie durch reines Denken finden; denn in der Mathematik gibt es kein Ignorabimus." [5, Band 3, S. 298] Und als nach der Entdeckung der Antinomien der Mengenlehre einige Anhänger des Intuitionismus die Mengenlehre verwarfen und logische Schwierigkeiten innerhalb der Mengenlehre übermäßig hochspielten, trat ihnen *Hilbert* mit dem Hinweis auf die Nützlichkeit der mengentheoretischen Denkweise und der auf ihr beruhenden modernen Mathematik entgegen: ,,Fruchtbaren Begriffsbildungen und Schlußweisen wollen wir, wo immer nur die geringste Aussicht sich bietet, sorgfältig nachspüren und sie pflegen, stützen und gebrauchsfähig machen. Aus dem Paradies, das Cantor uns geschaffen, soll uns niemand vertreiben können." [2, S. 170]

Noch einmal, schon gegen Ende seines aktiven Forscherlebens, hat *Hilbert* sein erkenntnistheoretisches Credo in eindrucksvoller Weise zum Ausdruck gebracht. Man geht wohl nicht fehl in der Annahme, daß diese seine Demonstration sogar als eine Art Vermächtnis an die nachfolgenden Generationen von Wissenschaftlern gedacht war: Aus Anlaß seiner Emeritierung hielt *Hilbert* im Jahre 1930 einen Vortrag zu dem anspruchsvollen Thema ,,Naturerkennen und Logik". Sein Vortrag begann mit den Worten: ,,Die Erkenntnis von Natur und Leben ist unsere vornehmste Aufgabe. Alles menschliche Streben und Wollen mündet dahin, und immer steigender Erfolg ist uns dabei zuteil geworden." [1, Band 3, S. 378] Am Ende seiner auch über Rundfunk verbreiteten Rede ging *Hilbert* noch einmal auf das ,,törichte Ignorabimus" ein. Die Schlußworte dieser Rede wurden später auf seinem Grabstein in Göttingen angebracht. Sie lauten:

,,Wir müssen wissen.
Wir werden wissen."

Lebensdaten zu David Hilbert

1862	23. Januar, Geburt *Hilberts* in Königsberg (heute Kaliningrad)
1880	Ablegung des Abiturs und Aufnahme des Mathematikstudiums in Königsberg
1885	Promotion in Königsberg
1886	Habilitation in Königsberg
1890	Gründung der Deutschen-Mathematiker-Vereinigung
1892	Extra-Ordinariat in Königsberg
	Heirat mit *Käthe Jerosch*
1895	Berufung nach Göttingen
1899	Veröffentlichung des ,,Zahlberichtes''
1899	Erscheinen der ,,Grundlagen der Geometrie''
1900	Vortrag ,,Mathematische Probleme'' in Paris
1912	Erscheinen der ,,Grundzüge einer allgemeinen Theorie der linearen Integralgleichungen''
1924	Erscheinen des ersten Bandes von *R. Courant/D. Hilbert:* ,,Methoden der mathematischen Physik''; Band 2 erschien 1937:
1928	Erscheinen von *D. Hilbert/W. Ackermann:* ,,Grundzüge der theoretischen Logik''
1930	Emeritierung
1932	Erscheinen von *D. Hilbert/S. Cohn-Vossen:* ,,Anschauliche Geometrie''
1934	Letzte Vorlesungen
1934	Erscheinen des ersten Bandes von *D. Hilbert/ P. Bernays:* ,,Grundlagen der Mathematik'', der zweite Band erschien 1939.
1943	14. Februar, Tod *Hilberts* in Göttingen

Erster Motorflug
der Welt
durch Orville Wright
am 17. Dezember 1903

Literaturverzeichnis zu David Hilbert

[1] *Hilbert, David:* Gesammelte Abhandlungen, Bände 1 bis 3. Berlin 1932 bis 1935.
[2] *Hilbert, D.:* Über das Unendliche. In: Mathematische Annalen, Band 95 (1926).
[3] *Hilbert, D.:* Die Grundlagen der Mathematik. Abh. Mathematisches Seminar Hamburg 6 (1928).
[4] *Hilbert, D./H. und G. Frege:* Briefwechsel. Sitzungsberichte Heidelberger Akademie der Wissenschaften, math. nat. Klasse, Jg. 1941, 2. Abh.
[5] *Blumenthal, O. und O. Toeplitz, M. Dahn, R. Courant, M. Born, P. Bernays, K. Siegel:* David Hilbert zur Feier seines 60. Geburtstages. In: Die Naturwissenschaften, 11. Jg. (1922), Heft 4.
[6] *Blumenthal, O.:* Lebensgeschichte. In: David Hilbert: Gesammelte Abhandlungen, Band 3, Berlin 1935, S. 388 bis 429.
[7] *Weyl, H.:* David Hilbert and His Mathematical Work. In: Bulletin of the American Mathematical Society, Jg. 50 (1944), S. 612 bis 654.
[8] *Asser, G.:* Das Wirken David Hilberts auf dem Gebiet der Grundlagen der Mathematik. In: Mitteilungen der Mathematischen Gesellschaft der DDR, Heft 2 (1968), S. 67 bis 90.
[9] *Grell, H.:* David Hilbert: Gesamtpersönlichkeit und algebraisch-zahlentheoretisches Werk. In: Mitteilungen der Mathematischen Gesellschaft der DDR, Heft 2 (1968), S. 1 bis 46.
[10] *Schröder, K.:* Hilberts Beiträge zur Analysis und Physik. In: Mitteilungen der Mathematischen Gesellschaft der DDR, Heft 2 (1968), S. 47 bis 66.
[11] *Reid, C.:* Hilbert. Berlin, Heidelberg, New York, 1970 (engl.).
[12] *Hilbert, D.:* Die Hilbertschen Probleme. Vortrag „Mathematische Probleme" von D. Hilbert, gehalten auf dem 2. Internationalen Mathematikerkongreß, Paris 1900, erläutert von einem Autorenkollektiv unter der Redaktion von P. S. Alexandrov, Moskva 1969. Herausgegeben in deutscher Sprache von H. Wussing, Leipzig 1971.
[13] *Reid, C.:* The story of the life of David Hilbert. Berlin/New York 1970

Emmy Noether

Emmy Noether (1882 bis 1935)

Emmy Noether hat die Algebra des 20. Jahrhunderts durchgreifend neugestaltet. Diese Leistung reiht sie ein unter die bedeutendsten Mathematiker des 20. Jahrhunderts überhaupt. Allen, die noch das Glück persönlicher Begegnung mit ihr hatten, ist sie in unvergeßlicher Erinnerung als Mensch voller Herzensgüte, Selbstlosigkeit, Lebensfreude und ursprünglicher Vitalität. Als sie mitten aus voller mathematischer Produktivität heraus am 14. April 1935 ganz unerwartet an den Folgen einer Tumor-Operation verstarb, herrschte unter ihren zahlreichen Freunden, Schülern und Kollegen aus aller Welt tiefe Bestürzung und Trauer.
Der Nachruf auf *Emmy Noether,* den *B. L. van der Waerden* verfaßt hat, selbst Schüler von *Emmy Noether* und Mitstreiter für die von ihr herausgearbeitete abstrakte Auffassung der Algebra, beginnt mit den Worten: „Ein tragisches Geschick hat unserer Wissenschaft eine höchst bedeutungsvolle, völlig einzigartige Persönlichkeit entrissen.... Ihre absolute, sich jedem Vergleich entziehende Einzigartigkeit ist nicht in der Art ihres Auftretens nach außen hin zu erfassen, so charakteristisch dieses zweifellos war. Ihre Eigenart erschöpft sich auch keineswegs darin, daß es sich hier um eine Fr a u handelt, die zugleich eine hochbegabte Mathematikerin war, sondern liegt in der ganzen Struktur dieser schöpferischen Persönlichkeit, in dem Stil ihres Denkens und dem Ziel ihres Wollens." [2, S. 469]
Emmy Noether wurde als erstes Kind von *Max Noether* und seiner Frau Ida, geb. *Kaufmann,* am 23. März 1882 in Erlangen geboren. Beide Elternteile stammten aus vermögenden Familien von Kaufleuten und Gelehrten jüdischen Glaubens.
Der Vater *Max Noether* war seit 1875 Professor der Mathematik in Erlangen und hatte mit einer Vielzahl hervorragender Arbeiten zur Invariantentheorie und zum Aufbau der algebraischen Geometrie als selbständiger mathematischer Disziplin beigetragen. Erlangen besaß – nicht zuletzt durch das Wirken von *Max Noether* – seit der Mitte des 19. Jahrhunderts einen guten Ruf als Pflegestätte der Mathematik. Hier hatte *Christian von Staudt* gewirkt, der bedeutende synthetische Geometer. In Erlangen hatte *Felix Klein* seine unter der Bezeichnung „Erlanger Programm" bekanntge-

Neues Kollegiengebäude der Universität in Erlangen

wordene Antrittsvorlesung zur gruppentheoretischen Klassifizierung der Geometrie gehalten. Durch das Wirken von *Paul Gordan,* des „Königs der Invarianten", hatte Erlangen seinen Ruf noch mehren können.

In diesem, allerdings etwas kleinstädtisch gefärbten Milieu des Studienbetriebes wuchs *Emmy Noether* heran, zusammen mit drei jüngeren Brüdern. Einer von ihnen, der 1884 geborene *Fritz Noether,* widmete sich später ebenfalls der Mathematik und wurde Professor der angewandten Mathematik.

Ein Mädchen aber war damals, im Deutschen Kaiserreich, nicht für die Wissenschaft bestimmt, schon gar nicht für Mathematik. So durchlief *Emmy,* ein kluges und freundliches Kind, von 1889 bis 1897 nur die Klassen der Städtischen Höheren Töchterschule in Erlangen und meisterte mühelos die fast ausschließlich sprachlich und hauswirtschaftlich orientierte Ausbildung. Lediglich in der Klavierausbildung kam *Emmy* nicht über die Anfangsgründe hinaus. Sogar noch der nächste Schritt ihrer Ausbildung, eine im Jahre 1900 abgeschlossene Staatsprüfung als Lehrerin der französischen und englischen Sprache, deutet in nichts auf die spätere, schrittmachende mathematische Leistung hin.

Dann aber erwachte in *Emmy* der Wunsch zum Universitätsstudium, zunächst als Hospitantin in Erlangen. Sie mußte das Abitur nachholen; dies geschah 1903 in Nürnberg. Danach ließ sich *Emmy Noether* in Göttingen für das Wintersemester 1903/04 immatrikulieren, darauf in Erlangen im Oktober 1904.

Für ein junges Mädchen erforderte der Entschluß zum Studium damals, unter den Bedingungen weitverbreiteter Voreingenommenheit gegen das Frauenstudium, einigen persönlichen Mut: Unter den 986 um diese Zeit in Erlangen Studierenden gab es außer *Emmy* noch insgesamt ein einziges weiteres Mädchen; im Bereich der Sektion II der Philosophischen Fakultät (dem der Naturwissenschaften) blieb *Emmy* ständige alleinige Ausnahme. Noch kurz vor dem 1. Weltkrieg gab es in Deutschland Professoren, die, obwohl das Frauenstudium gesetzlich erlaubt war, sich weigerten, mit ihren Vorlesungen zu beginnen, solange eine Frau im Hörsaal anwesend war.

Unter dem Einfluß *P. Gordan*s beschäftigte sich *Emmy Noether* zunächst mit Invariantentheorie und promovierte mit einer entsprechenden Dissertation „Über die

Otto Juljewitsch Schmidt
(1891 bis 1956)

Bildung des Formensystems der ternären biquadratischen Form" im Jahre 1907. Zweifellos handelte es sich um eine gute Arbeit; sie wurde 1908 in den „Mathematischen Annalen" gedruckt. Und doch hat *Emmy Noether* ihre Dissertation und einige weitere Arbeiten später als „Mist" bezeichnet und als für sie selbst verschollen erklärt. Tatsächlich nämlich tritt uns hier noch in keiner Weise die eigentliche *Emmy Noether* entgegen, deren Leistung gerade in der Abkehr vom Rechnerischen und Formelhaften, in der Betonung des gedanklichen Schließens durch Ausschöpfung der Definitionen und in der Herausarbeitung der abstrakten algebraischen Strukturen, wie Ring, Modul, Gruppe, Körper, Ideal, hyperkomplexes System, bestand. *Van der Waerden* hat die Noethersche Auffassung, die sich als äußerst folgenreich zur Beschleunigung des Fortschrittes in der Algebra erweisen sollte, folgendermaßen charakterisiert: „Alle Beziehungen zwischen Zahlen, Funktionen und Operationen werden erst dann durchsichtig, verallgemeinerungsfähig und wirklich fruchtbar, wenn sie von ihren besonderen Objekten losgelöst und auf allgemeine begriffliche Zusammenhänge zurückgeführt sind." [2, S. 469]

Die Hinwendung zur abstrakten Auffassung, die Annäherung an die Hilbertsche Auffassung, erfolgte noch in Erlangen. In dieser Übergangsphase gelangen ihr Beweise für wichtige Sätze der Körpertheorie sowie der auch heute noch tiefgreifendste Beitrag zur Umkehrung des Galoisschen Problems, zum Problem der Aufstellung einer algebraischen Gleichung zu einer vorgegebenen Gruppe.

Im Jahre 1915 übersiedelte *Emmy Noether* nach Göttingen, an das damals unstreitig führende mathematische Zentrum Deutschlands und eines der mathematischen Hauptzentren der Erde. Hier forschten und lehrten *Felix Klein* und *David Hilbert*. Um diese Zeit, nach den Publikationen von *A. Einstein* zur Relativitätstheorie, waren die Differentialinvarianten bevorzugter Forschungsgegenstand. *E. Noether* beteiligte sich eifrig, ging *Hilbert* bei der Forschung zur Hand und führte *Hilbert*s Seminar zur Invariantentheorie durch.

Trotz einer ganzen Reihe von bedeutenden Arbeiten über Differentialinvarianten und trotz der Vorstöße von *Hilbert* und *Klein* scheiterte *Emmy Noether* beim ersten Versuch der Habilitation, und zwar an der Habilitationsordnung in Deutschland, die

Nikolai Grigorjewitsch Tschebotarjew
(1894 bis 1947)

ausdrücklich nur Männer zur Habilitation zuließ. *Hilbert* soll, wie eine fast sicher verbürgte Anekdote berichtet, damit für die weibliche Kandidatin argumentiert haben, daß er nicht einsehe, wieso das Geschlecht ein Gegenargument darstelle. Schließlich, so fügte *Hilbert* hinzu, nach allem was er wisse, seien sie eine Universität und nicht eine Badeanstalt. Aber auch *Hilbert* drang nicht durch; die Habilitation *E. Noether*s konnte erst im Frühsommer 1919 erfolgen, als nach dem Zusammenbruch des Kaiserreichs die antiquierte Habilitationsordnung in diesem Punkte aufgehoben wurde.

Doch wirkten reaktionäre und antisemitische Auffassungen fort. Zwar erhielt *Emmy Noether* am 6. April 1922 die Berechtigung zur Führung der Dienstbezeichnung „außerordentlicher Professor", ausdrücklich jedoch ohne Besoldung und Änderung ihrer juristischen Stellung, endlich 1923 auf nochmalige Intervention einen Lehrauftrag für Algebra mit einem minimalen Einkommen; aber eine ordentliche Berufung an eine deutsche Universität hat *Emmy Noether* ebensowenig erhalten wie die Ernennung zum Mitglied einer deutschen Akademie.

Mit dem Anfang der 20er Jahre begann *Emmy Noether* eine Reihe grundlegender Publikationen, die das Gesicht der Algebra grundsätzlich neu formen sollten. Von ihnen können hier nur einige Arbeiten genannt werden, so die erste derartige Arbeit, „Idealtheorie in Ringbereichen", die 1925 vollendete Arbeit „Abstrakter Aufbau der Idealtheorie in algebraischen Zahl- und Funktionenkörpern", die auf dem Mathematikerkongreß 1928 in Bologna vorgetragene Arbeit „Hyperkomplexe Größen und Darstellungstheorie in arithmetischer Auffassung" und schließlich der große Bericht „Hyperkomplexe Systeme in ihren Beziehungen zur kommutativen Algebra und zur Zahlentheorie", den sie auf dem Internationalen Mathematikerkongreß 1932 in Zürich vortrug. Neben der Herausarbeitung der abstrakten Auffassung zentraler Begriffe und algebraischer Verfahren vermochte *Emmy Noether* mit dieser ganzen Serie tiefliegender Arbeiten die Eliminationstheorie, klassische Idealtheorie im Sinne *R. Dedekinds*, Darstellungstheorie, Modultheorie und schließlich Klassenkörpertheorie nach ihrem eigentlichen Inhalt begrifflich zu durchdringen und in ihrem gegenseitigen Verhältnis klarzustellen. Diese Erfolge zeigten die unerhörte Fruchtbarkeit ihrer neuen Methode. Seit der Mitte der 20er Jahre fand *Emmy Noether* eine Reihe von hochbegabten Schülern aus aller Welt, die sich in Göttingen um sie scharten, darunter Schüler aus Frankreich, den USA, aus China, aus der Sowjetunion. Zu Anfang der 30er Jahre war ihr Ruf als einer der bedeutendsten Neugestalter der Mathematik im internationalen Maßstab unbestritten, auch wenn sich damals noch nicht alle ihrer Auffassung anzuschließen vermochten.

Die Göttinger Zeit wurde nur durch zwei kurze Gastprofessuren in Moskau (1928/29) und Frankfurt/Main (1930) unterbrochen. Über die Moskauer Zeit, die sie im Kreise ihres ehemaligen Göttinger Schülers *P. S. Alexandrow* und seiner Freunde verbrachte, hat sich *Emmy Noether* stets sehr lobend geäußert, trotz der damals noch schwierigen Lebensbedingungen nach Krieg und Konterrevolution. Im engsten Kontakt stand sie seitdem ferner mit *O. J. Schmidt*, dem bedeutenden Mathematiker, Polarforscher und Stammvater der sowjetischen algebraischen Schule, mit dem hochbegabten Algebraiker *N. G. Tschebotarjew* und *L. S. Pontrjagin*.

Die Göttinger Zeit war für *Emmy Noether* ausgefüllt mit Forschung und Vorlesungen, vor allem mit temperamentvollen Diskussionen über Mathematik im Kreise ihrer Schüler, die von ihr selbstironisch als ,,Trabanten", von anderen im liebevollen Scherz als ,,Noether-Knaben" bezeichnet wurden. Dies wenigstens, die relative Unabhängigkeit von Vorlesungstätigkeit und anderen Verpflichtungen, war die Folge des Umstandes, daß sie keine Berufung erhalten hatte. Bei bescheidenem Lebensstil und großer Genügsamkeit lebte sie von ererbtem Vermögen.

Die Forderungen an ihre Schüler waren außergewöhnlich hoch; sie selbst war uneigennützig auf den Fortschritt ihrer Schüler bedacht. *Van der Waerden* spricht für alle ihre Schüler, wenn er so urteilt: ,,Völlig unegoistisch und frei von Eitelkeit, beanspruchte sie niemals etwas für sich selbst, sondern förderte in erster Linie die Arbeiten ihrer Schüler. Sie schrieb für uns alle immer die Einleitungen, in denen die Leitgedanken unserer Arbeiten erklärt wurden, die wir selbst anfangs niemals in solcher Klarheit bewußt machen und aussprechen konnten. Sie war uns eine treue Freundin und gleichzeitig eine strenge, unbestechliche Richterin." [2, S. 474]

Ganz zweifellos machte diese Art ständiger, intensiver Diskussion mit ihren ,,Tra-

Max Born
(1882 bis 1970)

banten" eines der „Geheimnisse" der Fruchtbarkeit der Noetherschen Schule aus. Durch ihre Schüler wurde die moderne Auffassung an fast alle deutschen Universitäten verpflanzt; ausländische Studierende und Schüler *Emmy Noethers* trugen das strukturelle Denken in die Zentren mathematischer Forschung, nach Frankreich, der Sowjetunion, Japan und den USA.

Kurz nach *Emmy Noethers* Tode urteilten zwei führende Mathematiker, *H. Hopf* und *P. S. Alexandrow*, über ihre Wirkung auf den Gang der Mathematik: „Die allgemeine mathematische Einsicht Emmy Noethers beschränkte sich nicht auf ihr spezielles Wirkungsgebiet, die Algebra, sondern übte einen lebhaften Einfluß auf jeden aus, der zu ihr in mathematische Berührung kam." [7, Vorwort] Sie selbst sah vielleicht noch klarer ihre eigene Leistung. In einem Brief urteilt sie folgendermaßen: „Meine Methoden sind Arbeits- und Auffassungsmethoden und daher anonym überall eingedrungen." (Zitiert nach [1, S. 26])

Viele noch heute lebende führende Mathematiker rechnen es sich zur Ehre an, Schüler, „Trabanten" oder Diskussionspartner von *Emmy Noether* gewesen zu sein. Sie rühmten ihre Güte und ihre Gastfreundlichkeit, die sie trotz eines gelegentlichen Ungeschicks zu entwickeln pflegte. Berühmt, geradezu sprichwörtlich waren gewaltige Schüsseln von Pudding, bei dessen Verzehr höchste Mathematik in einer Mansardenwohnung getrieben wurde. Beliebt waren auch ausgedehnte Spaziergänge, Baden und Schwimmen im Göttinger Stadtbad. *Emmy Noether* war eine vorzügliche, leidenschaftliche Schwimmerin und Taucherin.

Als Frau war *Emmy Noether* wenig attraktiv, ihre Stimme war rauh. Im Umgang war sie nie sentimental, eher burschikos. Und doch ging von ihr eine spezifische Art von Anziehungskraft, eine unwiderstehliche geistige Ausstrahlung aus.

Geradezu rührend waren ihre Versuche, sich in den relativ wenigen Vorlesungen ihren Studenten verständlich zu machen. Erläuterungsversuche in Form halber Sätze bewirkten eher das Gegenteil. Nur eine kleine Zahl von schon gereiften Hörern vermochte ihrem Vortrag zu folgen; für diese allerdings waren die Vorlesungen, in denen sie fast ausschließlich von der Front der akuten Forschung vorzutragen pflegte, von hohem Gewinn. In einem Briefe schreibt sie einmal, mit halbironischem Unterton:

Edmund Landau (1877 bis 1938)

„Ich lese diesen Winter hyperkomplex, was mir und den Zuhörern viel Freude macht."
[1, S. 17]

Alles in allem verlief die Göttinger Zeit für *Emmy Noether* glücklich. Sie war erfolgreich in der Forschung, sie war fröhlich im Kreise ihrer Schüler und Freunde, sie erfreute sich zunehmender Anerkennung in aller Welt. Höchstens die Tatsache, daß ihre aufwendige Mitarbeit an den „Mathematischen Annalen" keine offizielle Anerkennung fand, kränkte sie ein wenig. Mit bewundernswerter Standhaftigkeit hatte sie die traurigen Pflichten erfüllt, die sich aus dem Tod der Mutter (1915), des einen Bruders Alfred (1918), des Vaters (1921) und des jüngsten Bruders (1928) ergaben.

Sonst aber schien sich alles harmonisch zu entwickeln. Da brach die zwölfjährige Nacht des „Dritten Reiches" über Deutschland herein. Als ehemaliges Mitglied der Sozialdemokratischen Partei Deutschlands, als überzeugte Pazifistin, vor allem aber ihrer jüdischen Herkunft wegen entzogen ihr die nazistischen Machthaber die Lehrbefugnis. Die gleiche, verbrecherische Verfügung traf den Mathematiker *Richard Courant* und den theoretischen Physiker und Nobelpreisträger *Max Born*. Andere, zum Beispiel *O. Neugebauer, E. Landau, O. Blumenthal, P. Bernays* wurden aufgefordert, ihre Vorlesungstätigkeit einzustellen. *H. Weyl* übernahm vorübergehend das Direktorat des mathematischen Institutes, emigrierte aber auch bald.

Helmut Hasse unternahm einige, aber sinnlose Anstrengungen, von der durch den Eingriff der Nazis zerstörten weltberühmten Göttinger mathematisch-physikalischen Schule an Substanz zu retten, was sich noch retten ließ. Aber auch ein Gutachten über *Emmy Noether* konnte keine Abhilfe schaffen; das Lehrverbot für sie blieb bestehen. Inzwischen hatte *H. Weyl* für sie in den USA die Fühler ausgestreckt; Ende Oktober 1933 fuhr sie nach den USA und übernahm eine Gastprofessur an einer Frauenhochschule, am Bryn Mawr College (Pennsylvanien), in relativer Nähe zu Princeton (New Jersey), wo inzwischen auch *A. Einstein* und *H. Weyl* als Professoren aufgenommen worden waren und sich ihrerseits nach Kräften für andere vertriebene Kollegen aus Deutschland bemühten.

Gegenüber Göttingen, wo *Emmy Noether* sich im Kreise anspruchsvollster und hochbegabter Schüler in ihrem Element hatte bewegen können, bedeutete das College eine

Hermann Weyl
(1885 bis 1955)

gewaltige Umstellung. Mit dem ihr eigenen frohgemuten Naturell hat *Emmy Noether* diese Veränderung gemeistert. Bald fand sie sogar echte Schülerinnen im College; im nahegelegenen Princeton bildete sich ein vielversprechender Ansatz einer neuen Noether-Schule.

Im Sommer 1934 ging sie nochmals nach Deutschland, um sich vom Bruder *Fritz* zu verabschieden, der, gleichfalls von den Nazis hinausgeworfen, eine Professur am Forschungsinstitut für Mathematik und Mechanik der Universität Tomsk in der Sowjetunion übernommen hatte. Sie kehrte mit großem Optimismus zurück ins Bryn Mawr College. Unerschöpfliche Lust an der Arbeit und ihre ungeheure Vitalität machten sie sehr bald wiederum zum Zentrum eines algebraischen Arbeitszirkels, der jetzt, unter ihrer Leitung, auf die begriffliche Bewältigung der nichtkommutativen Algebra abzielte.

Nicht alle Dozenten vermochten sich *Emmy Noether*s tiefer Auffassung von Mathematik anzuschließen, unter ihnen die im übrigen vorzügliche Mathematikerin und gute Freundin *Emmys*, *Olga Taussky*. Diese hat damals, wie *A. Dick* [1] berichtet, ein selbstironisches Gedichtchen verfaßt, das die dortige Atmosphäre, den freundschaftlichen Gegensatz zwischen Rechnen und abstrakter Auffassung von Mathematik, ahnen läßt.

> Es steht die Olga vor der Klasse,
> sie zittert sehr und denkt an Hasse;
> die Emmy kommt von fern hinzu
> mit lauter Stimm', die Augen gluh.
> Die Trepp hinauf und immer höher
> kommt sie den armen Mädchen näher.
> Die Olga denkt: weil das so ist
> und weil mich doch die Emmy frißt,
> so werd' ich keine Zeit verlieren,
> werd' keine Algebra studieren
> und lustig rechnen wie zuvor.
> Die Olga, dünkt mir, hat Humor.

Albert Einstein
(1879 bis 1955)

Kein Brief, keine private Mitteilung, nichts deutete auf eine Erkrankung *Emmy Noethers* hin, nichts auf die Absicht, sich einer Operation zu unterziehen. Die Freunde traf die Nachricht vom plötzlichen Tode an den Folgen eines chirurgischen Eingriffs wie ein Blitz aus heiterem Himmel.

Eine kleine Gruppe von Freunden aus der alten Heimat und der neuen Wirkungsstätte nahm von ihr Abschied, unter ihnen *H. Weyl* und *O. Taussky. A. Einstein* widmete ihr in der New York Times vom 5. Mai 1935 einen herzlichen Abschiedsgruß; ein ausführlicher, wunderbarer Nachruf stammt von *H. Weyl*. Im faschistischen Deutschland wagte *B. L. van der Waerden* die Publikation eines Nekrologes, des einzigen in deutscher Sprache – und seltsam genug: er konnte unangefochten erscheinen. *P. S. Alexandrow* in Moskau hielt in der Moskauer Mathematischen Gesellschaft eine freundschaftliche Gedenkrede auf *E. Noether*.

Sehr poetisch ist ein südamerikanischer Nachruf auf *Emmy Noether*, deren Leistung für die Entwicklung der modernen Algebra nicht hoch genug veranschlagt werden kann. Am Schluß heißt es: „Die Verehrung, die diese bewundernswerte Frau wegen ihres Verstandes erweckt, steht an Intensität der Hochachtung und Liebe ihrer Schüler nicht nach, die sie wegen ihrer Charaktereigenschaften für sie empfinden. Ein schönes Beispiel, das man jenen vorhalten soll, die mit mittelalterlichen Kriterien heute noch von der intellektuellen und psychologischen Inferiorität der Frau sprechen." (Zitiert nach [1, S. 37])

Lebensdaten zu Emmy Noether

1882	23. März, *Emmy Noether* in Erlangen geboren
1900	April, Prüfung als Lehrerin für französische und englische Sprache
1907	13. Dezember, Promotion zum Dr. phil. in Erlangen
1915	April, Übersiedlung nach Göttingen
1919	4. Juni, Habilitation in Göttingen
1922	6. April, Dienstbezeichnung Außerordentlicher Professor
1923	Sommer, Lehrauftrag für Algebra

1925	August, Abschluß des schrittmachenden Manuskriptes „Abstrakter Aufbau der Idealtheorie in algebraischen Zahl- und Funktionenkörpern"
1928/29	Gastprofessur in Moskau
1930	Gastprofessur in Frankfurt/Main
1932	Juni, Abschluß des Manuskriptes „Nichtkommutative Algebren"
1932	Ackermann-Teubner-Gedächtnispreis
1932	7. September, Bedeutender Vortrag „Hyperkomplexe Größen und ihre Beziehung zur kommutativen Algebra und zur Zahlentheorie" auf dem Internationalen Mathematiker-Kongreß in Zürich
1933	April, Entzug der Lehrbefugnis durch die faschistischen Behörden
1933	Oktober, als Gastprofessor in den USA am Bryn Mawr College, Pennsylvanien
1934	Sommer, Endgültige Übersiedlung nach den USA
1935	14. April, unerwarteter Tod *Emmy Noethers* nach einer Operation

Literaturverzeichnis zu Emmy Noether

[1] *Dick, A.:* Emmy Noether (1882–1935). Beiheft Nr. 13 zur Zeitschrift „Elemente der Mathematik", Basel und Stuttgart 1970.
[2] *Van der Waerden, B. L.:* Nachruf auf Emmy Noether. In: Mathematische Annalen, Band 111 (1935), S. 469 bis 474.
[3] *Weyl, H.:* Emmy Noether (Nachruf). In: Scripta mathematica, III, 3 (1935), S. 201 bis 220.
[4] *Noether, Emmy:* Idealtheorie in Ringbereichen. In: Mathematische Annalen, Band 83 (1921), S. 24 bis 66.
[5] *Noether, E.:* Abstrakter Aufbau der Idealtheorie in algebraischen Zahl- und Funktionenkörpern. In: Mathematische Annalen, Band 96 (1927), S. 26 bis 61.
[6] *Noether, E.:* Hyperkomplexe Größen und Darstellungstheorie in arithmetischer Auffassung. In: AH. Congresso Bologna 2 (1928), S. 71 bis 73.
[7] *Hopf, H./ P. S. Alexandroff:* Topologie. Berlin 1935.
[8] *Franzke, N./W. Günther:* Emmy Noether (1882–1935). In: Mathematik in der Schule, 3 (1973), S. 129 bis 135.

7 Einige Bemerkungen zur Mathematik des 20. Jahrhunderts

Mit der überaus raschen Entfaltung der Produktivkräfte während des 20. Jahrhunderts nahm auch die Mathematik einen schnellen Aufschwung. Zwar wurde diese Entwicklung durch schwere wirtschaftliche Krisen und durch die beiden verheerenden Weltkriege empfindlich unterbrochen, andererseits aber bildeten sich Staaten mit unterschiedlichen Gesellschaftsordnungen heraus und wurden neue gesellschaftliche Forderungen an die Entwicklung der Wissenschaft gestellt, die zu bedeutenden Fortschritten auch in der Mathematik beitrugen.
Zu einigen Aspekten der Entwicklung der Mathematik im 20. Jahrhundert seien im folgenden kurze Bemerkungen gemacht.
Die Zahl der Mathematiker und der sich der Mathematik bedienenden Wissenschaftler verdoppelte sich etwa alle 10 bis 15 Jahre; etwa alle 10 Jahre stieg die Zahl der mathematischen Publikationen auf das Doppelte. Im Jahre 1962 haben mehr als 4100 verschiedene Autoren zur Mathematik publiziert; heute werden auf der Erde pro Jahr ungefähr 25000 mathematische Forschungsarbeiten referiert; noch mehr Arbeiten werden aber gedruckt. Dazu kommen die Darstellungen des bekannten Stoffes in Lehrbüchern, Lehrbriefen, Schulbüchern, in Fachzeitschriften für Lehrer, Ingenieure, Naturwissenschaftler aller Fachrichtungen, Ökonomen usw. Damit harren heute schwierige Probleme des Informationsaustausches und der Ausnutzung bereits erzielter Ergebnisse auf internationaler Ebene einer Lösung.
Die tiefgreifenden gesellschaftlichen Umwälzungen des 20. Jahrhunderts bewirkten auch eine deutliche Verschiebung der Zentren der mathematischen Wissenschaften der Erde.
Während der ersten anderthalb Jahrzehnte unseres Jahrhunderts bestanden nach Zahl und Leistungsstärke die bedeutendsten Zentren der Mathematik in Europa und da wieder in Deutschland und Frankreich. Die Forscher in den USA orientierten sich noch weitgehend an ihren europäischen Lehrern; die Länder Asiens, Afrikas und Lateinamerikas standen in kolonialer oder ökonomischer Abhängigkeit und konnten damals kaum aktiven Anteil an der Entwicklung der Weltwissenschaft nehmen.

Als Folge des unheilvollen ersten Weltkrieges, der zudem auch in den Kreisen der Mathematiker – besonders in Deutschland – zu einer Welle des Chauvinismus geführt hatte, zerbrach die internationale Organisation der mathematischen Wissenschaften. Die Vorrangstellung der Mathematik in Deutschland und Frankreich ging verloren.

Während der Zeit des Faschismus in Deutschland, Italien, Ungarn und anderen Ländern erlebte dort die Mathematik einen katastrophalen Niedergang. Wie andere Wissenschaftler auch wurden bedeutende Mathematiker aus rassischen und politischen Gründen verfolgt und kamen ums Leben oder mußten emigrieren. Viele von ihnen trugen dann ihrerseits wesentlich zur Bereicherung des mathematisch-naturwissenschaftlichen Potentials der USA bei. Man denke an *Albert Einstein, Emmy Noether, Emil Artin, Hermann Weyl, John v. Neumann, Richard v. Mises, Richard Courant, Otto Neugebauer, Alfred Tarski, Kurt Gödel, Paul Bernays, Max Born, Niels Bohr* und viele andere.

Zwischen den beiden Weltkriegen entstand neben den USA in der Sowjetunion das zweite mathematische Hauptzentrum der Erde. Großzügig in ihrer Wissenschaft gefördert, vermochten die Mathematiker in der Sowjetunion – unter ihnen an hervorragender Stelle *Nikolai Nikolajewitsch Lusin, Andrei Nikolajewitsch Kolmogorow, Mstislaw Wsewolodowitsch Keldysch, Pawel Sergejewitsch Alexandrow, Lew Semjonowitsch Pontrjagin, Otto Juljewitsch Schmidt, Alexander Ossipowitsch Gelfond* und viele andere – in einem heroischen Anlauf, trotz der materiellen Not der Anfangsjahre in der Sowjetunion, im Anschluß an die hervorragenden Traditionen der russischen Mathematik außerordentlich erfolgreich mathematische Schulen aufzubauen, so in Moskau, Leningrad, Kiew, aber auch schon in solchen neuen wissenschaftlichen Zentren wie Tbilissi und Taschkent, die erst unter der Sowjetmacht geschaffen worden waren. In einigen anderen Ländern, zum Beispiel Indien, Japan und Kanada, begannen sich zwischen den beiden Weltkriegen mathematische Gruppierungen zu formieren.

Während des furchtbaren zweiten Weltkrieges war neben den anderen Wissenschaften auch die Entwicklung der Mathematik schwer betroffen. Die größten Opfer brachten

Rechenmaschine von B. Pascal (1645)

die von den Truppen der Hitlerkoalition besetzten Länder Europas, und da wieder besonders die Sowjetunion, Polen, Jugoslawien und die Tschechoslowakei, wo sogar zur Politik der physischen Ausrottung der Wissenschaftler übergegangen wurde.
Im Unterschied zu der Zeit nach dem ersten Weltkrieg konnten bald nach dem Ende des zweiten Weltkrieges die internationalen Beziehungen zwischen den Mathematikern verhältnismäßig rasch wiederhergestellt werden. Beim Internationalen Mathematikerkongreß in Moskau 1966, einem glanzvollen wissenschaftlichen Ereignis, gab es rund 4000 aktive Teilnehmer.
Zu den beiden mit Abstand herausragenden Hauptzentren der gegenwärtigen Mathematik, der Sowjetunion und den USA, sind in den 50er und 60er Jahren neue leistungsfähige mathematische Schulen in den Ländern der sogenannten Dritten Welt hinzugekommen, in Indien, China, in Afrika, aber auch auch in Kanada, Australien, Südamerika. Die französische Mathematik hat eine führende Stellung zurückgewonnen, in Japan und den sozialistischen Ländern Europas nahm die Mathematik einen raschen Aufschwung. Auch in der DDR existieren international geachtete leistungsfähige Gruppierungen von Mathematikern.
In der Zeit nach dem zweiten Weltkrieg hat sich neben dem an Akademien und Universitäten arbeitenden Mathematiker ein neuer Typ herausgebildet. Es gibt bereits zahlreiche mathematische Zentren an staatlichen Forschungseinrichtungen, in denen mathematische Teams forschen und publizieren. Die Arbeitsrichtungen dieser Gruppen sind weitgehend spezialisiert und auf Großforschungsvorhaben der Physik, Chemie und Biologie, der Technik und Ökonomie zugeschnitten, die zum Beispiel in den sozialistischen Ländern den Zielstellungen sozialistischer Produktionsverhältnisse entsprechen. Auch in anderen entwickelten Industrieländern existieren staatliche, zum Teil an Armeeeinrichtungen angeschlossene wissenschaftliche, darunter mathematische Zentren, die zunehmend staatlichen Interessen entsprechen. Daneben gibt es nichtstaatliche mathematische Forschungsinstitute, die von großen Unternehmen finanziert werden.
Seit dem zweiten Weltkrieg hat sich der Anwendungsbereich der Mathematik, der

ZUSE
Z 3
(1941)

letzten Endes von den Interessen der jeweiligen Gesellschaftsordnung gesteuert wird, ganz bedeutend erweitert, nicht zuletzt durch die stürmische Fortentwicklung der maschinellen Rechentechnik.
Die Idee, daß Maschinen die Rechenarbeit übernehmen sollen, ist relativ alt. Die ersten funktionierenden Modelle von Rechenmaschinen wurden schon im 17. Jahrhundert konstruiert; man denke an *Wilhelm Schickhardt*, *Blaise Pascal* und an *Gottfried Wilhelm Leibniz*, der auch die Idee des binären Zahlensystems in diesem Zusammenhang entwickelt hat. Der geniale Engländer *Charles Babbage* faßte 1833 den Plan der Konstruktion einer universellen Rechenmaschine, mit Speicherwerk, Lochkartensteuerung und Druckwerk. Doch scheiterten seine im Kern richtigen Pläne an den noch mangelhaften technischen Bauelementen; *Babbage* wurde erst ein Jahrhundert später als der geistige Vater der modernen Rechentechnik gewürdigt.
Erst das 20. Jahrhundert stellte genügend sichere und hinreichend billige Bauelemente bereit. Der erste betriebsfähige programmgesteuerte Rechenautomat wurde 1941 durch *Konrad Zuse* fertiggestellt. Er hatte dazu elektrische Relais mit mechanischem Speicher verwendet, aber schon 1937 die Verwendung von Elektronenröhren ins Auge gefaßt.
Nach dem Kriege wurde in vielen Ländern gleichzeitig, vorwiegend auf dieser neuen technischen Basis, die Konstruktion großer, zuverlässiger Rechenanlagen in Angriff genommen; auch hier traten besonders die USA und die Sowjetunion hervor. Vom Ende der 50er Jahre an rückten schon die Rechenanlagen in Halbleiterbauweise in den Vordergrund; gelegentlich bezeichnet man sie als Datenverarbeitungsanlagen der „zweiten Generation". Die „dritte Generation" besteht aus Modellen mit integrierten Mikrobauelementen.
Das Leistungsvermögen der modernen Rechenanlagen ist erstaunlich hoch und kann den unterschiedlichsten Zwecken angepaßt, also auf ökonomische, wissenschaftliche, militärische und technische Probleme zugeschnitten werden. Nach vorsichtigen Überlegungen kam man zu der verblüffenden Schätzung, daß bereits zwischen 1962 und 1966, also in fünf Jahren, mit Hilfe elektronischer Rechenanlagen mehr Rechenarbeit

ENIAC, der erste elektronische Rechner der Welt (1946)

durchgeführt worden ist, als die gesamte Menschheit seit ihrer Existenz bis zum Jahre 1954 insgesamt bewältigt hat.
Interessant ist auch ein Blick auf die Verschiebung der inhaltlichen Schwerpunkte der Mathematik während des 20. Jahrhunderts. Einerseits gibt es eine Anzahl von Hauptarbeitsrichtungen, die zwar schon im 19. Jahrhundert entstanden sind, deren volle Ausprägung aber erst im 20. Jahrhundert stattfand. Hier hatte *D. Hilbert* mit seinem berühmten Vortrag im Jahre 1900 in vieler Beziehung die weitere Entwicklung richtig erfaßt. Die dreißiger Jahre des 20. Jahrhunderts bestätigten auch den Erkenntnisoptimismus von *Hilbert,* mit dem dieser auf die logischen Schwierigkeiten reagiert hatte, die sich zu Anfang des Jahrhunderts aus den Antinomien der Mengenlehre ergeben hatten. Das damalige Gefühl einer tiefen Krise der Mathematik hing übrigens ihrer philosophischen Aussage nach deutlich mit der gesellschaftlichen Krisensituation zusammen.
Zu einer anderen Gruppe gegenwärtiger mathematischer Arbeitsrichtungen gehören diejenigen mathematischen Disziplinen, die erst in jüngster Vergangenheit entstanden sind und überraschende Anwendungsmöglichkeit offenbaren oder direkt einem großen Problemkreis der Praxis entsprechend entwickelt wurden. Eine ähnliche Zweiteilung kann man auch hinsichtlich der Auffassungen über die der Mathematik zugrundeliegenden Methoden konstatieren.
Zu jener ersten Gruppe solcher an sich alter, aber heute in den Vordergrund rückender neuer Aspekte der Mathematik könnte man die folgenden zählen: Das Entstehen der Strukturmathematik, der axiomatisierte Aufbau der Wahrscheinlichkeitsrechnung, die mengentheoretische Durchdringung der gesamten Mathematik, der Aufbau der Funktionsanalysis, die Entfaltung der mathematischen Logik, die Verselbständigung der Topologie, die Umgestaltung der numerischen Methoden durch das gestiegene Leistungsvermögen der modernen Rechenanlagen, die außerordentlich enge Verbindung zwischen Mathematik und Physik durch die Entwicklung solcher Gebiete der theoretischen Physik wie Relativitätstheorie und Quantenmechanik, u. a. m.
Zu jener zweiten Gruppe neuer mathematischer Disziplinen, die heute schon ausgedehnte Wissensgebiete sind und doch erst nach dem zweiten Weltkrieg entstanden,

Tischrechner
WANG 2200
(1975)

gehören Spieltheorie und Operationsforschung, deren Anfänge auf militärische Probleme zurückgehen. Aus der Zusammenarbeit von Ingenieuren, Physikern und Mathematikern ist die Informationstheorie hervorgegangen. Diesen neuen Zweigen, die oft auch der Kybernetik als einer übergreifenden wissenschaftlichen Disziplin zugeordnet werden, ist einerseits die enge Verwandtschaft mit der Wahrscheinlichkeitsrechnung eigentümlich; andererseits hängen ihre realen Anwendungsmöglichkeiten in Wissenschaft, Technik und Ökonomie sehr stark vom Leistungsvermögen der zur Verfügung stehenden Rechenanlagen ab. Doch darf man beim Blick auf die neuen Zweige der Mathematik nicht die Tatsache verkennen, daß auch die früheren traditionellen sozusagen klassischen Disziplinen der Mathematik im 20. Jahrhundert ebenfalls einen stürmischen Aufschwung genommen haben und eine bedeutende inhaltliche Bereicherung erfuhren. Charakteristisch für die heutige Zeit ist jedoch der Umstand, daß die Grenzen zwischen den einzelnen mathematischen Teildisziplinen fließend geworden sind und an deren Berührungsflächen neue und interessante Problemgruppen und Forschungsgebiete entstehen.

Heute ist die Mathematik eine überaus umfangreiche, außerordentlich verzweigte und auf der ganzen Erde erfolgreich betriebene Wissenschaft, die in engen Beziehungen zu allen Sphären des gesellschaftlichen Lebens steht. In einem sowjetischen Sammelband zur Mathematik aus dem Jahre 1967 wurde versucht, den außerordentlich vielschichtigen Prozeß der Entwicklung der Mathematik der Gegenwart in wenigen Worten zu schildern. Es heißt dort: „Vor unseren Augen verläuft der Prozeß einer qualitativen Veränderung der Mathematik; es werden enge Beziehungen zwischen Zweigen der Mathematik entdeckt, die früher weit voneinander entfernt zu sein schienen; neue mathematische Disziplinen entstehen. Die Schaffung der elektronischen Rechentechnik hat die Auffassungen von Grund auf verändert, die man von der Effektivität verschiedener mathematischer Verfahren hatte. Sie hat ferner den Anwendungsbereich der Mathematik in einem bisher nie gekannten Ausmaß erweitert. Die Beziehungen zwischen der Mathematik und den anderen Wissenschaften entwickeln sich ständig. Waren sie früher im wesentlichen auf Mechanik, Astronomie und Physik beschränkt, so dringen jetzt mathematische Methoden immer tiefer in die

Chemie, Geologie, Biologie, Medizin, Ökonomie und Sprachwissenschaft ein. Allgemein bekannt ist die Rolle der Mathematik bei der Entwicklung neuer technischer Richtungen, wie Radioelektronik, Kernenergetik, Weltraumflug. Die alte Behauptung, daß die Mathematik die Königin der Wissenschaften sei, gewinnt somit einen um vieles tieferen Inhalt." [1, S. 324/325]

Literaturverzeichnis zu den Bemerkungen zur Mathematik des 20. Jahrhunderts

[1] Matematičeski sbornik 74 / 116 /. Pyp. 3 (1967).
[2] *Pogrebysski, I. B.:* Die Mathematik im 20. Jahrhundert. In: D. J. Struik: Abriß der Geschichte der Mathematik. 5. erweiterte Auflage, Berlin 1972, S. 199 bis 241.

Literatur, die seit der 1. Auflage (1975) erschienen ist (Auswahl)

Autorenkollektiv unter Leitung von A. P. Juskevic:
Geschichte der Mathematik (russ.). Bd. 1 und 2, Moskau 1970; Bd. 3, Moskau 1972.

Bag, A. K.: Mathematics in Ancient and Mediaval India. Delhi 1979.
Biermann, K.-R.: Die Mathematik und ihre Dozenten an der Berliner Universität 1810—1920. Berlin 1973.
Bourbaki, N.: Elemente der Mathematikgeschichte (Ausgabe in deutscher Sprache). Herausgegeben von K. Peter, D. Morgenstern, H. Tietz. Göttingen 1971.
Brentjes, B./S. Brentjes: Ibn Sina (Avicenna). Leipzig 1979.
Dictionary of Scientific Biography. Ed. Ch. C. Gillispie. 16 Bände. New York 1970—1980.
Halameisär, A./H. Seibt: Nikolai Iwanowitsch Lobatschewski. Leipzig 1978.
Herneck, F.: Albert Einstein. 6. Aufl. Leipzig 1982.
Hoppe, J.: Johannes Kepler. 3. Aufl. Leipzig 1978.
100 Jahre Mathematisches Seminar der Karl-Marx-Universität Leipzig. Herausgegeben von H. Beckert und H. Schumann. Berlin 1981.
Ilgauds, H. J.: Norbert Wiener. Leipzig 1980.
Schmutzer, E./W. Schütz: Galileo Galilei. 4. Aufl. Leipzig 1981.
Sezgin, F.: Geschichte des Arabischen Schrifttums. Bd. V. Mathematik bis ca. 430. Leiden 1974.
Tobies, R.: Felix Klein. Leipzig 1981.
Wußing, H.: Isaac Newton. 2. Aufl. Leipzig 1978.
Wußing, H.: Carl Friedrich Gauß. 4. Aufl. Leipzig 1982.
Wußing, H.: Vorlesungen zur Geschichte der Mathematik. Berlin 1979.

Personenverzeichnis

Abel, Niels Henrik (1802 bis 1829) norwegischer Mathematiker in Kristiania (Oslo) ↑ 198, 295, 298, 307, 327, 339, 343, **366 bis 375**, 379, 392, 393, 394, 397, 408, 423, 424, 429
Abû'l Wafa (940 bis 998) Astronom und Mathematiker in Bagdad ↑ 60, 70, 73, 93
Ackermann, Wilhelm (1896 bis 1962) Mathematiker, Schüler von D. Hilbert ↑ 498
Agnesi, Maria Gaëtana (1718 bis 1799) italienische Mathematikerin ↑ 480
Ahmôse (17. Jh. v. u. Z.) ägyptischer Schreiber, Verfasser des Papyrus Rhind ↑ 9
al-Battânî (etwa 850 bis 929) Astronom und Mathematiker ↑ 70
al-Bîrunî (973 bis 1048) Mathematiker ↑ 64, 72
Alcuin von York (etwa 730 bis 804) angelsächsischer Gelehrter, Berater Karls des Großen für Wissenschaft und Kultur ↑ 61
d'Alembert, Jean Baptiste le Rond (1717 bis 1783) französischer Mathematiker und Physiker, Sekretär der Académie des sciences ↑ 246, 247, 258, 259, 261, 284, 285, 287, 368, 444
Alexandrow, Pawel Sergejewitsch (geb. 1896) sowjetischer Mathematiker ↑ 508, 509, 512, 515
al-Hwârâzmî (etwa 780 bis 850) Mathematiker in Bagdad; von seinem Namen „Algorithmus", vom Titel seiner Aufgabensammlung „Algebra" abgeleitet ↑ 60, 67, 70, 73
al-Karaḡî (gest. um 1029) Mathematiker in Bagdad ↑ 60, 70
al-Kâšî (gest. um 1436) Astronom und Mathematiker in Samarkand ↑ 60, 81
Ampère, André Marie (1775 bis 1836) französischer Physiker und Mathematiker in Paris ↑ 293
Anaxagoras von Klazomenai (500 bis 428 v. u. Z.) griechischer Mathematiker in Athen und Lampsakos ↑ 35, 36
Anaximander (etwa 610 bis 546 v. u. Z.) griechischer Philosoph aus Milet ↑ 12
Anaximenes (etwa 585 bis 525 v. u. Z.) griechischer Philosoph aus Milet, Vertreter der ionischen Naturphilosophie ↑ 12
Antiphon (um 430 v. u. Z.) griechischer Mathematiker ↑ 36
Apollonios von Perge (etwa 262 bis etwa 190 v. u. Z.) griechischer Geometer in Alexandria und Pergamon ↑ 17, 32, **42 bis 49**, 65, 94, 131, 157, 167, 172, 178
Arago, Dominique François (1786 bis 1853) französischer Physiker ↑ 258
Archimedes von Syrakus (etwa 287 bis 212 v. u. Z.) griechischer Mathematiker und Physiker in Alexandria und Syrakus ↑ 16, 17, **33 bis 42**, 43, 45, 56, 89, 90, 123, 142, 162, 167
Archytas von Tarent (428 bis 365 v. u. Z.) griechischer Feldherr, Staatsmann und Mathematiker ↑ 14, 23, 24
Aristaios (um 330 v. u. Z.) griechischer Mathematiker ↑ 45, 157
Aristarchos von Samos (etwa 310 bis etwa 230 v. u. Z.) griechischer Astronom ↑ 39
Aristophanes (geb. 450 v. u. Z.) griechischer Komödiendichter ↑ 13
Aristoteles von Stagira (384 bis 322 v. u. Z.) griechischer Philosoph und Mathematiker ↑ 19, 26, 27, 31, 74, 81, 85, 89, 170, 181
Arnauld, Antoine (1612 bis 1694) französischer Mathematiker und Jansenistenführer ↑ 180
d'Arrest, Heinrich Ludwig (1822 bis 1875) deutscher Astronom in Kopenhagen ↑ 348
Artin, Emil (1898 bis 1962) österreichischer Mathematiker in Hamburg, aus Nazideutschland in die USA emigriert ↑ 434, 489, 515
Âryabhaṭa I (geb. 476 u. Z.) indischer Mathematiker und Astronom ↑ 55, 58, **63 bis 69**
Âryabhaṭa II (10. Jh. u. Z.) indischer Mathematiker ↑ 58
at-Tûsî, Nasir ed-din (1201 bis 1274) Mathematiker ↑ 70

Babbage, Charles (1792 bis 1871) Erfinder der ersten programmgesteuerten Rechenmaschine, Cambridge ↑ 517

Bacon, Francis (1561 bis 1626) englischer Philosoph, Staatsmann und Jurist ↑ 151

Bacon, Roger (etwa 1210 bis 1294) englischer Philosoph und Naturforscher ↑ 62

Barrow, Isaac (1630 bis 1677) englischer Mathematiker; erster Inhaber der mathematischen Lucas-Professur in Cambridge, Lehrer Newtons ↑ 142, 190, 196, 229

Bartels, Johann Christian Martin (1769 bis 1836) Mathematiker in Braunschweig, Kasan und Dorpat ↑ 301

Basilius Valentinus (16. Jh./17. Jh.) Pseudonym eines Verfassers einer Reihe von alchimistischen Schriften ↑ 209

Bayes, Thomas (1702 bis 1763) Mathematiker ↑ 285

Bayle, Pierre (1647 bis 1706) französischer philosophischer Schriftsteller, Vertreter der frühen Aufklärung ↑ 245

Beaugrand, J. de französischer Mathematiker in Paris ↑ 128

Beeckmann, Isaac (1588 bis 1637) niederländischer Mathematiker und Physiker ↑ 168

Beltrami, Eugenio (1835 bis 1900) italienischer Mathematiker und Physiker in Pavia und Rom ↑ 298, 448

Berkeley, George (1685 bis 1753) Philosoph und anglikanischer Bischof ↑ 246

Bernays, Paul (geb. 1888) Mathematiker in Göttingen, aus Nazideutschland in die USA emigriert ↑ 489, 510, 515

Bernoulli, Daniel (1700 bis 1782) schweizer Mathematiker und Physiker in St. Petersburg und Basel, Sohn von Johann I Bernoulli ↑ 222, **227 bis 241**, 242, 246, 248, 285, 337, 444

Bernoulli, Jacob I (1655 bis 1705) schweizer Mathematiker und Physiker in Basel, ältester Sohn von Nicolaus Bernoulli (1623 bis 1708) ↑ 149, 183, 218, 219, **227 bis 241**, 242, 247, 251, 260, 285, 286, 337

Bernoulli, Johann I (1667 bis 1748) schweizer Mathematiker in Genf, Paris, Groningen und Basel, jüngster Bruder von Jacob I Bernoulli ↑ 149, 218, 219, **227 bis 241**, 242, 247, 248, 260, 285, 337

Bernoulli, Johann II (1710 bis 1790) schweizer Mathematiker, Sohn von Johann I Bernoulli ↑ 227, 236, 238, 242, 285, 337

Bernoulli, Nicolaus I (1687 bis 1759) schweizer Mathematiker in Padua und Jurist in Basel, Neffe von Jacob I und Johann I Bernoulli ↑ 227, 232, 242, 248, 285, 337

Bernoulli, Nicolaus II (1695 bis 1726) schweizer Mathematiker, Sohn von Johann I Bernoulli ↑ 236, 237, 242, 285, 337

Bernschtein, Sergei Natanowitsch (1880 bis 1968) sowjetischer Mathematiker ↑ 422

Berthollet, Claude Louis (1748 bis 1822) französischer Chemiker ↑ 273, 280, 293

Bertrand, Joseph Louis François (1822 bis 1900) französischer Mathematiker in Paris ↑ 418

Bessel, Friedrich Wilhelm (1784 bis 1846) Astronom, Physiker, Mathematiker und Geodät; Direktor der Sternwarte in Königsberg (Kaliningrad) ↑ 312, 378, 379, 382

Betti, Enrico (1823 bis 1892) italienischer Physiker und Mathematiker in Pisa ↑ 298, 448

Bhaskara I (6. Jh. u. Z.) indischer Mathematiker, Schüler von Âryabhaṭa I ↑ 65, 66, 69

Bhaskara II (1114 bis 1185) indischer Mathematiker und Astronom ↑ 58

Bismarck, Otto von (1815 bis 1898) preußisch-deutscher Staatsmann, seit 1871 Reichskanzler ↑ 435

Blumenthal, Otto (1876 bis 1944) Mathematiker in Aachen und Göttingen; enger Freund D. Hilberts, von den Nazis umgebracht ↑ 489, 510

Boeck, Christian Peter (1798 bis 1877) Zoologe, Freund von N. H. Abel ↑ 368, 370, 379

Bohr, Niels Henrik David (1885 bis 1962) dänischer Physiker und Chemiker in Kopenhagen, in der Zeit des Faschismus emigriert ↑ 515

Boineburg, Johann Christian von (1622 bis 1672) Staatsmann, befreundet mit G. W. Leibniz ↑ 210, 215

Bois-Reymond, Emil du (1818 bis 1896) deutscher Physiologe und Physiker in Berlin ↑ 501

Bolyai, Janos (Johann) (1802 bis 1860) ungarischer Mathematiker in Temesvar, Sohn von F. Bolyai ↑ 30, 296, 315, 320, 349, 355, 469

Bolyai, Farkas (Wolfgang) (1775 bis 1856) ungarischer Mathematiker in Marosvásárhely ↑ 308, 315

Bolzano, Bernard (1781 bis 1848) tschechischer Philosoph und Mathematiker in Prag ↑ 198, 256, 295, **320 bis 333**, 338, 411, 449

Bombelli, Raffaele (16. Jh.) italienischer Ingenieur und Mathematiker in Bologna ↑ 97, 129

Boole, Georges (1815 bis 1864) englischer Mathematiker in Cork ↑ 297, 298

Borchardt, Karl Wilhelm (1817 bis 1880) Mathematiker in Berlin, Schüler von C. G. J. Jacobi ↑ 382, 401, 430, 447

Born, Max (1882 bis 1970) Physiker in Berlin, Frankfurt a. M., Göttingen und Edinburgh; in der Zeit des Faschismus emigriert, Mitunterzeichner des Göttinger Appells gegen die Atomrüstung ↑ 489, 498, 510, 515

Boyle, Robert (1627 bis 1691) englischer Physiker und Chemiker ↑ 209, 228

Brahmagupta (geb. 598 u. Z.) indischer Mathematiker in Ujjayini ↑ 55, 64

Brand, Hennig (17. Jh.) Apotheker und Alchimist in Hamburg ↑ 209

Braschman, Nikolaus D. (1796 bis 1866) russischer Mathematiker in Moskau ↑ 417

Briggs, Henry (1561 bis 1631) englischer Mathematiker in Cambridge und Oxford ↑ 92, 96

Brioschi, Francesco (1824 bis 1897) italienischer Mathematiker in Mailand und Rom ↑ 297

Brisson, Barnabé (1777 bis 1828) französischer Mathematiker und Ingenieur in Paris, Schüler von G. Monge ↑ 276

Brouncker, William (etwa 1620 bis 1684) englischer

523

Mathematiker, seit 1660 Präsident der Royal Society ↑ 162, 197
Brouwer, Luitzen Egbertus Jan (1881 bis 1966) niederländischer Mathematiker in Amsterdam ↑ 464
Bruno, Giordano (1548 bis 1600) italienischer Philosoph der Renaissance, von der Inquisition auf dem Scheiterhaufen verbrannt ↑ 88, 134, 138, 152, 221
Bürgi, Jost (1552 bis 1632) schweizer Mathematiker in Prag und Kassel ↑ 83, 92, 95, 101
Bunjakowski, Viktor Jakowlewitsch (1804 bis 1889) russischer Mathematiker in St. Petersburg ↑ 419, 421, 422

Cantor, Georg (1845 bis 1918) Mathematiker in Halle ↑ 298, 329, 330, 413, 438, **451 bis 466**, 493, 501
Cardano, Fazio (1444 bis 1524) italienischer Rechtsgelehrter, Vater von G. Cardano ↑ 113
Cardano, Geronimo (1501 bis 1576) italienischer Mathematiker, Arzt und Naturphilosoph in Oberitalien ↑ 97, 100, **112 bis 124**, 129, 232
Carnot, Lazare Nicolas Marguerite (1753 bis 1823) französischer Mathematiker, Schüler von G. Monge ↑ 273, 274, 337
Catalan, Eugène Charles (1814 bis 1894) Mathematiker in Lüttich ↑ 418
Cauchy, Augustin Louis (1789 bis 1857) französischer Mathematiker in Paris ↑ 198, 219, 256, 266, 293, 295, 312, 320, 325, 327, 328, **334 bis 344**, 370, 371, 372, 380, 394, 398, 458
Cavalieri, Francesco Bonaventura (etwa 1598 bis 1647) italienischer Mathematiker in Bologna ↑ 142, 160, 192
Cayley, Arthur (1821 bis 1895) englischer Mathematiker und Astrophysiker in Cambridge ↑ 297, 349, 383, 450, 470
Chamisso, Adalbert von (1781 bis 1838) französischer Schriftsteller und Naturforscher in Berlin ↑ 20
Châtelet, Emilie Marquise du (1706 bis 1749) französische Mathematikerin, Kommentatorin der Schriften von Leibniz und Newton ↑ 193, 242, 480
Chevalier, Auguste Freund von E. Galois ↑ 396
Christine von Schweden (1626 bis 1689) schwedische Königin von 1632 bis 1654, Tochter Gustavs II. Adolf ↑ 170
Chuquet, Nicolas (gest. um 1500) Rechenmeister ↑ 83, 129
Clairaut, Alexis Claude (1713 bis 1765) französischer Mathematiker, Physiker und Astronom in Paris ↑ 258, 287
Clausius, Rudolf (1822 bis 1888) Physiker in Zürich, Würzburg und Bonn ↑ 238
Clavius, Christoph (1537 bis 1612) deutscher Mathematiker in Rom ↑ 267
Clebsch, Alfred (1833 bis 1872) Mathematiker und Physiker in Karlsruhe, Gießen und Göttingen, Mitbegründer der „Mathematischen Annalen" ↑ 297, 383, 468, 470, 471, 472
Cohen, Paul Joseph (geb. 1934) nordamerikanischer Mathematiker ↑ 462, 499

Colbert, Jean Baptiste (1619 bis 1683) französischer Staatsmann unter Ludwig XIV, ↑ 152, 156
Collins, John (1625 bis 1683) englischer Mathematiker und Bibliothekar in London ↑ 213
Copernicus, Nicolaus (1473 bis 1543) polnischer Astronom und Mathematiker ↑ 48, 91, 92, 94, 100, 103, 126, 134, 195, 364
Courant, Richard (geb. 1888) Mathematiker und Physiker; aus Nazideutschland in die USA emigriert, Mitglied der Akademie der Wissenschaften der UdSSR ↑ 466, 473, 489, 497, 510, 515
Crelle, August Leopold (1780 bis 1855) Oberbaurat in Berlin, Gründer des „Journal für die reine und angewandte Mathematik" („Crelles Journal") ↑ 370, 371, 372, 374, 379, 405
Cremona, Luigi (1830 bis 1903) italienischer Mathematiker in Mailand, Bologna und Rom ↑ 297
Cronberg, Hartmuth von (1488 bis 1549) Reichsritter, einer der ersten Anhänger Luthers ↑ 99
Curie, Marie Sklodowska (1867 bis 1934) polnische Physikerin und Chemikerin in Paris ↑ 496
Curie, Pierre (1855 bis 1906) französischer Physiker und Chemiker in Paris ↑ 496

Damaskios (um 520 u. Z.) griechischer Mathematiker ↑ 32
Debye, Peter Joseph Wilhelm (1884 bis 1966) niederländischer Physiker und Chemiker, seit 1940 in Ithaca (USA) ↑ 496, 498
Dedekind, Richard (1831 bis 1916) Mathematiker in Göttingen und Braunschweig ↑ 296, 298, 305, 306, 318, 381, 433, 434, 447, 454, 461, 507
Demokritos von Abdera (etwa 460 bis etwa 370 v. u. Z.) griechischer Mathematiker ↑ 37
Desargues, Girard (1593 bis 1662) französischer Baumeister und Kriegsingenieur in Lyon, seit 1626 Geometer in Paris ↑ 48, 178, 183
Descartes, Joaquim (1563 bis 1640) Rat beim bretonischen Parlament in Rennes, Vater von R. Descartes ↑ 167
Descartes, René (1596 bis 1650) französischer Mathematiker, Physiker und Philosoph ↑ 48, 81, 98, 118, 149, 152, 154, 155, 156, 165, **167 bis 176**, 178, 180, 191, 193, 208, 213, 219, 229, 244, 384, 435
Diderot, Denis (1713 bis 1784) Philosoph der französischen Aufklärung, Mathematiker, Kunsttheoretiker und Schriftsteller ↑ 246
Dionysios (gest. etwa 265 u. Z.) Bischof von Alexandria ↑ 50
Diophantos von Alexandria (um 250 u. Z.) griechischer Mathematiker ↑ 17, **49 bis 55**, 94, 129, 162
Dirac, Paul Adrien Maurice (geb. 1902) englischer Physiker und Mathematiker in Cambridge und Oxford ↑ 190
Dirichlet, Peter Gustav Lejeune (1805 bis 1859) deutscher Mathematiker in Breslau (Wrocław), Berlin und Göttingen ↑ 295, 298, 302, 305, 311, 317, 377, 380, 382, 383, 384, 401, 427, 428, 429, 430, 436, 442, 443, 444, 446, 449
Dositheos (um 240 v. u. Z.) griechischer Astronom und Mathematiker in Alexandria ↑ 34

Dschingis-Khan (etwa 1155 bis 1227) Gründer des mongolischen Weltreiches ↑ 77

Dürer, Albrecht (1471 bis 1528) Maler und Graphiker in Nürnberg ↑ 93

Dulong, Pierre Louis (1785 bis 1838) französischer Physiker und Chemiker in Paris ↑ 293

Dumas, Jean Baptiste (1800 bis 1884) französischer Chemiker in Paris ↑ 293

Einstein, Albert (1870 bis 1955) Physiker und Mathematiker in Bern, Zürich, Prag, Berlin und Princeton, Begründer der Relativitätstheorie, 1933 von den Nazis aus Deutschland vertrieben, nach 1945 Eintreten für das Verbot der Kernwaffen ↑ 195, 297, 311, 443, 446, 496, 506, 510, 512, 515

Eisenstein, Gotthold (1823 bis 1852) Mathematiker in Berlin ↑ 306, 384, 386, 427, 442

Engels, Friedrich (1820 bis 1895) Klassiker des Marxismus-Leninismus, engster Freund und Kampfgefährte von Karl Marx ↑ 88, 105, 292

Eratosthenes von Kyrene (etwa 276 bis etwa 194 v. u. Z.) griechischer Geograph und Mathematiker ↑ 17, 34, 37

Eudoxos von Knidos (etwa 408 bis etwa 355 v. u. Z.) griechischer Mathematiker, Schüler des Archytas ↑ 15, 36, 37, 38

Euklid von Alexandria (etwa 365 bis etwa 300 v. u. Z.) griechischer Mathematiker und Physiker ↑ 13, 16, 17, 22, 23, **25 bis 33**, 34, 42, 43, 45, 59, 60, 74, 75, 83, 89, 94, 123, 157, 178, 313, 316, 353, 354, 356, 361, 420

Euler, Johann Albert (1734 bis 1800) schweizer Mathematiker in St. Petersburg, Sohn von L. Euler ↑ 254

Euler, Leonhard (1707 bis 1783) schweizer Mathematiker und Physiker in St. Petersburg und Berlin ↑ 146, 163, 164, 165, 219, 222, 232, 235, 236, 237, 238, 242, 243, 244, **247 bis 257**, 258, 260, 261, 262, 266, 287, 288, 302, 304, 312, 337, 376, 380, 384, 420, 424, 441, 444, 447

Euripides (485 bis 406 v. u. Z.) griechischer Tragödiendichter in Athen und Pella (Makedonien) ↑ 13

Ewald, Georg Heinrich August (1803 bis 1875) Orientalist in Göttingen, einer der Göttinger Sieben ↑ 309

Fabri, Honoré (1607 bis 1688) französischer Philosoph und Mathematiker in Lyon und Rom ↑ 213

Faulhaber, Johann (1580 bis 1635) Rechenmeister in Ulm ↑ 168

Fechner, Gustav Theodor (1801 bis 1887) Naturforscher und Philosoph in Leipzig, Pantheist und Gegner des Materialismus ↑ 347

Fermat, Clement Samuel de (1632 bis 1690) französischer Advokat, Sohn von P. de Fermat und Herausgeber seines Nachlasses ↑ 156

Fermat, Pierre de (1601 bis 1665) französischer Mathematiker und Parlamentsrat in Toulouse ↑ 48, 50, 98, 122, 142, 149, **154 bis 166**, 170, 172, 178, 181, 182, 183, 232, 267, 335

Ferrari, Ludovico (1522 bis 1565) italienischer Mathematiker in Mailand und Bologna, Schüler von G. Cardano ↑ 117, 118, 172

Ferro, Scipione del (etwa 1465 bis 1526) italienischer Mathematiker in Bologna ↑ 75, 116, 117

Fior, Antonio Maria (Anfang 16. Jh.) italienischer Rechenmeister ↑ 116

Fontane, Theodor (1819 bis 1898) bedeutendster demokratisch-humanistischer Erzähler der 2. Hälfte des 19. Jh. in Deutschland ↑ 377

Fourcroy, Antoine François de (1755 bis 1809) französischer Chemiker in Paris ↑ 274, 275

Fourier, Jean Baptiste Joseph de (1768 bis 1830) französischer Physiker und Mathematiker in Paris ↑ 255, 380, 444

Fraenkel, Abraham Adolf (1891 bis 1965) Mathematiker ↑ 464

Franck, James (1882 bis 1964) Physiker, seit 1935 in den USA ↑ 489

Franz von Sickingen (1481 bis 1523) Reichsritter und Söldnerführer, Verbindung mit Ulrich von Hutten ↑ 99

Fraunhofer, Joseph von (1787 bis 1826) Physiker, Astronom und Konstrukteur optischer Geräte in München ↑ 346

Fredholm, Erik Ivar (1866 bis 1927) schwedischer Mathematiker in Stockholm ↑ 497

Frege, Gottlob (1846 bis 1925) Mathematiker in Jena ↑ 298, 498

Frenicle de Bessy, Bernard (1605 bis 1675) französischer Münzmeister und Mathematiker in Paris ↑ 162

Fresnel, Augustin Jean (1788 bis 1827) französischer Physiker in Paris ↑ 293

Friedrich II. von Preußen (1712 bis 1786) König von Preußen seit 1740 ↑ 243, 250, 254, 262

Frint, Jakob (1766 bis 1834) Hofprediger in Wien, später Bischof von St. Pölten ↑ 323

Frobenius, Georg (1849 bis 1917) Mathematiker in Berlin ↑ 413, 431, 432

Fuchs, Lazarus (1833 bis 1902) Mathematiker in Heidelberg und Berlin ↑ 413

Fuß, Nikolaus (1755 bis 1826) Mathematiker in St. Petersburg ↑ 254

Galilei, Galileo (1564 bis 1642) italienischer Mathematiker, Physiker und Astronom in Pisa, Padua und Florenz, wegen seines Eintretens für die heliozentrische Lehre vom römischen Inquisitionsgericht verfolgt ↑ 91, 134, 136, 140, 150, 152, 153, 169, 175, 192, 193, 195

Galle, Johann Gottfried (1812 bis 1910) Astronom in Breslau (Wroclaw) ↑ 245

Galois, Alfred Bruder von E. Galois ↑ 397

Galois, Evariste (1811 bis 1832) französischer Mathematiker in Paris ↑ 298, **389 bis 400**, 434, 469

Gassendi, Petrus (1592 bis 1655) französischer Philosoph und Mathematiker in Paris ↑ 179

Gauß, Carl Friedrich (1777 bis 1855) Mathematiker und Physiker in Göttingen ↑ 30, 160, 163, 164, 198, 256, 275, 286, 295, 296, 298, **300 bis 320**, 325, 327, 338, 344, 345, 346, 349, 353, 355, 363, 367, 370, 373, 374, 375, 378, 379, 380, 381, 382,

525

383, 386, 393, 394, 396, 397, 408, 420, 428, 441, 443, 444, 445, 446, 458, 493
Gauß, Dorothea (1743 bis 1839) Mutter von C. F. Gauß ↑ 301
Gauß, Gerhard Dietrich (1744 bis 1808) Vater von C. F. Gauß ↑ 301
Gay-Lussac, Louis Joseph (1778 bis 1850) französischer Physiker und Chemiker in Paris ↑ 293
Gelfond, Alexander Ossipowitsch (1906 bis 1968) sowjetischer Mathematiker ↑ 515
Georg von Peurbach (1423 bis 1461) Mathematiker. Astronom und Philosoph in Wien, Lehrer von Regiomontanus ↑ 94
Gerbert von Aurillac (etwa 940 bis 1003) seit 999 Papst Sylvester II., Verfasser einer „Geometrie" ↑ 61, 67
Gerhard von Cremona (1114 bis 1187) italienischer Mathematiker und Philosoph, Übersetzer der „Elemente" von Euklid ins Lateinische ↑ 32
Gerling, Christian Ludwig (1788 bis 1864) Mathematiker und Astronom in Marburg ↑ 314, 315
Germain, Sophie (1776 bis 1831) französische Physikerin und Mathematikerin ↑ 480
Gerstner, Franz Joseph Ritter von (1756 bis 1832) Mathematiker in Prag, Förderer von B. Bolzano ↑ 321, 322, 323, 326
Gilbert, Ludwig Wilhelm (1769 bis 1824) Physiker in Leipzig, Lehrer von A. F. Möbius ↑ 345
Gödel, Kurt (geb. 1906) österreichischer Mathematiker, in der Nazizeit aus Österreich in die USA emigriert ↑ 499, 515
Göpel, Adolph (1812 bis 1847) Mathematiker ↑ 408
Goethe, Johann Wolfgang (1749 bis 1832) Dichter, kunsttheoretischer und naturwissenschaftlicher Schriftsteller, Minister, bedeutendster Repräsentant der deutschen Klassik ↑ 23, 191
Goldbach, Christian (1690 bis 1764) Mathematiker in St. Petersburg und Moskau ↑ 237, 424
Gordan, Paul (1837 bis 1912) Mathematiker in Gießen und Erlangen ↑ 297, 492, 505
Grandi, Guido (1671 bis 1742) italienischer Mathematiker und Theologe in Pisa ↑ 255, 256
Graßmann, Hermann (1809 bis 1877) Mathematiker und Physiker in Stettin (Szczecin) ↑ 297, 345, 349, 351, 450
Gregorius a. S. Vincentio (1584 bis 1667) Mathematiker ↑ 142, 213
Gregory, James (1638 bis 1675) Mathematiker ↑ 142, 197, 213, 232
Grynaeus, Simon (1493 bis 1541) Mathematiker und Theologe, Herausgeber der griechischen Erstausgabe der „Elemente" von Euklid und des „Almagest" von Ptolemaios in Basel ↑ 32
Gudermann, Christoph (1798 bis 1852) Mathematiker in Münster, Lehrer von K. Weierstraß ↑ 402, 403
Guericke, Otto von (1602 bis 1686) Ratsherr, Bürgermeister und Naturforscher in Magdeburg ↑ 179
Gutenberg, Johann (etwa 1395 bis 1468) Erfinder der Buchdruckerkunst ↑ 117

Hachette, Jean Nicolas Pierre (1769 bis 1834) französischer Mathematiker in Paris ↑ 275

Halley, Edmund (1656 bis 1742) englischer Astronom in Greenwich ↑ 194, 199, 246
Hamilton, William Rowan (1805 bis 1865) Mathematiker und Physiker in Dublin ↑ 296, 297, 351
Hankel, Hermann (1839 bis 1873) Mathematiker in Leipzig, Erlangen und Tübingen ↑ 295, 347
Hansen, Peter Andreas (1795 bis 1874) Astronom in Gotha ↑ 386
Hansteen, Christopher (1784 bis 1873) norwegischer Astronom und Physiker in Kristiania (Oslo) ↑ 368, 369, 370, 373
Harriot, Thomas (1560 bis 1621) englischer Mathematiker ↑ 81, 97, 173
Hartmann, Eduard von (1842 bis 1906) Philosoph in Berlin, Idealist ↑ 435
Harūn al-Rašīd (760 bis 809) fünfter abbasidischer Kalif, seit 786 in Bagdad ↑ 70
Hasse, Helmut (geb. 1898) Mathematiker in Hamburg, seit 1929 Herausgeber des „Journal für die reine und angewandte Mathematik" ↑ 434, 435, 510
Hegel, Georg Wilhelm Friedrich (1770 bis 1831) bedeutendster Repräsentant der klassischen bürgerlichen deutschen Philosophie ↑ 379, 427, 435, 436
Heiberg, Johan Ludvig (1854 bis 1928) dänischer klassischer Philologe, Mathematiker und Naturwissenschaftler in Kopenhagen ↑ 37
Heine, Eduard (1821 bis 1881) Mathematiker in Halle, Schüler von C. G. J. Jacobi ↑ 383, 453
Heinrich IV. (1553 bis 1610) seit 1589 König von Frankreich ↑ 126, 127
Helmholtz, Hermann von (1821 bis 1894) Physiker und Physiologe in Königsberg (Kaliningrad), Bonn, Heidelberg und Berlin ↑ 386, 443
Helvétius, Claude Adrien (1715 bis 1771) französischer Philosoph, bedeutender Vertreter des französischen Materialismus ↑ 245
Hensel, Kurt (1861 bis 1941) Mathematiker in Marburg ↑ 434
Herakleides von Pontos (etwa 388 bis 310 v. u. Z.) griechischer Schriftsteller, Schüler von Platon und Aristoteles ↑ 34, 47
Herakleitos von Ephesos (etwa 550 bis etwa 475 v. u. Z.) griechischer Philosoph, ionischer Materialist (nach Lenin), einer der Begründer der Dialektik ↑ 12
Hermann, Jakob (1678 bis 1733) schweizer Mathematiker ↑ 247, 248
Hermite, Charles (1822 bis 1901) französischer Mathematiker in Paris ↑ 383, 418, 460, 491
Herodotos (etwa 484 bis 425 v. u. Z.) ältester griechischer Geschichtsschreiber in Samos, Athen und Unteritalien ↑ 19
Heron von Alexandria (um 75 u. Z.) griechischer Mathematiker und Techniker ↑ 17, 129
Hertz, Heinrich Rudolph (1857 bis 1894) Physiker in Berlin, Kiel, Karlsruhe und Bonn ↑ 443, 445
Herwegh, Georg (1817 bis 1875) Dichter, einer der wirksamsten Lyriker der Revolution von 1848 ↑ 407
Hesse, Otto (1811 bis 1874) Mathematiker in Königs-

berg (Kaliningrad), Heidelberg und München, Schüler von C. G. J. Jacobi ↑ 350, 383
Heytesbury, William (etwa 1313 bis 1372) englischer Gelehrter in Oxford ↑ 85
Hilbert, David (1862 bis 1943) Mathematiker und Physiker in Königsberg (Kaliningrad) und Göttingen ↑ 29, 298, 299, 311, 405, 437, 447, 461, **489 bis 503**, 506, 507, 518
Hippasos von Metapont (um 450 v. u. Z.) griechischer Mathematiker der unteritalischen Schule der jüngeren Pythagoreer ↑ 23, 24
Hippokrates von Chios (um 440 v. u. Z.) griechischer Mathematiker der Frühzeit ↑ 13
Hoffmann, Friedrich (1660 bis 1742) Arzt und Chemiker in Halle und Berlin ↑ 210
Holmboe, Bernt Michael (1795 bis 1850) norwegischer Mathematiker in Kristiania (Oslo) ↑ 367, 368, 371
Hooke, Robert (1635 bis 1703) englischer Physiker an der Royal Society in London ↑ 192, 194, 213, 228
Hopf, Ludwig (1884 bis 1939) Mathematiker ↑ 509
Horner, William George (1768 bis 1837) englischer Mathematiker ↑ 81
l'Hospital, Guillaume François Antoine de (1661 bis 1704) französischer Mathematiker ↑ 230, 236
Hudde, Jan (1628 bis 1704) niederländischer Mathematiker in Amsterdam, mehrfach Bürgermeister seiner Vaterstadt ↑ 174, 228, 232
Hülsse, Julius Ambrosius (1812 bis 1876) Mathematiker, Direktor der polytechnischen Schule in Dresden ↑ 347
Humboldt, Alexander von (1769 bis 1859) Naturforscher von universeller Bildung ↑ 285, 316, 346, 379, 382, 384, 385, 386, 405
Hurwitz, Adolf (1859 bis 1919) Mathematiker in Königsberg (Kaliningrad) und Zürich ↑ 456, 490, 491
Huygens, Christiaan (1629 bis 1695) niederländischer Physiker, Mathematiker und Astronom ↑ 169, 174, 184, 191, 192, 211, 216, 218, 230, 232, 233
Huygens, Constantijn (1596 bis 1687) niederländischer Dichter der Renaissance ↑ 169
Hypatia von Alexandria (etwa 370 bis 415) griechische Mathematikerin und Philosophin ↑ 17, 480
Hypsikles von Alexandria (um 180 v. u. Z.) griechischer Mathematiker ↑ 32

Ibn al Haitham (etwa 965 bis 1039) Mathematiker ↑ 60, 72
Ibn Laith (um 1000) Mathematiker ↑ 72
Iwanow, Iwan Iwanowitsch (1862 bis 1939) sowjetischer Mathematiker in Leningrad, Schüler von P. L. Tschebyschew ↑ 419

Jacobi, Carl Gustav Jacob (1804 bis 1851) Mathematiker in Berlin und Königsberg (Kaliningrad) ↑ 296, 306, 307, 317, 345, 373, 374, **375 bis 388**, 396, 402, 408, 427, 442
Jamblichos (etwa 283 bis 333) Neupythagoreer, Verfasser einer Biographie von Pythagoras ↑ 19
Jansen, Cornelius (1585 bis 1638) niederländischer Bischof, nach ihm benannt der Jansenismus, eine reform-katholische Bewegung in Frankreich im 17. und 18. Jh. ↑ 180, 184
Joachimsthal, Ferdinand (1818 bis 1861) Mathematiker, Schüler von C. G. J. Jacobi ↑ 383
Johannes Campanus von Novara (um 1260) Übersetzer der „Elemente" des Euklid ins Lateinische ↑ 62, 123
Johannes von Gmunden (etwa 1380 bis 1442) Mathematiker in Wien ↑ 94
Jordan, Camille (1838 bis 1922) französischer Mathematiker in Paris ↑ 298, 397, 469
Kästner, Abraham Gotthelf (1719 bis 1800) Mathematiker und Physiker in Leipzig und Göttingen ↑ 321
Kalidasa (5. Jh.) indischer Dichter ↑ 64
Kant, Immanuel (1724 bis 1804) Philosoph in Königsberg (Kaliningrad) ↑ 288, 289, 353, 354, 355, 407, 435
Katharina II. von Rußland (1729 bis 1796) Zarin von Rußland ↑ 146, 248, 254
Keilhau, Balthazar Mathias (1797 bis 1858) norwegischer Geologe in Kristiania (Oslo) ↑ 368
Keldysch, Mstislaw Wsewolodowitsch (geb. 1911) sowjetischer Mathematiker, seit 1961 Präsident der Akademie der Wissenschaften der UdSSR ↑ 515
Kepler, Johannes (1571 bis 1630) Astronom, Physiker, Mathematiker und Philosoph in Graz und Prag ↑ 48, 91, 92, 95, **132 bis 148**, 153, 175, 191, 193, 195
Killing, Walter (1847 bis 1923) Mathematiker in Bonn ↑ 405
Klein, Felix (1849 bis 1925) Mathematiker in Erlangen, München, Leipzig und Göttingen ↑ 297, 299, 348, 349, 352, 389, 413, 450, **466 bis 480**, 487, 491, 492, 504, 506
Kolmogorow, Andrei Nikolajewitsch (geb. 1903) sowjetischer Mathematiker ↑ 515
Kolumbus, Christoph (1451 bis 1506) italienischer Seefahrer, 1492 Entdecker Amerikas im Dienste der spanischen Krone ↑ 105
Konon von Samos (gest. um 240 v. u. Z.) griechischer Astronom und Mathematiker in Alexandria ↑ 34, 38
Korkin, Alexander Nikolajewitsch (1837 bis 1908) russischer Mathematiker in St. Petersburg, Schüler von P. L. Tschebyschew ↑ 419
Kowalewskaja, Sophia Wassiljewna (1850 bis 1891) russische Mathematikerin und Physikerin in Berlin, Stockholm, St. Petersburg und Moskau ↑ 414, 438, **480 bis 489**
Kowalewsky, Wladimir Onufrijewitsch (1842 bis 1883) russischer Paläontologe, Ehemann von S. W. Kowalewskaja ↑ 482
Krönig, August Karl (1822 bis 1879) Physiker in Berlin ↑ 238
Kronecker, Leopold (1823 bis 1891) Mathematiker in Berlin ↑ 298, 381, 383, 401, 407, 414, 418, **426 bis 440**, 447, 454, 491, 492
Kublai (1215 bis 1294) chinesischer Groß-Khan ↑ 78
Kummer, Ernst Eduard (1810 bis 1893) Mathema-

527

tiker in Breslau (Wroclaw) und Berlin ↑ 163, 298, 378, 383, 384, 401, 412, 426, 427, 428, 429, 430, 433, 447, 491
Kunckel, Johann von Löwenstern (etwa 1630 bis etwa 1702) Glasmacher und Alchimist in Dresden, Berlin, Potsdam und in Schweden ↑ 209

Lacroix Sylvestre François (1765 bis 1843) französischer Mathematiker in Paris ↑ 395
Lagrange, Joseph Louis (1736 bis 1813) französischer Mathematiker in Turin, Berlin und Paris ↑ 187, 235, 242, 243, 244, 247, 258 bis 269, 287, 289, 293, 335, 338, 368, 376, 378, 381, 393, 420, 444
Lalovera, Antoine de (1600 bis 1664) französischer Mathematiker ↑ 184
Lambert, Johann Heinrich (1728 bis 1777) Mathematiker in Berlin ↑ 66, 74
Lamettrie, Julien Offray de (1709 bis 1751) französischer Philosoph und Arzt, Vertreter der naturwissenschaftlichen Richtung des französischen Materialismus ↑ 245
Landau, Edmund (1877 bis 1938) Mathematiker in Göttingen ↑ 489, 510
Laplace, Pierre Simon (1749 bis 1829) französischer Mathematiker und Astronom in Paris ↑ 242, 243, 258, 268, 280, 282 bis 291, 293, 334, 335, 337, 376, 381, 421
Laue, Max von (1879 bis 1960) Physiker und Physikhistoriker in München, Zürich, Frankfurt, Berlin und Göttingen; Mitinitiator des Göttinger Appells ↑ 496
Lavoisier, Antoine Laurent (1743 bis 1794) französischer Chemiker und Physiker ↑ 263, 289
Lebesgue, Henry (1875 bis 1941) französischer Mathematiker in Rennes, Poitiers und Paris ↑ 296, 449
Legendre, Adrien Marie (1752 bis 1833) französischer Mathematiker in Paris ↑ 30, 263, 286, 298, 302, 304, 369, 372, 373, 374, 379, 380, 393, 421, 441
Leibniz, Gottfried Wilhelm (1646 bis 1716) Universalgelehrter, wirkte hauptsächlich in Paris und Hannover ↑ 142, 149, 152, 159, 174, 175, 178, 198, 201, 202, 203, 206 bis 226, 229, 230, 232, 233, 234, 236, 242, 249, 251, 252, 253, 256, 260, 283, 337, 435, 517
Lenin, Wladimir Iljitsch (1870 bis 1924) marxistischer Philosoph und Staatsmann, Begründer der Union der Sozialistischen Sowjetrepubliken ↑ 221
Leonardo da Vinci (1452 bis 1519) italienischer Künstler, Ingenieur und Naturwissenschaftler ↑ 93, 113
Leonardo Fibonacci von Pisa (etwa 1180 bis etwa 1250) italienischer Mathematiker ↑ 62, 67, 89
Le Verrier, Jean (1811 bis 1877) Direktor der Sternwarte in Paris ↑ 245
Lie, Sophus (1842 bis 1899) norwegischer Mathematiker in Kristiania (Oslo) und Leipzig ↑ 297, 348, 398, 450, 469
Liebig, Justus von (1803 bis 1873) Chemiker in Gießen und München ↑ 295

Lindemann, Ferdinand (1852 bis 1939) Mathematiker in Königsberg (Kaliningrad) und München↑ 66, 490
Linnik, Juri Wladimirowitsch (geb. 1915) sowjetischer Mathematiker ↑ 494
Liouville, Joseph (1809 bis 1882) französischer Mathematiker in Paris ↑ 383, 397
Lipschitz, Rudolf (1832 bis 1903) Mathematiker in Bonn ↑ 468
Li Ye (1178 bis 1265) chinesischer Mathematiker ↑ 57, 77 bis 81
Ljapunow, Alexander Michailowitsch (1857 bis 1918) russischer Mathematiker in Charkow und St. Petersburg, Schüler von P. L. Tschebyschew ↑ 419
Lobatschewski, Nikolai Iwanowitsch (1792 bis 1856) russischer Mathematiker, Rektor und Vizekurator der Universität in Kasan ↑ 30, 198, 256, 295, 296, 315, 320, 327, 349, 353 bis 366, 416, 469
Lomonossow, Michail Wassiljewitsch (1711 bis 1765) vielseitiger Gelehrter und Dichter in St. Petersburg, nach ihm die Lomonossow-Universität in Moskau benannt ↑ 254
Longomontanus (Christian Severin) (1562 bis 1647) dänischer Astronom und Mathematiker in Kopenhagen, zeitweilig Gehilfe von Tycho Brahe ↑ 137
Loofs, Friedrich (1858 bis 1928) Theologe in Leipzig und Halle ↑ 463
Lucas, Henry (etwa 1610 bis 1663) Kaufmann, Stifter des ,,Lucasischen Katheders" in Cambridge ↑ 190
Ludwig XIV. von Frankreich (1638 bis 1715) der ,,Sonnenkönig", absolutistischer König Frankreichs ↑ 152, 170, 188, 206, 210, 211
Lusin, Nikolai Nikolajewitsch (1883 bis 1950) sowjetischer Mathematiker in Moskau ↑ 515
Luther, Martin (1483 bis 1546) Begründer des deutschen Protestantismus ↑ 99, 100, 102, 105, 106

Maestlin, Michael (1530 bis 1631) Mathematiker und Astronom in Tübingen, Lehrer von J. Kepler ↑ 134, 143
Mahâvirâ (9. Jh.) indischer Mathematiker ↑ 58
Malikšäh (gest. um 1093) Seldschukensultan ↑ 71, 75
Malus, Etienne Louis (1775 bis 1812) französischer Physiker in Paris ↑ 293
Marcus Tullius Cicero (106 bis 43 v. u. Z.) Anwalt und Redner in Rom ↑ 38
Markow, Andrei Andrejewitsch (1856 bis 1922) russischer Mathematiker in St. Petersburg, Schüler von P. L. Tschebyschew ↑ 419
Marx, Karl (1818 bis 1883) Begründer des wissenschaftlichen Sozialismus ↑ 151, 153, 274, 292, 293, 436
Maupertuis, Pierre Louis Moreau de (1698 bis 1759) französischer Philosoph und Mathematiker, Präsident der Berliner Akademie ↑ 244, 250, 253
Maximilian von Bayern (1573 bis 1651) Herzog, seit 1623 Kurfürst ↑ 168
Maxwell, James Clerk (1831 bis 1879) englischer Physiker, Mathematiker und Astronom in Cambridge, Aberdeen und London ↑ 443

528

Melanchthon, Philipp (1497 bis 1565) Humanist und Reformator, Professor der Geschichte und Rhetorik in Tübingen und Wittenberg, Lehrer und Mitstreiter von M. Luther ↑ 100
Menaichmos (um 350 v. u. Z.) griechischer Geometer ↑ 45
Mercator (Kauffman), Nikolaus (1620 bis 1687) deutscher Astronom und Mathematiker in Kopenhagen und London, Wasserkunstingenieur in Paris ↑ 197, 232
Méré, Antoine Gombaud Chevalier de (1610 bis 1685) französischer Schriftsteller, Reisebegleiter von B. Pascal ↑ 162, 181
Mersenne, Marin (1588 bis 1648) französischer Mathematiker, Physiker und Musikwissenschaftler in Nevers und Paris ↑ 156, 165, 167, 169, 170, 178
Milich, Jakob (1501 bis 1559) Mathematiker und Arzt in Wittenberg ↑ 100
Minkowski, Hermann (1864 bis 1909) Mathematiker und Physiker in Zürich und Göttingen, Freund von D. Hilbert ↑ 491, 493, 494
Mises, Richard von (1883 bis 1953) österreichischer Mathematiker in Strasbourg, Dresden und Berlin, in der Zeit des Faschismus in die USA emigriert ↑ 515
Mittag-Leffler, Charlotte schwedische Schriftstellerin, Schwester von G. Mittag-Leffler ↑ 487
Mittag-Leffler, Gösta (1846 bis 1927) schwedischer Mathematiker in Helsingfors und Stockholm, Schüler von K. Weierstraß, Gründer der Zeitschrift „Acta mathematica" ↑ 413, 455
Möbius, August Ferdinand (1790 bis 1868) Mathematiker, Physiker und Astronom in Leipzig ↑ 295, **344 bis 353**
Moivre, Abraham de (1667 bis 1754) französischer Mathematiker, Emigrant in England ↑ 183, 285
Mollweide, Karl Brandan (1774 bis 1825) Mathematiker und Astronom in Halle und Leipzig ↑ 345
Monge, Gaspard (1746 bis 1818) französischer Mathematiker in Mézieres und Paris; Marineminister, Begründer der darstellenden Geometrie ↑ 242, 244, 268, **270 bis 282**, 293, 294, 337, 348
Montesquieu, Charles de (1689 bis 1755) französischer Aufklärer, Staatstheoretiker und politischer Schriftsteller, ideologischer Vertreter der liberalen Großbourgeoisie ↑ 245
Morland, Samuel (etwa 1625 bis 1695) englischer Erbauer einer Rechenmaschine, Diplomat ↑ 212, 213
Moritz von Oranien, Prinz, Graf von Nassau (1567 bis 1625) einer der bedeutendsten militärischen Führer im Kampf der Niederlande gegen die spanische Herrschaft ↑ 168
Müntzer, Thomas (etwa 1490 bis 1525) revolutionärer Ideologe des Großen Deutschen Bauernkrieges ↑ 107
Murner, Thomas (1475 bis 1537) satirischer Schriftsteller, streitbarer Franziskaner, erbitterter Feind von M. Luther ↑ 98

Napoleon I. Bonaparte (1769 bis 1821) Kaiser der Franzosen ↑ 252, 277, 278, 279, 280, 284, 285, 287, 309, 334, 335, 336, 337, 341, 367
Nârâyama (14. Jh.) indischer Mathematiker ↑ 58
Neper (Napier), John (1550 bis 1617) Mathematiker ↑ 83, 92, 95, 96, 101, 143
Nernst, Walther Hermann (1864 bis 1941) Physiker und Chemiker in Göttingen und Berlin ↑ 496
Neugebauer, Otto (geb. 1899) Mathematiker und Mathematikhistoriker, in der Zeit des Faschismus in die USA emigriert ↑ 510, 515
Neumann, Carl (1832 bis 1925) Mathematiker und Physiker in Leipzig ↑ 383
Neumann, John von (1903 bis 1957) Mathematiker in Berlin, Hamburg, Princeton und Los Alamos, emigriert in der Zeit des Faschismus in die USA ↑ 515
Newton, Isaac (1643 bis 1727) englischer Mathematiker und Physiker, Begründer der theoretischen Physik und der Himmelsmechanik ↑ 68, 139 142, 149, 151, 152, 153, 159, 171, 175, **187 bis 205**, 207, 209, 211, 213, 215, 229, 232, 242, 244, 258, 259, 260, 263, 268, 283, 287, 288, 289, 337, 367, 424
Nicolaus von Cues (1401 bis 1464) katholischer Philosoph, Theologe und Kardinal, einer der bahnbrechenden deutschen Denker im Übergang vom Mittelalter zur Neuzeit ↑ 99
Nîlakanta (15./16. Jh.) indischer Mathematiker ↑ 58, 65
Noether, Emmy (1882 bis 1935) Mathematikerin in Göttingen ↑ 434, 480, 489, **504 bis 513**, 515
Noether, Fritz (geb. 1884) Mathematiker, Bruder von E. Noether ↑ 505, 511
Noether, Max (1844 bis 1921) Mathematiker in Heidelberg und Erlangen, Vater von E. Noether ↑ 504

Olbers, Wilhelm (1758 bis 1840) Arzt und Astronom in Bremen ↑ 307
Oldenburg, Heinrich (etwa 1615 bis 1677) Jurist und Theologe in Bremen, später Politiker und ständiger Sekretär der Royal Society in London ↑ 202, 212, 213, 216
Oresme, Nicole (etwa 1323 bis 1382) französischer Mathematiker und Theologe in Paris, später Bischof von Lisieux ↑ 62, 63, **81 bis 87**
Osiander, Andreas (1498 bis 1552) Theologe in Nürnberg und Königsberg ↑ 100, 103
Ostrogradski, Michail Wassiljewitsch (1801 bis 1862) russischer Mathematiker und Physiker in St. Petersburg ↑ 295, 296, 416, 419
Oughtred, William (1574 bis 1660) englischer Mathematiker ↑ 173

Paccioli, Luca (1445 bis 1514) italienischer Mathematiker in Perugia, Neapel, Mailand, Florenz, Rom und Venedig; Freund von Leonardo da Vinci ↑ 97, 113, 116
Pappos von Alexandria (um 320 u. Z.) griechischer Mathematiker ↑ 17, 157
Pascal, Blaise (1623 bis 1662) französischer Mathematiker und Physiker ↑ 48, 142, 156, 162, 170, **176 bis 187**, 213, 232, 517
Pascal, Etienne (1588 bis 1651) französischer Mathe-

matiker und hoher Verwaltungsbeamter, Vater von B. Pascal ↑ 177

Pasch, Moritz (1843 bis 1930) Mathematiker in Gießen ↑ 299

Peano, Giuseppe (1858 bis 1932) italienischer Mathematiker in Torino ↑ 299, 498

Peirce, Benjamin (1809 bis 1880) nordamerikanischer Mathematiker und Astronom in Cambridge (Mass.) ↑ 298

Peirce, Charles Sanders (1839 bis 1940) nordamerikanischer Philosoph und Mathematiker, subjektiver Idealist, offener Apologet des Imperialismus ↑ 298

Peletier, Jaques (1517 bis 1582) französischer Mathematiker ↑ 127

Pell, John (1611 bis 1685) englischer Mathematiker in Amsterdam, Breda und London, Resident Cromwells in der Schweiz ↑ 212, 213

Perikles (491 bis 429 v. u. Z.) athenischer Staatsmann ↑ 13

Peter I. von Rußland (1672 bis 1725) seit 1689 Zar von Rußland ↑ 152, 188, 222, 248

Petit, Alexis Thérèse (1791 bis 1820) französischer Physiker in Paris ↑ 293

Petit, Pierre (1598 bis 1667) französischer Mathematiker, Physiker und Ingenieur ↑ 179

Petrejus, Johannes (gest. 1550) Drucker in Nürnberg ↑ 100

Peucer, Caspar (1525 bis 1602) Arzt in Wittenberg und Dessau, Schwiegersohn Melanchthons ↑ 100

Pfaff, Johann Friedrich (1765 bis 1825) Mathematiker in Helmstedt und Halle ↑ 304, 345

Pheidias griechischer Astronom, Vater von Archimedes ↑ 34

Piazzi, Giuseppe (1746 bis 1826) italienischer Astronom in Palermo und Neapel ↑ 308

Planck, Max (1858 bis 1947) Physiker in München, Kiel und Berlin ↑ 496

Platon (427 bis etwa 347 v. u. Z.) griechischer Philosoph ↑ 14. 15, 24, 29, 41, 47, 61, 89

Plücker, Julius (1801 bis 1868) Mathematiker in Bonn ↑ 295, 345, 350, 467, 468

Plutarch (etwa 46 bis etwa 120) griechischer Schriftsteller ↑ 34

Poincaré, Henri (1854 bis 1912) französischer Mathematiker und Physiker in Paris ↑ 297, 438, 473, 474

Poinsot, Louis (1777 bis 1859) französischer Mathematiker und Physiker in Paris ↑ 293

Poisson, Siméon Denis (1781 bis 1840) französischer Mathematiker und Physiker in Paris ↑ 233, 293, 337, 367, 380, 392, 395

Poncelet, Jean Victor (1788 bis 1867) französischer Ingenieur und Physiker in Metz und Paris ↑ 276, 293, 294, 349

Pontrjagin, Lew Semjonowitsch (geb. 1908) sowjetischer Mathematiker in Moskau ↑ 508, 515

Proklos Diadochos (410 bis 485) griechischer Mathematiker ↑ 29, 89, 157

Prony, Gaspard-Clair-François (1755 bis 1839) französischer Physiker und Ingenieur ↑ 335

Ptaschitzkij, J. L. (1854 bis 1912) russischer Mathematiker, Schüler von P. L. Tschebyschew ↑ 419

Ptolemaios, Klaudios von Alexandria (etwa 85 bis etwa 165) griechischer Mathematiker und Astronom ↑ 17, 29, 32, 47, 89, 94, 100

Pythagoras von Samos (etwa 580 bis etwa 500 v. u. Z.) griechischer Mathematiker und Physiker, insbesondere in Unteritalien; Gründer der politischreligiösen Gemeinschaft der Pythagoreer ↑ **18 bis 25**

Qin Jiu-shao (13. Jh.) chinesischer Mathematiker ↑ 57, 77, 79, 80

Rabelais, François (etwa 1494 bis 1553) Arzt und bedeutendster Prosaschriftsteller der französischen Renaissance ↑ 125

Raimundus Lullus (etwa 1235 bis 1315) spanischer Theologe, Philosoph und Dichter, mittelalterlicher Scholastiker ↑ 214

Recorde, Robert (etwa 1510 bis 1558) englischer Arzt und Cossist ↑ 97, 101, 129, 130

Regiomontanus (Müller), Johannes (1436 bis 1476) Mathematiker und Astronom in Leipzig, Wien, Ofen (Budapest), Nürnberg und Rom ↑ 60, 92, 94

Reinhold, Erasmus (1511 bis 1553) Verfasser trigonometrischer Tafelwerke, einer der ersten Anhänger des copernicanischen Weltsystems ↑ 95

Rhaeticus, Georg Joachim (1514 bis 1585) Mathematiker in Wittenberg, wesentlich an der Drucklegung des Hauptwerkes von N. Copernicus beteiligt ↑ 94

Richard Swineshead (um 1350) mittelalterlicher Gelehrter ↑ 85

Richelot, Friedrich (1808 bis 1875) Mathematiker, Schüler von C. G. J. Jacobi ↑ 383

Riemann, Bernhard (1826 bis 1866) Mathematiker in Göttingen ↑ 295, 297, 298, 310, 311, 316, 327, 329, 338, 409, **441 bis 451,** 473, 497

Ries, Adam (1492 bis 1559) Rechenmeister in Erfurt und Annaberg ↑ 91, 101, **105 bis 112,** 129

Robert Grosseteste (1175 bis 1253) englischer Scholastiker, neuplatonischer Naturphilosoph ↑ 62

Robert von Chester (um 1150) mittelalterlicher Gelehrter ↑ 69

Roberval, Giles Persone de (1602 bis 1675) französischer Mathematiker in Paris ↑ 156, 173, 178, 179, 184

Robins, Benjamin (1707 bis 1781) englischer Mathematiker ↑ 252

Röntgen, Wilhelm Konrad (1845 bis 1923) Physiker in Straßburg, Gießen, Würzburg und München; entdeckte 1895 die Röntgenstrahlen ↑ 496

Rosenhain, Johann Georg (1816 bis 1887) Mathematiker, Schüler von C. G. J. Jacobi ↑ 383, 408

Rousseau, Jean Jacques (1712 bis 1778) französischschweizerischer Schriftsteller, Philosoph und Pädagoge, Musiker und Musikschriftsteller ↑ 185, 245

Rudolff, Christoph (etwa 1500 bis 1545) Cossist ↑ 101, 102

Ruffini, Paolo (1765 bis 1822) italienischer Mathematiker ↑ 81, 298, 369, 370, 394

Russell, Bertrand (1872 bis 1969) englischer Mathe-

matiker, Logiker und Philosoph ↑ 464, 498
Rutherford, Ernest (1871 bis 1937) englischer Physiker und Chemiker in Montreal (Kanada), Manchester und Cambridge ↑ 496
Rychlik, Karel (1885 bis 1968) tschechischer Mathematiker und Mathematikhistoriker ↑ 329

Saccheri, Girolamo (1667 bis 1733) italienischer Mathematiker ↑ 74
Schelling, Friedrich Wilhelm Josef (1775 bis 1854) Vertreter der idealistischen klassischen deutschen Philosophie in Jena ↑ 427
Schickhardt, Wilhelm (1592 bis 1635) Mathematiker, Astronom und Orientalist in Tübingen; Erfinder und Konstrukteur einer Rechenmaschine ↑ 517
Schiller, Friedrich (1759 bis 1805) neben Goethe bedeutendster deutscher Dichter und Repräsentant der klassischen deutschen Nationalliteratur ↑ 19
Schläfli, Ludwig (1814 bis 1895) schweizer Mathematiker in Bern ↑ 382
Schmidt, Otto Juljewitsch (1891 bis 1956) sowjetischer Mathematiker, Astronom, Geophysiker (auch Polarforscher) in Kiew und Moskau ↑ 508, 515
Schooten, Frans van (1615 bis 1660) niederländischer Mathematiker in Paris ↑ 174, 233
Schopenhauer, Arthur (1788 bis 1860) Philosoph, Vertreter des Irrationalismus ↑ 435
Schreier, Otto (1901 bis 1929) Mathematiker ↑ 434
Schröder, Ernst (1841 bis 1902) Mathematiker in Karlsruhe ↑ 298, 498
Schumacher, Heinrich Christian (1780 bis 1850) dänischer Astronom in Kopenhagen und Mannheim ↑ 317, 370, 374, 379
Schwarz, Hermann Amandus (1843 bis 1921) Mathematiker in Halle, Göttingen und Berlin ↑ 413, 453
Schweikart, Ferdinand Karl (1780 bis 1859) Jurist und Mathematiker ↑ 355
Seidel, Philipp Ludwig von (1821 bis 1896) Mathematiker und Astronom in München, Schüler von C. G. J. Jacobi ↑ 383
Selnecker, Nikolaus (1532 bis 1592) Theologe in Dresden, Jena und Leipzig; Schüler von P. Melanchthon ↑ 103
Seni, Giovanni Baptista (1600 bis 1656) italienischer Astrologe in Padua, später Astrologe Wallensteins ↑ 145
Serret, Alfred (1819 bis 1885) französischer Mathematiker in Paris ↑ 429
Servet, Michael (etwa 1511 bis 1553) spanischer Arzt und Theologe, als Ketzer verbrannt ↑ 88
Shakespeare, William (1564 bis 1616) englischer Dramatiker und Dichter in Stratford und London ↑ 455
Sluse, René François de (1622 bis 1685) Domherr und Mathematiker in Lüttich ↑ 184
Snell, Willebrord van Royen (1580 bis 1626) niederländischer Naturforscher und Mathematiker in Leiden ↑ 168, 191
Sommerfeld, Arnold (1868 bis 1951) Professor der theoretischen Physik in München ↑ 490, 491
Somow, Osin Iwanowitsch (1815 bis 1876) russischer Mathematiker in Moskau, Lehrer von P. L. Tschebyschew ↑ 417
Sophokles (etwa 496 bis etwa 405 v. u. Z.) einer der drei klassischen griechischen Tragödiendichter ↑ 13
Spinoza, Benedikt (1632 bis 1677) niederländischer Philosoph, Vertreter des Determinismus ↑ 215, 435
Śrîpati (11. Jh.) indischer Mathematiker ↑ 58
Staudt, Christian von (1798 bis 1867) Mathematiker in Würzburg, Nürnberg und Erlangen ↑ 470, 504
Steiner, Jakob (1796 bis 1863) Schweizer Mathematiker in Berlin ↑ 295, 382, 384, 427, 442
Steinitz, Ernst (1871 bis 1928) Mathematiker in Breslau (Wroclaw) und Kiel ↑ 298
Stevin, Simon (1548 bis 1620) niederländischer Baumeister, Kriegsingenieur und Cossist in Brügge ↑ 97, 101, 168
Stieltjes, Thomas Jean (1856 bis 1894) niederländischer Mathematiker in Leiden und Toulouse ↑ 296, 449
Stifel, Michael (etwa 1487 bis 1567) Mathematiker, Cossist und Theologe ↑ 97, **98 bis 104,** 129
Stirling, James (1692 bis 1770) Mathematiker, als Emigrant in Venedig ↑ 183
Stolz, Otto (1842 bis 1905) österreichischer Mathematiker ↑ 469
Stortz, Georg (etwa 1490 bis etwa 1547) Rektor der Universität Erfurt, Freund von A. Ries ↑ 106
Sûdhara (9./10. Jh.) indischer Mathematiker ↑ 58
Sylvester, James Joseph (1814 bis 1897) englischer Mathematiker in Woolwich, Baltimore und Oxford ↑ 297

Takagi, Teiji (1875 bis 1960) japanischer Mathematiker ↑ 435
Tarski, Alfred (geb. 1901) polnischer Mathematiker, in der Nazizeit in die USA emigriert ↑ 499, 515
Tartaglia, Niccolò (etwa 1500 bis 1557) italienischer Rechenmeister in Brescia ↑ 91, 97, **112 bis 124**
Taurinus, Franz Adolf (1794 bis 1874) Jurist und Mathematiker in Köln ↑ 355
Taussky, Olga (geb. 1906) Mathematikerin, Freundin von E. Noether; in den USA wirkend ↑ 511, 512
Taylor, Brooke (1685 bis 1731) englischer Mathematiker, Sekretär der Royal Society in London ↑ 444
Thales von Milet (etwa 624 bis etwa 548 v. u. Z.) ionischer Naturphilosoph und Geometer ↑ 12, 19
Theaitetos von Athen (etwa 415 bis 368 v. u. Z.) griechischer Mathematiker, Schüler und Freund von Platon ↑ 15
Thenard, Louis-Jacques de (1777 bis 1857) französischer Chemiker in Paris ↑ 293
Theodoros von Kyrene (etwa 470 bis 399 v. u. Z.) griechischer Mathematiker ↑ 15
Theon von Alexandria (um 370 u. Z.) griechischer Mathematiker ↑ 17
Thomas, Alvarus (um 1510) portugiesischer Mathematiker, wirkte in Paris ↑ 84
Thomas Bradwardine (etwa 1290 bis 1349) englischer

531

Philosoph, Theologe und Mathematiker in Oxford, später Erzbischof von Canterbury ↑ 62, 63, 82, 85

Thomasius, Christian (1655 bis 1728) Philosoph, Staats- und Rechtswissenschaftler, Repräsentant der deutschen Aufklärung ↑ 208

Thomasius, Jakob (1622 bis 1684) Philosoph in Leipzig, Vertreter der deutschen Frühaufklärung; Vater von Chr. Thomasius ↑ 208

Thomas von Aquino (1225 bis 1274) italienischer Theologe und Philosoph, Dominikaner ↑ 181

Torricelli, Evangelista (1608 bis 1647) italienischer Physiker und Mathematiker in Florenz, Helfer und Nachfolger von G. Galilei ↑ 160, 179, 184

Tschandragupta I (um 320) König von Magadha, Begründer der Gupta-Dynastie ↑ 63

Tschebotarjew, Nikolai Grigorjewitsch (1894 bis 1947) sowjetischer Mathematiker in Odessa und Kasan ↑ 508

Tschebyschew, Pafnuti Lwowitsch (1821 bis 1894) russischer Mathematiker in Moskau und St. Petersburg ↑ 298, **416 bis 426**

Tschirnhaus, Ehrenfried Walter von (1651 bis 1708) Mathematiker, Physiker und Philosoph; Mitglied der Académie des sciences ↑ 213, 216

Tycho Brahe (1546 bis 1601) dänischer Astronom, seit 1599 kaiserlicher Astronom und Mathematiker in Prag; Vorgänger von J. Kepler ↑ 91, 92, 136, 137, 138, 143, 144

Ulûg-Beg (1393 bis 1449) Herrscher von Samarkand, Enkel Timurs; Astronom ↑ 60

Umar al Ḥayyām (1048 bis 1151) Mathematiker in Isfahan ↑ 60, **70 bis 77**

Vandermonde, Alexandre Théophile (1735 bis 1796) französischer Mathematiker ↑ 273

Varâhamihira (6. Jh.) indischer Mathematiker in Ujjayini ↑ 64

Vasco da Gama (etwa 1469 bis 1524) portugiesischer Seefahrer, fand 1497/98 den Seeweg nach Indien ↑ 105

Vauquelin, Louis-Nicolas (1763 bis 1829) französischer Chemiker ↑ 293

Vieta, François (1540 bis 1603) französischer Jurist und Mathematiker ↑ 50, 81, 92, 95, 97, 101, **125 bis 132**, 157, 158, 167

Viviani, Vincenzo (1622 bis 1703) italienischer Mathematiker, letzter Schüler von G. Galilei ↑ 160

Voltaire, François-Marie (1694 bis 1778) Philosoph und Schriftsteller, Haupt der französischen Aufklärung in der ersten Hälfte des 18. Jh. ↑ 185, 193, 220, 244, 245, 253, 283

Vydra, Stanislav (1781 bis 1804) tschechischer Priester und Mathematiker in Prag ↑ 321, 323

Waerden, Bartel Leendert van der (geb. 1903) niederländischer Mathematiker und Wissenschaftshistoriker in Groningen, Leipzig und Zürich ↑ 434, 504, 506, 508, 512

Waldecki, Wilhelmine (1788 bis 1831) zweite Ehefrau von C. F. Gauß ↑ 309

Wallis, John (1616 bis 1703) englischer Philosoph und Theologe, Mathematiker in Oxford; Gründungsmitglied der Royal Society in London ↑ 30, 142, 149, 156, 162, 174, 184, 197, 202, 213, 229, 233

Wantzel, Pierre Laurent (1814 bis etwa 1848) Mathematiker ↑ 73

Waring, Edward (1734 bis 1798) englischer Mathematiker in Cambridge ↑ 494

Wassiljew, Alexander Wassiljewitsch (1853 bis 1929) sowjetischer Mathematiker, Schüler von P. L. Tschebyschew ↑ 419

Watt, James (1736 bis 1819) englischer Ingenieur, Erfinder der Dampfmaschine ↑ 418

Wawilow, Sergei Iwanowitsch (1891 bis 1951) sowjetischer Physiker, 1945 bis 1951 Präsident der Akademie der Wissenschaften der UdSSR ↑ 187

Weber, Ernst Heinrich (1795 bis 1877) Anatom und Physiologe in Leipzig, Bruder von W. E. Weber ↑ 347

Weber, Heinrich (1843 bis 1913) Mathematiker in Königsberg (Kaliningrad) und Straßburg (Strasbourg), Lehrer von D. Hilbert ↑ 439, 490

Weber, Wilhelm Eduard (1804 bis 1891) Physiker in Halle, Göttingen und Leipzig; gehörte zu den Göttinger Sieben; Bruder von E. H. Weber ↑ 316, 317, 443

Weierstraß, Karl Theodor Wilhelm (1815 bis 1897) Mathematiker in Berlin ↑ 198, 266, 295, 327, 329, 338, 383, 384, **400 bis 416**, 430, 431, 437, 438, 439, 447, 449, 452, 454, 458, 469, 483, 484, 491, 497

Weigel, Erhard (1625 bis 1699) Mathematiker und Philosoph, Lehrer von G. W. Leibniz ↑ 208

Weyl, Hermann (1885 bis 1955) Physiker und Mathematiker in Zürich, Göttingen und Princeton; aus Nazideutschland in die USA emigriert ↑ 489, 510, 512, 515

Widmann, Johannes (geb. etwa 1460) Rechenmeister ↑ 129

Wiener, Norbert (1894 bis 1964) nordamerikanischer Mathematiker und Kybernetiker ↑ 466

Wilhelm von Moerbeke (etwa 1215 bis 1286) bedeutendster Übersetzer griechischer Werke im Mittelalter in Rom, später Erzbischof von Korinth ↑ 123

Witt, Jan de (1625 bis 1672) niederländischer Staatsmann und Mathematiker ↑ 174, 232

Wolff, Christian Freiherr von (1679 bis 1754) Philosoph in Halle und Marburg, rationalistischer Aufklärer ↑ 252, 253

Wolfskehl, Paul (1856 bis 1906) Mathematiker ↑ 163

Wren, Christopher (1632 bis 1723) englischer Architekt, Physiker, Astronom und Mathematiker in London und Oxford ↑ 192

Yang Hui (13. Jh.) chinesischer Mathematiker ↑ 57, 77

Young, Grace, geb. Chisholm (1868 bis 1944) englische Mathematikerin ↑ 475

Zamberti, Bartolomeo (um 1470) Übersetzer der „Elemente" des Euklid ins Lateinische ↑ 123

Zenon von Elea (490 bis 430 v. u. Z.) griechischer

Philosoph, Lehrer des Perikles ↑ 35
Zermelo, Ernst (1871 bis 1953) Mathematiker in Göttingen, Zürich und Freiburg i. Br. ↑ 464
Zhu Shi-jie (13. Jh.) chinesischer Mathematiker ↑ 57, 77, 80
Zimmermann, Eberhard August Wilhelm von (1743 bis 1815) Mathematiker in Braunschweig ↑ 301
Zolotarew, Jegor Iwanowitsch (1847 bis 1878) russischer Mathematiker, Schüler von P. L. Tschebyschew ↑ 419
Zuse, Konrad (geb. 1910) Erbauer des ersten betriebsfähigen programmgesteuerten Rechenautomaten ↑ 517

Bildquellennachweis

Akademie der Künste der DDR ↑ 133
Andreas, W./W. Scholz: Die Großen Deutschen, Neue deutsche Biographie, Prop. Verlag Berlin ↑ 295
Arnold, W., Berlin ↑ 22, 23, 24, 25, 30, 45, 46, 47, 48, 73, 74, 86, 159, 162, 227, 228, 229, 234, 256, 265, 376, 379, 423, 427, 453, 456, 457
Beihefte zur Zeitschrift „Elemente der Mathematik", Nr. 8. Verlag Birkhäuser, Basel 1950 ↑ 367, 373
Biermann, K.-R.: Die Mathematik und ihre Dozenten an der Berliner Universität 1810 bis 1920. Akademie-Verlag, Berlin 1973 ↑ 411, 413, 415, 435
Boehn, M. v.: Potsdam. Verlag Gebrüder Feyl, Berlin ↑ 377
Braubach, M.: Geschichte der Universität Bonn. Scherpe-Verlag, Krefeld 1950 ↑ 470
Collection Palais de la Découverte ↑ 178, 179, 180, 182
Akademie der Wissenschaften der DDR, Archiv ↑ 405
Deutsche Fotothek, Dresden ↑ 34, 95, 154, 391
Die Universität Erlangen. Verf. von Th. Kolde, Erlangen/Leipzig 1910 ↑ 506, 507
Ettelt, V., Berlin ↑ 153
Gauß. Werke in 12 Bänden ↑ 304
C. F. Gauß – Gedenkband zum 100. Todestag. Leipzig 1957 ↑ 313, 317
C. F. Gauß Gedenkfeier der Akademie der Wissenschaften und Universität zu Göttingen anläßlich seines 100. Todestages. Musterschmidt-Verlag, Göttingen, Berlin, Frankfurt a. M. 1955 ↑ 307, 315
Geschichte der Technik, 2. verb. Auflage. VEB Fachbuchverlag, Leipzig 1967 ↑ 39, 116, 244, 247, 280, 299, 420, 481
Hofmann, J. E.: Michael Stifel, Franz Steiner Verlag G.m.b.H., Wiesbaden 1968 ↑ 99
Hogben, L.: Die Entdeckung der Mathematik. Chr. Belser, Stuttgart 1963 ↑ 11, 80, 91, 92, 143, 232

Humboldt-Universität zu Berlin ↑ 401, 407
IBM Deutschland, Stuttgart ↑ 516, 517, 518
Journal für die reine und angewandte Mathematik, Band 203. Berlin 1960 ↑ 371
Juschkewitsch, A. P.: Geschichte der Mathematik im Mittelalter. B. G. Teubner Verlagsgesellschaft, Leipzig 1964 ↑ 82, 83
Kleine Enzyklopädie Mathematik, 2. Auflage. VEB Bibliographisches Institut, Leipzig 1967 ↑ 84, 97, 119, 169, 210, 222, 230, 259, 271, 301, 303, 347, 351, 381, 382, 397, 425
Korbut, M. K.: Kasaner Staatliche Universität, 1804 bis 1930. Herausgegeben von der Kasaner Universität 1930 ↑ 358
Festschrift zur Feier des 100. Geburtstages Eduard Kummers. B. G. Teubner, Leipzig und Berlin 1910 ↑ 163
Lämmel: Von Naturforschern und Naturgesetzen. Leipzig 1927 ↑ 512
Der Internationale Leibniz-Kongreß in Hannover. Herausgegeben von Rolf Schneider und Wilhelm Totok. Verlag für Literatur und Zeitgeschehen GmbH, Hannover 1968 ↑ 221
Menninger: Zahlwort und Ziffer, 2. neubearbeitete und erweiterte Auflage. Vandenhoeck & Ruprecht, Göttingen 1958 ↑ 66, 67, 79
Meschkowski. H.: Mathematiker-Lexikon. Bibliographisches Institut, Mannheim/Zürich 1964 ↑ 409
Meschkowski, H.: Probleme des Unendlichen. Fr. Vieweg & Sohn, Braunschweig 1967 ↑ 452, 454, 461, 463
Museum für Geschichte der Stadt Leipzig ↑ 346
Needham, J.: Science and Civilisation in China, Bd. 3. Cambridge 1959 ↑ 78
Ostwalds Klassiker der exakten Wissenschaften ↑ 195
Pohlmann, D., Elmshorn ↑ 519
Porträtsammlung der Deutschen Staatsbibliothek Berlin ↑ 283
Reid, C.: Hilbert. Springer-Verlag Berlin, Heidel-

berg, New York 1970 ↑ 477, 491, 492, 493, 495, 497, 498, 499, 501, 505, 509, 510, 511

Bernhard Riemann's Gesammelte Mathematische Werke und Wissenschaftlicher Nachlaß. Druck und Verlag von B. G. Teubner, Leipzig 1892 ↑ 449

Sammlung Karger-Decker, Berlin-Weißensee ↑ 272, 293, 325, 337, 418, 485

Sammlung Gerhard Kindt, Schulzendorf Krs. Königswusterhausen ↑ 117

Sarton, G.: A history of science. Cambridge, Massachusetts 1959 ↑ 12, 44

Smith, D. E.: History of Mathematics, 2 Bände. Ginn and Company, Boston – New York – Baltimore 1923/25 ↑ 10, 14, 19, 20, 21, 32, 52, 54, 59, 63, 65, 68, 94, 103, 112, 113, 114, 120, 131, 168, 172, 184, 199, 203, 213, 216, 231, 243, 252, 285, 296, 297, 335, 369, 447, 472, 482

Specht: René Descartes. Rowohlt Hamburg 1966 ↑ 167, 170, 174, 263

Springer, R.: Die deutsche Kaiserstadt. Verlag von Friedrich Lange, Darmstadt 1876 ↑ 378, 402, 442

Staatlicher Mathematisch-Physikalischer Salon, Dresden-Zwinger ↑ 93, 214

Stadtbücherei Berlin, Kartenabteilung ↑ 327

Struik: A Concise History of Mathematics. New York 1948 ↑ 125

Gesammelte Werke Tschebyschews, Band 5. Moskau–Leningrad 1951 ↑ 417, 419, 421

Tietze, H.: Gelöste und ungelöste mathematische Probleme, 2 Bände. München 1949 ↑ 345, 383, 389, 441, 458, 467, 474, 490

Umschau. Folge 5/1964 ↑ 348

Van der Waerden, B. L.: Erwachende Wissenschaft, 2. ergänzte Auflage. Birkhäuser-Verlag, Basel und Stuttgart 1966 ↑ 18, 26, 36, 38, 71

Vogel, K.: Adam Riese – der deutsche Rechenmeister. Verlag von R. Oldenbourg, München 1959 ↑ 106, 110

Vogel, K. Adam Riese – der deutsche Rechenmeister. Zeitschrift Dt. Mus., 27. Jg., 1959 ↑ 108, 109

Volk und Wissen Volkseigener Verlag Berlin, Bildarchiv ↑ 13, 15, 16, 28, 40, 41, 58, 75, 96, 98, 100, 101, 102, 104, 107, 111, 118, 122, 128, 135, 138, 141, 152, 155, 160, 161, 171, 181, 185, 187, 189, 191, 197, 207, 209, 211, 249, 273, 294, 309, 310, 385

Weltall, Erde, Mensch. Ein Sammelwerk. Verlag Neues Leben, Berlin 1959 ↑ 129

Weltgeschichte. VEB Deutscher Verlag der Wissenschaften, Berlin ↑ 42, 50, 57, 60, 61, 62, 77, 89, 127, 130, 134, 137, 145, 151, 193, 245, 246, 253, 254, 275, 278, 298

Wolf, A.: A history of science. London, sec. edition ↑ 248

Wußing, H., Leipzig ↑ 17

Wußing, H.: Mathematik in der Antike. Leipzig 1965 ↑ 27

Zentralbild, Berlin ↑ 43, 90, 115, 150, 177, 183, 261, 300, 354, 380, 403, 444, 468

Zhotovila fotolaboratoř HÚ ČSAV V. Kreb ↑ 321, 323, 329

Zentrales Haus der Deutsch-Sowjetischen Freundschaft, Berlin ↑ 487